U0430349

"十二五"普通高等教育本科国家级规划教材 | 上海市普通高校优秀教材

21世纪高等学校计算机类课程创新规划教材 · 微课版

C#程序设计教程（第3版）

微课版

◎ 江红 余青松 编著

清华大学出版社
北京

内 容 简 介

本书是《C#程序设计教程》的第 3 版。书中基于 Visual Studio 2017/.NET Framework 4.7 开发和运行环境，阐述 C# 7.0 语言的基础知识，以及使用 C# 7.0 语言的实际开发应用实例，具体内容包括：C#语言基础、面向对象编程、结构、枚举、泛型、特性、语言集成查询、多线程编程技术、数值日期和字符串处理、文件和流输入输出、集合、数据库访问、Windows 窗体应用程序、WPF 应用程序、ASP.NET Web 应用程序设计等。

本书作者结合多年的程序设计、开发及授课经验，精选大量的实例，由浅入深、循序渐进地介绍 C#程序设计语言，让读者能够较为系统全面地掌握程序设计的理论和应用。每个相关知识点都配有视频讲解。本书配有实验和辅导教材《C#程序设计实验指导与习题测试（第 3 版）》，提供了大量的思考与实践练习，让读者从实践中巩固和应用所学的知识。

本书可作为高等学校计算机程序设计教程，同时也可作为广大程序设计开发者、爱好者的自学参考书。

图书在版编目（CIP）数据

C#程序设计教程：微课版/江红，余青松编著. —3 版. —北京：清华大学出版社，2018(2023. 8重印)
（21 世纪高等学校计算机类课程创新规划教材 • 微课版）
ISBN 978-7-302-49840-7

Ⅰ. ①C⋯ Ⅱ. ①江⋯ ②余⋯ Ⅲ. ①C 语言 – 程序设计 – 教材 Ⅳ. ①TP312.8

中国版本图书馆 CIP 数据核字（2018）第 042817 号

责任编辑：魏江江　赵晓宁
封面设计：刘　键
责任校对：时翠兰
责任印制：杨　艳

出版发行：清华大学出版社
网　　址：http://www.tup.com.cn, http://www.wqbook.com
地　　址：北京清华大学学研大厦 A 座　　邮　　编：100084
社 总 机：010-83470000　　邮　　购：010-62786544
投稿与读者服务：010-62776969，c-service@tup.tsinghua.edu.cn
质量反馈：010-62772015，zhiliang@tup.tsinghua.edu.cn
课件下载：http://www.tup.com.cn，010-83470236
印 装 者：北京嘉实印刷有限公司
经　　销：全国新华书店
开　　本：185mm×260mm　　印　张：36.75　　字　　数：884 千字
版　　次：2010 年 2 月第 1 版　2018 年 7 月第 3 版　　印　　次：2023 年 8月第 9 次印刷
印　　数：43001～44500
定　　价：79.80 元

产品编号：078703-01

前　言

程序设计是大专院校计算机、电子信息、工商管理等相关专业的必修课程，C#语言作为一门新的程序设计语言，集中了 C、C++、Java 等语言的优点，是一门现代的、优越的、具有广阔发展前景的程序设计语言。

本书内容共分为 3 部分，第 1 部分详细阐述 C#面向对象程序设计语言的基础知识，包括 C#语言概述、C#语言基础、面向对象编程、结构、枚举、泛型、特性、语言集成查询、多线程编程技术；第 2 部分阐述基于.NET Framework 公共类库的基本应用，包括数值、日期和字符串处理、文件和流输入输出、集合和数据结构、数据库访问；第 3 部分介绍 C#应用程序开发技术，包括 Windows 窗体应用程序、WPF 应用程序、ASP.NET Web 应用程序设计。

本书配套教材《C#程序设计实验指导与习题测试（第 3 版）》，提供本书的上机实验指导，以及本书各章节的习题测试和习题参考解答。

本书特点：

（1）内容由浅入深，循序渐进，重点突出，通俗易学。

（2）理论与实践相结合，通过大量的实例，阐述程序设计的基本原理，使读者不仅掌握理论知识，同时掌握大量程序设计的实用案例。

（3）提供了大量的思考与实践练习，让读者从实践中巩固和应用所学的知识。

（4）每个知识点都配套了微课视频讲解。

本教材涉及的各章节所有的源程序代码和相关素材，以及供教师参考的教学电子文稿均可以通过扫描封底课件二维码下载。

本书由华东师范大学江红和余青松编著，第 1～第 13 章由江红编写，第 14～第 22 章以及附录由余青松编写。由于时间和编者学识有限，书中不足之处在所难免，敬请诸位同行、专家和读者指正。

编　者

2018 年 5 月

目 录

第1部分 C#面向对象程序设计语言的基础知识

第2部分 .NET Framework 类库基本应用

第 3 部分 C#应用程序开发

第 1 部分
C#面向对象程序设计语言的基础知识

第 1 章　C#语言介绍

C#语言源于 C 语言家族，是一种简洁、类型安全的面向对象的编程语言，主要用来构建在.NET Framework 上运行的各种安全、可靠的应用程序。

本章要点：

- C#语言及其特点；
- C#语言的编译和开发运行环境；
- 使用记事本创建简单的 C#程序；
- 基于集成开发环境创建简单的 C#程序；
- 基于“C#交互”窗口测试 C#代码片段；
- C#程序的结构和书写规则；
- 类型的声明和使用；
- 命名空间；
- C#注释与 XML 文档注释；
- 控制台输入和输出。

视频讲解

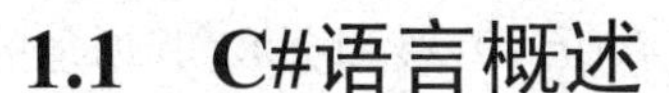

1.1　C#语言概述

1.1.1　C#语言简介

C#起源于 C 语言家族，具有 C++的功能。C#已经分别由 ECMA International 和 ISO/IEC 组织接受并确立为 ECMA-334 标准和 ISO/IEC 23270 标准。

C#采用与 C、C++或 Java 一致的大括号（{和}）语法，简单易学。C#语法简化了 C++的诸多复杂性，同时又提供了 Java 不具备的许多强大功能，如可为 null 的值类型、枚举、委托、Lambda 表达式、直接内存访问等。

C#作为微软公司.NET Framework 的主要语言，其主要发展历史如表 1-1 所示。

表 1-1　C#主要发展历史

发布时间	开发工具	开发平台	CLR 版本	C#版本
2002/02	Visual Studio .NET	.NET Framework 1.0	1.0	1.0
2003/04	Visual Studio .NET 2003	.NET Framework 1.1	1.1	1.2
2005/11	Visual Studio 2005	.NET Framework 2.0	2.0	2.0
2006/11	Visual Studio 2005+Extension	.NET Framework 3.0	2.0	2.0
2007/11	Visual Studio 2008	.NET Framework 3.5	2.0	3.0
2010/04	Visual Studio 2010	.NET Framework 4.0	4.0	4.0

续表

发布时间	开发工具	开发平台	CLR 版本	C#版本
2012/08	Visual Studio 2012	.NET Framework 4.5	4.0	5.0
2013/10	Visual Studio 2013	.NET Framework 4.5.1	4.0	5.0
2015/07	Visual Studio 2015	.NET Framework 4.6	4.0	6.0
2017/04	Visual Studio 2017	.NET Framework 4.7	4.0	7.0

本书主要基于 Visual Studio 2017/.NET Framework 4.7，讲述 C# 7.0 语言基础知识，以及使用 C# 7.0 语言的实际开发应用实例。

1.1.2 C#语言各版本的演变历史

C#语言各版本的主要演变历史及新增功能如下。

1. C# 1.0（Visual Studio.NET）：新语言诞生

C# 1.0 是为.NET Framework 设计的全新的计算机编程语言，是一种面向对象的编程语言。C# 1.0 吸收了其他编程语言的优点，改善了其他编程语言的不足。C# 1.2 主要是改善了 C# 1.0 的错误，没有增加新的功能。

2. C# 2.0（Visual Studio 2005）：泛型

C# 2.0 增加的主要特性是泛型编程能力。基于泛型，.NET Framework 增加了许多新的类库，如 System.Collections.Generic 等。C# 2.0 的另一个突出的特性就是匿名方法。

.NET Framework 3.0 中，C#版本没有升级。.NET Framework 3.0 主要引入了 WPF 类库、WF 类库和 WCF 类库。

3. C# 3.0（Visual Studio 2008）：LINQ

.NET Framework 3.5 中，C# 版本升级为 3.0，其增加的主要特性就是 LINQ。

4. C# 4.0（Visual Studio 2010）：动态编程

C# 4.0 新增 dynamic 关键字，提供动态编程功能。另外，Visual Studio 2010 提供了新的 Web 编程框架：ASP.NET MVC 2.0。

5. C# 5.0（Visual Studio 2012）：异步编程

C# 5.0 新增了 async 和 await 两个关键字，从而实现了更为便捷有效的异步编程方法。

6. C# 6.0（Visual Studio 2015）：.NET Core

C# 6.0 增加了一些语法糖，可以减少代码编写量。主要包括自动属性初始化、字符串插值等。

.NET Core 是开源的.NET 运行时，基于模块化的 NuGet 包，支持跨平台（各种 Windows 设备、Linux、Mac OS X）。

7. C# 7.0（Visual Studio 2017）：提高编程效率

C# 7.0 增加了不少新特性和语法糖，可以提升编程效率并降低出错率。主要包括元组、局部函数等。

1.1.3 C#特点和开发应用范围

1. C#语言特点

C#是一种现代的、面向对象的、类型安全的编程语言。C#具有下列特点：

（1）简单。C#简化了 C/C++中许多复杂的特性。例如，采用“==”比较操作，从而避免 C 语言中与赋值操作“=”的混淆错误。

（2）面向对象。C#支持数据封装、继承、多态和接口。所有的变量和方法，包括 Main 方法（应用程序的入口点），都封装在类定义中。

（3）现代。C#语言包括许多现代先进语言的特性。例如，支持属性、泛型、Lambda 表达式、垃圾回收、异常处理等。

（4）相互兼容性。C#提供对 COM 和基于 Windows 的应用程序的支持。

（5）可伸缩性和可升级性。C#的设计中充分考虑到版本控制（versioning）的需要，以确保 C#程序和库能够以兼容的方式逐步演进。

2. C#语言开发应用范围

C#语言主要用来构建在.NET Framework 上运行的各种安全、可靠的应用程序。使用 C#，可以创建下列类型的应用程序和服务：

（1）控制台应用程序。基于命令行窗口的控制台（console）应用程序。

（2）桌面应用。包括 Windows 窗体应用程序、WPF（Windows Presentation Foundation）应用程序等。

（3）UWP 应用。通用 Windows 平台应用，可以运行于所有以 Windows 10 为内核的系统和设备上，包括桌面设备、移动设备、XBox、HoloLens 甚至物联网设备的应用程序。

（4）Web 应用。包括 ASP.NET 应用程序、ASP.NET MVC、Web 服务等。

（5）Office 平台应用程序。

（6）Windows 服务。

（7）云应用。基于 Microsoft Azure 的应用程序。

（8）跨平台程序。开放跨平台（Windows、Mac OS X、Linux、Android）的应用程序。

1.2 C#语言的编译和运行环境

1.2.1 C#语言与.NET Framework

C#程序在.NET Framework 上运行。.NET Framework 是 Windows 的一个组件，包括一个称为公共语言运行时（common language runtime，CLR）的虚拟运行环境和一组统一的类库（framework class library，FCL）。

用 C#编写的源代码被编译为中间语言（intermediate language，IL）。IL 代码与资源（如位图和字符串）一起作为一种称为程序集的可执行文件存储在磁盘上，通常具有的扩展名为 exe（应用程序）或 dll（库）。

执行 C#程序时，程序集将加载到 CLR 中，然后根据程序集清单中的信息执行不同的操作。如果符合安全要求，CLR 执行实时编译（JIT (just in time) Compilation），将 IL 代码转换为本机机器指令，并执行。CLR 还提供与自动垃圾回收、异常处理和资源管理有关的其他服务。

C#源代码文件、.NET Framework 类库、程序集和 CLR 的编译时与运行时的关系如图 1-1 所示。

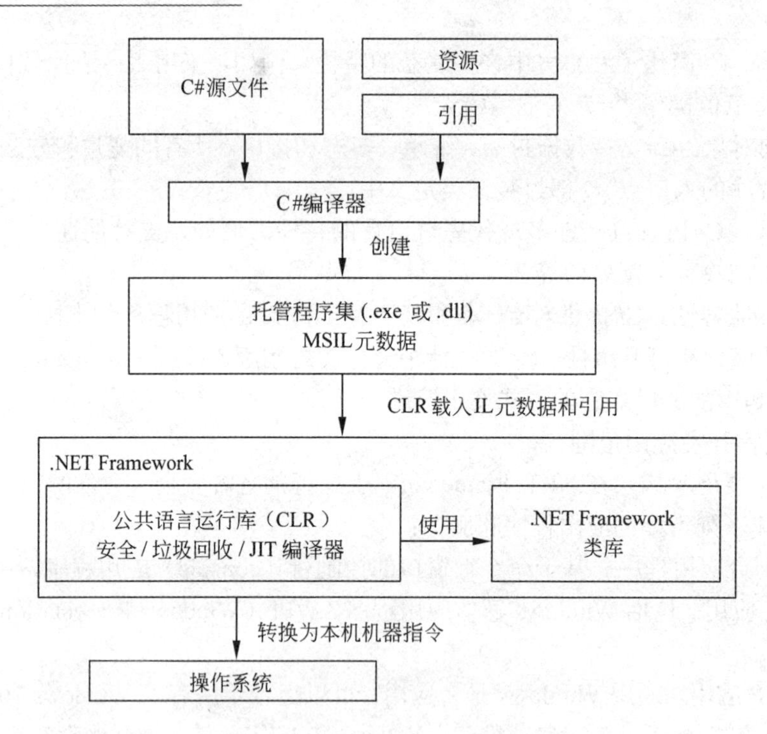

图 1-1　C#源代码的编译运行环境

注意：由 CLR 执行的代码称为“托管代码”，而直接编译为面向特定系统的本机机器语言的代码则称为“非托管代码”。

有关.NET Framework 的详细信息，请参见附录 A。

1.2.2　C#的运行环境

C#的运行环境也即.NET Framework 的运行环境。

1. .NET Framework

Windows 7 中包含了.NET Framework 3.5；Windows 10 中包含了.NET Framework 4.6；Windows 10 v1703 中包含了.NET Framework 4.7。安装 Visual Studio 时，也会安装相应版本对应的.NET Framework。可以从 Microsoft 官网下载并安装最新版本的.NET Framework。

各版本的.NET Framework 包括相应的语言包，语言包支持本地化信息文本（如错误信息）的显示，每种语言对应一个语言包，可以同时安装多个语言包。

2. .NET Core

.NET Core 是新一代的开源.NET Framework 开发和运行环境，是具有跨平台（Windows、Mac OS X、Linux）能力的应用程序开发框架。

3. Mono

Mono 是由 Xamarin 公司开发的跨平台开源.NET 开发和运行环境，同样是具有跨平台（Windows、Mac OS X、Linux、Android）能力的应用程序开发框架。具体请参见官网 http://www.mono-project.com/。

1.2.3 C#的开发环境

要开发 C#应用程序，可以使用文本编辑器（如 Notepad）编写代码，并使用.NET Framework 中的编译器进行编译、运行；也可以使用微软公司集成开发工具（如 Microsoft Visual Studio）；还可以使用第三方提供的工具（如 Turbo C#）。

1. .NET Framework SDK

.NET Framework 软件开发工具包（SDK）包括开发人员编写、生成、测试和部署.NET Framework 应用程序时所需要的一切，如文档、示例以及命令行工具和编译器等。

2. Microsoft Visual Studio

Microsoft Visual Studio 是基于.NET Framework 开发应用程序的专业平台，提供了高级开发工具、调试功能、数据库功能和创新功能，帮助在各种平台上快速创建当前最先进的应用程序。

本教程使用下列软件组成一个完整、基于.NET 的应用系统开发运行环境。

（1）Windows 10。

（2）Microsoft Visual Studio Enterprise 2017（企业版）。

注意：可以到微软公司网站下载 Microsoft Visual Studio Enterprise 2017（90 **天试用版**）。**在** Windows 10 **上安装** Visual Studio 2017 **时，将同时自动安装**.NET Framework 4.7。Microsoft Visual Studio Enterprise 2017 **的下载网址为** http://www.visualstudio.com/。

3. Xamarin Studio

Xamarin Studio 是一个免费的.NET IDE，可以运行于 Windows、Mac OS X 和 Linux 操作系统。Xamarin Studio 提供类似于 Visual Studio Community 的功能，适合在其他操作系统平台开发构建.NET 应用程序。Xamarin Studio 和 Visual Studio 支持相互读入对方创建的项目。具体请参见官网 http://xamarin.com/。

4. Visual Studio Code

Visual Studio Code（简称 VS Code 或 VSC）是一款运行于 Mac OS X、Windows 和 Linux 之上、主要针对网页开发和云端应用的免费开源现代化轻量级代码编辑器，支持几乎所有主流的开发语言的语法高亮、智能代码补全、自定义热键、括号匹配、代码片段、代码对比 Diff、GIT 等特性，并支持插件扩展。

1.2.4 Visual Studio 集成开发环境

Visual Studio 是开发.NET 应用程序的一套完整的开发工具集，集设计、编辑、运行和调试等多种功能于一体的集成开发环境（integrated development environment，IDE）。Visual Studio 2017 支持 5 种内置的开发语言：Visual C#、Visual Basic、Visual C++、Visual F#和 JavaScript，它们使用相同的集成开发环境，因而有助于创建混合语言解决方案。使用 Visual Studio，可以高效地生成各种 ASP.NET Web 应用程序、XML Web Services、桌面应用程序和移动应用程序。

1. Visual Studio 的主要版本

（1）Visual Studio .NET 2003。用于开发面向.NET Framework 1.1 的应用程序。

（2）Visual Studio 2005。用于开发面向.NET Framework 2.0 的应用程序。

（3）Visual Studio 2008。用于开发面向.NET Framework 2.0/3.0/3.5 的应用程序。

（4）Visual Studio 2010。用于开发面向.NET Framework 2.0/3.0/3.5/4.0 的应用程序。

（5）Visual Studio 2012。用于开发面向.NET Framework 2.0/3.0/3.5/4.5 的应用程序。

（6）Visual Studio 2013。用于开发面向.NET Framework 2.0/3.0/3.5/4.5/4.5.1 的应用程序。

（7）Visual Studio 2015。用于开发面向.NET Framework 2.0～4.6 和.NET Core 的应用程序。

（8）Visual Studio 2017。用于开发面向.NET Framework 2.0～4.7 和.NET Core 的应用程序。

2. Visual Studio 2017 的产品系列

（1）Visual Studio Community 2017：适用于学生、开源和个人开发人员的功能完备的免费 IDE，可以用于创建面向 Windows、Android、iOS 的新式应用程序以及 Web 应用程序和云服务。

（2）Visual Studio Professional 2017：面向个人或团队，是一个功能全面的工具集，可以简化应用程序开发过程，支持交付可扩展的高质量应用程序。

（3）Visual Studio Enterprise 2017：面向企业级软件开发团队，集成的端到端的解决方案，适用于各种规模的开发团队，是一个综合性的应用程序生命周期管理工具套件，利用各种工具和服务设计、生成和管理复杂的企业应用程序，支持软件开发从设计到部署的整个过程。

1.3 使用记事本创建简单的 C#程序

1.3.1 Hello World 程序

使用记事本（Notepad.exe）创建程序文件 Hello.cs（C#源文件的扩展名通常是 cs）。

【例 1.1】 Hello World 程序。

```
01  //C:\C#\Chapter01\Hello.cs   A "Hello World!" program
02  //compile: csc  Hello.cs  -> Hello.exe
03  using System;
04  namespace CSharpBook.Chapter01
05  {
06     class HelloWorld
07     {
08        static void Main()
09        {
10           Console.WriteLine("Hello World!");
11        }
12     }
13  }
```

1.3.2 代码分析

第 1 和第 2 行为注释。

第 3 行是一个 using 指令，引用了 System 命名空间。命名空间（namespace），也称为“名称空间”或“名字空间”，提供了一种分层的方式来组织 C#程序和库。命名空间中包含类型声明及子命名空间声明（如 System 命名空间包含 Console 类和其他的类）。这样，第 10 行就可以通过非限定方式直接使用 Console.WriteLine，以代替完全限定方式 System.Console.WriteLine。C#语句以分号（;）结束。

第 4 行定义了命名空间 CSharpBook.Chapter01。命名空间可以按层次有效地组织 C#程序中的类型，以保证其唯一性。

第 5 和第 13 行的大括号对定义了代码块，其中的内容隶属于命名空间 CSharpBook.Chapter01。

第 6 行定义了用户自定义类 HelloWorld。

第 7 和第 12 行的大括号对定义了代码块，其中的代码为类 HelloWorld 的实现。

第 8 行定义了类 HelloWorld 的一个成员，即名为 Main 的方法。Main 方法是使用 static 修饰符声明的静态方法，将作为程序的入口点。

第 9 和第 11 行的大括号对定义了代码块，其中的代码为 Main 方法的实现。

第 10 行调用 Console 类的静态方法 Console.WriteLine("Hello World!")，在控制台上输出字符串"Hello World!"。System.Console 是 C#常用的类，本书范例中将大量使用其静态方法用于从控制台输入输出数据，有关 System.Console 的使用，请参见 1.9 节。

1.3.3 编译和运行结果

通过 Windows 菜单命令“开始”|“所有应用”|Visual Studio 2017|Developer Command Prompt for VS 2017，可以打开“VS 2017 开发者命令提示”命令行窗口。

1. 使用命令行编译程序

切换到目录 C:\C#\chapter01，输入命令“csc Hello.cs”，调用 Microsoft C#编译器编译程序，如图 1-2 所示。

2. 使用命令行运行程序

编译后将产生一个名为 Hello.exe 的可执行程序集。运行结果如图 1-3 所示。

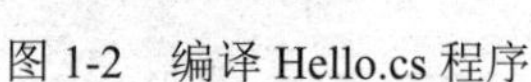
图 1-2 编译 Hello.cs 程序

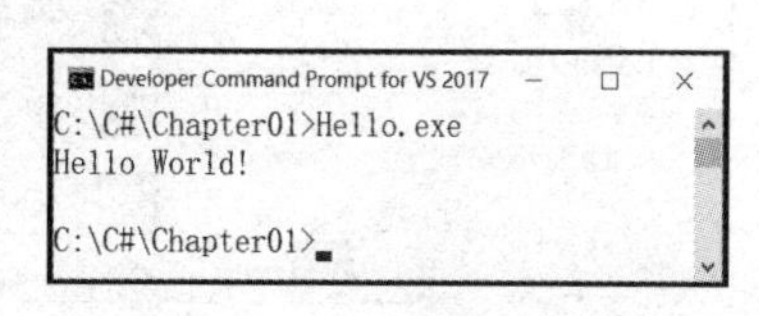

图 1-3 运行 Hello.exe 程序

注意：Hello.cs 使用了 System.Console 类，默认情况下，Microsoft C#编译器自动连接 System.dll。C#语言本身不具有单独的运行时库。事实上，.NET Framework 就是 C#的运行时库。

有关C#程序编译器的详细信息，请参见附录B。

1.4 基于集成开发环境创建简单的C#程序

使用Visual Studio集成开发环境，可以更加快速、高效地开发应用程序。

Windows应用程序通常为基于图形界面的窗口程序，窗口程序虽然友好，但涉及与图形界面有关的代码，会分散对C#语言基础知识的理解。本书主要讲解C#语言的基础知识，示例一般采用控制台应用程序。

使用Visual Studio创建控制台应用程序一般包括如下步骤。

（1）使用Visual C#“控制台应用”模板，创建项目。

（2）使用编辑器，编写源代码程序。

（3）使用生成和调试工具，编译和运行程序。

1.4.1 创建Visual C#控制台应用程序

基于Visual C#“控制台应用”模板，创建Visual Studio项目，同时创建Visual Studio解决方案。

【例1.2】 创建控制台应用程序Hello。

（1）启动Visual Studio 2017。

（2）创建“控制台应用程序”。执行菜单命令“文件”|“新建”|“项目”，打开“新建项目”对话框，选择“控制台应用（.NET Framework）”模板，利用“浏览”按钮选择文件夹C:\C#\Chapter01，在“名称”文本框中输入控制台应用程序名称Hello，其他默认，如图1-4所示。单击“确定”按钮，创建控制台应用程序解决方案和项目。

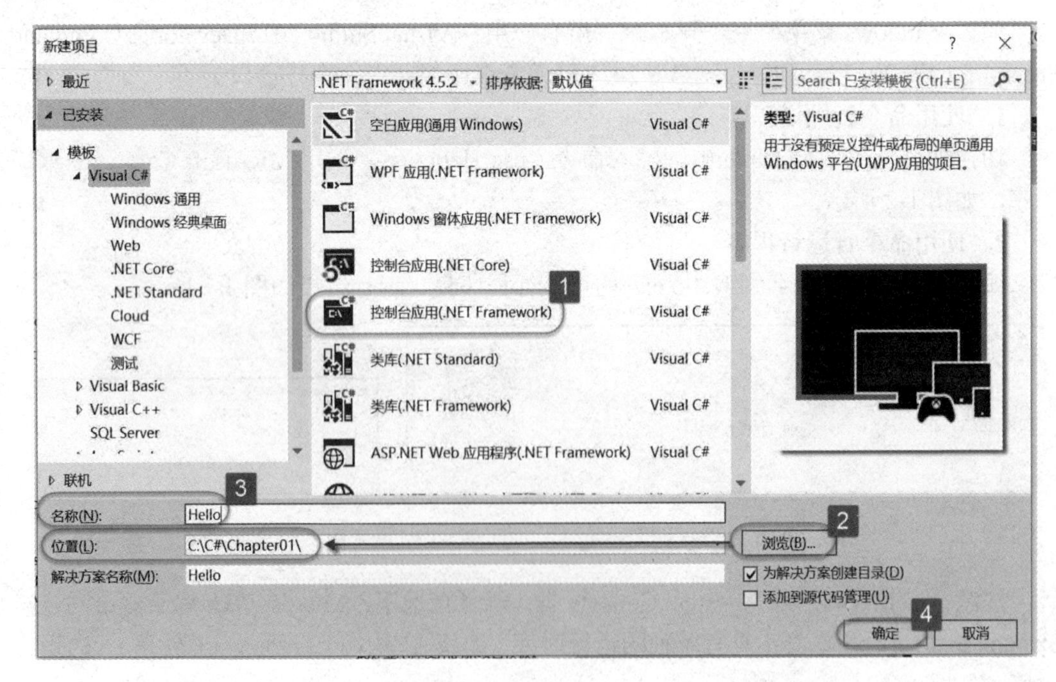

图1-4 “新建项目”对话框（控制台应用（.NET Framework））

1.4.2 编辑 Visual C#源代码文件

Visual C#“控制台应用”模板将自动创建项目相应的文件夹和文件。例 1.2 在 C:\C#\Chapter01 目录下创建解决方案目录 Hello；在 C:\C#\Chapter01\Hello 下创建项目目录 Hello 以及项目解决方案 Hello.sln 文件；在 C:\C#\Chapter01\Hello\Hello 下，创建源程序文件 Program.cs 和其他配置文件。

编辑 Program.cs（也可重命名），输入如图 1-5 所示的代码。

注意：在 Visual Studio 中运行控制台应用程序后，会直接关闭结果运行窗口，为了方便观察运行结果，使用代码 Console.ReadKey()，等待从控制台读入键值，即等待按任意键，然后关闭结果运行窗口。

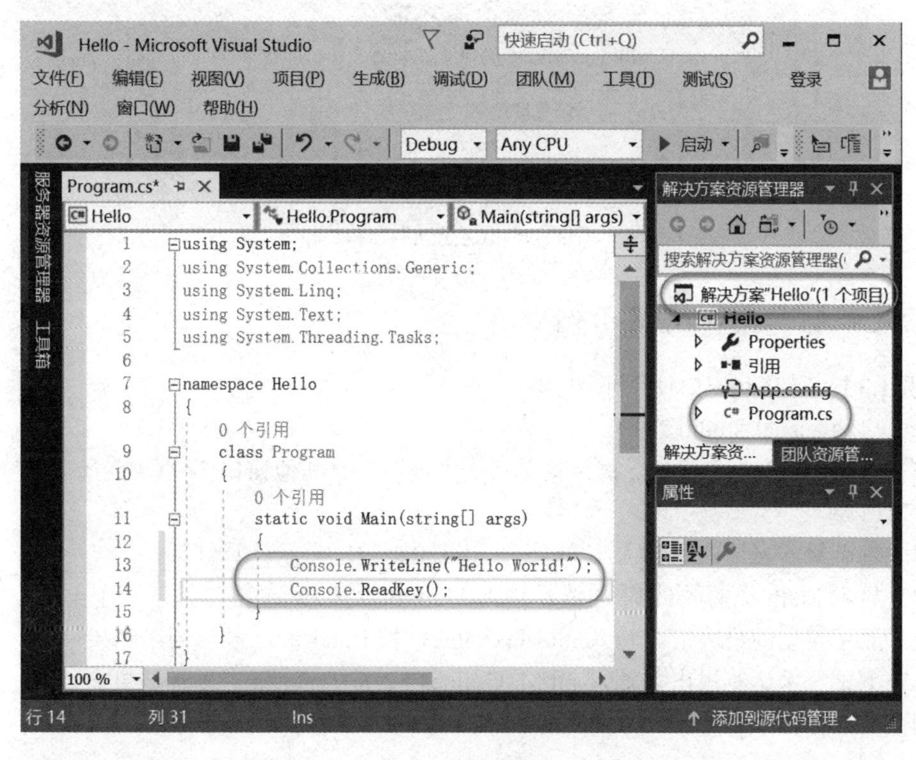

图 1-5 编辑源代码

1.4.3 编译和运行调试程序

执行菜单命令“调试”|“开始调试”；或单击调试工具栏中的启动调试按钮▶；或按 F5 键，运行结果如图 1-6 所示。

图 1-6 运行结果

有关 Visual Studio 集成开发环境的详细信息，请参见附录 C。

1.5 基于“C#交互”窗口测试 C#代码片段

1.5.1 C#交互窗口概述

在 Visual Studio 2017 中，通过“视图”|“其他窗口”|“C#交互”，可以打开“C#交互”窗口，如图 1-7 所示。“C#交互”窗口用于测试 C#代码片段，可以直接输入 C#代码，并且支持代码智能提示功能；按 Enter 键可以实时编译输入的代码，显示计算的结果。

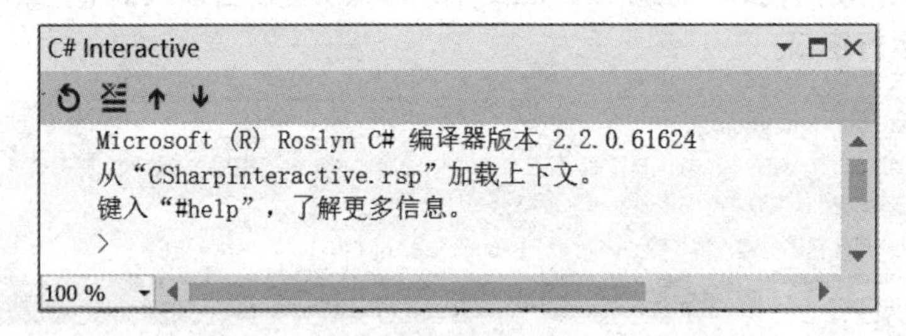

图 1-7 “C#交互”窗口

1.5.2 C#交互窗口使用示例

【例 1.3】 C#交互窗口使用示例。

（1）启动 Visual Studio 2017。

（2）打开“C#交互”窗口。执行菜单命令“视图”|“其他窗口”|“C#交互”，打开“C#交互”窗口。

（3）测试算术表达式。输入 123*456，按 Enter 键，显示计算结果。

（4）显示 Math 类的成员 PI 的值。输入 Math.PI，按 Enter 键，显示调用结果。

（5）显示整型的最大值。输入 int.MaxValue，按 Enter 键，显示调用结果。

（6）测试算术运算溢出。输入 int.MaxValue+1，按 Enter 键，显示结果。

测试结果如图 1-8 所示。

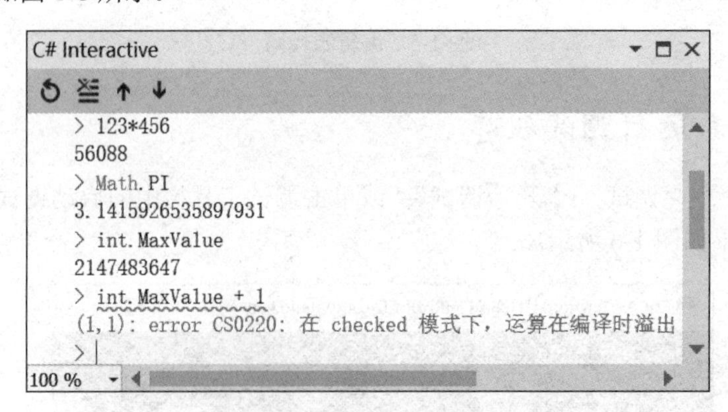

图 1-8 “C#交互”窗口使用示例

1.6 C#程序的结构和书写规则

1.6.1 C#程序的基本结构

C#程序的基本要素如下：

（1）C#程序由一个或多个源文件组成。

（2）C#程序源文件中可以声明类型，包含类、结构、接口、枚举和委托等类型。

（3）C#类型包含数据成员和函数成员，具体包括常量、字段、方法、属性、事件等。

（4）语句是C#程序基本构成元素，用于定义类型和类型成员等。

（5）语句通常包含表达式，表达式由操作数和运算符构成，操作数可以是变量或常量。

（6）C#变量表示存储位置，每个变量必须具有一个类型。

（7）在编译C#程序时，源文件被物理地打包为程序集。程序集为应用程序（application）时，其文件扩展名为 exe；应用程序集为库（library）时，其文件扩展名为 dll。可执行应用程序必须包含一个 Main 方法，用于控制程序的开始和结束。

（8）程序中声明的类型按命名空间组织成层次结构。

（9）程序中可以包含注释语句，以增加代码的可维护性。编译时忽略注释信息。

C#程序结构如下所示。

```
using System;                         //引用命名空间
namespace YourNamespace               //命名空间
{
   class YourClass                    //类
   {
   }
   struct YourStruct                  //结构
   {
   }
   interface IYourInterface           //接口
   {
   }
   delegate int YourDelegate();       //委托
   enum YourEnum                      //枚举
   {
   }
   namespace YourNestedNamespace //嵌套的命名空间
   {
      struct YourStruct               //结构
      {
      }
   }
   class YourMainClass                //类
```

```
    {
        static void Main(string[] args)        //Main主程序
        {
            ⋮                                    //程序体
        }
    }
}
```

1.6.2 C#程序的书写规则

C#程序的书写一般遵循下列规则：

（1）每个类为一个源文件，源文件名称一般为“类名.cs”。例如，Hello.cs 中定义 Hello 类。

（2）类型按命名空间组成层次结构，源程序文件组成对应的目录结构。例如，CSharpBook.Chapter01.Hello 类，保存为 C:\C#\Chapter01\Hello.cs。

（3）C#语句以分号（;）结束，一条语句可以跨越多行。

（4）代码区分字母的大小写。

（5）使用注释，以增加程序的可读性。

（6）程序代码应使用缩进方式以增加可阅读性。一般缩进为 4 个空格。

1.7 类型的声明和使用

C#程序主要由.NET Framework 类库中定义的类型和用户自定义类型组成。C#类型包含类、结构、接口、枚举和委托等。

一个 C#应用程序至少包含一个自定义类。可执行应用程序类必须定义一个 Main 方法，作为应用程序的入口。

本节简要阐述类的声明和使用。类型声明和使用的详细信息，将在本书后续章节陆续阐述。

1.7.1 类的声明

类是最基础的 C#类型。类是一个数据结构，将状态（字段）和操作（方法和其他函数成员）组合在一个单元中，用于实现诸如 Windows 窗体、用户界面控件和数据结构等功能元素。声明类的基本语法为：

```
public class 类名
{
    类体
}[;]
```

在类体内可定义类的成员，如字段和方法。声明字段和方法的基本语法为：

```
[字段修饰符] 类型 字段名;
[方法修饰符] 返回值类型 方法名 ([形参列表])
```

```
{
    方法体
}[;]
```

有关类和对象的详细信息，参见第 6 章。

1.7.2 对象的创建和使用

可以使用 new 运算符创建类的实例对象，通过调用对象的方法进行各种操作，实现应用程序的不同功能。创建和使用对象的基本语法为：

```
类名 对象名 = new 类名([参数表]);                //创建对象
对象名.属性                                      //访问对象属性
对象.方法名([实参列表]);                         //调用对象方法
```

【例 1.4】 类和对象示例（Point.cs）：定义表示平面坐标的类 Point。

```
//compile: csc Point.cs  -> Point.exe
using System;
namespace CSharpBook.Chapter01
{
 public class Point                              //声明类Point
 {
  public int x, y;                               //声明字段x和y，表示坐标点(x,y)
  public Point(int x, int y)                     //构造函数
  {
     this.x = x; this.y = y;
  }
  public double Distance(Point p)
  { //声明方法Distance，计算并返回该对象（坐标点）与对象p（另一坐标点）的距离
     return Math.Sqrt((x - p.x) * (x - p.x) + (y - p.y) * (y - p.y));
  }
 }
 class PointTest
 {
  static void Main()
  {
     Point p1 = new Point(0, 4);                 //创建对象p1（坐标点1）
     Point p2 = new Point(3, 0);                 //创建对象p2（坐标点2）
     double dist = p1.Distance(p2);              //调用对象p1的方法Distance
     Console.WriteLine("点p1的坐标为：(" + p1.x + "," + p1.y + ")");
                                                 //访问p1的属性x和y
     Console.WriteLine("点p2的坐标为：(" + p2.x + "," + p2.y + ")");
                                                 //访问p2的属性x和y
     Console.WriteLine("两点之间的距离为：" + dist); Console.ReadKey();
  }
 }
}
```

运行结果：

```
点p1的坐标为：(0,4)
点p2的坐标为：(3,0)
两点之间的距离为：5
```

1.8 命名空间

.NET Framework 类库包含大量的类型，用户也可以自定义类型。为了有效地组织 C#程序中的类型并保证其唯一性，C#引入了命名空间的概念，从而最大限度地避免类型重名错误。

与文件或组件不同，命名空间是一种逻辑组合。在 C#文件中定义类时，可以把它包括在命名空间定义中。C#程序中类型由指示逻辑层次结构的完全限定名（fully qualified name）描述。例如，CSharpBook.Chapter01.HelloWorld 表示 CSharpBook 命名空间的子命名空间 Chapter01 中的 HelloWorld 类。

1.8.1 定义命名空间

C#程序中使用 namespace 关键字声明命名空间。声明格式如下：

```
namespace 命名空间名称
```

其中，命名空间名称的一般格式如下：

```
<Company>.(<Product>|<Technology>)[.<Feature>][.<Subnamespace>]
```

例如，微软公司所有关于移动设备的 DirectX 的类型可以组织到命名空间 Microsoft.WindowsMobile.DirectX 中。Acme 公司的 ERP 项目中关于数据访问的类型可以组织到命名空间 Acme.ERP.Data 中。

本书的示例程序组织到命名空间 CSharpBook 中，本章的代码组织到命名空间 CSharpBook.Chapter01 中，其他章节以此类推。

一个源程序文件中可以包含多个命名空间；同一命名空间可以在多个源程序文件中定义。命名空间可以嵌套。同一命名空间中不允许定义重名的类型。

注意：如果源代码中没有指定 namespace，则使用默认命名空间。除非简单的小程序，一般不推荐使用默认命名空间。

1.8.2 访问命名空间

要访问命名空间中的类型，可以通过如下的完全限定方式访问：

```
<Namespace>[.<Subnamespace>].类型
```

例如，命名空间 System 中的 Console 类的静态方法 WriteLine()，可以使用全限定名称：

```
System.Console.WriteLine("Hello, World!");
```

如果应用程序频繁使用某命名空间，为了避免在每次使用其中包含的方法时都要指定完全限定的名称，可以在C#应用程序开始时使用using指令引用该命名空间，以通过非限定方式直接引用该命名空间中的类型。导入命名空间的语法为：

```
using <Namespace>[.<Subnamespace>]
```

例如，通过在程序开头包括：

```
using System;
```

可以引用命名空间System，在程序中可以直接使用代码：

```
Console.WriteLine("Hello, World!");
```

C# 6.0中也可以通过下列语法，直接导入指定命名空间中类型的静态成员，随后在程序中可以直接使用，进一步减少代码量。导入命名空间中类型的静态成员的语法为：

```
using static <Namespace>[.<Subnamespace>].类型
```

例如，通过在程序开头包括：

```
using static System.Console
```

可以引用命名空间System，在程序中可以直接使用代码：

```
WriteLine("Hello, World!"); //等价于Console.WriteLine("Hello, World!");
```

【例1.5】 命名空间和类型声明及其关联的完全限定名示例。

```
class A {}           //默认命名空间中的类A
namespace X          //X
{
   class B           //X.B
   {
      class C {}     //X.B.C
   }
   namespace Y       //命名空间X.Y
   {
      class D {}     //X.Y.D
   }
}
namespace X.Y        //命名空间X.Y
{
   class E {}        //X.Y.E
}
```

1.8.3 命名空间别名

using 指令还可用于创建命名空间的别名，别名用于提供引用特定命名空间的简写方法。使用 using 指令指定命名空间或类型的别名的格式如下：

```
using 别名 = 命名空间或类型名;
```

如果别名指向命名空间，则使用“别名::类型”的形式进行调用；如果别名指向类型名，则使用“别名.方法”进行调用。

【例 1.6】 命名空间别名的使用示例。

```
//compile: csc AliasNSTest.cs  -> AliasNSTest.exe
using AliasNS = System;
using AliasClass = System.Console;
namespace CSharpBook.Chapter01
{
   class AliasNSTest
   {
      static void Main()
      {
         //AliasNS.Console.WriteLine("Hi 1");          //错误!
          AliasNS::Console.WriteLine("Hi 2");          //OK
         //AliasClass::WriteLine("Hi 3");              //错误!
          AliasClass.WriteLine("Hi 4");                //OK
      }
   }
}
```

运行结果：

```
Hi 2
Hi 4
```

1.8.4 全局命名空间

当成员可能被同名的其他实体隐藏时，可以使用全局命名空间来访问正确的命名空间中的类型。在 C#程序中，如果使用全局命名空间限定符 global::，则对其右侧标识符的搜索将从全局命名空间开始。

【例 1.7】 全局命名空间的使用示例。

```
//compile: csc GlobalNSTest.cs  -> GlobalNSTest.exe
using System;
namespace CSharpBook.Chapter01
{
   class GlobalNSTest
   {  //定义一个名为'System'的新类，为系统制造麻烦
      public class System { }
     //定义一个名为'Console'的常量，为系统制造麻烦
      const int Console = 7;
      const int number = 66;
```

```
        static void Main()
        {
            //Console.WriteLine(number);              //出错：访问GlobalNSTest.Console
            global::System.Console.WriteLine(number); //访问正确的命名空间中的类型
        }
    }
}
```

运行结果：

```
66
```

1.8.5 命名空间举例

例 1.8 演示了在两个不同的命名空间中分别定义名称相同的类（SampleClass），并演示其调用方法。

【例 1.8】 命名空间示例。

```
//compile: csc NamespaceTest.cs  -> NamespaceTest.exe
using System;
using CSharpBook.Chapter01;
namespace CSharpBook.Chapter01
{
    class SampleClass
    {
        public void SampleMethod()
        {
         Console.WriteLine("SampleMethod inside CSharpBook.Chapter01");
        }
    }
    namespace NestedNamespace //创建嵌套的命名空间
    {
        class SampleClass
        {
            public void SampleMethod()
            {
                Console.WriteLine("SampleMethod inside CSharpBook.Chapter01.NestedNamespace");
            }
        }
    }
    class Program
    {
        static void Main()
```

```
        {   //显示"SampleMethod inside CSharpBook.Chapter01"
            SampleClass outer = new SampleClass();
            outer.SampleMethod();
            //显示"SampleMethod inside CSharpBook.Chapter01"
            CSharpBook.Chapter01.SampleClass outer2 = new CSharpBook.Chapter01.SampleClass();
            outer2.SampleMethod();
            //显示"SampleMethod inside CSharpBook.Chapter01.NestedNamespace"
            NestedNamespace.SampleClass inner = new NestedNamespace.SampleClass();
            inner.SampleMethod();
            //显示"SampleMethod inside CSharpBook.Chapter01.NestedNamespace"
            CSharpBook.Chapter01.NestedNamespace.SampleClass inner2 =
               new CSharpBook.Chapter01.NestedNamespace.SampleClass();
            inner2.SampleMethod();
        }
    }
}
```

运行结果：

```
SampleMethod inside CSharpBook.Chapter01
SampleMethod inside CSharpBook.Chapter01
SampleMethod inside CSharpBook.Chapter01.NestedNamespace
SampleMethod inside CSharpBook.Chapter01.NestedNamespace
```

1.8.6 外部别名

如果在同一个应用程序中需要使用程序集的两个或多个版本，可通过使用外部程序集别名，将来自每个程序集的命名空间包装在由别名命名的根级别命名空间中，从而使这些命名空间可以在同一个文件中使用。

例如，若要同时引用两个具有相同完全限定类型名的程序集 grid.dll 和 grid20.dll，必须在编译选项引用并指定其外部别名：

```
/r:GridV1=grid.dll
/r:GridV2=grid20.dll
```

并且在程序中，通过 extern alias 使用这些别名：

```
extern alias GridV1;
extern alias GridV2;
```

然后，通过 GridV1::Grid 访问来自 grid.dll 的网格控件，而 GridV2::Grid 访问来自 grid20.dll 的网格控件。

1.9 注　　释

C#使用传统的C风格注释方式，单行注释使用“//”，多行注释使用“/*”和“*/”。所有注释的内容都会被编译器忽略。

1.9.1 单行注释

单行注释使用“//”字符将该行的其余内容转换为注释内容。例如：

```
//这是单行注释
//这是单行注释
//2017/12/08
```

1.9.2 多行注释

多行注释通过将文本块置于“/*”和“*/”字符之间，使其变成注释。例如：

```
/* 这个注释
  跨多行 */
```

1.9.3 内联注释

多行注释可以用于内联注释，即把多行注释放在一行代码中，该行中置于“/*”和“*/”字符之间的部分将变成注释。例如：

```
System.Console.WriteLine(/*此处为注释！ */ "This will be compiled");
```

运行结果为“This will be compiled”。

但这种注释风格会使代码难以理解，建议尽量避免使用。内联注释一般用于调试代码。例如，在运行代码时要临时使用另一个值：

```
SampleMethod(Width, /*Height*/ 100);
```

字符串中出现的注释字符会按照一般的字符来处理，不再作为注释语句。例如：

```
System.Console.WriteLine( "/*这是一般字符串*/");
```

运行结果为“/*这是一般字符串*/”。

1.9.4 XML 文档注释

C#除了支持上述C语言风格的注释外，还支持特定的以三个斜杠（///）开头的单行注释。在这些注释中，可以把包含类型和类型成员的文档说明的XML标识符放在代码中。使用/doc进行编译时，编译器将在源代码中搜索所有的XML标记，并创建一个XML格式的文档文件。

【例 1.9】 XML文档注释信息的使用示例。

```
//compile: csc /doc:XMLDoc.xml XMLDoc.cs -> XMLDoc.xml以及XMLDoc.exe
using System;
///<summary>XML注释文档示例。</summary>
///<remarks>
///本示例演示使用XML注释生成XML注释文档的方法和过程</remarks>
public class XMLDoc
{
  ///<summary>在控制台窗口中显示欢迎信息。</summary>
  ///<param name="sName">sName: 用户名字符串。</param>
  ///<seealso cref="String">请参见String。</seealso>
  public static void SayHello(string sName)
  {
      Console.WriteLine(sName + ", Welcome to C# world!");
  }
  ///<summary>应用程序的入口点。///</summary>
  ///<param name="args">用户名</param>
  public static int Main(String[] args)
  {
      if (args.Length == 0)
      {
        Console.WriteLine("请输入您的姓名，形式如下：XMLDoc.exe yourname");
        return 1;
        }
      XMLDoc.SayHello(args[0]);
     return 0;
  }
}
```

程序运行结果（不带参数、带参数）如图 1-9 所示。

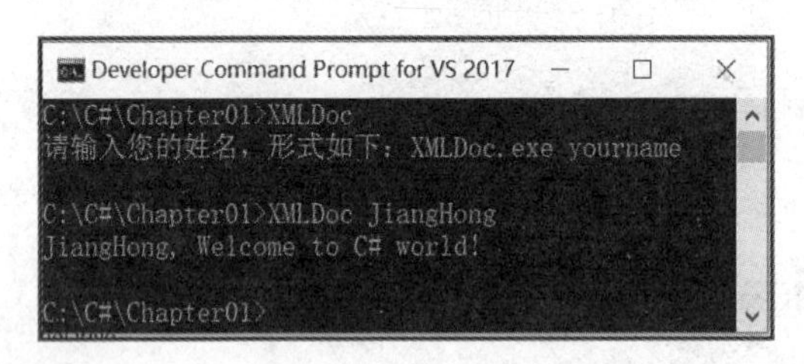

图 1-9　XML 文档注释运行结果

有关 C# XML 文档注释及其支持的 XML 的标记的详细信息，参见附录 F。

1.10　Main 方法

1.10.1　Main 方法概述

C#的可执行程序必须包含一个 Main 方法，用于控制程序的开始和结束。Main 方法是驻留在类或结构内的静态方法，在 Main 方法中可以创建对象和执行其他方法。

在编译 C#控制台或 Windows 应用程序时，默认情况下，编译器会在源代码中查找 Main 方法，并使该方法成为程序的入口。如果有多个 Main 方法，编译器就会返回一个错误。但是，可以使用/main 选项，其后跟 Main 方法所属类的全名（包括命名空间），明确告诉编译器将哪个方法作为程序的入口点。

【例 1.10】 Main 方法编译选项示例（MainTest.cs）。

```
//编译错误：csc MainTest.cs
//编译正确：csc /main:CSharpBook.Chapter01.HelloWorld2 MainTest.cs  ->  MainTest.exe
//using System;
namespace CSharpBook.Chapter01
{
   class HelloWorld1
   {
      static void Main()
      {
         Console.WriteLine("Hello World 1!");
      }
   }
   class HelloWorld2
   {
      static void Main()
      {
         Console.WriteLine("Hello World 2!");
      }
   }
}
```

运行结果：

```
Hello World 2!
```

1.10.2　Main 方法声明

C#可以使用下列方式之一声明 Main 方法。

（1）不带参数，void 类型。

```
static void Main()
{
  //…
}
```

（2）不带参数，返回 int。

```
static int Main()
{
  //…
```

```
  return 0;
}
```

（3）带参数，void 类型。

```
static void Main(string[] args)
{
  //…
}
```

（4）带参数，返回 int。

```
static int Main(string[] args)
{
  //…
  return 0;
}
```

1.10.3 命令行参数

Main 方法的参数是表示命令行参数的 String 数组。通常通过测试 args.Length 属性来检查参数是否存在，args[0]表示第一个参数，args[1]表示第二个参数，以此类推。

可以使用 for 语句或 foreach 语句循环访问命令行参数字符串数组。如果需要，可以使用 Convert 类或 Parse 方法将命令行字符串参数转换为数值类型。

【例 1.11】 命令行参数示例：输出命令行参数个数以及各参数内容。

```
//compile: csc CommandLine.cs  -> CommandLine.exe
using System;
namespace CSharpBook.Chapter01
{
   class CommandLine
   {
         static void Main(string[] args)
         {                                              //输出参数个数
         Console.WriteLine("参数个数 = {0}", args.Length);
          for (int i = 0; i < args.Length; i++)     //使用for语句输出各参数值
          {
             Console.WriteLine("Arg[{0}] = [{1}]", i, args[i]);
          }
          foreach (string s in args)                //使用foreach语句输出各参数值
          {
             Console.WriteLine(s);
          }
        }
   }
}
```

程序运行结果（不带参数、带参数）如图 1-10 所示。

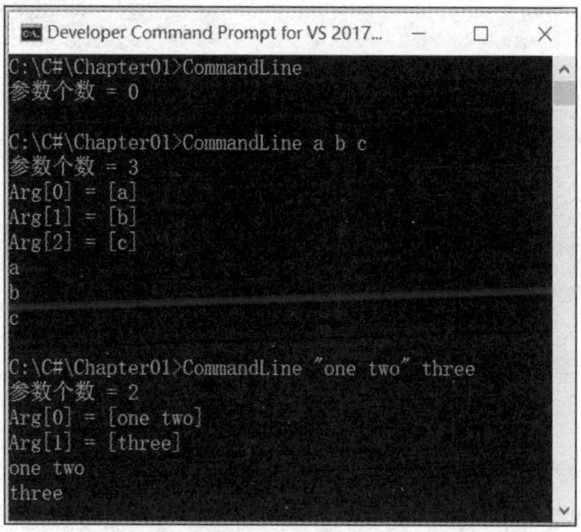

```
Developer Command Prompt for VS 2017...
C:\C#\Chapter01>CommandLine
参数个数 = 0

C:\C#\Chapter01>CommandLine a b c
参数个数 = 3
Arg[0] = [a]
Arg[1] = [b]
Arg[2] = [c]
a
b
c

C:\C#\Chapter01>CommandLine "one two" three
参数个数 = 2
Arg[0] = [one two]
Arg[1] = [three]
one two
three
```

图 1-10　命令行参数运行结果

也可以使用 System.Environment 类的静态方法 GetCommandLineArgs()，以获取命令行参数的字符串数组。

说明：这种方法不需要声明 Main 方法的参数，但为了程序的可读性，一般建议接收输入参数的程序，其 Main 方法带参数。

【例 1.12】 命令行参数示例（使用 System.Environment 类的静态方法）：输出命令行参数个数以及各参数内容。

```
//compile: csc CommandLine1.cs  -> CommandLine1.exe
using System;
namespace CSharpBook.Chapter01
{
   class CommandLine1
   {
         static void Main(string[] args)
         { //输出参数个数
          string[] theArgs = Environment.GetCommandLineArgs();
          Console.WriteLine("参数个数 = {0}", theArgs.Length);
          foreach (string s in theArgs)//使用foreach语句输出各参数值
          {
             Console.WriteLine(s);
          }
      }
   }
}
```

打开 Visual Studio 集成开发环境，在解决方案资源管理器中，右击项目名称，选择快捷菜单命令“属性”，打开指定的项目配置页面，单击“调试”选项，在“启动选项”选项组的“命令行参数”文本框中可以设置命令行参数，如图 1-11 所示。

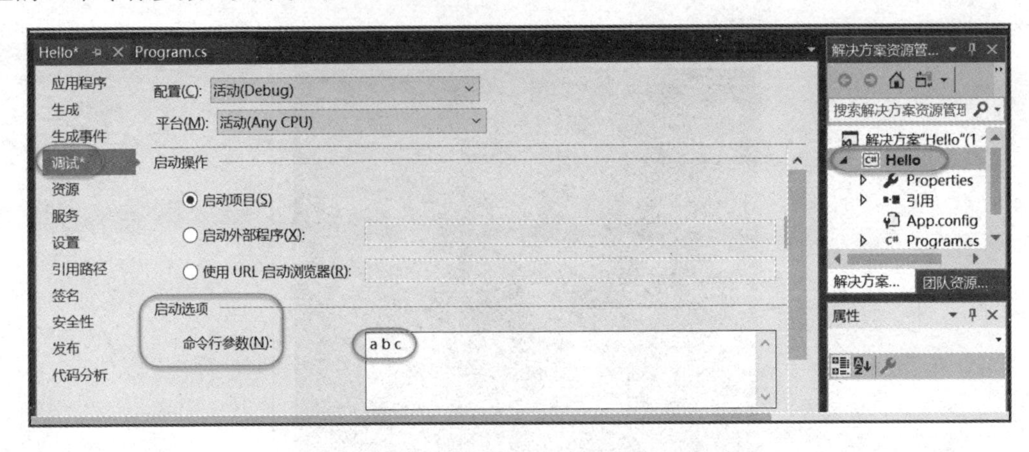

图 1-11　在项目的配置页面指定命令行参数的示例

1.10.4　Main 返回值

Main 方法可以是 void 类型，也可以返回整型值 int。如果不需要使用 Main 的返回值（程序返回值），则使用 void 可以使代码变简洁。而返回整数可使程序将状态信息传递给调用该可执行文件的其他程序或脚本文件。

【例 1.13】 Main 返回值示例：如果不带命令行参数，则给出相应的提示；否则，输出命令行参数信息。

```
//compile: csc MainRVTest.cs  -> MainRVTest.exe using
System;
namespace CSharpBook.Chapter01
{
   class HelloWorld
   {
      public static int Main(String[] args)
      {
            if (args.Length == 0)
            {
                Console.WriteLine("请输入一个string作为参数: ");
                return 1;
             }else{
                  Console.WriteLine("Hello," + args[0]);
                  return 0;
              }
      }
   }
}
```

程序运行结果（不带参数、带参数）如图 1-12 所示。

图 1-12　Main 返回值运行结果

可以使用批处理文件调用前面的代码示例所生成的可执行文件 MainRVTest.exe。如果没有输入参数，则执行失败，给出提示信息；如果输入参数，则执行成功，输出命令行参数信息。使用 notepad.exe 创建批处理文件 MainRVTest.bat，其内容如下所示：

```
rem MainRVTest.bat
@echo off
MainRVTest
@if "%ERRORLEVEL%" == "0" goto good
:fail1
   echo Execution Failed
   echo return value = %ERRORLEVEL%
   goto end1
:good1
   echo Execution Succeeded
   echo return value = %ERRORLEVEL%
   goto end
:end1
MainRVTest  Mary
@if "%ERRORLEVEL%" == "0" goto good0
:fail0
   echo Execution Failed
   echo return value = %ERRORLEVEL%
   goto end0
:good0
   echo Execution Succeeded
   echo return value = %ERRORLEVEL%
   goto end0
:end0
```

程序运行结果如图 1-13 所示。

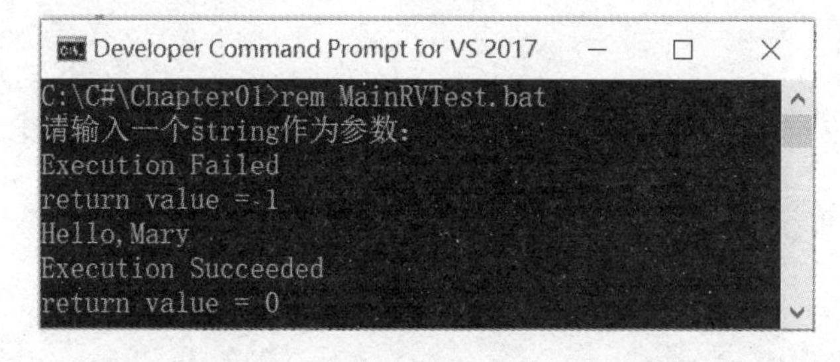

图 1-13　MainRVTest.bat 的运行结果

1.11 控制台输入和输出

编写基本的C#程序时，常常使用System.Console类的几个静态方法来读写数据。输出数据时，则需要根据数据类型通过格式化字符串进行格式化。

1.11.1 System.Console类概述

System.Console类表示控制台应用程序的标准输入流、输出流和错误流。控制台应用程序启动时，操作系统会自动将三个I/O流（In、Out和Error）与控制台关联。应用程序可以从标准输入流（In）读取用户输入；将正常数据写入到标准输出流（Out）；将错误数据写入到标准错误输出流（Error）。

Console类提供用于从控制台读取单个字符或整行的方法，常用的方法如表1-2所示。

表1-2 System.Console类提供的常用方法

方法	说明
Beep	通过控制台扬声器播放提示音
Clear	清除控制台缓冲区和相应的控制台窗口的显示信息
Read	从标准输入流读取下一个字符
ReadKey	获取用户按下的下一个字符或功能键
ReadLine	从标准输入流读取下一行字符
Write	将指定值的文本表示形式写入标准输出流
WriteLine	将指定的数据（后跟当前行终止符）写入标准输出流

1.11.2 控制台输入输出

使用System.Console类提供的静态方法，可实现控制台的输入和输出。在控制台程序中，大量使用该方法实现交互。本身讲解C#语言基础知识，主要采用控制台程序。

【例1.14】 控制台输入输出示例（ConsoleIO.cs）。

```
using System;
namespace CSharpBook.Chapter01
{
   class ConsoleIO
   {
      static void Main(string[] args)
      {
        Console.Clear();                       //清屏
        Console.Write("请输入您的姓名：");     //提示输入
        String s = Console.ReadLine();         //读取一行，按Enter键结束
        Console.Beep();                        //提示音
        Console.WriteLine("欢迎您！" + s);     //输出读取的内容
        Console.Read();                        //按Enter键结束
      }
```

```
    }
}
```

运行结果：

```
请输入您的姓名：Jiang Hong
欢迎您！Jiang Hong
```

1.11.3 格式化输出

使用 Console.WriteLine()方法输出结果时，可以使用复合格式，控制输出内容的格式。其基本语法为：

```
Console.WriteLine(复合格式字符串, 输出对象列表);
```

其中，复合格式字符串由固定文本和格式项混合组成，其中格式项又称为索引占位符，对应于列表中的对象。例如：

```
Console.WriteLine("(C) Currency: {0:C}\n(E) Scientific:{1:E}\n", -123, -123.45f);
```

复合格式产生的结果字符串由原始固定文本和列表中对象字符串的格式化表示形式混合组成。上例的输出结果为：

```
(C) Currency: ￥-123.00
(E) Scientific:-1.234500E+002
```

在上例中，{0:C}/{1:E}为格式项（索引占位符）。其中 0、1 为基于 0 的索引，表示列表中参数的序号，索引号后的冒号后为格式化字符串。在例子中，C 表示格式化为货币；E 表示格式化为科学计数法。

有关复合格式字符串的使用以及格式化约定的信息，参见附录 E。

【例 1.15】 复合格式示例（ComFormat.cs）。

```
using System;
namespace CSharpBook.Chapter01
{
    class ComFormat
    {
        static void Main(string[] args)
        {
            Console.WriteLine("{0:C3}", 12345.6789);          //显示：￥12,345.679
            Console.WriteLine("{0:D8}", 12345);               //显示：00012345
            Console.WriteLine("{0:E10}", 12345.6789);         //显示：1.2345678900E+004
            Console.WriteLine("{0:F3}", -17843);              //显示：-17843.000
            Console.WriteLine("{0:00000.000}", 123.45);       //显示：00123.450
            Console.WriteLine("{0:#####.###}", 123.45);       //显示：123.45
            DateTime date1 = new DateTime(2014, 4, 10, 6, 30, 0);
            Console.WriteLine(date1.ToString("yyyy/MM/dd hh:mm:ss"));
```

```
                        //显示：2014/04/10 06:30:00
        }
    }
}
```

程序运行结果如图 1-14 所示。

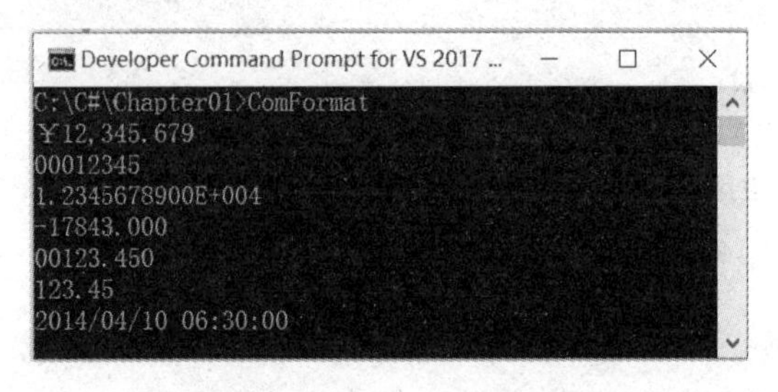

图 1-14　复合格式示例的运行结果

第2章　数据类型、变量和常量

计算机程序处理的数据必须放入内存。机器语言和汇编语言直接通过内存地址访问这些数据，而高级语言则通过内存单元命名（即变量或常量）来访问这些数据。C#中每个变量和对象都必须具有声明类型。

本章要点：

视频讲解

- 标识符及其命名规则；
- 变量和常量；
- 通用类型系统（CTS）；
- 值类型、引用类型及其差异；
- 装箱和拆箱的基本概念；
- 预定义基本数据类型的使用；
- 类型转换方法。

2.1　标识符及其命名规则

2.1.1　标识符

标识符（identifier）是变量、类型、类型成员等的名称。C#语言中定义的类型和成员名称必须为有效的标识符。标识符的第一个字符必须是字母、下画线（“ ”）或@，其后的字符可以是字母、下画线或数字。

例如，myVar、_strName、obj1、@namespace 为正确的变量名；而 99var、It'sOK、namespace 为错误的变量名。

说明：

（1）C#标识符区分大小写。例如，ABC 和 abc 视为不同的名称。

（2）一些特殊的名称，如 if、for、namespace 等，为 C#语言的保留关键字，不能作为标识符。可以定义@加关键字的变量名，如@namespace。

2.1.2　保留关键字

关键字有特殊的语法含义。各关键字的使用，将在后续章节阐述。关键字不能在程序中用作标识符，否则会产生编译错误。C#主要关键字的列表参见附录 D，本书将阐述其使用方法。

2.1.3 命名约定

C#语言遵循.NET Framework 的三种命名约定：

（1）PascalCase。在多个单词组成的名称中，每个单词除第一个字母大写外，其余的字母均小写。PascalCase 命名约定一般用于自定义类型及其成员，如名称空间、类名、字段、方法、属性和事件等。例如，MyClass、GetItemData、MouseClick。

（2）camelCase。在多个单词组成的名称中，每个单词除第一个字母大写外（第一个单词以小写字母开头），其余的字母均小写。camelCase 命名约定一般用于局部变量名和方法参数名。例如，myValue、firstName、dateOfBirth。

（3）UPPERCASE。名称中的所有字母都大写，UPPERCASE 命名约定一般用于常量名。例如，PI、TAXRATE。

2.2 变　　量

变量（variable）表示存储位置，每个变量必须具有一个类型。C#是一种类型安全的语言，C#编译器保证存储在变量中的值具有合适的类型。通过赋值或使用++和--等运算符可以更改变量的值。

2.2.1 变量的分类

根据变量声明的位置，可以分为下列类型：

（1）成员变量。在类型中声明，作为类型成员的变量，称为成员变量（即字段）。包括静态变量（static variables）和非静态变量（即实例变量，instance variables）。

（2）局部变量。在类型的成员方法中声明的变量，称为局部变量（local variables）。作为方法定义的参数，也属于局部变量，包括值参数（value parameters）、引用参数（reference parameters）和输出参数（output parameters）。

变量可以为类型，也可以为类型的数组。指向数组的变量，称为数组元素（array elements）。

本节阐述局部变量的声明、赋值和使用。有关成员变量和方法参数的详细信息，参见第 6 章。有关数组元素的详细信息，参见第 5 章。

2.2.2 变量的声明

变量使用前，必须先进行声明。变量的声明语法如下：

```
变量类型 变量名1[=初始值1], 变量名2[=初始值2], …;
```

声明变量时，可以同时赋初值；使用逗号分隔，可以声明多个变量。例如：

```
int i1;                               //声明整型变量
int i2 = 456;                         //声明整型变量并赋初值
double d1 = 12.3, d2 = 45.6, d3;      //声明double型变量，并有两个变量赋初值
```

2.2.3 变量的赋值和引用

C#变量被访问之前必须被初始化，否则编译时会报错。因此，不可能访问一个未初始化变量（如不确定的指针、超出数组边界的表达式）。

类的成员变量（静态变量和实例变量）、数组元素会自动初始化为默认值。虽然可以直接访问，但建议使用前赋初值（显式初始化），以增加程序的可读性，避免可能导致的错误。

变量赋值包括简单赋值和复合赋值。变量的简单赋值语法如下：

```
变量名 = 要赋的值;
```

对于指向值类型的变量，可以在语句和表达式中，直接使用变量名，以引用变量的值。对于指向引用类型的变量（即对象），可以通过“.”运算符，访问其字段、属性和方法。例如：

```
int x = 123;                                //声明值类型（整型）变量并赋初值
System.Console.WriteLine(x);                //使用变量
System.Random rnd = new System.Random()     //声明引用类型变量并赋初值
System.Console.WriteLine(rnd.Next());       //使用变量（调用对象的方法）
```

【例 2.1】 变量的声明和赋值示例（VariableTest.cs）。

```
using System;
namespace CSharpBook.Chapter02
{
  class VariableTest
  {
      static void Main()
      {
          int i1;                                  //声明整型变量
          i1 = 123;                                //变量赋初值
          int i2 = 456;                            //声明整型变量并赋初值
          double d1=12.3, d2 = 45.6, d3;           //声明double型变量，将两个变量赋初值
          Console.WriteLine("i1={0}, i2={1}", i1, i2);
          Console.WriteLine("d1={0}, d2={1}", d1, d2);
          //Console.WriteLine("d3={0}", d3);     //编译错误：变量d3被访问之前没有赋值
          Console.ReadLine();
      }
  }
}
```

运行结果：

```
i1=123, i2=456
d1=12.3, d2=45.6
```

2.2.4 变量的作用域

变量声明的位置不同，其可被访问的范围也不同。变量的可被访问范围称为变量的作用域。C#语言中变量按其作用域大致可以分为类型成员变量、方法体局部变量（包括方法参数）和语句块局部变量。

1. 类型成员变量

类型成员变量是在类类型中声明的变量，包括静态变量和实例变量。其有效范围（作用域）为类类型定义体内。

2. 方法体局部变量

方法体局部变量是方法中声明的变量，其有效范围（作用域）为方法体内。方法所带的参数也属于过程级局部变量，其有效范围（作用域）为方法体内。

3. 语句块局部变量

语句块局部变量是在控制结构块中声明的变量。例如，if、for 等语句中定义的变量，其有效范围（作用域）为控制结构块内。注意，异常处理结构传递给 catch 语句的参数与语句块局部变量类似，其有效范围（作用域）为对应的 catch 语句块。

在大型程序的不同部分常常使用相同的变量名定义不同的变量，只要保证变量的作用域属于程序的不同部分，就不会产生二义性，即不会发生冲突。注意，同名的局部变量不能在同一作用域内声明两次。

在方法中声明的局部变量和在类中声明的成员变量的完全限定的名称不同（静态成员变量通过“类名.静态成员变量名”访问，而实例成员变量通过“对象实例.实例成员变量名”或“this.实例成员变量名”访问），故在类的方法中可以定义与已定义的成员变量名相同的局部变量，而不产生冲突。

方法所带的参数与在方法中声明的局部变量作用域相同，故在方法体中定义与方法参数重名的局部变量将产生编译错误。

不同的语句块中声明的同名局部变量，其作用域不同，故不冲突。但方法体局部变量（包括方法参数）的作用域包括该方法中的控制语句块，故在方法体中的控制语句块中定义与方法体局部变量（包括方法参数）同名的局部变量名将产生编译错误。

【例 2.2】 变量的作用域示例（TestVariableScope.cs）。

```
using System;
namespace CSharpBook.Chapter02
{
   public class TestVariableScope
   {
      static int j = 99;               //静态变量j属于TestVariableScope类
      public static void Main(string[] args)
      {  //args与main方法的参数args作用域相同，冲突。注释此行以运行程序
         //string[] args = "abc";
          for (int i = 0; i < 2; i++)  //局部变量i属于当前的for语句
          {
            int k = 10;                //局部变量k属于当前的for语句
```

```
            Console.WriteLine(k + " * " + i + " = " + k * i);
        }                                       //局部变量i和k的作用域到此为止
        //System.out.println(i);                //局部变量i不存在，编译错误
        int j = 20; //定义局部变量j，与类的静态变量j不冲突
        Console.WriteLine("class j=" + TestVariableScope.j);
        Console.WriteLine("local j=" + j);
        for (int i = 0; i < 2; i++)  //局部变量i属于当前for语句，重新定义局部变量i不会冲突
        {
            int k = 20;                 //局部变量k属于当前的for语句，重新定义局部变量k不会冲突
            //int j = 20;               //重复声明，局部变量冲突，编译错误。注释此行以运行程序
            Console.WriteLine(k + " * " + i + " = " + k * i);
        }
    }
  }
}
```

运行结果：

```
10 * 0 = 0
10 * 1 = 10
class j=99
local j=20
20 * 0 = 0
20 * 1 = 20
```

2.2.5 ref 局部变量（C# 7.0）

C# 7.0 支持引用局部变量（ref locals），即可以使用 ref 引用局部变量。

例如：

```
int x = 3;
ref int x1 = ref x;                                        //通过ref关键字，把x赋给了x1
x1 = 2;
Console.WriteLine($"改变后的变量 {nameof(x)} 值为: {x}");   //x的值为2
```

2.3 常　　量

2.3.1 文本常量

代码中出现的文本形式常数即文本常量，又称为字面常量（literal）。通常按默认方式确定其数据类型，或根据这些常量附带的文本类型字符来确定其数据类型。例如：

```
int i1=123 ;                          //文本常量123为整型常量
float x1 = 1.23F;                     //使用后缀f或F初始化float浮点型变量
string str1="C#.NET程序设计";         //文本常量"C#.NET程序设计"为字符串常量
```

2.3.2 用户声明常量

在声明和初始化变量时，在变量的前面加上关键字 const，就可以把该变量指定为一个常量。常量（constant）是表示常量值（即可以在编译时计算的值）。常量的声明语法如下：

```
const 变量类型 常量名;
```

例如：

```
const double PI = 3.14159;                    //声明浮点型常量PI
```

常量的命名规则一般采用大写字母。常量使用易于理解的名称替代数字或字符串，可以提高程序的可读性、健壮性和可维护性。

注意：常量必须在声明时初始化；指定其值后，不能再对其进行赋值修改。

【例 2.3】 常量的声明和赋值示例（ConstantTest.cs）。

```
using System;
namespace CSharpBook.Chapter02
{
   class ConstantTest
   {
      static void Main()
      {
         double amount = 10000;              //声明变量amount(金额)并赋值为10 000
         const double TAXRATE = 0.17;        //声明常量TAXRATE(增值税率)为17%
         //TAXRATE = 0.05;                   //编译错误
         double tax = amount * TAXRATE;      //计算增值税
         Console.WriteLine("金额={0}; 税={1}", amount, tax);
         Console.ReadKey();
      }
   }
}
```

运行结果：

```
金额=10000; 税=1700
```

2.4 数据类型

C#是强类型语言，即每个变量和对象都必须具有声明类型。C#语言的类型划分为三大类：值类型、引用类型和指针类型（参见第 5 章）。

在.NET Framework 中，引入通用类型系统（common type system，CTS）的概念，以保证遵循公共语言规范（common language specification，CLS）的语言（如 C#和 VB.NET）

编写的程序之间可以相互操作。通用类型系统是运行库支持跨语言集成的一个重要组成部分。

2.4.1 类型系统

通用类型系统定义了如何在运行库中声明、使用和管理类型。表 2-1 所示为 C#类型系统的概述。

表 2-1 C#类型系统

类别		说明
值类型	简单类型	有符号整型：sbyte、short、int 和 long
		无符号整型：byte、ushort、uint 和 ulong
		Unicode 字符型：char
		IEEE 浮点型：float 和 double
		高精度小数型：decimal
		布尔型：bool
	枚举类型	enum E {…}形式的用户定义的类型
	结构类型	struct S {…}形式的用户定义的类型
	可以为 null 的类型	其他所有具有 null 值的值类型的扩展
引用类型	类类型	其他所有类型的最终基类：object
		Unicode 字符串型：string
		class C {…}形式的用户定义的类型
	接口类型	interface I {…}形式的用户定义的类型
	数组类型	一维和多维数组，如 int[]和 int[,]
	委托类型	delegate int D(…)形式的用户定义的类型

2.4.2 值类型

值类型（value type）的变量在堆栈（stack）中直接包含其数据，每个变量（除 ref 和 out 参数变量外）都有自己的数据副本，因此对一个变量的操作不影响另一个变量。值类型一般适合存储少量数据，可以实现高效率处理。

C#的值类型分为简单类型（simple type）、枚举类型（enum type）和结构类型（struct type）。还可以为 null 的类型（nullable type）。

2.4.3 引用类型

引用类型（reference type）的变量在堆栈（stack）中存储对数据（对象）的引用（地址），数据（对象）存储在托管运行环境管理的堆（heap）中。对于引用类型，两个变量可能引用同一个对象，因此对一个变量的操作可能影响另一个变量所引用的对象。

C#的引用类型分为类类型(class type)、接口类型(interface type)、数组类型(array type)和委托类型（delegate type）。

【例 2.4】 值类型与引用类型之间的区别示例（ValueReference.cs）。变量 val1 与 val2 为值类型；ref1 与 ref2 为引用类型。比较其运行结果和内存分配示意图。

```
using System;
```

```
namespace CSharpBook.Chapter02
{
    class Class1
    {
     public int Value = 0;
    }
    class ValueReference
    {
     static void Main()
     {
         int val1 = 0; int val2 = val1; val2 = 123;
         Class1 ref1 = new Class1();Class1 ref2 = ref1; ref2.Value = 123;
         Console.WriteLine("Values: {0}, {1}", val1, val2);
         Console.WriteLine("Refs: {0}, {1}", ref1.Value, ref2.Value);
         Console.ReadKey();
       }
    }
}
```

运行结果：

```
Values: 0, 123
Refs: 123, 123
```

例 2.4 内存分配示意图如图 2-1 所示。

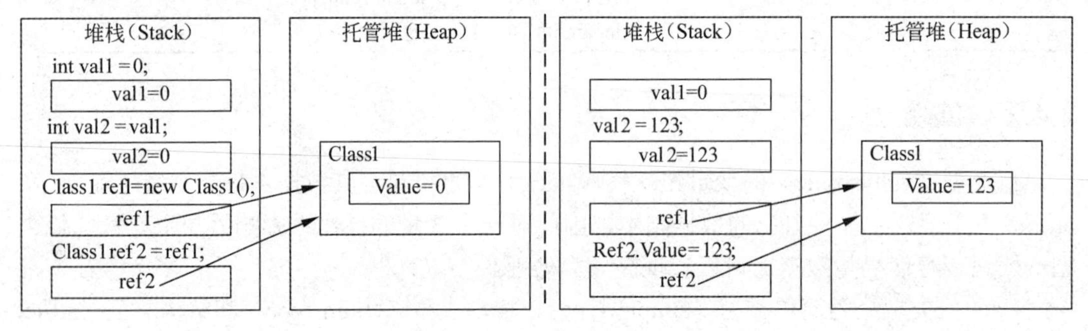

图 2-1　值类型与引用类型内存分配示意图

2.4.4　装箱和拆箱

C#中所有的类型都继承于 System.Object 根类型，而所有的值类型都继承于 System.ValueType 类型。通过装箱（boxing）和拆箱（unboxing）机制，可以实现值类型和引用类型之间的转换。

装箱转换是指将一个值类型隐式或显式地转换成一个 object 类型，或把这个值类型转换成一个被该值类型应用的接口类型（interface type）。把一个值类型的值装箱，就是创建一个 object 实例（也称为“箱子”）并将这个值复制给这个 object，装箱后的 object 对象中的数据位于托管堆中。

拆箱转换是指将一个对象类型显式地转换成一个值类型，或是将一个接口类型显式地转换成一个执行该接口的值类型。注意，装箱操作可以隐式进行，但拆箱操作必须是显式的。拆箱过程分成两步：首先，检查这个对象实例（“箱子”），看其值是否为给定值类型的装箱值；然后，把这个对象实例的值复制给值类型的变量。

装箱转换把值类型转换为引用类型后，可以方便调用相应对象实现的方法。值得注意的是，装箱和拆箱操作，会导致额外的系统内存配置开销。

【例 2.5】 装箱和拆箱示例（BoxingTest.cs）。

```
using System;
namespace CSharpBook.Chapter02
{
 class BoxingTest
 {
  static void Main()
  {
        int i = 123;
        object obj1 = i;              //隐式装箱
        object obj2 = (object)i;      //显式装箱
        i = 456;                      //改变i的内容
        int j = (int)obj1;            //拆箱
        Console.WriteLine("The value-type value(i) = {0}", i);
        Console.WriteLine("The value-type value(j) = {0}", j);
        Console.WriteLine("The object-type value(obj1) = {0}", obj1);
        Console.WriteLine("The object-type value(obj2) = {0}", obj2);
        Console.ReadKey();
  }
 }
}
```

运行结果：

```
The value-type value(i) = 456
The value-type value(j) = 123
The object-type value(obj1) = 123
The object-type value(obj2) = 123
```

2.4.5 预定义数据类型

C#的内置值类型表示基本数据类型，包括整型、浮点类型、decimal 类型、bool 类型和字符类型。C#支持两个预定义的引用类型：object 和 string。

2.5 整型数据类型

2.5.1 预定义整数类型

C#支持 8 个预定义整数类型，分别支持 8 位、16 位、32 位和 64 位整数值的有符号和无符号的形式，如表 2-2 所示。

表 2-2　预定义整数类型

名称	CTS 类型	说明	范围
sbyte	System.SByte	8 位有符号整数	–128～127
short	System.Int16	16 位有符号整数	–32 768～32 767
int	System.Int32	32 位有符号整数	–2 147 483 648～2 147 483 647
long	System.Int64	64 位有符号整数	–9 223 372 036 854 775 808～9 223 372 036 854 775 807
byte	System.Byte	8 位无符号整数	0～255
ushort	System.Uint16	16 位无符号整数	0～65535
uint	System.Uint32	32 位无符号整数	0～4 294 967 295
ulong	System.Uint64	64 位无符号整数	0～18 446 744 073 709 551 615

2.5.2　整数类型的主要成员

System.SByte/Int16/Int32/Int64/Byte/Uint16/Uint32/Uint64 的主要成员如表 2-3 所示。

表 2-3　System.SByte/Int16/Int32/Int64/Byte/Uint16/Uint32/Uint64 主要成员

名称		说明
常量字段	MaxValue	表示 SByte/Int16/Int32/Int64/Byte/Uint16/Uint32/Uint64 的最大可能值
	MinValue	表示 SByte/Int16/Int32/Int64/Byte/Uint16/Uint32/Uint64 的最小可能值
静态方法	Parse	将数字的字符串表示形式转换为等效的 8 位有符号整数/16 位有符号整数/32 位有符号整数/64 位有符号整数/8 位无符号整数/16 位无符号整数/32 位无符号整数/64 位无符号整数
	ToString	将此实例的数值转换为等效的字符串表示形式
	TryParse	将数字的字符串表示形式转换为等效的 8 位有符号整数/16 位有符号整数/32 位有符号整数/64 位有符号整数/8 位无符号整数/16 位无符号整数/32 位无符号整数/64 位无符号整数，并返回转换是否成功

2.5.3　整型常量

整数字符串通常解释为 int 类型。如果加后缀 L（大写字母 L，也可使用小写字母 l，但小写字母 l 容易与数字 1 混淆，故不建议使用），则解释为 long 类型。

C# 7.0 中，可以在整型常量中使用下画线（_）分割数字，从而增加可读性。例如：

```
var d = 123_456;
var x = 0xAB_CD_EF;
var b = 0b1010_1011_1100_1101_1110_1111;
```

1. 整数字符串类型的确定

（1）如果该整数没有后缀，则它属于以下所列的类型中第一个能够表示其值的那个类型：int、uint、long 和 ulong。即，如果该整数位于 int 的取值范围，则其为 int 类型；否则，继续判断该整数是否位于 uint 的取值范围，如果是，则其为 uint 类型；否则，再继续判断其是否为 long 或者 ulong 类型。

（2）如果该整数带有后缀 U 或 u，则它属于以下所列的类型中第一个能够表示其值的那个类型：uint 和 ulong。即，如果该整数位于 uint 的取值范围，则其为 uint 类型；否则，该整数为 ulong 类型。

（3）如果该整数带有后缀 L 或 l，则它属于以下所列的类型中第一个能够表示其值的那个类型：long 和 ulong。即，如果该整数位于 long 的取值范围，则其为 long 类型；否则，该整数为 ulong 类型。

（4）如果该整数带有后缀 UL、Ul、uL、ul、LU、Lu、lU 或 lu，则它属于 ulong 类型。

2. 如果整数表示的值超出了 ulong 类型的范围，则将发生编译时错误

编译器通常将整数解释为十进制（基数为 10）数制。可以用前缀 0x（或 0X，数字 0 加小写 x 或大写字母 X）将整数强制为十六进制（基数为 16），或使用前缀 0（数字 0）将整数强制为八进制（基数为 8），如表 2-4 所示。

表 2-4 整型常量

数基	前缀	有效数值	示例
十进制（以 10 为基）		0～9	0，1，2，7，8，10，11，15，16，99，100，999
十六进制(以 16 为基）	0x(或 0X)	0～9 和 A～F 或 0～9 和 a～f	0x0，0x1，0x2，0x7，0x8，0xa，0xb，0xf，0x10，0x63，0x64，0x3e7
八进制（以 8 为基）	0	0～7	00，01，02，07，012，017，020，0143，0144，01747
二进制（C# 7.0）	0b(或 0B)	0～1	0b1001，0b11001100

2.5.4 整型变量的声明和使用

声明为 sbyte、short、int、long、byte、ushort、uint、ulong 或其对应的 CTS 类型的变量为整型变量。例如：

```
int i1 = 123;
Int32 i2 = 123;
```

整型数据支持算术运算符（参见 3.2.1 节）、位运算（参见 3.2.6 节）、关系和类型测试运算符（参见 3.2.2 节）。可以使用 System.Math 类中的常用数学函数（参见 15.1.1 节）进行数学运算。

使用整型类型的对象方法，可以实现相应的操作。

【例 2.6】 整型变量示例（IntVariable.cs）：十进制到十六进制的数制转换。

```
using System;
namespace CSharpBook.Chapter02
{
   class IntVariable
   {
      static void Main(string[] args)
      {
         Console.Write("请输一个整数: ");          //提示输入
         String str1 = Console.ReadLine();       //读取1行，按Enter键结束
         long data1 = long.Parse(str1);
         Console.WriteLine("{0}的十六进制为: {0:X}", data1);
         Console.ReadKey();
      }
   }
}
```

运行结果：

```
请输一个整数：123
123的十六进制为：7B
```

2.6 浮点型数据类型

2.6.1 浮点类型

C#支持两种浮点数据类型（float 和 double），用于包含小数的计算，如表 2-5 所示。

表 2-5 浮点数据类型

名称	CTS 类型	说明	位数	范围（大致）
float	System.Single	32 位单精度浮点数	7	$\pm1.5\times10^{-45}\sim\pm3.4\times10^{38}$
double	System.Double	64 位双精度浮点数	15/16	$\pm5.0\times10^{-324}\sim\pm1.7\times10^{308}$

float 数据类型用于较小的浮点数，因为它要求的精度较低。double 数据类型比 float 数据类型大，提供的精度也高。

2.6.2 浮点类型的主要成员

System.Single/Double 的主要成员如表 2-6 所示。

表 2-6 System.Single/Double 主要成员

名称		说明
常量字段	Epsilon	表示大于零的最小正 Single/Double 值
	MaxValue	表示 Single/Double 的最大可能值
	MinValue	表示 Single/Double 的最小可能值
	NaN	表示非数字(NaN)
	NegativeInfinity	表示负无穷
	PositiveInfinity	表示正无穷
静态方法	Parse	将数字的字符串表示形式转换为等效的单精度/双精度浮点数字
	ToString	将此实例的数值转换为等效的字符串表示形式
	TryParse	将数字字符串转换为等效的单精度/双精度浮点数字，并返回转换是否成功

2.6.3 浮点数类型常量

带小数点的数字或科学计数法表示的字符串通常解释为双精度浮点类型（double）。如果加后缀 F（大写字母 F，也可使用小写字母 f），则解释为单精度浮点类型（float）。如果加后缀 D（大写字母 D，也可使用小写字母 d），则解释为双精度浮点类型。

在实数中，小数点后必须始终是十进制数字。例如，1.3F 是实数，但 1.F 不是。

如果一个给定的实数不能用指定的类型表示，则会发生编译时错误。例如：

```
float f=12.3;  //编译错误：不能隐式地将double类型转换为float类型
```

例如，下列文本常量解释为双精度浮点类型（double）：

```
12.3, 12.3D, 12.3d, 1.23e1, 0.123e2, 0.123E2
```

又如，下列文本常量解释为单精度浮点类型（float）：

```
12.3F, 12.3f, 1.23e1f, 0.123e2f, 0.123E2f
```

浮点数类型常量中也可以使用下画线（_）分割数字以增加可读性。例如：

```
var d = 123_456.789;
```

2.6.4 浮点变量的声明和使用

声明为 float、double 或其对应的 CTS 类型的变量为浮点变量。例如：

```
double d1 = 1.23;
float f1 = 12.3F;
```

浮点数据支持算术运算符（参见 3.2.1 节）、关系和类型测试运算符（参见 3.2.2 节）。可以使用 System.Math 类中的常用数学函数（参见 15.1.1 节），进行数学运算。

使用浮点类型的对象方法，可以实现相应的操作。

【例 2.7】 浮点类型变量示例（FloatVariable.cs）。

```
using System;
namespace CSharpBook.Chapter02
{
   class FloatVariable
   {
      static void Main(string[] args)
      {
         //float x0 = 3.5;         //编译错误:不能隐式地将double类型转换为float类型
         float x1 = 3.5F;         //使用后缀f或F初始化float浮点型变量
         double x2 = 3.0;         //双精度浮点型变量
         double x3 = 30D;         //使用后缀d或D初始化double浮点型变量
         double x4 = 3.0E+2;      //双精度浮点型变量（科学计数法）
         Console.WriteLine("x1={0:0.00}; x2={1:0.00}; x3={2:0.00}; x4={3:0.00}", x1, x2,
         x3, x4);
         Console.ReadKey();
      }
   }
}
```

运行结果：

```
x1 =3.50; x2=3.00; x3=30.00; x4=300.00
```

2.6.5 浮点数舍入误差

浮点数（float 和 double）在计算机内部使用二进制表示，因此小数的表示经常会产生舍入误差。例如：

```
float tenth = 0.1f;
Console.WriteLine(tenth==0.1);              //输出结果为false
float one = 1f;
Console.WriteLine(one - tenth * 10f);       //输出结果为-1.490116E-08
```

因此浮点数不适合财务计算。如果要支持高精度运算，可以使用 C#提供的 decimal 数据类型（在计算机内部使用十进制表示），参见 2.7 节。

2.7 decimal 数据类型

2.7.1 decimal 类型

C#支持高精度小数类型（decimal），如表 2-7 所示。decimal 数据类型一般用于财务计算，即可以用较大的精确度来表示货币值。值得注意的是，使用 decimal 类型会产生额外的性能开销。

表 2-7 decimal 数据类型

名称	CTS 类型	说明	位数	范围（大致）
decimal	System.Decimal	128 位高精度十进制数表示法	28/29	$\pm1.0\times10^{-28}\sim\pm7.9\times10^{28}$

2.7.2 System.Decimal 的主要成员

System.Decimal 的主要成员如表 2-8 所示。

表 2-8 System.Decimal 主要成员

名称		说明
常量字段	MaxValue	表示 Decimal 的最大可能值
	MinValue	表示 Decimal 的最小可能值
	MinusOne	表示数字-1
	One	表示数字 1（1）
	Zero	表示数字 0（0）
静态方法	Parse	将数字字符串转换为其等效的 Decimal 形式
	Truncate	返回指定的 Decimal 的整数位，所有小数位均被放弃
	ToByte/ToDouble/ToInt16/ToInt32/ToInt64/ToSByte/ToSingle/ToUInt16/ToUInt32/ToUInt64	将指定的 Decimal 的值转换为对应类型
	ToString	将此实例的数值转换为其等效的字符串表示形式
	TryParse	将数字字符串转换为等效的 Decimal 形式，并返回转换是否成功

2.7.3 decimal 常量

以 M 或 m 为后缀的实数类型为 decimal。例如，实数 1m、1.5m、1e10m 和 123.456M 的类型都是 decimal。不能隐式地将 double 类型转换为 decimal 类型。

2.7.4 decimal 变量的声明和使用

声明为 decimal 或其对应的 CTS 类型的变量为 decimal 变量。例如：

```
decimal x1 = 1.23m;
```

decimal 数据支持算术运算符（参见 3.2.1 节）、关系和类型测试运算符（参见 3.2.2 节）。可以使用 System.Math 类中的常用数学函数（参见 15.1.1 节），进行数学运算。

使用 System.Decimal 类型的对象方法，可以实现相应的操作。

【例 2.8】 decimal 类型变量示例（DecimalVariable.cs）。

```
using System;
namespace CSharpBook.Chapter02
{
 class DecimalVariable
 {
    static void Main()
    {
       //decimal x0=99.99;    //编译错误：不能隐式地将double类型转换为decimal类型
       decimal x1 = 99.99m;   //使用后缀m或M初始化decimal类型变量
       decimal x2 = 9999999999999999999999999999m;
       Console.WriteLine("{0:C}", x1); Console.WriteLine("{0:C}",x2);
       Console.ReadKey();
    }
 }
}
```

运行结果：

```
¥99.99
¥9,999,999,999,999,999,999,999,999,999.00
```

2.8 布尔数据类型

2.8.1 bool 类型

C#的 bool 数据类型用于逻辑运算，包含 bool 值 true 或 false，如表 2-9 所示。

表 2-9 bool 数据类型

名称	CTS 类型	说明	值
bool	System.Boolean	布尔类型	true 或 false

bool 值和整数值不能相互转换。如果变量（或函数的返回类型）声明为 bool 类型，就只能使用值 true 或 false。例如：

```
bool b1 = true;
bool b2 = 0;        //编译错误：常量值0无法转换为bool
```

2.8.2 System.Boolean 的主要成员

System.Boolean 的主要成员如表 2-10 所示。

表 2-10　System.Boolean 主要成员

名称		说明
常量字段	FalseString	将布尔值 false 表示为字符串
	TrueString	将布尔值 true 表示为字符串
静态方法	Parse	将逻辑值的指定字符串表示形式转换为等效的 Boolean 值
	ToString	将此实例的数值转换为等效的字符串表示形式
	TryParse	将逻辑值的指定字符串表示形式转换为等效的 Boolean 值，并返回转换是否成功

2.8.3 布尔变量的声明和使用

声明为 bool 或其对应的 CTS 类型变量为布尔变量。例如：

```
bool b1 = true;
```

布尔数据支持逻辑运算符（参见 3.2.3 节）、关系和类型测试运算符（参见 3.2.2 节）、条件运算符（参见 3.2.7 节）。

使用布尔类型的对象方法，可以实现相应的操作。

【例 2.9】 布尔类型变量示例（BoolVariable.cs）。

```
using System;
namespace CSharpBook.Chapter02
{
  class BoolVariable
  {
     static void Main()
     {
          bool b1 = true;
          //bool b2 = 0;    //编译错误：常量值0无法转换为bool
          char c = '0';
          bool b3 = (c > 64 && c < 123);
          Console.WriteLine("{0}\t{1}",b1,b3);Console.ReadKey();
     }
  }
}
```

运行结果：

```
True   False
```

2.9 字符数据类型

2.9.1 字符类型

C#的 char 数据类型用于保存单个字符的值，如表 2-11 所示。

表 2-11 char 数据类型

名称	CTS 类型	说明	值
char	System.Char	字符类型	表示一个 16 位的（Unicode）字符

C#的 char 表示一个 16 位的（Unicode）字符，这有别于 C 和 C++中表示一个 8 位字符的 char 类型。ASCII 编码使用 8 位字符，足够编码英文字符和数字；而 Unicode 使用 16 位字符，可以编码更大的符号系统（如中文）。ASCII 编码是 Unicode 的一个子集。

2.9.2 System.Char 类成员

System.Char 类的静态成员可以实现字符的判断和转换，其主要成员如表 2-12 所示。

表 2-12 System.Char 主要成员

名称		说明
常量字段	MaxValue	表示 Char 的最大可能值
	MinValue	表示 Char 的最小可能值
静态方法	Parse	将指定字符串的值转换为等效的 Unicode 字符
	IsControl	判断指定的 Unicode 字符是否属于控制字符类别
	IsDigit	判断指定的 Unicode 字符是否属于十进制数字类别
	IsLetter	判断指定的 Unicode 字符是否属于字母类别
	IsLetterOrDigit	判断指定的 Unicode 字符是属于字母类别还是属于十进制数字类别
	IsLower	判断指定的 Unicode 字符是否属于小写字母类别
	IsNumber	判断指定的 Unicode 字符是否属于数字类别
	IsPunctuation	判断指定的 Unicode 字符是否属于标点符号类别
	IsSeparator	判断指定的 Unicode 字符是否属于分隔符类别
	IsSymbol	判断指定的 Unicode 字符是否属于符号字符类别
	IsUpper	判断指定的 Unicode 字符是否属于大写字母类别
	IsWhiteSpace	判断指定的 Unicode 字符是否属于空白类别
	ToLower	将 Unicode 字符的值转换为它的小写等效项
	ToString	将此实例的值转换为等效的字符串表示
	ToUpper	将 Unicode 字符的值转换为它的大写等效项
	TryParse	将指定字符串的值转换为等效的 Unicode 字符，并返回转换是否成功

2.9.3 字符常量

C#语言中，字符常量使用单引号括起来。例如，'a'、'A'、'Z'、'1'、'*'；也可以使用 4 位十六进制的 Unicode 值（如'\u0041'）、带有数据类型转换的整数值（如(char)65）、十六进制数（'\x0041'）表示。特殊符号则需要使用转义序列表示，如表 2-13 所示。

表 2-13　特殊符号的转义序列

转义序列	字符	转义序列	字符
\'	单引号	\f	换页（form feed）
\"	双引号	\n	换行（newline）
\\	反斜杠	\r	回车（carriage return）
\0	空	\t	水平制表符（horizontal tab）
\a	警告（alert）	\v	垂直制表符（vertical tab）
\b	退格（backspace）		

2.9.4　字符变量的声明和使用

声明为 char 或其对应的 CTS 类型变量为字符变量。例如：

```
char ch1 = 'X';
```

字符数据支持算术运算符（参见 3.2.1 节）、关系和类型测试运算符（参见 3.2.2 节）。可以使用 System.Math 类中的常用数学函数（参见 15.1.1 节），进行数学运算（字符转换为 ASCII 码）。

使用字符类型的对象方法，可以实现相应的操作。

【例 2.10】 字符类型变量示例（CharVariable.cs）。

```
using System;
namespace CSharpBook.Chapter02
{
   class CharVariable
   {
      static void Main(string[] args)
      {
         //char char0 = "Z";      //使用双引号会产生编译错误
         char ch1 = 'X';          //字符常量
         char ch2 = '\x0058';     //十六进制编码
         char ch3 = (char)88;     //从整型转换
         char ch4 = '\u0058';     //Unicode
         Console.WriteLine("{0}\t{1}\t{2}\t{3}", ch1, ch2, ch3, ch4);
         Console.WriteLine("{0}的小写字母是：{1}", ch1, Char.ToLower(ch1));
         Console.WriteLine("{0}是字母吗？{1}", ch1, Char.IsLetter(ch1));
         Console.ReadKey();
      }
   }
}
```

运行结果：

```
X      X      X      X
```

```
X的小写字母是：x
X是字母吗？True
```

2.10 可以为 null 的类型

可以为 null 的类型表示可被赋值为 null 值的值类型变量，其取值范围为其基础值类型正常范围内的值，再加上一个 null 值。例如，bool? (Nullable<bool>)的值包括 true、false 或 null。可以为 null 的类型通常用于包含不可赋值的元素的数据类型。例如，数据库中的布尔型字段可以存储值 true 或 false，或该字段也可以未定义。

可以为 null 的类型的声明语法为“T? x;”或“Nullable<T> x;”，其中的 T 为值类型。语法 T?是 Nullable<T>的简写。可以为 null 的类型赋值方法与为一般值类型赋值的方法相同。例如，int? x = 10。

使用 HasValue 和 Value 只读属性测试是否为空和检索值，如 if (x.HasValue) j = x.Value。可以使用 GetValueOrDefault 属性返回该基础类型所赋的值或默认值。例如，int j = x.GetValueOrDefault()语句的执行结果为：如果 x 不为 null，则返回 x 的值，否则返回其默认值 0。

例如：

```
int? i = null;
Console.WriteLine (i == null);          //输出结果为True
```

内部转换为：

```
Nullable<int> i = new Nullable<int>();
Console.WriteLine (! i.HasValue);     //输出结果为True
```

T?的默认值为 null。T 自动转换为 T?，但 T?必须显式转换为 T。例如：

```
int? x = 5;                             //隐式转换
int y = (int)x;                         //显式转换
```

【例 2.11】 可以为 null 的类型示例（NullVariable.cs）。

```
using System;
namespace CSharpBook.Chapter02
{
  class NullVariable
  {
    static void Main()
    {
      int? num = null;
      if (num.HasValue == true) { Console.WriteLine("num = " + num.Value); }
      else { Console.WriteLine("num = Null");}
      int y = num.GetValueOrDefault();  //y设置为zero
      //若num.HasValue为false，则num.Value将抛出InvalidOperationException异常
```

```
        try { y = num.`Value;}
        catch (System.InvalidOperationException e) { Console.WriteLine(e.Message);}
    }
  }
}
```

运行结果：

```
num = Null
可为空的对象必须具有一个值。
```

2.11　string 数据类型

字符串处理是程序设计中常常面临的问题。C 或 C++字符串为字符数组，其处理十分复杂。C#字符串处理使用 string（System.String 的别名）类型表示 0 或更多 Unicode 字符组成的序列。注意，string 是引用类型。

string 类型提供了丰富简便的处理方法，详细内容参见 15.3 节。

2.11.1　字符串的表示

C#支持两种形式的字符串：正则字符串（regular string）和原义字符串（verbatim string）。正则字符串由包含在双引号中的零个或多个字符组成（如"hello"），并且可以包含简单转义序列（如表示制表符的\t）、十六进制转义序列和 Unicode 转义序列。原义字符串由@字符后跟开始的双引号字符、零个或多个字符以及结束的双引号字符组成（如@"hello"）。在原义字符串中，分隔符之间的字符逐字解释，但是不处理简单转义序列以及十六进制和 Unicode 转义序列。原义字符串可以跨多行。下面演示了各种不同的字符串：

```
string a = "hello, world";                  //hello, world
string b = @"hello, world";                 //hello, world
string c = "hello\tworld";                  //hello   world
string d = @"hello\tworld";                 //hello\tworld
string e = "Mary said \"Hello\" to me";     //Mary said "Hello" to me
string f = @"Mary said ""Hello"" to me";    //Mary said "Hello" to me
string g = "\\\\server\\share\\file.txt";   //\\server\share\file.txt
string h = @"\\server\share\file.txt";      //\\server\share\file.txt
string i = "one\r\ntwo\r\nthree";
string j = @"one
           two
           three";
```

字符串 j 的内容为：

```
one
two
three
```

最后一个字符串 j 是跨多行的原义字符串。引号之间的字符（包括空白，如换行符等）也逐字符保留。字符串 j 的输出效果与字符串 i 相类似。

【例 2.12】 字符串类型变量示例（StringVariable.cs）。

```
using System;
namespace CSharpBook.Chapter02
{
 class StringVariable
 {
  static void Main()
  {
    string str1 = "Hello "; string str2 = "World";
    string str3 = str1 + str2; //字符串拼接，形成"Hello World"
    char char1 = str3[1];        //访问str3的第2个字符（即'e'）。index从0开始
    string str4 = "\"C:\\C#\""; //一般字符串常量，使用转义符
    string str5 = @"""C:\C#"""; //@字符串常量(序列不被处理)，故不需要转义，但双引号需两对双引号
    Console.WriteLine(str3); Console.WriteLine(char1);
    Console.WriteLine(str4); Console.WriteLine(str5);
    Console.ReadKey();
  }
 }
}
```

运行结果：

```
Hello World
e
"C:\C#"
"C:\C#"
```

2.11.2 内插字符串

内插字符串（C# 6.0）由$字符后跟开始的双引号字符、零个或多个字符以及结束的双引号字符组成。在内插字符串中，可以包括由大括号（{}）括起来的表达式。C#把表达式自动转换为结果字符串。也可以在表达后面使用冒号（:）加格式化字符串，以限定表达式转换为字符串时使用的格式。例如：

```
int x = 2;
Console.Write ($"一条线段包括{x}个顶点");      //输出结果为“一条线段包括两个顶点”
int y = 255;
string s1 = $"{y}的十六进制是{y:X}";          //字符串s1的值为“255的十六进制是FF”
string s2 = $@"two {
x} lines";                                  //字符串s2的值为“two 2 lines”
```

2.12 object 类型

object 类型是 C#编程语言类层次结构的根类型，object 是 System.Object 的别名，所有的类型都隐含地最终派生于 System.Object 类。

object 类型主要可以用于两个目的：可以使用 object 引用绑定任何类型的对象；object 类型执行许多基本的一般用途的方法，包括 Equals()、GetHashCode()、GetType()和 ToString()等。面向对象的编程将在后续章节进行详细讨论。

2.13 隐 式 类 型

C#的局部变量可以声明为隐式类型（var）。隐式类型的局部变量是强类型变量，其类型由编译器确定类型。下面两个 i 的声明在功能上是等效的：

```
int i = 10; //显式类型
var i = 10; //隐式类型
```

说明：

（1）隐式类型是编译器根据初始值自动确定类型，而不是任意可变类型。

（2）隐式类型必须在定义时初始化，且不能赋值为 null；初始化后编译器确定其类型，重新赋值时，如果不能自动转换为该类型，则编译错误。

（3）var 只能在方法或属性中声明局部变量。

（4）var 不能用来声明类型成员变量，也不能用来声明返回值、参数值类型。

（5）var 主要用于 LINQ，查询表达式返回结果的类型是动态的，故可以使用 var 声明其类型。具体参见第 13 章。

例如：

```
var i = 5;                    //编译后i为int类型
i = "Hello";                  //编译错误，无法将类型string隐式转换为int
var s = "Hello";              //编译后s为string类型
var a = new[] { 0, 1, 2 };    //编译后a为int[]类型
var c;                        //编译错误，隐式类型化的变量必须已初始化
var b = null;                 //编译错误，无法将<null>赋予隐式类型化的变量
class VarNotCompile
{
    //编译错误! var不能用于声明成员变量
    private var i = 123;
    //编译错误! var不能用于声明成员返回值、参数类型
    public var Method1(var x, var y){}
}
```

【例 2.13】 隐式类型变量示例（VarVariable.cs）。

```
using System;
namespace CSharpBook.Chapter02
{
  class VarVariableTest
  {
      static void Main()
      {
          //声明隐式类型局部变量
          var i = 0;
          var b = true;
          var s = "Hello!";
          //使用object类型的GetType()返回变量类型，使用类型的属性name返回其名称
          Console.WriteLine("i的类型是：{0}", i.GetType().Name);
          Console.WriteLine("b的类型是：{0}", b.GetType().Name);
          Console.WriteLine("s的类型是：{0}", s.GetType().Name);
          Console.ReadLine();
      }
  }
}
```

运行结果：

```
i的类型是：Int32
b的类型是：Boolean
s的类型是：String
```

2.14　类 型 转 换

2.14.1　隐式转换

在某些情况下，允许隐式转换（自动转换）数据类型。“隐式转换”不需要源代码中的任何特殊语法。例如，在下面的代码段中，将整型变量 a 的值赋给双精度浮点型变量 d 之前，该整型值隐式转换成双精度浮点值。

```
int a;
double d;
a = 255;
d = a;          //从int到double的隐式转换
```

数值型常数在 C#中的默认类型为 int，但在变量定义赋值时，只要常数表达式的值处于目标类型的范围之内，就可以自动隐式转换为 sbyte、byte、short、ushort、uint 或 ulong 类型。

隐式转换只允许发生在从小值范围类型到大值范围类型的转换，转换后的数值大小不受影响。然而，从 int、uint 或 long 到 float 的转换以及从 long 到 double 的转换的精度可能

会降低。C#隐式数值转换如表 2-14 所示。

表 2-14　C#隐式数值转换

转换源	转换目标
sbyte	short、int、long、float、double 或 decimal
byte	short、ushort、int、uint、long、ulong、float、double 或 decimal
short	int、long、float、double 或 decimal
ushort	int、uint、long、ulong、float、double 或 decimal
int	long、float、double 或 decimal
uint	long、ulong、float、double 或 decimal
long	float、double 或 decimal
ulong	float、double 或 decimal
char	ushort、int、uint、long、ulong、float、double 或 decimal
float	double

注意：不存在到 char 类型的隐式转换，也不存在浮点型与 decimal 类型之间的隐式转换。

2.14.2　显式转换

数据类型之间的转换一般使用显式转换（强制转换）强制进行，其基本语法为：

```
(T)x                              //显式将x转换为类型T
```

例如：

```
x = 1.23;                         //double类型
float y = (float)x;               //显式将x转换为float类型
```

显式强制转换调用转换运算符，从一种类型转换为另一种类型。如果未定义相应的转换运算符，则强制转换会失败。可以编写自定义转换运算符，在用户定义类型之间进行转换。引用类型之间的强制转换操作不会更改基础对象的类型，只会更改正用作该对象引用的变量类型。C#显式数值转换表如表 2-15 所示。

表 2-15　C#显式数值转换

转换源	转换目标
sbyte	byte、ushort、uint、ulong 或 char
byte	sbyte 或 char
short	sbyte、byte、ushort、uint、ulong 或 char
ushort	sbyte、byte、short 或 char
int	sbyte、byte、short、ushort、uint、ulong 或 char
uint	sbyte、byte、short、ushort、int 或 char
long	sbyte、byte、short、ushort、int、uint、ulong 或 char
ulong	sbyte、byte、short、ushort、int、uint、long 或 char
char	sbyte、byte 或 short
float	sbyte、byte、short、ushort、int、uint、long、ulong、char 或 decimal
double	sbyte、byte、short、ushort、int、uint、long、ulong、char、float 或 decimal
decimal	sbyte、byte、short、ushort、int、uint、long、ulong、char、float 或 double

注意：显式数值转换可能导致精度损失，也可能引发异常（如溢出异常 OverflowException）。

2.14.3 Convert 类提供的类型转换方法

Convert 类提供了字符串和其他数据类型的相互转换方法，如表 2-16 所示。

表 2-16 字符串和其他数据类型的相互转换方法

名称	说明	实例	结果
ToBoolean(数值字符串)	数值或字符串转换为布尔型	Convert.ToBoolean(56)	True
		Convert.ToBoolean(0)	False
ToBoolean(字符串)		Convert.ToBoolean("true")	True
		Convert.ToBoolean("false")	False
ToByte(数值字符串)	字符串转换为无符号字节型数值	Convert.ToByte("123")	123
ToSByte(数值字符串)	字符串转换为有符号字节型数值	Convert.ToSByte("−123")	−123
ToChar(整型数值)	ASCII 码值转换为对应的字符	Convert.ToChar(100)	d
ToDateTime(日期格式字符串)	字符串转换为日期时间	Convert.ToDateTime("2009-8-15 20:45:26")	2009-8-15 20:45:26
ToDecimal(数值字符串)	字符串转换为十进制数值	Convert.ToDecimal("−123.45")	−123.45
ToDouble(数值字符串)	字符串转换为双精度数值	Convert.ToDouble("−123.45")	−123.45
ToInt16(数值字符串)	数值字符串转换为短整型数值	Convert.ToInt16("−456")	−456
ToInt32(数值字符串)	数值字符串转换为整型数值	Convert.ToInt32("−456")	−456
ToInt64(数值字符串)	数值字符串转换为长整型数值	Convert.ToInt64("−456")	−456
ToUInt16(数值字符串)	数值字符串转换为无符号短整型数值	Convert.ToUInt16("456")	456
ToUInt32(数值字符串)	数值字符串转换为无符号整型数值	Convert.ToUInt32("456")	456
ToUInt64(数值字符串)	数值字符串转换为无符号长整型数值	Convert.ToUInt64("456")	456
ToSingle(数值字符串)	数值字符串转换为浮点型数值	Convert.ToSingle ("−123.45")	−123.45
ToString(其他类型数据)	转换为字符串	Convert.ToString(−123.456)	−123.456
		Convert.ToString(false)	False
		Convert.ToString(DateTime.Now)	2014-4-1 11:18:07

【例 2.14】 类型转换示例（TypeConversion.cs）。

```
namespace CSharpBook.Chapter02
{
  class TypeConversion
  {
    static void Main()
```

```
    {
        sbyte sbyte1 = 123;                   //隐式类型转换: int到sbyte
        sbyte sbyte2 = (sbyte)123;            //显式类型转换: int到sbyte
        byte byte1 = 123;                     //隐式类型转换: int到byte
        byte byte2 = (byte)123;               //显式类型转换: int到byte
        short short1 = 123;                   //隐式类型转换: int到short
        short short2 = (short)123;            //显式类型转换: int到short
        ushort ushort1 = 123;                 //隐式类型转换: int到ushort
        ushort ushort2 = (ushort)123;         //显式类型转换: int到ushort
        int int1 = 123;                       //OK: 123默认为int类型
        uint uint1 = 123;                     //隐式类型转换: int 到 uint
        uint uint2 = 123U;                    //使用后缀u或U初始化uint
        uint uint3 = (uint)123;               //显式类型转换: int到uint
        long long1 = 123;                     //隐式类型转换: int到long
        long long2 = 123L;                    //使用后缀l或L初始化long
        long long3 = (long)123;               //显式类型转换: int到long
        ulong ulong1 = 123;                   //隐式类型转换: int到ulong
        ulong ulong2 = 123UL;                 //使用后缀ul或UL初始化ulong
        ulong ulong3 = (ulong)123;            //显式类型转换: int 到 ulong
        float f1 = 12.3F;                     //使用后缀 f 或 F 初始化 float
        float f2 = (float)123;                //显式类型转换: int到float
        double d1 = 12.3;                     //OK: 12.3默认为double浮点型变量
        double d2 = 12.3D;                    //使用后缀d或D初始化double浮点型变量
        decimal de1 = 12.30M;                 //使用后缀m或M初始化decimal类型变量
        decimal de2 = (decimal)12.30;         //显式类型转换: double到decimal
        double dNumber = 23.15;               //OK: 23.15默认为double浮点型变量
        int iNumber = System.Convert.ToInt32(dNumber);             //返回23
        bool bNumber = System.Convert.ToBoolean(dNumber);          //返回True
        string strNumber = System.Convert.ToString(dNumber);       //返回"23.15"
        char chrNumber = System.Convert.ToChar(strNumber[0]);      //返回'2'
    }
  }
}
```

2.14.4 溢出检查和 checked 关键字

C#代码如果在未检查的上下文中执行，整型间的显式数字转换或算术运算可能导致溢出，从而导致错误结果。例如：

```
int i = int.MaxValue;    //结果: 2147483647
int j = i + 1;           //结果: -2147483648
long i1 = 2147483649;
int j1 = (int)i1;        //结果: -2147483647
```

如果在已检查的上下文中执行，则溢出数据类型边界的整数算法将在运行时导致异常。

在 C#代码中，使用关键字 checked 可以指定已检查的上下文；使用关键字 unchecked 可以指定未检查的上下文。

【例 2.15】 checked 关键字使用示例（CheckedTest.cs）。

```
using System;
class CheckedTest
{
   static void Main(string[] args)
   {
      int i = int.MaxValue;             //结果：2147483647
      try
      {
         int j = checked(i + 1);        //发生异常
      }
      catch (System.OverflowException e)
      {
         Console.WriteLine(e.ToString());
      }
      unchecked
      {
         long i1 = 2147483649;
         int j1 = (int)i1;              //结果：-2147483647
         Console.WriteLine(i1);
         Console.WriteLine(j1);
      }
   }
}
```

运行结果：

```
System.OverflowException: 算术运算导致溢出。
  在 CheckedTest.Main(String[] args)
2147483649
-2147483647
```

使用编译器选项（/checked）可指定全局已检查/未检查上下文：/checked+ (/checked) 指定已检查上下文，算术溢出语句将在运行时导致异常；/checked-指定未检查上下文，算术溢出语句在运行时不会导致异常。

注意：checked 或 unchecked 关键字范围内的整数算法语句不受编译器选项（/checked）的影响，编译器选项（/checked）只作用于未显式使用 checked 或 unchecked 关键字的语句部分。

2.15 元　　组

2.15.1 元组概述

元组（Tuples）是一组有序系列。C# 7.0 语言提供了元组支持，使用元组，可以提供轻量级的多个元素数据处理支持。例如，可以使用一个包含两个元素的元组（二元组）保存一个城市的信息，第一个元素保存城市名，第二个元素保存这个城市所在的国家。再如，可以使用三个元素的元组（叫作三元组）来保存一个人的特征，第一个元素保存这个人的姓名，第二个元素保存这个人的生日，第三个元素保存这个人一年的收入。

元组一般用于下列情况：

- 表示单个数据序列，如数据表的一条记录；
- 快速存取一个数据序列的元素；
- 用于方法中一个 out 参数同时返回多个值；
- 作为一个参数同时传递多个值给一个方法。

2.15.2 使用元组字面量创建元组对象

使用元组字面量，可以创建元组实例对象。元组字面量采用括号中用逗号分隔的项目定义，其语法格式如下：

```
(x1, [x2, …, xn])
```

例如：

```
var city = ("Shanghai", "China");                                    //匿名元组
(string City, string Country) namedCity = ("Shanghai", "China"); //命名元组
var namedCity1 = (City: "Shanghai", Country: "China");             //命名元组
```

2.15.3 访问元组对象的元素

匿名元组可使用 Item1、Item2 等访问其元素；命名元组则可以通过其名称访问其元素。例如：

```
var c1= ("Shanghai", "China");                     //匿名元组
Console.WriteLine("{0}的所在国家是: {1 }", c1.Item1, c1.Item2);
var c2= (City: "Shanghai", Country: "China");  //命名元组
Console.WriteLine("{0}的所在国家是: {1 }", c2.City, c2.Country);
```

两种方法的输出结果均为“Shanghai 的所在国家是：China”。

2.15.4 使用 Tuple 类创建元组对象

通过创建 System.Tuple 对象，或使用 System.Tuple 的静态方法 Create 也可以创建元组对象。其语法格式为：

```
var t1 = new Tuple <T1,[T2,…,T8]> (x1, [x2, …, x8]);
var t2 = Tuple.Create <T1,[T2,…,T8]> (x1, [x2, …, x8]);
```

例如：

```
var p1 = new Tuple<string, int>("New York", 8008278);
Console.WriteLine("{0}的人口为: {1:N0}", p1.Item1, p1.Item2);
var p2 = Tuple.Create<string, int>("New York", 8008278);
Console.WriteLine("{0}的人口为: {1:N0}", p2.Item1, p2.Item2);
```

两种方法的输出结果均为“New York 的人口为：8 008 278”。

2.15.5 元组对象的解构

访问元组对象的另一种方法是解构，即将一个元组分割成各部分并单独分配到新变量。例如：

```
public (string City, string Country) GetCityAndCountry()
{
   return ("Shanghai","China");
}
(string city, string country) = GetCityAndCountry();     //解构和变量声明
Console.WriteLine($"{city}所在国家是：{country}");
```

在解构声明中，可以使用 var 来声明单独的变量，或将一个单独的 var 作为一个缩写放入括号外面。例如：

```
(var city, var country) = GetCityAndCountry(); //var在里面
var (city, country) = GetCityAndCountry();     //var在外面
```

也可以使用解构任务来解构成现有的变量。例如：

```
string city, country;
(city, country) = GetCityAndCountry();          //解构并赋值给变量
```

当然，也可以直接使用元组变量。例如：

```
var location = GetCityAndCountry();
Console.WriteLine($"{location.Item1}所在国家是：{location.Item2}");
```

2.16 临时虚拟变量（Discard）

解构元组或调用带输出形参的方法时，必须为每个返回值定义一个变量，即使不会使用到返回的值，也会增加代码量，还会影响程序的性能。

C# 7.0 语言中预定义了一个临时虚拟变量：_（英文下画线）。临时虚拟变量相当于未赋值的变量，也不占用存储空间。使用临时虚拟变量，可以增加代码的可读性、可维护性和性能。临时虚拟变量主要用于接收可丢弃的变量数据，其应用场景包括：

- 元组和对象解构；
- 调用具有 out 参数的方法；
- 使用 is 和 switch 的模式匹配；
- 赋值语句中。

临时虚拟变量可以用于元组的解构。例如：

```
public (string City, string Country) GetCityAndCountry()
{
   return ("Shanghai","China");
}
(_, string country) = GetCityAndCountry(); //解构和变量声明
Console.WriteLine($"{city}");              //输出结果为Shanghai
```

第3章 语句、运算符和表达式

语句是C#程序的基本构成元素，通常包含表达式，而表达式由操作数和运算符构成。

本章要点：

视频讲解

- C#语句、运算符和表达式的基本概念;
- 算术运算符;
- 关系和类型测试运算符;
- 逻辑运算符;
- 赋值运算符;
- 字符串运算符;
- 位运算符;
- 条件运算符;
- 运算符优先级;
- 表达式的组成和书写规则。

3.1 语　　句

3.1.1 C#语句的组成

语句是C#程序的过程构造块，用于声明变量和常量、创建对象、变量赋值、调用方法、控制分支、创建循环等。语句通常以分号终止。由大括号（{和}）括起来的一系列语句构成代码块（block）。C#语句的组成如下：

（1）声明语句用于声明局部变量和常量。

（2）表达式语句用于对表达式求值。可用作语句的表达式包括方法调用、创建对象（new 运算符）、赋值语句（=和复合赋值运算符）以及增量和减量运算（++和--运算符）。

（3）选择语句用于根据表达式的值从若干个给定的语句中选择一个来执行，包括 if 和 switch 语句。

（4）迭代语句用于重复执行嵌入语句，包括 while、do、for 和 foreach 语句。

（5）跳转语句用于转移控制，包括 break、continue、goto、return、throw 和 yield 语句。

（6）try…catch…finally 语句用于捕获在块的执行期间发生的异常。

（7）checked/unchecked 语句用于控制整型算术运算和转换的溢出检查上下文。

（8）lock 语句用于获取某个给定对象的互斥锁，执行语句，然后释放该锁。

（9）using 语句用于获得一个资源，执行语句，然后释放该资源。

3.1.2 C#语句的示例

C#语句的示例如表 3-1 所示。

表 3-1 C#语句示例

语句	说明	示例

声明语句	用于声明局部变量	static void Main() {
		  int a; int b = 2, c = 3;
		  a = 1; Console.WriteLine(a+b+c);
		}

	用于声明局部常量	static void Main() {
		  const float pi = 3.1415927f; const int r = 25;
		  Console.WriteLine(pi * r * r);
		}

表达式语句	用于对表达式求值	static void Main() {
		  int i;
		  i = 123; //表达式语句
		  i++; //表达式语句
		  Console.WriteLine(i); //表达式语句
		}

选择语句	if 条件语句	static void Main(string[] args) {
		  if (args.Length == 0) {
		    Console.WriteLine("No arguments");
		  }else{
		    Console.WriteLine("One or more arguments");
		  }
		}

	switch 条件语句	static void Main(string[] args) {
		  int n = args.Length;
		  switch (n) {
		    case 0:
		        Console.WriteLine("No arguments");
		        break;
		    case 1:
		        Console.WriteLine("One argument");
		        break;
		    default:
		        Console.WriteLine("{0} arguments",
		        n);break;
		    }
		  }
		}

迭代语句	while 循环语句	static void Main(string[] args) {
		  int i = 0;
		  while (i < args.Length) {
		    Console.WriteLine(args[i]); i++;
		  }
		}

续表

语句	说明	示例

迭代语句	do 循环语句	static void Main() {
		string s;
		do {
		s = Console.ReadLine();
		if (s != null) Console.WriteLine(s);
		} while (s != null);
		}

	for 循环语句	static void Main(string[] args) {
		for (int i =0; i <args.Length; i++) {
		Console.WriteLine(args[i]);
		}
		}

	foreach 循环语句	static void Main(string[] args) {
		foreach (string s in args) {Console.
		WriteLine(s);}
		}

跳转语句	break 跳转语句	static void Main() {
		while (true) {
		string s = Console.ReadLine();
		if (s == null) break;
		Console.WriteLine(s);
		}
		}

	continue 跳转语句	static void Main(string[] args) {
		for (int i =0; i<args.Length; i++) {
		if (args[i].StartsWith("/")) continue;
		Console.WriteLine(args[i]);
		}
		}

	goto 跳转语句	static void Main(string[] args) {
		int i = 0;
		goto check;
		loop:
		Console.WriteLine(args[i++]);
		check:
		if (i < args.Length) goto loop;
		}

	return 跳转语句	static int Add(int a, int b) {return a+b;}
		static void Main() {
		Console.WriteLine(Add(1, 2));
		}

	yield 跳转语句	static IEnumerable<int> Range(int from, int
		to) {
		for (int i=from; i<to; i++) {yield return i;}
		yield break;
		}
		static void Main() {
		foreach (int x in Range(-10,10)) {Console.
		WriteLine(x);}
		}

续表

语句	说明	示例

try…catch…finally 语句	throw 和 try 语句	static double Divide(double x, double y) {
		if (y == 0) throw new DivideByZeroException();
		return x / y;
		}
		static void Main(string[] args) {
		try {
		if (args.Length != 2) {
		throw new Exception("Two numbers required");
		}
		double x = double.Parse(args[0]);
		double y = double.Parse(args[1]);
		Console.WriteLine(Divide(x, y));
		}
		catch (Exception e) {
		Console.WriteLine(e.Message);
		}
		finally {
		Console.WriteLine("Good bye!");
		}
		}

checked 和 unchecked 语句	用于算术运算溢出检查	static void Main() {
		int i = int.MaxValue;
		checked {
		Console.WriteLine(i + 1); //异常
		}
		unchecked {
		Console.WriteLine(i + 1); //溢出
		}
		}

lock 语句	用于同步锁	class Account{
		decimal balance;
		public void Withdraw(decimal amount) {
		lock (this) {
		if (amount > balance) {
		throw new Exception("资金不足!");
		}
		balance -= amount;
		}
		}
		}

using 语句	用于资源上下文	static void Main() {
		using (TextWriter w = File.CreateText("test.txt")) {
		w.WriteLine("Line one");w.WriteLine("Line two");
		}
		}

3.1.3 C#语句的使用

C#语句涉及许多程序构造要素，本书将在其他章节分别阐述。其中涉及程序控制流程的语句将在第 4 章中展开阐述。

【例 3.1】 C#语句示例（Statements.cs）：声明语句、控制语句、赋值语句、循环语句、调用静态方法以及调用对象方法等。

```
using System;
namespace CSharpBook.Chapter03
{
   class StatementTest
   {
      void PrintArea(int r)
      {                                    //代码块：printArea的方法体
         const double PI = 3.14;           //声明语句：声明常量
         double a;                         //声明语句：声明变量
         if (r > 0)                        //控制语句
         {
            a = PI * r * r;                //赋值语句，计算圆面积
            Console.WriteLine("半径={0}，面积={1}", r, a);
         }
         else
         {                                 //调用静态方法
            Console.WriteLine("半径={0}，半径<=0，错误！", r);
         }
      }
      static void Main()
      {                                    //代码块：Main的方法体
         StatementTest obj;                //声明语句：声明对象
         obj = new StatementTest();        //赋值语句/创建对象
         for (int i = -2; i < 3; i++)      //循环语句
         {
            obj.PrintArea(i);              //调用对象方法
         }
         Console.ReadKey();
      }
   }
}
```

运行结果：

```
半径=-2，半径<=0，错误！
半径=-1，半径<=0，错误！
半径=0，半径<=0，错误！
半径=1，面积=3.14
半径=2，面积=12.56
```

3.2 运 算 符

C#运算符（operator）是术语或符号，用于在表达式中对一个或多个操作数进行计算并返回结果值。接收一个操作数的运算符被称作一元运算符，如增量运算符（++）或 new。接收两个操作数的运算符被称作二元运算符，如算术运算符+、−、*、/。接收三个操作数的运算符被称作三元运算符，条件运算符“?:”是 C#中唯一的三元运算符。

当表达式包含多个运算符时，运算符的优先级控制各运算符的计算顺序。例如，表达式 x+y*z 按 x+(y*z)计算，因为“*”运算符的优先级高于“+”运算符。

C#语言定义了许多运算符，通过运算符重载（overload）（参见 7.6 节）可以为用户自定义的类型定义新的运算符。

3.2.1 算术运算符

C#中以优先级为顺序的算术运算符如表 3-2 所示。其中：

（1）“+”运算符既可作为一元运算符也可作为二元运算符。一元“+”运算符是为所有数值类型预定义的。数值类型的一元“+”运算的结果就是操作数本身的值。二元“+”运算符是为数值类型和字符串类型预定义的。对于数值类型，二元“+”运算符计算两个操作数之和；对于字符串类型，二元“+”运算符拼接两个字符串。

（2）“−”运算符既可作为一元运算符也可作为二元运算符。一元“−”运算符是为所有数值类型预定义的。数值类型的一元“−”运算的结果是操作数的反数。二元“−”运算符是为所有数值类型和枚举类型预定义的，其功能是从第一个操作数中减去第二个操作数。

（3）除法运算符（/）是为所有数值类型预定义的。两个整数相除的结果始终为一个整数。若要获取作为有理数或分数的商，应将被除数或除数设置为 float 类型或 double 类型。可以通过在数字后添加一个小数点来隐式执行此操作。

（4）假设表中 num 为整型变量，取值为 8。

表 3-2 算术运算符

运算符	含义	说明	优先级	实例	结果
++	增量	操作数加 1	1	++num，num++	9
--	减量	操作数减 1	1	--num，num--	7
+	一元+	操作数的值	2	+num	8
−	一元−	操作数的反数	2	−num	−8
*	乘法	操作数的积	3	num*num*2	128
/	除法	第二个操作数除第一个操作数	3	10 / num	1
				10.0 / num	1.25
%	模数	第二个操作数除第一个操作数后的余数	3	10 % num	2
				num % 2.2	1.4
+	加法	两个操作数之和	4	10 + num	18
−	减法	从第一个操作数中减去第二个操作数	4	10 − num	2

注意：

（1）算术运算符两边的操作数应是数值型。若是字符型，则自动转换成字符所对应的

ASCII 码值后再进行运算。例如：

```
10+'a';       //结果是107，字符'a'的ASCII码值为97，10+97=107
100-'0';      //结果是52，字符'0'的ASCII码值为48，100-48=52
```

（2）增量运算符（++）可以出现在操作数之前（++variable）或之后（variable++）。

① 第一种形式是前缀增量操作。该运算的结果是操作数加 1 之后的值。

② 第二种形式是后缀增量操作。该运算的结果是操作数加 1 之前的值。

例如：

```
b=100;
a=++b;    //相当于“b=b+1; a=b”。结果a=101，b=101
b=100;
a=b++;    //相当于“a=b; b=b+1”。结果a=100，b=101
```

（3）减量运算符可以出现在操作数之前（--variable）或之后（variable--）。

① 第一种形式是前缀减量操作。该运算的结果是操作数减 1 之后的值。

② 第二种形式是后缀减量操作。该运算的结果是操作数减 1 之前的值。

例如：

```
b=100;
a=--b;    //相当于“b=b-1; a=b”。结果a=99，b=99
b=100;
a=b--;    //相当于“a=b; b=b-1”。结果a=100，b=99
```

（4）整数的算术结果可能导致溢出，但不会产生异常。使用 checked 关键字可以实现溢出检查。例如：

```
int a = int.MinValue; a--;                //变量a的结果是int.MaxValue
int b = int.MaxValue; b++;                //变量b的结果是int.MinValue
int c = checked(int.MaxValue + 1);        //在checked模式下，运算在编译时溢出
```

【例 3.2】 算术运算符示例（Arithmetic.cs）。

```
using System;
namespace CSharpBook.Chapter03
{
  class ArithmeticTest
  {
    static void Main()
    {                                        //++(增量运算符),--(减量运算符)
      double x,y;
      x = 1.5;  y = ++x;
      Console.WriteLine("x={0}, y={1}",x, y);
      x = 1.5;  y = x++;
      Console.WriteLine("x={0}, y={1}", x, y);
```

```
        x = 1.5;  y = --x;
        Console.WriteLine("x={0}, y={1}", x, y);
        x = 1.5;  y = x--;
        Console.WriteLine("x={0}, y={1}", x, y);
        x=5.8;  int i = 5;
        Console.WriteLine("i={0}, +i={1}", i, +i);                      //一元+
        Console.WriteLine("i+5={0}, i+.5={1}", i + 5, i + .5);         //二元+
        Console.WriteLine("x={0}, x + \"5\"= {1}", x, x + "5");
                                       //字符串拼接(double自动转换为string)
        Console.WriteLine("'5' + '5'= {0}, 'A' + 'A'= {1}", '5' + '5', 'A' + 'A');
                                       //字符转换为ASCII码值相加
        i= 5;
        Console.WriteLine("i={0}, -i={1}, i-1={2}, i-.5={3}", i, -i, i - 1, i - .5);
                                       //-(一元-&二元减法)
        Console.WriteLine("i*8={0}, -i*.8={1}", i * 8, -i * .8);      //*(乘法)
        Console.WriteLine("i/2={0}, -i/2.1={1}", i / 2, -i / 2.1);  //(除法)
        Console.WriteLine("i%2={0}", i % 2);                           //%(取模)
        Console.ReadKey();
      }
    }
  }
```

运行结果：

```
x=2.5, y=2.5
x=2.5, y=1.5
x=0.5, y=0.5
x=0.5, y=1.5
i=5, +i=5
i+5=10, i+.5=5.5
x=5.8, x + "5"= 5.85
'5' + '5'= 106, 'A' + 'A'= 130
i=5, -i=-5, i-1=4, i-.5=4.5
i*8=40, -i*.8=-4
i/2=2, -i/2.1=-2.38095238095238
i%2=1
```

3.2.2 关系和类型测试运算符

关系和类型测试运算符是二元运算符。关系运算符用于将两个操作数的大小进行比较。若关系成立，则比较的结果为True，否则为False。关系运算符的操作数可以是数值型、字符型和枚举类型。表3-3列出了C#中的关系和类型测试运算符。假设有如下定义：int[] myArray = new int[]{1, 2}。

表 3-3　关系和类型测试运算符

运算符	含义	实例	结果
==	相等	'a'=='A'	False
!=	不等	'a'!='A'	True
>	大于	'a'<'A'	False
>=	大于或等于	123 >= 23	True
<	小于	'a'<'z'	True
<=	小于或等于	1<=2	True
x is T	数据 x 是否属于类型 T	myArray is int	False
		myArray is int[]	True
x as T	返回转换为类型 T 的 x，如果 x 不是 T 则返回 null	myArray as int[]	System.Int32[]
		myArray as object	System.Int32[]

注意：

（1）关系运算符的优先级相同。

（2）对于数值类型数据，关系运算符按照操作数的数值大小进行比较。

（3）对于字符类型数据，关系运算符按字符相应的 ASCII 码值大小进行比较。

3.2.3　逻辑运算符

逻辑运算符除逻辑非（!）是一元运算符，其余均为二元运算符，用于将操作数进行逻辑运算，结果为 True 或 False。表 3-4 按优先级从高到低的顺序列出了 C#中的逻辑运算符。

表 3-4　逻辑运算符

<table>
<tr><th>运算符</th><th>含义</th><th>说明</th><th>优先级</th><th>实例</th><th>结果</th></tr>
<tr><td>!</td><td>逻辑非</td><td>当操作数为 false 时返回 True；当操作数为 true 时返回 False</td><td>1</td><td>!true
!false</td><td>False
True</td></tr>
<tr><td>&</td><td>逻辑与</td><td>两个操作数均为 true 时，结果才为 True，否则为 False</td><td>2</td><td>true & true
true & false
false & true
false & false</td><td>True
False
False
False</td></tr>
<tr><td>^</td><td>逻辑异或</td><td>两个操作数不相同，即一个为 true 一个为 false 时，结果才为 True，否则为 False</td><td>3</td><td>true ^ true
true ^ false
false ^ true
false ^ false</td><td>False
True
True
False</td></tr>
<tr><td>|</td><td>逻辑或</td><td>两个操作数中有一个为 true 时，结果即为 True，否则为 False</td><td>4</td><td>true | true
true | false
false | true
false | false</td><td>True
True
True
False</td></tr>
<tr><td>&&</td><td>条件与</td><td>两个操作数均为 true 时，结果才为 True。但仅在必要时才计算第二个操作数</td><td>5</td><td>true && true
true && false
false && true
false && false</td><td>True
False
False
False</td></tr>
<tr><td>||</td><td>条件或</td><td>两个操作数中有一个为 true 时，结果即为 True。但仅在必要时才计算第二个操作数</td><td>6</td><td>true || true
true || false
false || true
false || false</td><td>True
True
True
False</td></tr>
</table>

注意：

(1) 二元逻辑“与”(&) 运算符是为整型和 bool 类型预定义的。对于整型，&计算操作数的逻辑按位“与”。对于 bool 操作数，&计算操作数的逻辑“与”；也就是说，当且仅当两个操作数均为 true 时，结果才为 True。&运算符既可作为一元运算符也可作为二元运算符。一元&运算符返回操作数的地址。地址的具体概念参见 5.2 节。

(2) 二元逻辑“异或”(^) 运算符是为整型和 bool 类型预定义的。对于整型，^计算操作数的按位“异或”。对于 bool 操作数，^计算操作数的逻辑“异或”；也就是说，当且仅当只有一个操作数为 true 时，结果才为 True。

(3) 二元逻辑“或”(|) 运算符是为整型和 bool 类型预定义的。对于整型，| 计算操作数的按位“或”结果。对于 bool 操作数，| 计算操作数的逻辑“或”结果；也就是说，当且仅当两个操作数均为 false 时，结果才为 False。

(4) 条件“与”(&&) 执行其 bool 操作数的逻辑“与”运算，但仅在必要时才计算第二个操作数。即："x && y" 对应于操作 "x & y"。不同的是，如果 x 为 false，则不计算 y (因为不论 y 为何值，“与”操作的结果都为 False)。这被称作“短路”计算。

(5) 条件“或”(||) 运算符执行 bool 操作数的逻辑“或”运算，但仅在必要时才计算第二个操作数。即："x || y" 对应于操作 "x | y"。不同的是，如果 x 为 true，则不计算 y (因为不论 y 为何值，“或”操作的结果都为 True)。这被称作“短路”计算。

【例 3.3】 逻辑运算符示例（LogicalTest.cs）。

```
using System;
namespace CSharpBook.Chapter03
{
   class LogicalTest
   {
      static bool Method1()
      {
         Console.WriteLine("调用Method1，返回False"); return false;
      }
      static bool Method2()
      {
         Console.WriteLine("调用Method2，返回True");return true;
      }
      static void Main()
      {  //逻辑“非”
         Console.WriteLine("!true={0}, !false={1}", !true, !false);
         //逻辑“与”&条件“与”
         Console.WriteLine("逻辑"与"(&):");
         Console.WriteLine("Method1()&Method2()结果是{0}", Method1() & Method2());
         Console.WriteLine("条件"与"(&&):");
         Console.WriteLine("Method1()&&Method2()结果是{0}", Method1() && Method2());
         Console.WriteLine("位逻辑与: 0xf8 & 0x3f = 0x{0:x}", 0xf8 & 0x3f);
```

```
            //逻辑“或”&条件“或”
            Console.WriteLine("逻辑"或"(|):");
            Console.WriteLine("Method2()|Method1()结果是{0}", Method2() | Method1());
            Console.WriteLine("条件"或"(||):");
            Console.WriteLine("Method2()||Method1()结果是{0}", Method2() || Method1());
            Console.WriteLine("位逻辑或: 0xf8 | 0x3f = 0x{0:x}", 0xf8 | 0x3f);
            //逻辑“异或”
            Console.WriteLine("true^false={0}, false^false={1}", true ^ false, false ^ false);
            Console.WriteLine("位逻辑异或: 0xf8 ^ 0x3f = 0x{0:x}", 0xf8 ^ 0x3f);
            //混合逻辑运算
            Console.WriteLine("true^!false&false|false={0}",true^!false& false|false);
            Console.ReadKey();
        }
    }
}
```

运行结果：

```
!true=False, !false=True
逻辑“与”(&):
调用Method1，返回False
调用Method2，返回True
Method1() & Method2()结果是False
条件“与”(&&):
调用Method1，返回False
Method1() && Method2()结果是False
位逻辑与: 0xf8 & 0x3f = 0x38
逻辑“或”(|):
调用Method2，返回True
调用Method1，返回False
Method2() | Method1()结果是True
条件“或”(||):
调用Method2，返回True
Method2() || Method1()结果是True
位逻辑或: 0xf8 | 0x3f = 0xff
true^false=True, false^false=False
位逻辑异或: 0xf8 ^ 0x3f = 0xc7
true ^ !false & false | false=True
```

3.2.4 赋值运算符

赋值运算符（=）将右操作数的值存储在左操作数表示的存储位置、属性或索引器中，并将值作为结果返回。操作数的类型必须相同（或右边的操作数必须可以隐式转换为左边操作数的类型）。

1. 简单赋值语句

简单赋值语句形式如下：

```
变量名 = 表达式;
```

其作用是计算右边表达式的值，然后将值赋给左边的变量。例如：

```
double mark ;                 //定义mark为double浮点型变量
string str1;                  //定义str1为字符串类型变量
bool judge;                   //定义judge为bool类型变量
mark = 98.2;                  //将98.2值赋给mark
str1 = "C#.NET程序设计";      //为字符串类型变量赋值
judge = 'A'>'a';              //将表达式的计算结果False赋给bool类型变量judge
```

2. 复合赋值语句

表 3-5 列出了 C#中的复合赋值运算符。复合赋值运算符不仅可以简化程序代码，使程序更精炼，而且还可以提高程序编译的效率。例如，x+=y 虽然等效于 x=x+y，但是，x+=y 中 x 只计算一次。

表 3-5　复合赋值运算符

运算符	含义	举例	等效于
+=	加法赋值	sum += item	sum = sum + item
–=	减法赋值	count –=1	count = count – 1
*=	乘法赋值	x *= y+5	x = x * (y+5)
/=	除法赋值	x /= y–z	x = x / (y–z)
%=	取模赋值	x %= 2	x = x % 2
<<=	左移赋值	x << = y	x = x << y
>>=	右移赋值	x >> = y	x = x >> y
&=	与赋值	x &= 5>3	x = x & (5>3)
|=	或赋值	x |= true	x = x | true
^=	异或赋值	x ^= y	x = x ^ y

【例 3.4】 赋值运算符示例（Assignment.cs）。

```
using System;
namespace CSharpBook.Chapter03
{
  class AssignmentTest
  {
    static void Main()
    {
      int a = 5; a += 6; Console.Write("a=" + a);                //加法赋值运算符
      string s = "Hello"; s += " world."; Console.Write(" s=" + s);
                                                                  //字符串拼接
      a = 5; a -= 6; Console.WriteLine(" a=" + a);               //减法赋值
```

```
            a = 5; int i = 10; a *= i + 6; Console.Write("a=" + a);           //乘法赋值
            a = 5; a /= i - 6; Console.Write(" a=" + a);                      //除法赋值
            double d = 5; d /= i - 6; Console.Write(" d=" + d);               //除法赋值
            a = 5; a %= 3; Console.WriteLine(" a=" + a);                      //取模赋值
            a = 0x0c; a &= 0x06; Console.Write("0x{0:x8}", a);                //与赋值
            bool b = true; b &= false; Console.WriteLine(" b={0}", b);        //与赋值
            a = 0x0c; a |= 0x06; Console.Write("0x{0:x8}", a);                //或赋值
            b = true; b |= false; Console.WriteLine(" b={0}", b);             //或赋值
            a = 0x0c; a ^= 0x06; Console.Write("0x{0:x8}", a);                //异或赋值
            b = true; b ^= false; Console.WriteLine(" b={0}", b);             //异或赋值
            a = 1000; a <<= 4; Console.Write("a=" + a);                       //左移赋值
            a = 1000; a >>= 4; Console.WriteLine(" a=" + a);                  //右移赋值
            Console.ReadKey();
        }
    }
}
```

运行结果：

```
a=11 s=Hello world. a=-1
a=80 a=1 d=1.25 a=2
0x00000004 b=False
0x0000000e b=True
0x0000000a b=True
a=16000 a=62
```

3.2.5 字符串运算符

C#提供的字符串运算符只有一个“+”，用于串联（拼接）两个字符串。当其中的一个操作数是字符串类型或两个操作数都是字符串类型时，二元“+”运算符执行字符串串联。在字符串串联运算中，如果一个操作数为 null，则用空字符串来替换此操作数；否则，任何非字符串参数都通过调用从 object 类型继承的虚 ToString 方法，转换为其字符串表示形式。如果 ToString 返回 null，则替换成空字符串。例如：

```
"计算机"+ "程序设计"              //结果为"计算机程序设计"
"面向对象"+ null +"高级编程"      //结果为"面向对象高级编程"
"12345"+ 12345                  //结果为"1234512345"
"12345"+ 1.2345E+10F            //结果为"123451.2345E+10"
"abc"+ 2.900m                   //结果为"abc2.900"
```

3.2.6 位运算符

位运算符用于按二进制位进行逻辑运算。表 3-6 列出了 C#中的位运算符。

表 3-6　位运算符

运算符	含义	优先级	实例	结果
~	按位求补	1	~0x000000f8	0xffffff07
<<	左移	2	0x1 << 1	0x2
>>	右移	2	0xffffffff >> 1	0x7fffffff
&	按位逻辑与	3	0xf8 & 0x3f	0x38
^	按位逻辑异或	4	0xf8 ^ 0x3f	0xc7
|	按位逻辑或	5	0xf8 | 0x3f	0xff

注意：

(1) 按位求补（~）运算符是为 int、uint、long 和 ulong 类型预定义的，对操作数执行按位求补运算，其效果相当于反转每一位。

(2) 左移运算符（<<）将第一个操作数向左移动第二个操作数指定的位数。第二个操作数的类型必须是 int。

① 如果第一个操作数是 int 或 uint（32 位数），则移位数由第二个操作数的低 5 位给出。

② 如果第一个操作数是 long 或 ulong（64 位数），则移位数由第二个操作数的低 6 位给出。

③ 第一个操作数的高序位被放弃，低序空位用 0 填充。移位操作从不导致溢出。

(3) 右移运算符（>>）将第一个操作数向右移动第二个操作数所指定的位数。

① 如果第一个操作数为 int 或 uint（32 位数），则移位数由第二个操作数的低 5 位给出（第二个操作数&0x1f）。

② 如果第一个操作数为 long 或 ulong（64 位数），则移位数由第二个操作数的低 6 位给出（第二个操作数&0x3f）。

③ 如果第一个操作数为 int 或 long，则右移位是算术移位（高序空位设置为符号位）。如果第一个操作数为 uint 或 ulong 类型，则右移位是逻辑移位（高位填充 0）。

【例 3.5】 位运算符<<和>>示例（Bitwise.cs）。

```
using System;
namespace CSharpBook.Chapter03
{
   class BitwiseTest
   {
      static void Main()
      { //左移运算符(<<)
         int i = 1; long lg = 1;
         Console.WriteLine("0x{0:x}", i << 33);
         Console.WriteLine("0x{0:x}", lg << 33);
        //右移运算符(>>)
         uint ui = 0xffffffff; ulong ulg = 0xffffffff;
         Console.WriteLine("0x{0:x}", ui >> 33);
         Console.WriteLine("0x{0:x}", ulg >> 33); Console.ReadKey();
```

```
        }
    }
}
```

运行结果：

```
0x2
0x200000000
0x7fffffff
0x0
```

3.2.7 条件运算符

使用条件运算符，可以更简洁地表达某些 if…else 结构的计算。条件运算符是 C#中唯一的三元运算符，由符号“?”和“:”组成，其一般形式为：

```
逻辑表达式? 表达式1：表达式2;
```

首先计算“逻辑表达式”的值，如果为 True，则运算结果为“表达式 1”的值，否则运算结果为“表达式 2”的值。例如，计算 a 和 b 两个数中较大的数，并将其赋给变量 maxnum 中，语句为：

```
maxnum = (a > b)? a : b;
```

等价于：

```
if (a>b) maxnum = a;
else  maxnum = b;
```

3.2.8 null 相关运算符

C#在涉及对象的操作中，如果对象为空，则会产生异常。健壮的程序需要进行空判断。C#提供了与 null 相关的运算符，可以简化代码。

1. null 合并运算符“??”（null coalescing operator）

“??”用于返回在非空的操作上，如果操作数值为空，则返回缺省值。其语法为：

```
表达式 ?? 缺省值
```

例如：

```
string s1 = null;
string s2 = s1 ?? "nothing";  //s2的结果为"nothing"
```

2. null 条件成员访问运算符“?.”和“?[]”（C# 6.0）

访问对象的成员时，如果对象为空，则会产生异常。使用“?.”代替“.”运算符，可以简化空判断操作：如果操作数为空，则返回空；否则执行相应操作。其语法为：

```
对象?.成员
```

例如：

```
string s1 = null;
string s2 = s1?. ToUpper();       //结果为null，不会产生异常
int? length = customers?.Length; //如果customers为null则返回null，否则返回其长度
Customer first = customers?[0];  //如果customers为null则返回null，否则返回其第一个元素
```

上例中“string s2 = s1?. ToUpper();”相当于语句：

```
string s2 = (s1 == null ? null : s1. ToUpper ());
```

3.2.9 其他运算符

sizeof 用于获取值类型的字节大小，仅适用于值类型，而不适用于引用类型。sizeof 运算符只能在不安全代码块中使用。不安全代码参见 5.2 节。

typeof 用于获取类型的 System.Type 对象，如 System.Type type = typeof(int)。若要获取表达式的运行时类型，可以使用.NET Framework 方法 GetType()。例如：

```
int i = 0; System.Type type = i.GetType();            //结果为[System.Int32]
```

nameof 用于返回标识符（类型、成员、变量等）的名称。例如：

```
int count = 123;
string name = nameof(count);                                  //结果为"count"
string name1 = nameof (String.Format);                        //结果为"Format"
string name2 = nameof(String)+"."+nameof(String.Format);      //结果为"String.Format"
```

【例 3.6】 sizeof 运算符示例（sizeof.cs）。

```
//compile: csc /unsafe sizeof.cs -> sizeof.exe
using System;
namespace CSharpBook.Chapter03
{
   class MainClass
   {
      unsafe static void Main()
      {
         Console.WriteLine("The size of short is {0}", sizeof(short));
         Console.WriteLine("The size of int is {0}", sizeof(int));
         Console.WriteLine("The size of long is {0}", sizeof(long));
      }
   }
}
```

运行结果：

```
The size of short is 2
The size of int is 4
The size of long is 8
```

【例 3.7】 typeof 运算符示例（typeof.cs）。

```
using System;
namespace CSharpBook.Chapter03
{
   public class SampleClass
   {
      static void Main()
      {
         Type t1 = typeof(bool);
         Console.WriteLine("typeof(bool) is {0}", t1);
         int radius = 5; Type t2 = radius.GetType();
         Console.WriteLine("radius.GetType() is {0}", t2);
         Console.WriteLine("Area = {0}", radius * radius * Math.PI);
         Console.WriteLine("The type of Area is {0}", (radius*radius*Math.PI).GetType());
         Console.ReadKey();
      }
   }
}
```

运行结果：

```
typeof(bool) is System.Boolean
radius.GetType() is System.Int32
Area = 78.5398163397448
The type of Area is System.Double
```

3.2.10 运算符优先级

表达式中的运算符按照运算符优先级（precedence）的特定顺序和结合性规则计算。表 3-7 所示为按 C#语言定义运算符优先级从高到低的顺序列出各运算符类别，同一类别中的运算符优先级相同。

表 3-7 运算符优先级顺序和结合性规则

类别	运算符	说明	结合性
基本	x.m	成员访问	→
	?.和?[]	null 条件成员访问	
	f(x)	方法和委托调用	
	a[x]	数组和索引器访问	
	->	指针成员访问	
	x++	后增量	
	x--	后减量	

续表

类别	运算符	说明	结合性
基本	new	类型实例化	←
	typeof(T)	获得 T 的 System.Type 对象	
	nameof(x)	获取标识符的名称	
	checked	在 checked 上下文中计算表达式	
	unchecked	在 unchecked 上下文中计算表达式	
	default(T)	返回类型 T 的默认值	
	sizeof(x)	返回类型操作数的大小（以字节为单位）	
一元	+	恒等	←
	–	求相反数	
	!	逻辑求反	
	~	按位求反	
	++x	前增量	
	––x	前减量	
	(T)x	显式将 x 转换为类型 T	
	&	取操作数的地址	
	*	取消引用运算符，用于读取和写入指针	
	await	等待任务	
乘除	*	乘法	→
	/	除法	
	%	求余	
加减	+	加法、字符串串联、委托组合	→
	–	减法、委托移除	
移位	<<	左移	→
	>>	右移	
关系和类型检测	<	小于	→
	>	大于	
	<=	小于或等于	
	>=	大于或等于	
	x is T	如果 x 属于 T 类型，则返回 True，否则返回 False	
	x as T	返回转换为类型 T 的 x，如果 x 不是 T 则返回 null	
相等	==	等于	→
	!=	不等于	
逻辑与	x & y	整型按位 AND，布尔逻辑 AND	→
逻辑异或	x ^ y	整型按位 XOR，布尔逻辑 XOR	→
逻辑或	x | y	整型按位 OR，布尔逻辑 OR	→
条件与	x && y	仅当 x 为 true 才对 y 求值	→
条件或	x || y	仅当 x 为 false 才对 y 求值	→
条件运算	x ? y : z	如果 x 为 true，则对 y 求值，否则对 z 求值	←
赋值和匿名函数	=	赋值	←
	+=、–=、*=、/=、%=、&=、|=、^=、<<=、>>=	复合赋值	
	=>	lambda 表达式	

当表达式中出现两个具有相同优先级的运算符时，则根据结合性进行计算。左结合运

算符按从左到右（表中用符号“→”示意）的顺序计算。例如，x*y/z 计算为(x*y)/z。右结合运算符按从右到左（表中用符号“←”示意）的顺序计算。注意，C#语言中赋值运算符和三元运算符（?:）是右结合运算符，如 x=y=z 计算为 x=(y=z)。其他所有二元运算符都是左结合运算符。

优先级和结合性都可以用括号控制。例如，2+3*2 的计算结果为 2+(3*2)=8；而(2+3)*2 的计算结果为 10。再如：

```
bool b = 16 + 2 * 5 >= 7 * 8 / 2 || "XYZ" != "xyz" && !(10 - 6 > 18 / 2);
```

相当于：

```
bool b = ((16 + (2 * 5)) >= ((7 * 8) / 2)) || (("XYZ" != "xyz") && (!((10 - 6) > (18 / 2))));
```

结果为 True。

3.3 表 达 式

表达式（expression）是可以计算的代码片段，其计算结果一般为单个值、对象以及类型成员。表达式由操作数（变量、常量、函数）、运算符和括号按一定规则组成。表达式通过运算后产生运算结果，运算结果的类型由操作数和运算符共同决定。

例如，表达式 a+3 由两个操作数（变量 a 和常量 3）和一个运算符（运算符+）组成。

3.3.1 表达式的组成

表达式由运算符（operator）和操作数（operand）构成。表达式的运算符指示对操作数适用什么样的运算。运算符的示例包括+、–、*和/等；操作数的示例包括文本（没有名称的常数值）、字段、局部变量、方法参数和类型成员等，也可以包含子表达式，因此表达式既可以非常简单，也可以非常复杂。当表达式包含多个运算符时，运算符的优先级控制各运算符的计算顺序（参见 3.2.9 节）。

3.3.2 表达式的书写规则

表达式的书写规则如下：

- 乘号不能省略，如 a 乘以 b 应写为 a*b；
- 括号必须成对出现，而且只能使用小括号。小括号可以嵌套使用；
- 表达式从左到右在同一个基准上书写，无高低，区分大小写。

例如，数学表达式 $\frac{1}{2}\sin(ax+b)$ 写成 C#表达式为 Math.sin(a*x + b)/2。

3.3.3 表达式的示例

【例 3.8】 C#表达式示例（ExpressionTest.cs）。

```
using System;
namespace CSharpBook.Chapter03
```

```
{
    class ExpressionTest
    {
        static void Main(string[] args)
        {
            int a = 1,b = 2,c = 3; a += b++ + c;
            Console.WriteLine(" a = {0},  b = {1},  c = {2}", a, b, c);
            Console.WriteLine(" c >= b && b >= a 结果为: {0}", c >= b && b >= a);
            Console.WriteLine(" a < b ? a++ : b++ 结果为: {0}", a < b ? a++ : b++);
            Console.WriteLine(" a = {0},  b = {1},  c = {2}", a, b, c);
            Console.WriteLine(" c += a > b ? a++ : b++ 结果为: {0}", c += a > b ? a++ : b++);
            Console.WriteLine(" a = {0},  b = {1},  c = {2}", a, b, c);
            a = b = c = 2; Console.WriteLine(" a = {0},  b = {1},  c = {2}", a, b, c);
            a = 3; b = 8; c = 4; Console.WriteLine(" a = {0},  b = {1},  c = {2}", a, b, c);
            Console.WriteLine(" a < b ? a : b < c ? b : c 结果为: {0}", a < b ? a : b < c ? b : c);
            Console.WriteLine(" (a < b ? a : b) < c ? b : c 结果为: {0}", (a < b ? a : b) < c ? b : c);
            Console.WriteLine(" (b2-4ac)的平方根为: {0}", Math.Sqrt(Math.Pow
            (b,2)-4*a*c));
            bool m = false, n = true, p = true;
            Console.WriteLine(" m = {0},  n = {1},  p = {2}", m, n, p);
            Console.WriteLine(" m | n ^ p = {0}", m | n ^ p);
            Console.WriteLine(" n | m ^ p = {0}", n | m ^ p); Console.ReadLine();
        }
    }
}
```

运行结果：

```
a = 6,  b = 3,  c = 3
c >= b && b >= a 结果为: False
a < b ? a++ : b++ 结果为: 3
a = 6,  b = 4,  c = 3
c += a > b ? a++ : b++ 结果为: 9
a = 7,  b = 4,  c = 9
a = 2,  b = 2,  c = 2
a = 3,  b = 8,  c = 4
a < b ? a : b < c ? b : c 结果为: 3
(a < b ? a : b) < c ? b : c 结果为: 8
(b2-4ac)的平方根为: 4
m = False,  n = True,  p = True
m | n ^ p = False
n | m ^ p = True
```

第4章　程序流程和异常处理

C#程序中语句执行的顺序包括 4 种基本控制结构：顺序结构、选择结构、循环结构和异常处理逻辑结构。

视频讲解

本章要点：

- 顺序结构；
- 选择结构，包括 if 语句、switch 语句、模式匹配；
- 循环结构，包括 for 语句、while 语句、do…while 语句和 foreach 语句；
- 跳转语句，包括 goto 语句、break 语句、continue 语句、return 语句、throw 语句；
- C#异常处理。

4.1　顺 序 结 构

C#程序中语句执行的基本顺序按各语句出现位置的先后次序执行，称为顺序结构，如图 4-1 所示。程序先执行语句块 1，再执行语句块 2，最后执行语句块 3。三者是顺序执行关系。

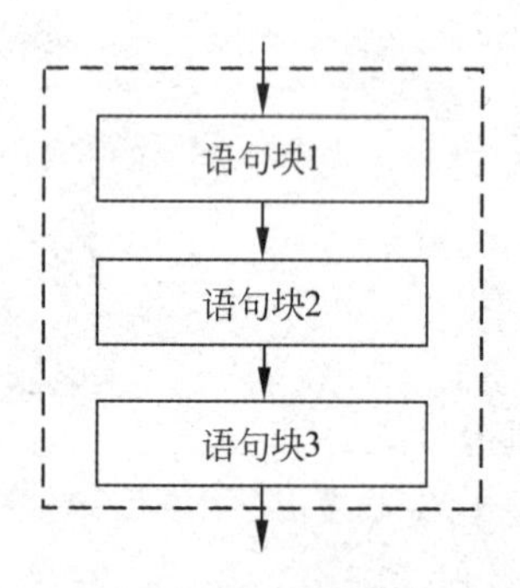

图 4-1　顺序结构示意图

【例 4.1】 顺序结构示例（Sequence.cs）：已知三角形的三条边（为简单起见，假设这三条边可以构成三角形），求三角形的面积。

```
using System;
namespace CSharpBook.Chapter04
{
    class Sequence
    {
        static void Main()
```

```
        {
            double a, b, c, p, area;
            Console.Write("请输入三角形的边A:    ");
            a = double.Parse(Console.ReadLine());  //将数字字符串转换为等效的双精度浮点数
            Console.Write("请输入三角形的边B:    ");
            b = double.Parse(Console.ReadLine());
            Console.Write("请输入三角形的边C:    ");
            c = double.Parse(Console.ReadLine());
            Console.WriteLine("三角形三边分别为:  a={0}, b={1}, c={2}", a,b,c);
            p = (a + b + c) / 2;                    //求周长的一半
            area = Math.Sqrt(p*(p-a)*(p-b)*(p-c)); //求面积
            Console.WriteLine("三角形的面积 = {0}",area); Console.ReadLine();
        }
    }
}
```

运行结果：

```
请输入三角形的边A:    3
请输入三角形的边B:    4
请输入三角形的边C:    5
三角形三边分别为:  a=3, b=4, c=5
三角形的面积 = 6
```

4.2 选择结构

选择结构可以根据条件来控制代码的执行分支，也叫分支结构。C#包括两种控制分支的条件语句：if 语句和 switch 语句。

4.2.1 if 语句

if 条件语句包含多种形式：单分支、双分支和多分支，流程如图 4-2 所示。

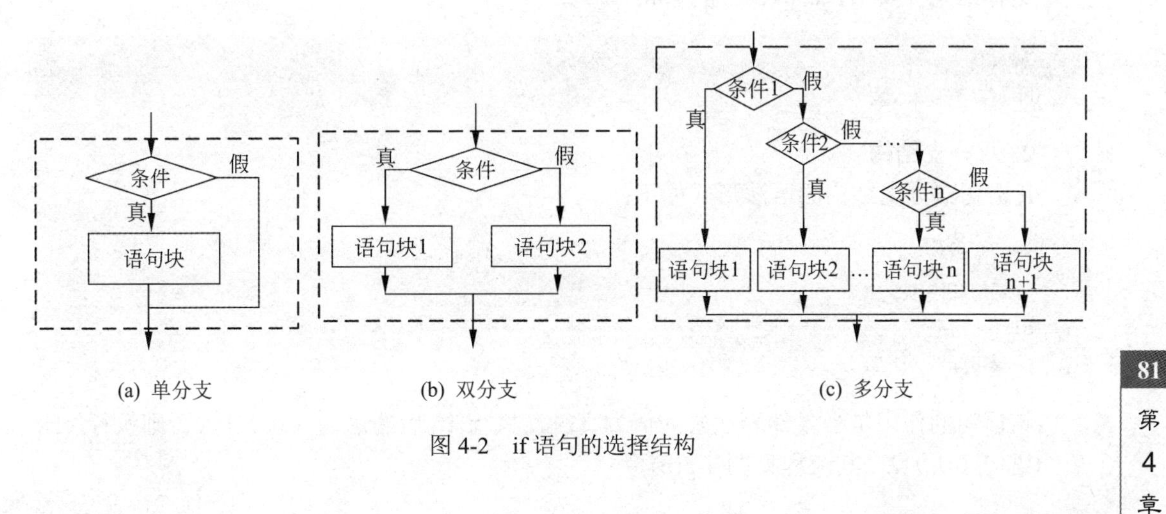

图 4-2　if 语句的选择结构

1. 单分支结构

if 语句单分支结构的语法形式如下：

```
if (条件表达式)
   语句/语句块 statement(s);
```

其中：

- 条件表达式：可以是关系表达式、逻辑表达式、算术表达式等。
- 语句/语句块 statement(s)：可以是单个语句，也可以是多个语句。如果要执行多个语句，则需要使用大括号（{…}）把这些语句组合为一个代码块。

该语句的作用是，当条件表达式的值为真（True）时，执行 if 后的语句（块）；否则不做任何操作，控制将转到 if 语句的结束点。其流程见图 4-2(a)。

【例 4.2】 单分支结构示例（SingleDecision.cs）：产生两个 0～100 的随机数 a 和 b，比较两者大小，使得 a 大于 b。

```
using System;
namespace CSharpBook.Chapter04
{
  class SingleDecision
  {
    static void Main()
        {
            int a, b, t;  Random rNum = new Random();
            a = rNum.Next(101);b = rNum.Next(101);       //产生0～100的随机整数a和b
            Console.WriteLine("原始值：a={0}, b={1}", a, b);
            if (a < b) { t = a; a = b; b = t; }          //若a<b，则交换a和b，使得a>b
            Console.WriteLine("降序值：a={0}, b={1}", a, b);Console.ReadLine();
        }
    }
}
```

运行结果（其中，a 和 b 随机生成）：

```
原始值：a=51, b=64
降序值：a=64, b=51
```

2. 双分支结构

if 语句双分支结构的语法形式如下：

```
if (条件表达式)
   语句/语句块1;
else
   语句/语句块2;
```

该语句的作用是当条件表达式的值为真时，执行 if 后的语句（块）1，否则执行 else 后的语句（块）2，其流程见图 4-2(b)。

【例 4.3】 计算分段函数

$$y=\begin{cases}\sin x+2\sqrt{x^2+e^4}-(x+1)^3 & x\geqslant 0\\ \ln(-5x)-\dfrac{|x^2-8x|}{7x}+e & x<0\end{cases}$$

此分段函数有以下几种实现方式，请读者自行编程测试。

（1）利用单分支结构实现。

一句单分支语句：

```
y = Math.Sin(x) + 2 * Math.Sqrt(x * x + Math.Exp(4)) - Math.Pow(x + 1, 3);
if (x<0)
  y = Math.Log(-5 * x) - Math.Abs(x * x - 8 * x) / (7 * x) + Math.E;
```

或两句单分支语句：

```
if (x>=0)
  y = Math.Sin(x) + 2 * Math.Sqrt(x * x + Math.Exp(4)) - Math.Pow(x + 1, 3);
if (x<0)
  y = Math.Log(-5 * x) - Math.Abs(x * x - 8 * x) / (7 * x) + Math.E;
```

（2）利用双分支结构实现。

```
if (x>=0)
  y = Math.Sin(x) + 2 * Math.Sqrt(x * x + Math.Exp(4)) - Math.Pow(x + 1, 3);
else
  y = Math.Log(-5 * x) - Math.Abs(x * x - 8 * x) / (7 * x) + Math.E;
```

（3）利用条件运算符实现。

```
y = (x>=0)? Math.Sin(x) + 2 * Math.Sqrt(x * x + Math.Exp(4)) - Math.Pow(x + 1, 3): Math.Log
(-5 * x) - Math.Abs(x * x - 8 * x) / (7 * x) + Math.E;
```

3. 多分支结构

if 语句多分支结构的语法形式如下：

```
if (条件表达式1)
  语句/语句块1;
else if (条件表达式2)
  语句/语句块2;
⋮
else if (条件表达式n)
  语句/语句块n;
[else
  语句/语句块n+1;]
```

该语句的作用是根据不同条件表达式的值确定执行哪个语句(块)，其流程见图 4-2(c)。

【例 4.4】 已知某课程的百分制分数 mark，将其转换为五级制（优、良、中、及格、不及格）的评定等级 grade。评定条件如下：

$$
成绩等级=\begin{cases}优 & mark \geqslant 90 \\ 良 & 80 \leqslant mark < 90 \\ 中 & 70 \leqslant mark < 80 \\ 及格 & 60 \leqslant mark < 70 \\ 不及格 & mark < 60\end{cases}
$$

根据评定条件，有如表 4-1 所示的三种实现方法。

表 4-1　三种实现方法

方法 1	方法 2	方法 3
`if (mark >= 90)` `    grade = "优";`	`if (mark >= 90)` `    grade = "优";`	`if (mark >= 60)` `    grade = "及格";`
`else if (mark >= 80)` `    grade = "良";`	`else if (mark >= 80 && mark < 90 )` `    grade = "良";`	`else if (mark >= 70)` `    grade = "中";`
`else if (mark >= 70)` `    grade = "中";`	`else if (mark >= 70 && mark < 80)` `    grade = "中";`	`else if (mark >= 80)` `    grade = "良";`
`else if (mark >= 60)` `    grade = "及格";`	`else if (mark >= 60 && mark < 70)` `    grade = "及格";`	`else if (mark >= 90)` `    grade = "优";`
`else` `    grade = "不及格";`	`else` `    grade = "不及格";`	`else` `    grade = "不及格";`

其中，方法 1 中使用关系运算符“>=”，按分数从大到小依次比较；方法 2 使用关系运算符和逻辑运算符表达完整的条件，即使语句顺序不按比较的分数从大到小依次书写，也可以得到正确的等级评定结果；方法 3 使用关系运算符“>=”，但按分数从小到大依次比较。

上述三种方法中，方法 1 和方法 2 正确，方法 1 最简洁；方法 2 虽然正确，但是存在冗余条件；方法 3 虽然语法没有错误，但是判断结果错误——根据 mark 分数所得等级评定结果只有“及格”和“不及格”两种，请读者根据程序流程自行分析原因。

【例 4.5】 已知坐标点(x,y)，判断其所在的象限。相关语句如下：

```
if (x > 0 && y > 0) Console.WriteLine("x={0}, y={1}, 位于第一象限", x, y);
else if (x < 0 && y > 0) Console.WriteLine("x={0}, y={1}, 位于第二象限", x, y);
else if (x < 0 && y < 0) Console.WriteLine("x={0}, y={1}, 位于第三象限", x, y);
else if (x > 0 && y < 0) Console.WriteLine("x={0}, y={1}, 位于第四象限", x, y);
else if (x==0 && y==0) Console.WriteLine("x={0}, y={1}, 位于原点", x, y);
else if (x == 0) Console.WriteLine("x={0}, y={1}, 位于y轴", x, y);
else Console.WriteLine("x={0}, y={1}, 位于x轴", x, y);
```

4. if 语句的嵌套

在 if 语句中包含一个或多个 if 语句称为 if 语句的嵌套。一般形式如下：

```
if (条件表达式1)
    if (条件表达式11)
      语句/语句块1;
    [else
      语句/语句块2;]
[else
```

```
        if (条件表达式21)
            语句/语句块3;
        [else
            语句/语句块4;]]
```

为了正确表达if语句的嵌套关系，建议读者使用大括号以及缩进格式确定if和else的配对关系。语句形式如下：

```
    if (条件表达式1)
    {
        if (条件表达式11)
        {
            语句/语句块1;
        }
        [else
        {
            语句/语句块2;
        }]
    }
    [else
    {
        if (条件表达式21)
        {
            语句/语句块3;
        }
        [else
        {
            语句/语句块4;
        }]
    }]
```

【例4.6】 计算分段函数 $y=\begin{cases}1 & x>0\\0 & x=0\\-1 & x<0\end{cases}$。

此分段函数的实现方法如表4-2所示，请读者判断哪些是正确的，并自行编程测试正确的实现方法。

表4-2 例4.6的实现方法

方法1	方法2	方法3	方法4

if (x > 0)
    y = 1;
else if (x = = 0)
    y = 0;
else
    y = -1;
	if (x >= 0)
	{ if (x > 0)
	        y = 1;
	    else
	        y = 0;
	}
	else y = -1;
		y = 1;
		if (x != 0)
		{
		    if (x < 0)
		        y = -1;
		}
		else y = 0;
			y = 1;
			if (x != 0)
			    if (x < 0)
			        y = -1;
			else
			        y = 0;

请读者画出每种方法相应的流程图，并进行分析测试。其中，方法1、方法2和方法3

是正确的，而方法 4 是错误的，相当于如下语句：

```
y = 1;
if (x != 0)
   if (x < 0)
      y = -1;
   else
      y = 0;
```

因为在嵌套的 if 语句中，else 是和语法允许、词法上最相近的上一个 if 语句相配对的。

【例 4.7】 已知字符变量 ch 中存放了一个字符，判断该字符是字母字符（并进一步判断是大写字母还是小写字母）、数字字符还是其他字符，并给出相应的提示信息。

方法 1：利用系统提供的方法。

```
if (Char.IsLetter(ch))
{
   if (Char.IsUpper(ch))
      Console.WriteLine("字符 {0} 是大写字母", ch);
   else
      Console.WriteLine("字符 {0} 是小写字母", ch);
}
else if (Char.IsNumber(ch))
   Console.WriteLine("字符 {0} 是数字字符", ch);
else
   Console.WriteLine("字符 {0} 是其他字符", ch);
```

方法 2：利用字符比较。

```
if (Char.ToUpper(ch) >= 'A' && Char.ToUpper(ch) <= 'Z')
{
   if (ch >= 'A' && ch <= 'Z')
      Console.WriteLine("字符 {0} 是大写字母", ch);
   else
      Console.WriteLine("字符 {0} 是小写字母", ch);
}
else if (ch >= '0' && ch <= '9')
   Console.WriteLine("字符 {0} 是数字字符", ch);
else
   Console.WriteLine("字符 {0} 是其他字符", ch);
```

【例 4.8】 输入三个数，按从大到小的顺序排序。

方法 1：先 a 和 b 比较，使得 a>b；然后 a 和 c 比较，使得 a>c，此时 a 最大；最后 b 和 c 比较，使得 b>c。

方法 2：利用 Max 函数和 Min 函数求 a、b、c 三个数中最大数、最小数，而三个数之和减去最大数和最小数就是中间数。

例 4.8 的实现方法如表 4-3 所示。

表 4-3　例 4.8 的实现方法

方法 1	方法 2
`if (a < b){ t = a; a = b; b = t;}` //交换 a 和 b，使得 a>b	`Nmax=Math.Max(Math.Max(a,b),c);` //三者最大数
`if (a < c){ t = a; a = c; c = t; }` //交换 a 和 c，使得 a>c	`Nmin=Math.Min(Math.Min(a,b),c);` //三者最小数
`if (b < c){ t = b; b = c; c = t;}` //交换 b 和 c，使得 b>c	`Nmid=a+b+c-Nmax-Nmin;` //三者中间数 `a=Nmax; b=Nmid; c=Nmin;`

【例 4.9】 编程判断某一年是否为闰年。判断闰年的条件是年份能被 4 整除但不能被 100 整除，或能被 400 整除，其判断流程如图 4-3 所示。

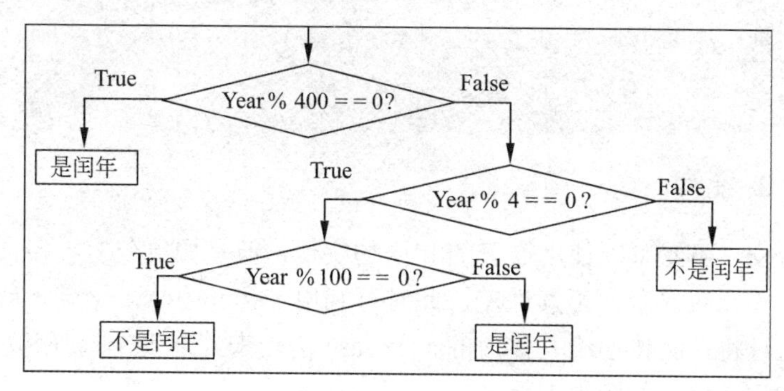

图 4-3　闰年的判断条件

方法 1：使用日期时间型变量的成员来判断闰年，相关语句如下：

```
if (DateTime.IsLeapYear(year))
   Console.WriteLine("{0} year is a leap year!", year);
else
   Console.WriteLine("{0} year is not a leap year!", year);
```

方法 2：使用一个逻辑表达式包含所有的闰年条件，相关语句如下：

```
if ((year % 4 == 0 && year % 100 != 0) || year % 400 = = 0)
   Console.WriteLine("{0} year is a leap year!", year);
else
   Console.WriteLine("{0} year is not a leap year!", year);
```

方法 3：使用嵌套的 if 语句，相关语句如下：

```
if (year % 400 == 0)
   Console.WriteLine("{0} year is a leap year!", year);
else
{
   if (year % 4 == 0)
   {
      if (year % 100 == 0)Console.WriteLine("{0} year is not a leap year!", year);
      else Console.WriteLine("{0} year is a leap year!", year);
```

```
    }
    else
        Console.WriteLine("{0} year is not a leap year!", year);
}
```

方法4：使用if…else if语句，相关语句如下：

```
if (year % 400 == 0)
    Console.WriteLine("{0} year is a leap year!", year);
else if (year % 4 != 0)
    Console.WriteLine("{0} year is not a leap year!", year);
else if (year % 100 == 0)
    Console.WriteLine("{0} year is not a leap year!", year);
else
    Console.WriteLine("{0} year is a leap year!", year);
```

4.2.2 switch 语句

对于多重分支，虽然可以使用嵌套的if语句实现，但是如果分支较多，则嵌套的if语句层次也多，结构比较复杂，可读性差，此时可利用switch…case 语句。switch 语句是一个控制语句，通过将控制传递给其体内的一个case语句来处理多个选择和枚举。switch 语句的语法形式如下（流程如图4-4所示）：

```
switch(控制表达式)
{
  case 常量表达式1:
      语句序列1;
      break;
  case 常量表达式2:
      语句序列2;
      break;
  ⋮
  case 常量表达式n:
      语句序列n;
      break;
  default:
      语句序列n+1;
      break;
}
```

例如，根据考试成绩的等级输出百分制分数段的程序片段如下：

```
switch (grade)
{
    case 'A':
        Console.WriteLine("'A' belongs to 90～100!"); break;
    case 'B':
```

```
        Console.WriteLine("'B' belongs to 80～90!"); break;
    case 'C':
        Console.WriteLine("'C' belongs to 70～80!"); break;
    case 'D':
        Console.WriteLine("'D' belongs to 60～70!"); break;
    case 'F':
        Console.WriteLine("'F' belongs to <60!"); break;
    default:
        Console.WriteLine("Error character!"); break;
}
```

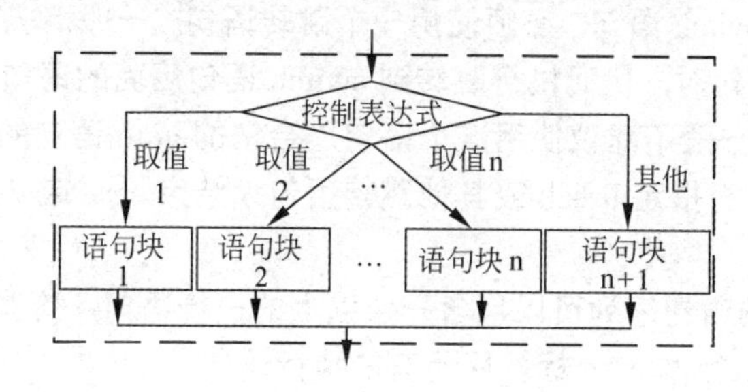

图 4-4　多分支选择结构（switch 语句）

说明：

(1) switch 语句基于控制表达式的值选择要执行的语句分支。switch 语句按以下顺序执行：

① 控制表达式求值。

② 如果 case 标签后常量表达式的值恰好等于控制表达式的值，控制将转到匹配 case 标签后的语句序列。

③ 如果 case 标签后的常量表达式都不等于控制表达式的值，且如果存在一个 default 标签，则控制将转到 default 标签后的语句序列。

④ 如果 case 标签后的常量表达式都不等于控制表达式的值，且如果不存在 default 标签，则控制将跳出 switch 语句而执行后继语句。

(2) 控制表达式所允许的数据类型：整数类型（sbyte、byte、short、ushort、int、uint、long、ulong），字符类型（char），字符串类型（string），或者枚举类型。

(3) 每一个 case 标签后常量表达式的数据类型与控制表达式的类型相同，或可以隐式转换为控制表达式的类型。

(4) 每一个 case 标签后常量表达式的值都不能相同，包括值相同的不同常量。例如：

```
//假设country是string类型的字符串变量
const string England = "uk";
const string Britain = "uk";
switch(country)
{
  case England:
```

```
    case Britain:           //将导致编译错误
        language = "English";
        break;
}
```


(5) 各个case子句出现的次序不影响语句的执行结果。例如，可以先出现“case 'F'：…”，然后再出现“case 'A'：…”。

(6) 一个switch语句中最多只能有一个default标签。虽然switch结构中的case可以任意顺序放置，但是一般建议将default情况放在最后。

(7) 和if…else语句不同的是，在执行一个case子句后面的语句序列后，switch语句并不会终止，要退出switch语句，必须使用一个跳转语句。一般情况下，跳转语句是break语句。当到达break语句时，代码执行跳转到switch语句后面的语句。也可以使用goto语句达到同样的目的(但一般不建议使用这个语句)。合法的goto语句的例子，如goto default、goto case 'A'等。如果没有指定break或其他跳转语句来结束case或default子句的执行，C#将产生编译错误。

(8) case标签后的语句序列可以包含一条以上的执行语句，这些语句序列可以不加大括号，C#会自动顺序执行本case标签后所有的执行语句。

(9) 多个case标签可以共用同一组语句序列。例如：

```
⋮
    case 'A':
    case 'B':
    case 'C':
    case 'D':
        Console.WriteLine("'A', 'B', 'C', and 'D' belong to >60!");
⋮
```

grade的值为'A'、'B'、'C'或'D'时均执行同一组语句。

4.2.3 模式匹配（C# 7.0）

C# 7.0增加了模式匹配（pattern matching）功能，通过if语句或switch语句测试一个对象及其属性是否满足特定的模式。

1. 使用if语句和is表达式测试类型的模式匹配

通过在if语句中使用is表达式测试变量以确定其类型，测试成功时对变量赋值，并基于该类型执行不同操作。其语法格式为：

```
if (对象 is 类型 s)
   针对s进行操作的语句/语句块;
```

例如：

```
public class Square
{
    public double Side { get; }
```

```
    public Square(double side)
    {
        Side = side;
    }
}
public class Circle
{
    public double Radius { get; }
    public Circle(double radius)
    {
        Radius = radius;
    }
}
public static double ComputeArea(object shape)
{
    if (shape is Square)
    {
        var s = shape as Square;
        return s.Side * s.Side;
    }else if (shape is Circle)
    {
        var c = shape as Circle;
        return c.Radius * c.Radius * Math.PI;
    }
    throw new ArgumentException(message: "形状无效", paramName: nameof(shape));
}
```

2. 使用 switch 语句测试类型的模式匹配

在 C# 7.0 语言中，switch 语句的测试表达式支持类型判断，从而可以实现模式匹配功能。

例如：

```
public static double ComputeAreaModernSwitch(object shape)
{
    switch (shape)
    {
        case Square s:
            return s.Side * s.Side;
        case Circle c:
            return c.Radius * c.Radius * Math.PI;
        default:
            throw new ArgumentException(
                message: "形状无效",
                paramName: nameof(shape));
    }
```

```
}
```

3. 使用switch语句测试类型和when子句测试属性的模式匹配

在C# 7.0语言中，switch语句的测试表达式支持类型判断，还可以结合when子句测试属性，从而可以实现模式匹配功能。

例如：

```
public static double ComputeArea_Version3(object shape)
{
   switch (shape)
   {
      case Square s when s.Side == 0:
      case Circle c when c.Radius == 0:
         return 0;
      case Square s:
         return s.Side * s.Side;
      case Circle c:
         return c.Radius * c.Radius * Math.PI;
      default:
         throw new ArgumentException(
            message: "形状无效",
            paramName: nameof(shape));
   }
}
```

4.3 循环结构

通过使用迭代语句可以创建循环。迭代语句导致嵌入语句根据循环终止条件多次执行。除非遇到跳转语句，否则这些语句将按顺序执行。

C#提供了4种不同的循环机制：for、while、do…while和foreach，在满足某个条件之前，可以重复执行代码块。

4.3.1 for循环

for循环语句是计数型循环语句，一般用于已知循环次数的情况，所以也称为定次循环。for循环提供的迭代循环机制是计算一个初始化表达式序列，当某个条件为真时，重复执行相关的嵌入语句并计算一个迭代表达式序列。其语法如下：

```
for (initializer; condition; iterator)
{
   循环体语句序列;
}
```

说明：

(1) initializer（初始化设置）：**是指在执行第一次迭代前要计算的表达式。通常是为循**

环控制变量提供初始值。

(2) condition（循环执行条件）：是在每次迭代新循环前要测试的条件表达式。当 condition 为 true 时，执行下一次迭代（进入循环体执行循环语句序列）；当 condition 为 false 时，循环结束，执行 for 循环语句的后继语句。

(3) iterator（循环变量的增减量）：是每次迭代完要计算的表达式，通常是递增或递减循环控制变量。

(4) 循环语句序列（循环体）：是每次循环重复执行的语句。当语句序列中仅含有一条语句时，大括号可以省略。例如，计算 $\sum_{i=1}^{100} i$（即 1+2+…+100 的和）的程序片段：

```
sum=0; for(i=1; i<=100; i++) sum += i;
```

(5) for 循环语句的执行过程如下：

① 循环控制变量被赋初值。

② 判断是否满足循环执行条件，如果是，执行循环体；否则结束循环，执行 for 循环语句的后继语句。

③ 递增或递减循环控制变量，转步骤②，继续循环。

for 循环的执行流程如图 4-5 所示。

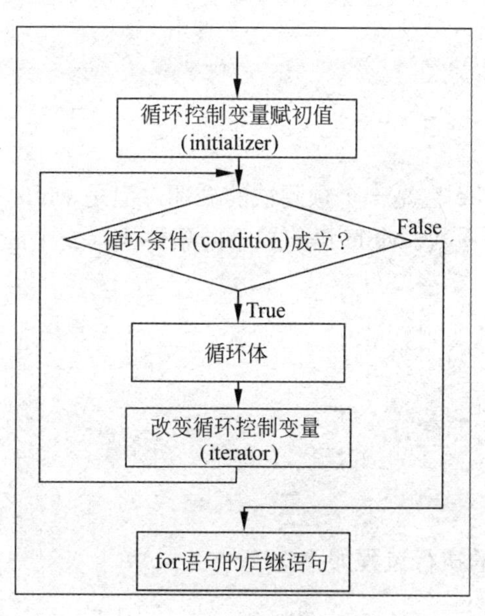

图 4-5　for 循环的执行流程

【例 4.10】 利用 for 循环求 1～100 中所有奇数的和、偶数的和。相关的语句如下：

```
sumOdd = 0; sumEven = 0;
for (i = 1; i <= 100; i += 2) sumOdd += i;
for (i = 2; i <= 100; i += 2) sumEven += i;
```

【例 4.11】 显示 Fibonacci 数列：1，1，2，3，5，8，…的前 20 项。

即

$$F_n = \begin{cases} 1 & n = 1 \\ 1 & n = 2 \\ F_{n-1} + F_{n-2} & n \geqslant 3 \end{cases}$$

要求每行显示4项。运行效果如图4-6所示。

```
    1       1       2       3
    5       8      13      21
   34      55      89     144
  233     377     610     987
 1597    2584    4181    6765
```

图4-6　显示Fibonacci数列

相关语句如下：

```
int f1 = 1, f2 = 1;
for (int i = 1; i <= 10; i++)
{
   Console.Write("{0,5}\t{1,5}\t", f1, f2);
   if (i % 2 == 0) Console.WriteLine();
   f1 += f2; f2 += f1;
}
```

4.3.2　while循环

与for循环一样，while也是一个预测试的循环，但是while在循环开始前，并不知道重复执行循环语句序列的次数。while语句按不同条件执行一个嵌入语句0次或多次。while循环语句的格式为：

```
while(条件表达式)
{
   循环体语句序列;
}
```

说明：

（1）while循环语句的执行过程如下：

① 计算条件表达式。

② 如果条件表达式结果为True，控制将转到循环语句序列（进入循环体）。当到达循环语句序列的结束点时，转步骤①，即控制转到while语句的开始，继续循环。

③ 如果条件表达式结果为False，退出while循环，即控制转到while循环语句的后继语句。

while循环的执行流程如图4-7所示。

（2）条件表达式是每次进入循环之前进行判断的条件，可以为关系表达式或逻辑表达式，其运算结果为True（真）或False（假）。条件表达式中必须包含控制循环的变量。

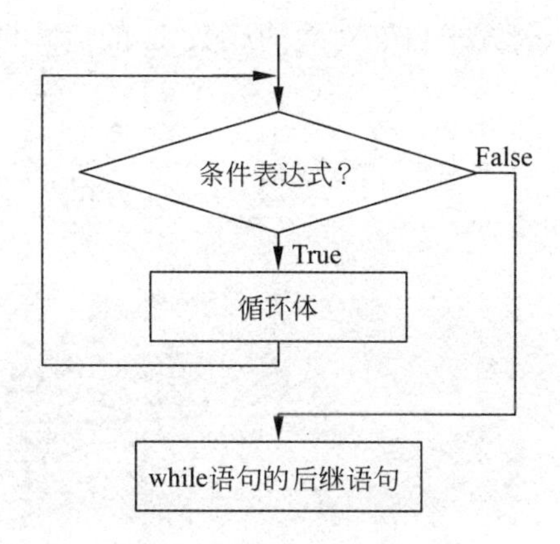

图 4-7　while 循环的执行流程

（3）**循环语句序列中至少应包含改变循环条件的语句，以使循环趋于结束，避免“死循环”。**

【例 4.12】 利用 while 循环求 $\sum_{i=1}^{100} i$，以及 1～100 中所有奇数的和、偶数的和。相关的语句如下：

```
i = 1; sum = 0;           //赋初值
while (i <= 100)
{
   sum += i;
   i++;                   //很关键，改变循环条件
}
i = 1; sumOdd = 0;        //赋初值
while (i <= 100)
{
   sumOdd += i;
   i += 2;                //很关键，改变循环条件
}
i = 2; sumEven = 0;       //赋初值
while (i <= 100)
{
   sumEven += i;
   i += 2;                //很关键，改变循环条件
}
```

【例 4.13】 求 1+2+…的和，直至和>3000 为止。相关的语句如下：

```
i = 1; sum = 0;
while (sum <= 3000)
{
   sum += i;  i++;
}
```

【例 4.14】 用如下近似公式求自然对数的底数 e 的值，直到最后一项的绝对值小于10^{-6}为止。

$$e \approx 1 + \frac{1}{1!} + \frac{1}{2!} + \cdots + \frac{1}{n!}$$

相关的语句如下：

```
i = 1; e = 1; t = 1;
while (1/t >= Math.Pow(10,-6))
{
   t *= i; e += 1 / t; i++;
}
```

4.3.3 do…while 循环

do 语句按不同条件执行一个嵌入语句一次或多次。do…while 循环是 while 循环的后测试版本，该循环的测试条件在执行完循环体之后执行，而 while 循环的测试条件在执行循环体之前执行。因此 do…while 循环的循环体至少执行一次，而 while 循环的循环体可能一次也不执行。do…while 循环语句的格式为：

```
do
{
   循环体语句序列;
} while(条件表达式);
```

do…while 循环语句的执行过程如下：当程序执行到 do 语句时，立即进入循环体，执行循环语句序列。然后测试条件表达式。如果条件表达式的值为 True，则返回 do 语句继续循环，否则退出循环，执行 while 语句的后继语句。do…while 循环的执行流程如图 4-8 所示。

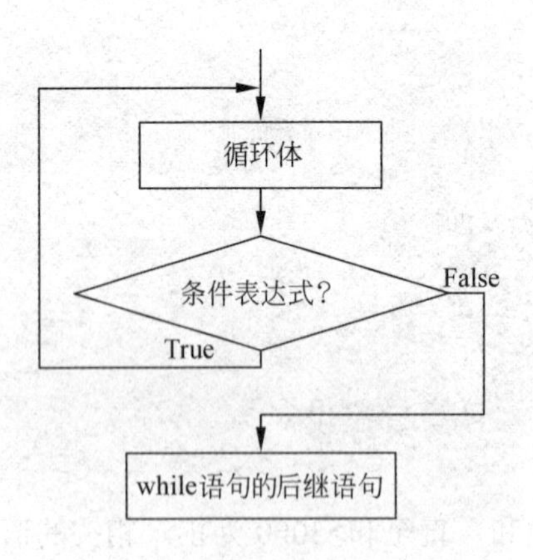

图 4-8 do…while 循环的执行流程

【例 4.15】 利用 do…while 循环求$\sum_{i=1}^{100} i$，以及 1～100 中所有奇数的和、偶数的和。相关的语句如下：

```
i = 1; sum = 0;
do
{
   sum += i;  i++;              //1～100中所有数的和
} while (i <= 100);
i = 1; sumOdd = 0;
do
{
   sumOdd += i;  i += 2;        //1～100中所有奇数的和
} while (i <= 100);
i = 2; sumEven = 0;
do
{
   sumEven += i;  i += 2;       //1～100中所有偶数的和
} while (i <= 100);
```

【例 4.16】 求任意两个正整数的最大公约数和最小公倍数。

分析：求最大公约数可以利用"辗转相除法"，具体算法如下：

（1）对于已知的两个正整数 m 和 n，使得 m>n。

（2）m 除以 n 得余数 r。

（3）若 r≠0，则令 m←n，n←r，继续相除得到新的余数 r。若仍然 r≠0，则重复此过程，直到 r=0 为止。最后的 m 就是最大公约数。

求得了最大公约数后，最小公倍数就是已知的两个正整数之积除以最大公约数的商。

```
using System;
namespace CSharpBook.Chapter04
{
   class DoWhileLoopGCF_LCM
   {
      static void Main()
      {
         int m, n, r, m1, n1;
         Console.Write("请输入整数 m (>0): ");
         m1 = int.Parse(Console.ReadLine());    //将数字字符串转换为等效的整数
         Console.Write("请输入整数n (>0): ");
         n1 = int.Parse(Console.ReadLine());
         Console.WriteLine("整数1={0}, 整数2={1}", m1, n1);
         if (m1 > n1) { m = m1; n = n1; }        //使得m>n（m是被除数，n是除数）
         else { m = n1; n = m1; }
         do
         {
            r = m % n;  m = n;  n = r;
         } while (r != 0);
         Console.WriteLine("最大公约数 = {0}, 最小公倍数 = {1}", m, m1 * n1 / m);
         Console.ReadLine();
```

```
        }
    }
}
```

运行结果：

```
请输入整数 m (>0):  15
请输入整数 n (>0):  25
整数1 = 15, 整数2 = 25
最大公约数 = 5, 最小公倍数 = 75
```

4.3.4 foreach 循环

foreach 语句用于枚举数组（参见第 5 章）或对象集合（参见第 17 章）中的元素，并对该数组或集合中的每个元素执行一次相关的嵌入语句。foreach 语句用于循环访问数组或集合以获取所需信息。当为数组或集合中的所有元素完成迭代后，控制传递给 foreach 块之后的下一个语句。被迭代的数组或集合应该实现 IEnumerable 接口。foreach 语句的格式为：

```
foreach( 类型名称 变量名称 in 数组或集合名称)
{
   循环体语句序列;
}
```

说明：

（1）“变量名称”是一个循环变量，在循环中，该变量依次获取数组或集合中各元素的值。

（2）“类型名称”必须与数组或集合的类型一致。

（3）在 foreach 循环体语句序列中，数组或集合的元素是只读的。其值不能改变。如果需要迭代数组或集合中的各元素并改变其值，就应使用 for 循环。

【例 4.17】 使用 foreach 显示整数数组的内容。

```
using System;
namespace CSharpBook.Chapter04
{
   class ForEachLoop
   {
      static void Main()
      {
         int[] myArray = new int[3] {10,20,30};                    //3个整数的整数数组
         foreach (int item in myArray) Console.Write(item+" ");   //输出整数数组各元素
         Console.ReadLine();
      }
   }
}
```

运行结果：

```
10 20 30
```

4.3.5 循环的嵌套

在一个循环体内又包含另一个完整的循环结构，称为循环的嵌套。这种语句结构称为多重循环结构。内层循环中还可以包含新的循环，形成多层循环结构。

在多层循环结构中，4 种循环语句（for 循环、while 循环、do…while 循环和 foreach 循环）可以相互嵌套。多重循环的循环次数等于每一重循环次数的乘积。

【例 4.18】 利用嵌套循环打印运行效果如图 4-9 所示的九九乘法表。

```
                    九九乘法表
1*1=1   1*2=2   1*3=3   1*4=4   1*5=5   1*6=6   1*7=7   1*8=8   1*9=9
2*1=2   2*2=4   2*3=6   2*4=8   2*5=10  2*6=12  2*7=14  2*8=16  2*9=18
3*1=3   3*2=6   3*3=9   3*4=12  3*5=15  3*6=18  3*7=21  3*8=24  3*9=27
4*1=4   4*2=8   4*3=12  4*4=16  4*5=20  4*6=24  4*7=28  4*8=32  4*9=36
5*1=5   5*2=10  5*3=15  5*4=20  5*5=25  5*6=30  5*7=35  5*8=40  5*9=45
6*1=6   6*2=12  6*3=18  6*4=24  6*5=30  6*6=36  6*7=42  6*8=48  6*9=54
7*1=7   7*2=14  7*3=21  7*4=28  7*5=35  7*6=42  7*7=49  7*8=56  7*9=63
8*1=8   8*2=16  8*3=24  8*4=32  8*5=40  8*6=48  8*7=56  8*8=64  8*9=72
9*1=9   9*2=18  9*3=27  9*4=36  9*5=45  9*6=54  9*7=63  9*8=72  9*9=81
```

图 4-9　九九乘法表运行效果图

```
using System;
namespace CSharpBook.Chapter04
{
  class NestedLoop
  {
    static void Main()
    {
      Console.WriteLine("                    九九乘法表");
      String s;
      for (int i = 1; i <= 9; i++)
      {
        s = "";
        for (int j = 1; j <= 9; j++)
        { //字符串左对齐，在右边用空格填充以达到指定的总长度8
          s += (String.Format("{0}*{1}={2}", i, j, i * j)).PadRight(8);
        }
        Console.WriteLine(s);
      }
      Console.ReadLine();
    }
  }
}
```

思考：请修改程序，分别打印如图 4-10（a）和图 4-10（b）所示的九九乘法表。

```
                         九九乘法表
1*1=1
2*1=2   2*2=4
3*1=3   3*2=6   3*3=9
4*1=4   4*2=8   4*3=12  4*4=16
5*1=5   5*2=10  5*3=15  5*4=20  5*5=25
6*1=6   6*2=12  6*3=18  6*4=24  6*5=30  6*6=36
7*1=7   7*2=14  7*3=21  7*4=28  7*5=35  7*6=42  7*7=49
8*1=8   8*2=16  8*3=24  8*4=32  8*5=40  8*6=48  8*7=56  8*8=64
9*1=9   9*2=18  9*3=27  9*4=36  9*5=45  9*6=54  9*7=63  9*8=72  9*9=81
```

(a) 下三角

```
                         九九乘法表
1*1=1   1*2=2   1*3=3   1*4=4   1*5=5   1*6=6   1*7=7   1*8=8   1*9=9
        2*2=4   2*3=6   2*4=8   2*5=10  2*6=12  2*7=14  2*8=16  2*9=18
                3*3=9   3*4=12  3*5=15  3*6=18  3*7=21  3*8=24  3*9=27
                        4*4=16  4*5=20  4*6=24  4*7=28  4*8=32  4*9=36
                                5*5=25  5*6=30  5*7=35  5*8=40  5*9=45
                                        6*6=36  6*7=42  6*8=48  6*9=54
                                                7*7=49  7*8=56  7*9=63
                                                        8*8=64  8*9=72
                                                                9*9=81
```

(b) 上三角

图4-10　九九乘法表

4.4 跳转语句

跳转语句用于无条件地转移控制。使用跳转语句执行分支，该语句导致立即传递程序控制。C#提供了许多可以立即跳转到程序中另一行代码的语句，包括goto、break、continue、return、throw（第4.5节中将有相关阐述）。

4.4.1 goto语句

goto语句将程序控制直接转到由标签标记的语句。goto语句形式如下：

```
goto identifier;
goto case 常量表达式;
goto default;
```

说明：

（1）goto identifier 语句跳转到由 identifier 标签标记的语句。identifier 是一个标识符（标号），标号由字母、数字和下画线构成，且首字母必须是字母或下画线。任何转移到的标号后面应带一个冒号。

（2）goto 语句的后两种形式用于将控制传递给特定的 switch…case 标签或 switch 语句中的默认标签（参见第 4.2.2 节中 switch 语句）。

（3）goto 语句可用于跳出深嵌套循环，即如果一次要跳出两层或更多层的循环，应使用 goto 语句，而不能直接使用 break 语句，因为 break 语句只能跳出一层循环。

（4）goto 语句不能直接跳转进入循环体。

（5）结构化程序设计方法主张限制使用 goto 语句，因为滥用 goto 语句将使程序结构不清晰、可读性差。

【例4.19】 使用if语句和goto语句构成循环，计算$\sum_{i=1}^{100} i$。相关语句如下：

```
int i=1, sum = 0;
loop:
if (i <= 100)
{
    sum += i;  i++;  goto loop;
}
```

4.4.2 break 语句

break 语句在 4.2.2 节多分支选择（switch 结构）中的作用是跳出 switch 结构，继续执行 switch 语句的后继语句。break 语句还可以用于退出 for、foreach、while 或 do…while 循环，即提前结束循环，接着执行循环语句的后继语句。

注意：

(1) 当多个 switch、while、do、for 或 foreach 语句彼此嵌套时，break 语句只应用于最里层的语句，即 break 语句只能跳出最近的一层循环。若要穿越多个嵌套层转移控制，必须使用 goto 语句。

(2) break 语句不能用于循环语句和 switch 语句之外的任何其他语句中，否则将产生编译时错误。

【例 4.20】 编程判断所输入的任意一个正整数是否为素数。

所谓素数（或称质数），是指除了 1 和该数本身，不能被任何整数整除的正整数。判断一个正整数 m 是否为素数，只要判断 m 可否被 2～$\sqrt{m}$ 之中的任何一个整数整除，如果 m 不能被此范围中任何一个整数整除，m 即为素数，否则 m 为合数。

方法 1：利用 for 循环和 break 语句。

```
k=(int)(Math.Sqrt(m));                    //√m 取整
for (i = 2; i <= k; i++)
   if (m % i == 0) break;                 //可以整除，肯定不是素数，结束循环
if(i==k+1)
   Console.WriteLine("整数 {0} 是素数! ",m);
else
   Console.WriteLine("整数 {0} 是合数! ", m);
```

方法 2：利用 while 循环和 bool 变量。

```
bool flag = true;                         //假设所输整数为素数
k = (int)(Math.Sqrt(m));                  //√m 取整
i=2;
while (i <= k && flag == true)
{
   if (m % i == 0) flag = false;          //可以整除，肯定不是素数，结束循环
   else i++;
}
if (flag == true)
   Console.WriteLine("整数 {0} 是素数! ", m);
else
   Console.WriteLine("整数 {0} 是合数! ", m);
```

4.4.3 continue 语句

continue 语句类似于 break，也必须在 for、foreach、while 或 do…while 循环中使用。

但它结束本次循环，即跳过循环体内自 continue 下面尚未执行的语句，返回到循环的起始处，并根据循环条件判断是否执行下一次循环。

continue 语句与 break 语句的区别在于：continue 语句仅结束本次循环，并返回到循环的起始处，循环条件满足就开始执行下一次循环；而 break 语句则是结束循环，跳转到循环的后继语句执行。

与 break 语句相类似，当多个 while、do、for 或 foreach 语句彼此嵌套时，continue 语句只应用于最里层的语句。若要穿越多个嵌套层转移控制，必须使用 goto 语句。

【例 4.21】 显示 100～200 不能被 3 整除的数。要求一行显示 10 个数。程序运行结果如图 4-11 所示。

```
100~200之间不能被3整除的数为:
100 101 103 104 106 107 109 110 112 113
115 116 118 119 121 122 124 125 127 128
130 131 133 134 136 137 139 140 142 143
145 146 148 149 151 152 154 155 157 158
160 161 163 164 166 167 169 170 172 173
175 176 178 179 181 182 184 185 187 188
190 191 193 194 196 197 199 200
```

图 4-11 例 4.21 运行结果

```
int j = 0;                                          //控制一行显示的数字个数
for (int i = 100; i <= 200; i++)
{
   if (i % 3 == 0) continue;               //能被3整除的数
   Console.Write("{0}  ",i);               //不能被3整除的数
   j++;
   if (j % 10 == 0) Console.WriteLine();   //一行显示10个数后换行
}
```

4.4.4 return 语句

return 语句终止其所在方法的执行并将控制返回给调用方法。如果方法有返回类型，return 语句必须返回这个类型的值。如果方法为 void 类型，应使用没有表达式的 return 语句，当然也可以省略 return 语句。

【例 4.22】 return 语句示例：通过调用方法计算圆的面积。

```
using System;
namespace CSharpBook.Chapter04
{
   class ReturnTest
   {
      static double CalculateArea(int r)   //计算面积
      {
         double area = r * r * Math.PI;
         return area;                       //方法CalculateArea以double值的形式返回变量Area
      }
      static void Main()
```

```
        {
            Console.Write("请输入圆的半径:    ");
            int radius = int.Parse(Console.ReadLine());      //将数字字符串转换为等效的整数
            Console.WriteLine("圆的面积为: {0:0.00}", CalculateArea(radius));
        }
    }
}
```

运行结果：

```
请输入圆的半径:    5
圆的面积为: 78.54
```

4.5 异常处理

4.5.1 错误和异常

C#程序会产生各种各样的错误。大致可以分为下列几种类型：

（1）编译错误，即各种语法错误。对于编译错误，C#编译器会直接抛出异常，根据输出的异常信息，可修改程序代码。例如，C#语句后面缺少分号，将产生编译错误。

（2）运行时错误。如打开不存在的文件、零除溢出等。对于运行时错误，CLR 会抛出异常，代码中可以通过 try…catch 语句捕获并处理。如果程序中没有 try…catch，则 C#解释器直接输出异常信息。

（3）逻辑错误。程序运行本身不报错，但结果不正确。对于逻辑错误，需要读者根据结果来调试判断。例如，原本需要计算(3+2)*5（正确结果为 25），因为少了括号，变为 3+2*5，则结果为 13。

4.5.2 异常处理概述

当程序运行产生错误时（如零除异常、下标越界、I/O 错误等），必须进行相应的处理。传统的编程语言（如 C），一般通过函数的返回值（错误代码）进行判断处理（如 0 表示正常；−1 表示错误）。传统的处理方式依赖于函数的返回值代表特定的含义（不同的程序其规定有可能不同），且必须使用相应的条件语句判断并执行相应的操作，因而十分复杂并且容易出错。

C#语言采用异常来处理系统级和应用程序级的错误状态，它是一种结构化的、统一的和类型安全的处理机制。在程序运行过程中，如果产生错误，则抛出异常；通过 try 语句来定义代码块，运行可能抛出异常的代码；通过 catch 语句，可以捕获特定的异常并执行相应的处理；通过 finally 语句，可以保证即使产生异常（处理失败），也可以在事后清理资源等。

例如，读取文件内容到内存的伪代码一般如下：

```
void readFile() {
```

```
        打开文件;                              //可能产生错误：文件不存在
        分配内存空间;                          //可能产生错误：无法分配内存空间
        读取文件内容到内存;                    //可能产生错误：无法读取文件内容
        关闭文件;                              //可能产生错误：无法关闭文件
    }
```

采用传统的错误代码返回值的编程模式，其伪代码一般如下：

```
    void readFile() {
        int errorCode = 0;
        打开文件;                              //可能产生错误：文件不存在
        if (theFileIsOpen) {
            //分配内存空间;                    //可能产生错误：无法分配内存空间
            if (gotEnoughMemory) {
                读取文件内容到内存;            //可能产生错误：无法读取文件内容
                if (readFailed) {
                    errorCode = -1;            //错误：无法读取文件内容
                }
            }else {
                errorCode = -2;                //错误：无法分配内存空间
            }
            关闭文件;                          //可能产生错误：无法关闭文件
            if (theFileDidntClose) {
                errorCode = -3;                //错误：无法关闭文件
            }
        }else {
            errorCode = -4;                    //错误：无法打开文件
        }
        return errorCode;
    }
```

使用C#的结构化异常处理机制，其伪代码一般如下：

```
        void readFile() {
           try {
                打开文件;                                //可能产生错误：文件不存在
                分配内存空间;                            //可能产生错误：无法分配内存空间
                读取文件内容到内存;                      //可能产生错误：无法读取文件内容
            } catch (FileNotFoundException) {           //捕获异常：无法打开文件
                //异常处理;
            } catch (OutOfMemoryException) {            //捕获异常：无法分配内存空间
                //异常处理;
            } catch (IOException) {                     //捕获异常：无法读取文件内容
                //异常处理;
            } catch (Exception) {                       //捕获异常：其他异常
                //异常处理;
```

```
        }
        finally{
                //关闭文件
        }
    }
```

从上面伪代码可以看出，基于异常处理机制的错误处理方式，可以把错误处理和正常代码逻辑分开，从而可以更加高效地实现错误处理，增加程序的可维护性。

异常处理机制的错误处理方式，已经成为许多现代程序设计语言处理错误的标准模式。

4.5.3 内置的异常类

在程序运行过程中，如果出现错误，会创建一个异常对象，并抛出给公共语言运行时（CLR）。即程序终止正常执行流程，转而执行异常处理流程。代码中，在某种特殊条件下，也可以创建一个异常对象，并通过 throw 语句，抛出给公共语言运行时。

异常对象是异常类的对象实例。C#异常类均派生于 System.Exception。

1. System.Exception 类

System.Exception 类是所有异常的基类型，具有下列属性：

（1）Message：string 类型的只读属性，包含关于所发生异常的原因的描述（易于人工阅读）。

（2）InnerException：Exception 类型的只读属性，如果它的值不是 null，则表示当前异常是在处理那个 InnerException 的 catch 块中被引发的。一般用于链接异常。

在创建异常对象（即调用其实例构造函数）时指定这些属性。

2. 公共异常类

公共语言运行时包含下列异常类：

（1）ArrayTypeMismatchException：数组类型不匹配异常。数组存储不匹配类型的元素时引发。

（2）DivideByZeroException：零除异常。用零除整数值时引发。

（3）IndexOutOfRangeException：数组越界异常。数组索引越界时引发。

（4）InvalidCastException：非法类型转换异常。类型转换失败时引发。

（5）NullReferenceException：null 引用异常。引用值为 null 的对象时引发。

（6）OutOfMemoryException：内存耗尽异常。使用 new 运算符分配内存失败时引发。

（7）OverflowException：数值溢出异常。在 checked 上下文中的算术运算溢出时引发。

（8）StackOverflowException：堆栈溢出异常。堆栈因挂起方法调用而耗尽时引发，如深层递归或无限递归会引发该异常。

（9）TypeInitializationException：在静态构造函数引发异常并且不存在可以捕捉到其兼容 catch 子句时引发。

4.5.4 自定义异常类

C#类库中提供了许多异常。例如，用于文件输入输出的命名空间 System.IO 中包含异常：

IOException、DirectoryNotFoundException、EndOfStreamException、FileNotFoundException、FileLoadException 以及 PathTooLongException。在应用程序开发过程中，有时需要定义特定于应用程序的异常类，表示应用程序的一些错误类型。

自定义异常类一般继承于 Exception 或其子类。自定义异常类的命名规则一般以 Error 或 Exception 为后缀。

根据实际需要，也可以从 ApplicationException 派生并创建自定义异常。派生类可以定义 4 个构造函数：默认构造函数；设置消息属性的构造函数；设置 Message 属性和 InnerException 属性的构造函数；序列化异常的构造函数。例如：

```
[Serializable()]
public class MyException : System.Exception
{
   public MyException() { }                  //默认构造函数
   public MyException(string message) { } //设置消息属性的构造函数
   //设置Message属性和InnerException属性的构造函数
   public MyException(string message, System.Exception inner) { }
   //序列化异常的构造函数
   protected MyException(System.Runtime.Serialization.SerializationInfo info,
      System.Runtime.Serialization.StreamingContext context) { }
}
```

【例 4.23】 自定义异常示例（InvalidNumberException.cs）。创建自定义异常，处理应用程序中出现负数参数的异常（如学生成绩处理类，不容许成绩为负数）。

```
public class InvalidNumberException : Exception
{
   public InvalidNumberException() { }     //默认构造方法
   public InvalidNumberException(String message) : base((message + "非法数值（< 0）"))
   {  //带1个String参数的构造方法
   }
}
```

4.5.5 引发异常

1. 公共语言运行时抛出异常

大部分程序产生的错误和异常，一般由公共语言运行时自动抛出。

【例 4.24】 CLR 自动抛出异常示例（ExceptionThrowByCLR.cs）。

```
public class ExceptionThrowByCLR
{
   public static void Main()
   {
      int i1 = 1, i2 = 0, i3;
      i3 = i1 / i2;     //CLR自动抛出异常System.DivideByZeroException
```

```
    }
}
```

2. 程序代码抛出异常

在方法体内，如果判断某种应用程序错误，则可创建相应的异常类的对象，并通过throw语句抛出。

【例 4.25】 程序代码抛出异常示例（TryCopyObject.cs）：调用方法，如果传入参数为null，则抛出异常。

```
using System;using System.IO;
namespace CSharpBook.Chapter04
{
    class MyExceptionTest
    {
        static void Main(string[] args)
        {
          Object obj1 = null; //如果代码为Object obj1 = "abc"，则不抛出异常
          try { InParamTest(obj1); }
          catch (System.ArgumentException e) { System.Console.WriteLine (e.Message); }
          Console.ReadKey();
        }
        static void InParamTest(Object param1)
        { if (param1 == null) throw new System.ArgumentException("参数不能为空! ", " param1");
          else Console.WriteLine("参数正确! ");
        }
    }
}
```

运行结果：

```
参数不能为空!
参数名: param1
```

3. 抛出异常表达式

在C# 7.0中，支持表达式中直接使用throw关键字抛出异常。

例如：

```
string a = null;
if (a == null) {
    throw new Exception("参数为空!");
}
```

可以使用抛出异常表达式实现为：

```
string a = null;
return a ?? throw new Exception("参数为空!");
```

4.5.6 捕获处理异常 try…catch…finally

1. C#异常捕获机制

当程序中的某个方法抛出异常后，公共语言运行时通过调用堆栈查找相应的异常捕获程序。如果找到匹配的异常捕获程序（即调用堆栈中某函数使用 try…catch 语句捕获处理），则执行相应的处理程序（try…catch 语句中匹配的 catch 语句块）。如果堆栈中没有匹配的异常捕获程序，则公共语言运行时捕获处理异常。

2. 公共语言运行时捕获处理异常

如果堆栈中没有匹配的异常捕获程序，则该异常最后会传递给公共语言运行时，公共语言运行时通用异常处理程序在控制台输出异常的错误信息和调用堆栈，并中止程序的执行。

3. 使用 try…catch…finally 语句捕获处理异常

C#语言的异常处理功能通过使用 try 语句来定义代码块，实现尝试可能未成功的操作、处理失败，以及在事后清理资源等。

try 语句提供一种机制，用于捕获在块的执行期间发生的各种异常。此外，try 语句可以指定一个代码块，并保证当控制离开 try 语句时，总是先执行该代码。

try 语句的一般格式为：

```
try {
    //可能引发异常的语句
} catch (异常类型 异常变量) {
    //在异常发生时执行的代码
} finally{
    //最终必须执行的代码（即使发生异常），如释放资源等
}
```

try 语句有以下三种可能的形式：

- try…catch 语句：一个 try 块后接一个或多个 catch 块。
- try…finally 语句：一个 try 块后接一个 finally 块。
- try…catch…finally 语句：一个 try 块后接一个或多个 catch 块，后面再跟一个 finally 块。

C#语言使用 try 块来对可能受异常影响的代码进行分区；并使用 catch 块来处理所产生的任何异常；还可以使用 finally 块来执行代码，而无论是否引发了异常（因为如果引发了异常，将不会执行 try/catch 构造后面的代码）。

try 块中包含可能引发异常的语句。在某种情况下，这些语句可能引发异常。try 块必须与 catch 或 finally 块一起使用（不带有 catch 或 finally 块的 try 语句将导致编译器错误），并且可以包括多个 catch 块。

catch 块可以捕获并处理特定的异常类型（此类型称为“异常筛选器”），具有不同异常筛选器的多个 catch 块可以串联在一起。系统自动自上至下匹配引发的异常：如果匹配（引发的异常为“异常筛选器”的类型或子类型），则执行该 catch 块中的异常处理代码；否则

继续匹配下一个 catch 块。故需要将带有最具体的（即派生程度最高的）异常类的 catch 块放在最前面，否则会产生编译错误，因为后面的异常永远无法匹配。

没有匹配的异常将沿调用堆栈向上传递，直至公共语言运行环境，系统通用异常处理程序将弹出一个异常错误信息框。

finally 块始终在执行完 try 和 catch 块之后执行，与是否引发异常或者是否找到与异常类型匹配的 catch 块无关。finally 块用于清理在 try 块打开和占用的资源，如文件流、数据库连接、图形句柄等。

4. 重新引发异常

catch 块可以部分处理异常。例如，当产生非法访问异常时，可以使用 catch 块向错误日志中添加项，但随后重新引发该异常，以便对该异常进行后续处理。

```
try{
   //试图访问某资源
}catch (System.UnauthorizedAccessException e){
   LogError(e);    //调用用户自定义的错误日志过程
   throw e;        //重新引发该异常，以便对该异常后续处理
}
```

【例 4.26】 捕获处理异常示例（TryCatchTest.cs）。

```
using System;
public class TryCatchTest
{
   public static void Main()
   {
      int i1 = 1, i2 = 0, i3, i4;
      try
      {
         i3 = i1 / i2;               //自动抛出异常DivideByZeroException
      }
      catch (DivideByZeroException e)
      {
         Console.WriteLine("零除错误! ");
      }
      try
      {
         i4 = Int32.Parse("abc");     //自动抛出异常System.FormatException
      }
      catch (FormatException e)
      {
         Console.WriteLine("数值字符串格式错误! ");
         throw e;                     //重新抛出异常
      }
   }
}
```

运行结果：

```
零除错误!
数值字符串格式错误!
未经处理的异常： System.FormatException：输入字符串的格式不正确。
```

4.5.7 异常过滤器

异常过滤器是C#的新功能，允许catch捕获异常时使用when关键字和布尔表达式指定额外的过滤条件。

例如：

```
catch(Exception ex)when(ex.GetType()!=typeof(System.OutOfMemoryException)){
//捕获OutOfMemoryException之外的所有异常
}
```

又如：

```
catch (WebException ex) when (ex.Status == something)
{ … }
catch (WebException ex) when (ex.Status == somethingelse)
{ … }
```

第5章　数组和指针

与大多数高级语言一样，C#也支持数组，用于处理包含相同数据类型的集合。另外，C#语言在不安全的上下文中，也支持指针类型，用于特殊的应用需求。

本章要点：

视频讲解

- 数组的声明、实例化、初始化和访问；
- 数组的基本操作和排序；
- System.Array 类的使用；
- C#语言中不安全代码的基本概念；
- C#语言中指针的使用。

5.1　数　　组

数组（array）是一种数据结构，包含相同类型的一组数据。

数组有一个“秩（rank）”，它确定和每个数组元素（element）关联的索引个数，其值是数组类型的方括号之间逗号个数加上 1。数组的秩又称为数组的维度。“秩”为 1 的数组称为一维数组（single-dimensional array），“秩”大于 1 的数组称为多维数组（multi-dimensional array）。维度大小确定的多维数组通常称为两维数组、三维数组等。

数组的每个维度都有一个关联的长度（length），它是一个大于或等于零的整数。创建数组实例时，将确定维度和各维度的长度，它们在该实例的整个生存期内保持不变。换而言之，对于一个已存在的数组实例，既不能更改它的维度，也不可能调整它的维度大小。

数组具有以下属性：

（1）数组使用类型声明，通过数组下标（或称索引）来访问数组中的数据元素。

（2）数组可以是一维数组、多维数组或交错数组（jagged array）。

（3）数组元素可以为任何数据类型，包括数组类型。

（4）数组下标（索引）从 0 开始：具有 n 个元素（即维度长度为 n）的数组的下标是 0～n−1。

（5）数值数组元素的默认值设置为零，而引用元素的默认值设置为 null。

（6）交错数组是数组的数组，因此，它的元素是引用类型，初始化为 null。

（7）数组中的元素总数是数组中各维度长度的乘积。

（8）通过.NET 框架中的 System.Array 类来支持数组。因此，可以利用该类的属性与方法来操作数组。

关于数组，要注意以下事项：

（1）数组必须先声明。因为数组类型为引用类型，数组变量的声明只是为数组实例的引用留出空间。声明一维数组的一般形式为：

```
类型名称[]  数组名;
```

例如，“int[] A;”声明了一个名为A的整型一维数组。

（2）数组在声明后必须实例化才能使用。数组实例在运行时使用new运算符动态创建。new运算符指定新数组实例的长度。new运算符自动将数组的元素初始化为相应的默认值。实例化一维数组的一般形式为：

```
数组名称 =  new 类型名称[数组长度];
```

例如，“A = new int[3];”创建一个包含三个元素（即数组长度为3）的整型一维数组实例A，并将数组元素A[0]、A[1]和A[2]均初始化为零。

（3）数组声明和实例化可以使用一条语句实现：

```
类型名称[]  数组名称 =  new 类型名称[数组长度];
```

例如：

```
int[] A = new int[3];
```

（4）数组在实例化时，可以为数组元素指定初始化值，其语法格式为：

```
数组名称 =  new 类型名称[数组长度] {初始值设定项};
```

例如，“int[] A = new int[3] {1,3,5};”声明并实例化一个包含三个元素的整型一维数组A，同时将数组元素A[0]、A[1]和A[2]分别初始化为1、3、5。

① 如果为数组指定初始化值，则可以省略对数组长度的说明。

例如：

```
int[] A = new int[3] {1,3,5};
```

等价于

```
int[] A = new int[] {1,3,5};
```

② 如果在声明数组时将其初始化，可以不必再次声明数组类型。

例如：

```
int[] A = new int[3] {1,3,5};
```

可以简化为

```
int[] A = {1,3,5};
```

③ 一旦要为数组指定初始化值，就必须为数组的所有元素指定初始化值，指定值的个数既不能多于数组长度，也不能少于数组长度。例如，下列的数组声明是错误的：

```
int[] A = new int[3] {1,3,5,7};        //指定值个数多于数组长度3
int[] A = new int[3] {1,3};            //指定值个数少于数组长度3
```

（5）可以声明一个数组变量而不将其初始化，但在将数组分配给此变量时必须使用 new 运算符。例如：

```
int[] A; A = new int[] { 1, 3, 5};
```

是正确的，而

```
int[] A; A = {1, 3, 5};
```

则是错误的。

5.1.1 一维数组

声明、实例化和初始化一维数组的各种形式如表 5-1 所示。

表 5-1 声明、实例化和初始化一维数组

数组声明和初始化	示例	说明
类型[] 数组名; 数组名=new 类型[大小];	int[] a1; a1=new int[3];	先声明整型数组 a1，然后使用 new 运算符创建（实例化）包括三个元素的数组（初始化为默认值 0）并赋值给 a1
类型[] 数组名=new 类型[大小];	int[] a2=new int[3];	声明整型数组的同时，使用 new 运算符创建（实例化）包括三个元素（初始值为 0）的数组 a2
类型[] 数组名=new 类型[大小] {初始值设定项};	int[] a3 = new int[3] { 1, 3, 5}; 或 int[] a3 = new int[] { 1, 3, 5 };	声明数组，同时实例化并初始化包括三个元素（初始值分别为 1、3、5）的整型数组 a3
类型[] 数组名= {初始值设定项};	int[] a4 = { 1, 3, 5 };	对于局部变量和字段声明，可以不必再次声明数组类型，而简化为直接声明数组、实例化并初始化数组元素
类型[] 数组名; 数组名=new 类型[大小] {初始值设定项};	int[] a5; a5 = new int[] { 1, 3, 5 };	先声明整型数组，然后实例化并初始化包括三个元素（初始值分别为 1、3、5）的整型数组 a5

类型[] 数组名=new 类型[大小];
数组名[下标]= 初始值;
	int[] a6 = new int[3];
	a6[0] = 1;
	a6[1] = 2;
	a6[2] = 3;
		说明并创建了一个长度为三的整型数组实例 a6；然后利用赋值语句初始化该实例

【例 5.1】 一维数组的使用示例（Students1DArray.cs）：随机产生 100 个学生的成绩，计算学生的平均成绩，并统计高于平均成绩的学生人数。

```
using System;
namespace CSharpBook.Chapter05
{
   class Students1DArray
   {
```

```
        static void Main()
        {
            int[] mark= new int[100];           //声明有100个整数的数组
            Random rNum = new Random();         //生成随机数
            int i,sumMark=0,avgMark,overAvg=0;
            for (i = 0; i < 100; i++)
            {
                mark[i] = rNum.Next(101);       //随机生成学生成绩（0～100）
                sumMark += mark[i];             //统计成绩总和
            }
            avgMark = sumMark / 100;            //求平均成绩
            for (i = 0; i < 100; i++)           //统计高于平均成绩的学生人数
            {
                if (mark[i] > avgMark) overAvg++;
            }
            Console.WriteLine("100个学生的成绩，平均成绩={0}，高于平均成绩的学生人数={1}", avgMark,
            overAvg);
        }
    }
}
```

运行结果：

```
100个学生的成绩，平均成绩=53，高于平均成绩的学生人数=54
```

说明：

（1）一般通过数组下标来访问数组中的数据元素。C#语言还可以通过 foreach 语句来枚举数组的各个元素。例如，语句

```
for (i = 0; i < 100; i++)
{
    if (mark[i] > avgMark) overAvg++;
}
```

完全可以改写为

```
foreach (int mm in mark)
{
    if (mm > avgMark) overAvg++;
}
```

同样可以实现统计高于平均成绩的学生人数。

（2）反复运行测试本程序，可以发现 100 个学生的平均成绩和高于平均成绩的人数均在 50 左右，这是因为学生成绩（0～100）是随机产生的，这些随机数均匀分布在[0,100]的范围内。当然，读者也可以编程自行输入 100 个学生的成绩进行测试。

【例 5.2】 利用一维数组显示 Fibonacci 数列（Fibonacci.cs）：1，1，2，3，5，8，…的

前 20 项。要求每行显示 5 项。运行效果如图 5-1 所示。

```
1       1       2       3       5
8      13      21      34      55
89    144     233     377     610
987  1597    2584    4181    6765
```

图 5-1　Fibonacci 数列运行效果

```
using System;
namespace CSharpBook.Chapter05
{
   class Fibonacci
   {
      static void Main()
      {
         int i; int[] Fab= new int[20];
         Fab[0] = 1; Fab[1] = 1;
         for (i = 2; i < 20; i++) Fab[i] = Fab[i-1]+Fab[i-2];
         for (i = 0; i < 20; i++)
         {  if (i % 5 == 0) Console.WriteLine();//一行显示5个数
            Console.Write("{0,6} ", Fab[i]);
         }
      }
   }
}
```

5.1.2　多维数组

多维数组的声明、实例化和初始化与一维数组的声明、实例化和初始化相类似。声明多维数组时，用逗号表示维数，一个逗号表示两维数组，两个逗号表示三维数组，以此类推。注意，在数组声明中即使没有指定维数的实际大小，也必须使用逗号分隔各个维。

示例 1　下列声明创建一个二维整型数组（4 行 2 列，共 4×2=8 个元素）。

```
int[,] A = new int[4, 2];
```

并将数组元素 A[0,0]、A[0,1]、A[1,0]、A[1,1]、A[2,0]、A[2,1]、A[3,0]和 A[3,1]均初始化为默认值 0。

示例 2　下列声明创建包含 3×5×2=30 个元素的三维整型数组实例 B 并将数组变量均初始化为零。

```
int[, ,] B = new int[3, 5, 2];
```

示例 3　在声明数组时即将其初始化。

```
int[,] C = new int[4,2] { { 1, 2 }, { 3, 4 }, { 5, 6 }, { 7, 8 } };
```

或

```
int[,] C = new int[,] { { 1, 2 }, { 3, 4 }, { 5, 6 }, { 7, 8 } };
```

声明并创建一个包含 4×2=8 个元素的二维整型数组 C，其数组元素的值分别初始化为：C[0,0]=1，C[0,1]=2，C[1,0]=3，C[1,1]=4，C[2,0]=5，C[2,1]=6，C[3,0]=7，C[3,1]=8。

示例 4　声明、实例化并初始化数组但不指定长度。

```
int[,] D = { { 1, 2 }, { 3, 4 }, { 5, 6 }, { 7, 8 } };
```

示例 5　声明一个数组变量但不将其初始化，必须使用 new 运算符将一个数组分配给此变量。

```
int[,] E;
E = new int[,] { { 1, 2 }, { 3, 4 }, { 5, 6 }, { 7, 8 } };    //OK
//E = {{1,2}, {3,4}, {5,6}, {7,8}};                            //错误
```

C#支持两种类型的多维数组。第一种是矩形数组，也称等长数组。在二维矩形数组中，每一行有相同的列数。上面示例 1～示例 5 均为矩形数组。图 5-2(a)演示了示例 1 声明并创建的 4 行 2 列的二维矩形数组 A。图 5-2(b)演示了示例 2 声明并创建的 3×5×2 的三维矩形数组 B。

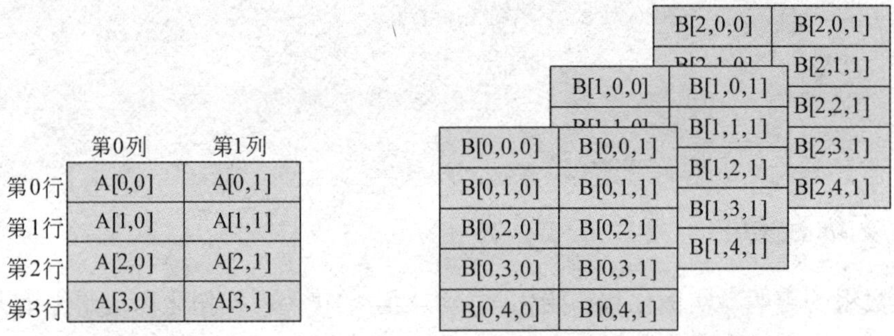

	第0列	第1列
第0行	A[0,0]	A[0,1]
第1行	A[1,0]	A[1,1]
第2行	A[2,0]	A[2,1]
第3行	A[3,0]	A[3,1]

(a) 4 行 2 列的二维数组 A

B[2,0,0]	B[2,0,1]
	B[2,1,1]
	B[2,2,1]
	B[2,3,1]
	B[2,4,1]

B[1,0,0]	B[1,0,1]
	B[1,1,1]
	B[1,2,1]
	B[1,3,1]
	B[1,4,1]

B[0,0,0]	B[0,0,1]
B[0,1,0]	B[0,1,1]
B[0,2,0]	B[0,2,1]
B[0,3,0]	B[0,3,1]
B[0,4,0]	B[0,4,1]

(b) 3×5×2 的三维数组 B

图 5-2　多维数组

C#支持的第二种多维数组是交错数组，即所谓的正交数组、变长数组、锯齿形数组。在二维交错数组中，每一行可以有不同的列数。显然，它比矩形数组更灵活，但交错数组的创建和初始化也更困难。5.1.3 节将详细介绍交错数组的概念和操作。

在多维数组中，比较常用的是二维数组。本章主要以二维数组为例介绍多维数组的相关操作。

【例 5.3】　二维数组的使用示例（Matrix2D.cs）。编程形成并显示如下所示的 4 行 4 列的二维矩形数组 A。

$$A = \begin{bmatrix} 1 & 2 & 3 & 4 \\ 5 & 6 & 7 & 8 \\ 9 & 10 & 11 & 12 \\ 13 & 14 & 15 & 16 \end{bmatrix}$$

（1）分别以上三角和下三角形式显示数组 A 的内容。

$$A_{上}=\begin{bmatrix}1 & 2 & 3 & 4\\ & 6 & 7 & 8\\ & & 11 & 12\\ & & & 16\end{bmatrix} \qquad A_{下}=\begin{bmatrix}1 & & & \\5 & 6 & & \\9 & 10 & 11 & \\13 & 14 & 15 & 16\end{bmatrix}$$

（2）求数组 A 的两条对角线之和。

（3）将数组 A 的行列交换，形成转置。

$$A^{T}=\begin{bmatrix}1 & 5 & 9 & 13\\2 & 6 & 10 & 14\\3 & 7 & 11 & 15\\4 & 8 & 12 & 16\end{bmatrix}$$

分析：

（1）4 行 4 列的二维矩形数组 A 的元素的值与其所在的行数 i（0～3）和列数 j（0～3）相关，即 A[i , j] = i * 4 + j + 1。

（2）数组 A 的上三角形式：每一行的起始列与行号相关，所以需要控制内循环的初值，同时需要控制每一行前面的空格数（也与行号相关）。

（3）数组 A 的下三角形式：每一行的列数与行号相关，所以需要控制内循环的终值。

运行结果如图 5-3 所示。

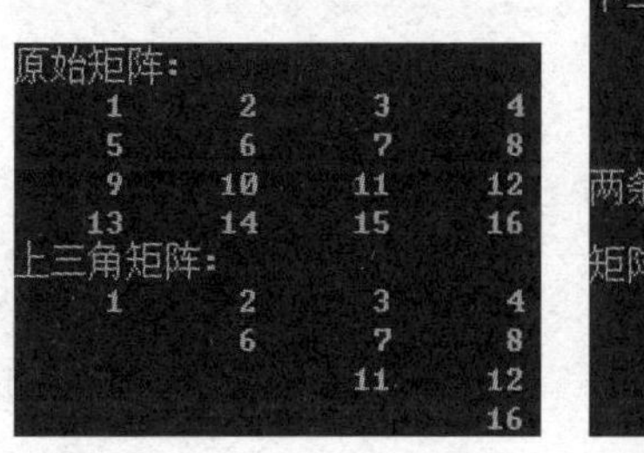

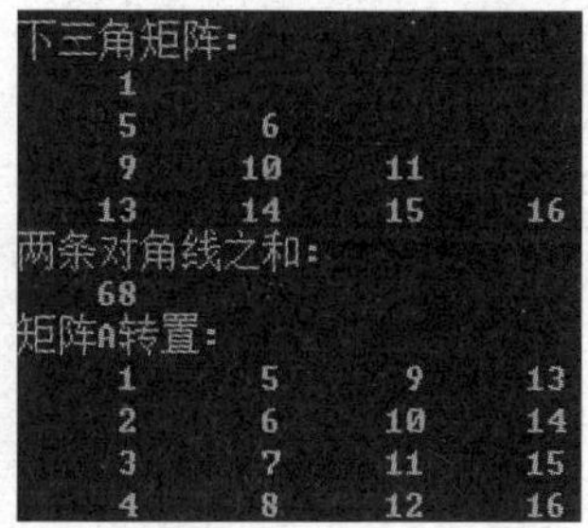

图 5-3　二维数组运行效果

```
using System;
namespace CSharpBook.Chapter05
{
   class Matrix2D
   {
      public static void DisplayMatrix(int[,] A)
      {  //打印矩阵内容
         for (int i = 0; i < A.GetLength(0); i++)
         {
            for (int j = 0; j < A.GetLength(1); j++) Console.Write("{0,6} ", A[i, j]);
            Console.WriteLine();
         }
      }
      static void Main()
      {
```

```
            int i, j, sum = 0, t;
            int[,] A = new int[4, 4];
            for (i = 0; i < 4; i++)                                    //矩阵A赋值
                for (j = 0; j < 4; j++) A[i, j] = i * 4 + j + 1;
            Console.WriteLine("原始矩阵: ");DisplayMatrix(A);
            Console.WriteLine("上三角矩阵: ");
            for (i = 0; i < 4; i++)
            {
                for (int k = 0; k < i * 7; k++) Console.Write(" ");  //控制空格
                for (j = i; j < 4; j++) Console.Write("{0,6} ", A[i, j]);
                Console.WriteLine();
            }
            Console.WriteLine("下三角矩阵: ");
            for (i = 0; i < 4; i++)
            {
                for (j = 0; j < i + 1; j++) Console.Write("{0,6} ", A[i, j]);
                Console.WriteLine();
            }
            Console.WriteLine("两条对角线之和: ");
            for (i = 0; i < 4; i++) sum += A[i, i] + A[i, 3 - i];
            Console.WriteLine("{0,6}", sum); Console.WriteLine("矩阵A转置: ");
            for (i = 0; i < 4; i++)
            {
                for (j = i; j < 4; j++)
                {
                    t = A[i, j]; A[i, j] = A[j, i]; A[j, i] = t;
                }
            }
            DisplayMatrix(A);                                          //打印矩阵
            Console.ReadLine();
        }
    }
}
```

5.1.3 交错数组

交错数组是元素为数组的数组，所以有时又称为“数组的数组”。交错数组元素的维度和大小可以不同。交错数组同样需要声明、实例化并且初始化后才能使用。

示例 1 下面声明创建一个由三个元素组成的一维数组，其中每个元素都是一个一维整数数组。

```
int[][] jaggedArray1 = new int[3][];
```

示例 2 初始化 jaggedArray1 的元素，以确保其可以使用。

```
jaggedArray1[0] = new int[5];
```

```
jaggedArray1[1] = new int[4];
jaggedArray1[2] = new int[2];
```

jaggedArray1 的每个元素都是一个一维整数数组。第一个元素是由 5 个整数组成的数组，第二个元素是由 4 个整数组成的数组，而第三个元素是由两个整数组成的数组。此时，所有的数组元素均初始化为默认值 0。

示例 3 可以使用初始值设定项填充数组元素，此时不需要数组大小。

```
jaggedArray1[0] = new int[] { 1, 3, 5, 7, 9 };
jaggedArray1[1] = new int[] { 0, 2, 4, 6 };
jaggedArray1[2] = new int[] { 11, 22 };
```

jaggedArray1 数组各元素的值分别初始化为：jaggedArray1[0,0]=1，jaggedArray1[0,1]=3，jaggedArray1[0,2]=5，jaggedArray1[0,3]=7，jaggedArray1[0,4]=9，jaggedArray1[1,0]=0，jaggedArray1[1,1]=2，jaggedArray1[1,2]=4，jaggedArray1[1,3]=6，jaggedArray1[2,0]=11，jaggedArray1[2,1]=22。

示例 4 在声明数组时即将其初始化。

```
int[][] jaggedArray2 = new int[][]
{
   new int[] {1,3,5,7,9},
   new int[] {0,2,4,6},
   new int[] {11,22}
};
```

示例 5 还可以使用如下速记格式。注意，不能从元素初始化中省略 new 运算符，因为不存在元素的默认初始化。

```
int[][] jaggedArray3 =
{
   new int[] {1,3,5,7,9},
   new int[] {0,2,4,6},
   new int[] {11,22}
};
```

示例 6 混合使用交错数组和多维数组。下面声明和初始化一个一维交错数组，该数组包含大小不同的二维数组元素。

```
int[][,] jaggedArray4 = new int[3][,]
{
   new int[,] { {1,3}, {5,7} },
   new int[,] { {0,2}, {4,6}, {8,10} },
   new int[,] { {11,22}, {99,88}, {0,9} }
};
```

jaggedArray4 数组各元素的值分别初始化为：jaggedArray4[0][0,0]=1，

jaggedArray4[0][0,1]=3，jaggedArray4[0][1,0]=5，jaggedArray4[0][1,1]=7，jaggedArray4[1][0,0]=0，jaggedArray4[1][0,1]=2，jaggedArray4[1][1,0]=4，jaggedArray4[1][1,1]=6，jaggedArray4[1][2,0]=8，jaggedArray4[1][2,1]=10，jaggedArray4[2][0,0]=11，jaggedArray4[2][0,1]=22，jaggedArray4[2][1,0]=99，jaggedArray4[2][1,1]=88，jaggedArray4[2][2,0]=0，jaggedArray4[2] [2,1]=9。

【例 5.4】 交错数组的使用示例（JaggedArray.cs）：编程生成并显示示例 5 和示例 6 的交错数组。

```
using System;
namespace CSharpBook.Chapter05
{
   class JaggedArray
   {
      static void Main()
      {
         int i, j, k;
         int[][] jaggedArray3 = { new int[]{1,3,5,7,9}, new int[]{0,2,4,6}, new int[]{11,22}};
         Console.WriteLine("示例5的jaggedArray3: ");
         for (i = 0; i < jaggedArray3.Length; i++)
         {
            for (j = 0; j < jaggedArray3[i].Length; j++)
               Console.Write("A[{0},{1}]={2} ", i,j,jaggedArray3[i][j]);
            Console.WriteLine();
         }
         int[][,] jaggedArray4 = new int[3][,]
         {  new int[,] { {1,3}, {5,7} },
            new int[,] { {0,2}, {4,6}, {8,10} },
            new int[,] { {11,22}, {99,88}, {0,9} }
         };
         Console.WriteLine("示例6的jaggedArray4: ");
         for (i = 0; i < jaggedArray4.Length; i++)
         {
            for (j = 0; j<jaggedArray4[i].GetLength(0); j++)
               for (k = 0; k < jaggedArray4[i].GetLength(1); k++)
                  Console.Write("A[{0}][{1},{2}]={3} ", i,j,k, jaggedArray4[i][j, k]);
            Console.WriteLine();
         }
         Console.ReadLine();
      }
   }
}
```

运行结果：

```
示例5的jaggedArray3：
A[0,0]=1  A[0,1]=3  A[0,2]=5  A[0,3]=7  A[0,4]=9
A[1,0]=0  A[1,1]=2  A[1,2]=4  A[1,3]=6
A[2,0]=11  A[2,1]=22
示例6的jaggedArray4：
A[0][0,0]=1  A[0][0,1]=3  A[0][1,0]=5  A[0][1,1]=7
A[1][0,0]=0  A[1][0,1]=2  A[1][1,0]=4  A[1][1,1]=6  A[1][2,0]=8 A[1][2,1]=10
A[2][0,0]=11 A[2][0,1]=22 A[2][1,0]=99 A[2][1,1]=88 A[2][2,0]=0 A[2][2,1]=9
```

说明：

（1）数组的 Length 属性返回每个一维数组的长度。例如，jaggedArray3.Length 返回一维数组 jaggedArray3（其每个元素又是一维数组）的长度，其值为 3；jaggedArray3[0].Length 返回一维数组 jaggedArray3[0]的长度，其值为 5。

（2）数组的 GetLength()方法是在 System.Array 类中定义的，返回数组某一维的长度。例如，jaggedArray4[1].GetLength(0)返回数组 jaggedArray4[1]的第 0 维的长度，其值为 3；jaggedArray4[1].GetLength(1)返回数组 jaggedArray4[1]的第 1 维的长度，其值为 2。

（3）对于一维数组，Length 属性返回的值和 GetLength(0)方法返回的值相同。

5.1.4 数组的基本操作和排序

本节以实例的形式介绍数组的常见操作，包括数组求和、求平均值、最值及其位置；数组的常见排序方法，如冒泡法、选择法；插入数据到已排序的数组中；删除已排序的数组中某一元素等。

【例 5.5】 数组的常见操作示例（Array1Ds.cs）：求一维数组中各元素之和、平均值、最大值、最小值，并将最小值与数组第一个元素交换、最大值与最后一个元素交换。

（1）求一维数组中各元素之和，只要利用循环对每个元素的值进行累加即可。数组各元素之和除以数组长度，即为数组各元素之平均值。

（2）求若干数中最小值的方法一般如下：

① 将最小值的初值设为一个比较大的数，或取第一个数为最小值的初值。

② 利用循环，将每个数与最小值比较，若此数小于最小值，则将此数设置为最小值。

（3）求若干数中最大值的方法一般如下：

① 将最大值的初值设为一个比较小的数，或取第一个数为最大值的初值。

② 利用循环，将每个数与最大值比较，若此数大于最大值，则将此数设置为最大值。

（4）将最小值与数组第一个元素交换、最大值与最后一个值交换，需要在求最值的同时，记录最值元素所在的位置，即其下标值，最后利用第三变量实现数组元素的交换。

```
using System;
namespace CSharpBook.Chapter05
{
    class Array1Ds
    {
        public static void DisplayArray(int[] A)            //打印数组内容
```

```
        {
            foreach (int i in A) Console.Write("{0,5} ", i);
            Console.WriteLine();
        }
        static void Main()
        {
            int i, sum = 0, MaxA, MinA, MaxI=0, MinI=0, t;
            int[] A = new int[10] ; Random rNum = new Random();
            for (i = 0; i < A.Length; i++) A[i] = rNum.Next(11);//数组赋值(0～10随机数)
            Console.WriteLine("原始数组: "); DisplayArray(A);
            //求数组各元素之和、平均值
            for (i = 0; i < A.Length; i++) sum += A[i];
            Console.WriteLine("数组各元素之和={0},平均值={1}", sum, sum/A.Length);
            //求数组最大值、最小值以及所在位置
            MaxA = A[0]; MinA = A[0];
            for (i = 0; i < A.Length; i++)
            {
                if (A[i] < MinA)
                {
                    MinA = A[i]; MinI = i;
                }
                if (A[i] > MaxA)
                {
                    MaxA = A[i]; MaxI = i;
                }
            }
            Console.WriteLine("数组最大值 = {0}, 最小值 = {1}", MaxA, MinA);
            //最小值与数组第一个元素交换
            t = A[0]; A[0] = A[MinI]; A[MinI] = t;
            //最大值与最后一个元素交换
            t = A[A.Length - 1]; A[A.Length - 1] = A[MaxI]; A[MaxI] = t;
            Console.WriteLine("元素交换后的数组: ");DisplayArray(A); //打印数组内容
        }
    }
}
```

运行结果：

```
原始数组:
    3    5    2    8    1    7    6    4    2    5
数组各元素之和 = 43, 平均值 = 4
数组最大值 = 8, 最小值 = 1
元素交换后的数组:
```

```
    1    5    2    5    3    7    6    4    2    8
```

【例 5.6】 冒泡排序（BubbleSort.cs）：随机生成一维数组中的各元素，并利用冒泡法对数组元素按递增顺序排序。

对于包含 N 个元素的一维数组 A，按递增顺序排序的冒泡法算法为：

（1）第 1 轮比较：从第一个元素开始，对数组中所有 N 个元素进行两两比较大小，如果不满足升序关系，则交换。即 A[0]与 A[1]比较，若 A[0]>A[1]，则 A[0]与 A[1]交换；然后 A[1]与 A[2]比较，若 A[1]>A[2]，则 A[1]与 A[2]交换；…直至最后 A[N−2]与 A[N−1]比较，若 A[N−2]> A[N−1]，则 A[N−2]与 A[N−1]交换。第一轮比较完成后，数组元素中最大的数"沉"到数组最后，而那些较小的数如同气泡一样上浮一个位置，顾名思义"冒泡法"排序。

（2）第 2 轮比较：从第一个元素开始，对数组中前 N−1 个元素（第 N 个元素，即 A[N−1]已经最大，不需要参加排序）继续两两大小比较，如果不满足升序关系，则交换。第二轮比较完成后，数组元素中次大的数"沉"到最后，即 A[N−2]为数组元素中次大的数。

（3）以此类推，进行第 N−1 轮比较后，数组中所有元素均按递增顺序排好序。

若要按递减顺序对数组排序，则每次两两大小比较时，若不满足降序关系，则交换即可。

冒泡排序法的过程如表 5-2 所示。

表 5-2　冒泡排序法示例

原始数组	2	97	86	64	50	80	3	71	8	76
第 1 轮比较	2	86	64	50	80	3	71	8	76	**97**
第 2 轮比较	2	64	50	80	3	71	8	76	**86**	
第 3 轮比较	2	50	64	3	71	8	76	**80**		
第 4 轮比较	2	50	3	64	8	71	**76**			
第 5 轮比较	2	3	50	8	64	**71**				
第 6 轮比较	2	3	8	50	**64**					
第 7 轮比较	2	3	8	**50**						
第 8 轮比较	2	3	**8**							
第 9 轮比较	2	**3**								

```
using System;
namespace CSharpBook.Chapter05
{
   class BubbleSort
   {
      public static void DisplayArray(int[] A) //打印数组内容
      {
         foreach (int i in A) Console.Write("{0,5} ", i);
         Console.WriteLine();
      }
      static void Main()
      {
```

```
            int i, t;  int[] A = new int[10];  Random rNum = new Random();
            //数组A赋值(0~100之间的随机数)
            for (i = 0; i < A.Length; i++) A[i] = rNum.Next(101);
            Console.WriteLine("原始数组: ");  DisplayArray (A);
            int N = A.Length;   //获取数组A的长度N
            for (int loop = 1; loop <= N - 1; loop++)           //外循环进行N-1轮比较
            {
               for (i = 0; i <= N - 1 - loop; i++)              //内循环两两比较，大数下沉
                  if (A[i] > A[i + 1])
                  {
                     t = A[i];  A[i] = A[i + 1];  A[i + 1] = t;
                  }
            }
            Console.WriteLine("升序数组: ");DisplayArray (A);     //打印数组内容
        }
    }
}
```

运行结果：

```
原始数组:
   2   97   86   64   50   80    3   71    8   76
升序数组:
   2    3    8   50   64   71   76   80   86   97
```

【例 5.7】 选择排序（SelectSort.cs）：随机生成一维数组中的各元素，并利用选择法对数组元素按递增顺序排序。

对于包含 N 个元素的一维数组 A，按递增顺序排序的选择法的基本思想是：每次在若干无序数据中查找最小数，并放在无序数据中的首位。其算法为：

（1）从 N 个元素的一维数组中找最小值及其下标，最小值与数组的第 1 个元素交换。

（2）从数组的第 2 个元素开始的 N−1 个元素中再找最小值及其下标，该最小值（即整个数组元素的次小值）与数组第 2 个元素交换。

（3）以此类推，进行第 N−1 轮选择和交换后，数组中所有元素均按递增顺序排好序。

若要按递减顺序对数组排序，只要每次查找并交换最大值即可。

选择排序法的过程如表 5-3 所示。

表 5-3　选择排序法示例

原始数组	59	12	77	64	72	69	46	89	31	9
第 1 轮比较	**9**	12	77	64	72	69	46	89	31	59
第 2 轮比较		**12**	77	64	72	69	46	89	31	59
第 3 轮比较			**31**	64	72	69	46	89	77	59
第 4 轮比较				**46**	72	69	64	89	77	59
第 5 轮比较					**59**	69	64	89	77	72

续表

第 6 轮比较	**<u>64</u>**	69	89	77	72
第 7 轮比较		**<u>69</u>**	89	77	72
第 8 轮比较			**<u>72</u>**	77	89
第 9 轮比较				**<u>77</u>**	89

选择排序法的主要程序代码如下：

```
int N = A.Length;                                    //获取数组A的长度N
for (int loop = 0; loop <= N - 2; loop++)            //外循环进行N-1轮比较
{
   MinI = loop;
   for (i = loop; i <= N - 1; i++)                   //内循环中在无序数中找最小值
      if (A[i] < A[MinI]) MinI = i;
   //最小值与无序数中的第一个元素交换
   t = A[loop]; A[loop]=A[MinI]; A[MinI] = t;
}
```

【例 5.8】 有序数组中插入数据操作示例（InsertData.cs）：已知长度为 N 的一维数组 A 已经按照升序排好顺序，在这个有序数组中插入一个数，使得数组 A 仍然有序。

（1）首先查找待插入的这个数在数组中的位置 k。

（2）然后从最后一个元素开始到下标为 k 为止的元素依次往后平移一个位置。

（3）将新数据放置在腾出的第 k 个位置上。

插入数据到有序数组中的过程如图 5-4 所示。

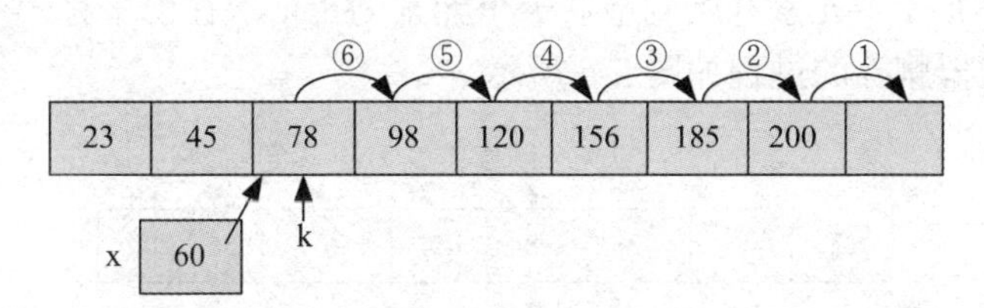

图 5-4　插入数据到有序数组中

```
using System;
namespace CSharpBook.Chapter05
{
  class InsertData
  {
    static void Main()
    {
      int i, k;
      int[] A = new int[]{23,45,78,98,120,156,185,200,0};//最后的0是预留位置,不属于数组内容
      Console.WriteLine("原始有序数组: ");
      for (i = 0; i < A.Length - 1; i++) Console.Write("{0,5} ", A[i]);
      Console.Write("\n请输入要插入到升序数组中的一个整数:  ");
```

```
        int x = int.Parse(Console.ReadLine());              //将数字字符串转换为等效的整数
        int N = A.Length-1;                                 //获取有序数组A的长度N
        for (k = 0; k < N; k++)
        {
            if (x < A[k]) break;                            //找到数据插入的位置k
        }
        //从最后一个元素开始往后平移,为新数据腾出位置
        for (i = N; i > k; i--) A[i] = A[i - 1]; A[k] = x; //插入新数据
        Console.WriteLine("插入数据后的数组: ");
        foreach(int item in A) Console.Write("{0,5} ", item); Console.WriteLine();
    }
  }
}
```

运行结果：

```
原始有序数组:
   23   45   78   98  120  156  185  200
请输入要插入到升序数组中的一个整数:  60
插入数据后的数组:
   23   45   60   78   98  120  156  185  200
```

【例 5.9】 有序数组中删除数据操作示例（DeleteData.cs）：已知长度为 N 的一维数组 A 已经按照升序排好顺序，删除这个有序数组中指定的一个数。分析：

（1）首先在数组中找到欲删除数据的位置 k。

（2）然后从第 k+1 个元素开始到最后一个元素为止依次往前平移一个位置。

有序数组中数据删除的过程如图 5-5 所示。

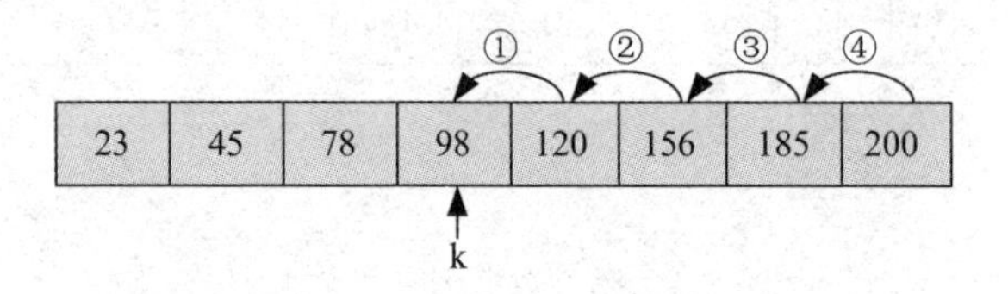

图 5-5　有序数组中数据删除

```
using System;
namespace CSharpBook.Chapter05
{
    class DeleteData
    {
        static void Main()
        {
            int i, k;
            int[] A = new int[]{23,45,78,98,120,156,185,200};//原始数组
            Console.WriteLine("原始有序数组: ");
```

```
        foreach (int item in A) Console.Write("{0,5} ", item);
        Console.Write("\n请输入要删除的一个整数:  ");
        int x = int.Parse(Console.ReadLine());//将数字字符串转换为等效的整数
        int N = A.Length;                         //获取有序数组A的长度N
        for (k = 0; k < N; k++)
        {
           if (x == A[k]) break;                  //找到数据插入的位置k
        }
        if (k == N)
        {
           Console.WriteLine("数组中无此数，无法删除！"); return;
        }
        //从第k+1个元素开始到最后一个元素依次往前平移一个位置
        for (i = k+1; i < N; i++) A[i-1] = A[i];
        Console.WriteLine("删除数据后的数组: ");
        for (i = 0; i < A.Length-1; i++) Console.Write("{0,5} ", A[i]);
        Console.WriteLine();
      }
   }
}
```

运行结果：

```
原始有序数组:
   23   45   78   98   120   156   185   200
请输入要删除的一个整数:  98
删除数据后的数组:
   23   45   78  120  156   185   200
```

5.1.5 作为对象的数组

在 C#中，数组实际上是对象，数组类型是从 Array 派生的引用类型。Array 是所有数组类型的抽象基类型。System.Array 类提供了许多实用的方法和属性，可用于数组的复制、排序等操作处理。System.Array 类提供的常用方法和属性如表 5-4 所示。

表 5-4　System.Array 类提供的常用方法和属性

名称	说明	示例	结果
Array.Clear(数组名，起始索引，元素个数)	将 Array 中从起始索引开始的指定个数的一系列元素设置为零、false 或 null，具体取决于元素类型	`int[] A = { 1, 2, 3, 4, 5, 6, 7, 8, 9 }; Array.Clear(A, 2, 5);`	执行 Clear 操作后，A={ 1, 2, 0, 0, 0, 0, 0, 8, 9 }

续表

名称	说明	示例	结果
目标数组名=(数组类型名称)源数组名.Clone()	创建源数组的浅表副本（目标数组）	`int[] A = new int[5]{ 1, 2, 3, 4, 5};` `int[] B;B=(int[])A. Clone();`	执行 Clone 操作后，B={ 1, 2, 3, 4, 5}

源数组名.CopyTo(目标数组名，起始索引)	将一维源数组所有元素复制到一维目标数组指定的起始索引开始的位置	`int[] A= {6,7,8,9,10};`
		`int[] B = {1,2,3,4,5, 0,0,0,0,0};`
		`A.CopyTo(B,5);`
			执行 CopyTo 操作后，B={1, 2, 3, 4, 5, 6, 7, 8, 9, 10}

Copy(源数组名，目标数组名，要复制的元素数目)	从第一个元素开始复制源 Array 中指定的元素数目到目标 Array 从第一个索引开始的位置	`int[] A= {6,7,8,9,10};`
		`int[] B = {1,2,3,4,5,6, 7,8,9,10};`
		`Array.Copy(A,B,5);`
			执行 Array.Copy(A,B,5)后，B={6, 7, 8, 9, 10, 6, 7, 8, 9, 10}

Copy(源数组名，源起始索引，目标数组名，目标起始索引，要复制的元素数目)	从指定的源索引开始，复制源 Array 中指定的元素数目到目标 Array 指定的目标索引开始的位置	`int[] A= {6,7,8,9,10};`
		`int[] B = {1,2,3,4,5,6, 7,8,9,10};`
		`Array.Copy(A,2,B,0,3);`
			执行 Array.Copy(A,2,B,0,3) 后，B={8,9,10,4,5,6,7,8,9,10}

数组名.GetLength(维度)	获取一个 32 位整数，该整数表示 Array 的指定维中的元素数	`int[,] A = new int[5, 10];`	A.GetLength(0)返回数组A第一维中的元素个数5；A.GetLength(1)返回数组A第二维中的元素个数10

Array.Reverse(数组名)
Array.Reverse(数组名，起始索引，元素个数)
	反转一维 Array 全部元素或Array 中从起始索引开始的指定个数的元素的顺序	`int[] A= {1,2,3,4,5};`
		`Array.Reverse(A);`
		`Array.Reverse(A,1,3);`
			执行 Reverse(A)操作后，A={5, 4, 3, 2, 1}；再执行 Reverse(A,1,3)操作后，A={5, 2, 3, 4, 1}

Array.Sort(数组名)	对一维 Array 对象中的元素进行排序	`int[] A={10,2,8,40};` `Array.Sort(A);`	执行 Sort 操作后，A={2, 8, 10, 40}
数组名.GetLowerBound()	获取 Array 中指定维度的下限	`int[] A1 = new int[8];` `int[,] A2=new int[5, 6];`	A1.GetLowerBound(0) 返回一维数组 A1 的下限 0；A2.GetLowerBound(0) 返回二维数组 A2 第一维的索引下限 0；A2.GetLowerBound(1)返回二维数组A2第二维的索引下限 0

续表

名称	说明	示例	结果
数组名.GetUpperBound()	获取 Array 中指定维度的上限	`int[] A1 = new int[8];` `int[,] A2=new int[5, 6];`	A1.GetUpperBound(0) 返回一维数组 A1 的上限 7; A2.GetUpperBound(0) 返回二维数组 A2 第一维的索引上限 4; A2.GetUpperBound(1) 返回二维数组 A2 第二维的索引上限 5
数组名.Length	获得 Array 的所有维数中元素的总数	`int[] A1 = new int[8];` `int[,] A2=new int[5, 6];`	A1.Length 返回数组 A1 的元素的总数 8，等价于 A1.GetLength(0); A2.Length 返回数组 A2 的所有维数中元素的总数 30
数组名.Rank	获取 Array 的秩（维数）	`int[] A1 = new int[8];` `int[,] A2=new int[5, 6];`	A1.Rank 返回数组 A1 的秩（维数）1；A2.Rank 返回数组 A2 的秩（维数）2

说明：

(1) Clone 和 CopyTo 均可以实现数组之间的数据复制功能。

(2) 使用 Clone 仅复制 Array 的元素（无论它们是引用类型还是值类型），但不复制这些引用所引用的对象。目标 Array 中的引用与源 Array 中的引用指向相同的对象。

(3) 使用 Clone 实现数组之间的数据复制功能之前，目标数组不必进行初始化；而使用 CopyTo 方法时，目标数组必须实例化（可以不初始化）。

(4) CopyTo 方法需要指定从目标数组的什么起始索引位置开始实施复制，而 Clone 方法创建与源数组完全相同的副本，因此不需要指定起始索引位置。

5.2 不安全代码和指针

5.2.1 不安全代码

为了保持类型安全，默认情况下，C#不支持指针，从而避免了程序的复杂性。但在某些情况下，可能需要通过指针调用操作系统 API 函数、访问内存映射设备，或实现一些以时间为关键的算法时，若没有访问指针的手段，就不可能完成。C#通过使用 unsafe 关键字，可以定义不安全上下文，然后在不安全上下文中使用指针。

在公共语言运行时（CLR）中，不安全代码是指无法验证的代码，其安全性无法由 CLR 进行验证。使用不安全代码，可能会引起安全风险和稳定性风险，程序员必须确保代码不会引起安全风险或指针错误。

CLR 只对在完全受信任的程序集中的不安全代码执行操作。在 C#中，为了编译不安全代码，必须用/unsafe 编译应用程序。

可以将一个类、一个方法、代码块或字段标记为 unsafe。例如：

```
//将方法声明为不安全代码
```

```
public unsafe void Test()
{
    int i=10; int k;
    int *j;      //定义指针
    j=&i;        //给指针赋值
    k=*j+1;      //取指针的值
}
```

在 Visual Studio 集成开发环境中，项目默认的配置不支持代码的非安全性。此时编译包含不安全代码的程序时，会出现编译错误“不安全代码只会在使用/unsafe 编译的情况下出现”。解决方法是设置项目的属性使其允许不安全代码，设置如图 5-6 所示。

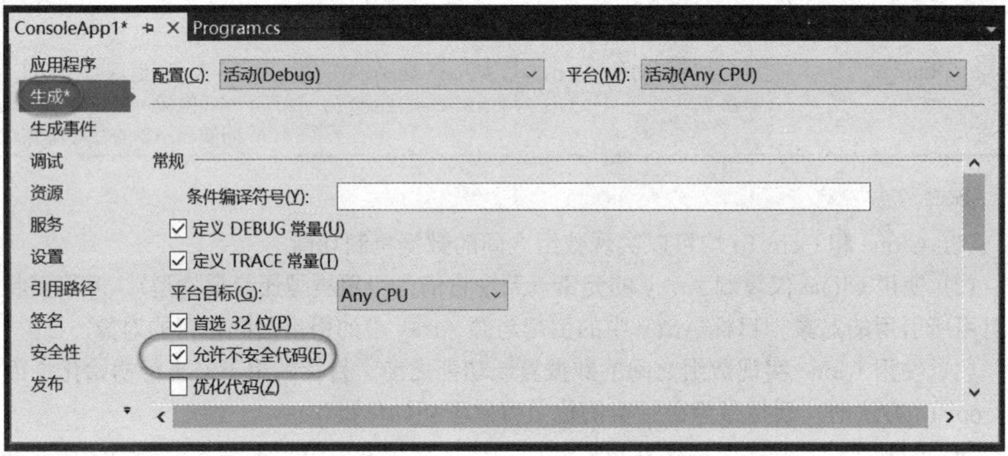

图 5-6　允许不安全性代码

5.2.2　指针

1. 指针类型的声明

指针类型声明具有下列形式之一：

```
type* identifier;
void* identifier;    //允许但不推荐使用
```

其中，可以声明为指针类型的数据类型包括：

- sbyte、byte、short、ushort、int、uint、long、ulong、char、float、double、decimal 或 bool；
- 任何枚举类型；
- 任何指针类型；
- 仅包含非托管类型字段任何用户定义的结构类型。

当在同一个声明中声明多个指针时，“*”仅与基础类型一起使用，而不是作为每个指针名称的前缀。例如：

```
int* p1, p2, p3;    //正确
```

```
int *p1, *p2, *p3;   //C#中无效的声明
```

指针类型声明的示例如表 5-5 所示。

表 5-5　指针类型声明的示例

声明	说明	示例	内存操作说明示意图
int* p;	p 是指向整数的指针	int i = 10; int* p = &i;	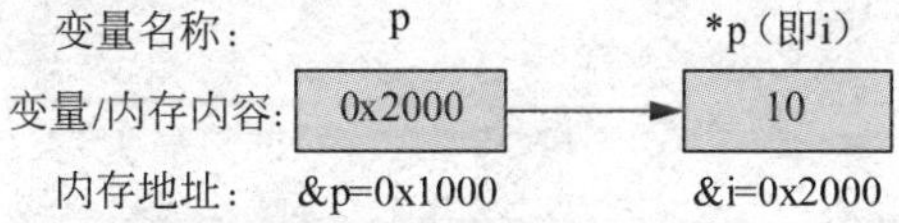 变量名称：p　*p（即i） 变量/内存内容：0x2000 → 10 内存地址：&p=0x1000　&i=0x2000

int** p;	p 是指向整数的指针的指针	int i = 10;
		int* p1 = &i;
		int** p2 = &p1;
			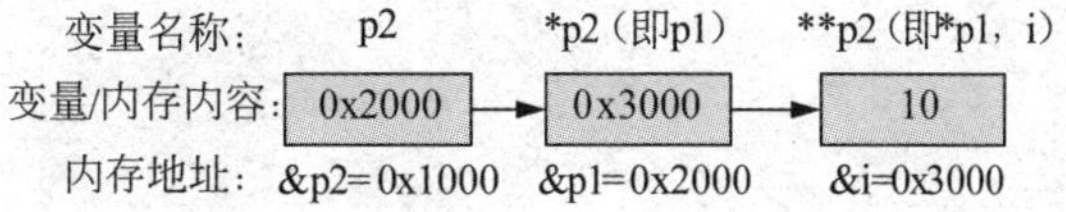 变量名称：p2　*p2（即p1）　**p2（即*p1，i）
			变量/内存内容：0x2000 → 0x3000 → 10
			内存地址：&p2=0x1000　&p1=0x2000　&i=0x3000

int*[] p;	p 是指向整数的指针的一维数组	int i0 = 0, i1 = 10, i2 = 20, i3 = 30;
		int*[] p = new int*[4];
		p[0] = &i0;
		p[1] = &i1;
		p[2] = &i2;
		p[3] = &i3;
			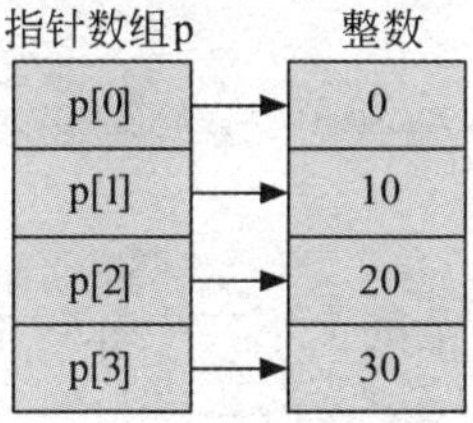 指针数组p　整数
			p[0] → 0
			p[1] → 10
			p[2] → 20
			p[3] → 30

char* p;	p 是指向字符的指针	char c = 'A'; char* p = &c;	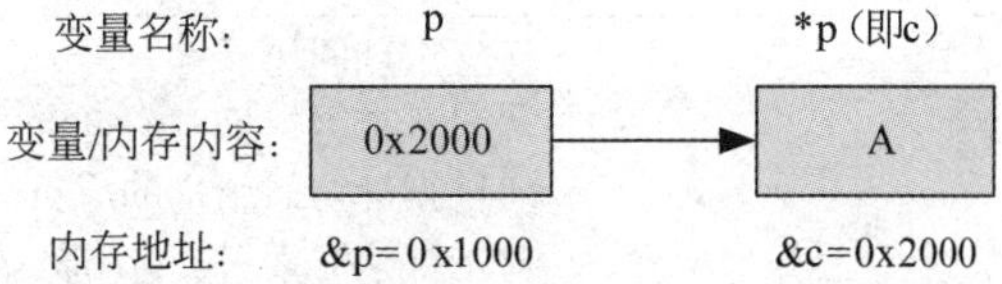 变量名称：p　*p（即c） 变量/内存内容：0x2000 → A 内存地址：&p=0x1000　&c=0x2000

注意：

(1) 指针不能指向对象引用或包含引用的结构，因为即使有指针指向对象引用，该对象引用也可能会被执行垃圾回收，从而造成指针指向内存空间包含的数据类型无效。

(2) void*类型表示指向未知类型的指针。因为目标类型是未知的，所以不能对 void*类型的指针应用间接寻址运算符 (*)，也不能对这样的指针执行任何算术运算。但是，void*类型的指针可以强制转换为任何其他指针类型，反之亦然。

(3) 指针可以为 null。值为 null 的指针表示指针没有指向有效的内存地址，针对 null 指针的操作将导致异常。

(4) 指针类型是一个单独类别的类型。与值类型和引用类型不同，指针类型不从 object 继承，而且不存在指针类型和 object 之间的转换。具体而言，指针不支持装箱和拆箱操作。但是，允许在不同指针类型之间以及指针类型与整型之间进行转换。

【例 5.10】 指针类型的声明示例（VoidPointer.cs）。

```
//compile: csc /unsafe VoidPointer.cs  -> VoidPointer.exe
using System;
```

```
namespace CSharpBook.Chapter05
{
   unsafe class VoidPointer
   {
      static void Main()
      {  //pv是指向未知类型的指针，pi是指向整数的指针
         //注意：一元间接寻址运算符“*”不能用于void指针
         //使用强制转换将void指针转换为整数（int）指针类型
         int i = 10;  void* pv = &i;  int* pi = (int*)pv;
         Console.WriteLine("i={0}, pi={1:X},pv={2:X}, &i={3:X}, *pi={4}", i, (int)pi,
         (int)pv, (int)&i, *pi);
      }
   }
}
```

运行结果：

```
i=10, pi=43FECD4, pv=43FECD4, &i=43FECD4, *pi=10
```

2. 指针的操作

表5-6列出了可在不安全的上下文中针对指针执行的运算符和语句。

表5-6　不安全的上下文中针对指针执行的运算符和语句

运算符/语句	用途
*	执行指针间接寻址
&	获取变量的地址。&和*的作用是相反的
->	通过指针访问结构的成员。p->x 等效于(*p).x
[]	对指针建立索引。p[i]形式的指针元素访问的计算方式与*(p+i)相同
++、--	递增或递减指针
+、-	执行指针算术运算
==、!=、<、>、<=、>=	指针比较
stackalloc	在堆栈上分配内存
fixed 语句	临时固定一个变量，以便获取其地址

说明：

（1）关于增量和减量运算符++和--。

- 增量和减量表达式的形式有++p、p++、--p、p--；
- 增量和减量运算符可应用于除 void*类型以外任何类型的指针；
- 对 pointer-type 类型的指针应用增量运算符的效果是将指针变量中包含的地址增加 sizeof(pointer-type)；
- 对 pointer-type 类型的指针应用减量运算符的效果是从指针变量中包含的地址减去 sizeof(pointer-type)。

（2）关于指针算术运算符+和-。

- 不能对 void 指针执行任何算术运算。
- 可对指针执行加减数值操作。可以将类型为 int、uint、long 或 ulong 的值 n 与 void*

以外任何类型的指针 p 相加。结果 p+n 是加上 n * sizeof(p) to the address of p 得到的指针。同样，p−n 是从 p 的地址中减去 n * sizeof(p)得到的指针。

- 指针相减。也可以对相同类型的指针进行减法运算。计算结果的类型始终为 long。例如，如果 p1 和 p2 都是类型为 pointer-type*的指针，则表达式 p1−p2 的计算结果为((long)p1 − (long)p2)/sizeof(pointer_type)。

(3) 关于指针比较。

- 可以应用“==、!=、<、>、<=、>=”运算符比较任意类型的指针。
- 比较运算符比较两个操作数的地址，就像它们是无符号整数一样。

(4) 关于 stackalloc。

- stackalloc 关键字用于不安全的代码上下文中，以便在堆栈上分配内存块。例如，int* fib = stackalloc int[100]，在堆栈而不是堆上分配了一个内存块，它的大小足以包含 100 个 int 类型的元素。该块的地址存储在 fib 指针中。此内存不受垃圾回收的制约，因此不必将其通过使用 fixed 语句“钉住”。内存块的生存期受限于定义其方法的生存期。不能在方法返回之前释放内存。
- stackalloc 仅在局部变量的初始值设定项中有效。

(5) 关于 fixed 语句。

- fixed 语句只能出现在不安全的上下文中。
- fixed 语句禁止垃圾回收器重定位可移动的变量。
- fixed 还可用于创建固定大小的缓冲区。
- fixed 语句设置指向托管变量的指针并在 statement 执行期间“钉住”该变量。如果没有 fixed 语句，则指向可移动托管变量指针的作用很小，因为垃圾回收可能不可预知地重定位变量。C#编译器只允许在 fixed 语句中分配指向托管变量的指针。
- 无法修改在 fixed 语句中初始化的指针。

【例 5.11】 指针的操作示例（PointerOp.cs）。运行结果如图 5-7 所示。

（1）利用指针获取变量的地址和变量的值，并通过指针操作更改变量的值。

（2）通过指针访问结构成员。

（3）通过指针访问数组元素。

（4）递增和递减指针。

（5）使用算术运算符+和−来操作指针。

（6）指针比较。

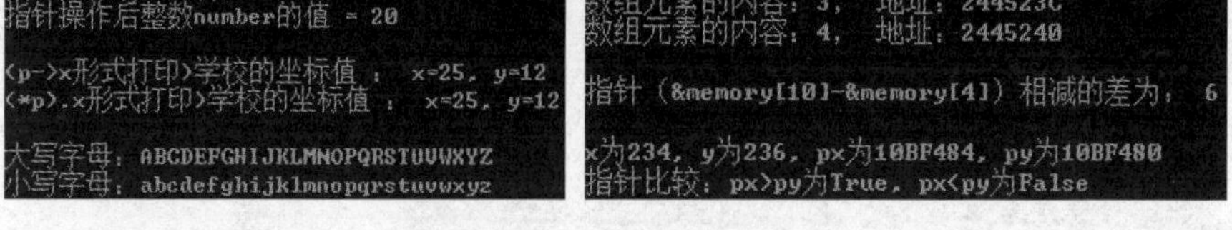

```
整数number原始的值 = 10
*pi原始的值 = 10
pi（即整数number的地址） = 10BF494
指针操作后*pi的值 = 20
指针操作后整数number的值 = 20

<p->x形式打印>学校的坐标值 ： x=25, y=12
<*p).x形式打印>学校的坐标值 ： x=25, y=12

大写字母：ABCDEFGHIJKLMNOPQRSTUVWXYZ
小写字母：abcdefghijklmnopqrstuvwxyz
```

```
数组元素的内容：0， 地址：2445230
数组元素的内容：1， 地址：2445234
数组元素的内容：2， 地址：2445238
数组元素的内容：3， 地址：244523C
数组元素的内容：4， 地址：2445240

指针（&memory[10]-&memory[4]）相减的差为： 6

x为234, y为236, px为10BF484, py为10BF480
指针比较：px>py为True, px<py为False
```

图 5-7 指针操作的运行结果

```
//compile: csc /unsafe PointerOp.cs  -> PointerOp.exe
using System;
namespace CSharpBook.Chapter05
{
 struct CoOrds                                              //平面坐标点
 {
   public int x; public int y;
 }
 unsafe class PointerOp
 {
  static void Main()
  { //（1）获取变量的地址和变量的值，并通过指针操作更改变量的值
    int number=10;
    int* pi = &number;     //将整数number的地址赋给指针变量pi
    Console.WriteLine("整数number原始的值 = {0}", number);
    Console.WriteLine("*pi原始的值 = {0}", *pi);           //打印*p原始的值
    //打印pi的值（即整数number的地址）
    Console.WriteLine("pi（即整数number的地址） = {0:X}", (int)pi);
    *pi = 20; //通过指针操作更改整数number的值
    Console.WriteLine("指针操作后*pi的值 = {0}", *pi);    //打印*pi的值
    //打印整数number更改后的值
    Console.WriteLine("指针操作后整数number的值 = {0}", number);
     //（2）通过指针访问成员
    CoOrds school; CoOrds* p = &school; //学校坐标
    p->x = 25; p->y = 12;                  //学校坐标x、y
    Console.WriteLine("\n(p->x形式打印)学校的坐标值: x={0}, y={1}", p->x, p->y);
    //表达式p->x等效于表达式(*p).x，使用这两个表达式可获得相同的结果
    Console.WriteLine("(*p).x形式打印)学校的坐标值: x={0}, y={1}", (*p).x, (*p).y);
    //（3）通过指针访问数组元素
    char* charPointer = stackalloc char[123];             //在堆栈上分配内存
    for (int i = 65; i < 123; i++)
    {
      charPointer[i] = (char)i;          //等价于*(charPointer+i) = (char)i;
    }
    //打印大写字母
    Console.Write ("\n大写字母: ");
    for (int i = 65; i < 91; i++)
    {
      Console.Write(charPointer[i]);    //等价于Console.Write(*(charPointer+i));
    }
    //打印小写字母
    Console.Write ("\n小写字母: ");
    for (int i = 97; i < 123; i++)
    {
      Console.Write(charPointer[i]);    //等价于Console.Write(*(charPointer+i));
```

```
        }
        Console.WriteLine("\n");
        //（4）递增和递减指针
        //将指针增加int的大小来遍历数组。对于每一步，均显示数组元素的内容和地址
        int[] numbers = { 0, 1, 2, 3, 4 };
        //将数组地址赋给指针
        fixed (int* p1 = numbers)  //临时固定一个变量，以获取其地址
        {                          //遍历数组元素
           for (int* p2 = p1; p2 < p1 + numbers.Length; p2++)
           {
             Console.WriteLine("数组元素的内容：{0}，地址：{1:X}", *p2, (int)p2);
           }
        }
        //（5）使用算术运算符+和-来操作指针
        int* memory = stackalloc int[30]; long* difference;
        int* pi1 = &memory[4]; int* pi2 = &memory[10];
        difference = (long*)(pi2 - pi1);
        Console.WriteLine("\n指针(&memory[10]-&memory[4])相减的差为：{0}\n", (long)difference);
        //（6）指针比较
        int x = 234; int y = 236; int* px = &x; int* py = &y;
        Console.WriteLine("x为{0}, y为{1}, px为{2:X}, py为{3:X}", x ,y, (int)px, (int)py);
        Console.WriteLine("指针比较：px>py为{0}, px<py为{1}", px > py, px < py);
    }
  }
}
```

第6章 类和对象

C#是面向对象的编程语言，使用类和结构来实现类型（如 Windows 窗体、用户界面控件和数据结构等）。典型的 C#应用程序由程序员定义的类和.NET Framework 的类组成。

本章要点：

视频讲解

- 面向对象的基本概念；
- 类的声明；
- 创建和使用对象；
- 类的访问修饰符；
- 分部类的概念和使用；
- System.Object 类和通用方法；
- 对象的生命周期。

6.1 面向对象概念

面向对象的程序设计具有封装、继承、多态三个基本特征，可以大大增加程序的可靠性、代码的可重用性和程序的可维护性，从而提高程序开发效率。

6.1.1 对象的定义

所谓的对象（object），从概念层面讲，就是某种事物的抽象（功能）。抽象原则包括数据抽象和过程抽象两个方面：数据抽象就是定义对象的属性；过程抽象就是定义对象的操作。

面向对象的程序设计强调把数据（属性）和操作（服务）结合为一个不可分的系统单位（即对象），对象的外部只需要知道它做什么，而不必知道它如何做。

从规格层面讲，对象是一系列可以被其他对象使用的公共接口（对象交互）。从语言实现层面来看，对象封装了数据和代码（数据和程序）。

6.1.2 封装

封装是面向对象的主要特性。所谓封装，也就是把客观事物抽象并封装成对象，即将数据成员、属性、方法和事件等集合在一个整体内。通过访问控制，还可以隐藏内部成员，只允许可信的对象访问或操作自己的部分数据或方法。

封装保证了对象的独立性，可以防止外部程序破坏对象的内部数据，同时便于程序的维护和修改。

6.1.3 继承

继承（inheritance）是面向对象的程序设计中代码重用的主要方法。继承允许使用现有类的功能，并在不需要重新改写原来的类的情况下，对这些功能进行扩展。继承可以避免代码复制和相关的代码维护等问题。

继承的过程，就是从一般到特殊的过程。被继承的类称为“基类（base class）”“父类”或“超类（super class）”，通过继承创建的新类称为“子类（subclass）”或“派生类（derived class）”。例如，长方形是一个四边形。因此，Rectangle（长方形）类继承于 Quadrilateral（四边形）类。Quadrilateral 是基类，Rectangle 是派生类。也就是说，长方形是一种特殊的四边形；反之，说四边形是长方形是不正确的，因为四边形还可能是梯形、平行四边形、正方形或其他类型的四边形。表 6-1 列出了基类和派生类的几个简单例子。

表 6-1 继承示例

基类	派生类
Quadrilateral（四边形）	Trapezoid（梯形）
	Parallelogram（平行四边形）
	Rectangle（长方形）
	Square（正方形）
Shape（形状）	Rectangle（长方形）
	Triangle（三角形）
	Circle（圆形）
Degree（学位）	Doctor（博士）
	Master（硕士）
	Bachelor（学士）

在 C++中，一个子类可以继承多个基类（多重继承）；但 C#中一个子类只能有一个基类（单一继承），但允许实现多个接口。

6.1.4 多态性

多态性（polymorphism）是指同样的消息被不同类型的对象接收时导致完全不同的行为。多态性允许每个对象以自己的方式去响应共同的消息，从而允许用户以更明确的方式建立通用软件，提高软件开发的可维护性。

例如，假设设计了一个绘图软件，所有的图形（Square、Circle 等）都继承于基类 Shape，每种图形有自己特定的绘制方法 draw()的实现。如果要显示画面的所有图形，则可以创建一个基类 Shape 的集合，其元素分别指向各子类对象，然后循环调用父类类型对象的绘制方法 draw()，实际绘制根据当前赋值给它的子对象调用各自的绘制方法 draw()，这就是多态性。如果要扩展软件的功能，例如增加图形 Ellipse，则只需要增加新的子类，并实现其绘制方法 draw()即可。

6.2 类的声明

类（class）是 C#语言的核心，C#的一切类型都是类，所有的语句都必须位于类内。.NET

Framework 类库包含大量解决通用问题的类，一般可以通过创建自定义类和使用.NET Framework 类库来解决实际问题。

类是一个数据结构，类定义数据类型的数据（字段）和行为（方法和其他函数成员）。对象是基于类的具体实体，有时称为类的实例（instance）。

类与对象的关系类似于车型设计和具体的车。车型设计（类）描述了该车型所应该具备的属性和功能，但车型设计并不是具体的车，不能发动和驾驶车型设计。相应型号的车（对象），则是根据车型设计制造出的车（类的实例），它们都具备该车型设计所描述的属性和功能，可以发动和驾驶。

6.2.1 声明类的基本语法

使用类声明可以创建新的类。声明一个类就是创建一个新的数据类型，而类属于引用数据类型。使用关键字 class 来声明类。类声明的简明形式如下：

```
[特性]
[类修饰符][partial] class 类名 [类型形参] [: 基类或接口[类型形参约束]]
{
    类体
}[;]
```

C#类声明完整语法涉及内容比较复杂，详细的阐述将在后续章节展开。其中各部分意义如下：

- [特性]（可选）：用于附加一些声明性信息（参见第 12 章）。
- [类修饰符]（可选）：用于定义类的可访问性等信息（参见 6.2.2 节）。
- [partial]（可选）：用于定义分部类（参见 6.4 节）。
- class：关键字，注意首字母小写。
- 类名：要定义的类的标识符，必须符合标识符的命名规则，一般采用 Pascal 命名规范，如 MyClass。
- [类型形参]（可选）：用于泛型类声明（参见第 11 章）。
- [:基类或接口[类型形参约束]]（可选）：用于声明要继承的类或实现的接口（参见第 8 章）。
- 类体：用于定义该类的成员，包括在一对大括号之间，类体可以为空。
- [;]（可选）：最后还可添加一个分号，这也是可选的。

【例 6.1】 声明类 MyHelloWorld。该类定义了一个简单的成员函数 SayHello()。

```
namespace CSharpBook.Chapter06
{
  class MyHelloWorld
  {
      public void SayHello()
      {
        System.Console.WriteLine("Hello, World!");
      }
```

```
    }
}
```

【例 6.2】 声明类 Person 示例（Person.cs）。该类定义了两个数据成员（一个 public 和一个 protected）、一个不带参数的构造方法、一个具有两个参数的构造方法、一个方法 print()。

```
//compile: csc /t:library Person.cs  --> Person.dll
using System;
namespace CSharpBook.Chapter06
{
  public class Person
  {
      public String name; protected int age; //姓名（public）、年龄（protected）
      public Person() {                        //不带参数的构造方法
          this.name = "未知"; this.age = 0;
      }
      public Person(String name, int age) { //带两个参数的构造方法
          this.name = name; this.age = age;
      }
      public void print() {                 //输出人员信息
          Console.WriteLine("name={0}, age={1}", this.name, this.age);
      }
  }
}
```

6.2.2 类的访问修饰符

访问修饰符用来控制所修饰类的可访问域，以使类在不同的范围内具有不同的可见性，从而实现数据和代码的隐藏。类的访问修饰符包括 public 和 internal（默认值）。

使用访问修饰符 public，则所声明的类为公共类。公共类可以被所有其他类访问。如果没有使用访问修饰符或使用访问修饰符 internal，则所声明的类为内部类，只能被同一程序集内的类访问。

【例 6.3】 类的访问修饰符示例 1（Dog1.cs）：类 Dog 默认的访问修饰符是 internal。

```
//compile: csc /t:library Dog1.cs  --> Dog1.dll
using System;
namespace CSharpBook.Chapter06
{
  class Dog
  {
     public void SayHello()
     {
       Console.WriteLine("Wow, Wow!");
     }
  }
}
```

【例 6.4】 类的访问修饰符示例 2（Dog2.cs）：声明类 Dog 的访问类型为 public。

```
//compile: csc /t:library Dog2.cs  --> Dog2.dll
using System;
namespace CSharpBook.Chapter06
{
  public class Dog
  {
     public void SayHello()
     {
       Console.WriteLine("Wow, Wow!");
     }
  }
}
```

【例 6.5】 类的访问修饰符的使用示例（DogTest.cs）。

```
//编译出错: csc /r:Dog1.dll DogTest.cs
//编译成功: csc /r:Dog2.dll DogTest.cs  ->  DogTest.exe
namespace CSharpBook.Chapter06
{
  class DogTest
  {
   static void Main(string[] args)
   {
      Dog dog1= new Dog();    //创建对象
      dog1.SayHello();        //引用public成员
      System.Console.ReadKey();
   }
  }
}
```

运行结果：

```
Wow, Wow!
```

其中，“csc /r:Dog1.dll DogTest.cs”的编译错误信息如图 6-1 所示。

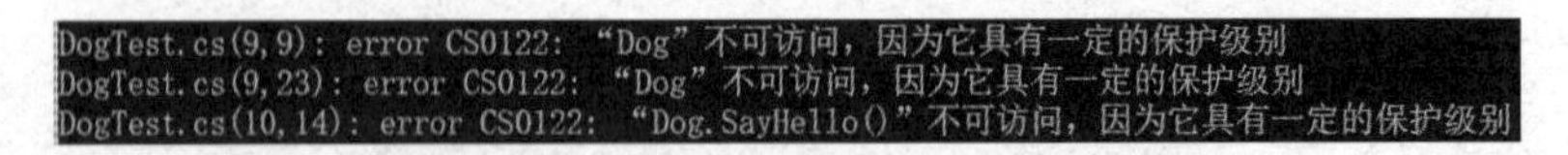

图 6-1　编译错误信息

6.3　创建和使用对象

6.3.1　对象的创建和使用

类是抽象的，要使用类定义的功能，就必须实例化类，即创建类的对象。使用 new 运算符创建类的实例，该运算符为新的实例分配内存，并根据[参数表]调用相应的构造方法初始化该实例，然后返回对该实例的引用。创建对象的基本语法为：

```
类名 对象名 = new 类名([参数表]);
```

或

```
类名 对象名;
对象名 = new 类名([参数表]);
```

注意：创建类的对象、创建类的实例、实例化类等说法是等价的，均说明以类为模板生成了一个对象的操作。

类的对象使用“.”运算符来引用类的成员。当然，是否允许引用类的成员，受到成员访问修饰符的控制。访问对象成员的基本语法为：

```
变量 = 对象名.成员变量;
对象名.方法([参数表]);
```

【例 6.6】 对象使用示例（PersonTest2.cs）：声明类 PersonTest，该类创建并使用类 Person。

```
//compile: csc /r:Person.dll PersonTest2.cs  ->  PersonTest2.exe
using System;
namespace CSharpBook.Chapter06
{
  class PersonTest2
  {
    static void Main(string[] args)
    {
            Person personA;                     //声明Person类型变量
            personA = new Person("张三", 25);//创建Person对象实例并赋值给变量personA
            Person personB = new Person("李四", 18); //创建对象：调用带两个参数的构造方法
            Person personC = new Person();    //创建对象：调用不带参数的构造方法
            personC.name = "王五";              //访问对象成员变量
            personA.print();  personB.print();  personC.print();//访问对象方法
    }
  }
}
```

运行结果：

```
name=张三, age=25
name=李四, age=18
name=王五, age=0
```

6.3.2 对象初始值设定项

使用对象初始值设定项可以在创建对象时，直接为对象的可访问字段或属性分配值，而不需要显式调用构造函数。例如：

```
class Cat
{  //自动实现的属性
   public int Age { get; set; }
   public string Name { get; set; }
}
class Test
{
    public static void Main()
    {   //对象初始化
       Cat cat = new Cat { Name = "Maomi", Age = 3};
    }
}
```

6.4 分 部 类

6.4.1 分部类的声明

分部类型（partial type）可以将类（以及结构和接口）划分为多个部分，存储在不同的源文件中，以便于开发和维护。分部类的声明的基本语法为：

```
partial class 类名
{
     类体
}[;]
```

使用类修饰符 partial，用来实现通过多个部分来定义一个类。partial 修饰符必须直接放在 class 关键字的前面，分部类声明的每个部分都必须包含 partial 修饰符，并且其声明必须与其他部分位于同一命名空间。当分部类型声明指定了可访问性（public、protected、internal 和 private 修饰符）时，必须与所有其他部分所指定的可访问性一致。

partial 修饰符说明在其他位置可能还有同一个类型声明的其他部分，但是这些其他部分并非必须存在；如果只有一个类型声明，包含 partial 修饰符也是有效的。

分部类型的所有部分必须一起编译，以使这些部分可在编译时被合并。注意，分部类型不允许用于扩展已经编译的类型。

partial 修饰符可以用于在多个部分中声明嵌套类型。通常，其包含类型也使用 partial 声明，并且嵌套类型的每个部分均可在该包含类的不同部分中声明。

【例 6.7】 分为两部分来实现的分部类示例。

```
//PartialTest1_1.cs
public partial class PartialTest1
{
  protected string name;
  public void f1() { }
  partial class Inner
```

```
    {
      int y;
    }
}
```

以及

```
//PartialTest1_2.cs
public partial class PartialTest1
{
  private int x;
  public void f2() { }
  partial class Inner
  {
    int z;
  }
}
```

当将上述两个部分一起编译时，代码等同于在一个源文件中编写整个类的代码：

```
//PartialTest.cs
public class PartialTest1
{
  protected string name; private int x;
  public void f1() { }
  public void f2() { }
  class Inner
  {
    int y; int z;
  }
}
```

所有部分的类声明主体都表示同一个类，其成员是每个部分中声明的成员的并集。在一个部分中声明的所有成员均可从其他部分随意访问。

注意：在类的多个部分中声明同一个成员将引起编译时错误，除非该成员是带有 partial 修饰符的类型。例如：

```
//PartialTest2_1.cs
partial class PartialTest2
{
  int x;                        //错误，x被重复声明
  partial class Inner           //正确，Inner类是分部类
  {
    int y;
  }
}
```

```
//PartialTest2_2.cs
partial class PartialTest2
{
  int x;                       //错误，x被重复声明
  partial class Inner          //正确，Inner类是分部类
  {
    int z;
  }
}
```

上面的例子中，字段 x 被重复定义，是错误的；而 Inner 类是 partial 类型的，因此可以分开定义。

6.4.2 分部类的应用

分部类主要用于两种场合：

（1）当类的源码十分庞大或需要不同程序员同时进行维护时，使用分部类可以灵活地满足这种要求。

（2）使用集成开发工具的源代码生成器时，将计算机生成的类型部分和用户编写的类型部分互相分开，以便更容易地扩充工具生成的代码。事实上，使用 Visual Studio 开发 Windows 窗体应用程序时，创建的窗体类就使用了分部类来实现源代码生成器和用户编写程序代码的有机结合。

【例 6.8】 Windows 窗体应用程序：分部类示例。

（1）运行 Visual Studio 程序。

（2）创建 Windows 窗体应用程序解决方案和项目。执行菜单命令“文件”|“新建”|“项目”，打开“添加项目”对话框，选择“Windows 窗体应用程序（.NET Framework）”模板，并在“名称”文本框中输入 Windows 窗体应用程序名称 PartialTest。然后单击“确定”按钮。

（3）观察代码 Form1.Designer.cs 和 Form1.cs。

```
//Form1.Designer.cs——源代码生成器
namespace PartialTest
{
   partial class Form1
   {
   ⋮
   }
}
```

以及

```
//Form1.cs——用户编写程序代码
namespace PartialTest
{
   public partial class Form1 : Form
```

```
    {
        public Form1()
        {
            InitializeComponent();
        }
    }
}
```

6.5 System.Object 类和通用方法

6.5.1 System.Object 类

System.Object 类型是 C#编程语言的类层次结构的根类型，object 是 System.Object 的别名，所有的类型都隐含地最终派生于 System.Object 类。

object 数据类型保存引用对象的地址。可以为 object 的变量分配任何引用类型（字符串、数组、类或接口）。object 变量还可以引用任何值类型（数值、Boolean、Char、Date、结构或枚举）的数据。object 的默认值为 null（空引用）。

6.5.2 System.Object 类的通用方法

System.Object 类型主要可以用于两个目的：可以使用 object 引用绑定任何类型的对象；object 类型执行许多基本的一般用途方法，包括 Equals()、GetHashCode()、GetType()、ToString()等。

所有类均从 System.Object 派生，所以 System.Object 类中定义的所有方法均可用于系统中的所有对象。派生类可以重写这些方法。System.Object 的主要成员如表 6-2 所示。

表 6-2 System.Object 主要成员

	名称	说明
静态方法	Equals	确定指定的 Object 是否等于当前的 Object
	ReferenceEquals	比较两个对象是否为同一个对象
实例方法	Equals	确定指定的 Object 是否等于当前的 Object
	Finalize	在自动回收对象之前执行清理操作
	GetHashCode	获取用作特定类型的哈希函数
	GetType	获取当前实例的类型
	ToString	将此实例的数值转换为其等效的字符串表示形式

【例 6.9】 System.Object 类示例（ObjectTest.cs）。

```
using System;
public class ObjectTest
{
    public static void Main()
    {
        Object[] objs = new Object[3];
```

```
        objs[0] = 123;          //对象变量objs[0]赋值：123（Int32类型）
        objs[1] = "abc";        //对象变量objs[1]赋值："abc"（String类型）
        objs[2] = new DateTime(2018, 7, 18); //对象变量objs[2]赋值：日期时间
        for (int i = 0; i < objs.Length; i++)
        {
            Console.Write("object[{0}]: {1}, {2}, {3}, {4} \n", i, objs[i],
                    (objs[i]).GetType(), (objs[i]).ToString(), (objs[i]).GetHashCode());
        }
        Object obj1 = objs[0];
        Object obj2 = objs[1];
        Console.Write("compare obj1.equals(obj2): {0} \n", obj1.Equals(obj2));
        obj1 = obj2;
        Console.Write("compare obj1.equals(obj2): {0} \n", obj1.Equals(obj2));
        Console.ReadKey();
    }
}
```

运行结果：

```
object[0]: 123, System.Int32, 123, 123
object[1]: abc, System.String, abc, 1099313834
object[2]: 2018/7/18 0:00:00, System.DateTime, 2018/7/18 0:00:00, 1869409345
compare  obj1.equals(obj2): False
compare  obj1.equals(obj2): True
```

6.5.3 对象的比较

用new创建一个类的对象时，将在托管堆中为对象分配一块内存，每一个对象都有不同的内存。代表对象变量存储的是存放对象的内存的地址。因此，两个不同的对象，即使它们所有成员的值或代码都相同，它们也是不相等的。

但是，如果将一个对象赋值给另一个对象，那么，它们的变量都将保存同一块内存的地址，即两个对象是相同的。如果改变其中一个对象的状态（成员的值），那么也会影响另一个对象的状态（成员的值）。

说明：使用运算符==比较对象时，是比较两个对象是否引用同一个对象。当然，也可以使用Object对象的equals方法（值比较）和ReferenceEquals方法（对象比较），进行两个对象之间的比较。例如：

```
object x = 3;
object y = 3;
Console.WriteLine (x == y);                 //False
Console.WriteLine (x.Equals (y));           //True
Console.WriteLine (object.Equals (x, y));  //True
Console.WriteLine (object.ReferenceEquals(x, y));    //False
object z = null;
```

```
Console.WriteLine (z == x);              //False
Console.WriteLine (z.Equals (x));      //运行时错误：未将对象引用设置到对象的实例
Console.WriteLine (object.Equals (z, x));          //False
```

【例 6.10】 对象比较示例（ClassCompareTest.cs）。

```
//compile: csc /r:Person.dll ClassCompareTest.cs -> ClassCompareTest.exe
using System;
namespace CSharpBook.Chapter06
{
  class ClassCompareTest
  {
    static void Main(string[] args)
    {
        Person personA = new Person ("ZhangSan",25);  //创建对象1
        Person personB = new Person ("LiSi",18);      //创建对象2
        if (personA == personB)                       //比较对象
        {
           Console.WriteLine("personA与personB相同");
        }else{
           Console.WriteLine("personA与personB不同");
        }
        personB = personA;
        if (personA == personB)                    //比较对象
        {
           Console.WriteLine("personA与personB相同");
        }else{
           Console.WriteLine("personA与personB不同");
        }
        personB.name = "WangWu";
        Console.WriteLine("PersonB's name: {0}", personB.name);
        Console.WriteLine("PersonA's name: {0}", personA.name);
        Console.ReadKey();
    }
  }
}
```

运行结果：

```
personA与personB不同
personA与personB相同
PersonB's name: WangWu
PersonA's name: WangWu
```

6.6 对象的生命周期

对象的生命周期大致包括对象的创建、对象的使用、对象的销毁三个阶段。

6.6.1 对象的创建

通过关键字 new，可以创建一个对象。CLR 按下列步骤创建对象：

（1）为对象分配存储空间。

（2）开始构造对象。

（3）递归调用其超类的构造方法。

（4）进行对象实例初始化与变量初始化。

（5）执行构造方法体。

6.6.2 对象的使用

创建对象后，可以访问对象的成员（即使用对象）。如果程序执行超出对象变量的作用域，或使用赋值语句将对象变量赋值为 null，则对象变量超出了其可视范围，即该对象处于不可视阶段（在代码中不可以再引用它），等待垃圾回收器（garbage collector，GC）进行回收。例如：

```
using System;
class MyClass
{
   public void g() {
          Console.WriteLine("MyClass.g()");
     }
}
public class TestPerson
{
   public static void Main() {
          try {
               MyClass obj = new MyClass();
               obj.g();
          } catch (Exception e) {
          Console.WriteLine(e.Message);
          }
          //对象变量obj的作用域外，obj对象不可视，其原来指向的对象等待GC回收
          obj.doSomething();    //编译错误
     }
}
```

在上例中，对象变量 obj 的作用域为 try 代码块。超过此作用域，obj 对象不可视，所以产生编译错误。

可以在调用“obj.g();”后，添加代码行“obj=null;”，将obj对象置为空值，这样可以帮助CLR及时发现这个垃圾对象，并且可以及时回收该对象所占用的系统资源。

6.6.3 对象的销毁

CLR使用垃圾回收器（GC）机制来销毁对象。

如果当前作用域中，没有任何变量（位于栈中）引用某对象（位于堆中）时，该对象即为候选销毁对象。但执行GC算法时，将销毁没有被引用的对象，并释放其占用的内存。

垃圾回收器机制大大减少了程序员销毁对象的工作，可以避免类似C++中内存泄露问题。GC的优先级很低，只有当系统内存比较紧张的情况下才会调用，所以不能实时回收已经过期的对象。

第7章　类　成　员

类是一种数据结构，可以包含数据成员（常量和字段）、函数成员（方法、属性、事件、索引器、运算符、构造函数和析构函数）以及嵌套类型。

本章要点：

视频讲解

- 类成员的基本组成；
- 字段和常量的声明和使用；
- 方法的声明和使用；
- 属性的声明和使用；
- 索引器的声明和使用；
- 运算符重载；
- 构造函数和析构函数；
- 嵌套类的声明和访问。

7.1　类的成员概述

定义在类体内的元素都是类的成员。

7.1.1　类成员分类

类的主要成员包括两种类型，即描述状态的数据成员和描述操作的函数成员。类的成员可能是静态成员（static member），或者是实例成员（instance member）。类所能包含的成员种类如表 7-1 所示。

表 7-1　类的成员

成员	说明
常量	与类关联的常量值
字段	类的变量
方法	类可以执行的计算和操作
属性	定义一些命名特性以及与读取和写入特性相关的操作
索引器	与以数组方式索引类的实例相关联的操作
事件	可以由类生成的通知
运算符	类所支持的转换和表达式运算符
构造函数	初始化类的实例或类本身所需的操作
析构函数	在永久丢弃类的实例之前执行的操作
嵌套类型	类体中所声明的嵌套类型

7.1.2 数据成员和函数成员

定义在类体内的元素都是类的成员。类的主要成员包括两种类型，即描述状态的数据成员和描述操作的函数成员。类的成员可能是静态成员，或者是实例成员。

数据成员用于描述类的状态，包括字段、常量和事件。事件将在第 9 章中具体阐述。

函数成员用于提供操作类中数据的某些功能，包括方法、属性、索引器、运算符、构造函数和析构函数。

7.1.3 静态成员和实例成员

类的成员可能是静态成员，或者是实例成员。静态成员属于类，被这个类的所有实例共享；而实例成员属于对象（类的实例），每一个对象都有实例成员的不同副本。

当字段、方法、属性、事件、运算符或构造函数声明中含有 static 修饰符时，它声明为静态成员。此外，常量会隐式地声明为静态成员，其他没有用 static 修饰的成员都是实例成员或者称为非静态成员。

1. 静态成员

静态成员具有下列特征：

- 静态成员必须通过类名来引用。例如，System.Console.WriteLine("Hi!")。
- 一个静态字段共享同一个存储位置。创建了一个类的多个实例时，其静态字段在内存中占同一存储区域，即永远只有一个副本。
- 静态函数成员（方法、属性、事件、运算符或构造函数）属于类的成员，故在其代码体内不能直接引用实例成员，否则将产生编译错误。

2. 实例成员

实例成员具有以下特点：

- 实例成员必须通过对象实例来引用，类的方法可直接访问，或通过 this 访问。
- 实例字段属于类的实例。每当创建一个类的实例时，都在内存中为该实例字段开辟一块存储区域。类的每个实例分别包含各实例字段的单独副本。
- 实例函数成员（方法、属性、索引器、实例构造函数或析构函数）作用于类的给定实例，故在其代码体内既可以使用实例成员，也可以直接引用类的静态成员。

【例 7.1】 静态成员和实例成员的使用示例 1（StaticInstance.cs）。

```
using System;
namespace CSharpBook.Chapter07
{
    class Counter
    {
        public int number;                  //实例字段
        public static int count;            //静态字段
        public Counter()                    //构造函数
        {
            count = count + 1; number = count;
```

```
        }
        public void showInstance()
        {
            Console.Write("object{0} :", number);   //正确：实例方法内可直接引用实例字段
            Console.WriteLine("count={0}", count);  //正确：实例方法内可直接引用静态字段
        }
        public static void showStatic()
        {
            //Console.Write("object{0} :", number); //错误：静态方法内不能直接引用实例字段
            Console.WriteLine("count={0}", count);  //正确：静态方法内可以直接引用静态字段
        }
    }
    class CounterTest
    {
        public static void Main()
        {
            Counter c1 = new Counter();         //创建对象
            c1.showInstance();                  //正确：用对象调用实例方法
            //c1.showStatic();                  //错误：不能用对象调用静态方法
            Console.Write("object{0} :", c1.number);        //正确：用对象引用实例字段
            //Console.Write("object{0} :", Counter.number);//错误：不能用类名引用实例字段
            //Console.WriteLine("count={1}", c1.count);     //错误：不能用对象名引用静态字段
            Counter.showStatic();          //正确：用类名调用静态方法
            //Counter.showInstance ();    //错误：不能用类名调用实例方法
            Counter c2 = new Counter();  //创建对象
            c1.showInstance(); c2.showInstance(); Console.ReadKey();
        }
    }
}
```

运行结果：

```
object1 :count=1
object1 :count=1
object1 :count=2
object2 :count=2
```

从上面的例子中可以看出，类所有实例的静态字段 count 的值都是相同的，一个实例改变了它的值，其他实例得到的值也将随之变化；而每个实例成员字段 number 的值都是不同的，也不能被其他的实例改变。

实例方法 showInstance()既可以访问实例字段 number，也可以访问静态字段 count；静态方法 showStatic()只能访问实例静态字段 count，访问实例字段 number 将导致编译错误。

7.1.4 this 关键字

this 关键字引用类的当前实例。静态成员方法中不能使用 this 关键字。this 关键字只能在实例构造函数、实例方法、实例访问器中使用。

在实例构造函数、实例方法、实例访问器中的代码中，可以直接访问实例字段：

```
实例字段;
```

但是，如果定义了局部变量与实例字段重名，则采用直接实例字段名称将引用局部变量，而不是对象的实例字段。所以，如果要引用实例字段，建议使用下列形式：

```
this.实例字段;
```

【例 7.2】 this 关键字使用示例（ThisTest.cs）。

```
using System;
public class ThisTest
{
   public int i1 = 123;                                    //声明实例字段并赋初值
   public String s1 = "abc";                               //声明实例字段并赋初值
   public ThisTest(int i1, String s1)
   {
      i1 = i1;//变量赋值无意义：左边i1是本地局部变量参数，并没有赋值给实例字段this.i1
      s1 = s1;//变量赋值无意义：左边s1是本地局部变量参数，并没有赋值给实例字段this.s1
      this.i1 = i1;
      this.s1 = s1;
   }
   public void printInfo()
   {    //实例方法
      int i1 = 456;                                        //声明局部变量，与实例字段重名
      String s1 = "def";                                   //声明局部变量，与实例字段重名
      Console.WriteLine(i1 + " " + s1);                    //i1和s1为局部变量
      Console.WriteLine(this.i1 + " " + this.s1);          //i1和s1为实例字段
   }
   public static void Main()
   {
      ThisTest obj1 = new ThisTest(999, "zzz");            //创建对象
      obj1.printInfo();                                    //用对象调用实例方法
      Console.ReadKey();
   }
}
```

运行结果：

```
456 def
999 zzz
```

7.1.5 类成员的访问修饰符

访问修饰符用来控制所修饰成员的可访问域，以使类的成员在不同的范围内具有不同的可见性，从而实现数据和代码的隐藏。

C#中使用如下访问修饰符：public（公共）、private（私有）、internal（内部）和 protected（受保护），指定如表 7-2 所示的 5 个可访问性级别。注意，除 protected internal 组合外，指定一个以上的访问修饰符会导致编译错误。类成员默认的访问修饰符为 private。

表 7-2 访问修饰符的意义

访问修饰符	同类	子类	同程序非子类	不同程序非子类	意义
public	√	√	√	√	访问不受限制
protected	√	√			访问仅限于此类或从此类派生的类
internal	√		√		访问仅限于此程序（即同一程序集.dll 或.exe）
protected internal	√	√	√		protected 或 internal，即访问仅限于此程序或从此类派生的类
private	√				访问仅限于此类

【例 7.3】 类成员访问修饰及成员的可访问域示例（Modifier.cs）。

```
class Person
{
   public const int RETIREMENT_AGE = 65;   //访问不受限制
   public string name;                     //访问不受限制
   internal string nickName;               //在自定义Person类的程序内可访问
   protected bool isMarried;               //在Person类或其派生类中可访问
   private int age;                        //只在Person类内可访问
   string creditCardNum;                   //使用默认访问修饰符private，只在Person类内可访问
   public void Speak()                     //访问不受限制
   {
     System.Console.WriteLine("Hello!");
   }
   private void Method1()                  //只在Person类内可访问
 {
     ⋮
     //类Person内的方法对本类所有成员都可访问，具体地：
     //（1）RETIREMENT_AGE可访问；（2）name可访问；（3）nickName可访问
     //（4）isMarried可访问；（5）age可访问；（6）creditCardNum可访问；（7）Speak()可访问
   }
}
class Student : Person
{
   private void Method2()
   {
```

```
    ⋮
    //位于同一个程序的派生类Student内的方法，对于Person成员的访问权限如下
    //public、protected和internal成员都可访问；private成员不可访问，具体地：
    //（1）RETIREMENT_AGE可访问（public）；（2）name可访问（public）
    //（3）nickName可访问（internal）；（4）isMarried可访问（protected）
    //（5）age不可访问（private）；（6）creditCardNum不可访问（private）
    //（7）Speak()可访问（public）；（8）Method1()不可访问（private）
  }
}
class Dog
{
  private void Method3()
  {
  ⋮
    //程序内的非派生类内的方法，对于Person成员的访问权限如下
    //public和internal成员都可访问；protected和private成员不可访问，具体地：
    //（1）RETIREMENT_AGE可访问（public）；（2）name可访问（public）
    //（3）nickName可访问（internal）；（4）isMarried不可访问（protected）
    //（5）age不可访问（private）；（6）creditCardNum不可访问（private）
    //（7）Speak()可访问（public）；（8）Method1()不可访问（private）
  }
}
```

7.2 字段和常量

7.2.1 字段的声明和访问

字段（field）是在类中定义的成员变量，用来存储描述类的特征的值。字段声明的基本形式如下：

```
[字段修饰符] 类型 字段名 [= 初始化];
```

其中，字段修饰符指定字段的可访问性等；类型指定该字段值的类型；字段名是一种标识符，其首字母通常都小写；可选的初始化指定字段的初始值。

字段可以被该类中定义的成员函数访问，也可以通过类或类的实例进行访问。而在函数体或代码块中定义的局部变量，则只能在其定义的范围内进行访问。访问对象的字段的基本语法为：

```
对象.字段名;
```

【例 7.4】 字段的声明和访问示例（Field.cs）。

```
using System;
namespace CSharpBook.Chapter07
{
```

```
public class CalendarDate
{
  public int month=1; public int day=1; public int year=2018;    //声明字段并初始化
}
public class CalendarDateTest
{
  public static void Main()
  {
    CalendarDate birth = new CalendarDate();
    birth.month = 7;                                              //访问字段
    Console.WriteLine("{0}/{1}/{2}",birth.year,birth.month,birth.day);
    Console.ReadKey();
  }
 }
}
```

运行结果：

```
2018/7/1
```

7.2.2 实例字段和静态字段

不使用 static 修饰符声明的字段定义了一个实例字段（instance field）。类的每个实例都包含了该类的所有实例字段的一个单独副本。实例字段属于特定的实例，又称为实例变量（instance variable）。实例字段通过类的实例来访问。

使用 static 修饰符声明的字段定义了一个静态字段（static field）。一个静态字段只标识一个存储位置。静态字段不是特定实例的一部分，而是所有实例之间共享一个副本，又称为静态变量（static variable）。

静态字段使用 static 修饰符来声明。静态字段声明的基本语法为：

```
[修饰符] static 类型 字段名 [= 初始化];
```

访问静态字段的基本语法为：

```
类名.字段名;
```

7.2.3 常量字段

常量（constant）是在编译时设置其值并且永远不能更改其值的字段。常量表示常量值的类成员，常量的值在编译时计算。常量声明的基本形式如下：

```
[修饰符] const 类型 字段名 = 初始化;
```

常量是静态成员，但声明常量时既不要求也不允许使用 static 修饰符，否则将产生编译错误。通常，常量成员名称使用全部大写、多个字之间用下画线连接的常量名。

一个常量可以依赖于同一程序内的其他常量，只要这种依赖关系不是循环的。编译器会自动地安排适当的顺序来计算各个常量声明。

【例 7.5】 常量字段示例（ConstantField.cs）。

```
using System;
namespace CSharpBook.Chapter07
{
  class Person
  {
    public const int RETIREMENT_AGE = 60;
    public const int RETIREMENT_AGE_DELAY = RETIREMENT_AGE + 10;
    string name; int age;
  }
  public class ConstantFieldTest
  {
    public static void Main()
    {
      Console.WriteLine("AGE = {0}, AGE_DELAY = {1}",
              Person.RETIREMENT_AGE, Person.RETIREMENT_AGE_DELAY);
      Console.ReadLine();
    }
  }
}
```

运行结果：

```
AGE = 60, AGE_DELAY = 70
```

7.2.4 只读字段

在声明字段时，如果在字段的类型之前使用关键字 readonly，那么该字段就被定义为只读字段（readonly field）。只读字段的声明形式如下：

```
[修饰符] readonly 类型 字段名 [= 初始化];
```

只读字段与常量的区别如下：

- 常量只能在声明时赋值，常量的值在编译时就已经确定，在程序中不能改变。故如果一个值在整个程序中保持不变，并且在编写程序时其值即确定，则该值应声明为常量。
- 只读字段可以在声明时或在构造函数内赋值，只读字段的值是在运行时确定的。故如果一个值在编写程序时不知道，而是程序运行时才能得到，而且一旦得到这个值，值就不会在改变，则应使用只读变量。
- 常量只能是 sbyte、byte、short、ushort、int、uint、long、ulong、char、float、double、decimal、bool、string 等类型；而只读变量可以是任何类型。如果需要一个具有常数值的符号名称，而其类型不在常量允许的类型之中，那么可以将其声明为静态只读字段。

【例 7.6】 只读字段示例（ReadOnlyField.cs）。

```
using System;
namespace CSharpBook.Chapter07
{
 class ReadOnlyField
 {
  public int x;
  public readonly int y = 2;     //声明并初始化只读字段
  public readonly int z;         //声明只读字段
  public ReadOnlyField()
  {
    z = 3;                       //初始化只读字段
  }
  public ReadOnlyField(int p1, int p2, int p3)
  {
    x = p1;  y = p2;  z = p3;
  }
 }
 public class ReadOnlyTest
 {
  static void Main()
  {
    ReadOnlyField p1 = new ReadOnlyField();
    p1.x = 1;                    //OK
    //p1.z = 33;                 //编译错误
    Console.WriteLine("p1: x={0}, y={1}, z={2}", p1.x, p1.y, p1.z);
    ReadOnlyField p2 = new ReadOnlyField(11, 22, 33); //OK
    Console.WriteLine("p2: x={0}, y={1}, z={2}", p2.x, p2.y, p2.z); Console.ReadKey();
  }
 }
}
```

运行结果：

```
p1: x=1, y=2, z=3
p2: x=11, y=22, z=33
```

【例 7.7】 只读字段与常量示例（ReadOnlyFieldConstant.cs）。在本例中，Black、White、Red、Green 和 Blue 成员不能声明为常量（const 成员），这是因为在编译时无法计算它们的值。不过，将它们声明为 static readonly 能达到基本相同的效果。

```
using System;
namespace CSharpBook.Chapter07
{
 public class MyColor
```

```
    {
      public static readonly MyColor Black = new MyColor(0, 0, 0);
      public static readonly MyColor White = new MyColor(255, 255, 255);
      public static readonly MyColor Red = new MyColor(255, 0, 0);
      public static readonly MyColor Green = new MyColor(0, 255, 0);
      public static readonly MyColor Blue = new MyColor(0, 0, 255);
      public byte red, green, blue;
      public MyColor(byte r, byte g, byte b)
      {
         red = r; green = g; blue = b;
      }
    }
   public class ColorTest
    {
      static void Main()
      {
         Console.WriteLine("r={0}, g={1}, b={2}", MyColor.Red.red, MyColor.
         Red.green, MyColor.Red.blue);
         Console.ReadLine();
      }
    }
}
```

运行结果：

```
r=255, g=0, b=0
```

7.2.5 可变字段

可变字段（volatile field）不受编译器优化（假定由单个线程访问）的限制，可变字段可以由多个同时执行的线程修改，可以确保该字段在任何时间呈现的都是最新值。

可变字段的声明形式如下：

```
[修饰符] volatile 类型 字段名 [= 初始化];
```

【例 7.8】 可变字段示例（VolatileField.cs）。

```
using System;using System.Threading;
namespace CSharpBook.Chapter07
{
  class Test
  {
    public static int result; public static volatile bool finished;
    static void Thread2()
    {  //result赋值，并将finished设置为true
       result = 143; finished = true;
    }
```

```
    static void Main()
    {
        finished = false;
        new Thread(new ThreadStart(Thread2)).Start();//在新线程中运行Thread2()
        //等待Thread2的执行：result赋值，并将finished设置为true
        for (; ; )
        {
            if (finished)
            {
                Console.WriteLine("result = {0}", result); Console.ReadLine();
            }
        }
    }
  }
}
```

运行结果：

```
result = 143
```

7.3 方　　法

方法（method）是与类相关的函数。在 Visual Basic、C 和 C++中，可以定义与类完全不相关的全局函数，但是在 C#中，每个函数都必须与类或结构相关。

7.3.1 方法的声明和调用

方法用于实现由类执行的计算和操作，方法是以函数的形式来定义的，包含一系列语句的代码块，每个执行指令都是在方法的上下文中执行的。方法声明的基本形式如下：

```
[方法修饰符] 返回值类型 方法名 ([形参列表])
{
    方法体
}[;]
```

其中，方法修饰符指定方法的可访问性等；返回值类型（return type）指定该方法计算和返回值的类型，如果方法无返回值，则其返回类型为 void；形参（formal parameter）列表（用括号括起来，并用逗号隔开，可能为空）表示传递给该方法的值或变量引用；方法名是一种标识符，其首字母通常都大写；方法体是方法执行的代码块。

方法的调用方法类似于字段的访问。参数在括号内列出，并用逗号隔开，其形式如下：

```
对象.方法名([实参列表]);
```

【例 7.9】 方法的声明和调用示例（Method.cs）：定义一个简单的 SimpleMath 类，实现整数相加、求整数的平方、显示运算结果等操作。

```
using System;
namespace CSharpBook.Chapter07
{
 class SimpleMath
 {
  public int AddTwoNumbers(int number1, int number2)          //两数相加
  {
     return number1 + number2;
  }
  public int SquareANumber(int number)                         //求某数的平方
  {
     return number * number;
  }
  public static void DisplayResult(int number)                 //显示结果
  {
     Console.WriteLine("结果为: {0}", number);
  }
 }
 class SimpleMathTest
 {
  public static void Main()
  {
     int result; SimpleMath obj=new SimpleMath();
     result=obj.AddTwoNumbers(1, 2);                            //两数相加
     SimpleMath.DisplayResult(result);                          //显示相加结果
     SimpleMath.DisplayResult(obj.SquareANumber(result));  //显示某数的平方
     Console.ReadLine();
  }
 }
}
```

运行结果：

```
结果为: 3
结果为: 9
```

注意：如果返回类型不是 void，则方法体中必须使用 return 关键字来返回与返回类型匹配的值给方法调用方。return 关键字还会停止方法的执行。如果返回类型为 void，则可使用没有值的 return 语句来停止方法的执行；如果没有 return 关键字，方法执行到代码块末尾时即会停止。

7.3.2 基于表达式声明方法（C# 6.0）

如果一个方法仅仅为一个表达式，例如：

```
int DoubleInt (int x) { return x * 2; }
```

则可以通过基于表达式的方式来声明方法。其语法为：

```
[方法修饰符] 返回值类型 方法名 ([形参列表]) => 表达式;
```

例如：

```
int DoubleInt(int x) => x * 2;
void DisplayResult(int x) => Console.WriteLine("结果为: {0}", x);
```

【例 7.10】 基于表达式的声明方法示例（MethodExpression.cs）：定义一个简单的SimpleMath1类，实现整数相加、求整数的平方、显示运算结果等操作。

```
using System;
namespace CSharpBook.Chapter07
{
  class SimpleMath1
  {
    public int AddTwoNumbers(int number1, int number2) => number1 + number2;
                                                          //两数相加
    public int SquareANumber(int number) => number * number;  //求某数的平方
    public static void DisplayResult(int number) => Console.WriteLine(" 结果为:{0}", number);
                                                          //显示结果
  }
  class SimpleMathTest1
  {
   public static void Main()
   {
      int result; SimpleMath1 obj=new SimpleMath1();
      result=obj.AddTwoNumbers(1, 2);                       //两数相加
      SimpleMath1.DisplayResult(result);                    //显示相加结果
      SimpleMath1.DisplayResult(obj.SquareANumber(result)); //显示某数的平方
      Console.ReadKey();
   }
  }
}
```

运行结果：

```
结果为: 3
结果为: 9
```

7.3.3 参数的传递

方法的声明可以包含一个“形参列表”，而方法调用时则通过传递“实参列表”，以允许方法体中的代码引用这些参数变量。形参等同于方法体中的局部变量，可以在方法声明空间直接使用，故在方法体中不能定义同名的局部变量。

1. 值形参

声明时不带修饰符的形参是值形参（value parameter），用于输入参数的传递。一个值形参对应于方法声明空间的一个局部变量，其初始值为方法调用所提供的相应实参（即创建一个新的存储副本），故对应实参必须是一个表达式，且类型可以隐式转换为形参的类型。

在方法体代码中，可以将新值赋给值形参，但赋值只影响方法声明空间的局部存储位置，对值形参的修改不会影响在方法调用时由调用方给出的实参。

【例 7.11】 值形参示例（ValueParameter.cs）：利用值形参进行两数交换。

```
using System;
namespace CSharpBook.Chapter07
{
  class Test
  {
    static void Swap(int x, int y)  //两数交换（值形参）
    {
       int temp = x; x = y; y = temp;
    }
    static void Main()
    {
       int i = 1, j = 2;
       Console.WriteLine("Before swap, i = {0}, j = {1}", i, j);
       Swap(i, j);
       Console.WriteLine("After swap, i = {0}, j = {1}", i, j); Console.ReadLine();
    }
  }
}
```

运行结果：

```
Before swap, i = 1, j = 2
After swap, i = 1, j = 2
```

在 Main 中对 Swap 的调用中，只是将实参 i 和 j 的值传递给相应的形参 x 和 y，即 i 和 j 分别创建一个新的存储副本 x 和 y。x 和 y 的交换操作完全与 i 和 j 无关。因此，该调用不具有交换 i 和 j 的值的效果。

2. 引用形参

用 ref 修饰符声明的形参是引用形参（reference parameter），用于输入和输出参数的传递。为引用参数传递的实参必须是变量。引用形参并不创建新的存储位置，其存储位置就是方法调用中作为实参给出的那个变量所表示的存储位置。故当控制权传递回调用方法时，在方法中对参数的任何更改都将反映在该变量中。

当形参为引用形参时，则方法定义和调用方法都必须显式使用 ref 关键字。方法调用中的对应实参必须为与形参类型相同的变量，且变量在作为引用形参传递之前，必须先明确赋值。

【例 7.12】 引用形参示例（ReferenceParameter.cs）：利用引用形参进行两数交换。

```
using System;
namespace CSharpBook.Chapter07
{
 class Test
 {
   static void Swap(ref int x, ref int y)  //两数交换（引用形参）
   {
     int temp = x; x = y; y = temp;
   }
   static void Main()
   {
     int i = 1, j = 2;
     Console.WriteLine("Before swap, i = {0}, j = {1}", i, j);
     Swap(ref i, ref j);
     Console.WriteLine("After swap, i = {0}, j = {1}", i, j); Console.ReadLine();
   }
 }
}
```

运行结果：

```
Before swap, i = 1, j = 2
After swap, i = 2, j = 1
```

在 Main 中对 Swap 的调用中，x 即表示 i，y 即表示 j。因此，该调用具有交换 i 和 j 的值的效果。

3. 输出形参

用 out 修饰符声明的形参是输出形参（output parameter），用于输出参数的传递。与引用形参类似，输出形参并不创建新的存储位置，其存储位置就是方法调用中作为实参给出的那个变量所表示的存储位置。事实上，输出形参主要用于当控制权传递回调用方法时，把输出值传递给相应的变量（当希望方法返回多个值时）。

当形参为输出形参时，则方法定义和调用方法都必须显式使用 out 关键字。方法调用中的对应实参必须为与形参类型相同的变量，但变量在作为输出形参传递之前，不需要明确赋值，但是在将变量作为输出形参传递的调用之后，必须明确赋值。

在以前版本中，调用声明了输出形参的方法时，必须先声明一个变量，然后使用该变量作为输出形参的实际参数。例如：

```
string s = "123abc";
int n;
if (int.TryParse(s, out n))
   WriteLine(n);
else
   WriteLine($"{s}不能转换为整数");
```

在 C# 7.0 中，可以在方法调用中直接定义 out 参数。例如：

```
String s = "123abc";
if (int.TryParse(s, out int n))
    WriteLine(n);
else
    WriteLine($"{s}不能转换为整数");
```

输出变量直接被声明为实参传递给输出形参，编译器通常可以推断其类型，故更方便的方式是使用 var 声明。例如：

```
int.TryParse(s, out var n)
```

【例 7.13】 输出形参示例（OutputParameter.cs）：根据路径，获取对应的目录和文件名称。

```
using System;
namespace CSharpBook.Chapter07
{
  class Test
  {
    static void SplitPath(string path, out string dir, out string name)
    {   //获取文件所在的目录以及文件名称
        int i = path.Length;
        while (i > 0)
        {
            char ch = path[i-1];
            if (ch == '\\' || ch == '/' || ch == ':') break;
            i--;
        }
        dir = path.Substring(0, i); name = path.Substring(i);//目录名、文件名
    }
    static void Main()
    {
        string dir, name;
        SplitPath("c:\\Windows\\System\\hello.txt", out dir, out name);
        Console.WriteLine("目录 = {0}, 文件名 = {1}",dir, name);
        Console.ReadLine();
    }
  }
}
```

运行结果：

```
目录 = c:\Windows\System\, 文件名 = hello.txt
```

本例中，dir（目录名）和 name（文件名）变量在它们被传递给 SplitPath 之前是未赋

值的，而它们在调用之后就通过 out（输出形参）方式被明确赋值。

4. 可选参数

声明方法时，可以指定参数的默认值。调用其方法时，可以重新指定对应参数的值，也可以省略（使用默认值）。指定了默认值的参数为可选参数。

声明方法时，有默认值的可选参数必须位于其他无默认值的参数之后。ref 和 out 参数不能指定默认值。例如：

```
public static void Display(int a, double b = 2, int c = 6) //b、c是可选参数，a是必选参数
{
    Console.WriteLine("调用有3个参数的方法!");
    Console.WriteLine("a = {0}, b = {1}, c = {2}", a, b, c);
    Console.WriteLine();
}
```

则调用时，Display(1)等价于 Display(1,2,6)。

5. 形参数组和可变参数

用 params 修饰符声明的形参是形参数组（parameter array），允许向方法传递可变数量的实参。如果形参表包含一个形参数组，则该形参数组必须位于该列表的最后，且必须是一维数组类型。例如，类型 string[]和 string[][]可用作形参数组的类型，但是类型 string[,]不能。

形参数组主要用于传递可变数量的参数。params 修饰符不能与 ref 和 out 修饰符组合使用。

【例 7.14】 形参数组示例（ArrayParameter.cs）：获取可变形参数组元素个数以及内容。

```
using System;
namespace CSharpBook.Chapter07
{
  class Test
  {
    static void F(params int[] args)
    {
       Console.Write("数组包含 {0} 个元素:", args.Length);
       foreach (int i in args) Console.Write(" {0}", i);
       Console.WriteLine();
    }
    static void Main()
    {
       int[] arr = { 1, 2, 3 }; F(arr); F(10, 20, 30, 40); F();
       Console.ReadLine();
    }
  }
}
```

运行结果：

```
数组包含 3 个元素：1 2 3
数组包含 4 个元素：10 20 30 40
数组包含 0 个元素：
```

F 的第一次调用将数组 arr 作为实参传递。F 的第二次调用自动创建一个具有给定元素值的 4 元素 int[]并将该数组实例作为实参传递。与此类似，F 的第三次调用创建一个零元素的 int[]并将该实例作为实参传递。第二和第三次调用完全等效于编写下列代码：

```
F(new int[] {10, 20, 30, 40});
F(new int[] {});
```

6. 命名参数

调用方法时，传递的实参列表的顺序必须与方法定义的形参列表的顺序一致。如果方法定义了多个可选参数，若需要传值位置靠后的参数，则需要按顺序指定其前面的所有参数值。例如：

```
void f1(int a=1, int b=2, int c=3, int d=4, int e=55);   //方法声明
f1(1,2,3,4,55);                                           //方法调用
```

方法调用时，可以使用命名参数（named arguments），即用参数名称来传递参数。其基本语法为：

```
对象.函数名(参数名1:参数值1, 参数名2:参数值2, …, 参数名n:参数值n)
```

例如：

```
f1(e:55);                                                 //方法调用，使用命名参数
```

使用命名参数的优点是：参数传递的意义更明确；可以不按形参参数定义的顺序；结合可选参数，可以简化调用。例如：

```
public void Display(int a, double b = 2, int c = 6)      //b和c是可选参数，a是必选参数
{
    Console.WriteLine("调用有3个参数的方法!");
    Console.WriteLine("a = {0}, b = {1}, c = {2}", a, b, c);
    Console.WriteLine();
}
```

调用时，Display(b:1,c:2,a:3)等价于 Display(3,1,2)。

7.3.4 引用返回（C# 7.0）

类似于引用参数，C# 7.0 支持引用返回（ref return），即可以使用 ref 引用方法的返回值，调用方则可以通过 ref 局部变量直接访问它。

例如：

```
static ref int GetRefByIndex(int[] a, int i) => ref a[i];     //获取指定数组的指定下标
int[] a = { 1, 2, 3, 4, 5 };
ref int x = ref GetRefByIndex(a, 3);
x = 99;
Console.WriteLine($"数组arr[3]的值为: {arr[3]}");                //99
```

7.3.5 方法的重载

每个类型成员都有一个唯一的签名。方法的签名（signature）由方法的名称及其参数的数目、类型参数的数目、修饰符和类型组成。方法的签名不包含返回类型。方法的签名在声明该方法的类中必须唯一。

只要签名不同，就可以在一种类型内定义具有相同名称的多种方法。当定义两种或多种具有相同名称的方法时，就称作重载（overloading）。

注意：ref 和 out 在编译时的处理方式相同，因此，如果一个方法采用 ref 参数，而另一个方法采用 out 参数，则无法重载这两个方法。但是，如果一个方法采用 ref 或 out 参数，而另一个方法不采用这两个参数，则可以进行重载。

方法重载示例如下：

```
void Foo(int x);
void Foo(double x);
void Foo(int x, float y);
void Foo(float x, int y);
```

【例 7.15】 方法的重载示例（MethodOverload.cs）。

```
using System;
namespace CSharpBook.Chapter07
{
  class OverloadExample
  {
    public void SampleMethod(double i)
    {
       Console.WriteLine("SampleMethod(double i):{0}", i);
    }
    public void SampleMethod(int i)
    {
       Console.WriteLine("SampleMethod(int i):{0}", i);
    }
    public void SampleMethod(ref int i)
    {
       Console.WriteLine("SampleMethod(ref int i):{0}", i);
    }
    //public void SampleMethod(out int i) { }    //编译错误
    static void Main()
```

```
    {
        OverloadExample o = new OverloadExample();
        int i = 10;  double d = 11.1;
        o.SampleMethod(i);               //调用SampleMethod(int i)
        o.SampleMethod(d);               //调用SampleMethod(double i)
        o.SampleMethod(ref i);           //调用SampleMethod(ref int i)
        Console.ReadLine();
    }
  }
}
```

运行结果：

```
SampleMethod(int i):10
SampleMethod(double i):11.1
SampleMethod(ref int i):10
```

7.3.6 实例方法和静态方法

不使用 static 修饰符声明的方法为实例方法（instance method）。实例方法对类的某个给定的实例进行操作，并且能够访问静态成员和实例成员。在调用实例方法的实例上，可以通过 this 显式地访问该实例。实例方法通过类的实例来访问。

使用 static 修饰符声明的方法为静态方法（static method）。静态方法不对特定实例进行操作，并且只能直接访问静态成员。在静态方法中引用 this 会导致编译时错误。

静态方法使用 static 修饰符来声明。静态方法声明的基本语法为：

```
[方法修饰符] static 返回值类型 方法名 ([形参列表])
{
    方法体
}[;]
```

调用静态方法的基本语法为：

```
类名.方法名([实参列表])
```

在.NET Framework 类库中提供了许多包含静态方法的类，用于各种操作。例如，Math 类中包含实现常用数学函数的静态方法；String 类中包含若干处理字符串的静态方法；Convert 类中包含若干用于类型转换的静态方法。

【例 7.16】 静态方法和实例方法示例（StaticInstanceMethod.cs）：摄氏温度与华氏温度之间的相互转换。

```
using System;
namespace CSharpBook.Chapter07
{
  public class TemperatureConverter
  {
```

```
    public static double CelsiusToFahrenheit(string temperatureCelsius)
    {   //实现摄氏到华氏温度的转换（静态方法）
        double celsius = Double.Parse(temperatureCelsius);       //参数转换为double类型
        double fahrenheit = (celsius * 9 / 5) + 32;              //摄氏转换到华氏温度
        return fahrenheit;
    }
    public double FahrenheitToCelsius(string temperatureFahrenheit)
    {   //实现华氏到摄氏温度的转换（实例方法）
        double fahrenheit = Double.Parse(temperatureFahrenheit);//参数转换为double类型
        double celsius = (fahrenheit - 32) * 5 / 9;              //华氏转换到摄氏温度
        return celsius;
    }
  }
  class TestTemperatureConverter
  {
    static void Main()
    {
        Console.WriteLine("1. 从摄氏温度到华氏温度.");
        Console.WriteLine("2. 从华氏温度到摄氏温度.");
        Console.Write("请选择转换方向：");
        string selection = Console.ReadLine();
        double F, C = 0;
        TemperatureConverter tc = new Temperature Converter();
        switch (selection)
        {
            case "1":
                Console.Write("请输入摄氏温度： ");
                F = TemperatureConverter.CelsiusToFahrenheit(Console.ReadLine());
                Console.WriteLine("华氏温度为： {0:F2}", F); break;
            case "2":
                Console.Write("请输入华氏温度： ");
                C = tc.FahrenheitToCelsius(Console.ReadLine());
                Console.WriteLine("摄氏温度为： {0:F2}", C); break;
            default:
                Console.WriteLine("无此选项，只能选择1或2！"); break;
        }
        Console.ReadLine();
    }
  }
}
```

运行结果如图 7-1 所示。

（a）从摄氏到华氏

（b）从华氏到摄氏

图 7-1　摄氏与华氏温度转换的运行结果

7.3.7　分部方法

在分部类型（参见 6.4 节）中，可以使用 partial 修饰符定义分部方法（partial method）。分部方法的声明的基本语法为：

```
[方法修饰符] partial 返回值类型 方法名 ([形参列表])
{
    方法体
}[;]
```

分部方法在分部类的一个部分中声明分部方法定义，而在分部类的另一个部分中声明分部方法实现。

只能将分部方法声明为分部类型的成员，而且要遵守约束数目，即同一个分部方法必须具有相同的修饰符、类型、方法名、形参数列表。

【例 7.17】 分部方法示例（PartialMethod.cs）。

```
using System;
namespace CSharpBook.Chapter07
{
   partial class Customer
   {
      string name;
      public string Name
      {
         get { return name; }
         set { name = value; }
      }
      partial void OnNameChanging(string newName);  //声明分部方法定义
      partial void OnNameChanged();                 //声明分部方法定义
   }
   partial class Customer
   {
      partial void OnNameChanging(string newName)   //声明分部方法实现
      {
         Console.WriteLine("Changing " + name + " to " + newName);
      }
```

```
        partial void OnNameChanged()                    //声明分部方法实现
        {
            Console.WriteLine("Changed to " + name);
        }
    }
}
```

7.3.8 外部方法

当方法声明包含 extern 修饰符时，称该方法为外部方法（external method）。外部方法是在外部实现的（通常为 dll 库函数），故外部方法声明不提供任何实际实现，其方法体只由一个分号组成。外部方法不能是泛型。外部方法声明的基本语法为：

```
[方法修饰符] extern 返回值类型 方法名 ([形参列表]);
```

extern 修饰符通常与 DllImport 特性一起使用，以引用由 DLL（动态链接库）实现的外部函数。当外部方法包含 DllImport 特性时，该方法声明必须同时包含一个 static 修饰符。

【例 7.18】 外部方法的声明和使用示例（ExternalMethod.cs）。

```
using System; using System.Security.Permissions;
using System.Text; using System.Runtime.InteropServices;
namespace CSharpBook.Chapter07
{
  class MyPath
  {
    [DllImport("kernel32", SetLastError = true)]
    public static extern bool CreateDirectory(string name, SecurityAttribute sa);
    [DllImport("kernel32", SetLastError = true)]
    public static extern bool RemoveDirectory(string name);
    [DllImport("kernel32", SetLastError = true)]
    public static extern int GetCurrentDirectory(int bufSize, StringBuilder buf);
    [DllImport("kernel32", SetLastError = true)]
    public static extern bool SetCurrentDirectory(string name);
  }
  class MyPathTest
  {
    public static void Main()
    {
        StringBuilder sb=new StringBuilder(255); MyPath.GetCurrentDirectory (255, sb);
        Console.WriteLine(sb.ToString()); Console.ReadLine();
    }
  }
}
```

运行结果：

```
C:\C#\Chapter07
```

7.3.9 递归方法

“递归”方法是指函数调用自身的过程。一般用于一些算法，如求一个数的阶乘、计算斐波拉契（Fibonacci）数列等。

值得注意的是，函数过程在每次调用它自身时，都会占用更多的内存空间以保存其局部变量的附加副本。如果这个进程无限持续下去，最终会导致 StackOverflowException。

设计一个递归过程时，必须至少测试一个可以终止此递归的条件，并且还必须对在合理的递归调用次数内未满足此类条件的情况进行处理。如果没有一个在正常情况下可以满足的条件，则过程将陷入执行无限循环的高度危险之中。

【例 7.19】 递归方法示例（RecursionTest.cs）：使用递归计算阶乘。

```
using System;
namespace CSharpBook.Chapter07
{
   public class RecursionTest
   {
      public static int factorial(int n)
      {
         if (n <= 1)          //终止递归
         {
            return 1;
         }
         else                 //递归调用
         {
            return factorial(n - 1) * n;
         }
      }
      public static void Main()
      {
         for (int i = 5;i <= 10; i++)Console.Write("{0}!={1} ", i, factorial(i));
         Console.ReadKey();
      }
   }
}
```

运行结果：

```
5!=120   6!=720   7!=5040   8!=40320   9!=362880   10!=3628800
```

7.3.10 迭代器方法

可以使用 foreach 循环语句进行迭代的方法，称为可迭代方法，或称为迭代器方法。

迭代器方法用于依次返回每个元素，一般用于 foreach 循环语句。迭代器方法使用 yield return 语句，以保持代码的当前位置，在下一次调用迭代器方法时，从上一次的位置继续执行。

迭代器方法的返回类型一般为 System.Collections.Generic.IEnumerable<int>，或 System.Collections.IEnumerable。

【例 7.20】 迭代器方法示例（IteratorMethodDemo.cs）：Fibonacci 函数，即 F(1)=1，F(2)=1，F(n)=F(n−1)+F(n−2)（n>2，n 是自然数）。

```
using System;
namespace CSharpBook.Chapter7
{
   public class IteratorMethodDemo
   {
      static void Main()
      {
         foreach (int i in Fibs())
         {
            if (i < 1000) Console.Write("{0} ", i);
            else break;
         }
         Console.ReadKey();
      }
      public static System.Collections.Generic.IEnumerable<int> Fibs()
      {
         int f1 = 1, f2 = 1;
         while (true)
         {
            yield return f1;
            yield return f2;
            f1 += f2; f2 += f1;
         }
      }
   }
}
```

运行结果：

```
1 1 2 3 5 8 13 21 34 55 89 144 233 377 610 987
```

7.3.11 迭代器对象

可以使用 foreach 循环语句进行迭代的对象，称为可迭代对象。

迭代器类一般实现 System.Collections.Generic.IEnumerable<int>，或 System.Collections.IEnumerableI 接口，且需要声明一个 GetEnumerator 方法。GetEnumerator 方法是迭代器方法，其返回类型为 IEnumerator，使用 yield return 语句保持代码的当前位置。

使用 foreach 循环语句迭代的可迭代对象时，编译器隐式调用 GetEnumerator 方法并返回 IEnumerator。

使用迭代器可以实现对象的迭代循环，迭代器让程序更加通用、优雅、高效。例如，大量项目的迭代，使用迭代器会减少内存的占用量。

【例 7.21】 迭代器对象示例（IteratorClassDemo.cs）。

```
using System;using System.Collections;
namespace CSharpBook.Chapter7
{
   public class IteratorClassDemo
   {
      static void Main()
      {
         DaysOfTheWeek days = new DaysOfTheWeek();
         foreach (string d in days) Console.Write("{0} ", d);
         Console.ReadKey();
      }
   }
   public class DaysOfTheWeek : IEnumerable
   {
      private string[] days = { "Sun", "Mon", "Tue", "Wed", "Thu", "Fri", "Sat" };
      public IEnumerator GetEnumerator()
      {
         for (int i = 0; i < days.Length; i++) yield return days[i];
      }
   }
}
```

运行结果：

```
Sun Mon Tue Wed Thu Fri Sat
```

7.3.12 局部方法（C# 7.0）

一个方法可以调用另一个辅助方法（函数）。如果一个辅助方法只被一个方法调用，为了程序的可读性，可以使用 C# 7.0 提供的性能，在方法的内部定义局部辅助方法。

例如：

```
public int Fibonacci(int x)
{
   if (x < 0) throw new ArgumentException("参数小于0错误!", nameof(x));
   return Fib(x).current;
   (int current, int previous) Fib(int i)  //局部函数
   {
      if (i == 0) return (1, 0);
      var (p, pp) = Fib(i - 1);
```

```
            return (p + pp, p);
        }
    }
```


与 Lambda 表达式一样，局部函数也有闭包效应，即定义局部函数的方法体属于闭合范围，闭合范围内的参数和局部变量在局部函数的内部是可用的。

7.4 属　　性

7.4.1 属性的声明和访问

面向对象编程的封装性原则要求不能直接访问类中的数据成员。在 C#中，数据成员的访问方式一般设定为私有的（private），然后定义了相应的属性（property）的访问器（accessor）来访问数据成员。

属性是一种用于访问对象或类的特性的成员。属性的示例包括字符串的长度、字体的大小、窗口的标题、客户的名称等。属性是字段的自然扩展，此两者都是具有关联类型的命名成员，而且访问字段和属性的语法是相同的。然而，与字段不同，属性不表示存储位置。属性通过访问器指定在它们的值被读取或写入时需执行的语句。因此属性提供了一种机制，把读取和写入对象的某些特性与一些操作关联起来；甚至，还可以对此类特性进行计算。属性的读写一般与私有的字段紧密关联。

属性声明的基本形式如下：

```
[属性修饰符] 类型 属性名
{
  [get {get访问器体 }]
  [set {set访问器体 }]
}[;]
```

其中，属性修饰符指定方法的可访问性等；类型指定该属性值的类型；属性名是一种标识符，其首字母通常都大写；访问器指定与属性的读取和写入相关联的可执行语句。

属性的访问类似于字段的访问，使用非常方便。但是，属性本质上是方法，而不是数据成员。属性的访问可采用下列形式：

```
对象.属性名
```

C#中的属性通过 get 和 set 访问器来对属性的值进行读写。

get 访问器相当于一个具有属性类型返回值的无参数方法，当在表达式中引用属性时，将调用该属性的 get 访问器以计算该属性的值。get 访问器体必须用 return 语句来返回，并且所有的 return 语句都必须返回一个可隐式转换为属性类型的表达式。

set 访问器相当于一个具有单个属性类型隐式值参数（始终命名为 value）和 void 返回类型的方法。当一个属性作为赋值的目标，或者作为++或--运算符的操作数被引用时，调用 set 访问器，传递给隐式值参数的值为赋值语句右边的值或者++或--运算符的操作数。

属性主要用于下列几种情况。

- 允许封装私有的成员字段；
- 允许更改前验证数据，即进行错误检查；
- 允许更改数据时进行其他操作，如进行数据转换、更改其他字段的值、引发事件等；
- 允许透明地公开某个类上的数据，而数据源来自其他源（如数据库）。

【例 7.22】 属性的声明和访问示例（Property.cs）：通过 get 访问器将秒转换为小时；通过 set 访问器将小时转换为秒。

```
using System;
namespace CSharpBook.Chapter07
{
 class TimePeriod
 {
  private double seconds;
  public double Hours
  {
    get { return seconds / 3600; }        //秒转换为小时
    set
    {
      if (value > 0)
        seconds = value * 3600;           //小时转换为秒
      else
        Console.WriteLine("Hours的值不能为负数");
    }
  }
 }
 class Program
 {
  static void Main()
  {
    TimePeriod t = new TimePeriod();
    t.Hours = -6;                         //调用set访问器
    t.Hours = 6;                          //调用set访问器
    //调用get访问器
    Console.WriteLine("以小时为单位的时间: " + t.Hours);
    Console.ReadLine();
  }
 }
}
```

运行结果：

```
Hours的值不能为负数
以小时为单位的时间：6
```

7.4.2 实例属性和静态属性

不使用 static 修饰符声明的属性为实例属性（instance property）。实例属性与类的一个给定实例相关联，并且该实例可以在属性的访问器内作为 this 来访问。

当属性声明包含 static 修饰符时，称该属性为静态属性（static property）；静态属性不与特定实例相关联，因此在静态属性的访问器内引用 this 会导致编译错误。

静态属性声明的基本形式如下：

```
[属性修饰符] static 类型 属性名
{
  [get {get访问器体 }]
  [set {set访问器体 }]
}[;]
```

静态属性的访问可以采用下列形式：

```
类名.属性名;
```

7.4.3 只读属性和只写属性

根据 get 和 set 访问器是否存在，属性可以分成如下几种类型。

- 读写（read-write）属性：同时包含 get 访问器和 set 访问器的属性。
- 只读（read-only）属性：只具有 get 访问器的属性。将只读属性作为赋值目标会导致编译错误。
- 只写（write-only）属性：只具有 set 访问器的属性。除了作为赋值的目标外，在表达式中引用只写属性会出现编译错误。

例如：

```
decimal price, quantity;
public decimal Amount
{
    get { return price * quantity; }
}
```

7.4.4 基于表达式的只读属性（C# 6.0）

在 C# 6.0 中，可以通过表达式直接声明只读属性。其语法格式为：

```
[属性修饰符] 类型 属性名 => 表达式（返回只读属性值）;
```

例如：

```
decimal price, quantity;
public decimal Amount => price * quantity;
```

7.4.5 自动实现的属性

如果属性访问器中不需要其他额外逻辑时，使用自动实现的属性可以使属性声明变得更加简洁。自动实现属性声明的基本语法为：

```
[属性修饰符] 类型 属性名{get;set;}[;]
```

当声明自动实现的属性时，编译器将创建一个私有的匿名后备字段，该字段只能通过属性的 get 和 set 访问器进行访问。例如，

```
public class Point
{
    public int X { get; set; }   //自动实现的属性
    public int Y { get; }        //自动实现的只读属性
}
```

等效于下面的声明：

```
public class Point
{
 private int x;
 private int y;
 public int X {
    get { return x; }
    set { x = value; }
 }
 public int Y {
    get { return y; }
 }
}
```

7.4.6 属性初始化（C# 6.0）

在 C# 6.0 中，可以像初始化字段一样，初始化属性的值。其语法格式为：

```
[属性修饰符] 类型 属性名{get;set;} = 初始值;
```

例如：

```
public decimal price { get; set; } = 19.99m;    //声明属性price，设置其初始值为19.99
public int Maximum { get; } = 999;              //声明只读属性Maximum，设置其初始值为999
public decimal Amount => price * quantity;
```

7.4.7 基于表达式的属性访问器（C# 7.0）

在 C# 7.0 中，可以通过表达式来实现属性访问器。其语法格式为：

```
[属性修饰符] 类型 属性名
{
 [get => 表达式;]
 [set => 表达式;]
}[;]
```

例如：

```
public string Label
{
    get => label;
    set => this.label = value ?? "(空白)";
}
```

7.5 索 引 器

7.5.1 索引器的声明和访问

索引器（indexer）主要便于访问对象中封装的内部集合或数组。例如，假定具有一个名为 TempRecord 的类，此类表示在一天 6 个不同时间的温度记录。通过实现一个索引器，客户端可以直接通过语法 tempRecord[3] 而不是 tempRecord.temps[3] 来访问对象 tempRecord 中的温度。索引器表示法不仅简化了客户端应用程序的语法，而且能够帮助程序员更加直观地理解类及其用途。

索引器允许对象像数组一样进行索引，并通过索引来操作对象的元素。索引器声明的基本语法为：

```
[修饰符] 类型 this [参数表]
{
  [get {get访问器体 }]
  [set {set访问器体 }]
}[;]
```

索引的声明与属性的声明基本相同。不同之处在于，索引器的名称固定为关键字 this，且必须指定索引的参数表，其参数不能使用 ref 或 out 关键字修饰。

get 和 set 访问器函数在索引器体内定义。这些访问器函数用来检索或改变对象某一部分的值。get 访问器，对应于一个和索引器有相同参数列表的方法，用于返回值，它的返回类型隐式地和索引器类型相同。set 访问器用于分配值，对应的方法和索引器的参数列表相同，它的返回类型隐式地为 void。set 访问器还有一个 value 参数，用于定义由 set 索引器分配的值。

索引器的访问方式不同于属性的访问方式，而是采用与数组类似的使用元素访问运算符[]的方式，其基本语法为：

```
对象[索引参数]
```

索引器与属性类似。索引器又被称为带参数的属性。除表 7-3 中的差别外，为属性访问器定义的所有规则同样适用于索引器访问器。

表 7-3　索引器与属性的差别

属性	索引器
允许像调用公共数据成员一样调用方法	允许对一个对象本身使用数组表示法来访问该对象内部集合中的元素
可通过简单的名称进行访问	可通过索引器进行访问
可以为静态成员或实例成员	必须为实例成员
属性的 get 访问器没有参数	索引器的 get 访问器具有与索引器相同的形参表
属性的 set 访问器包含隐式 value 参数	除了值参数外，索引器的 set 访问器还具有与索引器相同的形参表

【例 7.23】 索引器的声明和访问示例（Index.cs）。

```
using System;
namespace CSharpBook.Chapter07
{
  class TempRecord
  { //温度数组
    private float[] temps = new float[5] { 20.1F, 20.2F, 21.5F, 26.9F, 26.8F};
    public int Length                          //属性
    {
        get { return temps.Length; }      //返回数组长度
    }
    public float this[int index]          //索引器
    {
        get { return temps[index]; }      //返回指定索引所对应的数组元素
        set { temps[index] = value; }     //设置指定索引所对应的数组元素值
    }
  }
  class MainClass
  {
    static void Main()
    {
        TempRecord tempRecord = new TempRecord();
        tempRecord[3] = 26.3F; tempRecord[4] = 62.1F;//访问索引器
        //输出温度数组各元素的值
        for (int i = 0; i < tempRecord.Length; i++)
            Console.WriteLine("Element #{0} = {1}", i, tempRecord[i]);
        Console.ReadLine();
    }
  }
}
```

运行结果：

```
Element #0 = 20.1
Element #1 = 20.2
```

```
Element #2 = 21.5
Element #3 = 26.3
Element #4 = 62.1
```


7.5.2 索引器的重载

声明索引器时可以指定不同参数表，从而定义多个索引器，即索引器的重载。参数表可以为1个整数（1维），2个整数（2维），…，n个整数（n维），但并不局限于整数。例如，可以定义基于字符串的索引器，以实现通过搜索集合内的字符串并返回相应的值。

【例7.24】 索引器的重载示例（IndexOverload.cs）。

```
using System;
namespace CSharpBook.Chapter07
{
  class DayCollection
  { //星期（字符串）数组
    string[] days = { "Sun", "Mon", "Tues", "Wed", "Thurs", "Fri", "Sat" };
    private int GetDay(string testDay)
    {  //返回星期对应的整数，若不存在，返回-1
        int i = 0;
        foreach (string day in days)
        {
            if (day == testDay)
            {
                return i;
            }
            i++;
        }
        return -1;
    }
    public int this[string day]   //定义基于字符串的索引器
    {
        get
        {
            return (GetDay(day));
        }
    }
  }
  class Program
  {
    static void Main(string[] args)
    {
        DayCollection week = new DayCollection();
        Console.WriteLine("{0}:{1}","Friday",week["Fri"]);
        Console.WriteLine("{0}:{1}","Unknown",week["Unknown"]);
    }
```

```
    }
}
```

运行结果：

```
Friday:5
Unknown:-1
```

7.6 运算符重载

7.6.1 运算符重载

通过使用 operator 关键字定义静态成员函数来重载运算符。运算符可以使类实例像基本类型一样进行表达式操作运算。运算符重载声明的基本形式如下：

```
[修饰符] static 类型 operator 运算符(参数表)
{
    转换代码体
}[;]
```

其中，参数的类型必须与声明该运算符的类或结构的类型相同，一元运算符具有一个参数，二元运算符具有两个参数。C#中的运算符有些可以重载，有些则不能重载。可以重载的运算符如表 7-4 所示。

表 7-4 可以重载的运算符

类别	运算符	限制
算术二元运算符	+、–、*、/、%	无
算术一元运算符	+、–、++、––	
按位二元运算符	&、|、^、<<、>>	
按位一元运算符	!、~、true、false	
比较运算符	==、!=、>、<、>=、<=	必须成对重载

注意：比较运算符必须成对重载；也就是说，如果重载==，也必须重载!=；反之亦然，< 和 > 以及 <= 和 >= 同样如此，否则会产生编译错误。

许多运算符不能显式重载，但可以在重载其他运算符时计算。这包括简单赋值运算符=；复合赋值运算符+=、–=、*=、/=、%=、>>=、<<=、&=、|=和^=；条件逻辑运算符&&和||；条件运算符“?:”；关键字 checked、unchecked、new、typeof、sizeof、default、as 和 is。

[]、()也不能重载。C#可以用其他方式得到相同的效果，使用索引符来代替[]的重载；使用用户定义的数据类型转换代替()重载。

【例 7.25】 运算符重载示例（OperatorOverload.cs）：使用运算符重载创建定义复数加法的复数类 Complex。

```
using System;
```

```
namespace CSharpBook.Chapter07
{
  public class Complex                              //复数
  {
    public int real;                                //实部
    public int imaginary;                           //虚部

    public Complex(int real, int imaginary)         //构造函数
    {
      this.real = real; this.imaginary = imaginary;
    }
    public static Complex operator +(Complex c1, Complex c2)
    {  //重载运算符(+)
      return new Complex(c1.real + c2.real, c1.imaginary + c2.imaginary);
    }
    public override string ToString()
    { //重载ToString方法以显示复数的实部和虚部
      return (String.Format("{0} + {1}i", real, imaginary));
    }
  }
  class TestComplex
  {
    static void Main()
    {
      Complex num1 = new Complex(2, 3); Complex num2 = new Complex(3, 4);
      Complex sum = num1 + num2; //使用重载运算符(+)
      //调用重载的ToString方法
      Console.WriteLine("第一个复数:   {0}", num1);
      Console.WriteLine("第二个复数:   {0}", num2);
      Console.WriteLine("两个复数之和: {0}", sum);
    }
  }
}
```

运行结果：

```
第一个复数:   2 + 3i
第二个复数:   3 + 4i
两个复数之和: 5 + 7i
```

7.6.2 转换运算符

转换运算符用于类（或结构）与其他类（或结构）或者基本类型之间进行相互转换。转换运算符的定义方法类似于运算符，并根据它们所转换到的类型命名。

转换运算符声明的基本形式如下：

```
[修饰符] static implicit或explicit operator 目标类型名(对象参数)
{
    转换代码体
}[;]
```

包含 implicit 关键字的转换运算符声明引入用户定义的隐式转换。隐式转换可以在多种情况下发生，包括函数成员调用、强制转换表达式和赋值。包含 explicit 关键字的转换运算符声明引入用户定义的显式转换。显式转换可以发生在强制转换表达式中。

【例 7.26】 转换运算符示例（ConvertOperator.cs）：利用显式强制转换将摄氏温度转换为华氏温度；利用隐式自动转换将华氏温度转换为摄氏温度。

```
using System;
namespace CSharpBook.Chapter07
{
  class Celsius                                                        //摄氏温度
  {
    private float degrees;
    public Celsius(float temp)                                         //构造函数
    {
       degrees = temp;
    }
    public static explicit operator Fahrenheit(Celsius c)              //显式强制转换
    {   //摄氏温度转换为华氏温度
       return new Fahrenheit((9.0f / 5.0f) * c.degrees + 32);
    }
    public float Degrees
    {
       get { return degrees; }
    }
  }
  class Fahrenheit                                                     //华氏温度
  {
    private float degrees;
    public Fahrenheit(float temp)                                      //构造函数
    {
       degrees = temp;
    }
    public static implicit operator Celsius(Fahrenheit f)              //隐式自动转换
    {   //华氏温度转换为摄氏温度
       return new Celsius((5.0f / 9.0f) * (f.degrees - 32));
    }
    public float Degrees
    {
       get { return degrees; }
    }
```

```
    }
    class MainClass
    {
      static void Main()
      {
         Fahrenheit f = new Fahrenheit(100.0f);
         Console.Write("{0} 华氏温度", f.Degrees);
         Celsius c = f;                          //隐式自动转换
         Console.WriteLine("\n = {0} 摄氏温度", c.Degrees);
         Fahrenheit f2 = (Fahrenheit)c;          //显式强制转换
         Console.WriteLine(" = {0}华氏温度", f2.Degrees);Console.ReadLine();
      }
    }
}
```

运行结果：

```
100 华氏温度
 = 37.77778 摄氏温度
 = 100华氏温度
```

7.7 构造函数

7.7.1 实例构造函数

实例构造函数（instance constructor）用于执行类的实例的初始化工作。创建对象时，根据传入的参数列表，将调用相应的构造函数。

每个类都有构造函数，如果没有显式声明构造函数，则编译器会自动生成一个默认的构造函数（无参数），默认构造函数实例化对象，并将未赋初值的字段设置为数值型默认值（byte、int、long 等），这个值为 0；char 类型为'\0'；bool 类型为 false；枚举类型为 0；引用类型为 null。实例构造函数声明的基本语法为：

```
[修饰符] 类名 ([参数列表])
{
     构造函数方法体
}[;]
```

在 C# 7.0 中，也支持基于表达式的构造函数。例如：

```
Class Person {
     public string name;
     public Person(string name) => this.name = name;
}
```

构造函数具有下列特征：

- 构造函数的名称与类名相同；
- 可以创建多个构造函数，以根据不同的参数列表进行相应的初始化；
- 构造函数不能声明返回类型（也不能使用 void），也不能返回值；
- 一般构造函数总是 public 类型的，private 类型的构造函数表明类不能被实例化，通常用于只含有静态成员的类；
- 创建对象时，自动调用对应的构造函数，不能显式调用构造函数；
- 在构造函数中不要做对类的实例进行初始化以外的事情。

构造函数的功能是创建对象，使对象的状态合法化。在从构造函数返回之前，对象的状态是不确定的，不能执行任何操作；只有在构造函数执行完成之后，存放对象的内存块中才存放这个类的实例。

创建类的一个实例时，在执行构造函数之前，所有未初始化字段都设置为默认值，然后依次执行各个实例字段的初始化。

注意：默认初值虽然可以避免编译错误，但是违背了变量的“先赋值、后使用”原则，有时会成为潜在错误的根源，因此建议尽可能地在构造函数中对所有字段赋初值。

【例 7.27】 构造函数示例（Constructor.cs）：说明包含两个类构造函数的平面坐标类，一个类构造函数没有参数；另一个类构造函数带有两个参数。

```
using System;
namespace CSharpBook.Chapter07
{
  class CoOrds                            //平面坐标
  {
   public int x, y;
   public CoOrds()                        //默认构造函数
   {
      x = 0; y = 0;
   }
   public CoOrds(int x, int y)          //带两个参数的构造函数
   {
      this.x = x; this.y = y;
   }
   //重写ToString方法
   public override string ToString()
   {
      return (String.Format("({0},{1})", x, y));
   }
  }
  class MainClass
  {
   static void Main()
   {
      CoOrds p1 = new CoOrds();         //调用默认构造函数
```

```
        CoOrds p2 = new CoOrds(5, 3); //调用有两个参数的构造函数
        //使用重载的ToString方法显示结果
        Console.WriteLine("平面坐标#1位于{0}", p1);
        Console.WriteLine("平面坐标#2位于{0}", p2);
    }
  }
}
```

运行结果：

```
平面坐标#1位于(0,0)
平面坐标#2位于(5,3)
```

7.7.2 私有构造函数

如果构造函数声明为private类型，则这个构造函数不能从类外访问，因此也不能用来在类外创建对象。私有构造函数声明的基本语法为：

```
[修饰符] private 类名 ([参数列表])
{
    构造函数方法体
}[;]
```

私有构造函数一般用于只包含静态成员的类。通过添加一个空的私有实例构造函数，可以阻止其实例化，以确保程序只能通过类名来引用所有的静态成员。

【例7.28】 私有构造函数示例（PrivateConstructor.cs）。

```
using System;
namespace CSharpBook.Chapter07
{
  public class Counter
  {
    private Counter() { }                    //私有构造函数：阻止被实例化
    public static int currentCount;
    public static int IncrementCount()
    {
        return ++currentCount;
    }
  }
  class TestCounter
  {
    static void Main()
    {
        //Counter aCounter = new Counter(); //编译错误
        Counter.currentCount = 100;
        Console.WriteLine("count初值为：{0}", Counter.currentCount);
        Counter.IncrementCount();
```

```
        Console.WriteLine("count增值为：{0}", Counter.currentCount);
      }
    }
}
```

运行结果：

```
count初值为：100
count增值为：101
```

7.7.3 静态构造函数

静态构造函数（static constructor）用于实现初始化类（而不是初始化实例或对象）所需的操作。静态构造函数用于初始化静态数据，或用于执行仅需执行一次的特定操作。静态构造函数声明的基本语法为：

```
static 类名()
{
      构造函数方法体
}[;]
```

静态构造函数既没有访问修饰符，也没有参数。

在创建第一个实例或引用任何静态成员之前，自动调用静态构造函数。当初始化一个类时，在执行静态构造函数之前，首先将该类中的所有静态字段初始化为它们的默认值，然后依次执行各个静态字段初始化。类的静态构造函数在给定程序中至多执行一次。

【例 7.29】 静态构造函数示例（StaticConstructor.cs）。

```
using System;
namespace CSharpBook.Chapter07
{
  public class Bus
  {
    static Bus()                          //静态构造函数
    {
        Console.WriteLine("调用静态构造函数Bus()");
    }
    public static void Drive()     //静态方法
    {
        Console.WriteLine("调用静态方法Bus.Drive()");
    }
  }
  class TestBus
  {
    static void Main()
    {
        Bus.Drive(); Console.ReadLine();
```

```
    }
  }
}
```


运行结果：

```
调用静态构造函数Bus()
调用静态方法Bus.Drive()
```

7.7.4 构造函数的重载

可以声明多个构造函数，一个构造函数可以通过 this 关键字调用另一个构造函数。例如：

```
public class Wine
{
    public string name;
    public int year;
    public Wine (string name) {
     this.name = name;
    }
    public Wine (string name, int year): this (name){
     this.year = year;
}
```

7.8 析构函数

析构函数（destructor）用于实现销毁类实例所需的操作，如释放对象占用的非托管资源（如打开的文件、网络连接等）。析构函数声明的基本语法为：

```
~类名()
{
    析构函数方法体
}[;]
```

在 C# 7.0 中，支持基于表达式的析构函数。例如：

```
public class Person {
    public string name;
    public Person(string name) => this.name = name;
    ~Person() => Console.Error.WriteLine("Finalized!");
}
```

析构函数具有下列特征：

- 析构函数的名称由类名前面加上“~”字符构成。
- 析构函数既没有修饰符，没有返回值类型（甚至也不能使用 void），也没有参数。

- 无法继承或重载析构函数，一个类只能有一个析构函数。
- 不能显式调用析构函数。当公共语言运行时（CLR）的垃圾回收销毁不再使用的对象时，自动调用其析构函数；程序退出时也会调用析构函数。注意，如果某种资源需要在对象无效时立即被释放，那么释放这种资源的代码就不应该在析构函数中。
- 可以认为析构函数是构造函数的相反操作：当创建对象时执行构造函数；当释放对象（破坏）并由垃圾收集器（garbage collection）回收对象内存时执行析构函数。一般的准则是，除非有迫不得已的原因，不要使用析构函数，而应把清除操作交给 CLR 完成。
- 析构函数隐式地调用对象基类的 Finalize（终结）方法，即对继承链递归调用 Finalize 方法。不应使用空析构函数，因为空的析构函数只会导致不必要的性能损失。例如：

```
class Car
{
   ~Car()  //析构函数
   {
      //清理语句
   }
}
```

将会隐式地转换为以下代码：

```
protected override void Finalize()
{
   try
   {
      //清理语句…
   }
   finally
   {
      base.Finalize();
   }
}
```

【例 7.30】 析构函数示例（Destructor.cs）。

```
using System;
namespace CSharpBook.Chapter07
{
  class SimpleClassA
  {
   public SimpleClassA ()
   {
      Console.WriteLine("执行SimpleClassA的构造函数");
   }
   ~SimpleClassA ()
   {
```

```
        Console.WriteLine("执行SimpleClassA的析构函数");
    }
  }
  class SimpleClassB
  {
    public SimpleClassB()
    {
        Console.WriteLine("执行SimpleClassB的构造函数");
    }
    ~SimpleClassB()
    {
        Console.WriteLine("执行SimpleClassB的析构函数");
    }
    public void CreateObject()
    {
        Console.WriteLine("进入SimpleClassB.CreateObject()");
        SimpleClassA oSimpleClassA = new SimpleClassA();
        Console.WriteLine("退出SimpleClassB.CreateObject()");
    }
  }
  class Test
  {
    static void Main()
    {
      Console.WriteLine("进入Main()");
      SimpleClassB oSimpleClassB = new SimpleClassB();
      oSimpleClassB.CreateObject(); Console.WriteLine("退出Main()");
    }
  }
}
```

运行结果：

```
进入Main()
执行SimpleClassB的构造函数
进入SimpleClassB.CreateObject()
执行SimpleClassA的构造函数
退出SimpleClassB.CreateObject()
退出Main()
执行SimpleClassA的析构函数
执行SimpleClassB的析构函数
```

7.9 嵌 套 类

7.9.1 嵌套类的声明

在类的内部还可以定义其他的类。作为类的成员声明的类称为内部类（internal class），或嵌套类（nested class）。在编译单元或命名空间内声明的类称为顶级类，也称包含类或非嵌套类型（non-nested class）。例如：

```
class Container
{
   class Nested
   {
      Nested() { }
   }
}
```

嵌套类型应与其声明类型紧密关联，并且不能用作通用类型。

作为类的成员，嵌套类型的访问修饰符可以为 public、protected internal、protected、internal 或 private（默认）。虽然可以公开嵌套类，并使用其完全限定名“包含类.嵌套类型”来访问，但在设计良好的程序中，一般不需要使用嵌套类型实例化对象或声明变量。

【例 7.31】 嵌套类示例（NestedTest.cs）：在顶级类中声明嵌套类型 Nested 为 public，故可以使用类 Nested 的完全限定名 Container.Nested 来创建嵌套类新实例的名称。

```
using System;
namespace CSharpBook.Chapter07
{
   class Container
   {
   public class Nested  //嵌套类
   {
    public void SayHello()
    {
       Console.WriteLine("Hello, I am a nested class!");
    }
   }
}
class nestTest
{
   static void Main(string[] args)
   {
    Container.Nested nest = new Container.Nested(); nest.SayHello();
   }
}
}
```

运行结果：

```
Hello, I am a nested class!
```

7.9.2 嵌套类和包含类的关系

理想情况下，嵌套类型仅由其包含类型进行实例化和使用。如果需要在其他类型中使用该嵌套类型，则建议定义单独的顶级类，避免使用嵌套类。例如：

```
public class List
{
  private class Node                            //private内部类
  {
    public object Data;                         //节点数据
    private Node first = null;                  //头节点
    private Node last = null;                   //尾节点
    public Node Next;                           //指向下一节点
    public Node(object data, Node next)         //构造函数
    {
      this.Data = data; this.Next = next;       //this是Node类的对象
    }
  }
  public void AddToFront(object o) {…}          //在头部增加节点
  public void AddToBack(object o) {…}           //在尾部增加节点
  public object RemoveFromFront() {…}           //删除头部节点
  public object RemoveFromBack() {…}            //删除尾部节点
  public int Count { get {…} }
}
```

内部类和包含它的那个类并不具有特殊的关系。在内部类内，this 不能用于引用包含它那个类的实例成员，而只能引用内部类自己的成员。

如果类 A 是类 B 的内部类，当需要在内部类 A 的内部访问类 B 的实例成员时，可以在类 B 中将代表类 B 实例的 this 作为一个参数传递给内部类 A 的构造函数，这样就可以实现在类 A 的内部对类 B 的访问。

【例 7.32】 嵌套类和包含类示例（NestedClass1.cs）。

```
using System;
namespace CSharpBook.Chapter07
{
class Container
{
   string name = "Container";
   public void sayHello()
   { //构造内部类实例时，传入包含内部类的类的this实例
      Nested n = new Nested(this); n.sayHello();
   }
   public class Nested
   {
      Container c_parent;                        //用于保存外部类的实例
      public Nested(Container parent)            //构造函数
      {
         c_parent = parent;
```

```
        }
        public void sayHello()
        {
            Console.WriteLine(c_parent.name);
        }
    }
}
class Test
{
    static void Main()
    {
      Container c = new Container (); c.sayHello();
    }
}
}
```

运行结果：

```
Container
```

本例中，Container 实例创建了一个 Nested 实例，并将代表它自己的 this 传递给 Nested 的构造函数，这样就可以对 Container 的实例成员进行后续访问了。

7.9.3 嵌套类的访问

内部类可以访问包含它那个类可访问的所有成员，包括该类自己具有 private 和 protected 声明的可访问性成员。

【例 7.33】 嵌套类的访问示例（NestedClass2.cs）。

```
using System;
namespace CSharpBook.Chapter07
{
  class Container
  {
    protected string name = "Container";
    private void sayHello()
    {
        Console.WriteLine("Hello, Container!");
    }
    public class Nested  //嵌套类
    {
        protected string name = "Nested:";
        public void sayHello()
        {
            Container c = new Container();
            Console.WriteLine("Container c.name={0}",c.name);
```

```
            //引用包含类Container的protected字段
            c.sayHello();//调用包含类Container的private方法sayHello
        }
    }
  }
  class Test
  {
    static void Main()
    {
      Container.Nested n = new Container.Nested(); n.sayHello();
    }
  }
}
```

运行结果：

```
Container c.name=Container
Hello, Container!
```

第8章　继承和多态

类支持继承，继承是一种机制，使派生类可以对基类进行扩展和专用化。继承是允许使用现有类的功能，并在不需要重新改写原来类的情况下，对这些功能进行扩展。继承可以避免代码复制和相关的代码维护等问题。多态性允许每个对象以自己的方式去响应共同的消息，从而允许用户以更明确的方式建立通用软件，提高软件开发的可维护性。

本章要点：

视频讲解

- 继承和多态的基本概念；
- 访问关键字 base；
- 虚方法、重写方法和隐藏方法；
- 抽象类和抽象方法；
- 密封类和密封方法；
- 接口的声明和使用；
- 多态的实现。

8.1　继承和多态的基本概念

8.1.1　继承和多态

继承是面向对象程序设计的主要特征之一，继承允许重用现有类（基类，亦称超类、父类）去创建新类（子类，亦称派生类）的过程。子类将获取基类的所有非私有数据和行为，子类可以定义其他数据或行为。

派生类具有基类的所有非私有数据和行为以及新类自己定义的所有其他数据或行为，即子类具有两个有效类型：子类的类型和它继承基类的类型。

对象可以表示多个类型的能力称为多态性。

8.1.2　继承的类型

C#包含两种继承类型：实现继承和接口继承。

实现继承表示一个类型派生于一个基类型，派生类具有基类的所有非私有（非 private）数据和行为。在实现继承中，派生类型的每个方法采用基类型的实现代码，除非在派生类型的定义中指定重写该方法的实现代码。实现继承一般用于增加现有类型的功能，或许多相关的类型共享一组重要公共功能的场合。

接口继承表示一个类型实现若干接口，接口仅包含方法的签名，不继承任何实现代码。

接口继承一般用于指定该类型具有某类可用的特性。例如，如果指定类型从接口System.IDisposable中派生，并在该类中实现IDisposable接口清理资源的方法Dispose()，可以通过共通的机制，调用该方法以清理资源。由于清理资源的方式有不同的类型，故在接口中定义通用的实现代码是没有意义的。

接口即契约，类型派生于接口，即保证该类提供该接口规定的功能。

8.1.3 继承的层次关系

C#语言中，所有的类都继承于Object。类的继承不仅限于一个层次，即基类可以派生自己的子类，子类又可以派生自己的子类。C#语言的类不支持多继承，因而，所有类的集合形成树状继承层次关系。

8.2 继　　承

8.2.1 派生类

在声明派生类时，可以使用冒号（:）指定要继承的类（即基类）。如果没有指定基类，则编译器就假定Object是基类。派生类声明的基本语法为：

```
[类修饰符] class 类名 [: 基类] {
    类体;
}
```

派生类可以访问基类的非private成员，但是派生类的属性和方法不能直接访问基类的private成员。派生类可以影响基类private成员的状态改变，但只能通过基类提供并由派生类继承的非private的属性和方法来改变。

注意：C#不支持多重继承，即一个派生类只能继承于一个基类。

【例8.1】 派生类示例（SubClass.cs）。

```
class Point                                  //等同于：class Point : Object
{
   int x, y;
}
class ColoredPoint : Point                   //派生类，从Point派生
{
   int color;
}
class Colored3dPoint : ColoredPoint          //派生类，从ColoredPoint派生
{
   int z;
}
```

在上例中，Point是ColoredPoint和Colored3dPoint的基类（超类），是ColoredPoint

的直接基类；ColoredPoint 是 Colored3dPoint 的直接基类；ColoredPoint 和 Colored3dPoint 是 Point 的派生类，ColoredPoint 是 Point 的直接派生类，Colored3dPoint 是 ColoredPoint 的直接派生类。

8.2.2 base 关键字

base 关键字用于从派生类中访问基类的成员。

- 指定创建派生类实例时应调用的基类构造函数：base(参数)。
- 调用基类上已被其他方法重写的方法：base.方法(参数)。
- 访问基类的数据成员：base.字段名。

注意：不能在静态方法中使用 base 关键字，base 关键字只能在实例构造函数、实例方法或实例访问器中使用。

【例 8.2】 关键字 base 示例（Base.cs）。

```
using System;
public class Person                           //等同于：class Person : Object
{
    public String name;  public int age;
    public Person(String name, int age)  //基类构造函数
    {
        this.name = name;  this.age = age;
    }
    public void print()                       //基类的实例方法
    {
        Console.Write("name={0},age={1}", this.name, this.age);
    }
}
public class Student : Person                 //派生类
{
    public String studentID;
    public Student(String name, int age, String id)
        : base(name, age)                     //派生类构造函数，使用base调用基类构造函数
    {
        this.studentID = id;
    }
    public new void print()
    {
        base.print();                         //使用base调用基类的方法
        Console.WriteLine(",studentID={0}", this.studentID);
    }
}
public class BaseDemo
{
```

```
    static void Main(string[] args)
    {
        Student objstudent = new Student("张三", 25, "2017101001");
        objstudent.print(); Console.ReadKey();
    }
}
```

运行结果：

```
name=张三, age=25, studentID=2017101001
```

在上例中，派生类 Student 的构造函数声明中，使用 base(name, age)调用基类 Person 的构造函数；派生类 Student 的方法 print()中，使用 base.print()调用基类的 print()方法。

8.2.3 构造函数的调用

构造函数不能被继承，也不能被覆盖，其名称必须与类名相同。

如果类没有定义构造函数，则编译器自动生成一个默认构造函数；如果定义了构造函数，则编译器不会自动创建默认构造函数，此时如果需要，必须显式定义默认构造函数。

通过关键字 new 创建对象实例时，会根据传入的参数调用相匹配的构造函数。调用构造函数前，需要先调用其基类的构造函数（使用 base(参数)指定的基类构造函数）。

派生类的构造函数，如果没有使用 base(参数)指定要调用的基类构造函数，则会自动调用其基类的默认构造函数。如果基类没有默认的构造函数，则会导致编译错误。

【例 8.3】 构造函数调用示例（Constructor.cs）。

```
using System;
class SuperClass1                   //基类1。编译器自动生成默认构造函数
{
    public String name, sex;
}
class SubClass11 : SuperClass1      //派生类11。编译器自动生成默认构造函数
{
    public int age;
}
class SubClass12 : SuperClass1      //派生类12
{
    public int age;
    public SubClass12()             //默认构造函数，自动调用基类默认构造函数
    {
        Console.WriteLine("调用构造函数SubClass12()...");
    }
}
class SubClass13 : SuperClass1      //派生类13
{
    public int age;
    public SubClass13(int age)      //派生类13的构造函数
```

```
        {
            Console.WriteLine("调用构造函数SubClass13()...");
        }
    }
    class SuperClass2                   //基类2。定义带两个参数的构造函数。无默认构造函数
    {
        public String name; public String sex;
        public SuperClass2(String name, String sex)   //基类2的构造函数
        {
            this.name = name;  this.sex = sex;
            Console.WriteLine("调用构造函数SuperClass2()...");
        }
    }
    class SubClass21 : SuperClass2   //派生类21。编译错误，SuperClass2无默认构造函数
    {
        public int age;
    }
    class SubClass22 : SuperClass2  //派生类22。编译错误，SuperClass2无默认构造函数
    {
        public int age;
        public SubClass22()
        { //默认构造函数，自动调用基类默认构造函数。基类无默认构造函数，编译错误
            Console.WriteLine("调用构造函数SubClass22()...");
        }
    }
    class SubClass23 : SuperClass2
    { // 派生类23
        public int age;
        public SubClass23(String name, String sex, int age)
            : base(name, sex)    //需要显式调用基类构造函数。注释此语句将导致编译错误
        {
            this.age = age;
            Console.WriteLine("调用SubClass23的构造函数SubClass23()...");
        }
    }
    public class ConstructorDemo
    {
        public static void main(String[] args)
        {
            SubClass11 obj11 = new SubClass11();  //调用默认构造函数SubClass11()
            SubClass12 obj12 = new SubClass12();  //调用默认构造函数SubClass12()
            //SubClass13 obj13_1 = new SubClass13();//编译错误，SubClass13无默认构造函数
            SubClass13 obj13_2 = new SubClass13(19);//调用构造函数SubClass13(int age)
            SubClass21 obj21 = new SubClass21();  //调用构造函数SubClass21()
            SubClass22 obj22 = new SubClass22();  //调用构造函数SubClass22()
```

```
        //调用构造函数SubClass23(String name, String sex, int age)
        SubClass23 obj23 = new SubClass23("Jack", "M", 19);
    }
}
```


在上例中，创建各类的对象实例时，调用的构造函数关系如下：

- 创建 SubClass11 和 SubClass12 的对象实例时，调用其默认构造函数，自动调用其基类 SuperClass1 的默认构造函数。
- 创建 SubClass13 的对象实例 obj13_1 时，调用其构造函数 SubClass13()，因为不存在，故编译错误；创建 SubClass13 的对象实例 obj13_2 时，调用构造函数 SubClass13(int age)，自动调用基类的默认构造函数。
- SubClass21 和 SubClass22 只有默认构造函数，但其基类声明了构造函数 SuperClass2(String name, String sex)，没有默认构造函数。SubClass21 和 SubClass22 的默认构造函数无法自动调用基类的默认构造函数，故导致编译错误。
- 创建 SubClass23 的对象实例 obj23 时，调用其构造函数 SubClass23(String name, String sex, int age)，使用 base(name, sex)显式调用其基类 SuperClass2 的构造函数 SuperClass2(String name, String sex)。

8.2.4 类成员的继承

通过继承，派生类继承基类中除构造函数之外的所有成员。在例 8.1 中，根据继承关系，各类包含的成员如下：

- Point 包含本身定义的两个成员（字段 x 和 y）以及从 Object 类中继承的成员（方法 Equals()、GetHashCode()、GetType()、MemberwiseClone()、ReferenceEquals()、ToString()等）。
- ColoredPoint 包含本身定义的一个成员（字段 color）、从 Point 类继承的成员（字段 x 和 y）以及从 Object 类中继承的成员（包括 Equals()、GetHashCode()、GetType()、MemberwiseClone()、ReferenceEquals()、ToString()等方法）。
- Colored3dPoint 包含本身定义的一个成员（字段 z）、从 ColoredPoint 类继承的成员（字段 color）、从 Point 类继承的成员（字段 x 和 y）以及从 Object 类中继承的成员（包括 Equals()、GetHashCode()、GetType()、MemberwiseClone()、ReferenceEquals()、ToString()等方法）。

派生类继承其基类（包括基类的超类）的所有成员（除构造函数外），与基类成员的访问修饰符无关。基类成员的访问修饰符仅仅限制该成员的可访问范围（参见 7.1.4 节）。读者需要注意，不要把两者混淆。

根据 7.1.5 节关于类成员可访问性的讨论，在派生类的方法中，可以访问基类的 public 和 protected 成员，但不能直接访问基类的 private 成员。派生类可以通过基类提供并由派生类继承的非 private 的方法，修改基类 private 成员变量。

【例 8.4】 类成员的继承示例（SubClassMemeberTest.cs）。

```
using System;
```

```
public class ClassA                                    //基类ClassA
{
    protected double x_protected;                      //受保护实例字段
    private double y_private;                          //私有实例字段
    public void setY(double y)                         //公共实例方法
    {
        this.y_private = y;
    }
    public double getY()                               //公共实例方法
    {
        return this.y_private;
    }
    public ClassA(double x, double y)                  //带两个参数的构造函数
    {
        this.y_private = y;
    }
}
public class ClassB : ClassA
{
    public double z_public;                            //公共实例字段
    public void print()                                //公共实例方法
    {
        Console.WriteLine(this.x_protected);  //OK，可访问基类的protected成员
        //Console.WriteLine(this.y_private);     //编译错误，不能直接访问基类private成员
        Console.WriteLine(this.getY());        //OK，通过基类方法间接访问其private成员
        Console.WriteLine(this.z_public);
    }
    public ClassB(double x, double y, double z)
        : base(x, y)//带三个参数的构造函数，并调用基类的构造函数
    {
        this.z_public = z;
    }
}
public class SubClassMemeberTest
{
    static void Main(string[] args)
    {
        ClassB obj = new ClassB(1.0, 2.0, 3.0);
        obj.setY(2.2);            //访问ClassB的成员setY(double y)，从类ClassA继承
        obj.z_public = 3.3;       //访问ClassB的成员z_public
        Console.WriteLine(obj.GetType());//访问ClassB的成员getClass()，从类Object继承
        obj.print();              //访问ClassB的成员print()
        Console.ReadKey();
    }
```

```
}
```

运行结果：

```
ClassB
0
2.2
3.3
```

在上例中，根据继承关系，各类包含的成员如下：

- ClassA 包含本身定义的成员（字段 x_protected 和 y_private、方法 setY()和 getY()、构造函数 ClassA()）以及从 Object 类中继承的成员。
- ClassB 包含本身定义的成员（字段 z_public、方法 print()、构造函数 ClassB()）、从 ClassA 类继承的成员（字段 x_protected 和 y_private、方法 setY()和 getY()）以及从 Object 类中继承的成员。

8.2.5 类成员的隐藏

派生类继承基类中除构造函数之外的所有成员。如果在派生类中声明了与继承的成员同名的成员，则该重名成员将隐藏从基类继承的同名成员变量，称为成员的隐藏。

在派生类中引用该成员变量时，实际上引用的是派生类中声明的成员。如果需要引用从基类中继承的同名成员，可以使用 base 关键字。

【例 8.5】 类成员变量的隐藏示例（HiddenField.cs）。

```
using System;
class Parent                          //基类Parent
{
   public String name;
   public String sex;
}
class Child : Parent                  //派生类Child
{
   public String name;                //成员变量，隐藏从基类继承的同名成员变量name
   public Child(String name, String sex)     //构造函数
   {
      this.name = name;               //this.name引用Child声明的成员变量
      this.sex = sex;                 //this.sex引用从Parent继承的成员变量
      base.name = name + "'s parent"; //base.name引用从基类Parent继承的同名成员变量
   }
   public void print()
   {
      Console.WriteLine(this.name + " " + this.sex + " " + base.name);
   }
}
public class HiddenFieldDemo
```

```
{
    static void Main(string[] args)
    {
        Child obj1 = new Child("Mary", "Female");
        obj1.print();  Console.ReadKey();
    }
}
```

运行结果：

```
Mary Female Mary's parent
```

在例 8.5 中，派生类 Child 从基类继承了两个成员变量（name 和 sex），同时派生类 Child 声明了一个同名的成员变量 name，从而隐藏了从基类继承的同名成员变量 name。

在派生类中，直接声明与基类同名的成员，会导致编译警告。一般建议使用关键字 new 隐藏成员。例如：

```
public new String name;    //使用关键字new，隐藏从基类继承的同名成员变量name
```

8.2.6 虚方法和隐藏方法

在派生类中，可以声明与基类中相同签名的方法，派生类中相同签名方法重新定义了基类中的方法，即隐藏了基类中的同名方法，故称为隐藏方法（new）。

注意：在派生类中，声明与基类中同名，但方法签名不同的方法，称为重载方法。

虽然派生类的同名方法自动为隐藏方法，但默认假设可能存在错误调用的危险，故应该使用 virtual/new 关键字显式声明隐藏方法。其基本语法为：

```
virtual [修饰符] 返回值类型 方法名 ([形参列表]){/*方法体*/} //基类中的虚方法
new [修饰符] 返回值类型 方法名 ([形参列表]){/*方法体*/}  //派生类的同名隐藏方法
```

在基类中，使用 virtual 关键字声明的方法，称为虚方法（virtual）。在派生类中，使用 new 关键字声明的与基类中相同签名的方法，称为隐藏方法。

除了类的成员方法外，还可以使用 virtual 关键字修饰其他类成员以定义虚函数成员，包括属性、索引器或事件声明。虚函数成员的实现可在派生类中使用关键字 override 来重写；或使用关键字 new 来覆盖。

注意：virtual 修饰符不能与 static、abstract、private 或 override 修饰符一起使用。

8.2.7 虚方法和重写方法

在派生类中，使用关键字 override 声明的与基类中相同签名的方法，称为重写方法（override）。其基本语法为：

```
virtual [修饰符] 返回值类型 方法名 ([形参列表]){/*方法体*/}        //基类中的虚方法
override [修饰符] 返回值类型 方法名([形参列表]){/*方法体*/}        //派生类的同名重写方法
```

基类中的虚方法声明用于引入新方法，而派生类中的重写方法则用于使继承的虚方法专用化，即重写方法，以提供该方法的新实现。

在默认情况下，C#方法是非虚拟的。不能重写非虚方法，否则将导致编译错误。

虚方法和重写方法主要用于实现多态。调用虚方法时，将首先检查该对象的运行时类型，并调用派生类中的该重写成员，如果没有派生类重写该成员，则调用其原始成员。

【例 8.6】 虚方法和重写方法示例（Override.cs）。

（1）Dimensions 类包含 x、y 两个坐标和 Area()虚方法。

（2）Dimensions 类的派生类（Circle、Cylinder 和 Sphere）均重写了基类的虚方法 Area()以实现不同图形表面积的计算。

（3）创建 Dimension[]数组，包含不同派生类对象（Circle、Cylinder 和 Sphere）。

调用虚方法 Area()时，将根据与此方法关联的运行时对象调用适当的 Area()实现，为每个图形计算并显示适当的面积。

```
using System;
namespace CSharpBook.Chapter08
{
    public class Dimension                         //基类
    {
        protected double x, y;
        public Dimension() { }                     //默认构造函数
        public Dimension(double x, double y)  //有两个参数的构造函数
        {
            this.x = x; this.y = y;
        }
        public virtual double Area()
        {
            return x * y;
        }
    }
    public class Circle : Dimension               //派生类：圆
    {
        public Circle(double r) : base(r, 0) { }
        public override double Area()           //圆的面积
        {
            return Math.PI * x * x;
        }
    }
    class Sphere : Dimension                       //派生类：球体
    {
        public Sphere(double r) : base(r, 0) { }
        public override double Area()           //球体表面积
        {
            return 4 * Math.PI * x * x;
        }
```

```
    }
    class Cylinder : Dimension                    //派生类：圆柱体
    {
        public Cylinder(double r, double h) : base(r, h) { }
        public override double Area()             //圆柱体表面积
        {
            return 2 * Math.PI * x * x + 2 * Math.PI * x * y;
        }
    }
    class DimensionTest
    {
        static void Main()
        {
            double r = 3.0, h = 5.0;
            Dimension[] dimensions = { new Circle(r), new Sphere(r), new
      Cylinder(r, h) };
            foreach (Dimension item in dimensions)
            {   //显示各种不同形状的（表）面积
                Console.WriteLine("Area of {0} = {1:F2}", item.GetType(),
             item.Area());
            }
            Console.ReadKey();
        }
    }
}
```

运行结果：

```
Area of CSharpBook.Chapter08.Circle = 28.27
Area of CSharpBook.Chapter08.Sphere = 113.10
Area of CSharpBook.Chapter08.Cylinder = 150.80
```

8.3 抽象类和抽象方法

8.3.1 抽象类

将关键字 abstract 置于关键字 class 的前面，可以将类声明为抽象类。抽象类不能实例化，抽象类一般用于提供多个派生类可共享基类的公共定义。例如，类库可以定义一个包含基本功能的抽象类，并要求程序员使用该库通过创建派生类来提供自己的类实现。

声明抽象类的基本语法为：

```
abstract class 类名 {
    //声明类成员
}
```

抽象类与非抽象类相比，具有下列特征：

- 抽象类不能直接实例化，对抽象类使用 new 运算符会导致编译错误。可以定义抽象类型的变量，但其值必须为 null，或者是其派生非抽象类实例的引用。
- 允许（但不要求）抽象类包含抽象成员。
- 抽象类不能被密封。
- 当从抽象类派生非抽象类时，这些非抽象类必须实现所继承的所有抽象成员，从而重写那些抽象成员。

8.3.2 抽象方法

在抽象类中，通过将关键字 abstract 添加到实例方法返回类型的前面，定义抽象方法（abstract method）。其基本语法为：

```
abstract [修饰符] 返回值类型 方法名 ([形参列表]);
```

抽象方法声明引入一个新的虚方法，但不提供该方法的任何实际实现，所以抽象方法的方法体只由一个分号组成，而不是常规的方法块。

抽象类与非抽象类相比，具有下列特征：

- 只允许在抽象类中声明抽象方法。
- 抽象方法同时隐含为虚方法，但是它不能有 virtual 修饰符。
- 抽象类的派生类如果是非抽象类，则必须重写其抽象基类的所有抽象方法，否则产生编译错误。
- 在派生类中，不能使用 base 直接引用抽象基类的抽象方法，否则会导致编译错误。

例如，Shape 类定义了一个可以绘制自身几何形状对象的抽象概念。Paint 方法是抽象的，这是因为没有有意义的默认实现。Ellipse 和 Box 类是具体的 Shape 实现。由于这些类是非抽象的，因此要求它们重写 Paint 方法并提供实际实现。

```
public abstract class Shape {public abstract void Paint(Graphics g, Rectangle r);}
public class Ellipse: Shape
{
    public override void Paint(Graphics g, Rectangle r) {g.DrawEllipse(r);}
}
    public class Box: Shape
{
    public override void Paint(Graphics g, Rectangle r) {g.DrawRect(r);}
}
```

除了类的成员方法，还可以使用 abstract 关键字修饰其他类成员以定义虚成员，包括字段、属性或事件。

【例 8.7】 抽象方法示例（Abstract.cs）。

（1）创建抽象类（基类）Animal，其中包含一个抽象方法 SayHi()。

（2）创建派生类 Dog，重写抽象方法 SayHi()。

（3）创建派生类 Cat，重写抽象方法 SayHi()。

```
using System;
namespace CSharpBook.Chapter08
{
    abstract class Animal                                          //基类Animal：抽象类
    {
        public String name;
        public abstract void SayHi();
        public Animal(String name) { this.name = name; }    //构造函数
    }
    class Dog : Animal                                             //派生类Dog
    {   //重写SayHi()
        public override void SayHi(){Console.WriteLine(this.name + " Wow Wow!");}
        public Dog(String name) : base(name) { }              //构造函数
    }
    class Cat : Animal                                             //派生类Cat
    {  //重写SayHi()
        public override void SayHi() { Console.WriteLine(this.name + " Mew Mew!"); }
        public Cat(String name) : base(name) { }              //构造函数
    }
    //class Horse : Animal{ }//编译错误，非抽象类Horse继承了抽象类Animal，但未实现抽象方法
    abstract class Fish : Animal//编译OK，抽象类Fish继承了抽象类Animal，但未实现抽象方法
    {
        public Fish(String name) : base(name) { }
    }
    class TestClass
    {
        static void Main()
        {
            //Animal animal1 = new Animal();  //编译错误，抽象类不能直接实例化
            Animal[] animals = { new Dog("小白"), new Cat("小花") };
            foreach (Animal a in animals) a.SayHi();
            Console.ReadKey();
        }
    }
}
```

运行结果：

```
小白 Wow Wow!
小花 Mew Mew!
```

8.4　密封类和密封方法

8.4.1　密封类

通过将关键字 sealed 置于关键字 class 的前面，可以将类声明为密封类（sealed class）。声明密封类的基本语法为：

```
sealed class 类名 {
    //声明类成员
}
```

密封类不能用作基类，也不是抽象类。密封类主要用于防止非有意的派生。由于密封类从不用作基类，所以调用密封类成员的效率可能会更高些。例如：

```
sealed class AbstractClass{}
sealed abstract class FinalAbstractClass{}  //编译错误，类不能同时为final和abstract
```

事实上，.NET 类库中的许多类都是密封类，如 String、Math 等。

8.4.2　密封方法

当实例方法声明包含 sealed 修饰符时，称该方法为密封方法（sealed method）。如果实例方法声明包含 sealed 修饰符，则也必须包含 override 修饰符。使用 sealed 修饰符可以防止派生类进一步重写该方法。

在许多情况下，可以把密封类和密封方法看作与抽象类和抽象方法的对立。把类或方法声明为抽象，表示该类或方法必须被重写或继承；而把类或方法声明为密封，表示该类或方法不能重写或继承。

【例 8.8】 密封方法和密封类示例（SealedDemo.cs）。

```
using System;
class Parent
{
    public virtual void MethodF(){Console.WriteLine("调用Parent的MethodF()");}
    public virtual void MethodG(){Console.WriteLine("调用Parent的MethodG()");}
}
class Child : Parent
{   //密封方法。重写从基类继承的方法MethodF()
    public sealed override void MethodF()
    {
        Console.WriteLine("调用Child的MethodF()");
    }
    public override void MethodG()//重写从基类继承的方法
    {
```

```
        Console.WriteLine("调用Child的MethodG()");
    }
}
sealed class Final : Child                  //密封类
{   //编译错误。继承成员Child.MethodF()是sealed，无法重写
    //public override void MethodF()
    //{
    //    Console.WriteLine("调用Final的MethodF()");
    //}
    public override void MethodG()          //重写从基类继承的方法
    {
        Console.WriteLine("调用Final的MethodG()");
    }
}
//sealed class Final1 : Final{}             //编译错误。无法从密封类Final派生
public class FinalDemo
{
    static void Main()
    {
        Final obj = new Final(); obj.MethodF();
        obj.MethodG(); Console.ReadKey();
    }
}
```

运行结果：

```
调用Child的MethodF()
调用Final的MethodG()
```

在例 8.8 中，类 Child 提供两个重写方法：一个是带有 sealed 修饰符的 MethodF()方法；另一个是没有 sealed 修饰符的 MethodG()方法。通过使用 sealed 修饰符，Child 就可以防止 Final 进一步重写 MethodF()方法。类 Final 声明为 sealed 类，故声明从类 Final 继承的类 Final1 将产生编译错误。

8.5 接　口

8.5.1 接口声明

一个接口定义一个协定。接口本身不提供它所定义成员的实现，接口只指定实现该接口的类或结构必须提供的成员，继承接口的任何非抽象类型都必须实现接口的所有成员。接口声明与类的声明基本类似，其基本语法为：

```
[特性]
[接口修饰符][partial] interface 接口名 [类型形参] [: 基接口[类型形参约束]]
{
```

```
    //接口体
}[;]
```

C#接口声明的语法与类声明的语法类似。其中各部分意义如下：

- [特性]（可选）：用于附加一些声明性信息（参见第12章）。
- [接口修饰符]（可选）：用于定义接口的可访问性等信息。
- [partial]（可选）：用于定义分部接口（参见8.5.4节）。
- interface：为关键字，注意首字母小写。
- 接口名：为要定义接口的标识符，必须符合标识符的命名规则，一般采用Pascal命名规范，如IMyClass（注意，接口名称一般以字母I开头，以表明这是一个接口）。
- [类型形参]（可选）：用于泛型接口声明（参见第11章）。
- [:基接口[类型形参约束]]（可选）：用于声明要继承的基接口列表（参见8.5.5节）。
- 接口体：用于定义该接口的成员，包括在一对大括号之间，接口体可以为空。
- [;]（可选）：最后还可添加一个分号，也是可选的。

接口类似于抽象基类，接口不能实例化。接口中声明的所有成员隐式地为public和abstract。接口可以包含事件、索引器、方法和属性，但接口不能包含字段。

虽然C#类不支持基类的多重继承，但类和结构可以从多个接口继承，接口自身可以从多个接口继承。

8.5.2 接口成员

接口通常是公共契约，故一个接口中可以声明零个或多个成员，但只能包含其成员的签名。接口成员只能包含方法、属性、索引器和事件的声明。接口成员不能包含常量、字段、运算符、实例构造函数、析构函数或嵌套类型，不允许包含运算符重载，也不能包含任何种类的静态成员。

所有接口成员都隐式地具有public访问属性。接口成员声明中包含任何修饰符都属于编译错误，即不能使用修饰符abstract、public、protected、internal、private、virtual、override或static来声明接口成员。例如：

```
public delegate void StringListEvent(IStringList sender);
public interface IStringList
{
    void Add(string s);
    int Count { get; }
    event StringListEvent Changed;
    string this[int index] { get; set; }
}
```

【例8.9】 接口及其成员声明示例。

```
public interface IMyCalendar
{
   double ss2mm(double ss);  //ss2mm()是公共抽象方法（public abstract），将秒转换为分钟
```

```
    double mm2hh(double mm); //mm2hh()是公共抽象方法（public abstract），将分钟转换为小时
}
```

8.5.3 接口实现

接口可以由类和结构来实现。派生类或结构实现接口的基本语法为：

```
[类修饰符] class 类名 : 基接口列表
{
    类体;
}
```

其中，基接口列表是由逗号分隔的基接口类型列表。

在实现接口的非抽象类中，必须实现所有从基接口中继承的所有抽象成员，从而重写那些抽象成员。类中的对应重写成员方法必须是公共的、非静态的，并且与接口成员方法具有相同的签名。

如果实现接口的类中没有实现所有从基接口中继承的所有抽象成员，则类必须声明为抽象类，否则会产生编译错误。

类的属性和索引器可以为接口定义的属性或索引器定义额外的访问器。例如，接口可以声明一个带有 get 访问器的属性，而实现该接口的类可以声明同时带有 get 和 set 访问器的同一属性。但是，如果属性或索引器使用显式实现，则访问器必须匹配。

【例 8.10】 接口实现示例（Interface.cs）。

（1）创建基类接口 IDimensions，包含两个方法 getLength()和 getWidth()。

（2）创建派生类 Box，包含两个数据成员 length 和 width、一个具有两个参数的构造函数、两个方法 getLength()和 getWidth()，分别返回 Box 长和宽的尺寸。

```
using System;
namespace CSharpBook.Chapter08
{
  public interface IDimensions      //基类：接口IDimensions
  {
    float getLength(); float getWidth();
  }
  public class Box : IDimensions    //派生类Box
  {
    float length;  float width;
    Box(float length, float width)
    {
       this.length = length;  this.width = width;
    }
    public float getLength() { return length;}
    public float getWidth() { return width; }
    static void Main()
    {
```

```
            Box box1 = new Box(30.0f, 20.0f);
            Console.WriteLine("Length: {0}", box1.getLength());
            Console.WriteLine("Width: {0}", box1.getWidth());
        }
    }
}
```

运行结果：

```
Length: 30
Width: 20
```

在某些情况下，类可以实现两个以上的接口，且这些接口具有相同成员名称。为了区分具体实现哪个接口的哪个成员，可以采用显式接口实现，即在实现的成员前面加上接口限定符（如 IInterface.IMethod()），为每个接口成员各提供一个实现。

【例 8.11】 两个接口实现示例（TwoInterfaces.cs）：分别以英制单位和公制单位显示框的尺寸。派生类 Box 类实现 IEnglishDimensions 和 IMetricDimensions 两个（基类）接口，它们表示不同的度量系统。两个基类接口有相同的成员名 Length 和 Width。

```
using System;
namespace CSharpBook.Chapter08
{ //声明接口IEnglishDimensions（以英制inch为单位）
  interface IEnglishDimensions
  {
    float Length();  float Width();
  }
  //声明接口IMetricDimensions（以公制cm为单位）
  interface IMetricDimensions
  {
    float Length();  float Width();
  }
//声明派生类Box，实现两个接口IEnglishDimensions和IMetricDimensions
class Box : IEnglishDimensions, IMetricDimensions
  {
    float lengthInches; float widthInches;
    public Box(float length, float width)
    {
        lengthInches = length; widthInches = width;
    }
    //显式实现IEnglishDimensions中的成员
    float IEnglishDimensions.Length() { return lengthInches;}
    float IEnglishDimensions.Width() { return widthInches;}
    //显式实现IMetricDimensions中的成员
    float IMetricDimensions.Length()
    {  //英制inch转换为公制cm
       return lengthInches * 2.54f;
```

```
    }
    float IMetricDimensions.Width()
    {  //英制inch转换为公制cm
        return widthInches * 2.54f;
    }
    static void Main()
    {   //类Box的实例box1
        Box box1 = new Box(30.0f, 20.0f);
        //（以英制inch为单位的）IEnglishDimensions的实例
        IEnglishDimensions eDimensions = (IEnglishDimensions)box1;
        //（以公制cm为单位的）IMetricDimensions的实例
        IMetricDimensions mDimensions = (IMetricDimensions)box1;
        //打印以英制inch为单位的长宽信息
        Console.WriteLine("Length(in): {0}", eDimensions.Length());
        Console.WriteLine("Width (in): {0}", eDimensions.Width());
        //打印以公制cm为单位的长宽信息
        Console.WriteLine("Length(cm): {0}", mDimensions.Length());
        Console.WriteLine("Width (cm): {0}", mDimensions.Width());
    }
  }
}
```

运行结果：

```
Length(in): 30
Width (in): 20
Length(cm): 76.2
Width (cm): 50.8
```

8.5.4 分部接口

可以用 partial 修饰符将接口划分为多个部分——分部接口，将分部接口存储在不同的源文件中，便于开发和维护。编译时，同一命名空间或类型声明中具有相同名称的多个分部接口声明可组合在一起，来构成一个接口声明。

8.5.5 接口继承

接口可以从零个或多个接口类型继承，被继承的接口称为该接口的显式基接口。接口继承声明的基本语法为：

```
[接口修饰符] interface 接口名 : 基接口列表
{
    类体;
}
```

其中，基接口列表是由逗号分隔的基接口类型列表。

接口的成员包括从基接口继承的成员和由接口本身声明的成员，故实现该接口的类必须实现接口本身声明的成员以及该接口从基接口继承的成员。

【例 8.12】 接口继承示例（InterfaceInherit.cs）：模拟银行存取款。

（1）创建基类接口 IBankAccount（银行账户），包含存款方法 PayIn()、取款方法 Withdraw()、余额属性 Balance。

（2）创建派生接口 ITransferBankAccount（转账银行账户），包含银行转账方法 TransferTo()。

（3）创建派生类 CurrentAccount（当前账户），包含私有数据成员 balance（余额）、并实现存款方法 PayIn()、取款方法 Withdraw()、利用 get 访问器返回余额 balance、实现银行转账方法 TransferTo()、并重载 ToString()方法返回银行当前账户中的余额。

```
using System;
namespace CSharpBook.Chapter08
{
  public interface IBankAccount                                   //银行账户
  {
    void PayIn(decimal amount);                                   //存款
    bool Withdraw(decimal amount);                                //取款，并返回是否成功
    decimal Balance { get; }                                      //余额
  }
  public interface ITransferBankAccount : IBankAccount   //转账银行账户
  { bool TransferTo(IBankAccount destination, decimal amount);}
  public class CurrentAccount : ITransferBankAccount      //当前账户
  {
    private decimal balance;                                      //余额
     public void PayIn(decimal amount) { balance += amount; } //存款
    public bool Withdraw(decimal amount)                          //取款
    { //账户有足够余额，则取款，并返回是否成功
      if (balance >= amount) { balance -= amount; return true; }
      Console.WriteLine("余额不足，取款失败！"); return false;
    }
    public decimal Balance { get { return balance; }}    //返回余额
    public bool TransferTo(IBankAccount destination, decimal amount)
    { //银行转账
      bool result;
      if ((result = Withdraw(amount)) == true) destination.PayIn(amount);
      return result;
    }
    public override string ToString()
    { //返回银行当前账户中的余额
      return String.Format("Current Bank Account: Balance= {0,6:C}", balance);
    }
  }
  class TestClass
  {
```

```
    static void Main()
    {  IBankAccount account1 = new CurrentAccount();        //账户1
       ITransferBankAccount account2 = new CurrentAccount();//账户2
       account1.PayIn(200);                                 //账户1存款200元
       account2.PayIn(500);                                 //账户2存款500元
       account2.TransferTo(account1, 100);                  //账户2转账100元到账户1
       Console.WriteLine("account1's "+account1.ToString()); //显示账户1余额
       Console.WriteLine("account2's "+account2.ToString()); //显示账户2余额
       Console.ReadKey();
    }
  }
}
```

运行结果：

```
account1's Current Bank Account: Balance= ￥300.00
account2's Current Bank Account: Balance= ￥400.00
```

8.6 多　　态

8.6.1 多态的概念

通过继承，派生类具有基类的所有数据或行为，派生类还具有自己定义的所有其他数据或行为，即派生类具有多个有效类型：派生类的类型、派生类所继承的基类及基类的超类（超类、超类的超类、最终超类 Object)、派生类所实现的所有接口、派生类所继承的基类实现的接口、这些接口所继承的所有接口。

派生类对象可以表示多个类型的能力，称为对象多态性。

在面向过程的程序设计中，函数不能重名，否则会产生歧义，从而导致编译错误。而在面向对象的程序设计中，有时则需要利用“重名”以提高程序的抽象度和简洁型。

类方法多态性的实现有两种方式。

（1）方法重载：可以声明多个同名但参数的个数、类型和顺序不同的方法。编译时根据参数（个数、类型和顺序）判定采用的方法。这种编译时确定的模式，又称为“静态绑定”。

（2）方法重写：派生类声明与从基类继承的方法签名一致的方法，即重写方法。程序运行时，根据运行时对象的类型，调用相应类实现（重写）的方法。这种运行时确定的模式，又称为“动态绑定”。

8.6.2 通过继承实现多态性

通过继承基类和实现接口，派生类可以表示多个类型。

【例 8.13】 通过继承实现多态性示例 1（PolyMorphDemo1.cs)。

```
using System;
```

```
class Parent {                          //基类
    public void MethodA(){Console.WriteLine("调用methodA()");}
}
class Child : Parent {                  //派生类
    public void MethodB(){Console.WriteLine("调用methodB()");}
}
public class PolyMorphDemo1 {
    public static void Main() {
        Parent oParent = new Parent();
        oParent.MethodA();            //调用ParentClass类的成员方法
        //运行错误：无法将类型为Parent的对象强制转换为类型Child
        //Child oChild1 = (Child)oParent;
        Child oChild = new Child();
        oChild.MethodB();             //调用派生类Child的成员方法
        oChild.MethodA();             //调用基类Parent的成员方法
        Parent oParent1 = oChild;
        oParent1.MethodA();
        //oParent1.MethodB();         //编译错误，Parent不包含MethodB的定义
        Child oChild2 = (Child) oParent1;
        oChild2.MethodB();            //调用派生类ChildClass的成员方法
        oChild2.MethodA();            //调用基类ParentClass的成员方法
        Console.ReadKey();
    }
}
```

运行结果：

```
调用methodA()
调用methodB()
调用methodA()
调用methodA()
调用methodB()
调用methodA()
```

在例 8.13 中，类 Child 继承于 Parent。

（1）oChild 可以作为类型 Child，因而具有 Child 本身定义的方法 MethodB()和从基类 Parent 继承的方法 MethodA()。

（2）对象 oChild 可以自动转换为 Child 基类 Parent 的对象 oParent1，类型转换不会更改 oChild 对象的内容，但 oParent1 对象将作为类型 Parent，因而只具有类 Parent 定义的方法 MethodA()，但不具备类 Child 定义的方法 MethodB()。

（3）将 Child 对象 oChild 转换为 Parent 对象 oParent1 后，可以将该 Parent 对象 oParent1 重新强制转换为 Child 对象 oChild2。只有实际上是子类 Child 实例的 oParent1 才可以强制转换为类 Child；类 Parent 实例的 oParent，不能强制转换为子类 Child 的对象 oChild1，否则会产生错误。

【例 8.14】 通过继承实现多态性示例 2（PolyMorphDemo2.cs）。

```
using System;
interface ICommon { void f(); }
abstract class Base { public abstract void g(); }
class Derived1 : Base, ICommon
{   //重写从基接口ICommon继承的方法f()
    public void f() { Console.WriteLine("Derived1.f()"); }
    //重写从基类继承的方法g()
    public override void g() {Console.WriteLine("Derived1.g()"); }
    public void h() { Console.WriteLine("Derived1.h()"); }     //新定义方法h()
}
class Derived2 : ICommon
{   //重写从基接口ICommon继承的方法f()
    public void f() { Console.WriteLine("Derived2.f()"); }
    public void h() { Console.WriteLine("Derived2.h()"); }     //新定义方法h()
}
public class PolyMorphDemo2
{
  public static void Main()
  { //Derived1对象实例d1表现为Derived类型，故可调用Derived1类及其继承的所有成员方法
    Derived1 d1 = new Derived1(); d1.f(); d1.g(); d1.h();
    //Derived1对象实例c1表现为ICommon接口，故可调用ICommon接口的所有成员方法
    ICommon c1 = new Derived1(); c1.f();
    //Derived1对象实例b1表现为Base类型，故可调用Base类型的所有成员方法
    Base b1 = new Derived1();
    b1.g();                                    //访问Derived1中重写的方法f()
    //b1.f();                                  //编译错误，Base中没有声明方法f()
    //Derived1对象实例o1表现为Object类型，故可调用Object类型的所有成员方法
    Object o1 = new Derived1();
    Console.WriteLine(o1.GetType());           //访问Object中实现的方法GetType()
    //o1.f();                                  //编译错误，Object中没有声明方法f()
    //Base b2 = new Derived2();//编译错误，Derived2对象实例不能表现为Base类型
    Console.ReadKey();
  }
}
```

运行结果：

```
Derived1.f()
Derived1.g()
Derived1.h()
Derived1.f()
Derived1.g()
Derived1
```

8.6.3 通过方法重载实现多态性

如果在类中声明了名称相同的多个重载方法（方法签名不同），则该方法有多种表示形态（多态）。程序编译时，根据参数（个数、类型和顺序）判定采用的方法。

重载方法在编译时绑定，又称为“静态绑定”。

注意：派生类既可以声明派生类自己定义方法的重载方法，也可以声明从基类继承的方法的重载方法。

【例 8.15】 通过方法重载实现多态性示例（PolyMorphByOverload.cs）。

```
using System;
class P0 //基类
{
   public void MethodA(){Console.WriteLine("调用类P0的方法methodA()");}
}
class C0 : P0 //派生类
{
   public void MethodA(String str1)
   { //重载方法：重载从基类继承的MethodA()
     Console.WriteLine("调用类C0的方法MethodA(): " + str1);
   }
   public void MethodB(String str1)
   { //重载方法：重载MethodB(int a)
     Console.WriteLine("调用C0类的实例方法MethodB(String str1): " + str1);
   }
   public void MethodB(int a)
   { //重载方法：重载MethodB(String str1)
     Console.WriteLine("调用C0类的实例方法MethodB(int a): " + a);
   }
}
public class PolyMorphByOverload
{
   public static void Main()
   {
     C0 obj0 = new C0();
     obj0.MethodA("abc");        //静态绑定到C0对象实例的实例方法MethodA(String str1)
     obj0.MethodB("xyz");        //静态绑定到C0对象实例的实例方法MethodB(String str1)
     obj0.MethodB(123);          //静态绑定到C0对象实例的实例方法MethodB(int a)
     Console.ReadKey();
   }
}
```

运行结果：

```
调用类C0的方法MethodA(): abc
```

```
调用C0类的实例方法MethodB(String str1): xyz
调用C0类的实例方法MethodB(int a): 123
```

8.6.4 通过方法重写实现多态性

如果在派生类中重写从基类继承的方法，则该方法有多种表示形态（多态）。程序运行时，根据运行时对象的类型，调用相应类实现（重写）的方法。

重写方法在程序运行时绑定，又称为“动态绑定”。

【例 8.16】 通过方法重写实现多态性示例（PolyMorphByOverride.cs）。

```
using System;
class A0                //基类
{
    public virtual void MethodA()
    {
        Console.WriteLine("调用A0的类的实例方法MethodA()");
    }
}
class A01 : A0          //派生类
{
    public override void MethodA()
    {   //重写方法：重写从基类A0继承的方法
        Console.WriteLine("调用A01的类的实例方法MethodA()");
    }
}
class A02 : A0          //派生类
{
    public override void MethodA()
    {   //重写方法：重写从基类A0继承的方法
        Console.WriteLine("调用A02的类的实例方法MethodA()");
    }
}
public class PolyMorphByOverride1
{
    public static void Main()
    {
        A0 obj0 = new A0(); A0 obj01 = new A01(); A0 obj02 = new A02();
        obj0.MethodA(); //obj0运行时对象为类型A0，故调用基类A0的MethodA方法
        obj01.MethodA();//obj01运行时对象为类型A01，故调用类A01的MethodA方法
        obj02.MethodA();//obj02运行时对象为类型A02，故调用类A02的MethodA方法
        Console.ReadKey();
    }
}
```

运行结果：

```
调用A0的类的实例方法MethodA()
调用A01的类的实例方法MethodA()
调用A02的类的实例方法MethodA()
```


8.6.5 多态性综合举例

【例 8.17】 多态性综合示例（PolyMorph.cs）。声明抽象类 ShapeAbstract 及其派生类 Rectangle 和 Circle。随机产生 5 个形状，计算其面积之和。

注意：例 8.17 中抽象类 ShapeAbstract 也可以使用接口 ShapeInterface 代替。请读者思考。

```
using System;
abstract class Shape                                        //抽象基类
{
    public double x, y;
    public Shape(double x, double y)                        //带两个参数的构造函数
    {
        this.x = x;  this.y = y;
    }
    public abstract double getArea();                       //抽象方法
}
class Rectangle : Shape                                     //派生类Rectangle
{
    public Rectangle(double width, double height) : base(width, height) { }
    public override double getArea() { return x * y; }              //重写方法
}
class Circle : Shape                                        //派生类Circle
{
    public Circle(double radius) : base(radius, 0.0) { }
    public override double getArea() { return Math.PI * x * x; }    //重写方法
}
public class PolyMorphByAbstractClass
{
    public static void Main() {
     Shape[] shapes = new Shape[5];                         //声明5个形状类型数组
     Random rnd = new Random();
     for (int i = 0; i < shapes.Length; i++) {    //随机产生形状
         int type = rnd.Next(0,2);                          //产生随机数：0或1
         double x = rnd.NextDouble() * 100 + 1;   //产生随机数：1≤随机数<101
         double y = rnd.NextDouble() * 100 + 1;   //产生随机数：1≤随机数<101
             switch (type) {
             case 0: shapes[i] = new Rectangle(x,y); break;
             case 1: shapes[i] = new Circle(x); break;
             }
         }
```

```
        double area_sum = 0.0;                                   //各形状面积之和
        for (int i = 0; i < shapes.Length; i++) {                //打印各形状
            if (shapes[i] is Rectangle) {
            Console.WriteLine("第{0}号形状：矩形({1:0.00}, {2:0.00})，面积 ={3:0.00}",i+1,
            shapes[i].x, shapes[i].y, shapes[i].getArea());
            }else{
            Console.WriteLine("第{0}号形状：圆形({1:0.00})，面积={2:0.00}", i+1,
            shapes[i].x, shapes[i].getArea());
            }
            area_sum = area_sum + shapes[i].getArea();  //面积之和
        }
      Console.WriteLine("面积之和：{0:0.00}\n", area_sum);
      Console.ReadKey();
    }
}
```

运行结果（5个形状随机产生）：

```
第1号形状：矩形(82.80, 6.41)，面积=530.37
第2号形状：圆形(7.25)，面积=165.20
第3号形状：圆形(84.12)，面积=22232.86
第4号形状：矩形(5.70, 70.02)，面积=398.96
第5号形状：矩形(37.52, 35.37)，面积=1326.88
面积之和：24654.27
```

第9章 委托和事件

大多数 Windows 程序基于事件实现各种逻辑处理功能。C#通过委托和事件，以实现事件处理机制。

本章要点：

- 委托的基本概念；
- 委托的声明、实例化和调用；
- 多播委托；
- 事件处理机制；
- 事件的声明、订阅和取消；
- .NET Framework 事件模型。

9.1 委 托

委托是用来处理其他语言（如 C/C++、Pascal 和 Modula）需用函数指针来处理的情况的。不过与 C/C++函数指针不同，委托是完全面向对象的，是类型安全的；而 C/C++中的函数指针只是一个指向存储单元的指针，故无法保证指针实际指向内容为正确类型的函数（参数和返回类型），即 C/C++中的函数指针是不安全的。另外，C/C++指针仅指向成员函数，而委托同时封装了对象实例和方法。

委托可保存对方法引用的类。与其他的类不同，委托类具有一个签名，并且它只能对与其签名匹配的方法进行引用。这样，委托就等效于一个类型安全函数指针或一个回调。

委托声明定义一个从 System.Delegate 类派生的类。委托实例封装了一个调用列表，该列表列出了一个或多个方法，每个方法称为一个可调用实体。对于实例方法，可调用实体由该方法和一个相关联的实例组成。

对于静态方法，可调用实体仅由一个方法组成。用一个适当的参数集来调用一个委托实例，就是用此给定的参数集来调用该委托实例的每个可调用实体。

9.1.1 委托的声明

委托声明定义一个从 System.MulticastDelegate 派生的类（System.MulticastDelegate 是 System.Delegate 的派生类）。委托声明的基本形式如下：

```
[委托修饰符] delegate 返回值类型 委托名([形参列表]);
```

其中，委托修饰符指定方法的可访问性等；返回值类型指定与委托匹配方法的返回值类型；形参列表指定与委托匹配方法的形参列表。

注意：委托声明实际上是定义一个从 System.MulticastDelegate 类派生的类，但委托声明的语法与一般 C#类的声明语法不一致。C#编译器会根据委托的声明语法，自动创建一个派生于 System.MulticastDelegate 的类及其相关实现细节。

C#编译器根据委托的声明语法创建的委托类包括三个 public 方法：用于同步调用的 Invoke，用于异步调用的 BeginInvoke 和 EndInvoke。其伪代码为：

```
public sealed class 委托名: System.MulticastDelegate
{
    public 返回值类型 Invoke(形参列表);
    public IAsyncResult BeginInvoke(形参列表, AsyncCallback cb, object state);
    public 返回值类型 EndInvoke(形参列表中的ref和out参数, IAsyncResult result);
}
```

例如，委托声明 public delegate string D0(out bool z, ref int x, int y)对应的委托类为：

```
public sealed class D0: System.MulticastDelegate
{
    public string Invoke(out bool z, ref int x, int y);
    public IAsyncResult BeginInvoke(out bool z, ref int x, int y, AsyncCallback cb,
    object state);
    public stringEndInvoke(out bool z, ref int x, IAsyncResult result);
}
```

9.1.2 委托的实例化和调用

声明了委托（实际上是一个类型）后，需要创建委托的实例，然后调用其方法。创建委托实例的基本形式如下：

```
委托名 委托实例名 = new 委托名(匹配方法);
委托名 委托实例名 = 匹配方法; //等价简写形式
```

委托实例的同步调用与方法的调用类似，其基本形式如下：

```
委托实例名.Invoke(实参列表);
委托实例名(实参列表); //等价简写方式
```

其中，委托名是前面声明的委托类型名称；委托实例名是要创建委托的实例对象；匹配方法是与委托签名（由返回类型和参数组成）匹配的任何可访问类或结构中的任何方法。

委托是类型安全的，如果传递的方法不匹配，则导致编译错误。委托主要用于将类型安全的函数指针（方法）作为其他方法的参数进行传递，从而实现函数回调方法的功能。

匹配方法可以是静态方法，也可以是实例方法。如果是静态方法，则使用名称“**类名.方法名**”；如果是实例方法，则需要先创建类的实例对象，然后使用名称“**实例对象名.方法名**”。例如：

```
delegate int D1(int i, double d);   //声明委托
delegate int D2(int i);             //声明委托
```

```
class A
{
    public static int M1(int a, double b) {Console.WriteLine("A.M1()");}
}
class B
{
    delegate int D3(int c, double d);    //在类中声明嵌套类型：委托
    public static int M1(int f, double g) {Console.WriteLine("B.M1()");}
    public static void M2(int k, double l) {Console.WriteLine("B.M2()");}
    public static int M3(int g) {Console.WriteLine("B.M3()");}
    public static void M4(int g) {Console.WriteLine("B.M4()");}
}
```

在上例中，委托类型D1和类B中的嵌套D3委托类型与方法A.M1和B.M1匹配，它们具有相同的返回类型和参数列表；委托类型D2与方法B.M3匹配，它们具有相同的返回类型和参数列表。

【例9.1】 委托的实例化和调用示例1（Delegate1.cs）。

```
using System;
namespace CSharpBook.Chapter09
{
    delegate void D(int x);            //声明委托
    class C
    {
        public static void M1(int i){Console.WriteLine("C.M1:" + i);}
        public static void M2(int i){Console.WriteLine("C.M2:" + i);}
        public void M3(int i){Console.WriteLine("C.M3:" + i);}
    }
    class Test
    {
        static void Main()
        {
          D d1 = new D(C.M1);          //使用new关键字，创建委托对象，指向类静态方法
          d1(-1);                      //调用M1
          D d2 = C.M2;                 //使用赋值运算符，创建委托对象，指向类静态方法
          d2(-2);                      //调用M2
          C objc = new C();
          D d3 = new D(objc.M3);       //使用new关键字，创建委托对象，指向对象实例方法
          d3(-3);                      //调用M3
          Console.ReadKey();
        }
    }
}
```

运行结果：

```
C.M1: -1
C.M2: -2
C.M3: -3
```

【例 9.2】 委托的实例化和调用示例 2（Delegate2.cs）。编写一个通用的排序程序，将不同的排序算法作为函数指针参数传递，这样可以实现排序算法代码分离，从而方便用户编写或改进不同的排序算法。

```
using System;
namespace CSharpBook.Chapter09
{
   delegate void D(int[] A);                              //声明委托
   class ArraySort
   {
      public static void DisplayArray(int[] A)        //打印数组内容
      { foreach (int i in A) Console.Write("{0,5} ", i); Console.WriteLine(); }
      public static void GeneralSort(int[] A, D sort)
      {                                                   //通用排序程序
         sort(A);                                         //调用排序算法
         Console.WriteLine("升序数组: "); DisplayArray(A);//打印数组内容
      }
      public static void BubbleSort(int[] A)
      {                                                   //冒泡算法
         int i, t;
         int N = A.Length;                                //获取数组A的长度N
         for (int loop = 1; loop <= N - 1; loop++)
         {   //外循环进行N-1轮比较
            for (i = 0; i <= N - 1 - loop; i++)       //内循环两两比较，大数下沉
             if (A[i] > A[i + 1])                     //相邻两数交换
             { t = A[i]; A[i] = A[i + 1]; A[i + 1] = t; }
         }
      }
      public static void SelectSort(int[] A)
      {   //选择算法
         int i, t, MinI;
         int N = A.Length;  //获取数组A的长度N
         for (int loop = 0; loop <= N - 2; loop++)
         {  //外循环进行N-1轮比较
           MinI = loop;
           for (i = loop; i <= N - 1; i++)           //内循环中在无序数中找最小值
              if (A[i] < A[MinI]) MinI = i;
           t = A[loop]; A[loop] = A[MinI]; A[MinI] = t;//最小值与第1个元素交换
         }
      }
```

```
        static void Main()
        {   int[] A = new int[10]; Random rNum = new Random();
            //数组A赋值(0~100的随机数)
            for (int i = 0; i < A.Length; i++) A[i] = rNum.Next(101);
            Console.WriteLine("原始数组: "); DisplayArray(A);//显示数组
            D d1 = new D(ArraySort.BubbleSort);              //创建委托实例，指向冒泡算法
            Console.Write("冒泡算法--"); GeneralSort(A, d1);
            D d2 = new D(ArraySort.SelectSort);              //创建委托实例，指向选择算法
            Console.Write("选择算法--"); GeneralSort(A, d2);
        }
    }
}
```

运行结果（数组元素随机生成）：

```
原始数组:
   71    5   32   51   74   67   76   90   65   73
冒泡算法--升序数组:
    5   32   51   65   67   71   73   74   76   90
选择算法--升序数组:
    5   32   51   65   67   71   73   74   76   90
```

9.1.3 匿名方法委托

如前所述，创建委托实例时，必须指定与其匹配的方法，匹配方法可以为可访问类或结构中的任何方法。如果匹配方法不存在，则需要先声明类或结构以及与委托匹配的方法。

C#中提供了另外一种简洁方法来创建委托的实例：匿名方法。即不需要先声明类或结构以及与委托匹配的方法，而是在创建委托的实例时，直接声明与委托匹配的方法代码块（匿名方法）。声明匿名委托的基本语法为：

```
委托名 委托实例名 = new delegate([形参列表])
{
   方法体;
}[;]
```

例如：

```
delegate int Transformer(int i);
Transformer sqr = delegate (int x) {return x * x;};          //匿名委托方法
Console.WriteLine (sqr(3));                                  //输出结果为9
```

上述匿名方法也可以使用 Lambda 表达式定义：

```
Transformer sqr = (int x) => {return x * x;};
```

或更简单的：

```
Transformer sqr =  x => x * x;
```

使用 Lambda 表达式声明匿名函数的语法格式为：

```
(parameters) => 表达式或语句块
```

Lambda 表达式可以访问定义其方法体中的局部变量。被 Lambda 表达式引用的局部变量称为捕获变量；捕获变量的 Lambda 表达式称为闭包。当委托被调用时，捕获变量被求值。例如：

```
int factor = 2;
delegate int Multiplier(int i);
Multiplier multiplier = n => n * factor;
factor = 10;
Console.WriteLine (multiplier (3));      //输出结果为30
```

Lambda 表达式也可以更新捕获变量。例如：

```
int seed = 0;
delegate int Natural ();
Natural natural = () => seed++;
Console.WriteLine (natural());           //输出结果为0
Console.WriteLine (natural());           //输出结果为1
Console.WriteLine (seed);                //输出结果为2
```

【例 9.3】 匿名方法委托示例（AnonymDelegate.cs）。

```
using System;
namespace CSharpBook.Chapter09
{
  delegate void Printer(string s);       //声明委托
  class TestClass
  {
    static void Main()
    {  //使用匿名方法实例化delegate类
      Printer p = delegate(string j) { Console.WriteLine(j); };
      p("使用匿名方法的委托的调用");       //匿名delegate调用结果
    }
  }
}
```

运行结果：

```
使用匿名方法的委托的调用
```

9.1.4 多播委托

委托也可以包含多个方法，这种委托称为多播委托。如果调用多播委托实例，则按顺序依次调用多播委托实例封装调用列表中的多个方法。

注意：声明多播委托时，其返回类型一般为void，因为无法处理多次调用的返回值，而且不能带输出参数（但可以带引用参数）。如果多播委托的返回类型非void，则返回值为最后一个匹配方法调用的返回值，编译不会出错。

多播委托包括三个静态方法Combine、Remove和RemoveAll，用于添加/删除匹配方法到调用列表。也可使用等价方式+或+=、-或-=，添加/删除匹配方法到调用列表。

多播委托的基本语法为（假设声明委托D，创建其实例d1，d2，…，dn和d）：

```
d= (D)Delegate.Combine(d1, …, dn)  //组合d1，…，dn，并赋值给d
d = d1 + d2 + … + dn;              //组合d1，…，dn，并赋值给d
d += d1;                           //组合d和d1，并赋值给d
d = (D)Delegate.Remove(d1, d2)     //从d1的调用列表中删除最后一个d2，并赋值给d
d = (D)Delegate.Remove(d1, d2)     //从d1的调用列表中删除所有d2，并赋值给d
d = d1 - d2;                       //从d1的调用列表中删除d2，并赋值给d
d -= d1;                           //从d的调用列表中删除d1，并赋值给d
```

使用多播委托的实例方法GetInvocationList，可以获取其调用列表：

```
public sealed override Delegate[] GetInvocationList();
```

【例9.4】 多播委托示例（MultiDelegate.cs）。

```
using System;
namespace CSharpBook.Chapter09
{
    delegate void D(int x);
    class C
    {
        public static void M1(int i) { Console.WriteLine("C.M1: " + i);
        public static void M2(int i) { Console.WriteLine("C.M2: " + i);}
    }
    class Test
    {
        static void Main()
        {  D cd1 = new D(C.M1);  cd1(-1); //调用 M1
           D cd2 = new D(C.M2);  cd2(-2); //调用M2
           D cd3 = cd1 + cd2;    cd3(10); //先调用M1，然后调用M2
           cd3 -= cd1;  cd3(20);          //删除M1，调用M2
           cd3 -= cd2;                    //删除M2后，调用列表为null
           // cd3(70);                    //抛出System.NullReferenceException异常
           cd3 -= cd1;                    //没有M1可删除，但不报错
           Console.ReadLine();
        }
    }
```

```
}
```

运行结果：

```
C.M1: -1
C.M2: -2
C.M1: 10
C.M2: 10
C.M2: 20
```

9.1.5 委托的异步调用

C#语言通过委托可以实现异步方法调用。其基本步骤如下：

（1）定义与需要调用的方法具有相同签名的委托；C#编译器根据委托的声明语法创建委托类，包括用于异步调用的 BeginInvoke 和 EndInvoke 方法。

```
public IAsyncResult BeginInvoke(形参列表, AsyncCallback cb, object state);
public 返回值类型 EndInvoke(形参列表中的ref和out参数, IAsyncResult result);
```

（2）创建委托的实例，使用匹配的方法。

（3）通过委托实例的 BeginInvoke，异步调用匹配的方法。BeginInvoke 立即返回 IasyncResult，可用于监视调用进度，不等待异步调用完成。

（4）执行其他操作。

（5）使用 BeginInvoke 立即返回 IasyncResult 的 AsyncWaitHandle 方法，获取 WaitHandle，使用其 WaitOne 方法将执行一直阻塞到发出 WaitHandle 信号（异步方法调用结束）。

（6）通过委托实例的 EndInvoke 方法，检索异步调用结果。调用 BeginInvoke 后可随时调用 EndInvoke 方法；如果异步调用未完成，EndInvoke 将一直阻塞到异步调用完成。

【例 9.5】 委托的异步调用示例（AsyncDelegate.cs）。

```
using System;using System.Threading;
namespace CSharpBook.Chapter09
{   //声明AddDelegate委托
    public delegate int MyDelegate(int op1, int op2, out int result);
    class AsyncDelegate
    {
        public static int Add(int op1, int op2, out int result)
        {   //睡眠5000ms，模拟实际耗时操作
            Thread.Sleep(5000);
            return (result = op1 + op2);
        }
        static void Main()
        {
            int result;
            MyDelegate d = new MyDelegate(AsyncDelegate.Add);//创建委托实例
            //调用BeginInvoke方法用于启动异步调用
            Console.WriteLine("异步调用AsyncDelegate.Add()方法开始");
```

```
            IAsyncResult iar = d.BeginInvoke(123, 456, out result, null, null);
            Console.Write("执行其他操作");
            for (int i = 0; i < 10; i++)//模拟其他操作，每隔500ms打印一个句点
            {
                Thread.Sleep(500); Console.Write(".");
            }
            Console.WriteLine("等待");
            /*使用IAsyncResult.AsyncWaitHandle获取WaitHandle，使用WaitOne方法执行
            阻塞等待。异步调用完成时会发出WaitHandle信号，可通过WaitOne等待*/
            iar.AsyncWaitHandle.WaitOne();
            Console.WriteLine("异步调用AsyncDelegate.Add()方法结束");
             /*使用EndInvoke方法检索异步调用结果。调用BeginInvoke后，可随时调用
            EndInvoke方法；若异步调用未完成，EndInvoke将一直阻塞到异步调用完成*/
            d.EndInvoke(out result, iar);
            Console.WriteLine("异步调用AsyncDelegate.Add()方法结果：{0}", result);
            Console.ReadKey();
        }
    }
}
```

运行结果：

```
异步调用AsyncDelegate.Add()方法开始
执行其他操作..........等待
异步调用AsyncDelegate.Add()方法结束
异步调用AsyncDelegate.Add()方法结果：579
```

9.1.6 委托的兼容性

与委托相对应的方法不必与委托签名完全匹配。只要满足下面的所有条件，则方法M与委托类型D兼容（compatible）：

- D和M的参数数目相同，且各自对应参数具有相同的ref或out修饰符；
- 对于每个ref或out参数，D中的参数类型与M中的参数类型相同；
- 存在从M的返回类型到D的返回类型的隐式引用转换（协变）；
- 每一个值参数（非ref或out修饰符的参数）都存在从D中的参数类型到M中的对应参数类型的隐式引用转换（逆变）。

【例9.6】 委托的兼容性示例（CompDelegate.cs）。

```
using System;
namespace CSharpBook.Chapter09
{
    class Mammal { }
    class Dog : Mammal { }
    class CompDelegate
    {
```

```
        public delegate Mammal HandlerMethod();//定义委托
        public delegate void HandlerMethod1(Mammal m);
        public delegate void HandlerMethod2(Dog d);
        public static Mammal FirstHandler(){Console.WriteLine("first handler");return null;}
        public static Dog SecondHandler(){Console.WriteLine("second handler");return null;}
        public static void ThirdHandler(Mammal m){Console.WriteLine("thirdhandler");}
        static void Main()
        {
            HandlerMethod handler1 = Comp.FirstHandler;           //正常匹配
            handler1();
            //协变，返回值Dog默认可转换为Mammal
            HandlerMethod handler2 = Comp.SecondHandler; handler2();
            Mammal m = new Mammal();
            HandlerMethod1 handler11 = Comp.ThirdHandler;         //正常匹配
            handler11(m); Dog d = new Dog();
            //逆变，参数Dog默认可转换为Mammal
            HandlerMethod2 handler22 = Comp.ThirdHandler;
            handler22(d); Console.ReadKey();
        }
    }
}
```

运行结果：

```
first handler
second handler
third handler
third handler
```

9.2 事　件

9.2.1 事件处理机制

类或对象可以通过事件（event）向其他类或对象通知发生的相关事情。发送（或引发）事件的类称为“发行者”（生产者），接收（或处理）事件的类称为“订户”（消费者）。

事件是一种使对象或类能够提供通知的成员。客户端可以通过提供事件处理程序（event handler）为相应的事件添加可执行代码。事件是对象发送的消息，以发信号通知操作的发生。操作可能是由用户交互（如鼠标单击）引起的，也可能是由某些其他的程序逻辑触发的。事件具有以下特点：

- 发行者确定何时引发事件，订户确定执行何种操作来响应该事件；
- 一个事件可以有多个订户，一个订户可处理来自多个发行者的多个事件；

- 没有订户的事件永远不会被调用；
- 事件通常用于通知用户操作，如图形用户界面中的按钮单击或菜单选择操作；
- 如果一个事件有多个订户，当引发该事件时，会同步调用多个事件处理程序；
- 可以利用事件同步线程；
- 在.NET Framework 类库中，事件基于 EventHandler 委托和 EventArgs 基类。

在 C#中，事件实际上是委托的一种特殊形式。C#使用一种委托模型来实现事件。事件模型分为事件生产者和事件消费者，其处理机制大致可以分为下列 4 步：

（1）在事件生产者类中声明一个事件成员，即某种事件处理委托（简称为事件委托）的实例（多播事件委托实例）。

（2）在事件消费者类中声明与事件委托相匹配的事件处理方法。

（3）通过“+=”向多播事件委托实例封装的调用列表中添加事件处理方法，或通过“-=”从多播事件委托实例封装的调用列表中删除事件处理方法。

（4）在事件生产者类中添加有关发生事件的代码，即当满足某种条件时（发生事件），则调用事件委托，即调用多播事件委托实例封装的调用列表中添加的事件处理方法。如果没有订阅，即事件实例为 null，即不作任何处理。

事件处理机制如图 9-1 所示。

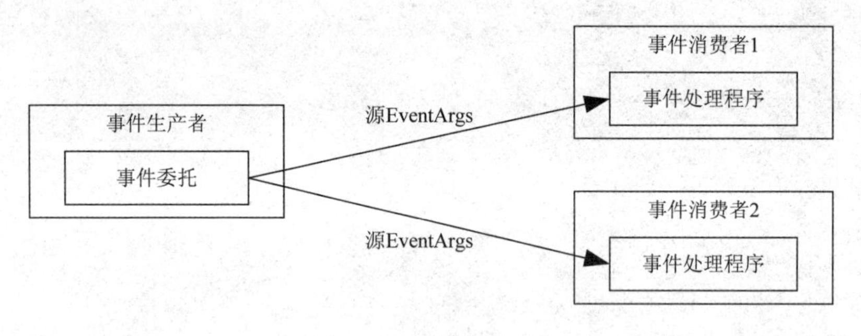

图 9-1　事件处理机制

【例 9.7】 事件处理机制示例（EventHandle.cs）。在典型的 C# Windows 窗体应用程序中，可订阅由控件（如按钮）引发的事件。其实现代码如下（注：本例的事件生产者类为 Button 类，其中定义事件 Click，以及相应的有关发生事件/调用事件处理方法的代码）。

```
using System;using System.ComponentModel;
using System.Windows.Forms;using System.Drawing;
namespace CSharpBook.Chapter09
{
 public class MyForm : Form                              //窗体
 {
  private TextBox box;                                   //文本框
  private Button button;                                 //按钮
  public MyForm() : base()
  {
     box = new TextBox();                                //新建文本框
     box.BackColor = System.Drawing.Color.Cyan;  //设置背景色为青绿色
```

```
        box.Size = new Size(100,100);                          //设置文本框大小
        box.Location = new Point(50,50);                       //设置文本框位置
        box.Text = "Hello";                                    //设置文本框文本内容
        button = new Button();                                 //新建按钮
        button.Location = new Point(50,100);                   //设置按钮位置
        button.Text = "Click Me";                              //设置按钮文本内容
        //通过+=向多播事件委托实例封装的调用列表中添加事件处理方法
        button.Click += new EventHandler(this.Button_Click); //按钮单击事件
        Controls.Add(box);  Controls.Add(button);
    }
    private void Button_Click(object sender, EventArgs e)
    {  //声明和处理按钮单击事件：将文本框背景色改为绿色
        box.BackColor = System.Drawing.Color.Green;
    }
    [STAThreadAttribute]
    public static void Main(string[] args)
    {
        Application.Run(new MyForm());
    }
  }
}
```

运行结果如图 9-2 所示。

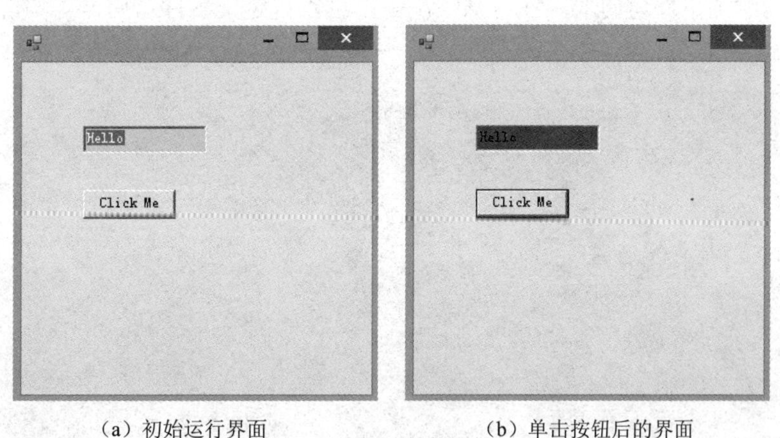

（a）初始运行界面　　（b）单击按钮后的界面

图 9-2　事件处理机制运行结果

注意：开发 Windows 窗口应用程序，一般使用集成开发环境（IDE），通过浏览控件发布的事件，选择要处理的事件，IDE 会自动添加空事件处理程序方法和订阅事件的代码。使用设计器可以实现快速开发任务，但是 IDE 将生成附加代码。

9.2.2　事件的声明和引发

C#中使用关键字 event 在事件生成者类中声明事件，其基本形式如下：

```
[修饰符] event 事件委托名 事件名;
```

其中，事件委托名为事件处理委托的名称，需要在声明事件前进行定义（也可以使用.NET Framework 事件模型中预定义的事件处理委托，如 EventHandler 等）。通过关键字 event，C#编译器将自动生成所有事件处理机制所需要的成员和处理代码。

当满足某种条件时，可以引发事件。其基本语法为：

```
事件委托名(sender, e)
```

其中，sender 是引发事件的对象，即发送消息的对象；e 是事件传送出去的消息。

9.2.3 事件的订阅和取消

C#使用加法赋值运算符（+=）来为事件附加事件处理程序；使用减法赋值运算符（-=）取消订阅事件，所有订户都取消订阅事件后，发行者类中的事件实例将设置为 null。订阅/取消事件的基本形式如下：

```
对象.事件名 += 委托实例;
对象.事件名 -= 委托实例;
```

其中，委托实例是包含事件处理方法的委托实例。

客户端代码通过事件访问器添加到委托的调用列表中，事件访问器类似于属性访问器，但事件访问器被命名为 add 和 remove。一般情况下，不需要提供自定义的事件访问器，编译器会自动添加事件访问器。在特殊情况下，可以自定义事件访问器，实现特定行为。例如：

```
event EventHandler IDrawingObject.OnDraw
{
    add
    {
        lock (PreDrawEvent)
        {
            PreDrawEvent += value;
        }
    }
    remove
    {
        lock (PreDrawEvent)
        {
            PreDrawEvent -= value;
        }
    }
}
```

【例 9.8】 事件的声明、引发、订阅和取消示例（Subscribe.cs）。

```
using System;
```

```
namespace CSharpBook.Chapter09
{
    public delegate void SampleEventHandler(object sender, EventArgs e);
    public class Publisher
    {
        public event SampleEventHandler SampleEvent;   //声明事件
        protected virtual void RaiseSampleEvent()      //产生事件
        {  //若不需要传递消息参数，可直接使用EventArgs对象
            SampleEvent(this, new EventArgs());        //引发事件
        }
    }
    public class Subscriber
    {
        public static void Method1(object sender, EventArgs e)
        {
            Console.WriteLine("To Do Something...");
        }
        public static void Method2(object sender, EventArgs e)
        {
            Console.WriteLine("To Do Something...");
        }
        public static void Main()
        {  //创建委托实例
            SampleEventHandler d1 = new SampleEventHandler(Subscriber.Method1);
            Publisher p = new Publisher();          //订阅事件
            p.SampleEvent += d1;
            p.SampleEvent += new SampleEventHandler(Subscriber.Method2);//订阅事件
            p.SampleEvent -= d1;                    //取消事件
        }
    }
}
```

虽然也可以使用匿名方法委托订阅事件，但是采用这种方法时，事件的取消订阅过程将比较麻烦：需要将该匿名方法存储在委托变量中，然后通过委托实例实现取消事件操作。

9.2.4 静态事件和实例事件

当事件声明包含 static 修饰符时，称该事件为静态事件（static event）。静态事件不和特定实例关联，因此在静态事件的访问器中引用 this 会导致编译时错误。

当不存在 static 修饰符时，称该事件为实例事件（instance event）。实例事件与类的给定实例关联，此实例在该事件的访问器中可以用 this 来访问。

9.2.5 .NET Framework 事件模型

在.NET Framework 中，事件模型由三个互相联系的元素提供：提供事件数据的类、事

件的委托和引发事件的类，并约定其命名规则如下（以引发名为 EventName 的事件为例）：

- 提供事件数据的类必须从 System.EventArgs 派生，命名为 EventNameEventArgs；
- 事件的委托，命名为 EventNameEventHandler；
- 引发事件的类，必须提供事件声明（EventName）和引发事件（OnEventName）的方法。

.NET Framework 类库中定义了大量的事件数据类和事件委托类，可以根据需要直接使用，而不需要定义这些类。例如，如果事件不使用自定义数据，则可以使用 System.EventArgs 作为事件数据，并使用 System.EventHandler 作为委托。下面为 System.Windows.Forms 命名空间中包含的几个事件处理委托：

```
public delegate void DragEventHandler (object source, DragEventArgs args);
public delegate void KeyEventHandler (object source, KeyEventArgs args);
public delegate void MouseEventHandler(object source, MouseEvent Args);
```

9.2.6 综合举例：事件实现的步骤

按照.NET Framework 事件模型，在 C#中实现事件处理的基本步骤如下。

（1）声明提供事件数据的类。从 System.EventArgs 派生提供事件数据的类。

（2）声明事件处理委托。

（3）声明引发事件的类（事件生产类）。

（4）在事件生产类中，声明事件。

（5）在事件生产类中，实现产生事件的代码。

（6）声明处理事件的类（事件消费类）。

（7）在事件消费类中，声明事件处理方法。

（8）在事件消费类中，订阅或取消事件。

【例 9.9】 事件处理综合示例（EventImplement.cs）。

```
using System;using System.Collections;
namespace CSharpBook.Chapter09
{ //步骤1：声明提供事件数据的类
  public class NameListEventArgs : EventArgs
  {
    public string Name { get; set; }
    public int Count { get; set; }
    public NameListEventArgs(string name, int count)
    {
        Name = name; Count = count;
    }
  }
  //步骤2：声明事件处理委托
  public delegate void NameListEventHandler(object source, NameList EventArgs args);
  //步骤3：声明引发事件的类（事件生产类）
  public class NameList
  {
```

```
    ArrayList list;
    //步骤4：在事件生产类中，声明事件
    public event NameListEventHandler nameListEvent;
    public NameList()
    {
        list = new ArrayList();
    }
    public void Add(string Name)
    {
        list.Add(Name);
        //步骤5：在事件生产类中，实现产生事件的代码
        if (nameListEvent != null)
        {
            nameListEvent(this, new NameListEventArgs(Name, list.Count));
        }
    }
  }
  //步骤6：声明处理事件的类（事件消费类）
  public class EventDemo
  {
    //步骤7：在事件消费类中，声明事件处理方法
    public static void Method1(object source, NameListEventArgs args)
    {
        Console.WriteLine("列表中增加了项目：{0}", args.Name);
    }
     public static void Method2(object source, NameListEventArgs args)
    {
        Console.WriteLine("列表中的项目数：{0}", args.Count);
    }
    public static void Main()
    {
        NameList nl = new NameList();
        //步骤8：在事件消费类中，订阅或取消事件
        nl.nameListEvent += new NameListEventHandler(EventDemo.Method1);
        nl.nameListEvent += new NameListEventHandler(EventDemo.Method2);
        nl.Add("张三"); nl.Add("李四"); nl.Add("王五"); Console.ReadLine();
    }
  }
}
```

运行结果：

```
列表中增加了项目：张三
列表中的项目数：1
列表中增加了项目：李四
列表中的项目数：2
列表中增加了项目：王五
列表中的项目数：3
```

第10章 结构和枚举

结构可视为轻量级类，是用于存储少量数据的数据类型的理想选择。枚举是值类型的一种特殊形式，用于声明一组命名的常量。

本章要点：

- 结构与类的区别；
- 结构的声明和调用；
- 枚举的声明和使用；
- 枚举的运算和操作。

视频讲解

10.1 结　　构

10.1.1 结构概述

结构与类很相似，均为包含数据成员和函数成员的数据结构。结构可视为轻量级类，是创建用于存储少量数据的数据类型的理想选择。

然而，类是存储在堆（heap）上的引用类型，而结构是存储在堆栈（stack）上的值类型。如果从结构创建一个对象并将该对象赋给某个变量，则该变量包含结构的全部值。复制包含结构的变量时，将复制所有数据，对新副本所做的任何修改都不会改变旧副本的数据。但是，结构仍可通过 ref 或 out 形参以引用方式传递给函数成员。

结构类型适于表示 Point、Rectangle、Color 和复数等轻量级对象。尽管可以将一个坐标系中的点表示为类，但在某些情况下，使用结构更有效。例如，如果声明一个由 1000 个 Point 对象组成的数组，为了引用每个对象，则需分配更多内存；这种情况下，使用结构可以节约资源。

事实上，C#中内建的基本值类型（如 Int32、Int64 和 Double 等）在.NET Framework 中均采用结构来实现。

结构是值类型，因而可以通过装箱/拆箱操作，实现与 object 类型或由该结构实现的接口类型之间的转换。

结构在以下几个重要方面和类是不同的：

（1）结构是值类型且被称为具有值语义；而类是引用类型且被称为具有引用语义。对结构类型变量进行赋值意味着将创建所赋的值的一个副本。而对类变量的赋值，所复制的是引用，而不是复制由该引用所标识的对象。

（2）对于结构，不像类那样存在继承。一个结构不能从另一个结构或类继承，而且不能作为一个类的基，结构声明可以指定实现的接口列表。但是，所有结构都直接继承自System.ValueType，而 System.ValueType 则继承自 System.Object。

（3）结构类型永远不会是抽象的，并且始终是隐式密封的。

（4）与类不同，结构不允许声明无形参实例构造函数；相反，每个结构隐式地具有一个无形参实例构造函数，该构造函数始终返回相同的值，即通过将所有的值类型字段设置为它们的默认值，并将所有引用类型字段设置为 null 而得到的值。结构可以声明具有形参的实例构造函数。

（5）在结构中不允许声明析构函数。

10.1.2 结构的声明

结构声明与类声明大致相似，但是使用关键字 struct。结构声明的简明形式如下：

```
[结构修饰符] struct 结构名
{
    结构体
}[;]
```

C#中结构声明的语法与类声明的语法类似。结构声明中各部分意义如下：

- **[结构修饰符]**（可选）：定义结构的可访问性等信息。
- **struct**：关键字，注意首字母小写。
- **结构名**：要定义的结构的标识符，必须符合标识符的命名规则，一般采用 Pascal 命名规范，如 Point。
- **结构体**：定义该结构的成员，包括在一对大括号之间，结构体可以为空。
- **[;]**（可选）：最后还可添加一个分号，这也是可选的。

例如，声明一个表示平面坐标系中的点的结构 Point。

```
struct Point
{
    public int x, y;            //结构成员
    public Point(int x, int y)  //构造函数
    {
        this.x = x;  this.y = y;
    }
}
```

所有的结构默认继承于 System.ValueType，而 System.ValueType 继承于 System.Object，因而包含从类型 System.ValueType 和 System.Object 继承的成员。

但在声明结构时，不支持继承，即不能指定要继承的基类，否则会导致编译错误。结构支持接口，声明结构时可以指定要实现的接口列表。其基本形式为：

```
struct 结构名 : 基接口列表
{
    结构体
```

```
}[;]
```

10.1.3 结构的调用

与创建类的对象类似，可以使用 new 运算符创建结构对象（结构变量）。这种调用方法将创建该结构变量，并调用适当的构造函数以初始化结构成员。其基本语法为：

```
结构名 结构变量名= new 结构名 ([参数表]);
```

与类不同，结构的实例化也可以不使用 new 运算符。如果不使用 new，则在初始化所有字段之前，字段都保持未赋值状态且对象不可用。其基本语法为：

```
结构名 结构变量名;
```

【例 10.1】 结构的调用示例（Point.cs）。声明一个表示平面坐标系中的点的结构 Point，包含两个数据成员 x 和 y、一个具有两个参数的构造函数。分别通过调用默认构造函数、调用具有两个参数的构造函数和对平面坐标点赋值的方法构建并显示三个平面坐标点。

```
using System;
namespace CSharpBook.Chapter10
{
  public struct Point                              //平面坐标点
  {
    public int x, y;
    public Point(int x, int y)                     //有两个参数的构造函数
    {
        this.x = x;  this.y = y;
    }
  }
  class PointTest
  {
    static void Main()
    {
        Point p1 = new Point ();                   //调用默认构造函数
        Console.WriteLine("平面坐标 1: x = {0}, y = {1}", p1.x, p1.y);
        Point p2 = new Point(10, 10);              //调用有两个参数的构造函数
        Console.WriteLine("平面坐标 2: x = {0}, y = {1}", p2.x, p2.y);
        Point p3;
        //Console.WriteLine("平面坐标3: x = {0}, y = {1}", p3.x, p3.y);//编译错误
        p3.x = 22;  p3.y = 33;
        Console.WriteLine("平面坐标 3: x = {0}, y = {1}", p3.x, p3.y);
        Console.ReadKey();
    }
  }
}
```

运行结果：

```
平面坐标 1: x = 0, y = 0
平面坐标 2: x = 10, y = 10
平面坐标 3: x = 22, y = 33
```

10.1.4 分部结构

与分部类类似，可以使用 partial 修饰符将结构划分为多个部分（分部结构），存储在不同的源文件中，以便于开发和维护。编译时，同一命名空间或类型声明中具有相同名称的多个分部结构声明可组合在一起，来构成一个结构声明。

10.1.5 结构成员

结构中可以声明常量、字段、方法、属性、索引器、运算符重载、带参数构造函数、委托、事件和嵌套类型等成员。

结构中包含的成员与类中包含的成员的声明语法基本类似（参见第 7 章）。

由于结构不支持继承（不能从一个结构类型派生其他类型），所以结构成员的声明可访问性不能是 protected 或 protected internal。结构中的函数成员不能是 abstract 或 virtual，override 修饰符只适用于重写从 System.ValueType 继承的方法。

结构不能声明默认构造函数（没有参数的构造函数）或析构函数，这是因为结构的副本由编译器自动创建和销毁，因此不需要使用默认构造函数和析构函数。编译器提供默认构造函数以将结构成员初始化为它们的默认值。

结构的默认值就是将所有值类型字段设置为它们的默认值并将所有引用类型字段设置为 null 而产生的值。即数值型（byte、int、long 等）为 0；char 类型为'\0'；bool 类型为 false；枚举类型为 0；引用类型为 null。

如果定义带参数的构造函数，则必须对所有的字段进行初始化。

结构不允许它的实例字段声明中含有变量初始值设定项，但在结构的静态字段声明中可以含有变量初始值设定项。例如：

```
struct Point
{
    public int x = 1;                //编译错误！结构中不能有实例字段初始值设定项
    public int y = 1;                //编译错误！结构中不能有实例字段初始值设定项
    public static int z = 1;         //静态字段可以有变量初始值设定项
}
```

10.1.6 嵌套结构

一般在命名空间内直接定义枚举，以便其他类型可以访问它。但是，也可以作为类和结构的成员，在类或结构的内部定义其他的结构。

在类或结构的内部声明的结构，称为内部结构或者嵌套结构。在编译单元或命名空间内声明的结构称为顶级结构或者非嵌套结构。

【例 10.2】 嵌套结构示例（Student.cs）：声明一个结构 Student，包含一个嵌套结构 Grade

表示学生分数。

```
using System;
namespace CSharpBook.Chapter10
{
  struct Student                                        //Student结构
  {
    public struct Grade                                 //嵌套结构（分数）
    {
        public string courseName; public float courseGrade;//课程名称、分数
        public Grade(string name, float grade)     //嵌套结构的构造函数
        {
            courseName = name;  courseGrade = grade;
        }
    }
    public string studentID, studentName;          //学生学号、姓名
    public Grade[] grades;                              //分数（嵌套结构类型）
    public Student(string id, string name)         //学生结构的构造函数
    {
        studentID = id; studentName = name; grades = new Grade[3];
    }
  }
  class TestClass
  {
    static void Main()
    {
        Student s1 = new Student("201710101", "张三");
        s1.grades = new Student.Grade[] { new Student.Grade("语文", 80),
             new Student.Grade("数学", 90), new Student.Grade("英语", 100) };
        Console.WriteLine("Student ID={0}, Student Name={1}",s1.studentID,s1.studentName);
        foreach (Student.Grade g in s1.grades)
        {
          Console.WriteLine("Course={0}, Grade={1}", g.courseName, g.courseGrade);
        }
        Console.ReadLine();
    }
  }
}
```

运行结果：

```
Student ID=201710101, Student Name=张三
Course=语文, Grade=80
Course=数学, Grade=90
Course=英语, Grade=100
```

10.2 枚　　举

10.2.1 枚举概述

枚举（enum）是值类型的一种特殊形式，用于声明一组命名的常量。例如，下面示例声明一个名为 Color 的枚举类型，该类型具有三个成员：Red、Green 和 Blue。

```
enum Color
{
    Red,
    Green,
    Blue
}
```

可以将基础类型的值分配给枚举，反之亦然。可以创建枚举的实例，并调用 System.Enum 的方法以及对枚举的基础类型定义的任何方法。

枚举具有下列优点：

（1）枚举可以使代码更易于维护，有助于确保给变量指定合法、期望的值。

（2）枚举使代码更清晰，允许用描述性的名称表示整数值。

（3）Visual Studio IntelliSense 支持枚举，可以实现代码快速输入。

.NET 类库包含大量的枚举。例如，System 命名空间包括若干枚举类型：ConsoleColor、ConsoleKey、ConsoleModifiers 等。其中 ConsoleModifiers 的定义为：

```
namespace System
{
   [Serializable]
   [Flags]
   public enum ConsoleModifiers
   {
      Alt = 1,             //左侧或右侧的Alt键
      Shift = 2,           //左侧或右侧的Shift键
      Control = 4,         //左侧或右侧的Ctrl键
   }
}
```

10.2.2 枚举声明

C#使用关键字 enum 声明枚举，包括枚举的名称、可访问性、基础类型和成员。声明枚举的基本形式如下：

```
[枚举修饰符] enum 枚举名 [:基础类型]
{
    枚举体
```

```
}[;]
```

C#中枚举声明的语法与类声明的语法类似。枚举声明中各部分意义如下：

- **[枚举修饰符]**（可选）：定义枚举的可访问性等信息。枚举声明的修饰符与类声明的修饰符具有同样的意义。但是，在枚举声明中不允许使用 abstract 和 sealed 修饰符。枚举不能是抽象的，也不允许派生。
- **enum**：关键字，注意首字母小写。
- **枚举名**：要定义的枚举的标识符，必须符合标识符的命名规则，一般采用 Pascal 命名规范，如 WeekDays。
- **[:基础类型]**（可选）：每种枚举类型都有基础类型，可以声明 byte、sbyte、short、ushort、int、uint、long 或 ulong 类型作为对应的基础类型。char 不能用作基础类型。默认基础类型是 int。
- **枚举体**：定义零个或多个枚举成员，这些成员是该枚举类型的命名常量。任意两个枚举成员不能具有相同的名称。

每个枚举成员均具有相关联的常量值，此值的类型就是枚举的基础类型。默认时，第一个枚举成员的关联值为 0；其他枚举成员的关联值为前一个枚举成员的关联值加 1。例如：

```
enum Color1: long
{
    Red,            //关联值为0
    Green,          //关联值为1
    Blue            //关联值为2
}
```

可以自定义每个枚举成员相关联的常量值，但要求必须在该枚举的基础类型的范围之内。下面的示例将产生编译时错误，因为常量值-1、-2 和-3 不在基础整型 uint 的范围内。

```
enum Color2: uint
{
   Red = -1,
   Green = -2,
   Blue = -3
}
```

多个枚举成员可以共享同一个关联值。下面的示例中，两个枚举成员（Blue 和 Max）具有相同的关联值 11。

```
enum Color3: uint
{
   Red ,            //关联值为0
   Green = 10,      //关联值为10
   Blue,            //关联值为11
```

```
    Max = Blue          //关联值为11
}
```

10.2.3 枚举的使用

访问枚举的方式与访问静态字段类似。其基本形式为：

```
枚举名.枚举成员;
```

注意：虽然每个枚举类型都定义了一个确切的类型，但枚举成员并不直接等同于其相关联的常量值，故在条件语句或case语句中，不能直接把枚举成员与其基础类型整型变量相比较，需要通过强制转换后再比较。例如：

```
if (Color.Red == 1) Console.WriteLine("Color Red is 1");       //编译错误
if ((int)Color.Red == 0) {Console.WriteLine("Color Red is 0");}
if (Color.Red == (Color)0) { Console.WriteLine("Color Red is 0"); }
```

【例 10.3】 枚举的使用示例（EnumTest.cs）。

```
using System;
enum Color { Red, Green, Blue }
public class EnumTest
{
    public static void Main()
    {
        Color color1 = Color.Blue;
        if (color1 == Color.Red) { Console.WriteLine("color1 is red"); }
        else { Console.WriteLine("color1 is not red"); }
        Color color2 = Color.Red;
        switch (color2)
        {
            case Color.Red:
                Console.WriteLine("color2 is red"); break;
            case Color.Green:
                Console.WriteLine("color2 is green"); break;
            case Color.Blue:
                Console.WriteLine("color2 is blue"); break;
        }
        Console.WriteLine("Color.Green = {0}", Color.Green);
        Console.WriteLine("Color.Green = {0}", (int)Color.Green);
        Console.ReadKey();
    }
}
```

运行结果：

```
color1 is not red
color2 is red
Color.Green = Green
Color.Green = 1
```


10.2.4 Flags 枚举

枚举包括一组命名的常量，通常枚举变量对应其中的某个常量。例如：

```
enum Days : byte {Mon, Tue, Wed, Thu, Fri, Sat=1, Sun};
Days d1=Days.Mon, d2=Days.Sun;
```

如果要表示复合状态，即对应枚举中的多个变量，则可以使用[Flags]特性标记。使用[Flags]特性标记的枚举，可以将枚举作为位域（即一组标志）处理，其成员常量对应于整数的不同位，如 0x01、0x02、0x04、0x08 等。例如：

```
[Flags]
enum Styles
{
    ShowBorder = 1,          //是否显示边框
    ShowCaption = 2,         //是否显示标题
    ShowToolbox = 4          //是否显示工具箱
}
Styles s_all = Styles.ShowBorder | Styles.ShowCaption | Styles.ShowToolbox;
Console.WriteLine(s_all); //结果为：ShowBorder, ShowCaption, ShowToolbox
                          //如果没有使用[Flags]，则结果为：7
```

.NET 类库中包含许多枚举，包含[Flags]特性标记，可以表示复合标志状态。

【例 10.4】 Flags 枚举示例（FlagTest.cs）。

```
using System;
namespace CSharpBook.Chapter10
{
  [Flags]   //指示可以将枚举作为位域（即一组标志）处理
  public enum Seasons
  {
    Spring = 0x01, Summer = 0x02, Autumn = 0x04, Winter = 0x08,
  }
  class FlagTest
  {
    static void Main()
    {
        Seasons options = Seasons.Summer | Seasons.Winter;
        Console.WriteLine("options = "+options);
        Console.WriteLine("(int)options = "+(int)options); Console. ReadLine();
```

```
        }
    }
}
```

运行结果：

```
options = Summer, Winter
(int)options = 10
```

10.2.5 枚举的运算和操作

可以对枚举类型的值使用以下运算符：==、!=、<、>、<=、>=、二元+、二元−、^、&、|、~、++、--以及 sizeof。

所有的枚举默认都继承于 System.Enum，System.Enum 类派生自 System.ValueType，System.ValueType 派生自 System.Object。

System.Enum 类提供若干静态方法，用于枚举的基本操作，包括访问枚举成员的名称和值；确定枚举中是否存在一个值；把值转换成枚举类型；格式化枚举值等。Enum 类提供的一些方法如表 10-1 所示，假设有声明 enum Colors { Red, Green, Blue, Yellow}。

表 10-1　Enum 类提供的一些方法

名称	说明	示例	结果
Format(枚举类型，枚举常量值, 输出格式)	格式化枚举常量值	`Enum.Format(typeof(Colors), Colors.Blue, "d");`	2
GetName(枚举类型，枚举常量值)	返回指定枚举常量值的名称	`Enum.GetName(typeof(Colors), 3);`	Yellow
GetNames(枚举类型)	返回指定枚举常量名称的数组	`foreach(string s in Enum.GetNames (typeof(Colors))) Console.WriteLine(s);`	Red Green Blue Yellow
GetValues(枚举类型)	返回指定枚举常量值的数组	`foreach(int i in Enum.GetValues(typeof(Colors))) Console.WriteLine(i);`	0 1 2 3
IsDefined(枚举类型，常量的值或名称)	判断枚举中是否定义了指定的常量	`Enum.IsDefined(typeof(Colors),2);` `Enum.IsDefined(typeof(Colors),4);`	True False
Parse(枚举类型,要转换的值或名称的字符串)	将枚举常量的值或名称的字符串转换为枚举对象	`Enum.Parse(typeof(Colors), "Blue");`	Blue
ToString()	将实例的值转换为与其等效的字符串表示形式	`Colors.Red.ToString();`	"Red"

常用的有效格式值如表 10-2 所示。

表 10-2　常用的有效格式值

格式	说明
G 或 g	如果要转换的值 value 等于某个已命名的枚举常数，则返回该常数的名称；否则返回 value 的等效十进制数。例如，假定唯一的枚举常数命名为 Red，其值为 1。如果将 value 指定为 1，则此格式返回 Red。如果将 value 指定为 2，则此格式返回 2
X 或 x	以十六进制形式表示 value（不带前导 0x）
D 或 d	以十进制形式表示 value

【例 10.5】 枚举综合示例（EnumComTest.cs）。分别声明一个名为 Days 的枚举类型，该类型具有 Saturday、Sunday、Monday、Tuesday、Wednesday、Thursday 和 Friday 共 7 个成员，枚举一周 7 天；一个名为 BoilingPoints 的枚举类型，该类型具有 Celsius 和 Fahrenheit 两个成员，枚举沸点的摄氏温度和华氏温度，以及一个名为 Colors 的枚举类型，该类型具有 Red、Green、Blue 和 Yellow 等 4 个成员，枚举 4 种颜色。对这三个枚举类型进行运算和操作。

```
using System;
namespace CSharpBook.Chapter10
{
    public class EnumTest
    {   //一周7天
        enum Days {Saturday, Sunday, Monday, Tuesday, Wednesday, Thursday,Friday };
        enum BoilingPoints {Celsius = 100, Fahrenheit = 212};//沸点的摄氏和华氏温度
        [FlagsAttribute]
        enum Colors { Red = 1, Green = 2, Blue = 4, Yellow = 8 };//4种颜色
        public static void Main()
        {
            Type weekdays = typeof(Days); Type boiling = typeof (BoilingPoints);
            Console.WriteLine("一周7天，对应于枚举类型Days中的值：");
            foreach (string s in Enum.GetNames(weekdays))
              Console.Write("{0}={1} ", s, Enum.Format(weekdays, Enum.Parse (weekdays, s), "d"));
            Console.WriteLine("\n枚举类型BoilingPoints定义了如下值项：");
            foreach (string s in Enum.GetNames(boiling))
              Console.Write("{0}={1} ", s, Enum.Format(boiling, Enum.Parse (boiling, s), "d"));
            Colors myColors = Colors.Red | Colors.Blue | Colors.Yellow;
            Console.WriteLine("\n枚举变量myColors存放如下颜色的组合：{0}", myColors);
            Console.ReadLine();
        }
    }
}
```

运行结果：

```
一周7天，对应于枚举类型Days中的值：
Saturday=0 Sunday=1 Monday=2 Tuesday=3 Wednesday=4 Thursday=5 Friday=6
枚举类型BoilingPoints定义了如下值项：
Celsius=100 Fahrenheit=212
枚举变量myColors存放如下颜色的组合：Red, Blue, Yellow
```

第 11 章　泛　型

泛型类似于 C++模板，通过泛型可以定义类型安全的数据结构，而不需要使用实际的数据类型。泛型类和泛型方法具备可重用性、类型安全和效率。

本章要点：

视频讲解

- 泛型的基本概念；
- 泛型的定义和类型参数；
- 泛型类和泛型接口；
- 泛型结构；
- 泛型方法；
- 泛型委托和泛型事件。

11.1　泛型的基本概念

11.1.1　引例 ArrayList

.NET Framework 类库中包含集合类 System.Collections.ArrayList，可以用来存储任何引用或值类型。

【例 11.1】 泛型引例 ArrayList。创建数组列表 list1，添加整数元素，求元素之和；创建数组列表 list2，添加整数元素、字符串元素，尝试求其各元素之和，将导致运行时异常：InvalidCastException（整数和字符串不能相加）。

```
using System; using System.Collections;
public class ArrayListTest
{
    public static void Main()
    {
        ArrayList list1 = new ArrayList();      //创建数组列表list1
        list1.Add(3); list1.Add(5);             //向数组列表list1添加元素3、5
        int sum1 = 0;                           //数组列表list1各元素之和，赋初值0
        foreach (int x in list1) sum1 += x;     //求和
        Console.WriteLine(sum1);                //输出结果
        ArrayList list2 = new ArrayList();      //创建数组列表list1
        list2.Add(123); list2.Add("abc");       //向数组列表list2添加元素123、"abc"
        int sum2 = 0;                           //数组列表list2各元素之和，赋初值0
        foreach (int x in list2) sum2 += x;     //求和，产生运行时异常：System.
```

```
                                        //InvalidCastException（指定的转换无效）
        Console.WriteLine(sum2);        //输出结果
        Console.ReadKey();
    }
}
```

ArrayList 通用化是通过在类型与通用基类型 Object 之间进行强制转换来实现的：添加到 ArrayList 中的任何引用或值类型都将隐式地向上强制转换为 Object；如果项是值类型，则添加时需要进行装箱操作，检索时需要进行拆箱操作。

ArrayList 通用化有两个主要问题：强制转换以及装箱和拆箱操作都会降低性能（特别是大型集合时）；缺少编译时类型检查，因为所有项都强制转换为 Object，所以在编译时无法防止客户端代码执行非法操作。

11.1.2 引例 List<T>

.NET Framework 类库中包含泛型集合类 System.Collections.Generic.List<T>，也可以用来创建各种类型的列表。

【例 11.2】 泛型引例 List<T>。创建整数列表 list1，添加整数元素，求元素之和；创建整数列表 list2，添加整数元素、字符串元素（将导致编译错误），尝试求其各元素之和。

```
using System; using System.Collections.Generic;
public class ListTest
{
    public static void Main()
    {
        List<int> list1 = new List<int>();     //创建整型列表list1
        list1.Add(3); list1.Add(5);            //向整型列表list1添加元素3、5
        int sum1 = 0;                          //数组整型列表list1各元素之和，赋初值0
        foreach (int x in list1) sum1 += x;    //求和
        Console.WriteLine(sum1);               //输出结果
        List<int> list2 = new List<int>();     //创建整型列表list2
        list2.Add(123);                        //向整型列表list2添加整型元素123
        list2.Add("abc");//向整型列表list2添加字符串abc，将导致编译错误（无法从"string"转换为"int"）
        Console.ReadKey();
    }
}
```

与 ArrayList 相比，使用 List<T>时，必须为每个实例指定其具体的数据类型，这样将不再需要向上强制转换为 System.Object 以及装箱和拆箱操作，同时也使得编译器可以进行类型检查，从而解决了 ArrayList 通用化的两个主要问题，保证了程序的性能和健壮性。

11.1.3 泛型的概念

在概念上，泛型类似于 C++模板，但是在实现和功能方面存在明显差异。通过泛型可以定义类型安全的数据结构，而不需要使用实际的数据类型。例如，通过定义泛型方法：

```
static void Swap<T>(ref T lhs, ref T rhs)
```

可以重用数据处理算法，实现不同类型数据（如 int、double）的交换，而不需要分别为 int 和 double 复制类型特定的代码（重载方法），从而提高性能并得到更高质量的代码。

泛型类和泛型方法具备可重用性、类型安全和效率，这是非泛型类和非泛型方法无法具备的。通常，在设计自定义类库时，建议创建自定义泛型类型和方法，以提供自己的通用解决方案，设计类型安全的高效模式。

.NET Framework 类库的命名空间 System.Collections.Generic 包含若干基于泛型的集合类。

11.2 泛型的定义

11.2.1 泛型的简单定义

在 C#中，可以定义泛型类、泛型接口、泛型方法、泛型事件、泛型委托和泛型结构。泛型定义是通过泛型参数（<T>）来进行定义的。例如：

```
public class GenericClass<T>                                    //定义带一个泛型参数的类
{  public void Method1 (T p1) { }                               //使用泛型类的泛型参数T
   public void GenericMethod2<E>(E p1) { }                      //定义带一个泛型参数的过程
   public void GenericMethod<T1, T2>(T1 p1, T2 p2) { }          //定义带多个泛型参数的过程
}
```

泛型的使用则通过泛型参数（<T>）指定特定类型。例如：

```
GenericClass<String> obj = new GenericClass<String>();
obj.GenericMethod<Int32, String>(10, "abc");
```

在泛型类的声明中，需要声明泛型类型参数，然后在泛型类的成员声明中，使用该泛型参数作为通用类型；而在创建泛型类的实例时，指定与泛型参数对应的实际类型。

【例 11.3】 泛型的定义示例（StackTest.cs）：实现堆栈的后进先出功能。

```
using System;
public class Stack<T>
{
    int pos;
    T[] data = new T[100];
    public void Push(T obj) { data[pos++] = obj; }     //进栈
    public T Pop() { return data[--pos]; }              //出栈
}
public class StackTest
{
    public static void Main()
```

```
    {
        Stack<int> stack = new Stack<int>();
        stack.Push(2); stack.Push(4);           //数据进栈
        //stack.Push("a");                       //编译错误
        Console.WriteLine(stack.Pop());         //输出结果：4
        Console.ReadKey();
    }
}
```

11.2.2 开放式泛型类型和封闭式泛型类型

在泛型类的声明中，使用泛型类型参数作为通用类型，这种类型称为开放式泛型类型。例如：

```
public class Stack<T>{} //Stack<T>为开放式泛型类型
```

而在创建泛型类的实例时，指定了与泛型类型参数对应的实际类型，这种类型称为封闭式泛型类型。例如：

```
Stack<int> stack = new Stack<int>(); //Stack<int>为封闭式泛型类型
```

使用 typeof 时，可以使用没有指定泛型类型参数的泛型类型，称为未绑定泛型类型。例如：

```
Type a1 = typeof (A<>); //A<>为未绑定泛型类型
Type a2 = typeof (A<,>); //A<,>为未绑定泛型类型，使用逗号分隔多个类型参数
```

11.2.3 泛型类型参数

在泛型类型定义中，必须通过指定尖括号中的类型参数来声明类型。类型参数实际上并不是特定类型，而只是类型占位符。在创建泛型类型的实例时，必须指定尖括号中的类型（可以是编译器识别的任何类型）。例如：

```
GenericList<float> list1 = new GenericList<float>();
GenericList<ExampleClass> list2 = new GenericList<ExampleClass>();
GenericList<ExampleStruct> list3 = new GenericList<ExampleStruct>();
```

在每个 GenericList<T>实例中，类中出现的每个 T 都会在运行时替换为相应的类型参数。通过这种替换方式，使用一个泛型类可以创建多个独立类型安全的有效对象。

泛型类、泛型接口、泛型方法、泛型事件、泛型委托和泛型结构中可以引入泛型参数，其他成员（如属性）不能引入新的泛型参数，但可以使用其所在类型中引入的类型参数。例如：

```
public struct Nullable<T>{ public T Value { get; }}
```

泛型类和方法可以重载，但必须包含不同个数的泛型参数。例如：

```
class ClassA<T> {}
class ClassA<T1> {}              //错误：与ClassA<T>相同
class ClassA<T1,T2> {}           //正确：与ClassA<T>不同
```

类型参数的命名通常使用 T 作为描述性类型参数名的前缀，并使用描述性名称命名泛型类型参数。只有一个类型参数，其名称通常为 T。例如：

```
public class List<T> { /*…*/ }
public interface ISessionChannel<TSession> { /*…*/ }
public delegate TOutput Converter<TInput, TOutput>(TInput from);
```

11.2.4 泛型类型参数的约束

1. 未绑定的类型参数

默认情况下，没有约束的类型参数（如公共类 SampleClass<T>{}中的 T）称为未绑定的类型参数。创建未绑定类型参数的泛型类实例时，可以为泛型类的形参指定任何类型。

2. 限定类型参数(where)

如果需要限定该泛型类形参仅支持某些特定类型，则可以使用上下文关键字 where 定义泛型参数的约束。如果客户端代码尝试使用某个约束所不允许的类型来实例化类，则会产生编译时错误。例如：

```
public class Employee {}
public class GenericList<T> where T : Employee { }
class TestGenericList
{
    //GenericList<int> list = new GenericList<int>();      //编译错误
    GenericList<Employee> list1 = new GenericList<Employee>();
}
```

可以对同一类型参数应用多个约束，并且约束自身可以是泛型类型。例如：

```
class EmployeeList<T> where T : Employee, IEmployee, System.IComparable<T>, new(){}
```

泛型类型可以使用多个类型参数和约束。例如：

```
class SuperKeyType<K, V, U> where U : System.IComparable<U> where V : new() {}
```

C#支持的泛型参数的约束包括 6 种，如表 11-1 所示。

表 11-1　C#支持的泛型参数的约束

约束	说明
T:struct	类型参数必须是值类型。可以指定值类型（Nullable 类型除外）。例如： public class GenericList<T> where T : struct { } GenericList<int> list = new GenericList<int>(); GenericList<Employee> list1 = new GenericList<Employee>();//编译错误
T:class	类型参数必须是引用类型。可以指定类、接口、委托或数组类型。例如： public class GenericList<T> where T : class { } GenericList<int> list = new GenericList<int>();　//编译错误 GenericList<Employee> list1 = new GenericList<Employee>();

续表

约束	说明

T:new()	类型参数必须具有无参数的公共构造函数。当与其他约束一起使用时，new()约束必须最后指定。例如：
	class ItemFactory<T> where T: new()
	{
	    public T GetNewItem() {return new T();}
	}

T:<基类名>	类型参数必须是指定的基类或指定基类的派生类。例如：
	public class GenericList<T> where T : Employee{ }
	GenericList<int> list = new GenericList<int>(); //编译错误
	GenericList<Employee> list1 = new GenericList<Employee>();

T:<接口名称>	类型参数必须是指定的接口或实现指定的接口。可以指定多个接口约束，约束接口也可以是泛型的。例如： class SuperKeyType<T> where T : System.IComparable<T>{}

T:U	用作约束的泛型类型参数称为裸类型约束，T 必须是 U 或其派生类。例如：
	public class SampleClass<T, U, V> where T : V { }
	class List<T>
	{
	    void Add<U>(List<U> items) where U : T { }
	}

11.3 泛　型　类

11.3.1 泛型类的声明和使用

泛型类一般用于封装非特定数据类型的操作。例如，集合中（如链接列表、哈希表、堆栈、队列、树等）项的添加、移除等操作的执行方式大体相同，与所存储数据的类型无关。声明泛型类的基本语法为：

```
class 类名<类型参数列表> [where 类型参数约束]{
    //声明类成员
}
```

其中，类型参数列表是以逗号分隔的类型参数；可以选择指定类型参数的约束。

.NET Framework 类库中包含若干泛型集合类。对于大多数需要集合类的方案，建议使用命名空间 System.Collections.Generic 所提供的泛型集合类。例如：

```
public class List<T> : IList<T>, ICollection<T>, IList, ICollection,
IReadOnlyList<T>, IReadOnlyCollection<T>, IEnumerable<T>, IEnumerable{ }
```

一般情况下，创建泛型类从一个现有的具体类开始，逐一添加泛型类型参数，直至达到通用化和可用性的最佳平衡。设计泛型类时，需要考虑以下事项：

- 哪些类型需要通用化为泛型类型参数；
- 对泛型类型参数应用什么约束；

- 是否将泛型行为分解为基类和子类；
- 是否实现一个或多个泛型接口。

泛型类中的静态变量属于封闭式泛型类型。

【例 11.4】 泛型类示例（CounterTest.cs）。

```
using System;
class Counter<T> { public static int Count; }
class CounterTest
{
    static void Main()
    {
        Console.WriteLine(++Counter<int>.Count);       //1
        Console.WriteLine(++Counter<int>.Count);       //2
        Console.WriteLine(++Counter<string>.Count);    //1
        Console.ReadKey();
    }
}
```

11.3.2 泛型类的继承规则

对于泛型类的继承设计，泛型类型参数和约束遵循以下规则：

（1）泛型类可以从具体、封闭式构造或开放式构造基类继承。例如：

```
class BaseNode { }
class BaseNodeGeneric<T> { }
class NodeConcrete<T> : BaseNode { }                  //从具体类继承
class NodeClosed<T> : BaseNodeGeneric<int> { }        //从封闭式构造类继承
class NodeOpen<T> : BaseNodeGeneric<T> { }            //从开放式构造类继承
```

（2）非泛型类（即具体类）可以从封闭式构造基类继承，但无法从开放式构造类或裸类型形参继承，因为在运行时客户端代码无法提供实例化基类所需的类型实参。例如：

```
class Node1 : BaseNodeGeneric<int> { }
class Node2 : BaseNodeGeneric<T> {}                   //编译错误
class Node3 : T {}                                    //编译错误
```

（3）从开放式构造类型继承的泛型类必须为任何未被继承类共享的基类类型参数提供类型变量。例如：

```
class BaseNodeMultiple<T, U> { }
class Node4<T> : BaseNodeMultiple<T, int> { }
class Node5<T, U> : BaseNodeMultiple<T, U> { }
class Node6<T> : BaseNodeMultiple<T, U> {}           //编译错误，未提供U的类型变量
```

（4）从开放式构造类型继承的泛型类必须指定约束，这些约束是基类型约束的超集或暗示基类型约束。例如：

```
class NodeItem<T> where T : System.IComparable<T>, new() { }
class SpecialNodeItem<T> : NodeItem<T> where T:System.IComparable<T>, new() { }
```

11.4 泛 型 接 口

11.4.1 泛型接口的声明和使用

在泛型设计中，通常也把泛型类要实现的方法、委托或事件的签名封装为泛型接口，然后在实现这些泛型接口的泛型类中实现这些方法等。声明泛型接口的基本语法为：

```
interface 接口名<类型参数列表> [where 类型参数约束]{
    //声明接口成员
}
```

其中，类型参数列表是以逗号分隔的类型参数；可以选择指定类型参数的约束。

.NET Framework 类库定义了若干泛型接口，如表 11-2 所示，以用于 System.Collections.Generic 命名空间中的泛型集合类。

表 11-2 .NET Framework 类库定义的泛型接口

泛型接口	说明
ICollection<T>	定义操作泛型集合的方法
IComparer<T>	定义类型为比较两个对象而实现的方法
IDictionary<TKey, TValue>	表示键/值对的泛型集合
IEnumerable<T>	公开枚举数，该枚举数支持在指定类型的集合上进行简单迭代
IEnumerator<T>	支持在泛型集合上进行简单迭代
IEqualityComparer<T>	定义方法以支持对象的相等比较
IList<T>	表示可按照索引单独访问的一组对象

例如，C#下限为 0 的一维数组自动实现 IList<T>，故可以使用相同代码循环访问数组，以及使用其他集合类型的泛型方法。

【例 11.5】 泛型接口示例（GenericInterface.cs）。分别创建一个一维整数数组{0, 1, 2, 3, 4 }和一个内容为{5, 6, 7, 8, 9}的 List<int>列表。利用共同的方法 ProcessItems<T>()分别输出一维整数数组和列表 List 的内容。

```
using System; using System.Collections.Generic;
namespace CSharpBook.Chapter11
{
  class Program
  {
    static void Main()
    {
        int[] arr = { 0, 1, 2, 3, 4 };
        List<int> list = new List<int>();
        for (int x = 5; x < 10; x++) list.Add(x); //列表{5, 6, 7, 8, 9}
        Console.WriteLine("输出数组列表ArrayList的内容: ");
```

```
        ProcessItems<int>(arr); Console.WriteLine("输出列表List的内容：");
        ProcessItems<int>(list); Console.ReadLine();
    }
    static void ProcessItems<T>(IList<T> coll)
    {
        foreach (T item in coll) Console.Write(item.ToString() + " ");
        Console.WriteLine();
    }
  }
}
```

运行结果：

```
输出数组列表ArrayList的内容：
0 1 2 3 4
输出列表List的内容：
5 6 7 8 9
```

11.4.2　泛型接口的继承和实现规则

继承和实现泛型接口时，泛型类型参数和约束遵循以下规则：

（1）适用于类的继承规则同样适用于接口。例如：

```
interface IMonth<T> { }
interface IJanuary     : IMonth<int> { }      //OK
interface IFebruary<T> : IMonth<int> { }      //OK
interface IMarch<T>   : IMonth<T> { }         //OK
interface IApril<T>   : IMonth<T, U> {}       //编译错误
```

（2）只要类参数列表提供了接口必需的所有参数，泛型类便可以实现泛型接口或已关闭的构造接口。例如：

```
interface IBaseInterface<T, U> { }
class SampleClass1<T, U > : IBaseInterface<T, U > { } //OK
class SampleClass2<T> : IBaseInterface<T, string> { } //OK
```

（3）可以将多重接口指定为单个类型上的约束。例如：

```
class Stack<T> where T : System.IComparable<T>, IEnumerable<T>{ }
```

11.5　泛型结构

使用类型参数，可以声明泛型结构。声明泛型结构的基本语法为：

```
struct 结构名<类型参数列表> [where 类型参数约束]{
    //声明结构成员
}
```

【例 11.6】 泛型结构示例（GenericStruct.cs）。

```
using System;
namespace CSharpBook.Chapter11
{
    struct Point<T>
    {
        public T x; public T y;
    }
    class Program
    {
        static void Main(string[] args)
        {
            Point<int> pi = new Point<int>();            //泛型为int的Point
            pi.x = 2; pi.y = 2;
            Console.WriteLine("(" + pi.x.ToString() + ", " + pi.y.ToString() + ")");
            Point<double> pd = new Point<double>();     //泛型为double的Point
            pd.x = 3.3; pd.y = 3.3;
            Console.WriteLine("(" + pd.x.ToString() + ", " + pd.y.ToString() + ")");
            Console.ReadKey();
        }
    }
}
```

运行结果：

```
(2, 2)
(3.3, 3.3)
```

11.6 泛 型 方 法

11.6.1 泛型方法的声明和使用

泛型方法是使用类型参数声明的方法。编译器能够根据传入的方法实参推断类型形参。声明泛型方法的基本语法为：

```
[方法修饰符] 返回值类型 方法名<类型参数列表> [where 类型参数约束] ([形参列表]){
    //方法的实现
}
```

其中，类型参数列表是以逗号分隔的类型参数；可以选择指定类型参数的约束。

【例 11.7】 泛型方法示例（GenericMethod.cs）。声明一个泛型方法，实现两数交换。

```
using System;
namespace CSharpBook.Chapter11
{
```

```
    public class GenericMethod
    {  //声明泛型方法：两者交换
      static void Swap<T>(ref T lhs, ref T rhs)
      {
          T temp; temp = lhs; lhs = rhs; rhs = temp;
      }
      public static void Main()
      {
          int a = 1; int b = 2;
          Console.WriteLine("Original value, a = {0} , b = {1}", a, b);
          Swap<int>(ref a, ref b);//调用泛型方法：指定泛型参数的类型
          Console.WriteLine("After swapping, a = {0} , b = {1}", a, b);
          double c = 1.1d; double d = 2.2d;
          Console.WriteLine("Original value, c = {0} , d = {1}", c, d);
          Swap(ref c, ref d);//调用泛型方法：省略类型参数，编译器将推断出该参数
          Console.WriteLine("After swapping, c = {0} , d = {1}", c, d);
      }
    }
}
```

运行结果：

```
Original value, a = 1 , b = 2
After swapping, a = 2 , b = 1
Original value, c = 1.1 , d = 2.2
After swapping, c = 2.2 , d = 1.1
```

11.6.2 泛型方法的设计规则

使用泛型方法，遵循下列规则：

（1）泛型方法可以使用许多类型参数进行重载。例如：

```
void DoWork() { }
void DoWork<T>() { }
void DoWork<T, U>() { }
```

（2）使用约束对方法中的类型参数启用更专门的操作。例如：

```
void SwapIfGreater<T>(ref T lhs, ref T rhs) where T : System.IComparable<T>
{
    T temp;
    if (lhs.CompareTo(rhs) > 0) //两者交换
    {
        temp = lhs; lhs = rhs; rhs = temp;
    }
}
```

（3）如果泛型方法的泛型参数与类型的泛型参数相同，则编译器将生成警告，因为方

法的泛型参数隐藏了外部类型的泛型参数。如果需要使用其他类型参数（而不是实例化类时提供的类型参数），则应该为方法的类型参数提供另一个标识符。例如：

```
class GenericList<T>
{//编译错误：类型形参T与外部类型GenericList<T>中的类型形参同名
    void SampleMethod<T>() { }
}
class GenericList2<T>
{  //无警告信息
    void SampleMethod<U>() { }
}
```

11.7 泛型委托和泛型事件

11.7.1 泛型委托

通过泛型类型参数，同样可以定义泛型委托。通过指定类型参数，可以引用泛型委托。声明泛型委托的基本语法为：

```
[修饰符] delegate 返回值类型 委托名<类型参数列表> [where 类型参数约束] ([形参列表]);
```

其中，类型参数列表是以逗号分隔的类型参数；可以选择指定类型参数的约束。例如：

```
public delegate void Del<T>(T item);
public static void Notify(int i) { }
Del<int> m1 = new Del<int>(Notify);
Del<int> m2 = Notify;
```

在泛型类内部定义的委托，可以使用泛型类的泛型类型参数。

【例 11.8】 泛型委托示例（GenericDelegate.cs）。

```
using System;
namespace CSharpBook.Chapter11
{
  public delegate void StackDelegate<T>(T item);
  class Stack<T>
  {
    private static void DoWork(float item)
    {
        Console.WriteLine("Do some work:{0}",item);
    }
    public static void TestStack()
    {
        Stack<float> s = new Stack<float>();
        StackDelegate<float> d = DoWork; d(1.1f);
```

```
        }
    }
    class Test
    {
        public static void Main()
        {
            Stack<float>.TestStack(); Console.ReadLine();
        }
    }
}
```

运行结果：

```
Do some work : 1.1
```

11.7.2 泛型事件

基于泛型委托，可以定义泛型事件。此时，发送方参数可以为强类型，不再需要强制转换成 Object 或反向强制转换。声明泛型事件的基本语法为：

```
[修饰符] event 返回值类型 事件名<类型参数列表> [where 类型参数约束] ([形参列表]);
```

其中，类型参数列表是以逗号分隔的类型参数；可以选择指定类型参数的约束。

【例 11.9】 泛型事件示例（GenericEvent.cs）。

```
using System;
namespace CSharpBook.Chapter11
{
    delegate void StackEventHandler<T, U>(T sender, U eventArgs);
    class Stack<T>
    {
        public class StackEventArgs : System.EventArgs { }
        public event StackEventHandler<Stack<T>, StackEventArgs>stackEvent;
        protected virtual void OnStackChanged(StackEventArgs a)
        {
            stackEvent(this, a);
        }
        public void add(T a)
        {   //引发事件
            StackEventArgs se = new StackEventArgs();
            OnStackChanged(se);
        }
    }
    class SampleClass
    {
        public void HandleStackChange<T>(Stack<T> stack, Stack<T>.StackEventArgs args)
```

```
        {
            Console.WriteLine("HandleStackChange...");
        }
    }
    class TestClass
    {
        public static void Main()
        {
            Stack<double> s = new Stack<double>();
            SampleClass o = new SampleClass();
            s.stackEvent += o.HandleStackChange;
            s.add(1.0); Console.ReadLine();
        }
    }
}
```

11.7.3 Func 和 Action 泛型委托

基于泛型委托，定义少量委托就可以适应大部分方法。System 命名空间分别定义了 16 个 Func 泛型委托和 16 个 Action 泛型委托，在程序中可以直接使用。其原型如下：

```
delegate TResult Func <out TResult> ();
delegate TResult Func <in T, out TResult> (T arg);
delegate TResult Func <in T1, in T2, out TResult>(T1 arg1, T2 arg2);
⋮
//以此类推，第16个包含16个参数
delegate void Action ();
delegate void Action <in T> (T arg);
delegate void Action <in T1, in T2> (T1 arg1, T2 arg2);
⋮
//以此类推，第16个包含16个参数
```

【例 11.10】 Func 泛型委托示例（FuncTest.cs）。

```
using System;
namespace CSharpBook.Chapter11
{
 class FuncTestClass
  {
    public static void Transform<T> (T[] values, Func<T,T> transformer){
        for (int i = 0; i < values.Length; i++)
        values[i] = transformer (values[i]);
    }
     public static void Main(){
          int[] a = { 1, 2, 3, 4, 5, 6, 7, 8, 9};
          Func<int,int> sqr = (int x) => x * x;
```

```
            Transform(a, sqr);
            foreach (var i in a) Console.WriteLine(i);
            Console.ReadKey();
        }
    }
}
```

11.8 default 关键字

在泛型的定义中，若声明某泛型参数的一个变量（如 T t;），则给其赋初值时存在问题：当 T 为引用类型时，应使用赋值语句 t=null；当 T 为数值类型时，应使用赋值语句 t=0。

为了解决上述问题，C#语言使用 default 关键字，对泛型参数的变量赋初值（如“T t = default(T);”）。default 关键字对于引用类型会返回 null；对于数值类型会返回 0；对于结构，此关键字将返回初始化为零或 null 的每个结构成员（具体取决于这些结构成员是值类型还是引用类型）。例如：

```
public class GenericList<T>
{
    private class Node
    {   //…
        public Node Next; public T Data;
    }
    private Node head;
    //…
    public T GetNext()                              //返回head节点数据信息
    {
        T temp = default(T);
        Node current = head;
        if (current != null)
        {
            temp = current.Data; current = current.Next;
        }
        return temp;
    }
}
```

11.9 协变和逆变

11.9.1 泛型类型转换

在面向对象的概念中，派生类可以自动转换为其继承的基类，基类可以强制转换为其派生类。String 是 Object 的派生类，故下列代码成立：

```
Object obj1 = new String('a', 5);          //自动转换
```

```
String str11 = (String)obj1;                    //强制转换
```

但是，在泛型类中，List<String>不是 List<Object>的派生类，故下列代码不成立：

```
List<Object> lo1 = new List<String>();  //编译错误
List<String> ls1 = (List<String>)lo1;   //编译错误
```

泛型类的这种设计与一般面向对象概念的理解在直觉上是相反的，需要特别注意。从根本上讲，如果允许这样的分配，将有可能在运行时抛出 ClassCastException 异常，而这和泛型的“类型安全”原则相左：

```
List<String> ls = new List<String>();
List<Object> lo = ls;
lo.Add(new Object());
foreach (String item in lo) { }//运行时异常，试图将一个Object对象赋值给一个String变量
```

一般地，如果 Foo 是 Bar 的子类型，且 G 是某个泛型类型声明，那么 G<Foo>并不是 G<Bar>的子类型。例如，Apple 是 Fruit 子类型，Bucket<T>是泛型类型，则 Bucket<Apple>是装苹果的篮子，Bucket<Fruit>是装水果的篮子，但 Bucket<Apple>（装苹果的篮子）并不是 Bucket<Fruit>（装水果的篮子）的子类型；否则，有可能误把其他水果（如桃子等）装进 Bucket<Apple>（装苹果的篮子），从而违反了泛型的“类型安全”原则。

对于泛型类的强制转化，如果给定实际类型参数相同，可以使用通用的转化规则进行操作，即派生类可以自动转换为其基类，基类可以强制转换为其派生类。

如果给定实际类型参数不同，通常情况下，不同实际类型参数的泛型对象之间不能转换。但从 C#4.0 开始，引入协变（covariance）和逆变（contravariance），可以实现泛型接口/泛型委托对象之间的转换。

【例 11.11】 泛型类型转换示例（GenericConvert.cs）。

```
using System;
namespace CSharpBook.Chapter11
{
    class Person { }
    class Student : Person { }
    class MyList<T> { }
    class MySortedList<T> : MyList<T> { }
    class Flock<T> { }
    public class GenericConvert
    {
        public static void Main()
        {
            MyList<String> p1 = new MyList<String>();
            MySortedList<String> c1 = new MySortedList<String>();
            p1 = c1;                              //派生类可直接转换为基类
            c1 = (MySortedList<String>)p1;        //派生类可直接转换为基类
            MyList<Person> p2 = new MyList<Person>();
```

```
        MyList<Student> c2 = new MyList<Student>();
        p2 = c2;                        //编译错误，不同类型参数的对象之间不能转化
        c2 = (MyList<Student>)p2;       //编译错误，不同类型参数的对象之间不能转化
    }
  }
}
```

11.9.2 泛型委托的协变和逆变

在泛型委托中，通过 out 关键字修饰的类型参数，可以实现该类型参数为子类的泛型委托到该类型参数为父类的泛型委托的变换，这与类型参数从子类到父类的变换一致，故称为协变。

协变类型参数（out）只能用于泛型委托的返回类型，不能作为泛型类型参数的约束。

在泛型委托中，通过 in 关键字修饰的类型参数，可以实现该类型参数为父类的泛型委托到该类型参数为子类的泛型委托的变换，这与类型参数从子类到父类的变换相反，故称为逆变。

逆变类型参数（in）只能用于方法的参数和泛型类型约束，不能作为返回类型。

.NET 类库中提供了若干支持协变和逆变的委托。例如，System 命名空间下的 Action 委托，包括 Action<T>和 Action<T1,T2>；System 命名空间下的 Func 委托，包括 Func<TResult> 和 Func<T,TResult>；Predicate<T> 委托；Comparison<T> 委托；EventHandler<TEventArgs>；Converter<TInput,TOutput>等。

【例 11.12】 泛型委托的协变和逆变示例（GenericVariance.cs）。

```
using System;
namespace CSharpBook.Chapter11
{
    class Person { }
    class Student : Person { }
    public interface IGroup<out T> { };
    public class Group<T> : IGroup<T> { };
    public interface ICollect<T> { };
    public class Collect<T> : ICollect<T> { };
    public class GenericVariance
    {
        public static void Main()
        {
            IGroup<Student> groupOfStudent = new Group<Student>();
            IGroup<Person> groupOfPerson = groupOfStudent;      //接口协变
            groupOfStudent = (IGroup<Student>)groupOfPerson;
            ICollect<Student> collectOfStudent = new Collect<Student>();
            ICollect<Person> collectOfPerson = collectOfStudent;//编译错误，不支持协变
            Console.ReadKey();
        }
```

```
    }
}
```

在例 11.12 中，IGroup<out T>接口使用 out 类型参数，支持协变。IGroup<Student>对象可以自动转换为 IGroup<Person>对象，这和 Student 对象可以自动转换为 Person 对象（Student 是 Person 的子类）一致，称为接口协变。

11.9.3 泛型接口的协变和逆变

在泛型接口中，通过 out 关键字修饰的类型参数，可以实现该类型参数为子类的泛型接口到该类型参数为父类的泛型接口的变换，这与该类型参数从子类到父类的变换一致，故称为协变。

协变类型参数（out）只能用于泛型接口的返回类型，不能作为泛型类型参数的约束。

在泛型接口中，通过 in 关键字修饰的类型参数，可以实现该类型参数为父类的泛型接口到该类型参数为子类的泛型接口的变换，这与该类型参数从子类到父类的变换相反，故称为逆变。

逆变类型参数（in）只能用于方法的参数和泛型类型约束，不能作为返回类型。

.NET 类库中提供了若干支持协变和逆变的接口，如 IEnumberable<T>、IEnumerator<T>、IQueryable<T>、IGrouping<TKey,TElement>、IComparer<T>、IEquality-Comparer<T>以及 IComble<T>等。

【例 11.13】 泛型接口的协变和逆变示例（CovariantInterface.cs）。

```
using System;
namespace CSharpBook.Chapter11
{
    class Person { }
    class Student : Person { }
    //public delegate T D<out T>();
    public delegate T D1<out T>();
    public delegate void D2<in T>(T t);
    public class CovariantInterface
    {
        static Person Mp1() { return new Person(); }
        static Student Ms1() { return new Student(); }
        static void Mp2(Person p) { }
        static void Ms2(Student s) { }
        public static void Main()
        {
            D1<Student> d1s = CovariantInterface.Ms1;
            D1<Person> d1p = d1s;           //委托的协变
            D2<Person> d2p = CovariantInterface.Mp2;
            D2<Student> d2s = d2p;          //委托的逆变
        }
    }
```

```
    }
```

在例11.13中，D<out T>委托使用out类型参数，支持协变。D1<Student>对象可以自动转换为D1<Person>对象，这和Student对象可以自动转换为Person对象（Student是Person的子类）一致，称为委托协变。

D2<in T>委托使用in类型参数，支持逆变。D2<Person>对象可以自动转换为D2<Student>对象，这和Student对象可以自动转换为Person对象（Student是Person的子类）相反，称为委托逆变。

第12章 特 性

C#语言的一个重要特征是使程序员能够为程序中定义的各种实体附加一些声明性信息。C#中可以创造新的声明性信息的种类——特性（attribute），然后可以将这种特性附加到各种程序实体，而且在运行时环境中还可以检索这些特性信息。

本章要点：

视频讲解

- 特性的概念和使用；
- 预定义通用特性类；
- 自定义特性类；
- 使用反射访问特性。

12.1 特 性 概 述

C#语言可以创建直接或间接派生于抽象类 System.Attribute 的类，称为特性类。一个关于特性类的声明定义一种新特性，特性可以被放置在其他声明上，即附加到各种程序实体（包括类型、方法和属性等），以添加元数据信息，如编译器指令或数据描述。特性主要为编译器提供额外的信息，编译器可以通过这些附加特性，自动生成相应的代码，从而实现特定的功能。程序代码也可以通过反射技术，在运行时环境中检索这些特性信息，以实现特定的操作。

例如，使用 C#的预定义特性类 ObsolctcAttribute，可以标记类的某个方法为过时，即在产品的未来版本中可能不支持。如果在代码中使用了该方法，则编译器会给出警告信息。

例如，一个框架可以定义一个名为 HelpAttribute 的特性，该特性可以放在某些程序元素（如类和方法）上，以提供从这些程序元素到其文档说明的映射。

C#语言包括下列两种形式的特性：

- 公共语言运行时（CLR）中预定义的特性；
- 自定义特性，用于向代码中添加附加信息，该信息能够以编程方式检索。

特性类可以具有定位参数（positional parameter）和命名参数（named parameter）列表。特性类的每个公共实例构造函数为该特性类定义一个有效的定位参数序列；特性类的每个非静态公共读写字段和属性为该特性类定义一个命名参数。将特性附加到各种程序实体时，首先指定定位参数，然后指定命名参数。任何定位参数都必须按特定顺序指定并且不能省略；而命名参数是可选的且可以按任意顺序指定，如果命名参数取默认值则可以省略。特性类的定位参数和命名参数的类型仅限于特性参数类型（attribute parameter type），它们是：

- bool、byte、char、double、float、int、long、sbyte、short、string、uint、ulong、ushort 类型之一；

- 类型 object；
- 类型 System.Type；
- 枚举类型，前提是该枚举类型具有 public 可访问性，而且所有嵌套着它的类型（如果有）也必须具有 public 可访问性；
- 以上类型的一维数组。

12.2 特性的使用

将特性附加到程序实体的语法为：将括在方括号中的特性名置于其适用的实体声明之前。例如，C#外部方法的声明需要通过 DllImport 特性以引用由 DLL（动态链接库）实现的外部函数。DllImport 特性是 DllImportAttribute 类的别名，其声明语法示例如下：

```
[DllImport("user32.dll")]
[DllImport("user32.dll", SetLastError=false, ExactSpelling=false)]
[DllImport("user32.dll", ExactSpelling=false, SetLastError=false)]
```

DllImportAttribute 类包含三个参数：一个定位参数（DLL 名称）和两个命名参数（SetLastError 和 ExactSpelling）。定位参数列在命名参数之前，命名参数的排列顺序无关紧要，命名参数 SetLastError 和 ExactSpelling 均取默认值 false，可将其省略。故上述三种声明语法等同。

根据约定，所有特性类都以单词 Attribute 结束，以区分于其他类。但是，在代码中，可以省略特性后缀 Attribute。例如，[DllImport]等效于[DllImportAttribute]。

在一个声明中可以放置多个特性，可以分开放置，也可以放在同一组括号中。例如：

```
void MethodA([In][Out] ref double x) { }
void MethodB([Out][In] ref double x) { }
void MethodC([In, Out] ref double x) { }
```

如果特性类允许指定多次（AllowMultiple=true），则对于给定实体可以指定多次。例如：

```
[Conditional("DEBUG"), Conditional("TEST1")]
void TraceMethod()
{
    ⋮
}
```

声明[DllImport("user32.dll", SetLastError=false, ExactSpelling=false)]在概念上等效于：

```
DllImportAttribute anonymousObject = new DllImportAttribute("user32.dll");
anonymousObject.SetLastError = false;
anonymousObject. ExactSpelling = false;
```

12.3 预定义通用特性类

.NET Framework 包含大量的预定义特性类，最常用的包括 ConditionalAttribute 类、ObsoleteAttribute 类、AttributeUsageAttribute 类和全局特性。

12.3.1 ConditionalAttribute 类

Conditional 特性是 System.Diagnostics.ConditionalAttribute 的别名，可修饰方法和特性类，实现条件方法和条件特性类。

Conditional 特性带一个参数：编译符号（字符串类）。通过测试条件编译符号，来确定最终程序的内容，通常用于条件编译。例如，定义了条件编译符号 DEBUG，则输出调试信息；否则，不输出调试信息。

1. 条件方法

Conditional 特性可修饰类或结构中的返回类型为 void 且无 override 修饰符的方法。Conditional 特性用于其他方法将导致编译错误。

使用一个或多个 Conditional 特性修饰的方法，称为条件方法。Conditional 特性通过测试条件编译符号来确定适用的条件。标记为条件方法的调用取决于是否定义了预处理符号：如果定义了该符号，则包含调用；否则省略调用。例如：

```
#define DEBUG
using System;
class Class1
{
    [Conditional("DEBUG")]
    public static void M() { Console.WriteLine("Executed Class1.M"); }
}
class Class2
{
    public static void Test(){ Class1.M(); }
}
```

将 Class1.M 声明为条件方法。Class2 的 Test 方法调用此方法。由于定义了条件编译符号 DEBUG，因此如果调用 Class2.Test，则它会调用 Class1.M。如果尚未定义符号 DEBUG，那么 Class2.Test 将不会调用 Class1.M。

也可以使用预处理指令#if 和#endif 实现条件方法，但是 Conditional 特性更整洁，更别致，减少了出错的机会。例如：

```
#if DEBUG
   public static void Msg(string msg){ Console.WriteLine(msg); }
#endif
```

2. 条件特性类

使用一个或多个 Conditional 特性修饰的特性类，称为条件特性类。条件特性类与在其

Conditional 特性中声明的条件编译符号关联。例如：

```
using System;
[Conditional("ALPHA")] [Conditional("BETA")]
public class TestAttribute : Attribute {}
```

将 TestAttribute 声明为与条件编译符号 ALPHA 和 BETA 关联的条件特性类。

在下例中，仅当定义了预处理符号 DEBUG 时，自定义特性 Documentation 才添加元数据信息。

```
[Conditional("DEBUG")]
public class DocumentationAttribute : System.Attribute
{
   string text;
   public Documentation(string text) { this.text = text; }
}
class SampleClass
{//仅当定义了预处理符号DEBUG时，自定义特性Documentation才向元数据添加信息
   [Documentation("本方法显示一个整数")]
   static void DoWork(int i)
   {
      Console.WriteLine(i.ToString());
   }
}
```

【例 12.1】 预定义通用特性类 ConditionalAttribute 使用示例（Conditional.cs）：只有定义了预处理符号 DEBUG，才会调用 Trace.Msg()方法；只有定义了预处理符号 DEBUG 或 TRACE，才会调用 Trace.Method2()方法。

```
using System; using System.Diagnostics;
namespace CSharpBook.Chapter12
{
   public class MyTrace
   {
      [Conditional("DEBUG")]
      public static void Msg(string msg){ Console.WriteLine(msg); }
      [Conditional("DEBUG"), Conditional("TRACE")]
      public static void Method2()
      {
         Console.WriteLine("DEBUG or TRACE is defined");
      }
   }
   public class ConditionalTest
   {
      static void Main()
      {
```

```
            MyTrace.Msg("Now in Main..."); MyTrace.Method2();
            Console.WriteLine("Main Done."); Console.ReadKey();
        }
    }
}
```

（1）当采用“csc Conditional.cs”编译时的运行结果：

```
Main Done.
```

（2）当采用“csc /define:DEBUG Conditional.cs”编译时的运行结果：

```
Now in Main...
DEBUG or TRACE is defined
Main Done.
```

（3）当采用“csc /define:TRACE Conditional.cs”编译时的运行结果：

```
DEBUG or TRACE is defined
Main Done.
```

可以使用下列方法之一来定义预处理符号。

- 编译器命令行选项（如/define:DEBUG）；
- 操作系统外壳程序中的环境变量（如 set DEBUG=1）；
- 源代码中的预处理指令（定义：#define DEBUG；取消定义：#undef DEBUG）。

12.3.2 ObsoleteAttribute 类

Obsolete 特性是 System.ObsoleteAttribute 的别名，可以应用于类、结构、枚举、接口、委托、方法、构造函数、属性、字段和事件。Obsolete 特性将用于标记不应该再使用的类型和类型成员，即该元素在产品的未来版本中将被移除。

Obsolete 特性带两个定位参数：string 类型的 message 和 bool 类型 error。当调用使用 Obsolete 特性标记的实体时，编译器会生成警告信息；如果 Obsolete 特性的第二个参数为 true 时，则产生错误信息。

【例 12.2】 预定义通用特性类 ObsoleteAttribute 使用示例（ObsoleteAttribute.cs）。类 A 附加了 Obsolete 特性，故若创建其实例时将产生编译警告信息；类 B 的 OldMethod 方法附加了第二个参数为 true 的 Obsolete 特性，故若调用该方法时将产生编译错误信息。

```
using System; using System.Diagnostics;
namespace CSharpBook.Chapter12
{
  [System.Obsolete("use class B")]
  class A
  {
   public void Method() { }
  }
```

```
    class B
    {
      [System.Obsolete("use NewMethod", true)]
      public void OldMethod() { }
      public void NewMethod() { }
    }
    class Test
    {
      public static void Main()
      {   //产生两条警告信息：CSharpBook.Chapter12.A已过时
          A a = new A(); B b = new B(); b.NewMethod();
         //产生错误信息：CSharpBook.Chapter12.B.OldMethod()已过时。终止编译
          b.OldMethod();
      }
    }
}
```

编译结果：

```
ObsoleteAttribute.cs(19,9): warning CS0618: "A"已过时:"use class B"
ObsoleteAttribute.cs(19,19): warning CS0618: "A"已过时:"use class B"
ObsoleteAttribute.cs(21,9): error CS0619: "B.OldMethod()"已过时:"use NewMethod"
```

12.3.3 AttributeUsageAttribute 类

AttributeUsage 特性是 AttributeUsageAttribute 的别名，应用于自定义特性类，以控制如何应用新特性。例如：

```
[System.AttributeUsage(System.AttributeTargets.All, AllowMultiple=false, Inherited=true)]
class NewAttribute : System.Attribute { }
```

用 AttributeUsage 特性修饰的类必须直接或间接从 System.Attribute 派生，否则将发生编译时错误。AttributeUsage 特性可以设置三个参数：

- ValidOn 参数：指定应用于该自定义特性的目标程序元素对象，可以指定 AttributeTargets 枚举的一个或多个元素：Assembly（程序集）、Module（模块）、Class（类）、Struct（结构）、Enum（枚举）、Constructor（构造函数）、Method（方法）、Property（属性）、Field（字段）、Event（事件）、Interface（接口）、Parameter（参数）、Delegate（委托）、ReturnValue（返回值）、GenericParameter（泛型参数）和 All（任何应用程序元素）。多个元素的关系为“或”运算。
- AllowMultiple 参数：指定该特性是否可以对单个实体应用多次（true/false）。如果特性类的 AllowMultiple 为 true，则此特性类是多次性特性类（multi-use attribute class），可以在一个实体上多次被指定。如果特性类的 AllowMultiple 为 false 或未指

定，则此特性类是一次性特性类（single-use attribute class），在一个实体上最多只能指定一次。

- Inherited 参数：指定派生类是否继承基类的特性（true/false）。如果特性类的 Inherited 为 true，则该特性会被继承。如果特性类的 Inherited 为 false，则该特性不会被继承。如果该值未指定，则其默认值为 true。

例如：

```
using System;
[AttributeUsage(AttributeTargets.Class, AllowMultiple=true , Inherited= false)]
class MultiUseAttribute : Attribute { } //自定义特征类
[MultiUse] [MultiUse]
class Class1 { }
[MultiUse]
class BClass { }
class DClass : BClass { }                //MultiUseAttr不通过继承应用于DClass
```

12.3.4 调用方信息特性类

使用调用方信息特性，可以获取关于调用方的信息传递给方法，包括源代码路径、行号、方法或属性的名称。这些信息可以用于跟踪和调试。

System.Runtime.CompilerServices 命名空间中定义的三个调用方信息特性为：

（1）CallerFilePathAttribute：调用方源文件的完整路径（编译时的路径）。

（2）CallerLineNumberAttribute：调用方源文件中调用方法的行号。

（3）CallerMemberNameAttribute：调用方调用方法的方法或属性名称。

使用这些特性修饰方法的可选参数，当在其他地方调用该方法时，可以在该方法中获取调用方的相关信息。

【例 12.3】 调用方信息特性类使用示例（Caller.cs）。

```
using System;using System.Runtime.CompilerServices;
namespace CSharpBook.Chapter12
{
    public class CallerTest
    {
        public static void TraceMessage(string message,
        [CallerMemberName] string memberName = "",
        [CallerFilePath] string sourceFilePath = "",
        [CallerLineNumber] int sourceLineNumber = 0)
        {
            Console.WriteLine("信息: " + message);
            Console.WriteLine("成员名称: " + memberName);
            Console.WriteLine("源代码路径: " + sourceFilePath);
            Console.WriteLine("行号: " + sourceLineNumber);
        }
```

```
        public static void f1(){ TraceMessage("CallerTest.f1()"); }
        public static void Main()
        {
            TraceMessage("Main()");CallerTest.f1();
        }
    }
}
```

运行结果：

```
信息：Main()
成员名称：Main
源代码路径：C:\C#\Chapter12\Caller.cs
行号：20
信息：CallerTest.f1()
成员名称：f1
源代码路径：C:\C#\Chapter12\Caller.cs
行号：17
```

12.3.5 全局特性

与适用于特定的语言元素（如类或方法）的大多数特性不同，全局特性适用于整个程序集或模块。全局特性在源代码中出现在顶级 using 指令之后，类型或命名空间声明之前。

【例 12.4】 基于 Visual Studio 的 Windows 窗体应用程序模板的项目中，将自动创建一个名为 AssemblyInfo.cs 的文件，该文件包括若干全局特性。

```
using System.Reflection; using System.Runtime.CompilerServices;
using System.Runtime.InteropServices;
//有关程序集的常规信息通过下列特性集控制，更改这些特性值可修改与程序集关联的信息
[assembly: AssemblyTitle("WinFormTest")]
[assembly: AssemblyDescription("")]
[assembly: AssemblyConfiguration("")]
[assembly: AssemblyCompany("yu")]
[assembly: AssemblyProduct("WinFormTest")]
[assembly: AssemblyCopyright("Copyright © yu 2017")]
[assembly: AssemblyTrademark("")]
[assembly: AssemblyCulture("")]
/*将ComVisible设置为false使此程序集中的类型。对COM组件不可见
若需从COM访问此程序集中的类型，则将该类型上的ComVisible特性设置为true*/
[assembly: ComVisible(false)]
//如果此项目向COM公开，则下列GUID用于类型库的ID
[assembly: Guid("9cf0a67d-93fc-4616-a63c-42de9a4d3171")]
//程序集版本信息由主版本、次版本、生成号和修订号4个值组成
//可以指定所有值，也可以使用以下所示的 "*" 预置版本号和修订号
//[assembly: AssemblyVersion("1.0.*")]
[assembly: AssemblyVersion("1.0.0.0")]
```

```
[assembly: AssemblyFileVersion("1.0.0.0")]
```

12.4 自定义特性类

通过直接或间接地从 System.Attribute 类派生，可以创建自定义特性类。特性类直接或间接地从 Attribute 派生，特性类的声明遵循下列规则：

- 派生类的类名一般采用 XXXAttribute 的命名规范，类名就是特性名；
- 每个公共实例构造函数的参数系列是自定义特性的定位参数系列；
- 任何公共、非静态的字段或属性（必须可读写）都是命名参数；
- 使用 AttributeUsage 特性指定特性类的限制条件（参见 12.3.3 节）。

【例 12.5】 创建特性类 AuthorAttribute（AuthorAttribute.cs）。Author 特性仅在 class 和 struct 声明中有效，允许单个实体应用多次该特性。其定位参数为 name，包含一个命名参数 version。

```
using System;
namespace CSharpBook.Chapter12
{
    [System.AttributeUsage(System.AttributeTargets.Class | System.AttributeTargets.Struct,
                AllowMultiple = true)//允许单个实体应用多次该特性
    ]
    public class AuthorAttribute : System.Attribute
    {
        private string name; public double version;//作者姓名、版本
        public AuthorAttribute(string name)
        {  //设置作者姓名以及默认版本号
            this.name = name; version = 1.0;
        }
    }
    [Author("Qingsong YU", version = 1.1)]
    [Author("Hong JIANG", version = 1.2)]
    class SampleClass
    {   //…//书写关于Qingsong YU的代码
        //…//书写关于Hong JIANG的代码
        public static void Main() //主程序
        {
          Console.WriteLine("Hello!"); Console.ReadLine();
        }
    }
}
```

运行结果：

```
Hello!
```

12.5 使用反射访问特性

定义自定义特性并使用其修饰源代码中的类型或成员，其主要目的在于通过检索自定义特性的信息，以及对其进行相应的操作处理。

C#通过反射技术来检索用自定义特性定义的信息。首先通过 GetType 方法或 typeof 关键字来获取类型；然后通过 GetCustomAttributes 方法获取所应用自定义特性的对象数组；最后通过自定义特性的对象数组进行相应的操作处理。

【例 12.6】 通过反射技术检索用自定义特性定义的信息示例（CustomAttribute.cs）。创建自定义特性 AuthorAttribute，并附加到类 FirstClass 和 ThirdClass；然后使用反射技术，动态显示类 FirstClass 和 ThirdClass 上附加的特性信息。

```
using System;
namespace CSharpBook.Chapter12
{
    [AttributeUsage(AttributeTargets.Class | AttributeTargets.Struct,
          AllowMultiple = true)                               //允许单个实体应用多次该特性
    ]
    public class AuthorAttribute : Attribute
    {
        string name; public double version;                  //作者姓名、版本
        public AuthorAttribute(string name)
        {   //设置作者姓名以及默认版本
            this.name = name; version = 3.0;
        }
        public string GetName()
        {   //获取作者姓名信息
            return name;
        }
    }
    [Author("Qingsong YU")]
    class FirstClass { }
    //无作者特性
    class SecondClass {  }
    [Author("Qingsong YU"), Author("Angela", version = 3.0)]
    class ThirdClass {  }
    class TestAuthorAttribute
    {
        static void Main()
        {  //打印三位作者的信息
            PrintAuthorInfo(typeof(FirstClass));
            PrintAuthorInfo(typeof(SecondClass));
            PrintAuthorInfo(typeof(ThirdClass)); Console.ReadKey();
        }
```

```
        private static void PrintAuthorInfo(System.Type t)
        {
            Console.WriteLine("{0}的作者信息: ", t);
            Attribute[] attrs = Attribute.GetCustomAttributes(t);//反射技术
            foreach (Attribute attr in attrs)
            {
                if (attr is AuthorAttribute)
                {
                    AuthorAttribute a = (AuthorAttribute)attr;
                    Console.Write("{0}, 版本 {1:f}\n", a.GetName(), a.version);
                }
            }
        }
    }
}
```

运行结果:

```
CSharpBook.Chapter12.FirstClass 的作者信息:
Qingsong YU, 版本 3.00
CSharpBook.Chapter12.SecondClass 的作者信息:
CSharpBook.Chapter12.ThirdClass 的作者信息:
Qingsong YU, 版本 3.00
Angela, 版本 3.00
```

第13章　语言集成查询

数据查询和处理是应用程序开发的基础之一，传统的编程理念针对不同的数据源采用不同的编程模型。语言集成查询（LINQ）提供一种一致的数据查询模型，使用相同的基本编码模式来查询和转换各种数据源，包括 SQL Server 数据库、XML 文档、ADO.NET 数据集、支持 IEnumerable 或泛型 IEnumerable<T>接口的任意对象集合等。LINQ 定义了一组通用标准查询运算符，使用这些标准查询运算符可以投影、筛选和遍历内存中的集合或数据库中的表。LINQ 查询具有完全类型检查和 IntelliSense 支持，可以大大提高程序的数据处理能力和开发效率。

本章要点：

- 初始值设定项、匿名类型、Lambda 表达式、扩展方法；
- LINQ 的基本概念；
- LINQ 查询操作的基本步骤；
- 标准查询运算符的使用；
- LINQ to Objects 概述；
- LINQ 与字符串操作；
- LINQ 与文件目录操作。

视频讲解

13.1　相关语言要素

语言集成查询涉及若干语言要素，包括初始值设定项、隐式类型（参见本教程 2.13 节）、匿名类型、Lambda 表达式（匿名函数）、扩展方法。

13.1.1　初始值设定项

初始值设定项用于创建对象时直接设定对象的值。对象初始值设定用于在创建对象时直接设定对象的字段或属性的值，参见本教程 6.3.2 节；集合初始值设定项用于在创建集合对象时直接设定其元素。

使用集合初始值设定项可以在初始化一个实现了 IEnumerable 的集合类时，指定一个或多个元素初始值设定项，而不需要在源代码中指定多个对该类的 Add 方法的调用。例如：

```
List<int> digits = new List<int> { 0, 1, 2, 3, 4, 5, 6, 7, 8, 9 };
List<Cat> cats = new List<Cat>
{
    new Cat(){ Name="Huahua", Age=8 },
    new Cat(){ Name="Xiaoxue", Age=2},
```

```
    new Cat() { Name="Sasha", Age=14}
};
```

初始值设定项特别适用于 LINQ 查询表达式：查询表达式经常使用匿名类型，而这些类型只能使用对象初始值设定项进行初始化。查询表达式可以将原始序列的对象转换为可能具有不同的值和形式的对象。例如，假设产品对象（prod）包含很多字段和方法，通过下列代码片段可以创建包含产品名称和单价的对象序列。

```
var productQuery = from prod in products
            select new { prod.Name, prod.Price };
foreach (var v in productQuery)
{
    Console.WriteLine("Name={0}, Price={1}", v.Name, v.Price);
}
```

13.1.2 匿名类型

1. 匿名类型的声明和使用

匿名类型是由一组只读属性组成的类型（不允许包含其他种类的类成员，如方法或事件）。匿名类型声明和使用的基本语法为：

```
var变量 = new {公共只读属性组};
```

匿名类型不需要预先显式定义，声明时直接赋值给隐式类型，其有效范围为定义该匿名类型变量的方法。声明匿名类型时必须使用对象初始值设定项进行初始化。

注意：匿名类型并不是无类型，匿名类型只是不需要预先显式定义。声明匿名类型变量时，通过初始值选项指定的类型，其类型名由编译器生成。例如：

```
var emp = new { Name = "Henry", Age = 19 }; //编译后emp为类类型
emp.Age = 20;                               //编译错误，匿名类型对象的属性是只读的
Console.WriteLine(emp.Name);                //OK
```

2. 匿名类型对象在 LINQ 中的应用

在 LINQ 查询表达式的 select 子句中，通常使用匿名类型以便返回源序列中每个对象的属性子集。例如：

```
int[] numbers = new int[] { 0, 1, 2, 3, 4, 5, 6 };
var numQuery = from num in numbers where (num % 2) == 0 select num;
//返回所有偶数(能被2整除)
```

13.1.3 Lambda 表达式（匿名函数）

Lambda 表达式是一个匿名函数，可以包含表达式和语句。Lambda 表达式使用 Lambda 运算符=>（读为 goes to）定义，其基本语法为：

```
(input parameters) => 表达式或语句块;
```

其中，=>的左边是输入参数（可选），参数以逗号分隔，包含在括号中（只有一个参数时，可省略括号）；右边包含表达式或语句块。例如：

```
x => x * x;                                   //读为x goes to x times x
(x, y) => x == y;                             //多个输入参数包含在括号中，并由逗号分隔
(int x, string s) => s.Length > x;            //编译器无法推断输入类型，可以显式指定数据类型
() => SomeMethod();                           //使用空括号指定零个输入参数
n => { string s = n + " " + "World"; Console.WriteLine(s); };//多条语句包含在大括号中
```

其中，Lambda 表达式“(x, y) => x == y;”等同于下列代码：

```
bool 匿名函数名(x,y)
{
    return x == y;
}
```

Lambda 表达式可以用于创建委托或表达式目录树类型。例如：

```
delegate int D1(int i);
D1 d1 = x => x * x;
int j = d1(5);        //j = 25
System.Linq.Expressions.Expression<D1> e1= x => x * x;
```

Lambda 表达式常常用在基于方法的 LINQ 查询中，作为诸如 where 等标准查询运算符方法的参数。例如：

```
int[] numbers = { 5, 4, 1, 3, 9, 8, 6, 7, 2, 0 };
int oddNumbers = numbers.Count(n => n % 2 == 1); //返回所有奇数(不能被2整除)
```

13.1.4 扩展方法

1. 扩展方法概述

扩展方法向现有类型“添加”方法，而不需要修改原类型的代码（或创建新的派生类型），也不需要重新编译。

集成语言查询使用扩展方法向现有的 System.Collections.IEnumerable 和 System.Collections.Generic.IEnumerable<T>类型添加了 LINQ 标准查询功能。只要通过 using System.Linq 指令导入其命名空间，任何实现了 IEnumerable 或 IEnumerable<T>的类型就都具有 GroupBy、OrderBy、Average 等扩展实例方法。

例如，下列代码将对整数数组 ints = { 10, 45, 15, 39, 21, 26 }按升序排序：

```
class ExtensionMethodsTest
{
    static void Main()
    {
        int[] ints = { 10, 45, 15, 39, 21, 26 };
        var result = ints.OrderBy(g => g);  //整数排序
```

```
            foreach (var i in result) Console.Write(i + " ");
        }
    }
```

2. 自定义扩展方法

扩展方法定义为单独的命名空间中静态类中的静态方法，它们的第一个参数指定该方法作用于哪个类型，并且该参数以 this 修饰符为前缀。

使用 using 指令将包含扩展方法的命名空间显式导入到源代码，然后就可以通过实例方法语法进行调用指定对象的扩展方法。

【例 13.1】 扩展方法示例：统计字符串中的单词个数。单词间以空格或“,”“.”或“?”分隔。ExtensionMethod.cs 的代码如下：

```
//compile: csc /t:library ExtensionMethod.cs  --> ExtensionMethod.dll
using System;
namespace ExtensionMethods
{
    public static class MyExtensions
    {
        public static int WordCount(this String str)
        {
            return str.Split(new char[] { ' ', '.', ',', '?' }, StringSplitOptions.
           RemoveEmptyEntries).Length;
        }
    }
}
```

ExtensionMethodTest.cs 的代码如下：

```
//compile: csc /r:ExtensionMethod.dll ExtensionMethodTest.cs -> Extension MethodTest.exe
using System; using ExtensionMethods;
namespace CSharpBook.Chapter13
{
    class ExtensionMethodTest
    {
        public static void Main()
        {
            string s = "Hello, Extension Methods. Testing...";
            int i = s.WordCount();
            Console.WriteLine("字符串：{0}，包括{1}个单词", s, i);
            Console.ReadKey();
        }
    }
}
```

运行结果：

```
字符串：Hello, Extension Methods. Testing...，包括4个单词
```

13.2 LINQ基本操作

13.2.1 LINQ基本概念

查询操作从数据源检索数据。针对不同的数据源，通常使用专门的查询语言。例如，关系数据库查询使用 SQL；XML 查询使用 Xquery。不同的数据源使用不同的查询语言，且这些查询缺少编译时类型检查和 IntelliSense 支持，这样就大大增加了开发的复杂度。

LINQ 提供一种一致的数据查询模型，使用相同的编码模式来查询和转换各种数据源。LINQ 定义了一组通用标准查询运算符，使用这些标准查询运算符可以投影、筛选和遍历内存中的集合或数据库中的表。LINQ 查询具有完全类型检查和 IntelliSense 支持，可以大大提高程序的数据处理能力和开发效率。使用 C#可以为以下各种数据源编写 LINQ 查询：

- SQL Server 数据库；
- XML 文档；
- ADO.NET 数据集；
- 支持 IEnumerable 或泛型 IEnumerable<T>接口的任意对象集合；
- 其他数据源：Web 服务和其他数据库（使用第三方的 LINQ 提供程序）。

LINQ 的组成结构如图 13-1 所示。

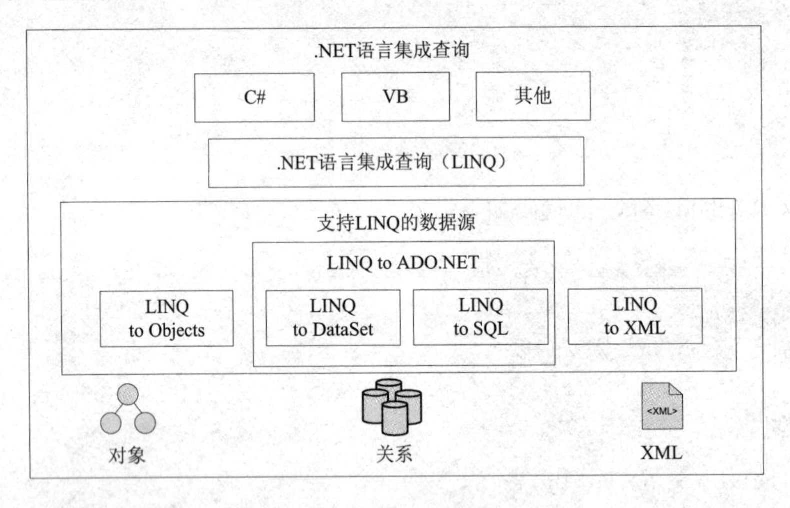

图 13-1　LINQ 组成结构

13.2.2 LINQ查询操作概述

LINQ 查询操作由以下三个不同的操作组成：

（1）获取数据源。

（2）创建查询。

（3）执行查询。

【例 13.2】 LINQ 查询操作示例（LINQQuery.cs）。将一个整数数组用作数据源；创建查询，从整数数组中返回所有偶数；执行查询并显示查询结果。

```
using System; using System.Linq;
namespace CSharpBook.Chapter13
{
    class IntroToLINQ
    {
        static void Main()
        {   //步骤1. 获取数据源
            int[] numbers = new int[7] { 0, 1, 2, 3, 4, 5, 6 };
            //步骤2. 创建查询：从整数数组中返回所有偶数
            //方法1：使用查询方法声明查询变量
            var numQuery1 = numbers.Where((num) => (num % 2) == 0);
            //方法2：使用查询表达式声明查询变量
            var numQuery2 =      //查询变量（用以存储查询）
                from num in numbers//必须以from子句开头：指定数据源和范围变量
                where (num % 2) == 0//筛选子句（可选）
                select num;//必须以select子句（选择对象序列）或group子句（分组）结尾
            //步骤3. 执行查询并显示查询结果
            Console.Write("numQuery1内容如下：");//方法1（查询方法）查询结果
            foreach (var num in numQuery1) Console.Write("{0,1} ", num);
            Console.Write("\nnumQuery2内容如下："); //方法2（查询表达式）查询结果
            foreach (var num in numQuery2) Console.Write("{0,1} ", num);
            Console.ReadKey();
        }
    }
}
```

运行结果：

```
numQuery1内容如下：0 2 4 6
numQuery2内容如下：0 2 4 6
```

13.2.3 获取数据源

支持 IEnumerable 或泛型 IEnumerable<T>接口的类型称为“可查询类型”，可查询类型可以直接作为 LINQ 数据源。例如，C#中的数组隐式支持泛型 IEnumerable<T>接口，故例 13.2 中的数组可以直接用作 LINQ 的数据源。

对于其他形式的数据（如 XML 文档），则需要通过相应的 LINQ 提供程序，把数据表示为内存中的支持 IEnumerable 或泛型 IEnumerable<T>接口的类型，并作为 LINQ 数据源。

例如，LINQ to XML 使用 XElement.Load 方法将 XML 文档加载到可查询的 XElement 类型中，并作为 LINQ 数据源：

```
//using System.Xml.Linq;
XElement contacts = XElement.Load(@"c:\Sample.xml");//从XML文档创建数据源
```

13.2.4 创建查询

查询指定从数据源中检索信息，并对其进行排序、分组和结构化。

创建查询即声明一个匿名类型的查询变量，并使用查询方法对其进行初始化（如例13.2中的numQuery1），也可以使用查询表达式对其进行初始化（如例13.2中的numQuery2）。

```
var numQuery1 = numbers.Where((num) => (num % 2) == 0);
var numQuery2 = from num in numbers where (num % 2)==0 select num;
```

可以使用查询方法实现LINQ的查询操作。查询方法中传入的是Lambda表达式，即匿名函数，也称为谓词函数。绝大部分查询操作也可以使用对应的查询表达式，编译器自动将查询表达式语法转换为查询方法语法。

LINQ查询通常使用var变量，并指向查询的结果匿名集合对象。如果可以确定查询结果对象的类型，一般为IEnumerable<类型>或IEnumerable子类型的泛型，也可以直接使用这些泛型声明变量。例如：

```
IEnumerable<int> numQuery1 = from num in numbers where (num % 2)==0 select num;
IEnumerable<int> numQuery2 = numbers.Where((num) => (num % 2) == 0);
```

查询表达式包含三个子句：from、where和select。from子句指定数据源，where子句应用筛选器，select子句指定返回元素的类型。LINQ查询语言的子句顺序与关系数据库SQL查询语言中的顺序相反。

注意：在LINQ中，查询变量本身只是存储查询命令，创建查询仅仅是声明查询变量，此时并不执行任何操作，也不返回任何数据。LINQ在随后执行查询时，才执行查询变量中声明的查询操作，并返回结果数据。

13.2.5 执行查询

LINQ的查询操作一般采用延迟执行模式，即只有当访问查询变量中的数据时，才会执行变量中声明的查询操作，并返回结果数据。

例如，在例13.2中，实际的查询执行会延迟到在foreach语句中循环访问查询变量时发生，迭代变量num保存了返回序列中的每个值（一次保存一个值）。

由于查询变量本身不保存查询结果，因此可以根据需要随意执行查询。例如，在应用程序中，可以创建一个检索最新数据的查询，并按某一时间间隔反复执行该查询以便每次检索不同的结果。

若要强制立即执行任意查询并缓存其结果，可以调用ToList或ToArray方法，将所有数据缓存在单个集合对象中。例如：

```
var numQuery2 = (from num in numbers where (num % 2) == 0 select num).ToList();
var numQuery3 = (from num in numbers where (num % 2) == 0 select num).ToArray();
```

LINQ查询的操作示意图如图13-2所示。

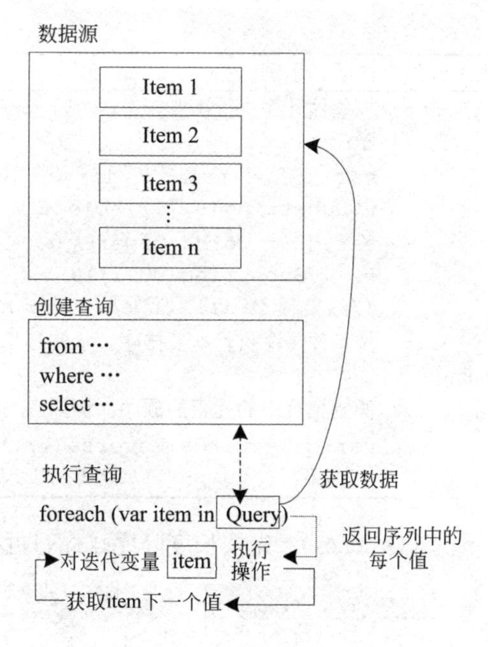

图 13-2 LINQ 查询操作示意图

13.3 标准查询运算符

标准查询运算符提供了包括筛选、投影、聚合、排序等在内的查询功能。如果需要，也可以通过编程，创建自定义查询运算符，以实现特殊的功能要求。

13.3.1 数据排序

排序操作按一个或多个属性对序列的元素进行排序。第一个排序条件对元素执行主要排序；第二个排序条件则对主要排序结果再进行排序。

LINQ 对数据进行排序的标准查询运算符方法如表 13-1 所示。假设表中示例基于 string[] words = { "the", "quick", "brown", "fox", "jumps"}。

表 13-1 LINQ 对数据排序的标准查询运算符方法

查询方法	查询表达式	说明和示例

OrderBy	orderby	按条件升序排序。例如，按字符串长度升序排序：
		`var q1 = from w in words orderby w.Length select w;`
		`var q2 = words.OrderBy(w => w.Length);`
		`//结果：{"the", "fox", "quick", "brown", "jumps"}`

OrderByDescending	orderby …
	descending
		按条件降序排序。例如，按第一个字母降序排序：
		`var q1 = from w in words orderby w.Substring(0,1) descending select w;`
		`var q2 = words.OrderByDescending(w => w.Substring(0,1));`
		`//结果：{"the", "quick", "jumps", "fox", "brown"}`

续表

查询方法	查询表达式	说明和示例

ThenBy	orderby …, …	按条件升序执行次要排序。例如，先按长度、再按第一个字母排序：
		`var q1 = from w in words orderby w.Length, w.Substring(0, 1) select w;`
		`var q2 = words.OrderBy(w => w.Length).ThenBy(w => w.Substring(0, 1));`
		`//结果：{ "fox", "the", "brown", "jumps", "quick" }`

ThenByDescending	orderby …, … descending	按条件降序执行次要排序。示例参见例 13.3

Reverse	不适用	颠倒集合中的元素的顺序。例如：
		`var q2 = words.Reverse();`
		`//结果：{"jumps", "fox", "brown", "quick", "the"}`

【例 13.3】 数据排序示例（Order.cs）：先按长度降序排序，再按第一个字母降序排序。

```
using System; using System.Linq;
namespace CSharpBook.Chapter13
{
    class IntroToLINQ
    {
      static void Main()
      {
        string[] words = { "the", "quick", "brown", "fox", "jumps" };
        Console.Write("排序前的字符串：");
        foreach (var w in words) Console.Write("{0} ", w);
        var q1=from w in words orderby w.Length descending, w.Substring(0, 1) descending
         select w;
        Console.Write("\n排序后的字符串（使用查询表达式）：");
        foreach (var w in q1) Console.Write("{0} ", w);
        var q2=words.OrderByDescending(w=>w.Length).ThenByDescending(w=>w. Substring (0, 1));
        Console.Write("\n排序后的字符串（使用查询方法）：");
        foreach (var w in q2) Console.Write("{0} ", w);Console.ReadKey();
      }
    }
}
```

运行结果：

```
排序前的字符串：the quick brown fox jumps
排序后的字符串（使用查询表达式）：quick jumps brown the fox
排序后的字符串（使用查询方法）：quick jumps brown the fox
```

13.3.2 数据筛选

筛选操作将结果集限制为只包含那些满足指定条件的元素，又称为选择。LINQ 对数据进行筛选的标准查询运算符方法如表 13-2 所示。

表 13-2　LINQ 对数据筛选的标准查询运算符方法

查询方法	查询表达式	说明和示例

OfType	不适用	选择可以转换为指定类型的元素。例如，选择字符串类型的元素：
		`ArrayList fruits = new ArrayList {"Mango", "Orange", "Apple", 3.0, "Banana"};`
		`var q1 = fruits.OfType<string>();`
		`//结果：{ "Mango", "Orange", "Apple", "Banana" }`

Where	where	选择基于条件的元素。可以根据需要使用&&和||运算符指定多个条件。例如，选择长度为 3，且第一个字母为 f 的元素：
		`string[] words = {"the", "quick", "brown", "fox", "jumps", "for", "food"};`
		`var q1 = from w in words where w.Length==3 && w.Substring(0, 1)=="f" select w;`
		`var q2 = words.Where(w => w.Length == 3 && w.Substring(0, 1) == "f");`
		`//结果：{"fox ", "for"}`

13.3.3 数据投影

投影操作将对象转换为一种新形式的操作，通过映射属性（直接映射或对属性执行数学函数）构建仅包含必须属性的新类型。LINQ 对数据进行投影的标准查询运算符方法如表 13-3 所示。

表 13-3　LINQ 对数据投影的标准查询运算符方法

查询方法	查询表达式	说明和示例

Select	select	映射基于转换函数的值。例如，选择各元素的第一个字母：
		`string[] words = { "an", "apple", "a", "day" };`
		`var q1 = from w in words select w.Substring(0, 1);`
		`//结果：{"a", "a", "a", "d"}`

SelectMany	使用多个 from 子句	映射基于转换函数的值序列，然后将它们展平为一个序列。例如：
		`string[] phrases = {"an apple a day", "the quick brown fox"};`
		`var q1 = from p in phrases from w in p.Split(' ') select w;`
		`var q2 = phrases.SelectMany(p => from w in p.Split(' ') select w);`
		`var q3 = phrases.SelectMany(p => p.Split(' '));`
		`//结果：{"an", "apple", "a", "day", "the", "quick", "brown", "fox"}`

13.3.4 数据分组

分组操作将数据按共享公共属性进行分组，以便对每个组中的元素进行处理。LINQ

对数据分组的标准查询运算符方法如表 13-4 所示。

表 13-4　LINQ 对数据分组的标准查询运算符方法

查询方法	查询表达式	说明
GroupBy	group … by 或 group … by … into …	对共享公共属性的元素进行分组

【例 13.4】 数据分组示例（Group.cs）：对给定整数数组按奇/偶数分组。

```
using System; using System.Linq;
namespace CSharpBook.Chapter13
{
    class Group
    {
        static void Main()
        {
            int[] numbers = { 35, 44, 200, 84, 3987, 4, 199, 329, 446, 208 };
            var q1 = from n in numbers group n by n % 2;
            foreach (var group in q1)
            {
                Console.Write(group.Key == 0 ? "\n偶数:" : "\n奇数:");
                foreach (int i in group) Console.Write("{0} ", i);
            };
            var q2 = numbers.GroupBy(n => n % 2);
            foreach (var group in q1)
            {
                Console.Write(group.Key == 0 ? "\n偶数:" : "\n奇数:");
                foreach (int i in group) Console.Write("{0} ", i);
            };
            Console.ReadKey();
        }
    }
}
```

运行结果：

```
奇数:35 3987 199 329
偶数:44 200 84 4 446 208
奇数:35 3987 199 329
偶数:44 200 84 4 446 208
```

13.3.5　联接运算

联接是指将一个数据源对象与另一个数据源对象进行关联或联合的操作。这两个数据源对象通过一个共同的值或属性进行关联。LINQ 对数据进行联接运算的标准查询运算符方法如表 13-5 所示。

表 13-5 LINQ 对数据联接运算的标准查询运算符方法

查询方法	查询表达式	说明

Join	join … in … on … equals …	内部联接。类似于 T-SQL 中的 inner join，它根据键值选择器函数联接两个数据集，只返回那些在另一个数据集中具有匹配项的对象并提取值对。例如，可以将产品表与产品类别表相联接，得到产品名称和与其相对应的类别名称：
		`var q11 = from c in categories`
		`join p in products on c.ID equals p.categoryID`
		`select new {CategoryName=c.Name, ProductID=p.ID, ProductName=p.Name};`
		`var q12 = categories.Join(products, c => c.ID, p => p.categoryID,`
		`(c, p) => new {CategoryName=c.Name, ProductID=p.ID, ProductName=p.Name});`

GroupJoin	join … in … on … equals … into …	分组联接。常应用于返回“主键对象-外键对象集合”形式的查询，如“产品类别-此类别下的所有产品”。根据键值选择器函数联接两个数据集，返回一个分层的结果序列：将左侧数据集中的元素与右侧数据集中的一个或多个匹配元素相关联，如果在右侧数据集中找不到与左侧数据集中的元素相匹配的元素，则 join 子句会为该项产生一个空数组。例如：
		`var q21 = from c in categories`
		`join p in products on c.ID equals p.categoryID into ps`
		`select new { CategoryName = c.Name, Nums = ps.Sum(p => p.num) };`
		`var q22 = categories.GroupJoin(products, c => c.ID, p => p.categoryID,`
		`(c, ps) => new { CategoryName = c.Name, Nums = ps.Sum(p => p.num) });`

【例 13.5】 联接运算示例（JoinTest.cs）。

```
using System; using System.Linq; using System.Collections.Generic;
namespace CSharpBook.Chapter13
{
    public class Category              //类别
    {
        public string ID, Name;        //类别编号、类别名称
        public static List<Category> GetCategoryList()
        {
            List<Category> list = new List<Category>();
            list.Add(new Category { ID = "1", Name = "饮料" });
            list.Add(new Category { ID = "2", Name = "水果" });
            list.Add(new Category { ID = "3", Name = "蔬菜" });
            return (list);
        }
```

```
    }
    public class Product //产品
    {
        public string ID, Name, categoryID;        //产品编号、产品名称、类别编号
        public int num;                             //产品数量
        public static List<Product> GetProductList()
        {
            List<Product> list = new List<Product>();
            list.Add(new Product { ID = "1", Name = "可乐", num = 10, categoryID = "1" });
            list.Add(new Product { ID = "2", Name = "橙汁", num = 20, categoryID = "1" });
            list.Add(new Product { ID = "3", Name = "苹果", num = 11, categoryID = "2" });
            list.Add(new Product { ID = "4", Name = "香蕉", num = 22, categoryID = "2" });
            list.Add(new Product { ID = "5", Name = "菠萝", num = 33, categoryID = "2" });
            return (list);
        }
    }
    public class JoinTest
    {
        public static void Main()
        {
            List<Category> categories = Category.GetCategoryList();
            List<Product> products = Product.GetProductList();
            var q11 = from c in categories
                 join p in products on c.ID equals p.categoryID
                 select new { CategoryName = c.Name, ProductID = p.ID, ProductName = p.Name };
            foreach (var item in q11) Console.WriteLine(item);
            var q12 = categories.Join(products, c => c.ID, p => p.categoryID,
                 (c, p) => new { CategoryName = c.Name, ProductID = p.ID, ProductName = p.Name });
            foreach (var item in q12) Console.WriteLine(item);
            var q21 = from c in categories
                join p in products on c.ID equals p.categoryID into ps
                select new { CategoryName = c.Name, Nums = ps.Sum(p => p.num) };
            foreach (var item in q21) Console.WriteLine(item);
            var q22 = categories.GroupJoin(products, c => c.ID, p => p.categoryID,
                (c, ps) => new { CategoryName = c.Name, Nums = ps.Sum(p => p.num) });
            foreach (var item in q22) Console.WriteLine(item);
            Console.ReadKey();
        }
    }
}
```

运行结果：

```
{ CategoryName = 饮料, ProductID = 1, ProductName = 可乐 }
{ CategoryName = 饮料, ProductID = 2, ProductName = 橙汁 }
{ CategoryName = 水果, ProductID = 3, ProductName = 苹果 }
{ CategoryName = 水果, ProductID = 4, ProductName = 香蕉 }
{ CategoryName = 水果, ProductID = 5, ProductName = 菠萝 }
{ CategoryName = 饮料, ProductID = 1, ProductName = 可乐 }
{ CategoryName = 饮料, ProductID = 2, ProductName = 橙汁 }
{ CategoryName = 水果, ProductID = 3, ProductName = 苹果 }
{ CategoryName = 水果, ProductID = 4, ProductName = 香蕉 }
{ CategoryName = 水果, ProductID = 5, ProductName = 菠萝 }
{ CategoryName = 饮料, Nums = 30 }
{ CategoryName = 水果, Nums = 66 }
{ CategoryName = 蔬菜, Nums = 0 }
{ CategoryName = 饮料, Nums = 30 }
{ CategoryName = 水果, Nums = 66 }
{ CategoryName = 蔬菜, Nums = 0 }
```

13.3.6 数据分区

分区操作在不重新排列元素的情况下，将输入序列划分为两部分，然后返回其中一个部分。LINQ 对数据进行分区的标准查询运算符方法如表 13-6 所示。假设表中示例基于 int[] grades = { 59, 82, 70, 56, 92, 98, 85}。

表 13-6 LINQ 对数据分区的标准查询运算符方法

查询方法	查询表达式	说明和示例

Skip	不适用	跳过序列中指定位置之前的元素。例如，降序排序，并跳过三个元素：
		`var q1 = grades.OrderByDescending(g => g).Skip(3);`
		`//结果：{82,70,59,56}`

SkipWhile	不适用	基于条件跳过元素，直到不再满足条件。例如，降序排序，并跳过大于等于 80 的元素： `var q1 = grades.OrderByDescending(g => g).SkipWhile(g => g >= 80);//结果：{70,59,56}`

Take	不适用	提取序列中指定位置之前的元素。例如，降序排序，并提取三个元素：
		`var q1 = grades.OrderByDescending(g => g).Take(3);`
		`//结果：{98,92,85}`

TakeWhile	不适用	基于条件提取元素，直到不再满足条件。例如，降序排序，并提取大于等于 80 的元素： `var q1 = grades.OrderByDescending(g => g).TakeWhile(g => g >= 80);//结果：{98,92,85,82}`

13.3.7 限定运算

限定符运算返回一个布尔值，该值指示序列中是否有一些元素满足条件或是否所有元素都满足条件。LINQ 执行限定符运算的标准查询运算符方法如表 13-7 所示。假设表中示例基于 int[] grades = { 69, 82, 70, 66, 92, 98, 85}。

表 13-7　LINQ 执行限定符运算的标准查询运算符方法

查询方法	查询表达式	说明和示例
All	不适用	确定序列中的所有元素是否都满足条件。例如： `bool bGrades = grades.All(g => g>=60); //结果：True`
Any	不适用	确定序列中是否有元素满足条件。例如： `bool bGrades = grades.Any(g => g < 60); //结果：False`
Contains	不适用	确定序列是否包含指定的元素。例如： `bool bGrades = grades.Contains(100); //结果：False`

13.3.8　聚合运算

聚合运算从数据集计算单个值。LINQ 中聚合运算的标准查询运算符方法如表 13-8 所示。假设表中示例基于 int[] grades = { 78, 92, 100, 37, 81}。

表 13-8　LINQ 中聚合运算的标准查询运算符方法

查询方法	查询表达式	说明和示例

Aggregate	不适用	对序列应用累加器函数。例如，累计求和、累计求乘积。它接受两个参数，第一个参数为累积数（第一次计算默认为第一个值），而第二个参数为下一个值。第一次计算之后，计算结果替换掉第一个参数，继续参与下一次计算。例如：
		`int[] nums = { 1, 2, 3, 4, 5 };`
		`int a1 = nums.Aggregate((i, j) => i + j);`
		`//结果：15。即1+2+3+4+5`
		`int a2 = nums.Aggregate((i, j) => i * j);`
		`//结果：120。即1*2*3*4*5`

Average	不适用	计算值集合的平均值。例如： `double average = grades.Average(); //结果：77.6`

Count	不适用	对集合中的元素进行计数，或对满足条件的元素进行计数。例如：
		`int count1 = grades.Count(); //结果：5`
		`int count2 = grades.Count(i => i < 60); //结果：1`

LongCount	不适用	对大型集合中的元素进行计数，或对满足条件的元素进行计数。例如：
		`long count1 = grades.LongCount(); //结果：5`
		`long count2 = grades.LongCount(i => i >= 90 ); //结果：2`

Max	不适用	确定集合中的最大值。例如： `double max = grades.Max(); //结果：100`
Min	不适用	确定集合中的最小值。例如： `double min = grades.Min(); //结果：37`
Sum	不适用	计算集合中值的总和。例如： `double sum = grades.Sum(); //结果：388`

13.3.9　集合运算

集合运算针对两个集合进行相应的运算。LINQ 中集合运算的标准查询运算符方法如

表 13-9 所示。

表 13-9　LINQ 中集合运算的标准查询运算符方法

查询方法	查询表达式	说明和示例

Distinct	不适用	从集合移除重复值。例如：
		`int[] ages = { 21, 46, 46, 55, 17, 21, 55, 55 };`
		`var q1 = ages.Distinct();     //结果：{21, 46, 55, 17}`

Except	不适用	返回差集（位于一个集合但不位于另一个集合的元素）。例如：
		`double[] nums1 = { 2.1, 2.2, 2.3 }; double[] nums2 = { 2.2 };`
		`var q1 = nums1.Except(nums2); //结果：{2.1, 2.3}`

Intersect	不适用	返回交集（同时出现在两个集合中的元素）。例如：
		`int[] s1 = { 44, 26, 92, 30, 71}; int[] s2 = { 47, 26, 4, 30 };`
		`var q1 = s1.Intersect(s2);    //结果：{ 26, 30}`

Union	不适用	返回并集（位于两个集合中任一集合的唯一元素）。例如：
		`int[] s1 = { 44, 26, 92, 30, 71}; int[] s2 = { 47, 26, 4, 30 };`
		`var q1 = s1.Union(s2);`
		`//结果：{44, 26, 92, 30, 71, 47, 4}`

13.3.10　生成运算

生成运算用于创建新的值序列。LINQ 中生成运算的标准查询运算符方法如表 13-10 所示。

表 13-10　LINQ 生成运算的标准查询运算符方法

查询方法	查询表达式	说明和示例

DefaultIfEmpty	不适用	将空集合替换为具有默认值的单一实例集合。例如：
		`var s = new List<int>();`
		`foreach (var i in s.DefaultIfEmpty(100))Console.WriteLine(i); //结果：100`

Empty	不适用	返回空集合。例如： `var empty = Enumerable.Empty<decimal>();`

Range	不适用	生成包含数字序列的集合。第 1 个参数为起始值，第 2 个参数为序列个数。例如：
		`var q1 = Enumerable.Range(1, 4); //结果：{1, 2, 3, 4}`
		`var q2 = Enumerable.Range(1, 4).Select(x => x*x);`
		`//结果：{1, 4, 9, 16}`

Repeat	不适用	生成包含一个重复值的集合。第 1 个参数为重复值，第 2 个参数为重复次数。例如：
		`var q1 = Enumerable.Repeat("ab", 3);`
		`//结果：{"ab", "ab", "ab"}`

13.3.11　元素操作

元素操作从一个序列返回单个特定元素。LINQ 中元素操作的标准查询运算符方法如表 13-11 所示。假设表中示例基于 int[] grades = { 78, 92, 56, 100, 37, 81 }。

表 13-11 LINQ 元素操作的标准查询运算符方法

查询方法	查询表达式	说明和示例
ElementAt	不适用	返回集合中指定索引处的元素。例如： int i = grades.ElementAt(1); //结果：92
ElementAtOrDefault	不适用	返回集合中指定索引处的元素；如果索引超出范围，则返回默认值。例如： int i = grades.ElementAtOrDefault(10);//结果：0

First	不适用	返回集合中的第一个元素或满足条件的第一个元素。例如：
		int i1= grades.OrderBy(n=>n).First();//结果：37
		int i2 = grades.First(n => n >= 90); //结果：92

FirstOrDefault	不适用	返回集合中的第一个元素或满足条件的第一个元素。如果没有这样的元素，则返回默认值。例如：
		int i = grades.FirstOrDefault(n => n < 30);
		//结果：0

Last	不适用	返回集合中的最后一个元素或满足条件的最后一个元素。例如：
		int i1 = grades.OrderBy(n => n).Last(); //结果：100
		int i2 = grades.OrderBy(n => n).Last(n => n < 60);
		//结果：56

LastOrDefault	不适用	返回集合中的最后一个元素或满足条件的最后一个元素。如果没有这样的元素，则返回默认值。例如：
		int i2 = grades.LastOrDefault(n => n < 30);
		//结果：0

Single	不适用	返回集合中的唯一元素或满足条件的唯一元素，如果该序列并非恰好包含一个元素，则会引发异常。例如：
		int i1 = grades.Single(); //结果：运行时异常
		int i2 = grades.Single(n => n < 50); //结果：37

SingleOrDefault	不适用	返回集合中的唯一元素或满足条件的唯一元素。如果该序列为空，则返回默认值；如果该序列包含多个元素，此方法将引发异常。例如：
		int i1 = grades.SingleOrDefault(n => n < 30);
		//结果：0

13.3.12 串联运算

串联运算将一个序列追加到另一个序列。LINQ 中串联运算的标准查询运算符方法如表 13-12 所示。

表 13-12 LINQ 串联运算的标准查询运算符方法

查询方法	查询表达式	说明和示例
Concat	不适用	串联两个序列以组成一个序列。例如： int[] s1 = { 78, 92, 100 }; int[] s2 = { 37, 81 }; var q1 = s1.Concat(s2); //结果：{ 78, 92, 100, 37, 81 }

13.3.13 相等运算

相等运算比较两个序列，如果两个序列的对应元素相等且这两个序列具有相同数量的元素，则这两个序列相等。LINQ 中相等运算的标准查询运算符方法如表 13-13 所示。

表 13-13　LINQ 相等运算的标准查询运算符方法

查询方法	查询表达式	说明和示例

SequenceEqual	不适用	通过成对地比较元素确定两个序列是否相等。例如：
		`int[] s1 = {78, 92, 75};int[] s2 = {37, 81}; int[] s3 = {37, 81};`
		`bool b1 = s2.SequenceEqual(s1); //结果：False`
		`bool b2 = s2.SequenceEqual(s3); //结果：True`

13.3.14　数据类型转换

数据类型转换更改输入对象的类型。LINQ 中数据类型转换的标准查询运算符方法如表 13-14 所示。假设表中示例基于 string[] fruits = { "Mango", "Orange", "Apple", "Banana"} 以及 int[] s = { 78, 92, 100, 37, 81}。

表 13-14　LINQ 数据类型转换的标准查询运算符方法

查询方法	查询表达式	说明和示例

AsEnumerable	不适用	返回类型化为 IEnumerable<T>。例如：
		`IEnumerable<int> e1 = s.AsEnumerable().Where(n => n >= 80);`
		`//结果：{ 92, 100, 81 }`

AsQueryable	不适用	将泛型 IEnumerable<T>转换为泛型 IQueryable<T>。例如： `IQueryable<int> q1 = s.AsQueryable();`

Cast	使用显式类型化的范围变量	将集合的元素强制转换为指定类型。例如：
		`var q1 = fruits.Cast<string>().Select(fruit => fruit);`
		`//结果：{ "Mango", "Orange", "Apple", "Banana"}`

OfType	不适用	根据值强制转换为指定类型的能力筛选值。例如：
		`var fruits1 = new ArrayList { "Mango", 3.0, "Banana" };`
		`var q1 = fruits1.OfType<string>(); //结果：{ "Mango", "Banana" }`

ToArray	不适用	根据条件将集合转换为数组。此方法强制执行查询。例如：
		`string[] first3 = fruits.OrderBy(w => w.Length).Take(3).ToArray();`
		`//结果：{ "Mango", "Apple", "Orange"}`

ToDictionary	不适用	根据条件将集合转换为字典。此方法强制执行查询。例如：
		`Dictionary<string, string> dic = fruits.ToDictionary(p => p.Substring(0, 3));`
		`foreach (var kp in dic){ Console.Write("{0}:{1},", kp.Key, kp.Value); }`
		`//结果：Man:Mango,Ora:Orange,App:Apple,Ban:Banana`

ToList	不适用	根据条件将集合转换为 List<T>。此方法强制执行查询。例如：
		`List<int> q1 = fruits.Select(fruit => fruit.Length).ToList();`
		`//结果：{ 5, 6, 5, 6}`

续表

查询方法	查询表达式	说明和示例
ToLookup	不适用	根据条件将集合转换为 Lookup<TKey, TElement>（一对多字典）。此方法强制执行查询。例如： ILookup<int, string> lookup = fruits.ToLookup(f => f.Length, f => f); foreach (IGrouping<int, string> group in lookup) { Console.Write(" {0}:", group.Key); foreach (string i in group) Console.Write ("{0} ", i); }//结果：5:Mango Apple 6:Orange Banana

13.4 LINQ to Objects

13.4.1 LINQ to Objects 概述

通过 LINQ to Objects，可以直接针对任何实现 IEnumerable 或 IEnumerable<T>接口的集合，执行 LINQ 查询，而不需要使用中间 LINQ 提供程序或 API。

.NET Framework 中实现 IEnumerable 或 IEnumerable<T>接口的集合包括：数组、List<T>、Array、Dictionary<TKey, TValue>等。许多.NET Framework API 返回的结果也是实现 IEnumerable 或 IEnumerable<T>接口的集合，如 Directory 类的 GetFiles 方法返回指定目录下文件列表。

针对任何实现 IEnumerable 或 IEnumerable<T>接口的集合的 LINQ 查询包括三个操作：获取数据源、创建查询和执行查询。

任何实现 IEnumerable 或 IEnumerable<T>接口的集合均可以直接用作 LINQ 的数据源；可以使用两种不同的语法（查询表达式语法和基于方法的查询语法）来创建 LINQ 查询。可以通过 foreach 语句执行查询，并循环显示查询结果。

13.4.2 LINQ 和字符串

LINQ 可以用于查询和转换字符串和字符串集合。通过 Split 方法，可以将字符串拆分成可查询的较小字符串数组，然后通过 LINQ 查询，对其进行分析和修改。源文本可以拆分成词语、句子、段落、页或任何其他条件，然后根据查询的需要，执行其他拆分。

有关字符串的操作，请参阅第 15 章。本节内容也可以考虑并入第 15 章一起讲解。

【例 13.6】 LINQ 和字符串应用示例 1（LINQString1.cs）：使用 LINQ 查询统计指定词（data，不区分大小写）在字符串中出现的次数。

```
using System;using System.Collections.Generic;using System.Linq;
namespace CSharpBook.Chapter13
{
  class CountWords
  {
    static void Main()
```

```
    {
        string text=@"Encryption is the translation of data into a secret code."+
          @" Encryption is the most effective way to achieve data security." +
          @" To read an encrypted file, you must have access to a secret key" +
          @" or password that enables you to decrypt it.Unencrypted data " +
          @" is called plain text (or plaintext); encrypted data is " +
          @" referred to as cipher text (or ciphertext)." ;
        string searchTerm = "data";
        //把字符串转换为字符串（单词）数组
        string[] source = text.Split(new char[] { '.', '?', '!', ' ', ';',':', ',' },
        StringSplitOptions.RemoveEmptyEntries);
        //创建查询：查询所有匹配data（不论大小写）的元素
        var matchQuery = from word in source
                where word.ToLowerInvariant() == searchTerm.ToLowerInvariant()
                select word;
        int wordCount = matchQuery.Count(); //统计元素的个数
        Console.WriteLine("指定词{0}出现了{1}次", searchTerm, wordCount);
        Console.ReadKey();
    }
  }
}
```

运行结果：

```
指定词data出现了4次
```

【例 13.7】 LINQ 和字符串应用示例 2（LINQString2.cs）：在字符串中查询包含指定单词系列（同时包含 Encryption 和 data）的句子。

```
using System;using System.Collections.Generic;using System.Linq;
namespace CSharpBook.Chapter13
{
  class CountWords
  {
    static void Main()
    {
        string text=@"Encryption is the translation of data into a secret code." +
          @"Encryption is the most effective way to achieve data security." +
          @"To read an encrypted file, you must have access to a secret key" +
          @"or password that enables you to decrypt it.Unencrypted data " +
          @"is called plain text (or plaintext); encrypted data is " +
          @"referred to as cipher text (or ciphertext)." ;
        string[] wordsToMatch = { Encryption, data };//要查询的单词列表
        //把字符串转换为字符串（句子）数组
        string[] sentences = text.Split(new char[] { '.', '?', '!' });
        //创建查询：查询所有包含Encryption和data的元素
```

```
        var sentenceQuery = from sentence in sentences
                let w = sentence.Split(new char[] { '.', '?', '!', ' ', ';', ':', ',' })
                where w.Distinct().Intersect(wordsToMatch).Count()
                        == wordsToMatch.Count()
                select sentence;
        Console.WriteLine("所有包含Encryption和data的句子有：");
        int i = 1;
        foreach (string str in sentenceQuery)//执行查询，并循环显示查询结果
        {
            Console.WriteLine("({0}): {1}",i++,str);
        }
        Console.ReadKey();
    }
  }
}
```

运行结果：

```
所有包含Encryption和data的句子有：
(1): Encryption is the translation of data into a secret code
(2): Encryption is the most effective way to achieve data security
```

说明：

（1）查询运行时首先将文本拆分成句子，然后将句子拆分成包含每个单词的字符串数组。对于每个这样的数组，Distinct 方法移除所有重复的单词，然后查询对单词数组和 wordstoMatch 数组执行 Intersect 操作。如果交集的计数与 wordsToMatch 数组的计数相同，则在单词中找到了所有的单词，且返回原始句子。

（2）在对 Split 的调用中，使用标点符号作为分隔符，以从字符串中移除标点符号。如果没有这样做，则假如有一个字符串“Encryption,”，该字符串不会与 wordsToMatch 数组中的 Encryption 相匹配。

【例 13.8】 LINQ 和字符串应用示例 3（LINQString3.cs）：合并两个文件的内容，然后创建一组以新方式组织数据的新文件。对于与数据文件位于同一文件夹中的每个组，本程序将为这些组编写单独的文件（以 testFile_开头的 txt 文件）。

（1）创建数据文件，均保存到解决方案文件夹中。注意，这两个数据文件有一些共同的姓名。

① 使用记事本创建文件 names1.txt，包含下列内容：

Jiang, Hong
Yao, Ming
Woods, Tiger
Li, Ning
Yu, Qing-song

② 使用记事本创建文件 names2.txt，包含下列内容：

Yu, Qing-song
Liu, Xiang
Li, Ning
Yang, Zhen-ning
Jiang, Hong

（2）编制 C#程序。

```
using System;using System.Collections.Generic;using System.Linq;
namespace CSharpBook.Chapter13
{
class SplitWithGroups
{
    static void Main()
    {   //读取当前目录中的names1.txt
        string[] fileA = System.IO.File.ReadAllLines(@"./names1.txt");
        //读取当前目录中的names2.txt
        string[] fileB = System.IO.File.ReadAllLines(@"./names2.txt");
        var mergeQuery = fileA.Union(fileB); //合并文件内容
        //创建查询：按第一个单词（姓）的第一个字母分组
        var groupQuery = from name in mergeQuery
                         let n = name.Split(',')
                         group name by n[0][0] into g
                         orderby g.Key
                         select g;
        //执行查询，为每个组创建一个新文件，并循环显示结果
        foreach (var g in groupQuery)
        {   //创建新文件的名称
            string fileName = @"./testFile_" + g.Key + ".txt";
            //输出内容到控制台：分组
            Console.WriteLine(g.Key);
            //写入文件
            using (System.IO.StreamWriter sw = new System.IO. Stream Writer(fileName))
            {
                foreach (var item in g)
                {
                    sw.WriteLine(item);
                    Console.WriteLine("   {0}", item); //输出内容到控制台
                }
            }
        }
        Console.ReadKey();
    }
```

```
    }
  }
```

运行结果：

```
J
  Jiang, Hong
L
  Li, Ning
  Liu, Xiang
W
  Woods, Tiger
Y
  Yao, Ming
  Yu, Qing-song
  Yang, Zhen-ning
```

【例 13.9】 LINQ 和字符串应用示例 4（LINQString4.cs）：对.csv 文件的列执行诸如 Sum、Average、Min、Max 等聚合计算。

（1）创建源文件。使用记事本创建文件 scores.csv（假定第一列表示学员 ID，其他列表示 4 次考试的分数），内容如下：

2014111, 97, 92, 81, 60
2014112, 75, 84, 91, 39
2014113, 88, 94, 65, 91
2014114, 97, 89, 85, 82
2014115, 35, 72, 91, 70
2014116, 99, 86, 90, 94
2014117, 93, 92, 80, 87
2009118, 92, 90, 83, 78
2014119, 68, 79, 88, 92
2014120, 99, 82, 81, 79
2014121, 96, 85, 91, 60
2014122, 94, 92, 91, 91

（2）编制 C#程序。

```
using System;using System.Collections.Generic;using System.Linq;
namespace CSharpBook.Chapter13
{
  class SumColumns
  {
    static void Main(string[] args)
    {   //csv文件格式
        //Student ID    Exam#1  Exam#2  Exam#3  Exam#4
        //2014111,      97,     92,     81,     60
```

```
        string[] lines = System.IO.File.ReadAllLines(@"./scores.csv");
        //创建查询
        IEnumerable<IEnumerable<int>> query =
            from line in lines
            let x = line.Split(',')             //转换为数组
            let y = x.Skip(1)                   //跳过第1列学号
            select (from str in y
                  select Convert.ToInt32(str));
        var results = query.ToList();           //执行查询并缓存，以提高程序性能
        int columnCount = results[0].Count(); // 列数
        for (int column = 0; column < columnCount; column++)
        {//创建查询：查询各列，并执行聚合运算
            var res2 = from row in results
                    select row.ElementAt(column);
            double average = res2.Average();
            int max = res2.Max(); int min = res2.Min();
            //显示每次考试的结果：平均分、最高分、最低分
            Console.WriteLine("Exam #{0} 平均分：{1:##.##} 最高分：{2} 最低分：{3}",
                              column + 1, average, max, min);
        }
        Console.ReadKey();
    }
  }
}
```

运行结果：

```
Exam #1 平均分：86.08 最高分：99 最低分：35
Exam #2 平均分：86.42 最高分：94 最低分：72
Exam #3 平均分：84.75 最高分：91 最低分：65
Exam #4 平均分：76.92 最高分：94 最低分：39
```

如果文件是制表符分隔文件，只需将 Split 方法中的参数更新为\t。

13.4.3 LINQ 和文件目录

文件系统操作通常涉及查询，因此非常适合使用 LINQ 方法进行查询。

有关文件的操作，请参阅第 16 章。本节内容也可以并入第 16 章一起讲解。

【例 13.10】 LINQ 和文件目录应用示例 1（LINQFileFolder1.cs）：显示当前文件夹中所有扩展名为 cs 的文件列表，并返回最新创建的文件及其创建时间。

```
using System;using System.Collections.Generic;using System.Linq;
namespace CSharpBook.Chapter13
{
  class FindFileByExtension
  {
```

```
        static void Main()
        {
            string path = @".\";                              //当前目录
            //获取当前目录中所有文件列表
            string[] fileNames = System.IO.Directory.GetFiles(path);
            List<System.IO.FileInfo> fileList = new List<System.IO.FileInfo>();
            foreach (string name in fileNames) fileList.Add(new System.IO.FileInfo(name));
            //创建查询1：查询所有后缀为cs的文件
            IEnumerable<System.IO.FileInfo> fileQuery1 =from file in fileList
                      where file.Extension == ".cs"
                      orderby file.Name
                      select file;
            //执行查询1，并循环显示查询结果
            foreach (System.IO.FileInfo fi in fileQuery1) Console. WriteLine(fi.FullName);
            //创建查询2：查询所有文件，并按创建时间排序
            var fileQuery2 = from file in fileQuery1
                       orderby file.CreationTime
                       select new { file.FullName, file.CreationTime };
            var newestFile = fileQuery2.Last();          //执行查询，返回最后创建的文件
            //显示结果
            Console.WriteLine("\r\n最新的.cs文件为：{0}，创建时间为：{1}",newestFile. FullName,
            newestFile.CreationTime);
            Console.ReadKey();
        }
    }
}
```

【例 13.11】 LINQ 和文件目录应用示例 2（LINQFileFolder2.cs）：查找指定文件夹（C:\ C#\Chapter13）及其子文件夹中所有.cs 源文件的数目和大小总和，以及最大文件的大小。

```
using System;using System.Collections.Generic;using System.Linq;
namespace CSharpBook.Chapter13
{
  class QuerySize
  {
    public static void Main()
    {
        string startFolder = @"c:\C#\Chapter13";
        //获取c:\C#\Chapter13目录及其所有子目录中的.cs源文件列表
        IEnumerable<string> fileList = System.IO.Directory. GetFiles (startFolder, "*.cs",
                                  System.IO.SearchOption.AllDirectories);
```

```
        //创建查询：获取.cs源文件的文件大小列表
        var fileQuery = from file in fileList
                    select (new System.IO.FileInfo(file)).Length;
        long[] fileLengths = fileQuery.ToArray();//执行查询，返回.cs的文件大小列表
        long largestFile = fileLengths.Max(); //执行聚合运算，获取最大文件的大小
        long totalBytes = fileLengths.Sum();  //执行聚合运算，获取所有文件大小的和
        //显示结果
        Console.WriteLine("文件数：{0}；总字节数：{1}", fileList.Count(),totalBytes);
        Console.WriteLine("最大的文件为 {0} 字节", largestFile);
        Console.ReadKey();
    }
  }
}
```

【例 13.12】 LINQ 和文件目录应用示例 3（LINQFileFolder3.cs）：查询指定文件夹（C:\C#\ Chapter13）中所有.cs 源文件内容包含 foreach 的文件列表。

```
using System;using System.Collections.Generic;using System.Linq;
namespace CSharpBook.Chapter13
{
    class QuerySize
    {
        public static void Main()
        {
            string path = @"c:\C#\Chapter13";
            //获取c:\C#\Chapter13目录中所有的文件列表
            IEnumerable<string> fileNames = System.IO.Directory.GetFiles (path, "*.cs");
            List<System.IO.FileInfo> fileList = new List<System.IO. FileInfo>();
            foreach (string name in fileNames) fileList.Add(new System. IO.FileInfo(name));
            string searchTerm = @"foreach";
            //创建查询：获取.cs源文件的文件大小列表
            var queryMatchingFiles = from file in fileList
                        let fileText = GetFileText(file.FullName)
                        where fileText.Contains(searchTerm)
                        select file.FullName;
            //执行查询，并循环显示结果
            foreach (string filename in queryMatchingFiles) Console. WriteLine(filename);
            Console.ReadKey();
        }
        static string GetFileText(string name) //读取文件列表
        {
```

```
            string fileContents = String.Empty;
            if (System.IO.File.Exists(name)) fileContents = System.IO. File.ReadAllText(name);
            return fileContents;
        }
    }
}
```

因为 C:\C#\Chapter13 文件夹中文件内容包含 foreach 的.cs 源文件较多，运行结果就不再列出。

第 14 章　线程、并行和异步处理

本章主要讨论 C#语言的其他高级特性，包括线程处理、并行处理、异步处理和动态绑定。

本章要点：

视频讲解

- 线程处理的基本概念；
- C#应用程序主线程；
- 创建、启动、暂停和中断线程；
- 线程优先级和线程调度；
- 线程状态和生命周期；
- 线程同步和通信；
- 线程池；
- 定时器；
- 并行处理；
- 异步处理；
- 动态绑定。

14.1　线程处理概述

线程能够执行并发处理，即同时执行多个操作。例如，使用线程处理来同时监视用户输入，并执行后台任务，以及处理并发输入流。System.Threading 命名空间提供支持多线程编程的类和接口，用于执行创建和启动新线程、同步多个线程、挂起线程以及终止线程等任务。

14.1.1　进程和线程

进程是操作系统中正在执行不同应用程序的一个实例，操作系统把不同的进程分开。在.NET Framework 运行环境中，操作系统进程可进一步细分为一个或多个应用程序域（System.AppDomain）。每个应用程序域可以运行一个或多个托管线程（System.Threading.Thread）。

线程是操作系统分配处理器时间的基本单元，每个线程都维护异常处理程序、调度优先级和一组系统用于在调度该线程前保存线程上下文的结构。支持抢先多任务处理的操作系统可以实现多个进程中的多个线程同时执行的效果：在需要处理器时间的线程之间分割可用处理器时间，并轮流为每个线程分配处理器时间片（时间片的长度取决于操作系统和处理器数目），由于每个时间片都很小，因此多个线程看起来似乎在同时执行。

每个应用程序域都是用单个线程启动的（应用程序的入口点Main方法），应用程序域中的代码可以创建附加应用程序域和附加线程。

14.1.2 线程的优缺点

线程使程序能够执行并发处理，因而特别适合需要同时执行多个操作的场合。例如，使用一个线程来执行复杂的后台计算任务，使用另一个线程来监视用户输入，以提高系统的用户响应性能；使用高优先级线程管理时间关键的任务，使用低优先级线程执行其他任务，以区分具有不同优先级的任务；为服务器应用程序创建包含多个线程的线程池，以及处理并发的客户端请求。

多线程处理可解决用户响应性能和多任务的问题，但同时引入了资源共享和同步等问题。例如，过多的线程将占用大量的资源和处理器调度时间，从而影响运行性能；为了避免对共享资源的访问冲突，必须对共享资源进行同步或控制处理，因而有可能导致死锁；使用多线程控制代码执行非常复杂，并可能产生错误。

14.2 创建多线程应用程序

14.2.1 C#应用程序主线程

应用程序运行时，将创建新的应用程序域。当运行环境调用应用程序的入口点（Main方法）时，将创建应用程序主线程。

【例14.1】 C#应用程序主线程示例（MainThread.cs）。当运行此应用程序时，先提示："主线程：开始……"，然后主线程进入睡眠，5秒钟后显示："主线程：结束！"。

```
using System;using System.Threading;
namespace CSharpBook.Chapter14
{
  public class WorkerThreadExample
  {
    static void Main()
    {
        Console.WriteLine("主线程：开始……");
        Thread.Sleep(5000); //主线程睡眠5秒钟
        Console.WriteLine("主线程：结束！"); Console.ReadKey();
    }
  }
}
```

运行结果：

```
主线程：开始……
主线程：结束！
```

14.2.2　创建和启动新线程

System.Threading 命名空间提供支持多线程编程的类和接口，用于执行诸如创建和启动新线程、同步多个线程、挂起线程以及终止线程等任务。

主线程以外的线程一般称为工作线程。创建新工作线程的大致步骤如下：

（1）创建一个将在主线程外执行的函数，即类的方法，用于执行新线程要执行的逻辑操作。

（2）在主线程（Main 方法）中创建一个 Thread 的实例，指向步骤（1）中的函数，如 Thread newThread = new Thread(anObject.AMethod)。

（3）调用步骤（2）中创建 Thread 实例的 Start()方法，以启动新线程，如 newThread.Start()。

【例 14.2】 创建和启动新线程示例 1（WorkThread1.cs）。

```
using System;using System.Threading;
namespace CSharpBook.Chapter14
{
    public class WorkThread1
    {
        static void Main()
        {
            Console.Write("Main线程开始。");
            Thread t = new Thread(DoWork);      //创建线程对象实例
            t.Start();                           //启动工作线程
            for (int i = 0; i < 10; i++) { Console.Write("M"); Thread. Sleep(500); }
            Console.Write(" Main线程结束。"); Console.ReadKey();
        }
        public static void DoWork()
        {
            Console.Write("工作线程开始。");
            for (int i = 0; i < 10; i++) { Console.Write("W"); Thread. Sleep(500);}
            Console.Write(" 工作线程结束。");
        }
    }
}
```

运行结果：

```
Main线程开始。M工作线程开始。WWMMWWMWMWMMWMWWMMW 工作线程结束。
Main线程结束。
```

【例 14.3】 创建和启动新线程示例 2（WorkThread2.cs）。

```
using System;using System.Threading;
namespace CSharpBook.Chapter14
{
```

```
    public class Worker
    {
     public void DoWork()                         //工作线程执行逻辑的实现方法
     {
         Console.Write("工作线程开始：");
         while (!_shouldStop)
         {
             Thread.Sleep(50);                    //主线程睡眠50毫秒
             Console.Write(".");
         }
         Console.WriteLine("工作线程结束。");
     }
     public void RequestStop()
     {
         _shouldStop = true;
     }
     private volatile bool _shouldStop;        //Volatile变量。本数据成员将被多线程访问
    }
    public class WorkerThreadExample
    {
     static void Main()
     {
         Console.WriteLine("主线程：启动工作线程。");
         Worker workerObject = new Worker();   //创建工作线程对象，但不启动线程
         Thread workerThread = new Thread(workerObject.DoWork);
         workerThread.Start();                     //启动工作线程
         while (!workerThread.IsAlive) ;        //循环直至激活工作线程
         Thread.Sleep(5000);                  //主线程睡眠5000毫秒，以允许工作线程完成自己的工作
         workerObject.RequestStop();              //要求工作线程停止自己
         workerThread.Join();                 //使用Join方法阻止当前线程，直至对象线程终止
         Console.WriteLine("主线程结束。");Console.ReadKey();
     }
    }
}
```

运行结果：

```
主线程：启动工作线程。
工作线程开始：..........................................
.................工作线程结束。
主线程结束。
```

14.3　线程和生命周期

14.3.1　线程和生命周期的状态

在 System.Threading.ThreadState 枚举中，定义了线程的生命周期中的各种状态：

- Unstarted：未开始状态。线程已创建，但未开始运行。

- Running：运行状态。线程已启动，正在运行。
- WaitSleepJoin：阻止状态。线程被阻止。
- SuspendRequested：请求挂起状态。正在请求线程挂起。
- Suspended：挂起状态。线程已挂起。
- AbortRequested：请求终止状态。正在请求线程终止。
- Aborted：销毁状态。终止但尚未停止。
- StopRequested：请求停止状态。正在请求线程停止。仅用于内部。
- Stopped：停止状态。线程已停止。

通过执行相应的操作，线程可以转换为对应的状态，如表 14-1 所示。

表 14-1　线程操作及操作后的状态

操作	线程状态
创建新线程	Unstarted
在另一个线程中调用新线程的 Thread.Start 方法	Running
线程调用 Sleep	WaitSleepJoin
线程对其他对象调用 Wait	WaitSleepJoin
线程对其他线程调用 Join	WaitSleepJoin
另一个线程调用 Interrupt	Running
另一个线程调用 Suspend	SuspendRequested
线程响应 Suspend 请求	Suspended
另一个线程调用 Resume	Running
另一个线程调用 Abort	AbortRequested
线程响应 Abort 请求	Stopped
线程被终止	Stopped

14.3.2　Thread 类

使用 Thread 类，创建并控制线程，设置其优先级并获取其状态。Thread 类的构造方法包括：

- public Thread(ThreadStart start)：创建新线程，使用无参委托。
- public Thread(ThreadStart start, int maxStackSize)：指定最大堆栈大小。
- public Thread(ParameterizedThreadStart start)：创建新线程，使用带一个参数的委托。
- public Thread(ParameterizedThreadStart start, int maxStackSize)：指定最大堆栈大小。

如果需要向新线程传递参数，可以使用带 ParameterizedThreadStart 参数的构造函数；然后使用 Start(Object)传递参数并启动线程。

通过 Thread 类的实例方法来设置线程的各种属性，或获取线程的各种属性，包括：

- t.ManagedThreadId：获取当前托管线程的唯一标识符。
- t.Name：获取或设置线程的名称。
- t.Priority：获取或设置线程的调度优先级。
- t.IsBackground：获取或设置是否为后台线程的布尔值。
- t.IsAlive：获取指示当前线程的执行状态的布尔值。
- t.ThreadState：获取当前线程的状态。

- t.IsThreadPoolThread：获取指示线程是否属于托管线程池的布尔值。
- Thread.CurrentThread：静态方法。获取当前正在运行的线程。

【例 14.4】 传递参数给线程示例（ParameterizedThread.cs）。

```
using System;using System.Threading;
namespace CSharpBook.Chapter14
{
    public class ParameterizedThread
    {
        static void Main()
        {
            Console.Write("主线程开始。");
            Thread t1 = new Thread(ParameterizedThread.DoWork);
            t1.Start(5);
            Thread t2 = new Thread(ParameterizedThread.DoWork);
            t2.Start("F");
            t1.Join(); t2.Join();//使用Join方法阻止当前线程，直至对象线程终止
            Console.WriteLine("主线程结束。"); Console.ReadKey();
        }
        public static void DoWork(object data)
        {
            for (int i = 0; i < 5; i++)
            {
                Console.Write("{0}", data); Thread.Sleep(500);
            }
        }
    }
}
```

运行结果：

```
主线程开始。5F5FF55FF5主线程结束。
```

14.3.3 线程的启动、终止、挂起和唤醒

通过 Thread 对象实例的 Start()/Abort()/Suspend()/Resume()方法，可以启动/终止/挂起/继续线程。

- Start()：启动线程。
- Abort()：终止线程。
- Suspend()：挂起线程，该方法已过时。
- Resume()：唤醒被 Suspend()方法挂起的线程，该方法已过时。

例如：

```
Thread t = new Thread(ParameterizedThread.DoWork);//创建线程对象实例
t.Start();          //启动线程
```

```
t.Abort();          //终止线程
t.Suspend ();       //挂起线程
t.Resume();         //唤醒线程
```

注意：Suspend()/Resume()方法已经过时，不建议使用，因为调用 Suspend 和 Resume 方法可能发生不可预料的结果。

14.3.4 休眠（暂停）线程 Sleep()

静态方法 Thread.Sleep(int millisecondsTimeout)和 Thread.Sleep(TimeSpan timeout)强制当前正在执行的线程休眠（暂停执行），阻止时间的长度等于传递给 Thread.sleep 的毫秒数或时间间隔。当线程睡眠时，它进入睡眠状态。当睡眠时间到期，则返回到可运行状态。

```
Sleep(int); //静态方法，暂停当前线程指定的毫秒数
```

注意：一个线程不能针对另一个线程调用 Thread.sleep，即一个线程只能让自己睡眠。故除了主线程 main 外，Thread.sleep 代码应放置在线程的执行方法中。

Thread.sleep 抛出检查异常 InterruptedException，代码需要进行相应的捕获和处理。

【例 14.5】 线程休眠示例（SleepThread.cs）。

```
using System;using System.Threading;
namespace CSharpBook.Chapter14
{
    public class SleepThread
    {
        static void Main()
        {
            Console.Write("Main线程开始。");
            TimoSpan interval = new TimeSpan(0, 0, 1);
            for (int i = 0; i < 5; i++)
            {
                Console.Write("睡眠1s。");
                Thread.Sleep(interval);
            }
            Console.Write("Main线程结束"); Console.ReadKey();
        }
    }
}
```

运行结果：

```
Main线程开始。睡眠1s。睡眠1s。睡眠1s。睡眠1s。睡眠1s。Main线程结束
```

14.3.5 线程让步 Yield()

所谓线程让步，即暂停当前正在执行的线程对象，并执行其他线程。线程让步通过

Thread.Yield()实现。

Thread.Yield()是让当前线程暂停。线程调度器重新调度执行可运行状态的线程。也就是说，Thread.Yield()并不是永久暂停当前线程，而是让步一次执行时间片。

14.3.6 线程加入 Join()

所谓线程加入（t.Join()），即让包含代码的线程（tc，即当前线程）“加入”到另外一个线程（t）的尾部。在线程（t）执行完毕之前，线程（tc）不能执行。

14.3.7 线程中断 Interrupt()

当线程处于非可运行状态时，即当线程调用了 Sleep/Join 方法，或被 I/O 阻塞（等待输入、文件或网络等），线程处于阻塞状态。此时，可以调用 Interrupt()方法，以在线程受到阻塞时抛出一个中断信号，这样线程就得以退出阻塞的状态。

中断线程 Interrupt()并不是立即终止线程，而是向处于阻塞状态的线程抛出一个中断异常（ThreadInterruptedException），处于阻塞状态的线程可以捕获该异常，从而进行相应的处理，以提早终结被阻塞状态。

【例 14.6】 线程中断示例（InterruptThread.cs）。

```
using System;using System.Threading;
namespace CSharpBook.Chapter14
{
    public class InterruptThread
    {
        static void Main()
        {
            Console.Write("主线程开始。");
            Thread t = new Thread(InterruptThread.DoWork);
            t.Start();
            Console.WriteLine("请在100秒内按任意键中断线程!");
            Console.ReadKey(); t.Interrupt();
            t.Join();                          //使用Join方法阻止当前线程，直至对象线程终止
            Console.WriteLine("主线程结束。"); Console.ReadKey();
        }
        public static void DoWork(object data)
        {
            Console.Write("工作线程开始。");
            try {
                Console.Write("工作线程准备睡眠100秒……");
                Thread.Sleep(100000);      //延迟100秒
            } catch (ThreadInterruptedException e) {
                Console.WriteLine("睡眠中断!");
            }
        }
    }
```

```
}
```

运行结果：

```
主线程开始。工作线程开始。请在100秒内按任意键中断线程!
工作线程准备睡眠100秒... 睡眠中断!
主线程结束。
```

14.3.8 线程终止/销毁 Abort()

一般情况下，当线程的执行方法完成后，线程正常终止。

如果线程的执行方法使用无限循环，则可以考虑使用退出标志，在满足一定条件下，使其终止无限循环并完成，线程正常终止。

Abort 方法用于永久地停止即销毁托管线程。调用 Abort 时，公共语言运行时在目标线程中引发 ThreadAbortException，目标线程可捕捉此异常。

注意：一个线程的终止结束，则该线程死亡（其栈结构将解散）。如果线程死亡，则永远不能重新启动了。如果再次使用 Start()方法，则会抛出 ThreadStateException 异常。

【例 14.7】 线程终止/销毁示例（AbortThread.cs）。

```
using System;using System.Threading;
namespace CSharpBook.Chapter14
{
    public class AbortThread
    {
        public static void Main()
        {
            Console.WriteLine("主程序开始。创建并启动工作线程。");
            Thread t = new Thread(new ThreadStart(TestMethod));
            t.Start(); Thread.Sleep(1000);
            Console.Write("主程序试图销毁工作线程。");
            t.Abort("Main");      //销毁t
            t.Join();             //等待线程终止
            Console.WriteLine("工作线程终止。主线程终止。");
        }
        static void TestMethod()
        {
            try
            {
                while (true)
                {
                    Console.Write("T"); Thread.Sleep(100);
                }
            }
            catch (ThreadAbortException abortException)
```

```
            {
                Console.WriteLine("线程被{0}终止。", (string)abortException. ExceptionState);
            }
        }
    }
}
```

运行结果：

```
主程序开始。创建并启动工作线程。
TTTTTTTTTT主程序试图销毁工作线程。线程被Main终止。
工作线程终止。主线程终止。
```

14.4 前台线程和后台线程

线程可以分为两种：前台线程和后台线程。

前台线程是通常意义的线程，本章前面的举例均为前台线程。应用程序运行时，将从Main 方法进入（即主线程）。在主线程中可以创建和启动新线程，默认为用户线程。只有当所有的用户线程（包括主线程）结束后，应用程序终止。

如果在主线程中创建新线程时，通过设置线程的 IsBackground 属性为 true（注意，必须在线程启动之前调用），可以设置该线程为后台线程。通过线程的 IsBackground 属性，可判断一个线程是不是一个后台线程。例如：

```
Thread t2 = new Thread(BackgroundThread.BackgroundWork);
Console.WriteLine(t2.IsBackground); //false
t2.IsBackground = true; t2.Start();
Console.WriteLine(t2.IsBackground); //true
```

后台线程是一个服务线程，其优先级是最低的，一般为其他的线程提供服务。例如，网络服务器侦听连接端口的服务。如果所有的前台线程都结束了，则后台线程自动就会终止。

【例 14.8】 后台线程示例（BackgroundThread.cs）。

```
using System;using System.Threading;
namespace CSharpBook.Chapter14
{
    public class BackgroundThread
    {
        static void Main()
        {
            Console.Write("主线程开始。");
            Thread t1 = new Thread(BackgroundThread.NoramlWork);
            t1.Start();
            Thread t2 = new Thread(BackgroundThread.BackgroundWork);
```

```
            t2.IsBackground = true; t2.Start();
            Console.WriteLine("主线程结束。");
        }
        public static void NoramlWork()
        {
            Console.Write("前台线程开始。");
            for (int i = 0; i < 5; i++)
            {
                Console.Write("N"); Thread.Sleep(100);
            }
            Console.Write("前台线程结束。");
        }
        public static void BackgroundWork()
        {
            Console.Write("后台线程开始。");
            while (true)
            {
                Console.Write("B"); Thread.Sleep(100);
            }
            Console.Write("后台线程结束。");
        }
    }
}
```

运行结果：

```
主线程开始。前台线程开始。N后台线程开始。主线程结束。
BBNNBBNNBB前台线程结束。BBBBBBBBBB
```

14.5 线程优先级和线程调度

每个线程都有一个分配的优先级，在运行库内创建的线程最初被分配Normal优先级。通过线程的Priority属性可以获取和设置其优先级。表14-2所示为线程可以分配的优先级值列表（ThreadPriority枚举的成员）。

表 14-2　线程优先级值

成员名称	说明
Lowest	可以将Thread安排在具有任何其他优先级的线程之后
BelowNormal	可以将Thread安排在具有Normal优先级的线程之后，在具有Lowest优先级的线程之前
Normal	可以将Thread安排在具有AboveNormal优先级的线程之后，在具有BelowNormal优先级的线程之前。默认情况下，线程具有Normal优先级
AboveNormal	可以将Thread安排在具有Highest优先级的线程之后，在具有Normal优先级的线程之前
Highest	可以将Thread安排在具有任何其他优先级的线程之前

线程是根据其优先级而调度执行的。操作系统为每个优先级分别创建一个线程调度队列，只有当高优先级队列的线程执行完毕后，才会调度执行较低优先级别的线程调度队列。

【例 14.9】 线程优先级和线程调度示例（PriorityThread.cs）。

```
using System;using System.Threading;
namespace CSharpBook.Chapter14
{
   public class PriorityThread
   {
      static void Main()
      {   //创建两个线程对象实例，并设置线程的优先级
         Thread tLowest = new Thread(PriorityThread.DoWork1);
         Thread tHighest = new Thread(PriorityThread.DoWork2);
         tLowest.Priority = ThreadPriority.Lowest;       //设置线程优先级
         tHighest.Priority = ThreadPriority.Highest;     //设置线程优先级
         tLowest.Start("Lowest");                        //启动线程
         tHighest.Start("Highest");                      //启动线程
         Console.WriteLine("请耐心等待5秒……");Thread.Sleep(5000);
         tLowest.Abort(); tHighest.Abort(); Console.ReadKey();
      }
      public static void DoWork1(object data)
      {
         long count1 = 0;
         try{
            while (true) { count1++;}
         }catch (ThreadAbortException e){
            Console.WriteLine("{0} , count1={1}", data, count1);
         }
      }
      public static void DoWork2(object data)
      {
         long count2 = 0;
         try{
            while (true) { count2++; }
         }catch (ThreadAbortException e){
            Console.WriteLine("{0}, count2={1}", data, count2);
         }
      }
   }
}
```

运行结果：

```
请耐心等待5秒……
Lowest,count1=51401870
Highest,count2=8074333831
```

14.6 线程同步和通信

14.6.1 线程同步处理

当多个线程可以调用单个对象的属性和方法时，一个线程可能会中断另一个线程正在执行的任务，使该对象处于一种无效状态，因此必须针对这些调用进行同步处理。

如果一个类的设计使得其成员不受这类中断影响，则该类称为线程安全类。

14.6.2 使用 lock 语句同步代码块

lock 语句使用 lock 关键字将语句块标记为临界区，方法是获取给定对象的互斥锁，执行语句，然后释放该锁。lock 关键字可以确保当一个线程位于代码的临界区时，另一个线程不会进入该临界区。如果其他线程试图进入锁定的代码，则它将一直等待（即被阻止），直到该对象被释放。代码块完成运行，而不会被其他线程中断。

lock 语句以关键字 lock 开头，并以一个对象作为参数，在该参数的后面为线程互斥的代码块。

【例 14.10】 使用 lock 语句同步代码块示例（Lock.cs）。模拟银行现金账户取款，假设账户余额 1000 元，小明和小红同时使用主副卡从同一个现金账户各取款 600 元。运行效果如图 14-1 所示。

```
小明操作成功。余额=-200
小红操作成功。余额=400
```

（a）未使用 lock 语句

```
小明操作成功。余额=400
小红操作失败。账户余额不足。余额=400
```

（b）使用 lock 语句

图 14-1　lock 语句运行效果

```
using System;using System.Threading;
namespace CSharpBook.Chapter14
{
    class Account                              //账户类
    {
        private Object thisLock = new Object();
        int balance;
        public Account(int initial)            //账户构造函数
        {
            balance = initial;
        }
        public void Withdraw(object amount)    //从账户中取款
        {
            lock(thisLock)                     //可以注释掉此lock语句，测试lock的效果
            {
                if (balance >= (int)amount)    //账户余额>取款额
                {
                    Thread.Sleep(500);
```

```
                    balance = balance - (int)amount;
                    Console.WriteLine("{0}操作成功。余额={1}", Thread. CurrentThread.Name,
                     balance);
                }else{
                    Console.WriteLine("{0}操作失败。账户余额不足。余额={1}", Thread.CurrentThread.
                    Name, balance);
                }
            }
        }
    }
    class Test
    {
        static void Main()
        {   //新建账户对象，余额为1000
            Account acc = new Account(1000);
            Thread t1 = new Thread(acc.Withdraw);t1.Name ="小明";
            Thread t2 = new Thread(acc.Withdraw);t2.Name ="小红";
            t1.Start(600); t2.Start(600); Console.ReadKey();
        }
    }
}
```

14.6.3 使用监视器同步代码块

与 lock 语句类似，使用监视器（Monitor）也可以防止多个线程同时执行代码块。调用 Monitor.Enter 方法，允许一个且仅一个线程继续执行后面的语句；其他所有线程都将被阻止，直到执行语句的线程调用 Exit。例如：

```
System.Object obj = (System.Object)x;
System.Threading.Monitor.Enter(obj);
try
{
    DoSomething();
}
finally
{
    System.Threading.Monitor.Exit(obj);
}
```

等同于代码：

```
System.Object obj = (System.Object)x;
lock(x)
{
    DoSomething();
}
```

14.6.4 使用 MethodImplAttribute 特性实现方法同步处理

使用 System.Runtime.CompilerServices 命名空间的 MethodImplAttribute 特性类，指定其参数为 MethodImplOptions.Synchronized 修饰方法，可以保证该方法只能由一个线程同时执行。静态方法锁定类型，相当于当前类型加锁 lock(typeof(ClassA))；而实例方法锁定实例，相当于对当前实例加锁 lock(this)。例如：

```
[MethodImplAttribute(MethodImplOptions.Synchronized)]
public void Withdraw(object amount)      //从账户中取款
{
    //实现代码
}
```

14.6.5 使用 SynchronizationAttribute 特性实现类同步处理

继承于 System.Runtime.Remoting.Contexts.ContextBoundObject 的类，可以使用 SynchronizationAttribute 特性修饰，以实现类的同步处理。例如：

```
[Synchronization(SynchronizationAttribute.REQUIRED, true)]
class Account : ContextBoundObject       //账户
{
    //实现代码
}
```

14.6.6 同步事件和等待句柄

同步事件允许线程通过发信号互相通信，从而实现线程需要独占访问资源的同步处理控制。同步事件有两种：AutoResetEvent（自动重置的本地事件）和 ManualResetEvent（手动重置的本地事件）。每种事件包括收到信号状态（signaled）和未收到信号状态（unsignaled）两种状态。可以传递构造函数参数（布尔值 true/false），可以设置同步事件的初始状态。通过调用同步事件的 Set 方法，可以设置其状态为收到信号状态（signaled）。例如：

```
AutoResetEvent waitHandle = new AutoResetEvent(false);    //unsignaled状态
waitHandle.Set();                                         //signaled状态
```

线程通过调用同步事件上的 WaitOne（阻止线程直到单个事件变为收到信号状态）来等待信号。如果同步事件处于未收到信号状态，则该线程阻塞，并等待当前控制资源的线程通过调用 Set 方法把同步事件设置为收到信号状态（即发出资源可用的信号）。

当 AutoResetEvent 为收到信号状态时，则直到一个正在等待的线程被释放，然后自动返回未收到信号状态。如果没有任何线程在等待，则将无限期地保持为收到信号状态。

当 ManualResetEvent 为收到信号状态时，则需要通过调用其 Reset 方法，以设置其状态为未收到信号状态。

【例 14.11】 同步事件和等待句柄示例（AutoResetEvent.cs）。通过同步事件，等待工作线程结束。

```
using System;using System.Threading;
namespace CSharpBook.Chapter14
{
    public class AutoResetEventTest
    {   //同步事件
        private static AutoResetEvent waitHandle = new AutoResetEvent (false);
        static void Main()
        {
            Console.Write("主线程开始。");
            Thread t = new Thread(DoWork);
            t.Start();
            waitHandle.WaitOne();     //等待waitHandle
            Console.Write(" 主线程结束。");
        }
        public static void DoWork()
        {
            for (int i = 0; i < 10; i++)
            {
                Console.Write("."); Thread.Sleep(100);
            }
            waitHandle.Set();          //设置waitHandle
        }
    }
}
```

运行结果：

```
主线程开始。.......... 主线程结束。
```

14.6.7 使用 Mutex 同步代码块

mutex（mutually exclusive，互斥体）由 Mutex 类表示，与监视器类似，用于防止多个线程在某一时间同时执行某个代码块。与监视器不同的是，mutex 可以用来使跨进程的线程同步。尽管 mutex 可以用于进程内的线程同步，但是它会消耗更多的计算资源，所以进程内的线程同步建议使用监视器。

Mutex 有未命名的局部 mutex 和已命名的系统 mutex 两种类型。

未命名的局部 mutex 仅存在于当前进程内。当前进程中任何引用表示 mutex 的 Mutex 对象的线程都可以使用它。每个未命名的 Mutex 对象都表示一个单独的局部 mutex。

已命名的系统 mutex 在整个操作系统中都可见，可用于同步进程活动。可以使用接受名称的构造函数创建表示已命名系统 mutex 的 Mutex 对象。同时也可以创建操作系统对象，或它在创建 Mutex 对象之前就已存在。可以创建多个 Mutex 对象来表示同一个已命名的系统 mutex，也可以使用 OpenExisting 方法打开现有的已命名的系统 mutex。

Mutex 是同步基元，只向一个线程授予对共享资源的独占访问权。可以使用 WaitOne()

方法请求 mutex 的所属权，如果一个线程获取了 mutex，则要获取该 mutex 的第二个线程将被挂起，直到第一个线程使用 ReleaseMutex()方法释放该 mutex。

如果线程在拥有 mutex 时终止，则称此 mutex 被放弃（通常表明代码中存在严重错误，或程序非正常终止）。此种情况下，系统将此 mutex 的状态设置为收到信号状态（signaled），下一个等待线程将获得所有权，并在获取被放弃 mutex 的下一个线程中将引发异常 AbandonedMutexException，以便程序可以采取适当的处理。

【例 14.12】 使用 Mutex 同步代码块示例（Mutex.cs）。使用“命名 mutex”在进程或线程间发送信号。在两个或多个命令行窗口运行本程序，每个进程将创建一个 Mutex 对象：命名互斥体 MyMutex。命名 mutex 是一个系统对象，其生命周期由其所代表的 Mutex 对象的生命周期确定。当第一个进程创建其局部 Mutex 时，创建命名 mutex。本例中，命名 mutex 属于第一个进程。当销毁所有 Mutex 对象时，释放此命名 mutex。

```
using System;using System.Threading;
namespace CSharpBook.Chapter14
{
  public class Test
  {
    public static void Main()
    {    //创建命名mutex，只能存在一个名为MyMutex的系统对象
         Mutex m = new Mutex(false, "MyMutex");
        //试图获取对mutex的控制权。若其被另一线程控制，则等待直至其被释放
        Console.WriteLine("等待MyMutex……"); m.WaitOne();
        //保持对mutex的控制，直至用户按任意键
        Console.WriteLine("本应用拥有MyMutex。请按任意键释放并退出");
        Console.ReadKey(); m.ReleaseMutex();
    }
  }
}
```

运行结果（第 1 个运行实例窗口）：

```
等待MyMutex……
本应用拥有MyMutex。请按任意键释放并退出
```

如果程序处于运行状态时，再运行一个实例，此时的运行结果为（第 2 个运行实例窗口）：

```
等待MyMutex……
```

14.7 线 程 池

14.7.1 线程池的基本概念

线程池是可以用来在后台执行多个任务的线程集合，这使主线程可以自由地异步执行其他任务。线程池通常用于服务器应用程序。每个传入请求都将分配给线程池中的一个线程，因此可以异步处理请求，而不会占用主线程，也不会延迟后续请求的处理。

一旦线程池中的某个线程完成任务，它将返回到等待线程队列中，等待被再次使用。这种重用使应用程序可以避免为每个任务创建新线程的开销。

线程池通常具有最大线程数限制。如果所有线程都繁忙，则额外的任务将放入队列中，直到有线程可用时才能够得到处理。

C#中，委托的异步调用 BeginInvoke()、定时器 Timer 和任务 Task，都是基于 CLR 的线程池。

14.7.2 创建和使用线程池

一般可使用 ThreadPool 类，ThreadPool 类提供一个由系统维护的线程池。也可实现自定义线程池，以实现特殊的功能要求。

ThreadPool 类只提供静态方法，且不能构造它的实例。通过其 QueueUserWorkItem 方法，可将"工作项"（包括可选状态数据）排队到 CLR 线程池中。QueueUserWorkItem 方法的语法形式为：

- public static Boolean QueueUserWorkItem(WaitCallback wc);
- public static Boolean QueueUserWorkItem(WaitCallback wc, Object state);

工作项是委托 WaitCallback 的实例，故回调方法必须与 WaitCallback 委托类型匹配：

```
public delegate void WaitCallback(Object state);
```

通过 ThreadPool 的静态方法：GetMaxThreads、SetMaxThreads、GetMinThreads 和 SetMinThreads，可以获取/设置线程池的最大线程数和最小空闲线程数。

【例 14.13】 创建和使用线程池示例（ThreadPool.cs）。

```
using System;using System.Threading;
namespace CSharpBook.Chapter14
{
    class TimerDemo
    {
        public static void DoWork(object state)
        {
            for (int i = 0; i < 5; i++)
            {
                Console.Write("{0}-{1} ", state.ToString(), i);Thread.Sleep(100);
            }
        }
        public static void Main()
        {
            for (int i = 0; i < 10; i++)
            {
                ThreadPool.QueueUserWorkItem(DoWork, "W"+i);
            }
            Console.ReadKey();
        }
```

```
    }
}
```

运行结果：

```
W0-0 W1-0 W0-1 W1-1 W0-2 W1-2 W0-3 W1-3 W0-4 W1-4 W2-0 W3-0 W3-1 W2-1 W2-2 W3-2
W3-3 W2-3 W2-4 W3-4 W4-0 W5-0 W5-1 W4-1 W5-2 W4-2 W4-3 W5-3 W5-4 W4-4 W6-0 W7-0
W6-1 W7-1 W7-2 W6-2 W6-3 W7-3 W6-4 W7-4 W8-0 W9-0 W8-1 W9-1 W8-2 W9-2 W9-3 W8-3
W8-4 W9-4
```

14.8　定时器 Timer

System.Threading.Timer 是一种定时器工具，用来在一个后台线程计划执行指定任务。Timer 提供以指定的时间间隔执行方法的机制。

使用 Timer 线程实现和计划执行一个任务的典型步骤如下：

（1）使用 TimerCallback 委托指定 Timer 执行的方法。例如：

```
TimerCallback timerCB = new TimerCallback(PrintTime);
```

（2）创建定时器。例如：

```
Timer timer1 = new Timer(timerCB,    //指定定时器要执行的任务
                "timer1",            //指定要传递给任务方法的参数(可以为null)
                0,                   //指定在第一次执行方法之前等待的时间量(截止时间)
                1000);               //定时器时间间隔(ms)
```

注意：System.Threading.Timer 是一个简单的轻量计时器，使用回调方法并由线程池线程提供服务。基于 Windows 窗体的程序建议使用 System.Windows.Forms.Timer；基于服务器的计时器功能，建议使用 System.Timers.Timer。

【例 14.14】 计时器示例（Timer.cs）。在控制台上，每隔 1 秒打印时间。

```
using System;using System.Threading;
namespace CSharpBook.Chapter14
{
    class TimerDemo
    {
        public static void PrintTime(object state)
        {
            Console.WriteLine("{0} {1}", state.ToString(),DateTime.Now. ToString("HH:mm:ss"));
        }
        public static void Main()
        {
            TimerCallback timerCB = new TimerCallback(PrintTime);
            Timer timer1 = new Timer(timerCB, "timer1", 0, 1000);
```

```
            Console.ReadKey();
        }
    }
}
```

14.9 并行处理

14.9.1 任务并行库

基于任务并行库（task parallel library，TPL），可以使多个独立的任务同时运行。任务表示异步操作，其功能等同于创建新线程或 ThreadPool 工作项。事实上，任务建立在线程或线程池上，是更高级别的抽象。

使用任务并行库的优点是：系统资源的使用效率更高，可伸缩性更好；对于线程或工作项，支持等待、取消、继续、可靠的异常处理、详细状态、自定义计划等编程控制功能。因而，在.NET Framework 中，编写多线程、异步和并行代码时，建议首选 TPL。

14.9.2 隐式创建和运行任务

使用 Parallel 的静态方法 Invoke，可以同时运行多个方法：

```
public static void Invoke(params Action[] actions)
```

其中，actions 是 Action 委托数组；Action 委托封装无参数无返回值的方法。

【例 14.15】 Parallel.Invoke 示例（ParallelInvoke.cs）。

```
using System;using System.Threading;using System.Threading.Tasks;
namespace CSharpBook.Chapter14
{
    class ParallelInvoke
    {
        public static void DoWork1()
        {
            for (int i = 0; i < 5; i++)
            {
                Console.Write("1-{0} ", i);Thread.Sleep(100);
            }
        }
        public static void DoWork2()
        {
            for (int i = 0; i < 5; i++)
            {
                Console.Write("2-{0} ", i);Thread.Sleep(100);
            }
        }
```

```
        public static void Main()
        {
            Parallel.Invoke(DoWork1, DoWork2);
            Console.ReadKey();
        }
    }
}
```

运行结果：

```
2-0 1-0 1-1 2-1 2-2 1-2 2-3 1-3 2-4 1-4
```

14.9.3 显式创建和运行任务

System.Threading.Tasks 命名空间的 Task 类和 Task<TResult>类表示分别用于创建无返回值和有返回值的任务。

（1）通过构造函数创建任务：

```
public Task(Action action)
```

其中，actions 是 Action 委托；Action 委托封装无参数无返回值的方法。例如：

```
var taskA = new Task(() => Console.WriteLine("Hello from taskA."));//创建任务实例
taskA.Start();                                                      //运行任务
```

（2）通过 Task.Run 方法创建和运行任务：

```
public static Task.Run(Action action)//在线程池上运行指定方法，并返回其任务句柄
```

例如：

```
Task t = Task.Run( () => Console.WriteLine("Hello from taskA."));
```

（3）通过 Task.Factory.StartNew 方法创建和运行任务：

```
pubic Task.Factory.StartNew (Action, action)
```

Task 和 Task<TResult>都包含公开静态属性 Factory，返回 TaskFactory 默认值实例，调用其方法 Task.Factory.StartNew()，创建并启动任务。

例如：

```
var taskA = Task.Factory.StartNew(() => Console.WriteLine("Hello from taskA."));
```

【例 14.16】 Task 示例（Task.cs）。

```
using System;using System.Threading.Tasks;
namespace CSharpBook.Chapter14
{
    class TaskDemo
    {
```

```
        public static void Main()
        {   //创建任务实例
            Task taskA = new Task(() => Console.WriteLine("Hello from taskA"));
            taskA.Start();
            Task taskB = Task.Run(() => Console.WriteLine("Hello from taskB"));
            Task taskC = Task.Factory.StartNew(() => Console.WriteLine ("Hello from taskC"));
            Console.ReadKey();
        }
    }
}
```

运行结果：

```
Hello from taskA
Hello from taskB
Hello from taskC
```

14.9.4 任务的交互操作

任务Task支持线程的取消、完成、失败通知等交互性操作，还支持线程执行的先后次序。通过任务Task对象t的Cancel方法，可以取消任务；通过其ContinueWith方法，可以在一个任务后执行另一个任务。使用任务Task对象t的属性，可以查询任务完成时的状态：

- t.IsCanceled：是否被取消。
- t.IsCompleted：是否成功完成。
- t.IsFaulted：是否发生异常。

【例14.17】 任务的交互操作示例（TaskInteract.cs）。

```
using System;using System.Threading;using System.Threading.Tasks;
namespace CSharpBook.Chapter14
{
    class TaskDemo
    {
        public static void Main()
        {
            Task taskA = new Task(() =>{Console.WriteLine("taskA开始……");
                                        Thread.Sleep(5000);//模拟工作过程
                                        });
            taskA.Start();
            taskA.ContinueWith((t) =>{ Console.WriteLine("任务完成，完成时候的状态为：");
            Console.WriteLine("IsCanceled={0};IsCompleted={1};IsFaulted= {2}",
                              t.IsCanceled, t.IsCompleted, t.IsFaulted); });
            Console.ReadKey();
        }
```

```
    }
}
```

运行结果：

```
taskA开始……
任务完成，完成时候的状态为：
IsCanceled=False;IsCompleted=True;IsFaulted=False
```

14.9.5 从任务中返回值

使用 Task<TResult>类，可创建任务，运行任务后，从 Result 属性中获取返回值。

【例 14.18】 从任务中返回值示例（TaskResult.cs）：计算 2^{10}。

```
using System;using System.Threading.Tasks;
namespace CSharpBook.Chapter14
{
    class TaskResult
    {
        public static void Main()
        {
            Task<double> task1=Task<double>.Factory.StartNew(()=>Math.Pow (2, 10));
            double result = task1.Result;
            Console.WriteLine("2的10次方为{0}", result);
            Console.ReadKey();
        }
    }
}
```

运行结果：

```
2的10次方为1024
```

14.9.6 数据并行处理

Parallel.For 或 Parallel.ForEach 支持数据并行处理，即对源集合或数组中的元素同时（即并行）执行相同操作。在数据并行操作中，将对源集合进行分区，以便多个线程能够同时对不同的片段进行操作。例如：

```
for (int i = 0; i < count; i++) { Process(i); }
foreach (var item in items){ Process(item);}
```

其等价的并行处理代码分别为：

```
Parallel.For(0, count, i => Process(i));
Parallel.ForEach(items, item => Process(item));
```

【例 14.19】 数据并行处理示例（ParallelForEach.cs）。

```
using System;using System.Threading.Tasks;
namespace CSharpBook.Chapter14
{
    class ParallelForEach
    {
        public static void Main()
        {
            string[] items = { "A", "B", "C", "D", "E", "F", "G", "H", "I", "J","K" };
            Parallel.For(0, 10, i => Console.Write(i));
            Parallel.ForEach(items, item => Console.Write(item));
            Console.ReadKey();
        }
    }
}
```

运行结果（可能每次不同）：

```
0123456789ABCDEFGHIJK
```

14.10 异步处理

相对于同步处理，异步处理不需要等待方法执行完毕，在执行异步方法的同时，可继续执行其他处理。使用异步编程，可以增强应用程序的响应性能。异步处理一般建立在多线程的基础上。

14.10.1 委托的异步调用

C#语言通过委托可以实现异步方法调用，其基本步骤如下：

（1）定义与需要调用的方法具有相同签名的委托。C#编译器根据委托的声明语法创建的委托类，包括用于异步调用的BeginInvoke和EndInvoke方法。

```
public IAsyncResult BeginInvoke(形参列表, AsyncCallback cb, object state);
public 返回值类型 EndInvoke(形参列表中的ref和out参数, IAsyncResult result);
```

（2）创建委托的实例，使用匹配的方法。

（3）通过委托实例的BeginInvoke方法，异步调用匹配的方法。BeginInvoke方法立即返回IasyncResult，可用于监视调用进度，不等待异步调用完成。

（4）执行其他操作。

（5）调用IasyncResult（步骤（3）的结果）的AsyncWaitHandle方法，获取WaitHandle，使用WaitOne方法将执行一直阻塞到发出WaitHandle信号（异步方法调用结束）。

（6）通过委托实例的EndInvoke方法，检索异步调用结果。调用BeginInvoke后可以随时调用EndInvoke方法；如果异步调用未完成，EndInvoke将一直阻塞到异步调用完成。

【例 14.20】 委托的异步调用示例（AsyncDelegate.cs）。

```
using System;using System.Threading;
namespace CSharpBook.Chapter14
{   //声明委托
    public delegate int MyDelegate(int op1, int op2, out int result);
    class AsyncDelegate
    {
        public static int Add(int op1, int op2, out int result)
        {
            Thread.Sleep(5000);             //睡眠5000ms，模拟实际耗时操作
            return (result = op1 + op2);
        }
        static void Main()
        {
            int result;
            MyDelegate d = new MyDelegate(AsyncDelegate.Add);//创建委托实例
            //调用BeginInvoke方法用于启动异步调用
            Console.WriteLine("异步调用AsyncDelegate.Add()方法开始");
            IAsyncResult iar = d.BeginInvoke(123, 456, out result, null, null);
            //执行其他操作
            Console.Write("执行其他操作");
            for (int i = 0; i < 10; i++)  //模拟其他操作，每隔500ms打印一个句号
            {
                Thread.Sleep(500);
                Console.Write(".");
            }
            Console.WriteLine("等待");
            //使用AsyncWaitHandle获取WaitHandle，使用其WaitOne方法将执行一直阻塞
            //等待。异步调用完成时会发出WaitHandle信号，可以通过WaitOne等待
            iar.AsyncWaitHandle.WaitOne();
            Console.WriteLine("异步调用AsyncDelegate.Add()方法结束");
            /*调用BeginInvoke后可随时调用EndInvoke方法；如果异步调用
            未完成，EndInvoke将一直阻塞到异步调用完成*/
            d.EndInvoke(out result, iar);    //使用EndInvoke方法用于检索异步调用结果
            Console.WriteLine("异步调用AsyncDelegate.Add()方法结果：{0}", result);
            Console.ReadKey();
        }
    }
}
```

运行结果：

```
异步调用AsyncDelegate.Add()方法开始
执行其他操作..........等待
异步调用AsyncDelegate.Add()方法结束
异步调用AsyncDelegate.Add()方法结果：579
```

14.10.2 async 和 await 关键字

C# 5.0 中增加了两个关键字 async 和 await，以简化异步编程。

使用关键字 async 声明异步方法，异步方法的名称以 Async 后缀结尾。如果异步方法返回结果为 TResult，则其返回类型为 Task<TResult>；如果无返回结果，则其返回类型为 Task。异步方法通常包含至少一个 await 表达式，该等待表达式标记一个点，在该点上直到等待的异步操作完成才能继续。同时，方法挂起，并且返回到方法的调用方。例如：

```
private async Task<string> DoWorkAsync()
{
return await Task.Run(() => { Thread.Sleep(10000);
                             return "任务结束!";
                             });
}
```

注意：在异步方法中，仅需要使用关键字 async 和 await 指示需要完成的操作，编译器会自动生成完成其余操作的功能代码，包括跟踪挂起方法返回等待点时发生的状况。

在 C＃7.0 以前版本中，异步方法必须返回 void、Task 或 Task<T>。C＃7.0 则允许返回其他类型。

【例 14.21】 async 和 await 关键字的示例（AsyncAwait.cs）。

```
using System;using System.Threading.Tasks;
namespace CSharpBook.Chapter14
{
    class AsyncAwait
    {
        private static async Task DoWorkAsync()
        {
            await Task.Run(() =>
            {
                long sum = 0;
                for (long i = 0; i < 99999999; i++) { sum += i; }
                Console.WriteLine("异步方法计算结果为：{0}", sum);
            });
        }
        public static void Main()
        {
            Console.WriteLine("开始调用异步方法");
            DoWorkAsync();
            Console.WriteLine("继续执行Main方法");
            Console.ReadKey();
        }
    }
}
```

运行结果：

```
开始调用异步方法
继续执行Main方法
异步方法计算结果为：4999999850000001
```

14.11 绑　　定

14.11.1 静态绑定和动态绑定

所谓绑定，就是对类型、成员和操作的解析过程。

C#语言是强类型语言，即程序编译时，编译器会对成员进行解析和绑定操作，编译器实现的成员解析过程，称为静态绑定（static binding）。例如：

```
SomeType st = …
st.DoSomething();
```

当编译器编译这段代码时，会依次查找 SomeType 类型的 DoSomething 无参方法、DoSomething 可选参数方法、SomeType 的基类方法、SomeType 的扩展方法。如果匹配失败，则报编译错误。即静态绑定是编译器基于可知类型之上的绑定。

动态绑定（dynamic binding）与编译器无关，而与运行时有关。延迟到运行时实现的成员解析过程，称为动态绑定。例如：

```
dynamic st = …
st.DoSomething();
```

dynamic 关键字用于声明动态对象。当编译器在编译时发现有动态类型，就把绑定交给动态语言运行时（DLR），即动态绑定。编译器不会报错，运行时如果无法解析成员，则运行时会抛出 RuntimeBinderException 异常。例如：

```
dynamic d = 5;
d.DoSomething(); //运行时抛出异常RuntimeBinderException
```

注意：C#的关键字 var 声明的隐式类型，是编译器可以自动推定的类型，属于静态绑定。

14.11.2 动态语言运行时

动态语言运行时（dynamic language runtime，DLR）是一种运行时环境，DLR 在公共语言运行时（CLR）中增加了动态语言的服务，从而使 C#支持弱类型的动态语言特性。即在编译时，编译器不对 dynamic 类型进行类型检查；如果代码无效，则在运行时会捕获，并导致运行时异常。

弱类型的动态语言在运行时进行类型检查，因而提供了最大限度的灵活性。动态语言适合于脚本语言，常用于创建网站、测试工具、开发各种实用工具以及执行数据转换。动态语言包括 LISP、Smalltalk、JavaScript、PHP、Ruby、Python、ColdFusion、Lua、Cobra 以及 Groovy 等。

DLR 的主要目的是允许动态语言系统在.NET Framework 上运行，并为动态语言提供.NET 互操作性。DLR 引入了动态对象，从而使 C#语言支持动态行为，并且可以与动态语言进行互操作。

14.11.3 自定义绑定

自定义绑定（custom binding）发生在所有实现了 IDynamicMetaObjectProvider（IDMOP）接口的类型上，其绑定操作会在运行时进行。在.NET 平台上实现的动态语言（如 IronPython 或 IronRuby），其对象默认实现了 IDMOP 接口。当然也可以在 C#中声明实现继承 DynamicObject（DynamicObject 类型实现了 IDMOP 接口）或实现 IDMOP 接口的类型。

例如：

```
using System;
using System.Dynamic;
namespace CSharpBook.Chapter14
{
    public class SomeType : DynamicObject
    {
        public override bool TryInvokeMember(InvokeMemberBinder binder, object[]
        args, out object result)
        {
            Console.WriteLine(binder.Name + " method is calling.");
            result = null;
            return true;
        }
    }

    public class CustomBinding
    {
        static void Main()
        {
            dynamic d = new SomeType();
            d.DoOneThing();                //编译OK，运行时绑定出错
            d.DoOtherThing();              //编译OK，运行时绑定出错
        }
    }
}
```

14.11.4 语言绑定

语言绑定（language binding）发生在没有实现 IDynamicMetaObjectProvider 接口的 dynamic 对象上。语言绑定可以实现与泛型相同功能。例如：

```
using System;
using System.Dynamic;
namespace CSharpBook.Chapter14
{
    public class LanguageBinding
    {
        static dynamic Average(dynamic x, dynamic y) => (x+y) / 2;
        static void Main()
        {
            int x = 2, y = 6;
            Console.WriteLine(Average(x, y));
        }
    }
}
```

14.11.5 dynamic 类型

使用 dynamic 关键字声明的类型为动态类型。dynamic 类型简化了对 COM API（如 Office Automation API）、动态 API（如 IronPython 库）和 HTML 文档对象模型（DOM）的访问。值得注意的是，使用动态类型，会略微影响程序的性能。

任何对象都可以隐式转换为动态类型；反之，动态类型也可以隐式转换为相应类型。例如：

```
dynamic d1 = 7;
dynamic d2 = "a string";
dynamic d3 = System.DateTime.Today;
dynamic d4 = System.Diagnostics.Process.GetProcesses();
int i = d1;
string str = d2;
DateTime dt = d3;
System.Diagnostics.Process[] procs = d4;
int i2 = d2; //编译正确。运行时异常：无法将类型string隐式转换为int
```

在大多数情况下，dynamic 类型与 object 类型的行为是一致的。但是，编译器不会对包含 dynamic 类型表达式的操作进行解析或类型检查。编译器将 dynamic 的变量编译到类型 object 的变量中，并把有关该操作信息打包，用于运行时的操作。因此，类型 dynamic 只在编译时存在，在运行时则不存在。

```
dynamic dyn = 1;
object obj = 1;
dyn = dyn + 3;    //编译正确。编译器不会对包含dynamic类型表达式的操作进行类型检查
//obj = obj + 3;                              //编译错误
System.Console.WriteLine(dyn.GetType());     //结果：System.Int32
System.Console.WriteLine(obj.GetType());     //结果：System.Int32
```

dynamic 关键字一般用于声明中，作为属性、字段、索引器、参数、返回值或类型约

束的类型；也可以在显式类型转换中，作为转换的目标类型；或用于在以类型充当值（如is运算符或as运算符右侧）或作为typeof的参数成为构造类型一部分的上下文中。例如：

```
dynamic local = 123;
dynamic d; int i = 20;
d = (dynamic)i;
d = i as dynamic;
```

【例14.22】 dynamic示例（dynamic.cs）。

```
using System;
namespace CSharpBook.Chapter14
{
    public class DynamicDemo
    {
        static void Main()
        {
            for (int i = 0; i < 2; i++)
            {
                dynamic arg = (i == 0) ? (dynamic)10 : "A";
                dynamic result = plus(arg);//第一次循环返回int类型，第二次是string类型
                M(result);                  //根据传给M的值的实际类型，调用相应的重载方法
            }
            Console.ReadKey();
        }
        static dynamic plus(dynamic arg) { return arg + arg; }
        static void M(int n) { Console.WriteLine("M(int):{0}", n); }
        static void M(string s) { Console.WriteLine("M(string):{0}", s); }
    }
}
```

运行结果：

```
M(int):20
M(string):AA
```

第 2 部分
.NET Framework 类库基本应用

第 15 章　数值、日期和字符串处理

程序设计往往涉及数值、日期和字符串处理。为了方便程序设计中各种数据类型的处理，提高程序设计的效率，.NET Framework 提供了丰富的类库，可以方便地实现各种数值、日期和字符串处理要求。

本章要点：

- Math 类和数学函数；
- Random 类和随机函数；
- 日期和时间处理；
- 使用 String 类和 StringBuilder 类进行字符串处理；
- 字符编码；
- 正则表达式。

视频讲解

15.1 数学函数

15.1.1 Math 类和数学函数

Math 类为三角函数、对数函数和其他通用数学函数提供常数和静态方法。该类属于 System 命名空间。Math 类是一个密封类，有两个公共字段和若干静态方法。

Math 类的两个公共字段如表 15-1 所示。

表 15-1　Math 类的两个公共字段

名称	功能说明	实例	结果
E	自然对数的底，它由常数 e 指定	Math.E	2.718 281 828 459 05
PI	圆周率，即圆的周长与其直径的比值	Math.PI	3.141 592 653 589 79

Math 类常用的静态方法如表 15-2 所示。

表 15-2　Math 类常用的静态方法

名称	说明	实例	结果
Abs(数值)	绝对值	Math.Abs(−8.99)	8.99
Sqrt(数值)	平方根	Math.Sqrt(9)	3
Max(数值 1，数值 2)	最大值	Math.Max(−5,−8)	−5
Min(数值 1，数值 2)	最小值	Math.Min(5,8)	5
Pow(底数,指数)	求幂	Math.Pow(−5,2)	25
Exp(指数)	e 为底的幂	Math.Exp(3)	20.085 536 923 187 7

续表

名称	说明	实例	结果
Log(数值)	以e为底的自然对数	Math.Log(10)	2.302 585 092 994 05
Log(数值,底数)	以指定底数为底的对数	Math.Log(27,3)	3
Log10(数值)	以10为底的自然对数	Math.Log10(100)	2
Sin(弧度)	指定角度的正弦值	Math.Sin(0)	0
Cos(弧度)	指定角度的余弦值	Math.Cos(0)	1
Asin(数值)	返回正弦值为指定数字的角度（以弧度为单位）	Math.Asin(0.5)*180/Math.PI	30
Acos(数值)	返回余弦值为指定数字的角度（以弧度为单位）	Math.Acos(0.5)*180/Math.PI	60
Tan(弧度)	指定角度的正切值	Math.Tan(0)	0
Sign(数值)	返回指定数值的符号：数值>0，返回1；数值=0，返回0；数值<0，返回-1	Math.Sign(-6.7)	-1
Truncate(数值)	计算一个小数或双精度浮点数的整数部分	Math.Truncate(99.99f) Math.Truncate(-99.99d)	99 -99
Round(数值) Round(数值，返回值中的小数位数)	将小数或双精度浮点数舍入到最接近的整数或指定的小数位数	Math.Round(4.4) Math.Round(4.5) Math.Round(4.6) Math.Round(5.5) Math.Round(3.44, 1) Math.Round(3.45, 1) Math.Round(3.55, 1) Math.Round(3.46, 1) Math.Round(3.54, 0)	4 4 5 6 3.4 3.4 3.6 3.5 4
Ceiling(数值)	返回大于或等于指定小数或双精度浮点数的最小整数	Math.Ceiling(0.0) Math.Ceiling(0.1) Math.Ceiling(1.1) Math.Ceiling(-1.1)	0 1 2 -1
Floor(数值)	返回小于或等于指定小数或双精度浮点数的最大整数	Math.Floor(0.0) Math.Floor(0.1) Math.Floor(1.1) Math.Floor(-1.1)	0 0 1 -2

说明：

（1）Round将小数或双精度浮点数舍入到最接近的整数或指定精度。Round的舍入方法有时称为“就近舍入”或“四舍六入五成双”。

（2）当将小数或双精度浮点数舍入到最接近的整数时，如果要舍入值的小数部分正好处于两个整数中间，其中一个整数为偶数，另一个整数为奇数，则返回偶数。

（3）当将小数或双精度浮点数舍入到指定精度时，如果要舍入的值d中指定的小数位数decimals位置右侧的数值处于decimals位置的数字中间，则该数字向上舍入（如果为奇数）或不变（如果为偶数）；如果d的精度小于decimals，则返回d而不做更改；如果decimals为零，则返回一个整数。

【例 15.1】 数学函数的使用示例（MathFunction.cs）。定义一个 MathTriangle 类，说明三角形的有关操作：求面积、周长、某边长所对应的高、最长边长、最短边长、某边长的一部分等。

```
using System;
namespace CSharpBook.Chapter15
{
    class MathTriangle                          //定义一个MathTriangle类，说明三角形的有关操作
    {
        private double sideA; private double sideB; private double sideC;//三角形三边
        public MathTriangle(double a, double b, double c)
        { //假设sideA+sideB>sideC and sideA+sideC>sideB and sideB+sideC> sideA
            sideA = Math.Abs(a); sideB = Math.Abs(b); sideC = Math.Abs(c);
        }
        public double GetArea()             //求面积
        {
            double p = (sideA + sideB + sideC) / 2;
            return Math.Sqrt(p * (p - sideA) * (p - sideB) * (p - sideC));
        }
        public double GetPerimeter()        //求周长
        {
            return sideA + sideB + sideC;
        }
        public double GetAHeight()          //求边长A对应的高
        {
            return 2 * GetArea()/sideA;   //sideA
        }
        public double GetMaxSide()          //求最长边长
        {
            return Math.Max(sideA, Math.Max(sideB, sideC));
        }
        public double GetMinSide()          //求最短边长
        {
            return Math.Min(sideA, Math.Min(sideB, sideC));
        }
        private double GetPartSideA()       //求边长A的一部分
        {
            return Math.Sqrt((Math.Pow(sideB, 2.0) - Math.Pow(GetAHeight(), 2.0)));
        }
        static void Main(string[] args)
        {
        MathTriangle aTriangle = new MathTriangle(16.0, 10.0, 8.0);
```

```
            Console.WriteLine("三角形的三边为：16.0、10.0和8.0");
            Console.WriteLine("边长A对应的高为：{0:#.00} ", aTriangle.GetAHeight());
            Console.WriteLine("边长A的一部分长为：{0} ", aTriangle.GetPartSideA());
            Console.WriteLine("三角形的面积为：{0:#.00} ", aTriangle.GetArea());
            Console.WriteLine("三角形的周长为：{0} ", aTriangle.GetPerimeter());
            Console.WriteLine("三角形的最长的边为：{0} ", aTriangle.GetMaxSide());
            Console.WriteLine("三角形的最短的边为：{0} ", aTriangle.GetMinSide());
        }
    }
}
```

运行结果：

```
三角形的三边为：16.0、10.0和8.0
边长A对应的高为：4.09
边长A的一部分长为：9.125
三角形的面积为：32.73
三角形的周长为：34
三角形的最长的边为：16
三角形的最短的边为：8
```

15.1.2 Random 类和随机函数

Random 类提供了产生伪随机数的方法。随机数的生成是从种子（seed）值开始，如果反复使用同一个种子，就会生成相同的数字系列（称为伪随机数）。

产生不同序列的一种方法是使种子值与时间相关，从而对于 Random 的每个新实例，都会产生不同的系列。默认情况下，Random 类的无参数构造函数使用系统时钟生成其种子值。产生随机数的方法必须由 Random 类创建的对象调用。可以使用“Random myRandom = new Random();”代码声明一个随机对象 myRandom，随机方法的使用如表 15-3 所示。

表 15-3 随机方法

名称	说明	实例	结果
随机对象.Next()	产生非负随机整数	myRandom.Next()	非负随机整数
随机对象.Next(非负整数)	产生大于等于 0 且小于指定非负整数(随机数上界）的非负随机数	myRandom.Next(10)	0~9（包括 0 和 9）的随机整数
随机对象.Next(整数 1，整数 2)	产生大于等于整数 1 且小于整数 2 的随机整数	myRandom.Next(-10,10)	-10~9（包括-10 和 9）的随机整数
随机对象.NextDouble()	产生大于等于 0.0 且小于 1.0 的双精度浮点数	myRandom.NextDouble()	0.0~1.0（包括 0.0、不包括 1.0)的随机双精度浮点数

【例 15.2】 Random 类和随机函数的使用示例（Random.cs）：使用类构造函数的不同重载创建 Random 对象，并通过这些对象分别生成 6 组随机整数和随机双精度数的序列。运行效果如图 15-1 所示。

```
Random构造函数和Random.NextDouble( )方法示例结果:
创建随机对象, 然后生成和显示6组整数和双精度数.

使用特定的种子 seed = 123 创建随机对象
 2114319875  1949518561  1596751841  1742987178  1586516133   103755708
 0.01700087  0.14935942  0.19470390  0.63008947  0.90976122  0.49519146

使用特定的种子 seed = 123 创建随机对象
 2114319875  1949518561  1596751841  1742987178  1586516133   103755708
 0.01700087  0.14935942  0.19470390  0.63008947  0.90976122  0.49519146

使用特定的种子 seed = 456 创建随机对象
 2044805024  1323311594  1087799997  1907260840   179380355   120870348
 0.21988117  0.21026556  0.39236514  0.42420498  0.24102703  0.47310170

使用自动定时器生成的种子创建随机对象
 1944400528  1338218390  1960352838   198671607   510670021   669261468
 0.42106993  0.57063451  0.70960393  0.54375974  0.68006317  0.35334075

使用自动定时器生成的种子创建随机对象
 1593028637    52475400   854011906   631698711    21658137   902192792
 0.14192039  0.09590055  0.56535443  0.07502620  0.73102109  0.06405743
```

图 15-1　Random 类和随机函数运行效果

```
using System;using System.Threading;
namespace CSharpBook.Chapter15
{
  public class RandomObjectDemo
  {  //从特定的随机对象生成随机数
     static void RunIntNDoubleRandoms( Random randObj )
     {  //生成6个随机整数
        for( int j = 0; j < 6; j++ ) Console.Write( " {0,10} ", randObj.Next( ) );
        Console.WriteLine( );
        //生成6个随机双精度数
        for( int j = 0; j < 6; j++ ) Console.Write( " {0:F8} ", randObj. NextDouble( ) );
        Console.WriteLine( );
     }
    //使用特定的种子创建随机对象
    static void FixedSeedRandoms( int seed )
    {
        Console.WriteLine("\n使用特定的种子 seed = {0} 创建随机对象", seed );
        Random fixRand = new Random( seed );
        RunIntNDoubleRandoms( fixRand );
    }
    //使用定时器生成的种子创建随机对象
    static void AutoSeedRandoms( )
    {  //等待以允许定时器计时
        Thread.Sleep( 1 );
        Console.WriteLine( "\n使用自动定时器生成的种子创建随机对象");
        Random autoRand = new Random( ); RunIntNDoubleRandoms( autoRand );
```

```
        }
        static void Main( )
        {
            Console.WriteLine("Random构造函数和Random.NextDouble( )方法示例结果：");
            Console.WriteLine("创建随机对象，然后生成和显示6组整数和双精度数.");
            FixedSeedRandoms(123); FixedSeedRandoms(123); FixedSeedRandoms(456);
            AutoSeedRandoms( ); AutoSeedRandoms( ); Console.ReadLine();
        }
    }
}
```

15.2　日期和时间处理

C#中一般使用 System.DateTime 来表示和处理日期。如果涉及时区，则可以采用 TimeZoneInfo 和 DateTimeOffset。DateTime 结构属于 System 命名空间。

15.2.1　DateTime 结构

DateTime（结构）表示公元 0001 年 1 月 1 日午夜 0:00:00 到公元 9999 年 12 月 31 日 23:59:59 之间的日期和时间。例如：

```
DateTime dt1 = new DateTime(2018, 7, 18);                //2018/7/18
DateTime dt2 = new DateTime(2018, 7, 18, 18, 30, 15);    //2018/7/18 18:30:15
```

DateTime 提供了常用处理日期的方法与属性，如表 15-4 所示。示例中 DateTime dt = new DateTime(2018,4,1,9,31,16)，即假设当前日期时间为 2018 年 4 月 1 日星期日 9 点 31 分 16 秒。

表 15-4　DateTime 常用属性和方法

名称	说明	示例	结果
Now	静态属性。获取当前时间	DateTime.Now	2018/4/1 9:31:16
Today	静态属性。获取当前日期	DateTime.Today	2018/4/1 0:00:00
Year	实例属性。获取年份	dt.Year	2018
Month	实例属性。获取月份	dt.Month	4
Day	实例属性。获取日	dt.Day	1
Hour	实例属性。获取小时	dt.Hour	9
Minute	实例属性。获取分钟	dt.Minute	31
Second	实例属性。获取秒	dt.Second	16
DayOfWeek	实例属性。获取星期	dt.DayOfWeek	Sunday
DayOfYear	实例属性。获取日期是该年中的第几天	dt.DayOfYear	91
Add	实例方法。将指定的 TimeSpan 的值加到此实例的值上	TimeSpan duration = new TimeSpan(3, 0, 0, 0); dt.Add(duration);	2018/4/4 9:31:16

续表

名称	说明	示例	结果
AddYears	实例方法。将指定的年份数加到此实例的值上	dt.AddYears(3)	2021/4/1 9:31:16
AddMonths	实例方法。将指定的月份数加到此实例的值上	dt.AddMonths(-3)	2018/1/1 9:31:16
AddDays(以天为单位的双精度实数)	实例方法。将指定的天数加到此实例的值上	dt.AddDays(2.5)	2018/4/3 21:31:16
		dt.AddDays(-2.5)	2018/3/29 21:31:16
AddHours	实例方法。将指定的小时数加到此实例的值上	dt.AddHours(2.5)	2018/4/1 12:01:16
AddMinutes	实例方法。将指定的分钟数加到此实例的值上	dt.AddMinutes(-2.5)	2018/4/1 9:28:46
AddSeconds	实例方法。将指定的秒数加到此实例的值上	dt.AddSeconds(50)	2018/4/1 9:32:06
DaysInMonth(年份,月份)	静态方法。返回指定年和月中的天数	DateTime.DaysInMonth(2018,10)	31
		DateTime.DaysInMonth(2016,2)	29
		DateTime.DaysInMonth(2015,2)	28
IsLeapYear(4 位数年份)	静态方法。判断是否为闰年	DateTime.IsLeapYear(2016)	True
		DateTime.IsLeapYear(2014)	False
Parse	静态方法。将日期和时间的指定字符串表示形式转换为其等效的 DateTime	string myDateTimeValue = "2/16/2018 12:15:12"; DateTime myDateTime1 =DateTime.Parse(myDateTimeValue);	myDateTime1 值为： 2018/2/16 12:15:12
TryParse	静态方法。将日期和时间的指定字符串表示形式转换为其等效的 DateTime	DateTime myDateTime2; DateTime.TryParse(myDateTimeValue, out myDateTime2);	myDateTime2 值为： 2018/2/16 12:15:12

【例 15.3】 日期和时间的使用示例（Calendar.cs）：打印当年当月的日历。运行效果如图 15-2 所示。

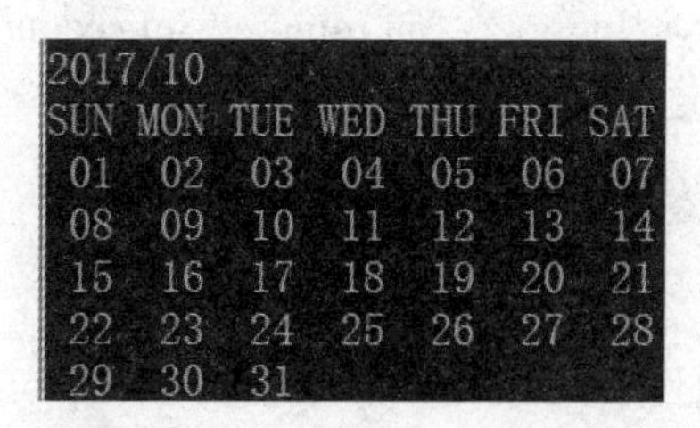

图 15-2　日期和时间运行效果

```
using System;
namespace CSharpBook.Chapter15
{
    class CalendarTest
    {
        static void Main(string[] args)
```

```
        {
            const string s4 = "    ";                //空4格
            int nYear = DateTime.Today.Year;         //当前的年份
            int nMonth = DateTime.Today.Month;       //当前的月份
            //打印当年当月的日历
            DateTime d1 = new DateTime(nYear, nMonth, 1);
            Console.WriteLine("{0}/{1}", d1.Year, d1.Month);
            Console.WriteLine("SUN MON TUE WED THU FRI SAT");
            int iWeek = (int)d1.DayOfWeek;           //获取当年当月1号的星期
            int iLastDay = d1.AddMonths(1).AddDays(-1).Day; //获取当年当月最后1天的日
            for (int i = 0; i < iWeek; i++) Console.Write(s4);
            for (int i = 1; i <= iLastDay; i++)      //对应星期（Sun,Mon,…,Sat）打印日
            {
                Console.Write(" {0:00} ", i);
                if ((i + iWeek) % 7 == 0) Console.WriteLine();
            }
            Console.ReadKey();
        }
    }
}
```

15.2.2 TimeSpan 结构

TimeSpan（结构）表示时间间隔，按正负天数、小时数、分钟数、秒数以及秒的小数部分进行度量。其构造函数包括：

- public TimeSpan(long ticks)，以 100 毫微秒为单位；
- public TimeSpan(int hours, int minutes, int seconds)；
- public TimeSpan(int days, int hours, int minutes, int seconds)；
- public TimeSpan(int days, int hours, int minutes, int seconds, int milliseconds)。

例如：

```
TimeSpan interval1 = new TimeSpan(2, 10, 12);          //2小时10分12秒
TimeSpan interval2 = new TimeSpan(1, 2, 10, 12, 12);   //1天2小时10分12秒12毫秒
```

通过 TimeSpan 对象的属性 Days、Hours、Minutes、Seconds、Milliseconds 以及 Ticks，可以获得时间间隔对应的天、小时、分、秒、毫秒以及 Ticks 的部分。通过对象属性 TotalDays、TotalHours、TotalMinutes、TotalSeconds 以及 TotalMilliseconds，可以获得时间间隔对应的总的天、小时、分、秒以及毫秒的数。

TimeSpan 主要用于日期的算术运算，一个 DateTime 对象可以加或减一个 TimeSpan 对象；两个 DateTime 对象的差为一个 TimeSpan 对象。例如：

```
DateTime dt1 = new DateTime(2018, 7, 18);
```

```
DateTime dt2 = new DateTime(2018, 12, 18);
TimeSpan interval1 = new TimeSpan(2, 10, 12);
DateTime dt3 = dt1 + interval1;          //2018/7/18 2:10:12
TimeSpan interval2 = dt2 - dt1;          //153.00:00:00
```

15.2.3 日期格式化字符串

通过 DataTime 对象的 ToString 方法或 String.Format(String, Object[])方法，可以格式化日期对象为指定格式的字符串。例如：

```
string s1 = String.Format("{0:yyyy/MM/dd}", DateTime.Now);
string s2 = DateTime.Now.ToString("yyyy/MM/dd");
```

有关格式字符串，参见附录 E。

15.3 字符串处理

C#字符串是 Unicode 字符的有序集合，Unicode 字符使用 UTF-16 进行编码，编码的每个元素的数值都用一个 System.Char 对象表示。

使用 System.String 和 System.Text.StringBuilder，可以动态构造自定义字符串，执行许多基本字符串操作，如从字节数组创建新字符串、比较字符串的值和修改现有的字符串等。

C#字符串是使用 string 关键字声明的一个字符数组。字符串是使用引号声明的。例如：

```
string s = "Hello, World!";
```

字符串中可以包含转义符（参见 2.9 节），如“\n”（新行）和“\t”（制表符）。如果希望包含反斜杠，则它前面必须还有另一个反斜杠。带@符号（原义字符串）时，字符串构造函数将忽略转义符和分行符。在原义字符串中，用另一个双引号字符转义双引号字符。例如：

```
string hello = "Hello\nWorld!";
string filePath1 = "\\\\My Documents\\ ";    //等同于\\My Documents\
string filePath2 = @"\\My Documents\ ";      //等同于\\My Documents\
string s = @"You say ""goodbye""";           //等同于You say "goodbye"
```

15.3.1 String 类

String 对象称为不可变的（只读），因为一旦创建了该对象，就不能修改该对象的值。有些字符串操作看来似乎修改了 String 对象，实际上是返回一个包含修改内容的新 String 对象。如果需要修改字符串对象的实际内容，可以使用 System.Text.StringBuilder 类。

1. 字符串长度和空判断

```
int n = s.Length;                          //属性。获取字符串s长度
bool b = String.IsNullOrEmpty(s);          //静态方法。判断字符串s是否为Null或空字符串
bool b = String.IsNullOrWhiteSpace(s);//静态方法。判断字符串s是否为Null、空或空白字符串
```

例如：

```
int len = "abc".Length;                          //结果为3
bool b1 = String.IsNullOrEmpty("abc");           //结果为False
bool b2 = String.IsNullOrWhiteSpace(" ");        //结果为True
```

2. 获取字符/截取子字符串

```
string s1 = s.Substring(i);                      //截取子字符串，从索引i开始至末尾
string s1 = s.Substring(i, n);                   //截取子字符串，从索引i开始的n个字符
```

例如：

```
string s1 = "abcde".Substring(2);                //结果为"cde"
string s2 = "abcde".Substring(2, 2);             //结果为"cd"
```

字符串可以通过索引访问，例如，“string s = "ABC"; char ch = s[0];”。

3. 大小写转换

```
string s1 = s.ToUpper();                    //把字符串s转换为大写
string s2 = s.ToLower();                    //把字符串s转换为小写
```

例如：

```
string s1 = "abc".ToUpper();                //结果为"ABC"
string s2 = "Abc".ToLower();                //结果为"abc"
```

4. 连接字符串

```
string s = String.Concat(s1, s2);           //返回字符串s1和s2的拼接
string s3 = Concat(Object[]);               //返回拼接后的字符串
```

也可以使用运算符“+”实现字符串连接。例如：

```
string s1 = String.Concat("abc", "XYZ");//abcXYZ
string s2 = "abc" + "XYZ";                  //abcXYZ
```

5. 字符串去空白和填充

```
string s1 = s.Trim();                                //删除字符串前后所有的空格
string s1 = s.TrimEnd(字符数组);                     //删除字符串后面指定的字符
string s1 = s.TrimStart(字符数组);                   //删除字符串前面指定的字符
string s1 = s.PadLeft(totalWidth);                   //左边填充空格，结果长度为totalWidth
string s1 = s.PadLeft(totalWidth, paddingChar);  //左边填充字符paddingChar
string s1 = s.PadRight(totalWidth);                  //右边填充空格，结果长度为totalWidth
string s1 = s.PadRight(totalWidth, paddingChar);//右边填充字符paddingChar
```

例如：

```
char[] trimChars = { '0', '1', '2', '3', '4', '5', '6', '7', '8', '9',' ' };
string s1 = " 123abc456 ".Trim();                    //结果为"123abc456"
string s2 = " 123abc456 ".Trim(trimChars);           //结果为"abc"
string s3 = " 123abc456 ".TrimStart(trimChars);      //结果为"abc456 "
string s4 = " 123abc456 ".TrimEnd(trimChars);        //结果为" 123abc"
string s5 = "ABC".PadLeft(5);                        //结果为"  ABC"
string s6 = "ABC".PadLeft(5, '!');                   //结果为"!!ABC"
string s7 = "ABC".PadRight(5);                       //结果为"ABC  "
string s8 = "ABC".PadRight(5, '!');                  //结果为"ABC!!"
```

6. 比较字符串

```
bool String.Equals(s1, s2);     //比较字符串序列内容，如果相同，则为true，否则为false
bool s1.Equals(s2);             //比较字符串序列内容，如果相同，则为true，否则为false
int String.Compare(s1, s2);     //s1<s2，结果=-1；s1==s2，结果=0；s1>s2，结果=1
int s1.CompareTo(s2);           //s1<s2，结果=-1；s1==s2，结果=0；s1>s2，结果=1
```

注意：equals/compareTo 方法用于比较字符串内容，"=="运算符用于比较对象。

例如：

```
bool b1 = String.Equals("abc", "ABC");  //结果为False
bool b2 = "ABC".Equals("ABC");          //结果为True
int i1 = String.Compare("abc", "ABC");  //结果为-1
int i2 = "ABC".CompareTo("abc");        //结果为1
```

7. 查找字符/字符串

```
int s.IndexOf(s1);           //查找字符/子字符串s1在字符串s中的第一个匹配项的索引位置
int s.IndexOf(s1, startIndex;        //从索引位置startIndex开始查找
int s.IndexOf(s1, startIndex, count);//从索引位置startIndex开始的count个字符内查找
int s.LastIndexOf(s1);  //查找字符/子字符串s1在字符串s中最后一个匹配项的索引位置
int s.LastIndexOf(s1, startIndex);//从索引位置startIndex开始查找（从后向前进行）
int s.LastIndexOf(s1, startIndex, count);//从索引位置startIndex开始的count个字符内查找
```

注意：索引编号从 0 开始。

例如：

```
int i1 = "ABcdABcd123".IndexOf("ABcd");       //结果为0
int i2 = "ABcdABcd123".IndexOf('B');          //结果为1
int i3 = "ABcdABcd123".IndexOf('B', 2, 2);    //结果为-1
int i4 = "ABcdABcd123".IndexOf('B', 2);       //结果为5
int i5 = "ABcdABcd123".LastIndexOf('B');      //结果为5
```

8. 插入、删除、替换字符/字符串

```
string s2 = s.Insert(i, s1);                        //在索引位置i插入字符串s1
string s1 = s.Remove(i);                            //删除从索引i开始至末尾的字符
string s1 = s.Remove (i, n);                        //删除从索引i开始的n个字符
string s1 = s.Replace(s1, s2);                      //将字符/字符串s1替换为s2
```

例如：

```
string s1 = "ABCDE".Insert(1, "x");           //结果为"AxBCDE"
string s2 = "ABCDE".Remove(2);                //结果为"AB"
string s3 = "ABCDE".Remove(2, 2);             //结果为"ABE"
string s4 = "ABCDE".Replace("CD", "cd");      //结果为"ABcdE"
```

9. 测试字符串

```
bool b = s.StartsWith(s1);                          //测试s是否以字符串s1开始
bool b = s.EndsWith(s1);                            //测试s是否以字符串s1结束
bool b = s.Contains(s1);                            //测试s是否包含字符串s1
```

例如：

```
bool b1 = "ABC".StartsWith("A");                    //结果为True
bool b2 = "ABC".EndsWith("A");                      //结果为False
bool b3 = "ABC".Contains("BC");                     //结果为True
```

10. 拆分和串联字符串

```
string[] sArr = s.Split(分隔字符数组);              //根据分隔字符拆分此字符串
string s = String.Join(分隔符字符串, 字符串数组);//使用分隔符串联字符串
```

例如：

```
string words = "one,two!three.four:five six";
char[] separators = new char[] { ' ', ',', '.', ':', '!' };
string[] splits = words.Split(separators);//结果为{"one", "two" "three", "four", "five", "six"}
string s = String.Join("|", splits);//结果为"one|two|three|four|five|six"
```

11. 格式化字符串

```
string s = String.Format(format, args);//使用指定的格式字符串和参数格式化字符串
```

注意：有关格式字符串，参见附录E。

例如：

```
string s = String.Format("{0:C}", -123);      //结果为¥123.00
```

12. 字符串和字符数组之间的转换

```
char[] chars = s.ToCharArray();                  //将字符串s转换为一个字符数组chars
```

例如：

```
char[] chars = "ABC".ToCharArray();//{'A','B','C' }
```

【例 15.4】 字符串的使用示例（Vowels.cs）：输入任意字符串，统计其中元音字母（'a'、'e'、'i'、'o'、'u'，不区分大小写）出现的次数和频率。运行效果如图 15-3 所示。

```
请输入字符串：
The quick brown fox jumps over the lazy dog.
所有字母的总数为：44
元音字母出现的次数和频率分别为：
A:      1       2.27%
E:      3       6.82%
I:      1       2.27%
O:      4       9.09%
U:      2       4.55%
```

图 15-3　字符串运行效果

```
using System;using System.Collections;
namespace CSharpBook.Chapter15
{
    class Vowels
    {
        static void Main(string[] args)
        {
            int countA = 0, countE = 0, countI = 0, countO = 0, countU = 0,countAll = 0;
            Console.WriteLine("请输入字符串：");String str = Console.ReadLine();
            str = str.ToUpper(); char[] chars = str.ToCharArray();
            foreach (char ch in chars)
            {
                countAll++;            //统计字母总数
                switch (ch)
                {
                    case 'A':          //统计元音'A'或'a'的出现次数
                        countA++; break;
                    case 'E':          //统计元音'E'或'e'的出现次数
                        countE++; break;
                    case 'I':          //统计元音'I'或'i'的出现次数
                        countI++; break;
                    case 'O':          //统计元音'O'或'o'的出现次数
                        countO++; break;
```

```
                case 'U':            //统计元音'U'或'u'的出现次数
                    countU++; break;
                default:
                    break;
            }
        }
        Console.WriteLine("所有字母的总数为：{0}", countAll);
        Console.WriteLine("元音字母出现的次数和频率分别为：");
        Console.WriteLine("A: \t{0}\t{1:#.00%}", countA, countA * 1.0 / countAll);
        Console.WriteLine("E: \t{0}\t{1:#.00%}", countE, countE * 1.0 / countAll);
        Console.WriteLine("I: \t{0}\t{1:#.00%}", countI, countI * 1.0 / countAll);
        Console.WriteLine("O: \t{0}\t{1:#.00%}", countO, countO * 1.0 / countAll);
        Console.WriteLine("U: \t{0}\t{1:#.00%}", countU, countU * 1.0 / countAll);
        Console.ReadKey();
    }
  }
}
```

15.3.2 StringBuilder 类

字符串（String）对象是不可变的，即它们创建之后就无法更改。对字符串进行操作，都要在内存中创建一个新的字符串对象，这就需要为该新对象分配新的空间。例如：

```
string s1 = "Hello"; string s2 = s1;
s1 += " and goodbye";                //创建新字符串的对象：Hello and goodbye
Console.WriteLine(s2);               //输出"Hello"
```

如果需要对字符串执行重复修改，那么创建新 String 对象的系统开销可能会非常昂贵。如果要修改字符串而不创建新的对象，那么可以使用 System.Text.StringBuilder 类。例如，当在一个循环中将许多字符串连接在一起时，使用 StringBuilder 类可以提升性能。

StringBuilder 类表示值为可变字符序列的类似字符串的对象，但创建其实例后可以通过追加、移除、替换或插入字符对它进行修改。StringBuilder 类创建一个字符串缓冲区，用于在程序执行大量字符串操作时提供更好的性能。例如：

```
StringBuilder sb0 = new StringBuilder("Rat: the ideal pet");
sb0[0] = 'C';
System.Console.WriteLine(sb0.ToString()); //输出"Cat: the ideal pet"
```

StringBuilder 类的常用方法和属性如表 15-5 所示。其中假设：

```
StringBuilder sb = new StringBuilder("!!");
StringBuilder sb2 = new StringBuilder("The quick brown fox");
StringBuilder sb3 = new StringBuilder("The quick br!wn dog jumps #ver the lazy #range dog.");
bool xBool = true; char star = '*'; char[] abc={'a','b','c'};
string xyz = "xyz"; int iNum = 789; float fNum = 2.34F;
```

表 15-5　StringBuilder 类常用方法和属性

方法和属性名称	说明	实例	结果
Append(数据类型)	在 StringBuilder 实例的结尾追加指定对象的字符串表示形式	sb.Append(xBool)	!!True
Append(要追加的字符，追加字符的次数)	在 StringBuilder 实例的结尾追加 Unicode 字符的字符串表示形式指定数目的副本	sb.Append(star,3);	!!***
Append(字符数组，字符数组起始位置，要追加的字符数)	在 StringBuilder 实例的结尾追加指定的 Unicode 字符数组的字符串表示形式	sb.Append(abc,1,2);	!!bc
Append(要追加的子字符串，子字符串起始位置，要追加的字符数)	在 StringBuilder 实例的结尾追加指定子字符串的副本	sb.Append(xyz,1,2);	!!yz
AppendFormat(复合格式字符串，要设置格式的对象)	向 StringBuilder 实例追加包含零个或更多格式规范的设置了格式的字符串，每个格式规范由相应对象参数的字符串表示形式替换	sb.AppendFormat("{0}", iNum);	!!789
		sb.AppendFormat("{0}, {1}", iNum, fNum);	!!789, 2.34
		sb.AppendFormat("{0}, {1}, {2}", iNum, fNum, xyz);	!!789, 2.34, xyz
Insert(StringBuilder 实例中开始插入的位置，要插入的数据值)	将指定对象的字符串表示形式插入到 StringBuilder 实例中的指定字符位置	sb.Insert(1, xyz);	!xyz!
		sb.Insert(1, star);	!*!
		sb.Insert(1, abc);	!abc!
		sb.Insert(1, xBool);	!True!
Insert(StringBuilder 实例中开始插入的位置，要插入的字符串，要插入的次数)	将指定字符串的一个或更多副本插入到 StringBuilder 实例中的指定字符位置	sb.Insert(1, xyz, 3);	!xyzxyzxyz!
Insert(StringBuilder 实例中开始插入的位置，字符数组，字符数组的起始索引，要插入的字符数)	将指定的 Unicode 字符子数组的字符串表示形式插入到 StringBuilder 实例中的指定字符位置	sb.Insert(1, abc, 1, 2);	!bc!
Remove(StringBuilder 实例中开始移除的位置，要移除的字符数)	将指定范围的字符从 StringBuilder 实例中移除	sb2.Remove(4, 6);	The brown fox
Replace(要替换的旧字符，新字符)	将 StringBuilder 实例中所有的指定字符替换为其他的指定字符	sb3.Replace('#', '!');	The quick br!wn dog jumps !ver the lazy !range dog.

续表

方法和属性名称	说明	实例	结果
Replace(要替换的旧字符串，新字符串或 null)	将 StringBuilder 实例中所有的指定字符串替换为其他的指定字符串	sb3.Replace("dog","cat");	The quick br!wn cat jumps #ver the lazy #range cat.
Replace(要替换的旧字符，新字符，StringBuilder 实例中子字符串开始的位置，子字符串的长度)	将 StringBuilder 实例的子字符串中所有指定字符的匹配项替换为其他指定字符	sb3.Replace("dog","fox", 10, 20);	The quick br!wn fox jumps #ver the lazy #range dog.
Replace(要替换的旧字符串，新字符串，StringBuilder 实例中子字符串开始的位置，子字符串的长度)	将 StringBuilder 实例的子字符串中所有指定字符串的匹配项替换为其他指定字符串	sb3.Replace('#', 'o', 30, 15);	The quick br!wn dog jumps #ver the lazy orange dog.
Capacity	属性。获取或设置可包含在当前 StringBuilder 实例所分配的内存中的最大字符数	sb.Capacity sb2.Capacity	16 19
Chars[字符的位置]	属性。获取或设置 StringBuilder 实例中指定字符位置处的字符	sb2[5]	u
Length	属性。获取或设置当前 StringBuilder 对象的长度	sb.Length sb2.Length	2 19

Append 或 Insert 可以追加或插入的数据类型可以是：Boolean、Byte、Char、Char[]、Decimal、Double、Int16、Int32、Int64、Object、SByte、Single、String、UInt16、UInt32 和 UInt64。

【例 15.5】 StringBuilder 类常用方法和属性的使用示例（StringBuilder.cs）。

```
using System;using System.Text;
namespace CSharpBook.Chapter15
{
    public sealed class StringBuilderTest
    {
        static void Main()
        {  //创建StringBuilder对象，最多可存放50个字符，并初始化为"ABC"
            StringBuilder sb = new StringBuilder("ABC", 50);
            sb.Append(new char[] { 'D', 'E', 'F' });     //追加三个字符
            sb.AppendFormat("GHI{0}{1}", 'J', 'k');     //追加格式化字符串
            //显示长度和内容
            Console.WriteLine("{0} chars，内容为：{1}", sb.Length, sb.ToString());
            sb.Insert(0, "Alphabet---");                  //在最前面插入字符串
            sb.Replace('k', 'K');                         //将所有小写字母k替换为大写字母K
            //显示长度和内容
```

```
            Console.WriteLine("{0} chars，内容为：{1}", sb.Length, sb.ToString());
            Console.ReadLine();
        }
    }
}
```

运行结果：

```
11 chars，内容为：ABCDEFGHIJk
22 chars，内容为：Alphabet---ABCDEFGHIJK
```

15.3.3 字符编码

默认情况下，公共语言运行库使用UTF-16编码（Unicode转换格式，16位编码形式）表示字符。使用编码/解码，可以实现字符编码在UTF-16编码方式和其他编码方式（ASCII编码、UTF-8编码等）之间的转换。

System.Text命名空间中对字符进行编码和解码的最常用的类如表15-6所示。

表15-6 字符编码和解码最常用的类

字符方案	类	说明
ASCII编码	System.Text.ASCIIEncoding	将字符与ASCII字符相互转换
UTF-16编码	System.Text.UnicodeEncoding	在其他编码与UTF-16编码之间进行转换
UTF-8编码	System.Text.UTF8Encoding	在其他编码与UTF-8编码之间进行转换
多种编码	System.Text.Encoding	将字符与指定的各种编码相互转换

Encoding类主要用于在不同的编码和Unicode之间进行转换。Encoding类静态属性ASCII和Unicode等用于获取对应的Encoding对象。

使用Encoding对象的GetBytes/GetChars方法将指定编码的字符串转换为字节数组；使用Convert方法将整个字节数组从一种编码转换为另一种编码。

```
    public virtual byte[] GetBytes(string s)
    public virtual char[] GetChars(byte[] bytes)
    public static byte[] Convert(Encoding srcEncoding, Encoding dstEncoding,  byte[]
bytes)
```

【例15.6】字符编码的使用示例（Encoding.cs）：将字符串从一种编码转换为另一种编码。

```
using System;using System.Text;
namespace CSharpBook.Chapter15
{
    class ConvertExampleClass
    {
        static void Main()
        {
            string unicodeString = "本字符串包含unicode字符Pi(\u03a0)";
            //创建两个不同的编码：ASCII和UNICODE
```

```
        Encoding ascii = Encoding.ASCII; Encoding unicode = Encoding. Unicode;
        byte[] unicodeBytes = unicode.GetBytes(unicodeString); //string转换为byte[]
        byte[] asciiBytes = Encoding.Convert(unicode, ascii, unicodeBytes); //转换编码
        //将byte[]转换为char[]，再转换为string
        //演示GetCharCount/GetChars转换方法的使用，注意其中的细微差别
        char[] asciiChars = new char[ascii.GetCharCount(asciiBytes, 0, asciiBytes.Length)];
        ascii.GetChars(asciiBytes, 0, asciiBytes.Length, asciiChars, 0);
        string asciiString = new string(asciiChars);
        //显示字符串转换之前和转换之后的内容
        Console.WriteLine("原始string (Unicode): {0}", unicodeString);
        Console.WriteLine("转换后的string (Ascii): {0}", asciiString);
      }
    }
}
```

运行结果：

```
原始string (Unicode)：本字符串包含unicode字符Pi(Π)
转换后的string (Ascii)：??????unicode??Pi(?)
```

15.4 正则表达式

正则表达式提供了功能强大、灵活而又高效的方法来处理文本：快速分析大量文本以找到特定的字符模式；提取、编辑、替换或删除文本字符串；将提取的字符串添加到集合以生成报告。正则表达式广泛用于各种字符串处理应用程序，如 HTML 处理、日志文件分析和 HTTP 标头分析等。

Microsoft .NET Framework 正则表达式提供的功能与 Perl 5 正则表达式兼容，还包括一些在其他实现中尚未提供的功能，如从右到左匹配和即时编译。

15.4.1 正则表达式语言

在文本字符串处理时，常常需要查找符合某些复杂规则（也称为模式）的字符串。正则表达式语言就是用于描述这些规则（模式）的语言。使用正则表达式，可以匹配和查找字符串，并对其进行相应的修改处理。

正则表达式是由普通字符（如字符 a～z）以及特殊字符（称为元字符）组成的文字模式，元字符包括.、^、$、*、+、?、{、}、[、]、\、|、(、)。例如：

- "Go"：匹配字符串"God Good"中的"Go"。
- "G.d"：匹配字符串"God Good"中的"God"，.为元字符，匹配除行终止符外的任何字符。
- "d$"：匹配字符串"God Good"中的最后一个"d"，$为元字符，匹配结尾。

正则表达式的模式可以包含普通字符（包括转义字符）、字符类和预定义字符类、边界匹配符、重复限定符、选择分支、分组、引用等。

1. 普通字符和转义字符

最基本的正则表达式由单个或多个普通字符组成，匹配字符串中对应的单个或多个普通字符。普通字符包括 ASCII 字符、Unicode 字符和转义字符。

另外，正则表达式中的元字符^、$、*、+、?、{、}、[、]、\、|、(、)，包含特殊含义，如果要作为普通字符使用，则需要转义，如\$。

2. 字符类和预定义字符类

字符类是由一对方括号[]括起来的字符集合，正则表达式引擎匹配字符集中的任意一个字符。例如，"t[aeio]n"匹配"tan"、"ten"、"tin"、"ton"。字符类的定义方式包括：

- [xyz]：枚举字符集，匹配括号中的任意字符，如[aeiou]。
- [^xyz]：否定枚举字符集，匹配不在此括号中的任意字符，如[^aeiou]。
- [a-z]：指定范围的字符，匹配指定范围的任意匹配，如[0-9]。
- [^a-z]：指定范围以外的字符，匹配指定范围以外的任意匹配，如[^0-9]。

使用正则表达式时，常常用到一些特定的字符类，如数字字母。正则表达式语言包含若干预定义字符类，这些预定义字符集通常使用缩写形式，如\d 等价于[0-9]。常用的预定义字符类如表 15-7 所示。

表 15-7 常用的预定义字符类

预定义字符类	说明
.	除行终止符外的任何字符
\d	数字。等价于[0-9]
\D	非数字。等价于[^0-9]
\s	空白字符。等价于[\t\n\r\f\v]
\S	非空白字符。等价于[^\t\n\r\f\v]
\w	单词字符。等价于[a-zA-Z0-9_]
\W	非单词字符。等价于[^a-zA-Z_0-9]

3. 边界匹配符

字符串匹配往往涉及从某个位置开始匹配，如行的开头或结尾、单词边界等。边界匹配符用于匹配字符串的位置，如表 15-8 所示。

表 15-8 边界匹配符

边界匹配符	说明	举例
^	行开头	"^a"匹配"abc"中的"a"，"^b"不匹配"abc"中的"b" "^\s*"匹配" abc "中的左边空格
$	行结尾	"c$"匹配"abc"中的"c"，"b$"不匹配"abc"中的"b" "^123$"匹配"123"中的"123" "\s*$"匹配"abc "中的右边空格
\b	单词边界	r'\bfoo\b'匹配'foo'、'foo.'、'(foo)'、'bar foo baz'，但不匹配'foobar'或'foo3'
\B	非单词边界	r'py\B'匹配'python'、'py3'、'py2'，但不匹配'happpy'、'sleepy.'、'py!'
\A	字符串开头	
\Z	字符串结尾（除最后行终止符）	

4. 重复限定符

使用重复限定符，可以指定重复的次数。例如，中国的邮政编码由6位数字组成，使用重复限定符“\d{6}”，表示数字字母重复6次。重复限定符如表15-9所示。

表 15-9　重复限定符

重复限定符	说明
X?	X重复0次或1次，等价于X{0,1}。例如，"colou?r"可以匹配"color"或"colour"
X*	X重复0次或多次，等价于X{0,}。例如，"zo*"可以匹配"z"、"zo"、"zoo"等
X+	X重复1次或多次，等价于X{1,}。例如，"zo+"可以匹配"zo"和"zoo"，但不匹配"z"
X{n}	X重复n次。例如，\b[0-9]{3}，匹配000～999
X{n,}	至少重复n次。例如，"o{2,}"不匹配"Bob"中的"o"，但是匹配"foooood"中所有的o。"o{1,}"等价于"o+"。"o{0,}"等价于"o*"
X{n,m}	重复n到m次。例如，"o{1,3}"匹配"fooooood"中前三个o。"o{0,1}"等价于"o?"

5. 匹配算法

贪婪算法返回了一个最左边的最长匹配。如果在重复限定符后面加后缀“?”，则正则表达式引擎使用懒惰性匹配算法。

6. 选择分支

正则表达式中“|”表示选择。用于选择符匹配多个可能的正则表达式中的一个，如“red | green | blue”。

正则表达式中，选择符“|”的优先级最低。如果需要，可以使用括号来限制选择符的作用范围，如“\b(red | green | blue)\b>>”。

例如，中国电话号码一般为“区号-电话号码”，区号为3位或4位数字，电话号码为6位或8位数字，故其正则表达式为“(0\d{2}|0\d{3})-(\d{8}|d{6})”。

7. 分组和向后引用边界匹配符

重复限定符重复前导字符，如果需要重复多个字符，则需要把正则表达式的一部分放在括号内，形成分组。然后对整个组使用一些正则操作，如重复操作符。

例如，IP 地址的一般形式为“ddd.ddd.ddd.ddd”，“ddd.”重复了三次，可以使用分组“(\d{1,3}\.){3}\d{1,3}”。

当用“()”定义了一个正则表达式组后，正则引擎会把被匹配的组按照顺序编号，存入缓存。对被匹配的组可以进行向后引用：\1表示引用第一个匹配的组，\2表示引用第二个组，以此类推。而\0则引用整个被匹配的正则表达式本身。

分组引用一般用于对称的模式，如HTML的开始和结束标签。例如，网页中包含开始标签、结束标签及中间文本“<h1>News</h1>”，可以使用正则表达式：

```
<(\[a-zA-Z][a-zA-Z0-9]*)[^>]*>.*?</ \1>
```

首先，<匹配第一个字符<；然后[a-zA-Z]匹配h，[a-zA-Z0-9]*将会匹配0到多次字母数字，后面紧接着0到多个非>的字符。最后正则表达式的>将会匹配<h1>的>。接下来正则引擎将对结束标签之前的字符进行惰性匹配，直到遇到</符号。然后正则表达式中的\1表示对前面匹配的组([a-zA-Z][a-zA-Z0-9]*)进行引用，引擎缓存的内容为h1，所以需要被匹配的结尾标签为</h1>。

常用的正则表达式如表15-10所示。

表 15-10　常用的正则表达式

用途	正则表达式
Internet 电子邮件地址	\w+([-+.']\w+)*@\w+([-.]\w+)*\.\w+([-.]\w+)*
中华人民共和国电话号码	(\(\d{3}\)|\d{3}-)?\d{8}
中华人民共和国邮政编码	\d{6}
Internet URL	http(s)?://([\w-]+\.)+[\w-]+(/[\w-./?%&=]*)?
中华人民共和国居民身份证号码（ID 号）	\d{17}[\d|X]|\d{15}

15.4.2　正则表达式类

System.Text.RegularExpressions 命名空间提供对字符进行编码和解码的最常用的类，包括 Regex 类、Match 类、MatchCollection 类、GroupCollection/Group 类和 CaptureCollection/Capture 类。

Regex 类表示不可变（只读）的正则表达式。使用 Regex 类的 Match 方法返回 Match 类型的对象，以便找到输入字符串中的第一个匹配项。通过 Regex 类的 Matches 方法，在输入字符串中找到的所有匹配项填充 MatchCollection。通过 Match.Groups 属性可以返回 GroupCollection 对象实例；GroupCollection 对象包含 Group 的集合，通过索引可以获得 Group 的实例。通过 Match 和 Group 的 Captures 属性可以返回 CaptureCollection 的对象实例；CaptureCollection 对象包含 Capture 的集合，通过索引可以获得 Capture 的实例。

15.4.3　正则表达式示例

【例 15.7】 正则表达式的使用示例 1（RegularExpression1.cs）：通过 Regex 类的 Matches 方法，在输入字符串中找到的所有匹配项填充 MatchCollection；通过循环检索所有匹配项和匹配字符的位置。

```
using System;using System.Text.RegularExpressions;
namespace CSharpBook.Chapter15
{
    class RegularExpressionDemo1
    {
        static void Main(string[] args)
        {
            MatchCollection mc;
            String[] results = new String[20]; int[] matchposition = new int[20];
            Regex r = new Regex("abc");         //创建Regex对象，并定义正则表达式
            mc = r.Matches("123abc4abcd");      //使用Matches方法查找所有匹配项
            Console.WriteLine("源字符串   = " + "123abc4abcd");
            Console.WriteLine("匹配字符串 = " + "abc");
            for (int i = 0; i < mc.Count; i++)//通过循环检索所有匹配项和位置
            {
                results[i] = mc[i].Value;       //将匹配的string添加到string数组中
                matchposition[i] = mc[i].Index;//记录匹配的字符位置
                Console.WriteLine("索引位置 = {0}; 结果 = {1}", mc[i].Index, mc[i].Value);
```

```
            }
            Console.ReadKey();
        }
    }
}
```

运行结果：

```
源字符串   = 123abc4abcd
匹配字符串 = abc
索引位置 = 3；结果 = abc
索引位置 = 7；结果 = abc
```

【例 15.8】 正则表达式的使用示例 2（RegularExpression2.cs）：从输入字符串中清除除“.”“?”、空格和“,”（逗点）以外的所有非字母数字字符，并返回一个新的字符串。

```
using System;using System.Text.RegularExpressions;
namespace CSharpBook.Chapter15
{
class RegularExpressionDemo2
{
    static void Main(string[] args)
    {
        String strIn = @"~@ How are you doing? Fine, thanks.!";
        //清除除.（点）、?（问号）、空格和,（逗点）以外的所有非字母数字字符
        String results = Regex.Replace(strIn, @"[^\w\. ?,]", "");
        Console.WriteLine(strIn); Console.WriteLine(results);
    }
}
}
```

运行结果：

```
~@ How are you doing? Fine, thanks.!
 How are you doing? Fine, thanks.
```

【例 15.9】 正则表达式的使用示例 3（RegularExpressionEmail.cs）：验证一个字符串是否为有效的电子邮件格式。

```
using System;using System.Text.RegularExpressions;
namespace CSharpBook.Chapter15
{
class RegularExpressionEmail
{
    static void Main(string[] args)
    {  //有效的电子邮件正则表达式格式
```

```
        String pattern = @"^([\w-\.]+)@((\[[0-9]{1,3}\.[0-9]{1,3}\.[0-9] {1,3}\.)|
       (([\w-]+\.)+))([a-zA-Z]{2,4}|[0-9]{1,3})(\]?)$";
        String strIn1 = "hjiang@yahoo.com";          //有效的电子邮箱
        bool b1 = Regex.IsMatch(strIn1, pattern);
        String strIn2 = "hjiang.yahoo.com";          //无效的电子邮箱
        bool b2 = Regex.IsMatch(strIn2, pattern);
        Console.WriteLine("hjiang@yahoo.com是有效的电子邮件格式吗？"+b1);
        Console.WriteLine("hjiang.yahoo.com是有效的电子邮件格式吗？" +b2);
    }
  }
}
```

运行结果：

```
hjiang@yahoo.com是有效的电子邮件格式吗？True
hjiang.yahoo.com是有效的电子邮件格式吗？False
```

第16章 文件和流输入输出

文件可以用来持久地保存应用程序的数据，而变量和数组中存储的数据当应用程序终止后会丢失。.NET Framework 的 System.IO 命名空间包含了用于文件和流操作的各种类型。

本章要点：

- 文件和流的基本概念；
- 磁盘的基本操作；
- 目录的基本操作；
- 文件的基本操作；
- 文本文件的读取和写入；
- 二进制文件的读取和写入；
- 随机文件访问。

视频讲解

16.1 文件和流操作概述

文件可以看作是数据的集合，一般保存在磁盘或其他存储介质上。文件 I/O（数据的输入输出）通过流（stream）来实现；流提供一种向后备存储写入字节和从后备存储读取字节的方式。后备存储包括各种存储媒介，如磁盘、磁带、内存、网络等，对应于文件流、磁带流、内存流和网络流等。流有5种基本的操作：打开、读取、写入、改变当前位置和关闭。

.NET Framework 的 System.IO 命名空间包含了用于文件和流操作的各种类型，其继承关系如图 16-1 所示。

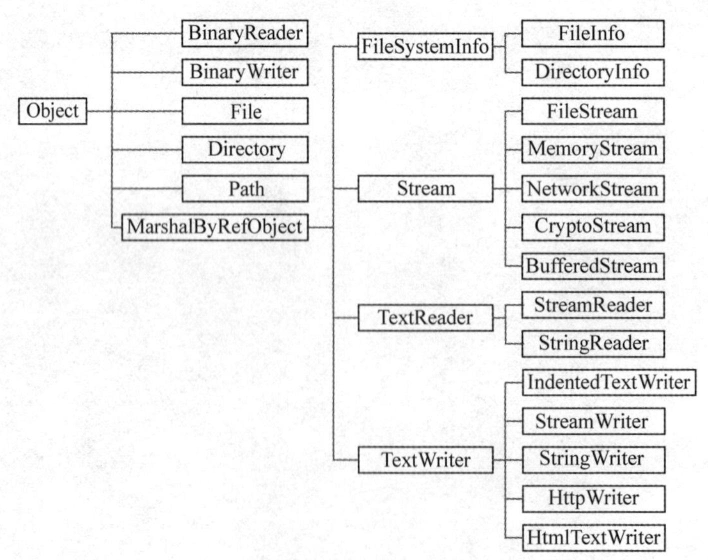

图 16-1 .NET Framework 的 System.IO 命名空间

16.2 磁盘、目录和文件的基本操作

16.2.1 磁盘的基本操作

使用 DriveInfo 类可以确定可用的驱动器及其类型、驱动器的容量和可用空闲空间等信息。DriveInfo 类包括的主要成员如表 16-1 所示。

表 16-1 DriveInfo 类的主要成员

方法/属性		说明
方法	GetDrives()	获取计算机上的所有逻辑驱动器
属性	AvailableFreeSpace	获取驱动器上的可用空闲空间量
	DriveFormat	获取文件系统的名称，如 NTFS 或 FAT32
	DriveType	获取驱动器类型
	IsReady	获取驱动器是否已准备好的状态值
	Name	获取驱动器的名称
	RootDirectory	获取驱动器的根目录
	TotalFreeSpace	获取驱动器上的可用空闲空间总量
	TotalSize	获取驱动器上存储空间的总大小
	VolumeLabel	获取或设置驱动器的卷标

【例 16.1】 磁盘的基本操作示例（DriverInfo.cs）。使用 DriveInfo 类显示当前系统中所有驱动器的有关信息，包括驱动器名称、类型、卷标、文件系统、可用空闲空间量、存储空间的总量等。运行结果如图 16-2 所示。

图 16-2 磁盘基本操作的运行结果

```
using System; using System.IO;
namespace CSharpBook.Chapter16
{
  class DriverInfoTest
  {
    static void Main()
    {
      DriveInfo[] allDrives = DriveInfo.GetDrives();
      foreach (DriveInfo d in allDrives)
      {
        Console.WriteLine("驱动器 {0}", d.Name);
        Console.WriteLine("类型:{0}", d.DriveType);
```

```
                if (d.IsReady == true)
                {
                 Console.WriteLine("卷标: {0}", d.VolumeLabel);
                 Console.WriteLine("文件系统: {0}", d.DriveFormat);
                 Console.WriteLine("当前用户可用空间: {0, 15}字节", d.AvailableFreeSpace);
                 Console.WriteLine("可用空间: {0, 15}字节", d.TotalFreeSpace);
                 Console.WriteLine("磁盘总大小: {0, 15}字节", d.TotalSize);
                }
            }
          }
        }
    }
```

16.2.2 目录的基本操作

Directory 类和 DirectoryInfo 类提供用于目录基本操作的方法，包括创建、复制、移动、重命名和删除目录；获取和设置目录的创建、访问及写入的时间戳信息等。

Directory 类和 DirectoryInfo 类提供的方法类似。区别在于，Directory 所有方法都是静态的，调用时需要输入目录路径参数。DirectoryInfo 类提供实例方法，需要针对要操作的目录路径创建 DirectoryInfo 类的实例，然后调用相应的实例方法，适用于对目录路径执行多次操作。Directory 类的静态方法可以直接调用，而不需要构建对象实例，适用于对目录路径执行一次操作；然而 Directory 类的静态方法对所有方法都执行安全检查，如果需要多次重用某个对象，建议使用 DirectoryInfo 的相应实例方法。

注意：作为参数的目录路径必须是格式良好的，否则将会引发异常。例如，下列路径为有效目录路径：

```
c:\\MyDir
MyDir\\MySubdir
\\\\MyServer\\MyShare
```

建议使用@"c:\MyDir"形式的字符串代替 c:\\MyDir。

1. 判断目录是否存在

可以使用 Directory 类的静态方法 Exists(path)或 DirectoryInfo 类的属性 Exists 判断目录是否存在。例如：

```
bool b1=Directory.Exists(@"c:\src");//若目录c:\src存在，返回true；否则，返回false
DirectoryInfo di = new DirectoryInfo(@"c:\dst"); //创建DirectoryInfo对象实例
bool b2 = di.Exists;             //若目录c:\dst存在，返回true；否则，返回false
```

2. 创建目录

可以使用 Directory 类的静态方法 CreateDirectory(path)或 DirectoryInfo 类的实例方法 Create 创建目录。例如：

```
DirectoryInfo di2 = Directory.CreateDirectory(@"c:\src");  //创建目录c:\src
```

```
DirectoryInfo di = new DirectoryInfo(@"c:\dst\1\2");//创建DirectoryInfo对象实例
di.Create();                            //创建目录c:\dst，如果目录已经存在，则不执行任何操作
```

3. 删除目录

可以使用 Directory 类的静态方法 Delete(path)或 DirectoryInfo 类的实例方法 Delete()删除空目录，使用 Directory 类的静态方法 Delete(path, recursive)或 DirectoryInfo 类的实例方法 Delete(recursive)删除目录。若要删除此目录、其子目录以及所有文件，则 recursive 为 true；否则为 false。例如：

```
string path2 = @"c:\dst";
if (Directory.Exists(path2)) Directory.Delete(path2, true);//若目录存在，则删除目录
DirectoryInfo di=new DirectoryInfo(@"c:\dst");   //创建DirectoryInfo对象实例
if (di.Exists) di.Delete();                       //若目录存在，则删除目录
```

4. 移动目录

可以使用 Directory 类的静态方法 Move(sourceDirName, destDirName)或 DirectoryInfo 类的实例方法 MoveTo(destDirName)移动目录到新位置。例如：

```
if(Directory.Exists(@"c:\src"))Directory.Move(@"c:\src",@"c:\src1");//若目录存在，则移动目录
DirectoryInfo di1 = new DirectoryInfo(@"c:\dst");    //创建DirectoryInfo对象实例
if (di1.Exists) di1.MoveTo(@"c:\dst1");              //若目录存在，则移动目录
```

5. 获取目录中子目录/文件

可以使用 Directory 类的静态方法 GetDirectories/GetFiles 或 DirectoryInfo 类的实例方法 GetDirectories/GetFiles 获取目录中的文件。例如：

```
string path1 = @"c:\";
string[] sdirs1 = Directory.GetDirectories(path1);                //获取子目录
foreach (string sdir in sdirs1) Console.WriteLine("{0}", sdir);  //输出子目录
string[] fs1 = Directory.GetFiles(path1);                         //获取目录下的文件
foreach (string f in fs1) Console.WriteLine("{0}", f);           //输出文件
string[] fs1sys = Directory.GetFiles(path1, "*.sys");      //获取目录下后缀为sys的文件
foreach (string f in fs1sys) Console.WriteLine("{0}", f);       //输出文件
DirectoryInfo di = new DirectoryInfo(path1);               //创建DirectoryInfo对象实例
string[] sdirs2 = Directory.GetDirectories(path1);                //获取子目录
foreach (string sdir in sdirs2) Console.WriteLine("{0}", sdir);   //输出子目录
string[] fs2 = Directory.GetFiles(path1);                         //获取目录下的文件
foreach (string f in fs2) Console.WriteLine("{0}", f);           //输出文件
string[] fs2sys = Directory.GetFiles(path1, "*.sys");      //获取目录下后缀为sys的文件
foreach (string f in fs2sys) Console.WriteLine("{0}", f);       //输出文件
```

16.2.3 文件的基本操作

File 类和 FileInfo 类提供用于文件基本操作的方法，包括创建、复制、移动、重命名

和删除文件；打开文件，读取文件内容和追加内容到文件；获取和设置文件的创建、访问及写入的时间戳信息等。

File 类和 FileInfo 类提供的方法类似。区别在于，File 所有方法都是静态的，调用时需要输入文件路径参数。FileInfo 类提供实例方法，需要针对要操作的文件路径创建 FileInfo 类的实例，然后调用相应的实例方法，适用于对文件路径执行多次操作。

File 类的静态方法可以直接调用，而不需要构建对象实例，故适用于对文件执行一次操作；然而 File 类的静态方法对所有方法都执行安全检查，如果需要多次重用某个对象，建议使用 FileInfo 的相应实例方法。

许多 File 方法（如 OpenText()、CreateText()或 Create()）返回其他 I/O 类型，使用这些特定类型可以更方便地进行文件读取和写入等操作。参见 16.3 节和 16.4 节。

1. 判断文件是否存在

可以使用 File 类的静态方法 Exists(path)或 FileInfo 类的属性 Exists 判断文件是否存在。例如：

```
bool b1 = File.Exists(@"c:\src\test.txt");//如果存在，返回true；否则，返回false
FileInfo fi = new FileInfo(@"c:\src\test.txt");  //创建FileInfo对象实例
bool b2 = fi.Exists;                            //如果存在，返回true；否则，返回false
```

2. 创建文件/打开文件

可以使用 File 类的静态方法 Create/Open/CreateText 或 FileInfo 类的实例方法 Create/Open/CreateText 创建或打开文件。创建文件后返回流对象 FileStream/StreamWriter。例如：

```
FileStream fs = File.Open("Ascii.dat", FileMode.Create);
```

注意：创建或打开文件时，可以指定其文件模式：FileMode.CreateNew（创建新文件）、FileMode.Create（创建文件，如果存在，则覆盖）、FileMode.Open（打开文件）、FileMode.OpenOrCreate（打开文件，如果不存在，则创建新文件）、FileMode.Truncate（打开现有文件，并清空内容）、FileMode.Append（打开文件并附加内容）。

3. 删除文件

可以使用 File 类的静态方法 Delete(path)或 FileInfo 类的实例方法 Delete()删除文件。如果文件不存在，也不会引发异常。例如：

```
string path = @"c:\temp\MyTest.txt";
File.Delete(path);                              //删除文件
FileInfo fi1 = new FileInfo(path);              //创建FileInfo对象实例
fi1.Delete();                                   //删除文件
```

4. 复制文件

可以使用 File 类的静态方法 Copy(sourceDirName, destDirName)或 FileInfo 类的实例方法 CopyTo(destDirName)复制文件到新位置。例如：

```
if (File.Exists(@"c:\src\temp.txt"))            //判断文件是否存在
```

```
    File.Copy(@"c:\src\temp.txt", @"c:\src\temp1.txt");    //复制文件
FileInfo fi1 = new FileInfo(@"c:\src\temp.txt");            //创建FileInfo对象实例
if (fi1.Exists) fi1.CopyTo(@"c:\src\temp2.txt");            //若文件存在，则复制文件
```

5. 移动文件

可以使用 File 类的静态方法 Move(sourceDirName, destDirName)或 FileInfo 类的实例方法 MoveTo(destDirName)移动文件到新位置。例如：

```
if (File.Exists(@"c:\src\temp.txt"))                        //判断文件是否存在
    File.Move(@"c:\src\temp.txt", @"c:\dst\temp1.txt");    //移动文件
FileInfo fi1 = new FileInfo(@"c:\src\temp.txt");            //创建FileInfo对象实例
if (fi1.Exists) fi1.MoveTo(@"c:\dst\temp2.txt");            //如果文件存在，则移动文件
```

【例 16.2】 目录和文件的基本操作示例（DirFile.cs）。将源目录所有内容复制到目标目录，包括子目录的复制、文件的复制。

```
using System; using System.IO;
namespace CSharpBook.Chapter16
{
  class CopyDir
  { //将源目录复制到目标目录
    static public void CopyDirectory(string srcDir, string dstDir)
    {
      DirectoryInfo src= new DirectoryInfo(srcDir);
      DirectoryInfo dst = new DirectoryInfo(dstDir);
      if (!src.Exists) return;                   //如果源目录不存在，返回主程序
      if (!dst.Exists) dst.Create();             //如果目标目录不存在，则创建它
      FileInfo[] sfs = src.GetFiles();           //获取目录中的文件
      for (int i = 0; i < sfs.Length; ++i)       //文件复制
         File.Copy(sfs[i].FullName, dst.FullName + "\\" + sfs[i].Name, true);
      DirectoryInfo[] srcDirs = src.GetDirectories();//获取目录信息
      for (int j = 0; j < srcDirs.Length; ++j) //目录复制
         CopyDirectory(srcDirs[j].FullName, dst.FullName + "\\" + srcDirs[j].Name);
    }
    static void Main(string[] args)
    {
      try
      {
        string src = args[0];                    //命令行参数1（源目录）
        string dst = args[1];                    //命令行参数2（目标目录）
        CopyDirectory(src, dst);                 //将源目录复制到目标目录
        Console.WriteLine("\n源目录{0}所有内容已经成功复制到目标目录{1}中！",src, dst);
      }
      catch (Exception e) { Console.WriteLine("\n操作失败：{0}", e.ToString()); }
```

```
            finally { }
        }
    }
}
```

运行（DirFile c:\SrcDir c:\DstDir）结果：

```
源目录c:\SrcDir所有内容已经成功复制到目标目录c:\DstDir中!
```

16.3 文本文件的写入和读取

.NET Framework 提供 StreamReader 类和 StreamWriter 类以写入和读取文本文件。

16.3.1 文本文件的写入（StreamWriter 类）

StreamWriter 类实现一个 TextWriter，使其以一种特定的编码向流中写入字符。StreamWriter 主要用于写入标准文本文件信息，其默认编码为 UTF8Encoding。

1. 创建 StreamWriter 对象（打开文本文件）

可以通过路径/流来创建 StreamWriter 类对象，创建时，可以指定覆盖模式（文件存在时）、编码、缓存大小。例如：

```
StreamWriter sw1= new StreamWriter ("myFile1.txt"); //打开文件myFile1.txt
StreamWriter sw2= new StreamWriter("myFile2.txt",true,System.Text.ASCIIEncoding);
//打开文件myFile2.txt，指定覆盖模式为附加，编码为ASCII
```

2. 写入字符数据到文本文件

打开文件后（即创建 StreamWriter 对象实例后），可以使用其实例方法 Write/WriteLine，写入各种数据到文本文件。注意，Write/WriteLine 是重载方法。例如：

```
sw.WriteLine("123");        //写入字符串
sw.WriteLine (1.23);        //写入浮点数
```

3. 关闭流（关闭文件）

写入文件完成后，应该使用 Close 方法关闭流；否则，可能导致缓冲的数据没有最终更新到文件中。文件操作一般采用 using 语句，以保证系统自动关闭打开的流。例如：

```
using (StreamWriter sw = new StreamWriter("myFile.txt"))
{
    ⋮                            //操作打开的文件
} //系统将自动关闭打开的文件
```

【例 16.3】 文本文件的写入（StreamWriter 类）示例（StreamWriter.cs）。

```
using System; using System.IO;
namespace CSharpBook.Chapter16
{
  class StreamWriterTest
```

```
    {
        private const string FILE_NAME = @"c:\temp\TestFile.txt";
        public static void Main(String[] args)
        { //创建StreamWriter实例以在文件中添加文本
            using (StreamWriter sw = new StreamWriter(FILE_NAME))
            { //在文件中添加文本
                sw.Write("文本文件"); sw.WriteLine("的写入/读取示例: ");
                sw.WriteLine("----------------------------------");
                sw.WriteLine("写入整数 {0} 或浮点数 {1}", 1, 4.2);
                bool b = false; char grade = 'A'; string s = "Multiple Data Type!";
                sw.WriteLine("写入Boolean值、字符、字符串、日期: ");
                sw.WriteLine(b); sw.WriteLine(grade); sw.WriteLine(s);
                sw.Write("当前日期为: "); sw.WriteLine(DateTime.Now);
            }
        }
    }
}
```

16.3.2 文本文件的读取（StreamReader 类）

StreamReader 类实现一个 TextReader，使其以一种特定的编码从字节流中读取字符。StreamReader 主要用于读取标准文本文件的各行信息，其默认编码为 UTF-8。UTF-8 可以正确处理 Unicode 字符并在操作系统上提供一致的结果。

1. 创建 StreamReader 对象（打开文本文件）

可以通过路径/流来创建 StreamReader 类对象，创建时，可以指定编码、缓存大小。例如：

```
StreamReader sr1= new StreamReader ("myFile1.txt"); //打开文件myFile1.txt
StreamReader sr2= new StreamReader("myFile2.txt", System.Text.ASCIIEncoding);
//打开文件myFile2.txt，编码为ASCII
```

2. 从打开的文本文件中读取字符数据

打开文件后（即创建 StreamReader 对象实例后），可以使用其实例方法 Read 从文件中读取输入流中的下一个字符或下一组字符，或使用 ReadLine 从当前流中读取一行字符并将数据作为字符串返回。例如：

```
sr.ReadLine();   //读取一行字符
```

3. 关闭流（关闭文件）

可以使用 Close 方法关闭打开的文件输入流，并释放与此流有关的所有系统资源。文件操作一般采用 using 语句，以保证系统自动关闭打开的流。

【例 16.4】 文本文件的读取（StreamReader 类）示例（StreamReader.cs）。读取例 16.3 中创建的文本文件 TestFile.txt，并显示读取的内容。

```
using System; using System.IO;
```

```
namespace CSharpBook.Chapter16
{
    class StreamWriterTest
    {
        private const string FILE_NAME = @"c:\temp\TestFile.txt";
        public static void Main(String[] args)
        {
            try
            { //创建StreamReader实例以从文本文件中读取内容
              using (StreamReader sr = new StreamReader(FILE_NAME))
              {
                String line;
                //读取文本文件每一行的内容，直至文件结束
                 while ((line = sr.ReadLine()) != null) { Console.WriteLine(line); }
              }
            }
            catch (Exception e) { Console.WriteLine(e.Message); }//异常处理
        }
    }
}
```

16.4　二进制文件的写入和读取

.NET Framework 提供 BinaryReader 类和 BinaryWriter 类以对二进制文件写入和读取。

16.4.1　二进制文件的写入（BinaryWriter 类）

BinaryWriter 类以二进制形式将基本类型写入流，并支持用特定的编码写入字符串。

1. 创建 BinaryWriter 对象（打开二进制文件）

可以通过流来创建 BinaryWriter 类对象。例如：

```
FileStream fs = File.Open(@"Test.dat", FileMode.Open);//创建文件流
BinaryWriter bw= new BinaryWriter(fs); //通过文件流创建BinaryWriter类对象
```

2. 写入二进制数据到文本文件

打开文件后（即创建 BinaryWriter 对象实例后），可以使用其实例方法 Write，写入各种数据到二进制文件。注意，Write 是重载方法。例如：

```
bw.Write("字符串");              //写入字符串
bw.Write(1.23);                 //写入浮点数
```

3. 关闭流（关闭文件）

写入文件完成后，应该使用 Close 方法关闭流；否则，可能导致缓冲的数据没有最终更新到文件中。文件操作一般采用 using 语句，以保证系统自动关闭打开的流。

【例 16.5】 二进制文件的写入（BinaryWriter 类）示例（BinaryWriter.cs）。

```
using System; using System.IO;
namespace CSharpBook.Chapter16
{
   class BinaryWriterTest
{
      private const string PATH1 = @"Test.dat";
      public static void Main(String[] args)
      {
         using (BinaryWriter bw = new BinaryWriter(File.Open(PATH1, FileMode.Create)))
         {  //分别写入整数、浮点数、字符串和布尔型数据
            bw.Write(10); bw.Write(1.23); bw.Write("ABC"); bw.Write(true);
         }
         Console.ReadKey();
      }
   }
}
```

16.4.2 二进制文件的读取（BinaryReader 类）

BinaryReader 类从二进制文件中读取各种基本类型数据。

1. 创建 BinaryReader 对象（打开二进制文件）

可以通过流来创建 BinaryReader 类对象。例如：

```
FileStream fs = File.Open(@"Test.dat", FileMode.Open); //创建文件流
BinaryReader br= new BinaryReader(fs);  //通过文件流创建BinaryReader类对象
```

2. 读取二进制数据到文本文件

打开文件后（即创建 BinaryReader 对象实例后），可以使用其实例方法 ReadBoolean、ReadByte、ReadChar、ReadDecimal、ReadDouble、ReadInt16、ReadUInt16、ReadInt32、ReadUInt32、ReadInt64、ReadUInt64、ReadSingle 以及 ReadString 等读取各种基本类型数据，也可以通过 Read 方法读取一个或多个二进制字节。例如：

```
string s1 = br.ReadString ();             //读取字符串
double d1 = br.ReadDouble();              //读取浮点数
```

3. 关闭流（关闭文件）

可以使用 Close 方法关闭打开的文件输入流，并释放与此流有关的所有系统资源。文件操作一般采用 using 语句，以保证系统自动关闭打开的流。

【例 16.6】 二进制文件的读取（BinaryReader 类）示例（BinaryReader.cs）。

```
using System; using System.IO;
namespace CSharpBook.Chapter16
{
   class BinaryReaderTest
```

```
    {
        private const string PATH1 = @"Test.dat";
        public static void Main(String[] args)
        {
            if (File.Exists(PATH1))
            {
                using (BinaryReader br = new BinaryReader(File.Open(PATH1, FileMode.Open)))
                { //读取并显示二进制文件中的数据内容
                    int i1 = br.ReadInt32(); double d1 = br.ReadDouble();
                    string s1 = br.ReadString(); bool b1 = br.ReadBoolean();
                    Console.WriteLine(i1); Console.WriteLine(d1);
                    Console.WriteLine(s1); Console.WriteLine(b1);
                }
            }
        }
    }
}
```

16.5　随机文件访问

FileStream 类支持通过其 Seek 方法随机访问文件。FileStream 类提供对文件进行打开、读取、写入以及关闭等操作，既支持同步读写操作，也支持异步读写操作。

FileStream 支持使用 Seek 方法对文件进行随机访问，Seek 通过字节偏移量将读取/写入位置移动到文件中的任意位置，字节偏移量是相对于查找参考点（文件的开始、当前位置或结尾，分别对应于 SeekOrigin.Begin、SeekOrigin.Current 和 SeekOrigin.End）。

FileStream 对输入输出进行缓冲，从而提高性能。

1. 创建 FileStream 对象（打开随机文件）

可以通过路径来创建 FileStream 类对象，也可以通过 File 类的 Open 或 Create 方法打开/创建文件并返回 FileStream 类对象。例如：

```
FileStream fs = new FileStream(@"Ascii.dat", FileMode.Create);
FileStream fs = File.Create(@"Ascii.dat");
```

2. 定位

打开文件后（即创建 FileStream 对象实例后），可以使用其实例方法 Seek 将该流的当前位置设置为给定值。例如：

```
fs.Seek(0,SeekOrigin.Begin);    //定位到开始位置
```

3. 写入/读取数据

打开文件后（即创建 FileStream 对象实例后），可以使用其实例方法 Write/Read，写入或读取字节数据。例如：

```
byte[] info = new UTF8Encoding(true).GetBytes("A");
fs.Write(info, 0, info.Length);                  //写入字节数据
byte[] b = new byte[1024];
fs.Read(b, 0, b.Length);                         //读取字节数据
```

4. 关闭流（关闭文件）

写入文件完成后，应该使用 Close 方法关闭流；否则，可能导致缓冲的数据没有最终更新到文件中。文件操作一般采用 using 语句，以保证系统自动关闭打开的流。

【例 16.7】 使用 FileStream 类对二进制文件进行随机访问示例（FileStream.cs）。运行结果如图 16-3 所示。

图 16-3　例 16.7 运行结果

```
using System; using System.IO; using System.Text;
namespace CSharpBook.Chapter16
{
   class FileStreamTest
   {
      private const string PATH1 = @"Ascii.dat";
      public static void Main(String[] args)
      { //创建文件
        using (FileStream fs = File.Create(PATH1))
        {
           AddText(fs, "ASCII码字符子集: \r\n");
           for (int i = 32; i < 127; i++)
           {
              AddText(fs, Convert.ToChar(i).ToString());
              if (i % 10 == 0) AddText(fs, "\r\n");    //每行10字符
           }
           //读取并显示其内容
           fs.Seek(0,SeekOrigin.Begin);                 //定位到开始位置
           byte[] b = new byte[1024]; UTF8Encoding temp = new UTF8Encoding (true);
           while (fs.Read(b, 0, b.Length) > 0) { Console.WriteLine(temp. GetString(b)); }
        }
      }
      private static void AddText(FileStream fs, string value)
      {
        byte[] info = new UTF8Encoding(true).GetBytes(value); fs.Write(info, 0, info.Length);
```

```
            }
        }
    }
```


16.6 通用 I/O 流类

通用 I/O 流类包括 BufferedStream、CryptoStream、MemoryStream 和 NetworkStream。

（1）BufferedStream：是向另一个 Stream（如 NetworkStream）添加缓冲的 Stream。BufferedStream 可以围绕某些类型的流来构成，以提高读写性能。缓冲区是内存中的字节块，用于缓存数据，从而减少对操作系统的调用次数。

（2）CryptoStream：将数据流链接到加密转换。虽然 CryptoStream 是从 Stream 派生的，但它不属于 System.IO 命名空间，而是在 System.Security.Cryptography 命名空间中。

（3）MemoryStream：是一个非缓冲的流，可以在内存中直接访问其封装数据。该流没有后备存储，可用作临时缓冲区。

（4）NetworkStream：表示网络连接上的 Stream。虽然 NetworkStream 是从 Stream 派生的，但它不属于 System.IO 命名空间，而是在 System.Net.Sockets 命名空间中。

通用 I/O 流类详尽内容参见 MSDN 文档说明书。

第 17 章　集合和数据结构

.NET Framework 的 System.Collections 命名空间包含若干用于实现集合（如列表/链表、位数组、哈希表、队列和堆栈）的接口和类，并提供有效地处理这些紧密相关数据的各种算法。

本章要点：

视频讲解

- 集合和数据结构的基本概念；
- ArrayList 的基本操作；
- List<T>的基本操作；
- LinkedList<T>的基本操作；
- Hashtable 集合类型的基本操作；
- Dictionary<TKey, TValue>集合类型的基本操作；
- SortedList 集合类型的基本操作；
- SortedList<TKey, TValue>集合类型的基本操作；
- SortedDictionary<TKey, TValue>集合类型的基本操作；
- Queue 集合类型的基本操作；
- Stack 集合类型的基本操作；
- HashSet<T>集合类型的基本操作；
- 位集合类型的基本操作；
- 专用集合类型的基本操作。

17.1　C#集合和数据结构概述

.NET Framework 包含若干用于实现集合的接口和类，将紧密相关的数据组合到一个集合中，并提供有效地处理这些紧密相关的数据的各种算法。

System.Collections 命名空间包含接口和类，这些接口和类定义各种对象（如列表/链表、位数组、哈希表、队列和堆栈）的集合。其继承关系如图 17-1 所示。

System.Collections.Generic 命名空间包含定义泛型集合的接口和类，泛型集合允许用户创建强类型集合，它能提供比非泛型强类型集合更好的类型安全性和性能。其继承关系如图 17-2 所示。

System.Collections.Specialized 命名空间包含专用的集合，如链接的列表词典、位向量以及只包含字符串的集合。其继承关系如图 17-3 所示。

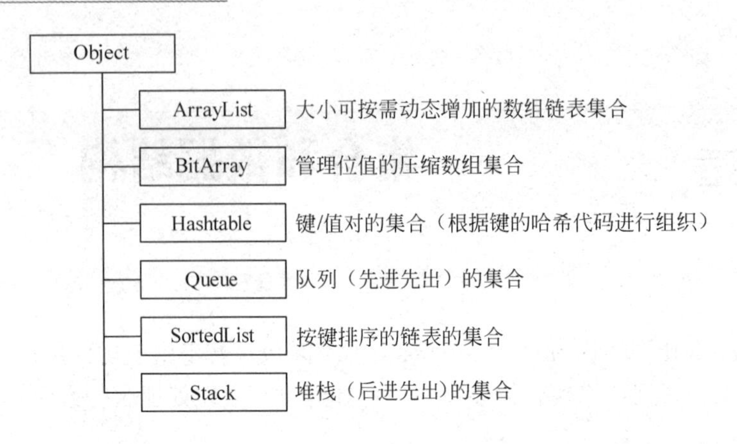

图 17-1　System.Collections 命名空间的继承关系

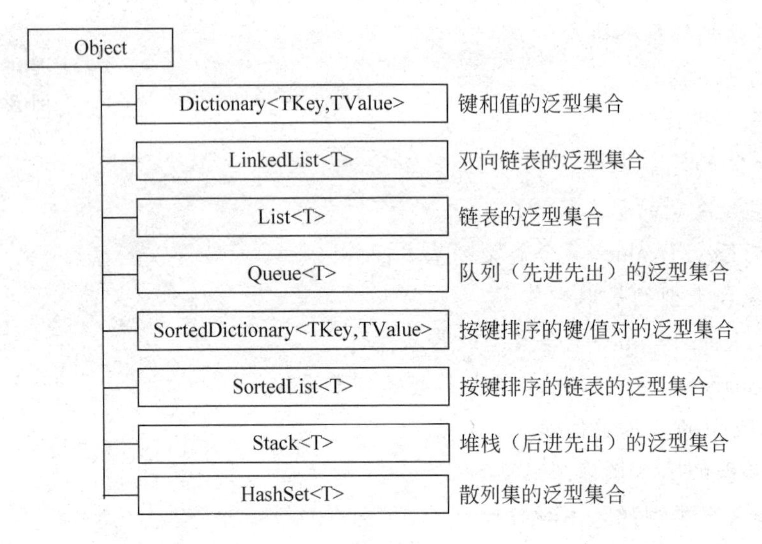

图 17-2　System.Collections.Generic 命名空间的继承关系

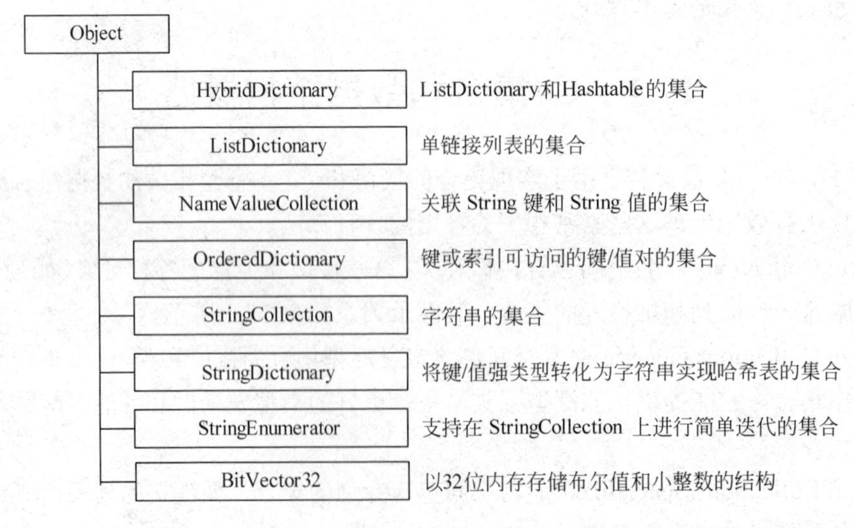

图 17-3　System.Collections.Specialized 命名空间的继承关系

集合类型是数据集合的常见变体，如哈希表、队列、堆栈、字典和列表。

所有的集合都基于 ICollection 接口、IList 接口、IDictionary 接口，或其相应的泛型接口。IList 接口和 IDictionary 接口都是从 ICollection 接口派生的；因此，所有集合都直接或间接基于 ICollection 接口。

基于 IList 接口的集合（如 Array、ArrayList 或 List<T>）中，每个元素只包含一个值；直接基于 ICollection 接口的集合（如 Queue、Stack 或 LinkedList<T>）中，每个元素也只包含一个值；在基于 IDictionary 接口的集合（如 Hashtable、SortedList、Dictionary<TKey, TValue>和 SortedList<TKey, TValue>）中，每个元素都包含键/值对。

17.2　列表类集合类型

列表类集合类型基于 IList 接口，集合中的每个元素都只包含一个值。列表类集合类型包括 Array、ArrayList 集合类型和 List<T>集合类型。

17.2.1　数组列表 ArrayList

ArrayList 或 List<T>用于构建复杂的数组或列表集合。相对于 Array 的容量固定性，ArrayList 或 List<T>的容量可以根据需要自动扩充。ArrayList 或 List<T>还提供添加、插入或移除某一范围元素的方法。

注意：

（1）Array 可以具有多个维度，而 ArrayList 或 List<T>始终只是一维的。

（2）需要数组的大多数情况都可以使用 ArrayList 或 List<T>；它们更容易使用，并且一般与相同类型的 Array 具有相近的性能。

（3）Array 位于 System 命名空间中；ArrayList 位于 System.Collections 命名空间中；List<T>位于 System.Collections.Generic 命名空间中。

ArrayList 类的主要成员包括：用于添加元素对象的方法 Add、AddRange、Insert 和 InsertRange；用于删除元素对象的方法 Remove、RemoveAt、RemoveRange 和 Clear；用于元素对象查找的方法 IndexOf、LastIndexOf、Contains 和 BinarySearch；用于数据排序的方法 Sort 和 Reverse；用于复制和转换的方法 Clone、CopyTo 和 ToArray；Capacity 属性用于获取或设置可包含的元素数；Count 属性用于获取实际包含的元素数。例如：

```
ArrayList al = new ArrayList();      //创建实例对象
al.Add(1); al.Add(2); al.Add(3);     //使用Add方法添加元素
al.Insert(1, "A");                   //使用Insert方法在索引1位置插入元素
al.Remove(3);                        //使用Remove方法删除元素3
al.RemoveAt(2);                      //使用RemoveAt方法删除索引2位置的元素
for (int i = 0; i < al.Count; i++) Console.Write("{0} ", al[i]);  //输出元素
foreach (var item in al) Console.Write("{0} ", item);          //利用foreach枚举
```

【例 17.1】 ArrayList 示例（ArrayListDemo.cs）。抽样统计（键盘输入不确定个数的整

数，存储到 ArrayList，然后进行统计处理）。

```
using System;using System.Collections;
namespace CSharpBook.Chapter17
{
    public class ArrayListDemo
    {
        public static void Main()
        {  //声明并创建ArrayList
            ArrayList list = new ArrayList();
            string str;
            try
            {
                Console.WriteLine("请输入成绩，空行结束");
                while ((str = Console.ReadLine()).Length > 0)
                    list.Add(Int32.Parse(str));
                int sum = 0, max = 0, min = 100;
                foreach (int score in list)     //循环并统计结果
                {
                    sum += score;
                    if (max < score) max = score;
                    if (min > score) min = score;
                    Console.Write("{0} ", score);
                }
                Console.WriteLine("\n平均成绩: {0}，最高分: {1}，最低分: {2}",sum/list.Count,max,min);
            }
            catch (Exception e)
            {
                Console.WriteLine(e.Message);
            }
        }
    }
}
```

17.2.2　列表 List<T>

List<T>表示可以通过索引访问对象的强类型列表，提供用于对列表进行搜索、排序和操作的方法。List<T>类是对应于 ArrayList 的泛型类。该类使用大小可以按需动态增加的数组实现 IList<T>泛型接口。

注意：List<T>泛型类和 ArrayList 类具有类似的功能。如果对 List<T>类的类型 T 使用引用类型，则两个类的行为是完全相同的。但是，如果对类型 T 使用值类型，则需要考虑实现装箱问题。在大多数情况下，List<T>泛型类执行得更好并且是类型安全的。

List<T>泛型类的主要成员包括：用于添加元素对象的方法 Add、AddRange、Insert 和 InsertRange；用于删除元素对象的方法 Remove、RemoveAt、RemoveRange、RemoveAll 和 Clear；用于元素对象查找的方法 BinarySearch、Contains、Exists、Find、FindAll、FindIndex、FindLast、FindLastIndex、IndexOf 和 LastIndexOf；用于数据排序的方法 Sort 和 Reverse；用于复制和转换的方法 ConvertAll<TOutput>和 CopyTo；Capacity 属性用于获取或设置包含的元素数；Count 属性用于获取实际包含的元素数。例如：

```
List<int> list = new List<int>();                //创建实例对象
list.Add(1); list.Add(3); list.Add(2);           //使用Add方法添加元素
list.Insert(1, 4);                               //使用Insert方法在索引1位置插入元素
list.Remove(3);                                  //使用Remove方法删除元素3
list.RemoveAt(2);                                //使用RemoveAt方法删除索引2位置的元素
for (int i = 0; i < list.Count; i++) Console.Write("{0} ", list[i]);   //输出元素
foreach (var item in list) Console.Write("{0} ", item);   //利用foreach枚举
```

【例 17.2】 List<T>示例（ListDemo.cs）。

```
using System;using System.Collections.Generic;
namespace CSharpBook.Chapter17
{
    public class ListDemo
    {
        public static void Main()
        {  //创建并输出列表
            List<string> weekdays = new List<string>();
            weekdays.Add("Monday"); weekdays.Add("Wednesday");
            weekdays.Add("Thursday"); weekdays.Insert(1, "Tuesday");
            foreach (string weekday in weekdays) Console.Write("{0} ", weekday);
        }
    }
}
```

运行结果：

```
Monday Tuesday Wednesday Thursday Friday
```

17.2.3 双向链表 LinkedList<T>

LinkedList<T>为通用链表，提供 LinkedListNode<T>类型的单独节点。LinkedList<T>对象中的每个节点都属于 LinkedListNode<T>类型，LinkedListNode<T>的属性 Previous 和 Next 用于访问其前后节点。LinkedListNode<T>的属性 Value 用于获取节点的值；属性 List 用于获取节点所属的 LinkedList<T>。LinkedList<T>的属性 First 和 Last 表示第一个和最后一个节点，如果 LinkedList<T>为空，则 First 和 Last 属性为 null。

LinkedList<T>泛型类的主要成员包括：用于添加节点的方法 AddAfter、AddBefore、AddFirst 和 AddLast；用于删除元素对象的方法 Remove、RemoveFirst、RemoveLast 和 Clear；用于元素对象查找的方法 Contains、Find 和 FindLast；用于转换的方法 CopyTo；Count 属性用于获取实际包含的节点数；First 和 Last 属性表示第一个和最后一个节点，如果 LinkedList<T>为空，则 First 和 Last 属性为 null。

【例 17.3】 LinkedList<T>示例（LinkedListDemo.cs）。

```
using System;using System.Collections.Generic;
namespace CSharpBook.Chapter17
{
    public class LinkedListDemo
    {
        public static void Main()
        {
            LinkedList<int> list = new LinkedList<int>();              //创建双向链表
            list.AddFirst(0); list.AddLast(8);
            LinkedListNode<int> lln1 = new LinkedListNode<int>(1);   //创建节点
            LinkedListNode<int> lln2 = new LinkedListNode<int>(2);   //创建节点
            list.AddFirst(lln1); list.AddLast(lln2);
            list.AddBefore(list.Last, 33); list.AddAfter(list.Last, 25);
            LinkedListNode<int> mark1 = list.Find(8);                  //查找节点
            list.AddBefore(mark1, 11);
            LinkedListNode<int> node = list.First;
            while (node != null)
            {   //输出列表内容
                Console.Write("{0} ", node.Value);
                node = node.Next;
            }
            foreach (var i in list)Console.Write("{0} ", i);          //输出列表内容
        }
    }
}
```

运行结果：

```
1 0 11 8 33 2 25 1 0 11 8 33 2 25
```

17.3 字典类集合类型

字典类集合类型基于 IDictionary/IDictionary<TKey, TValue >接口，集合中的每个元素都包含键/值对。字典类集合类型包括 Hashtable 集合类型、Dictionary 集合类型、SortedList 集合类型、SortedList<TKey, TValue>集合类型和 SortedDictionary<TKey, TValue>集合类型。

17.3.1　哈希表 Hashtable

Hashtable 表示键/值（key/value）对的集合，这些键/值对根据键的哈希代码进行组织。其中，key 通常可用来快速查找；value 用于存储对应于 key 的值。Hashtable 中 key 和 value 键值均为 object 类型，所以 Hashtable 可以支持任何类型的 key/value 键值对。Hashtable 集合中每个 key 必须是唯一的，并且添加后，key 就不能更改。key 不能为 null 引用，但 value 可以。

Hashtable 集合中的每个元素都是一个存储在 DictionaryEntry 对象中的键/值对。当把某个元素添加到 Hashtable 时，将根据键的哈希代码将该元素放入存储桶中。查找时则根据键的哈希代码只在一个特定存储桶中搜索，从而大大减少为查找一个元素所需键比较的次数。

Hashtable 类的主要成员包括：用于添加元素对象的方法 Add；用于删除元素对象的方法 Remove 和 Clear；用于元素对象查找的方法 Contains、ContainsKey 和 ContainsValue；用于复制和转换的方法 CopyTo；Count 属性用于获取包含在 Hashtable 中键/值对的数目；Keys 属性用于获取键的集合；Values 属性用于获取值的集合。例如：

```
Hashtable hash = new Hashtable();          //创建实例对象
hash.Add("key2", "value2");                //使用Add方法添加元素
hash.Add("key1", "value1");                //使用Add方法添加元素
hash["key1"] = "value01"; Console.WriteLine(hash["key1"]);//使用[]设置和获取指定键的值
foreach (var k in hash.Keys) Console.Write("{0} ", k);   //使用Keys属性获取键的集合
```

可以利用 foreach 语句和 DictionaryEntry 类型遍历 Hashtable 中的每个键/值对。例如：

```
foreach (DictionaryEntry de in myHashtable)
   Console.WriteLine("Key = {0}, Value = {1}", de.Key, de.Value);
```

【例 17.4】 Hashtable 示例（HashtableDemo.cs）。

```
using System;using System.Collections;
namespace CSharpBook.Chapter17
{
   public class HashtableDemo
   {
      public static void Main()
      {  //创建一个新的Hashtable，并赋值
         Hashtable openWith = new Hashtable();
         openWith.Add("txt", "notepad.exe"); openWith.Add("bmp", "paint.exe");
         openWith.Add("jpg", "paint.exe"); openWith.Add("doc", "winword.exe");
         foreach (DictionaryEntry de in openWith)
         {  //利用foreach枚举Hashtable中每个元素
            Console.WriteLine("Key = {0}, Value = {1}", de.Key, de.Value);
```

```
            }
        }
    }
}
```

运行结果：

```
Key = jpg, Value = paint.exe
Key = bmp, Value = paint.exe
Key = txt, Value = notepad.exe
Key = doc, Value = winword.exe
```

17.3.2 字典 Dictionary<TKey, TValue >

Dictionary<TKey, TValue>泛型类表示键/值对的集合。其中，TKey 表示字典中键的类型；TValue 表示字典中值的类型。

Dictionary<TKey, TValue>泛型类提供了从一组键到一组值的映射。Dictionary<TKey, TValue>集合中的每个元素都是一个 KeyValuePair<TKey, TValue>结构，由一个值及其相关联的键组成。通过键可以快速检索值。

只要对象用作 Dictionary<TKey, TValue>中的键，它就不能以任何影响其哈希值的方式更改。使用字典的相等比较器比较时，Dictionary<TKey, TValue>中的任何键都必须是唯一的。键不能为空，但值可以。

Dictionary<TKey, TValue>泛型类的主要成员包括：用于添加元素对象的方法 Add；用于删除元素对象的方法 Remove、Clear；用于元素对象查找的方法 Contains、ContainsKey 和 ContainsValue；Count 属性用于获取包含在 Dictionary 中的键/值对的数目；Item 属性用于获取或设置与指定的键相关联的值；Keys 属性用于获取键的集合；Values 属性用于获取值的集合。例如：

```
Dictionary<string, string> dict = new Dictionary<string, string>();//创建实例对象
dict.Add("key2", "value2");                                //使用Add方法添加元素
dict.Add("key1", "value1");                                //使用Add方法添加元素
dict["key1"] = "value01"; Console.WriteLine(dict["key1"]);//使用[]设置和获取指定键的值
foreach (var k in dict.Keys) Console.Write("{0} ", k);  //使用Keys属性获取键的集合
```

可以利用 foreach 语句和 KeyValuePair<TKey, TValue>类型遍历 Dictionary<TKey, TValue>中的每个键/值对。例如：

```
foreach (KeyValuePair<int, string> kvp in myDictionary)
    Console.WriteLine("Key = {0}, Value = {1}", kvp.Key, kvp.Value);
```

【例 17.5】 Dictionary<TKey, TValue>示例（DictionaryDemo.cs）。

```
using System;using System.Collections.Generic;
namespace CSharpBook.Chapter17
```

```
{
    public class DictionaryDemo
    {
        public static void Main()
        {   //创建一个新的Dictionary <TKey,TValue>实例对象，并赋值
            Dictionary<string, string> openWith = new Dictionary<string,string>();
            openWith.Add("txt", "notepad.exe"); openWith.Add("bmp", "paint.exe");
            openWith.Add("jpg", "paint.exe"); openWith.Add("doc", "winword.exe");
            foreach (KeyValuePair<string, string> kvp in openWith)
            {   //利用foreach枚举Dictionary <TKey,TValue>实例对象中每个键/值对
                Console.WriteLine("Key = {0}, Value = {1}", kvp.Key, kvp.Value);
            }
        }
    }
}
```

运行结果：

```
Key = txt, Value = notepad.exe
Key = bmp, Value = paint.exe
Key = jpg, Value = paint.exe
Key = doc, Value = winword.exe
```

17.3.3 排序列表 SortedList

SortedList 表示键/值对的集合，这些键/值对按键排序，并可以按照键和索引访问。SortedList<TKey, TValue>是泛型类，TKey 表示字典中键的类型，TValue 表示字典中值的类型。

SortedList 对象在内部维护两个数组来存储列表的元素，一个数组用于键；另一个数组用于相关联的值。SortedList 集合中的每个元素都是一个可作为 DictionaryEntry 对象进行访问的键/值对。SortedList 集合中每个键必须是唯一的。键不能为 null 引用，但值可以。

SortedList 对象的容量是 SortedList 可以保存的元素数。随着向 SortedList 中添加元素，容量通过重新分配按需自动增加。可以通过调用 TrimToSize 或通过显式设置 Capacity 属性减少容量。

可以使用一个整数索引访问此集合中的元素，集合中的索引从零开始。索引顺序基于排序顺序。当添加元素时，元素将按正确的排序顺序插入 SortedList，同时索引会相应地进行调整。当移除元素时，索引也会相应地进行调整。

由于要进行排序，所以在 SortedList 对象上操作比在 Hashtable 对象上操作要慢。但是，SortedList 允许通过相关联键或通过索引对值进行访问，可提供更大的灵活性。

SortedList 类的主要成员包括：用于添加元素对象的方法 Add；用于删除元素对象的方法 Remove、RemoveAt 和 Clear；用于元素对象查找的方法 Contains、ContainsKey、ContainsValue、IndexOfKey 和 IndexOfValue；用于对象设置和获取的方法 GetByIndex、

GetKey、GetKeyList、GetValueList 和 SetByIndex；用于复制和转换的方法 CopyTo；Capacity 属性用于获取或设置可包含的元素数；Count 属性用于获取包含的键/值对的数目；Keys 属性用于获取键的集合；Values 属性用于获取值的集合。例如：

```
SortedList list = new SortedList();         //创建实例对象
list.Add("key2", "value2");                 //使用Add方法添加元素
list.Add("key1", "value1");
list.Add("key3", "value3");
list.Add("key4", "value4");
list.Remove("key3");                        //使用Remove方法删除键为"key3"的元素
list.RemoveAt(1);                           //使用RemoveAt方法删除索引1位置的元素
for (int i = 0; i < list.Count; i++)        //输出元素
   Console.Write("({0},{1}) ", list.GetKey(i), list.GetByIndex(i));
foreach (DictionaryEntry de in list)        //利用foreach枚举
   Console.Write("Key = {0}, Value = {1}", de.Key, de.Value);
```

【例 17.6】 SortedList 示例（SortedListDemo.cs）。

```
using System;using System.Collections;
namespace CSharpBook.Chapter17
{
   public class SortedListDemo
   {
      public static void Main()
      {  //创建SortedList实例对象，并赋值
         SortedList list = new SortedList();
         list.Add(5,"Friday");list.Add(6,"Saturday");list.Add(7,"Sunday");list.Add(1,"Monday");
         list.Add(2, "Tuesday"); list.Add(3, "Wednesday"); list.Add(4,"Thursday");
         list.Remove(7);                     //使用Remove方法删除键为7的元素
         list.RemoveAt(5);                   //使用RemoveAt方法删除索引5位置的元素
         for (int i = 0; i < list.Count; i++)         //利用for枚举
            Console.Write("({0},{1}) ", list.GetKey(i), list.GetByIndex(i));
         Console.WriteLine();
         foreach (DictionaryEntry de in list)         //利用foreach枚举
            Console.Write("({0},{1}) ", de.Key, de.Value);
      }
   }
}
```

运行结果：

```
(1,Monday) (2,Tuesday) (3,Wednesday) (4,Thursday) (5,Friday)
(1,Monday) (2,Tuesday) (3,Wednesday) (4,Thursday) (5,Friday)
```

17.3.4 泛型排序列表 SortedList<TKey, TValue>

SortedList<TKey, TValue>泛型类表示键/值对的集合，以基于键的排序顺序维护元素，并可以按照键和索引访问。其中，TKey 表示字典中的键的类型；TValue 表示字典中值的类型。

SortedList<TKey, TValue>泛型类提供了从一组键到一组值的映射。SortedList<TKey, TValue>集合中的每个元素都是一个 KeyValuePair<TKey, TValue>结构，由一个值及其相关联的键组成。通过键可以快速检索值。SortedList<TKey, TValue>中的每个键必须是唯一的。键不能为空，但值可以。

SortedList<TKey, TValue>泛型类的主要成员包括：用于添加元素对象的方法 Add；用于删除元素对象的方法 Remove、RemoveAt 和 Clear；用于元素对象查找的方法 ContainsKey、ContainsValue、IndexOfKey 和 IndexOfValue；Capacity 属性用于获取或设置可包含的元素数；Count 属性用于获取包含键/值对的数目；Keys 属性用于获取键的集合；Values 属性用于获取值的集合。例如：

```
SortedList<string, string> list = new SortedList<string, string>(); //创建实例对象
list.Add("key2", "value2");                          //使用Add方法添加元素
list.Add("key1", "value1");
list.Add("key3", "value3");
list.Add("key4", "value4");
list.Remove("key3");                                 //使用Remove方法删除键为"key3"的元素
list.RemoveAt(1);                                    //使用RemoveAt方法删除索引1位置的元素
foreach (var k in list.Keys)                         //输出元素
    Console.Write("({0},{1}) ", k, list[k]);
foreach (KeyValuePair<string, string> kvp in list)   //利用foreach枚举
    Console.Write("({0},{1}) ", kvp.Key, kvp.Value);
```

【例 17.7】 SortedList<TKey, TValue>示例（SortedListGenericDemo.cs）。

```
using System;using System.Collections.Generic;
namespace CSharpBook.Chapter17
{
    public class SortedListGenericDemo
    {
        public static void Main()
        {
            SortedList<string, string> list = new SortedList<string, string>();
            list.Add("txt", "notepad.exe"); list.Add("bmp", "paint.exe");
            list.Add("jpg", "paint.exe"); list.Add("rtf", "wordpad.exe");
            foreach (var k in list.Keys)  //输出元素
                Console.Write("({0},{1}) ", k, list[k]);
```

```
            Console.WriteLine();
            foreach (KeyValuePair<string, string> kvp in list)  //利用foreach枚举
                Console.Write("({0},{1}) ", kvp.Key, kvp.Value);
        }
    }
}
```

运行结果：

```
(bmp,paint.exe) (jpg,paint.exe) (rtf,wordpad.exe) (txt,notepad.exe)
(bmp,paint.exe) (jpg,paint.exe) (rtf,wordpad.exe) (txt,notepad.exe)
```

17.3.5 排序字典 SortedDictionary<TKey, TValue>

SortedDictionary<TKey, TValue>泛型类表示键/值对的集合，以基于键的排序顺序维护元素。其中，TKey 表示字典中键的类型；TValue 表示字典中值的类型。

SortedDictionary<TKey, TValue>泛型类提供了从一组键到一组值的映射。SortedDictionary<TKey, TValue>集合中的每个元素都是一个KeyValuePair<TKey, TValue>结构，由一个值及其相关联的键组成。通过键可以快速检索值。SortedDictionary <TKey, TValue>中的每个键必须是唯一的。键不能为空，但值可以。

SortedDictionary<TKey, TValue>泛型类的主要成员包括：用于添加元素对象的方法 Add；用于删除元素对象的方法 Remove 和 Clear；用于元素对象查找的方法 ContainsKey 和 ContainsValue；Count 属性用于获取包含键/值对的数目；Keys 属性用于获取键的集合；Values 属性用于获取值的集合。例如：

```
SortedDictionary<string, string> list = new SortedDictionary<string,string>();//创建实例对象
list.Add("key2", "value2");                        //使用Add方法添加元素
list.Add("key1", "value1");
list.Add("key3", "value3");
list.Remove("key3");                               //使用Remove方法删除键为"key3"的元素
foreach (var k in list.Keys)                       //输出元素
    Console.Write("({0},{1}) ", k, list[k]);
foreach (KeyValuePair<string, string> kvp in list)//利用foreach枚举
    Console.Write("({0},{1}) ", kvp.Key, kvp.Value);
```

SortedList<TKey, TValue>使用的内存比 SortedDictionary<TKey, TValue>少。SortedDictionary<TKey, TValue>可对未排序的数据执行更快的插入和移除操作。

【例 17.8】 SortedDictionary<TKey, TValue>示例（SortedDictionaryDemo.cs）。

```
using System;using System.Collections.Generic;
namespace CSharpBook.Chapter17
{
```

```
    public class SortedDictionaryDemo
    {
        public static void Main()
        {
            SortedDictionary<string, string> list=new SortedDictionary<string, string>();
            list.Add("txt", "notepad.exe"); list.Add("bmp", "paint.exe");
            list.Add("jpg", "paint.exe"); list.Add("rtf", "wordpad.exe");
            foreach (var k in list.Keys)                              //输出元素
                Console.Write("({0},{1}) ", k, list[k]);
            Console.WriteLine();
            foreach (KeyValuePair<string, string> kvp in list)  //利用foreach枚举
                Console.Write("({0},{1}) ", kvp.Key, kvp.Value);
        }
    }
}
```

运行结果：

```
(bmp,paint.exe) (jpg,paint.exe) (rtf,wordpad.exe) (txt,notepad.exe)
(bmp,paint.exe) (jpg,paint.exe) (rtf,wordpad.exe) (txt,notepad.exe)
```

17.4　队列集合类型（Queue）

Queue 类和 Queue<T>泛型类表示对象的先进先出（First In First Out，FIFO）集合。存储在 Queue 中的对象在一端（Queue 的结尾处）插入，从另一端（Queue 的开始处）移除。Queue 的容量是指 Queue 可以保存的元素数。随着向 Queue 中添加元素，容量通过重新分配按需自动增加。可通过调用 TrimToSize 来减少容量。

Queue 类和 Queue<T>泛型类的主要成员包括：Enqueue 方法将对象添加到 Queue 的结尾处；Peek 方法返回位于 Queue 开始处的对象；Dequeue 方法移除并返回位于 Queue 开始处的对象；Clear 方法从 Queue 中移除所有对象；Contains 方法确定某元素是否在 Queue 中；Count 属性用于获取元素的数目。例如：

```
Queue q1 = new Queue();                                 //创建实例对象
q1.Enqueue(1); q1.Enqueue(2); q1.Enqueue(3);        //入队
q1.Peek(); q1.Dequeue();q1.Enqueue("A");
foreach (var i in q1) Console.Write("{0} ", i);  //输出元素：2 3 A
```

【例 17.9】 Queue<T>示例（QueueDemo.cs）。

```
using System;using System.Collections.Generic;
namespace CSharpBook.Chapter17
{
```

```
    public class QueueDemo
    {
        public static void Main()
        {   //创建Queue实例对象，并且各元素入队
            Queue<int> myQ = new Queue<int>();
            myQ.Enqueue(10); myQ.Enqueue(20); myQ.Enqueue(30); myQ.Enqueue(40);
            while (true)          //各元素出队
                try
                {
                    Console.Write("{0} ", myQ.Dequeue());
                }
                catch (InvalidOperationException e)
                {
                    break;
                }
        }
    }
}
```

运行结果：

```
10 20 30 40
```

队列操作的示意图如图17-4所示。

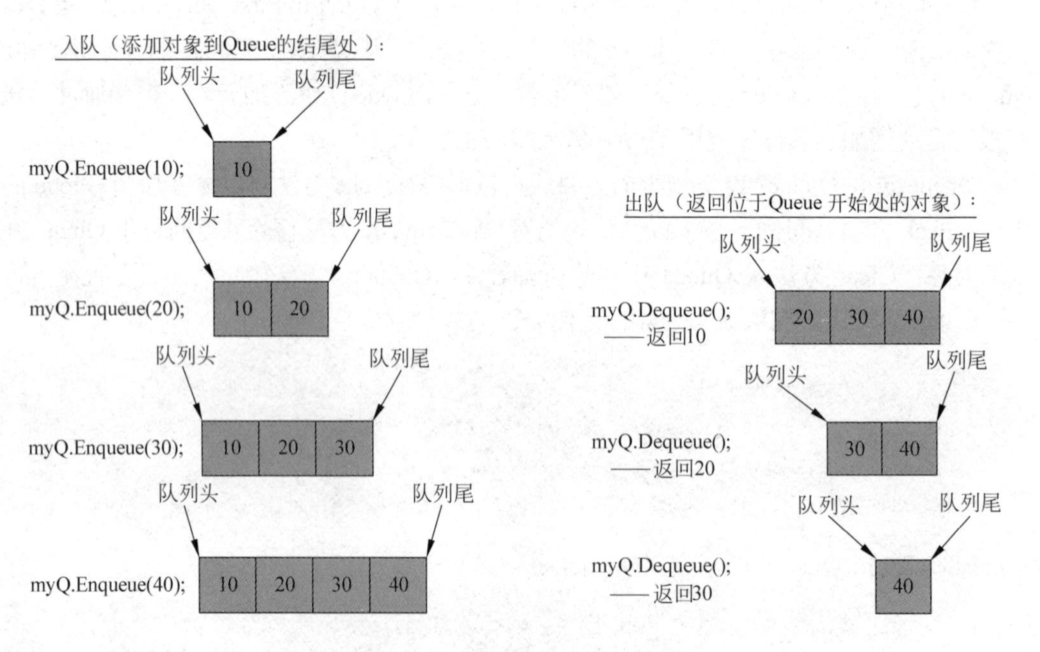

图17-4　队列（先进先出）操作示意图

17.5 堆栈集合类型（Stack）

Stack 类和 Stack<T>泛型类表示对象的简单的后进先出（Last In First Out，LIFO）非泛型集合。Stack 采用循环缓冲区方式实现对象的增删。Stack 的容量是 Stack 可以容纳的元素数。随着向 Stack 中添加元素，容量通过重新分配按需自动增加。

Stack 类和 Stack<T>泛型类的主要成员包括：Push 方法将对象插入 Stack 的顶部；Peek 方法返回位于 Stack 顶部的对象；Pop 方法移除并返回位于 Stack 顶部的对象；Clear 方法从 Stack 中移除所有对象；Contains 方法确定某元素是否在 Stack 中；Count 属性用于获取元素的数目。例如：

```
Stack q1 = new Stack();                                  //创建实例对象
q1.Push(1); q1.Push(2); q1.Push(3);                      //进栈
q1.Peek(); q1.Pop(); q1.Push("A");
foreach (var i in q1) Console.Write("{0} ", i);  //输出元素：A 2 1
```

【例 17.10】 使用 Stack 类操作数据集合示例（StackDemo.cs）。

```
using System;using System.Collections.Generic;
namespace CSharpBook.Chapter17
{
    public class StackDemo
    {
        public static void Main()
        {   //创建Stack实例对象，并且各元素进栈
            Stack<int> myStack = new Stack<int>();
            myStack.Push(10); myStack.Push(20); myStack.Push(30); myStack.Push(40);
            while (true) //各元素出栈
                try
                {
                    Console.Write("{0} ", myStack.Pop());
                }
                catch (InvalidOperationException e)
                {
                    break;
                }
        }
    }
}
```

运行结果：

```
40 30 20 10
```

堆栈操作的示意图如图 17-5 所示。

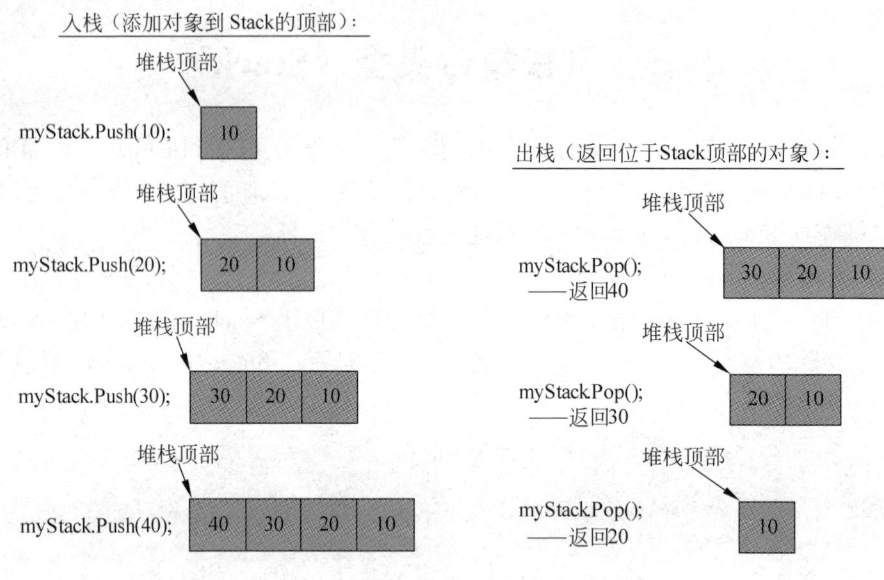

图 17-5　堆栈（后进先出）操作示意图

17.6　散列集集合类型（HashSet<T>）

HashSet<T>泛型类是散列集集合，HashSet<T>泛型类实现 ICollection 接口和 ICollection<T>泛型接口。集是一组不重复出现且无特定顺序的元素。HashSet<T>对象的容量是该对象可以容纳的元素个数。HashSet<T>对象的容量将随该对象中元素的添加而自动增大。

HashSet<T>泛型类提供高性能的集运算，包括多种数学集合运算。其主要方法包括：用于添加元素对象的方法 Add；用于删除元素对象的方法 Remove、RemoveWhere 和 Clear；用于元素对象查找的方法 Contains；用于复制的方法 CopyTo；用于集合运算的方法 UnionWith（并集）、IntersectWith（交集）、ExceptWith（差集）和 SymmetricExceptWith（对称差集）；用于测试集合的方法 IsProperSubsetOf、IsProperSupersetOf、IsSubsetOf、IsSupersetOf、Overlaps 和 SetEquals。

【例 17.11】 HashSet<T>示例（HashSetDemo.cs）。

```
using System;using System.Collections.Generic;
namespace CSharpBook.Chapter17
{
    public class HashSetDemo
    {
        public static void Main()
        {  //创建HashSet测试集：奇数集合O={1,3,5,7,9}
           //偶数集合E={0,2,4,6,8}；整数集合A={0,1,2,3,4,5,6,7,8,9}
            HashSet<int> oddNumbers = new HashSet<int>();   //奇数集合
            HashSet<int> evenNumbers = new HashSet<int>(); //偶数集合
```

```
            HashSet<int> allNumbers = new HashSet<int>();   //整数集合
            for (int i = 0; i < 5; i++){oddNumbers.Add(i * 2 + 1);evenNumbers.Add(2 * i);}
            for (int i = 0; i < 10; i++) allNumbers.Add(i);
            HashSet<int> setUnion = new HashSet<int>(oddNumbers);
            setUnion.UnionWith(evenNumbers);                    //并集O∪E
            Console.Write("O ∪ E = ");DisplaySet(setUnion);
            HashSet<int> setIntersect = new HashSet<int>(allNumbers);
            setIntersect.IntersectWith(evenNumbers);            //交集A∩E
            Console.Write("A ∩ E = "); DisplaySet(setIntersect);
            HashSet<int> setExcept = new HashSet<int>(allNumbers);//差集A-E
            setExcept.ExceptWith(evenNumbers);
            Console.Write("A - E = "); DisplaySet(setExcept);
            HashSet<int> setSymmetricExcept = new HashSet<int>(allNumbers);
            setSymmetricExcept.SymmetricExceptWith(evenNumbers);//对称差集A△E
            Console.Write("A △ E = "); DisplaySet(setSymmetricExcept);
            //测试集合
            Console.WriteLine("偶数集合和整数集合重叠? {0}",evenNumbers.Overlaps (allNumbers));
            Console.WriteLine("整数集合和偶数集合相等? {0}",allNumbers.SetEquals (evenNumbers));
            Console.WriteLine("奇数集合为整数集合的子集? {0}",oddNumbers.IsSubsetOf (allNumbers));
            Console.WriteLine("整数集合为奇数集合的超集? {0}",allNumbers.IsSupersetOf
            (oddNumbers));
            Console.WriteLine("偶数集合为整数集合的真子集? {0}", evenNumbers.IsProperSubsetOf
            (allNumbers));
            Console.WriteLine("整数集合为偶数集合的真超集? {0}",allNumbers.IsProperSupersetOf
            (evenNumbers));
        }
        private static void DisplaySet(HashSet<int> set)        //显示集合内容
        {
            Console.Write("{"); foreach (int i in set) Console.Write(" {0}", i);
            Console.WriteLine(" }");
        }
    }
}
```

运行结果：

```
O ∪ E = { 1 3 5 7 9 0 2 4 6 8 }
A ∩ E = { 0 2 4 6 8 }
A - E = { 1 3 5 7 9 }
A △ E = { 1 3 5 7 9 }
偶数集合和整数集合重叠? True
整数集合和偶数集合相等? False
奇数集合为整数集合的子集? True
整数集合为奇数集合的超集? True
偶数集合为整数集合的真子集? True
整数集合为偶数集合的真超集? True
```

17.7 位 集 合

位集合是其元素为位标志的集合，其元素都是一位，而不是一个对象。

位集合类型包括 BitArray 类和 BitVector32 结构，BitArray 类位于 System.Collections 命名空间中；BitVector32 结构位于 System.Collections.Specialized 命名空间中。

BitArray 类是管理位值的压缩数组，其容量可通过 Length 属性来控制。使用一个整数索引（从 0 开始）访问此集合中的元素，索引越界引发 ArgumentException 异常。结果值为布尔值：true 表示位是打开的（1），false 表示位是关闭的（0）。

BitArray 类的主要成员包括：用于设置/获取指定索引位置的值的方法 Set 和 SetAll/Get；用于复制的方法 CopyTo；用于筛选运算的方法 And、Or、Xor 和 Not。

【例 17.12】 使用 BitArray 类操作数据集合示例（BitArrayDemo.cs）。

```
using System;using System.Collections;
namespace CSharpBook.Chapter17
{
    public class BitArrayDemo
    {
        public static void Main()
        {  //创建两个同样长度的BitArrays，然后赋值并显示
            BitArray ba1 = new BitArray(4); BitArray ba2 = new BitArray(4);
            ba1.SetAll(true);PrintValues("ba1", ba1);//ba1所有值设置为true
            ba1.Set(ba1.Count - 1, false); PrintValues("ba1", ba1);//ba1末元素值设置为false
            Console.Write("\nba1前两个元素的值：{0} {1}", ba1.Get(0), ba1.Get(1));
            ba2[0] = ba2[2] = false; ba2[1] = ba2[3]=true;PrintValues("ba2",ba2);//ba2赋值并显示
            ba1.SetAll(true); ba1.Not();//按位NOT操作，反转BitArray1中所有位值
            PrintValues("Not ba1", ba1);                    //显示ba1
            ba1.SetAll(true); PrintValues("ba1 And ba2", ba1.And(ba2));//按位AND运算
            ba1.SetAll(true); PrintValues("ba1 Or ba2", ba1.Or(ba2));//按位OR运算
            ba1.SetAll(true); PrintValues("ba1 Xor ba2", ba1.Xor(ba2));//按位XOR运算
        }
        public static void PrintValues(string name, IEnumerable myList)
        {   //显示BitArray的内容
            Console.Write("\n{0} = ", name);
            foreach (Object obj in myList) Console.Write("{0} ", obj);
        }
    }
}
```

运行结果：

```
ba1 = True True True True
ba1 = True True True False
```

```
ba1前两个元素的值：True True
ba2 = False True False True
Not ba1 = False False False False
ba1 And ba2 = False True False True
ba1 Or ba2 = True True True True
ba1 Xor ba2 = True False True False
```

17.8 专 用 集 合

专用集合描述诸如 NameValueCollection、StringDictionary 和 StringCollection 等特殊用途的集合。

NameValueCollection 基于 NameObjectCollectionBase；但 NameValueCollection 接受一键多值，而 NameObjectCollectionBase 只接受一键一值。

StringDictionary 和 StringCollection 是 System.Collections.Specialized 命名空间中的强类型集合，两者均包含完全是字符串的值。

专用集合详尽内容参见 MSDN 文档说明书。

第 18 章　数据库访问

应用程序往往使用数据库来存储大量的数据。.NET Framework 的 ADO.NET 提供对各种数据源的一致访问，应用程序可以使用 ADO.NET 连接到这些数据源，并检索、处理和更新数据。

本章要点：

视频讲解

- ADO.NET 的基本概念；
- 使用数据提供程序访问数据库；
- 使用 DataAdapter 和 DataSet 访问数据库。

18.1　ADO.NET 概述

18.1.1　ADO.NET 的基本概念

ADO.NET 是.NET Framework 提供的数据访问服务的类库，提供了对关系数据、XML 和应用程序数据的访问。ADO.NET 提供对各种数据源的一致访问。应用程序可以使用 ADO.NET 连接到这些数据源，并检索、处理和更新数据。用户可以直接处理检索到的结果，也可以将结果数据放入 ADO.NET DataSet 对象。使用 DataSet 可以组合处理来自多个源的数据或在层之间进行远程处理的数据，为断开式 N 层编程环境提供了一流的支持。

针对不同的数据源，使用不同名称空间的数据访问类库，即数据提供程序。常用的数据源包括以下 4 种：

（1）Microsoft SQL Server 数据源：使用 System.Data.SqlClient 命名空间。

（2）OLEDB 数据源：使用 System.Data.OleDb 命名空间。

（3）ODBC 数据源：使用 System.Data.Odbc 命名空间。

（4）Oracle 数据源：使用 System.Data.OracleClient 命名空间。

ADO.NET 类的实现包含在 System.Data.dll 中，并且与 System.Xml.dll 中的 XML 类集成。当编译使用 System.Data 命名空间的代码时，必须引用 System.Data.dll 和 System.Xml.dll。

18.1.2　ADO.NET 的结构

ADO.NET 用于访问和处理数据的类库包含.NET Framework 数据提供程序和 DataSet 两个组件，两者之间的关系如图 18-1 所示。

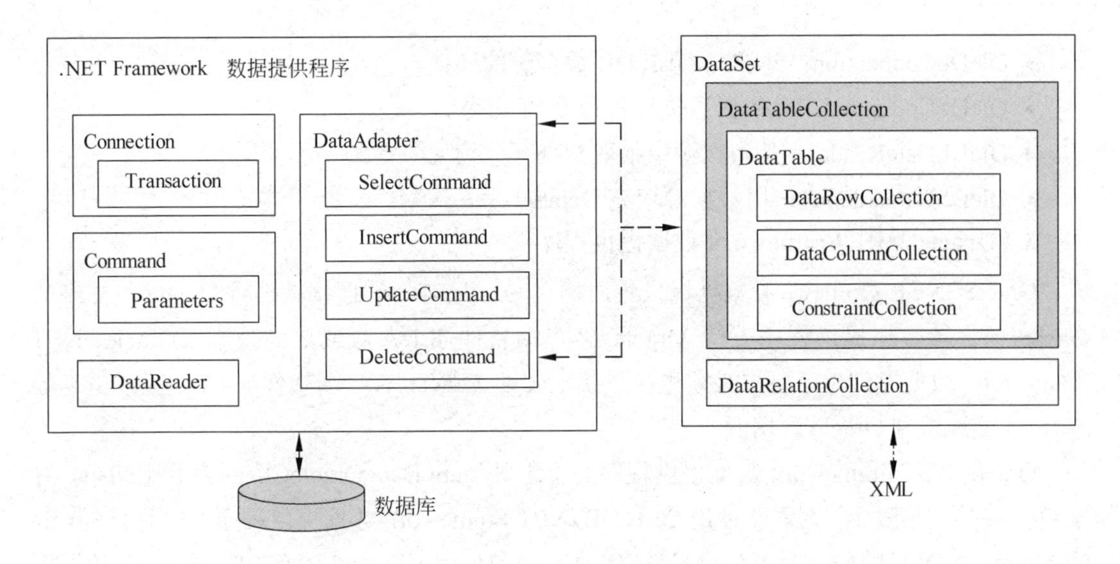

图 18-1　.NET Framework 数据提供程序与 DataSet 之间的关系

18.1.3　.NET Framework 数据提供程序

.NET Framework 数据提供程序包括下列 4 种。

1.　Microsoft SQL Server .NET Framework 数据提供程序

针对 Microsoft SQL Server 7.0 或更高版本数据源，SQL Server .NET Framework 数据提供程序位于 System.Data.SqlClient 命名空间。对于 SQL Server 的较早版本，则需要使用 OLE DB .NET Framework 数据提供程序（与 SQL Server OLEDB 提供程序（SQLOLEDB）一起使用）。SQL Server .NET Framework 数据提供程序主要包括下列类：

- SqlConnection：建立与 Microsoft SQL Server 数据源的连接。
- SqlCommand：对数据源执行各种 SQL 命令。
- SqlDataReader：从数据源中抽取数据（只读）。
- SqlDataAdapter：用数据源填充 DataSet。

SQL Server .NET Framework 数据提供程序使用它自身的协议与 SQL Server 通信。由于经过了优化，可以直接访问 SQL Server 而不用添加 OLE DB 或开放式数据库连接（ODBC）层，因此是轻量的，并具有良好的性能。

2.　OLE DB .NET Framework　数据提供程序

OLE DB .NET Framework　数据提供程序通过本地 OLE DB 服务组件和相应的 OLE DB 提供程序，提供对 OLE DB 数据源访问。常用的 OLE DB 提供程序包括：

- SQLOLEDB：用于 SQL Server 的 Microsoft OLE DB 提供程序。
- MSDAORA：用于 Oracle 的 Microsoft OLE DB 提供程序。
- Microsoft.Jet.OLEDB.4.0：用于 Microsoft Jet 的 OLE DB 提供程序。

OLE DB .NET Framework 数据提供程序位于 System.Data.OleDb 命名空间，其中主要包括下列类：

- OleDbConnection：建立与 OLE DB 数据源的连接。
- OleDbCommand：对数据源执行各种 SQL 命令。
- OleDbDataReader：从数据源中抽取数据（只读）。
- OleDbDataAdapter：用数据源填充 DataSet。

3. Oracle .NET Framework 数据提供程序

Oracle .NET Framework 数据提供程序通过 Oracle 客户端连接软件对 Oracle 数据源的数据访问。该数据提供程序支持 Oracle 客户端软件 8.1.7 版或更高版本。Oracle .NET Framework 数据提供程序要求必须先在系统上安装 Oracle 客户端软件（8.1.7 版或更高版本），才能连接到 Oracle 数据源。

Oracle .NET Framework 数据提供程序类位于 System.Data.OracleClient 命名空间中。对于 Oracle 的较早版本，则需要使用 OLE DB .NET Framework 数据提供程序（与用于 Oracle 的 Microsoft OLE DB 提供程序（MSDAORA）一起使用）。Oracle .NET Framework 数据提供程序主要包括下列类：

- OracleConnection：建立与 Oracle 数据源的连接。
- OracleCommand：对数据源执行各种 SQL 命令。
- OracleDataReader：从数据源中抽取数据（只读）。
- OracleDataAdapter：用数据源填充 DataSet。

4．ODBC .NET Framework 数据提供程序

ODBC .NET Framework 数据提供程序通过使用本机 ODBC 驱动程序，提供对 ODBC 数据源的访问。常用的 ODBC 驱动程序包括：

- SQL Server：用于 SQL Server 的 ODBC 驱动程序。
- Microsoft ODBC for Oracle：用于 Oracle 的 ODBC 驱动程序。
- Microsoft Access 驱动程序（*.mdb 和*.accdb）：用于 Access 的 ODBC 驱动程序。

ODBC .NET Framework 数据提供程序位于 System.Data.Odbc 命名空间。其中主要包括下列类：

- OdbcConnection：建立与 ODBC 数据源的连接。
- OdbcCommand：对数据源执行各种 SQL 命令。
- OdbcDataReader：从数据源中抽取数据（只读）。
- OdbcDataAdapter：用数据源填充 DataSet。

18.1.4 ADO.NET DataSet

System.Data.DataSet 对象是支持 ADO.NET 的断开式、分布式数据方案的核心对象。DataSet 是数据的内存驻留表示形式，无论数据源是什么，它都会提供一致的关系编程模型。DataSet 可以表示包括相关表、约束和表间关系在内的整个数据集。

DataSet 中的对象和方法与关系数据库模型中的对象和方法一致，如图 18-2 所示。

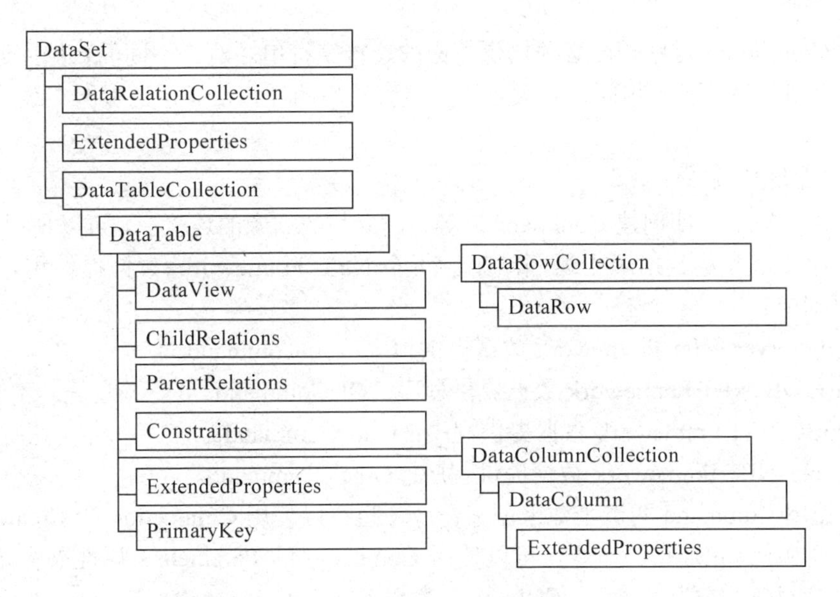

图 18-2　DataSet 中的对象和方法

18.2　使用 ADO.NET 连接和操作数据库

18.2.1　使用数据提供程序访问数据库的步骤

使用数据提供程序访问数据库操作的典型步骤如下：

（1）建立数据库连接。

（2）创建 SQL 命令。

（3）执行 SQL 命令。

（4）处理 SQL 命令结果。

1. 建立数据库连接

在 ADO.NET 中，通过创建 Connection 对象连接到特定的数据库。每个.NET Framework 数据提供程序包含一个 Connection 对象：SqlConnection、OleDbConnection、OdbcConnection 或 OracleConnection。

例如，使用集成验证的方式连接到 LocalDB 数据库服务器的实例 Northwind（附加数据库文件 C:\C#\DB\Northwnd.mdf）的代码如下：

```
String connStr=@"Data Source=(LocalDB)\MSSQLLocalDB;Initial Catalog=Northwind;
        AttachDbFilename=C:\C#\DB\Northwnd.mdf;Integrated Security=True;";
using (SqlConnection connection = new SqlConnection(connStr))
{
   connection.Open();
   //数据相关操作
}
```

注意：如果使用 SQL Express 数据库服务器，则 Data Source = .\SQLExpress。

创建 Connection 对象时，必须提供相应的连接字符串。对于不同的数据库连接对象，其连接字符串的格式各不相同。有关各种连接字符串的详细信息，请参阅在线帮助文件的相关内容。

2. 创建 SQL 命令

创建 SQL 命令，即创建 Command 对象。建立与数据源的连接后，可以使用 Command 对象来执行命令并从数据源中返回结果。每个.NET Framework 数据提供程序包含一个 Command 对象：

- SQL Server .NET Framework 数据提供程序：SqlCommand。
- OLE DB .NET Framework 数据提供程序：OleCommand。
- ODBC.NET Framework 数据提供程序：OdbcCommand。
- Oracle .NET Framework 数据提供程序：OracleCommand。

可以使用 Command 构造函数来创建命令，也可以使用 Connection 的 CreateCommand 方法来创建用于特定连接的命令。可以使用 Command 的 Parameters 属性来访问输入及输出参数和返回值。例如，使用 SQL 语句“SELECT CategoryID, CategoryName FROM Categories”，创建查询表 Categories 的命令的代码如下：

```
String commandText="SELECT CategoryID, CategoryName FROM Categories";
SqlCommand command = new SqlCommand(commandText, connection);
```

SqlCommand 和 OracleCommand 支持命名参数。添加到 Parameters 集合的参数名称必须与 SQL 语句或存储过程中参数标记的名称相匹配。例如：

```
SELECT * FROM Customers WHERE CustomerID = @CustomerID //for SqlCommand
SELECT * FROM Customers WHERE CustomerID = :CustomerID //for OracleCommand
```

OleCommand 和 OdbcCommand 不支持命名参数，必须使用问号（?）占位符标记参数。向 Parameters 集合中添加参数的顺序必须与存储过程中所定义的参数顺序相匹配，而且返回值参数必须是添加到 Parameters 集合中的第一批参数。例如：

```
SELECT * FROM Customers WHERE CustomerID = ? // for OleCommand和OdbcCommand
```

3. 执行 SQL 命令

执行 SQL 命令，并显示结果。Command 对象公开了几个可以用于执行所需操作的 Execute 方法：

- ExecuteReader：当以数据流的形式返回结果时，使用 ExecuteReader 可返回 DataReader 对象。
- ExecuteScalar：返回单个值。
- ExecuteNonQuery：执行不返回行的命令（如更新、删除操作）。

4. 处理 SQL 命令结果

使用 DataReader 对象的 Read 方法可从查询结果中获取行。通过向 DataReader 传递列的名称或序号引用，可以访问返回行的每一列。DataReader 提供了一系列方法，使用户能够访问各数据类型（GetDateTime、GetDouble、GetGuid 和 GetInt32 等）形式的列值。

18.2.2 范例数据库 Northwnd.mdf

本教程采用 Microsoft SQL Server 范例数据库 Northwnd.mdf。范例数据库包含一个名为 Northwind Traders 的虚构公司销售数据，该公司从事世界各地的特产食品进出口贸易。

Northwind 数据库中包含表的关系图如图 18-3 所示。

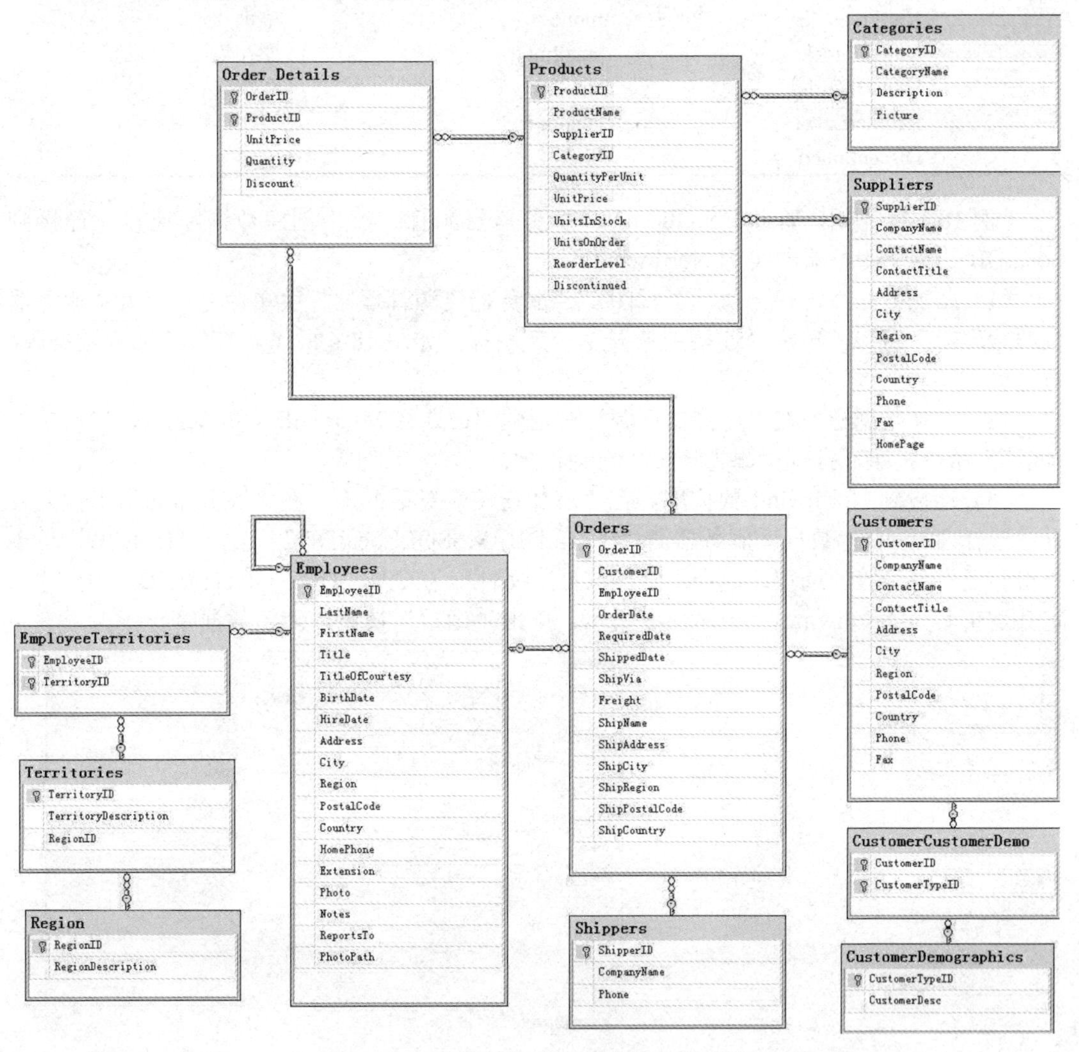

图 18-3 Northwind 数据库中的表关系图

其中，Categories 和 Products 数据表的字段说明如表 18-1 所示。

表 18-1 Northwind 部分数据表的字段说明

表名	字段	类型	说明
Categories 种类表	CategoryID	int（自动标识）	类型 ID
	CategoryName	nvarchar(15)	类型名
	Description	ntext	类型说明
	Picture	image	产品样本

续表

表名	字段	类型	说明
Products 产品表	ProductID	int（自动标识）	产品 ID
	ProductName	nvarchar(40)	产品名称
	SupplierID	int	供应商 ID
	CategoryID	int	类型 ID
	QuantityPerUnit	nvarchar(20)	每箱入数
	UnitPrice	money	单价
	UnitsInStock	smallint	库存数量
	UnitsOnOrder	smallint	订购量
	ReorderLevel	smallint	再次订购量
	Discontinued	bit	中止

【例 18.1】 使用 Visual Studio 的“服务器资源管理器”创建数据库连接，连接到 LocalDB 数据库服务器的实例 Northwind。

（1）添加数据库连接。执行“视图”|“服务器资源管理器”菜单命令，打开“服务器资源管理器”窗口。单击“连接到数据库”图标，如图 18-4 所示，打开“选择数据源”对话框。

（2）选择数据源。在“选择数据源”对话框中，选择 Microsoft SQL Server，然后单击“继续”命令按钮，打开“添加连接”对话框中。

（3）连接到 Northwind 数据库。在“添加连接”对话框中，在“服务器名”下拉列表框中选择 LocalDB 数据库服务器名“(LocalDB)\MSSQLLocalDB”；选择“使用 Windows 身份验证”身份验证选项；选择“附加数据库文件”为 C:\C#\DB\NORTHWND.mdf，并指定其逻辑名为 Northwind，如图 18-5 所示，单击“确定”按钮，创建数据库连接。

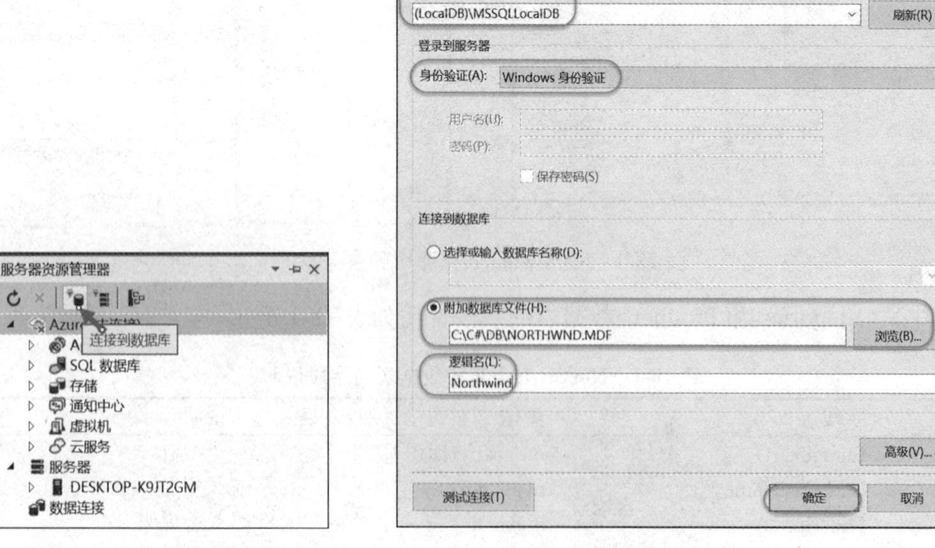

图 18-4　添加数据库连接　　图 18-5　添加连接

（4）查看 Northwind 数据库的表清单及其结构和内容。在“服务器资源管理器”窗口中展开创建的数据连接 NORTHWND.MDF；然后展开其表清单。双击数据表名称，查看数据表结构；右击数据表名称，执行相应快捷菜单的“显示表数据”命令，查看数据表内容。

18.2.3 查询数据库表数据

使用 ADO.NET 查询数据库的一般步骤如下：

（1）建立数据库连接。

（2）使用 SQL 查询语句创建命令。

（3）使用命令的 ExecuteReader()方法把返回结果赋给 SqlDataReader 变量。

（4）通过循环，处理数据库查询的结果。

【例 18.2】 查询 Northwind 数据库 Region 表的记录信息（Query.cs）。运行结果如图 18-6 所示。

图 18-6 查询数据表的运行结果

```
using System; using System.IO; using System.Data.SqlClient;
namespace CSharpBook.Chapter18
{
  class QueryCategoriesTest
  {
    static void Main()
    {  //(1)连接到数据库
      String connString = @"Data Source=(LocalDB)\MSSQLLocalDB;Initial Catalog=Northwind;
            AttachDbFilename=C:\C#\DB\Northwnd.mdf;Integrated Security= True;";
      String commandTextQuery = "SELECT RegionID, RegionDescription FROM Region";
      using (SqlConnection connection = new SqlConnection(connString))
      {
        connection.Open();
        //(2)创建SqlCommand命令
        SqlCommand cmdQuery = new SqlCommand(commandTextQuery, connection);
        //(3)执行SqlCommand命令并返回结果
        SqlDataReader reader = cmdQuery.ExecuteReader();
        Console.WriteLine("Northwind数据库的Region表的内容如下：");
        Console.WriteLine("地区编号\t地区说明");
        //(4)通过循环列表显示查询结果集
        while(reader.Read()){Console.WriteLine(" {0}\t\t{1}", reader[0], reader[1]);}
        reader.Close();  //关闭查询结果集
```

```
            }
        }
    }
}
```

18.2.4 插入数据库表数据

使用ADO.NET在数据库表中插入记录的一般步骤如下：

（1）建立数据库连接。

（2）使用SQL Insert语句创建命令，并使用Command的Parameters属性来设置输入参数。

（3）使用命令的ExecuteNonQuery()方法执行数据库记录插入操作，并根据返回的结果判断插入的结果。

【例18.3】 向Northwind数据库的Region表中插入新记录（Insert.cs）：（5, "ECNU"）。建议：本程序执行前以及执行后，运行例18.2或利用“服务器资源管理器”，查看Region表的记录信息，验证插入是否成功。

```
using System; using System.IO; using System.Data.SqlClient;
namespace CSharpBook.Chapter18
{
    class InsertRegionTest
    {
        static void Main()
        {  //(1)连接到数据库
            String connString = @"Data Source=(LocalDB)\MSSQLLocalDB;Initial Catalog=Northwind;
                AttachDbFilename=C:\C#\DB\Northwnd.mdf;Integrated Security=True;";
            String commandTextInsert =
                "INSERT INTO Region(RegionID,RegionDescription) VALUES(@id,@name)";
            using (SqlConnection connection = new SqlConnection(connString))
            {  connection.Open();
                //(2)创建SqlCommand命令
                SqlCommand cmdInsert = new SqlCommand(commandTextInsert, connection);
                cmdInsert.Parameters.AddWithValue("@id", 5);
                cmdInsert.Parameters.AddWithValue("@name", "ECNU");
                //(3)执行SqlCommand命令并检查结果
                int result = cmdInsert.ExecuteNonQuery();
                if (result == 1) { Console.WriteLine("插入记录操作成功."); }
                else { Console.WriteLine("插入记录操作失败."); }
            }
        }
    }
}
```

18.2.5 更新数据库表数据

使用 ADO.NET 更新记录的一般步骤如下：

（1）建立数据库连接。

（2）使用 SQL Update 语句创建命令，并使用 Command 的 Parameters 属性来设置输入参数。

（3）使用命令的 ExecuteNonQuery()方法执行数据库记录更新操作，并根据返回的结果判断更新的结果。

【例 18.4】 更新 Northwind 数据库的 Region 表中的记录信息（Update.cs），将（5, "ECNU"）改为（5, "ECNU, Shanghai"）。建议：本程序执行前以及执行后，运行例 18.2 或利用“服务器资源管理器”，查看 Region 表的记录信息，验证更新是否成功。

```
using System; using System.IO; using System.Data.SqlClient;
namespace CSharpBook.Chapter18
{
   class UpdateRegionTest
   {
      static void Main()
      {  //(1)连接到数据库
         String connString = @"Data Source=(LocalDB)\MSSQLLocalDB;Initial Catalog=Northwind;
              AttachDbFilename=C:\C#\DB\Northwnd.mdf;Integrated Security=True;";
         String commandTextUpdate =
             "Update Region Set RegionDescription = @name WHERE RegionID = @id";
         using (SqlConnection connection = new SqlConnection(connString))
         {
            connection.Open();
            //(2)创建SqlCommand命令
            SqlCommand cmdUpdate = new SqlCommand(commandTextUpdate, connection);
            cmdUpdate.Parameters.AddWithValue("@id", 5);
            cmdUpdate.Parameters.AddWithValue("@name", "ECNU, Shanghai");
            //(3)执行SqlCommand命令并检查结果
            int result = cmdUpdate.ExecuteNonQuery();
            if (result == 1) { Console.WriteLine("更新记录操作成功."); }
            else { Console.WriteLine("更新记录操作失败."); }
         }
      }
   }
}
```

18.2.6 删除数据库表数据

使用 ADO.NET 删除记录的一般步骤如下：

（1）建立数据库连接。

（2）使用 SQL Delete 语句创建命令，并使用 Command 的 Parameters 属性来设置输入参数。

（3）使用命令的 ExecuteNonQuery()方法执行数据库记录删除操作，并根据返回的结果判断删除的结果。

【例 18.5】 删除 Northwind 数据库的 Region 表中的记录信息（Delete.cs）：(5, "ECNU, Shanghai")。建议：本程序执行前以及执行后，运行例 18.2 或利用“服务器资源管理器”，查看 Region 表的记录信息，验证删除是否成功。

```
using System; using System.IO; using System.Data.SqlClient;
namespace CSharpBook.Chapter18
{
   class DeleteRegionTest
   {
      static void Main()
      {  //(1)连接到数据库
         String connString = @"Data Source= (LocalDB)\MSSQLLocalDB;Initial Catalog=Northwind;
               AttachDbFilename=C:\C#\DB\Northwnd.mdf;Integrated Security= True;";
         String commandTextDelete = "DELETE FROM Region WHERE RegionID = @id";
         using (SqlConnection connection = new SqlConnection(connString))
         {
            connection.Open();
            //(2)创建SqlCommand命令
            SqlCommand cmdDelete = new SqlCommand(commandTextDelete, connection);
            cmdDelete.Parameters.AddWithValue("@id", 5);
            //(3)执行SqlCommand命令并检查结果
            int result = cmdDelete.ExecuteNonQuery();
            if (result == 1) { Console.WriteLine("删除记录操作成功."); }
            else { Console.WriteLine("删除记录操作失败."); }
         }
      }
   }
}
```

18.2.7 使用存储过程访问数据库

使用存储过程访问数据库的一般步骤如下：

（1）建立数据库连接。

（2）使用存储过程创建命令，并使用 Command 的 Parameters 属性来设置输入参数。

（3）使用命令的 ExecuteReader()/ExecuteScalar()/ExecuteNonQuery()方法执行存储过程的操作，并根据返回的结果判断操作的结果。

【例 18.6】使用 Northwind 数据库提供的 Ten Most Expensive Products 存储过程访问数据库表 Products，查询其中 10 个最贵的商品信息（StoredProcedure.cs）。运行结果如图 18-7 所示。

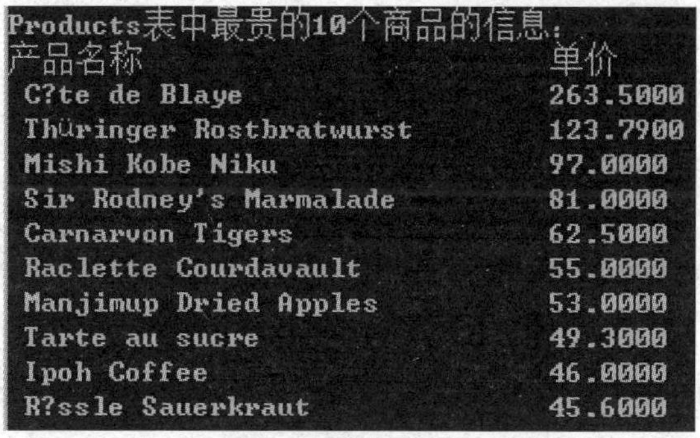

```
Products表中最贵的10个商品的信息：
产品名称                        单价
 C?te de Blaye                  263.5000
 Thüringer Rostbratwurst        123.7900
 Mishi Kobe Niku                97.0000
 Sir Rodney's Marmalade         81.0000
 Carnarvon Tigers               62.5000
 Raclette Courdavault           55.0000
 Manjimup Dried Apples          53.0000
 Tarte au sucre                 49.3000
 Ipoh Coffee                    46.0000
 R?ssle Sauerkraut              45.6000
```

图 18-7　例 18.6 的运行结果

SQL Server 示例数据库 Northwind 中包含存储过程 Ten Most Expensive Products，其代码如下：

```
create procedure "Ten Most Expensive Products" AS
SET ROWCOUNT 10
SELECT Products.ProductName AS TenMostExpensiveProducts, Products.UnitPrice
FROM Products
ORDER BY Products.UnitPrice DESC
```

使用数据库提供的存储过程访问数据库表的 StoredProcedure.cs 程序代码如下：

```
using System; using System.IO; using System.Data.SqlClient; using System.Data;
namespace CSharpBook.Chapter18
{
   class QueryByStoredProcedureTest
   {
      static void Main()
      {  //连接到数据库
         String connString = @"Data Source=(LocalDB)\MSSQLLocalDB;Initial Catalog=Northwind;
               AttachDbFilename=C:\C#\DB\Northwnd.mdf;Integrated Security= True;";
         using (SqlConnection connection = new SqlConnection(connString))
         {  connection.Open();
            //创建SqlCommand命令
            SqlCommand cmdQuery = new SqlCommand("Ten Most Expensive Products", connection);
            cmdQuery.CommandType = CommandType.StoredProcedure;
            //执行SqlCommand命令并返回结果
            SqlDataReader reader = cmdQuery.ExecuteReader();
            Console.WriteLine("Products表中10个最贵的商品信息：");
            Console.WriteLine("产品名称\t\t\t单价");
```

```
            while (reader.Read())      //通过循环列表显示查询结果集
             { Console.WriteLine(" {0}\t{1}",reader[0].ToString().PadRight(30), reader[1]); }
            reader.Close();            //关闭查询结果集
        }
      }
   }
}
```

18.3 使用 DataAdapter 和 DataSet 访问数据库

18.3.1 使用 DataAdapter 和 DataSet 访问数据库的步骤

使用 DataAdapter 和 DataSet 访问数据库的典型步骤如下：

（1）建立数据库连接。

（2）从 DataAdapter 填充 DataSet。

（3）操作和处理 DataSet。

（4）使用 DataAdapter 更新数据源。

1. 建立数据库连接

通过创建 Connection 对象连接到特定的数据库。

2. 创建 Adapter

DataAdapter 用于从数据源检索数据并填充 DataSet 中的表，DataAdapter 还将对 DataSet 的更改解析回数据源。DataAdapter 使用.NET Framework 数据提供程序的 Connection 对象连接到数据源，并使用 Command 对象从数据源检索数据（SelectCommand）以及将更改解析回数据源（InsertCommand、UpdateCommand 或 DeleteCommand）。每个.NET Framework 数据提供程序包含一个 Command 对象：

- SQL Server .NET Framework 数据提供程序：SqlDataAdapter。
- OLE DB .NET Framework 数据提供程序：OleDataAdapter。
- ODBC.NET Framework 数据提供程序：OdbcDataAdapter。
- Oracle .NET Framework 数据提供程序：OracleDataAdapter。

3. 从 DataAdapter 填充 DataSet

DataAdapter 的 Fill 方法使用 DataAdapter 的 SelectCommand 结果集来填充 DataSet。Fill 方法的参数包括将要填充的 DataSet 和 DataTable 对象。Fill 方法使用 DataReader 对象隐式地返回用于在 DataSet 中创建表的列名称和类型，以及用于填充 DataSet 中的表的数据。表和列仅在不存在时才创建；否则，Fill 将使用现有的 DataSet 架构。

例如，以下代码示例创建一个数据库连接 connection（连接到 LocalDB 数据库服务器的实例 Northwind）；使用 connection 创建一个 SqlDataAdapter 实例；最后使用 Categories 表填充 DataSet 中的 DataTable。

```
String connString = @"Data Source=(LocalDB)\MSSQLLocalDB;Initial Catalog=Northwind;
      AttachDbFilename=C:\C#\DB\Northwnd.mdf;Integrated Security=True;";
String selectCommandText = "SELECT CategoryID, CategoryName FROM Categories";
using (SqlConnection connection = new SqlConnection(connString))
{
   SqlDataAdapter adapter = new SqlDataAdapter(selectCommandText, connection);
   connection.Open(); DataSet dataSet = new DataSet();adapter.Fill(dataSet, "Categories");
   Console.WriteLine("类别编号 类别名称");
   foreach (DataRow row in dataSet.Tables["Categories"].Rows)
   {
     Console.WriteLine("{0}:\t{1}", row["CategoryID"], row["CategoryName"]);
   }
}
```

4. 操作和处理 DataSet

使用 DataAdapter 的 Fill 方法填充 DataSet 中的 DataTable 后，以断开式操作 DataSet 的数据库表，包括数据的查询、插入、更新和删除等操作。

5. 使用 DataAdapter 更新数据源

调用 DataAdapter 的 Update 方法，可将 DataSet 中的更改解析回数据源。Update 方法的参数包括将要填充的 DataSet 和 DataTable 对象。当调用 Update 方法时，DataAdapter 将分析已做出的更改并执行相应的命令（INSERT、UPDATE 或 DELETE）。当 DataAdapter 遇到对 DataRow 的更改时，它将使用 InsertCommand、UpdateCommand 或 DeleteCommand 来处理该更改。

可以通过使用 SQL 命令或存储过程在设计时指定命令语法。在调用 Update 之前，必须显式设置这些命令。如果调用了 Update 但不存在用于特定更新的相应命令（如不存在用于已删除行的 DeleteCommand），则将引发异常。通过 Command 参数，可以为 DataSet 中每个已修改行的 SQL 语句或存储过程指定输入和输出值。

18.3.2 查询数据库表数据

使用 DataAdapter 和 DataSet 查询数据库的一般步骤如下：

（1）建立数据库连接。

（2）使用 SQL 查询语句创建 DataAdapter。

（3）创建 DataSet，并从 DataAdapter 填充 DataSet。

（4）操作和处理 DataSet。

【例 18.7】 使用 DataAdapter 和 DataSet 查询 Northwind 数据库的 Region 表的记录信息（DataAdapter.cs）。运行结果参见例 18.2。

```
using System; using System.IO; using System.Data; using System.Data.SqlClient;
namespace CSharpBook.Chapter18
```

```
{
  class QueryRegionByDataSetTest
  {
    static void Main()
    {  //(1)连接到数据库
      String connString = @"Data Source=(LocalDB)\MSSQLLocalDB;Initial Catalog=Northwind;
          AttachDbFilename=C:\C#\DB\Northwnd.mdf;Integrated Security= True;";
      String selectCommandText = "SELECT RegionID, RegionDescription FROM Region";
      using (SqlConnection connection = new SqlConnection(connString))
      {  //(2)创建DataAdapter
        SqlDataAdapter adapter = new SqlDataAdapter(selectCommandText, connection);
        connection.Open();
        DataSet dataSet = new DataSet();//创建DataSet
        //(3)从DataAdapter填充DataSet
        adapter.Fill(dataSet, "Region");
        Console.WriteLine("Northwind数据库的Region表的内容如下：");
        Console.WriteLine("地区编号 \t 地区说明 ");
        //(4)操作和处理DataSet
        foreach (DataRow row in dataSet.Tables["Region"].Rows)
         { Console.WriteLine(" {0} \t\t {1}", row["RegionID"], row ["RegionDescription"]);}
      }
    }
  }
}
```

18.3.3 维护数据库表数据

使用 DataAdapter 和 DataSet 维护数据库表的一般步骤如下：

（1）建立数据库连接。

（2）使用 SQL 查询语句创建 DataAdapter，并指定其相应的 InsertCommand、UpdateCommand 或 DeleteCommand；也可以使用 CommandBuilder 自动生成 DataAdapter 的 InsertCommand、UpdateCommand 和 DeleteCommand 属性。

（3）创建 DataSet，并从 DataAdapter 填充 DataSet。

（4）操作和处理 DataSet，如插入、更新和删除记录。

（5）调用 DataAdapter 的 Update 方法更新数据源。

【例 18.8】 使用 DataAdapter 和 DataSet 维护 Northwind 数据库的 Region 表中的记录信息（DataAdapterMaintain.cs）。

（1）插入两条新记录：记录 1（5, "Shanghai"）和记录 2（6, "ECNU"）。

（2）更新记录 1 的内容为（5, "Shanghai, China"）。

(3) 删除记录2。

```
using System; using System.IO; using System.Data; using System.Data.SqlClient;
namespace CSharpBook.Chapter18
{
   class MaintainCategoriesByDataSetTest
   {
      static void Main()
      {  //连接到数据库
         String connString = @"Data Source=(LocalDB)\MSSQLLocalDB;Initial Catalog=Northwind;
              AttachDbFilename=C:\C#\DB\Northwnd.mdf;Integrated Security= True;";
         String selectCommandText = "SELECT RegionID, RegionDescription FROM Region";
         using (SqlConnection connection = new SqlConnection(connString))
         {
            connection.Open();
            //删除旧数据（如果存在的话）
            SqlCommand cmdDelete =
               new SqlCommand("DELETE FROM Region WHERE RegionID>4", connection);
            cmdDelete.ExecuteNonQuery();
            SqlDataAdapter adapter = new SqlDataAdapter(selectCommandText, connection);
            /*使用CommandBuilder自动生成DataAdapter的InsertCommand、UpdateCommand和
            DeleteCommand属性*/
            SqlCommandBuilder builder = new SqlCommandBuilder(adapter);
            DataSet dataSet = new DataSet();//创建DataSet
            adapter.Fill(dataSet, "Region");//从DataAdapter填充DataSet
            //设置DataTable的主键列
            DataColumn[] keys = new DataColumn[1];
            keys[0] = dataSet.Tables["Region"].Columns["RegionID"];
            dataSet.Tables["Region"].PrimaryKey = keys;
            //操作和处理DataSet——增加记录
            DataRow newRow1 = dataSet.Tables["Region"].NewRow();
            newRow1["RegionID"] = 5; newRow1["RegionDescription"] = "Shanghai";
            dataSet.Tables["Region"].Rows.Add(newRow1);
            DataRow newRow2 = dataSet.Tables["Region"].NewRow();
            newRow2["RegionID"] = 6; newRow2["RegionDescription"] = "ECNU";
            dataSet.Tables["Region"].Rows.Add(newRow2);
            //操作和处理DataSet——更新记录
            DataRow updateRow = dataSet.Tables["Region"].Rows.Find(5);
            updateRow["RegionDescription"] = "Shanghai, China";
            //操作和处理DataSet——删除记录
            DataRow deleteRow = dataSet.Tables["Region"].Rows.Find(6);
            dataSet.Tables["Region"].Rows.Remove(deleteRow);
```

```
            adapter.Update(dataSet, "Region");//调用DataAdapter的Update方法更新数据源
            Console.WriteLine("完成使用DataAdapter和DataSet维护Region表！");
        }
    }
  }
}
```

第 3 部分
C#应用程序开发

第 19 章　Windows 窗体应用程序

相对于字符界面的控制台应用程序，基于 Windows 窗体的桌面应用程序可以提供丰富的用户交互界面，从而实现各种复杂功能的应用程序。

本章要点：

视频讲解

- Windows 窗体应用程序概述；
- 使用 Visual Studio 开发 Windows 窗体应用程序；
- 窗体和控件概述；
- 使用常用 Windows 窗体控件；
- 通用对话框；
- 菜单和工具栏；
- 多重窗体；
- 多文档界面；
- 绘制图形。

19.1　开发 Windows 窗体应用程序

19.1.1　Windows 窗体应用程序概述

Windows 窗体应用程序是运行在用户计算机本地的基于 Windows 的应用程序，提供丰富的用户界面以实现用户交互，并可以访问操作系统服务和用户计算环境提供的资源，从而实现各种复杂功能的应用程序。由于 Windows 窗体应用程序涉及复杂的用户界面和事件处理过程，故一般通过集成开发环境 Visual Studio 开发和调试 Windows 窗体应用程序。

用户界面（user interface，UI）一般由窗体来呈现，通过将控件添加到窗体表面可以设计满足用户需求的人机交互界面。“控件”是窗体上的一个组件，用于显示信息或接收用户输入。当设计和修改 Windows 窗体应用程序的用户界面时，需要添加、对齐和定位控件。控件是包含在窗体对象内的对象。窗体对象具有属性集、方法和事件；每种类型的控件都具有其自己的属性集、方法和事件，以使该控件适合于特定用途。

1. 属性

属性是与一个对象相关的各种数据，用来描述对象的特性，如性质、状态和外观等。不同的对象有不同的属性。对象常见的属性有 Name（名称）、Text（文本）、Visible（是否可见）、Enable（是否可用）、Size/Width/Height（大小/宽度/高度）、Location/Left/Top（位置/左/上）、Font（字体）、ForeColor/BackColor（前景/背景色）、Cursor（光标）、Dock（停靠位置）和 TabIndex（Tab 键顺序）等。

对象的属性分为以下三种：

- 只读属性：无论在程序设计时还是在程序运行时都只能从其读出信息，而不能为其赋值。
- 运行时只读属性：在设计程序时可以通过属性窗口设置它们的值，但在程序运行时不能再改变它们的值。
- 可读写属性：无论在设计时还是在运行时都可读写。

属性可以在设计时通过属性窗口设置和获取；也可以在代码编辑器通过编写代码（对象名.属性名）设置和获取。如图19-1和图19-2所示，分别通过属性窗口和编写代码的方式，设置按钮（button1）的Name（名称）为buttonOK、Text（文本）为确定。

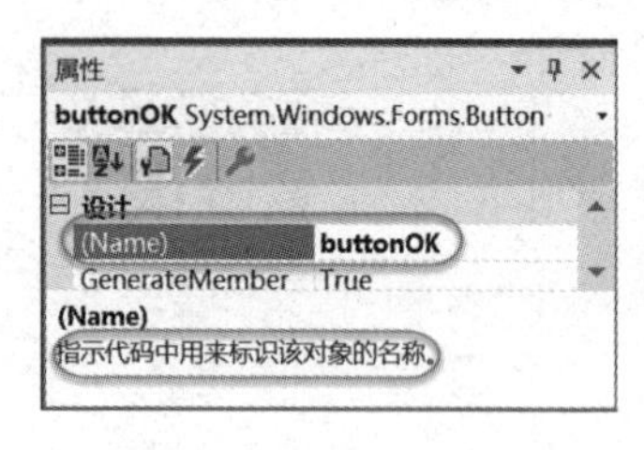

图19-1　属性窗口设置属性

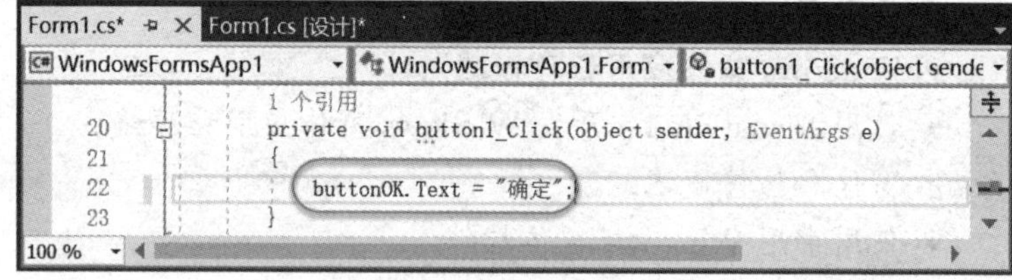

图19-2　编写代码设置属性

2. 方法

方法（method）是对象的行为或动作，对应于类中定义的方法。通过调用其方法，可以执行某项任务。对象方法的调用格式为：

```
对象.方法(参数列表)
```

例如，要使窗体Form2隐藏，可以使用如下代码：

```
Form2.Hide();
```

3. 事件和事件处理过程

事件是对象发送的消息，以通知操作的发生。事件通常用于通知用户操作，如图形用户界面中的按钮单击或菜单选择操作。

通过声明与事件委托相匹配的事件处理过程订阅某事件；当该事件发生时，将调用事件处理过程。选中设计视图中的某控件，双击即可生成其常用的事件处理代码框架。通过属性窗口的“事件”属性可以快速生成处理某对象其他事件的事件处理过程框架代码。

选中设计视图中的某控件，在其事件属性面板中，双击事件名称，如图19-3所示。双击buttonOK控件的MouseHover事件，系统将自动生成buttonOK_MouseHover事件处理程序框架，用户只需要在其中添加特定的代码即可，如图19-4所示。

图19-3　事件属性面板

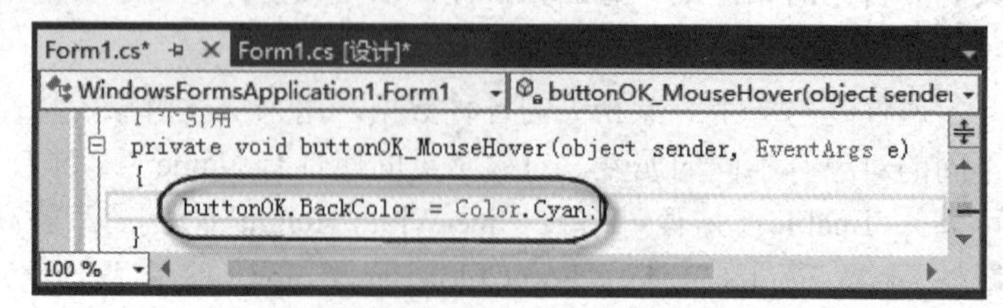

图19-4　添加事件处理代码

常用事件如表 19-1 所示。

表 19-1　窗体和大部分控件常用的事件

事件	说明
Click	鼠标触发事件。在单击窗体时发生
MouseDown	鼠标触发事件。按下任一个鼠标按钮时发生
MouseUp	鼠标触发事件。释放任一个鼠标按钮时发生
MouseMove	鼠标触发事件。移动鼠标时发生
KeyPress	键盘触发事件。按下并释放一个会产生 ASCII 码的键时发生
KeyDown	键盘触发事件。按下任意一个键时发生
KeyUp	键盘触发事件。释放任意一个按下的键时发生

19.1.2　创建 Windows 窗体应用程序的一般步骤

使用集成开发环境 Visual Studio 开发 Windows 窗体应用程序的一般步骤如下：

1. 创建 Windows 窗体项目

通过菜单命令“文件”|“新建”|“项目”，打开“新建项目”对话框，选择“Windows 窗体应用（.NET Framework）”模板；在“名称”文本框中输入项目的名称；在“位置”文本框中输入或利用“浏览”按钮选择项目的存放位置。

2. 创建用户界面

用户界面由对象（窗体和控件）组成，控件放在窗体上。程序运行时，将在屏幕上显示由窗体和控件组成的用户界面。

在集成开发环境 Visual Studio 中创建一个新的“Windows 窗体应用”项目后，系统默认自动创建并显示一个名称为 Form1 的窗体，可以在这个窗体上设置用户界面。如果要建立新的窗体，可以通过菜单命令“项目”|“添加 Windows 窗体”来实现。

通过将鼠标指向“工具箱”中的控件，双击控件或将其拖曳到窗体的合适位置，可以在窗体上创建各种类型的控件。通过属性窗口，可以设置窗体或控件的外观。

3. 添加程序代码

Windows 窗体应用程序采用事件驱动编程机制，因此大部分程序都是针对窗体或控件所能支持的方法或事件编写的，这样的程序称为事件过程。例如，窗体 Form1 支持 Load 事件，程序运行时调入窗体 Form1，会调用 Form1 的 Form1_Load 事件过程并执行其代码；按钮可以接受鼠标单击（click）事件，如果单击该按钮，鼠标单击事件就调用相应的事件（如 buttonOK_Click）过程并做出响应。

4. 运行和测试程序

通过菜单命令“调试”|“开始调试”，或按 F5 键，也可以通过单击工具栏中的“启动”按钮▶，运行和测试程序。集成开发环境 Visual Studio 将自动编译项目中包含的代码，并启动运行程序。

5. 保存项目

在集成开发环境 Visual Studio 中，通过菜单命令“文件”|“全部保存”，或单击 Visual Studio 工具栏中的“全部保存”按钮或“保存”按钮保存项目。

【例 19.1】 使用 Visual Studio 集成开发环境实现 Hello World 程序。单击运行界面的 Say Hello 命令按钮，将弹出一个消息框，显示 Hello World，如图 19-5 所示。

图 19-5 “Hello World”运行效果

操作步骤：

（1）创建 Windows 应用程序。

启动 Visual Studio，并创建名为 HelloWorld 的 Windows 窗体应用程序。

① 启动 Visual Studio。

② 创建 Windows 应用程序。通过菜单命令“文件”|“新建”|“项目”，打开“新建项目”对话框，选择“Windows 窗体应用（.NET Framework）”模板；在“名称”文本框中输入文件的名称 HelloWorld；单击“浏览”按钮，在弹出的“项目位置”对话框中选择 C:\C#\Chapter19 文件夹（如果该文件夹不存在，则创建它）。单击“确定”按钮。向导将自动创建一个解决方案（HelloWorld）和一个 Windows 窗体项目（HelloWorld），并创建 Form1.cs、Program.cs、Form1.Designer.cs、App.config 等文件，如图 19-6 所示。这些代码自动实现了 Windows 窗体应用程序所需的各种框架代码和配置信息。如果直接运行，则显示一个空的 Windows 窗体。

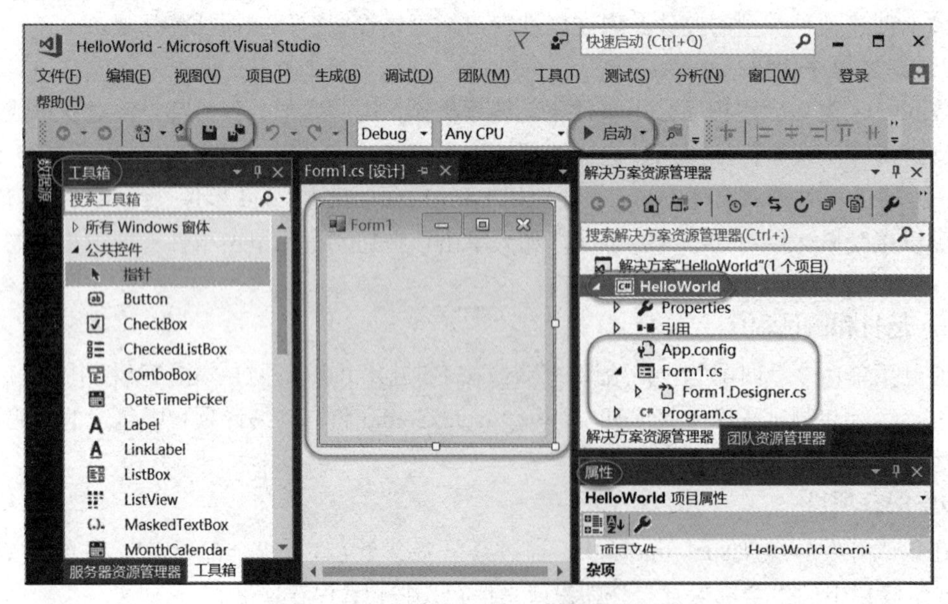

图 19-6 Windows 窗体应用程序初始界面

使用 Visual Studio 创建的项目一般遵循一定的格式标准，相对比较复杂。Form1.cs 和 Form1.Designer.cs（分部类）用于定义窗体类。其中，Form1.Designer.cs 中包含的代码是 Visual Studio 自动创建的。例如，拖曳按钮控件到窗体上，将自动生成相应的代码，这部分代码用户不需要也不必修改。鼠标右击窗体空白处，在随后出现的快捷菜单中执行“查看代码”命令，可以显示相应窗体中包含的代码。

（2）添加控件。

将一个 Button 按钮控件从“工具箱”中拖曳到窗体上。单击按钮将其选定。在按钮“属性”窗口中，将按钮的 Text 属性设置为 Say Hello，如图 19-7 所示。

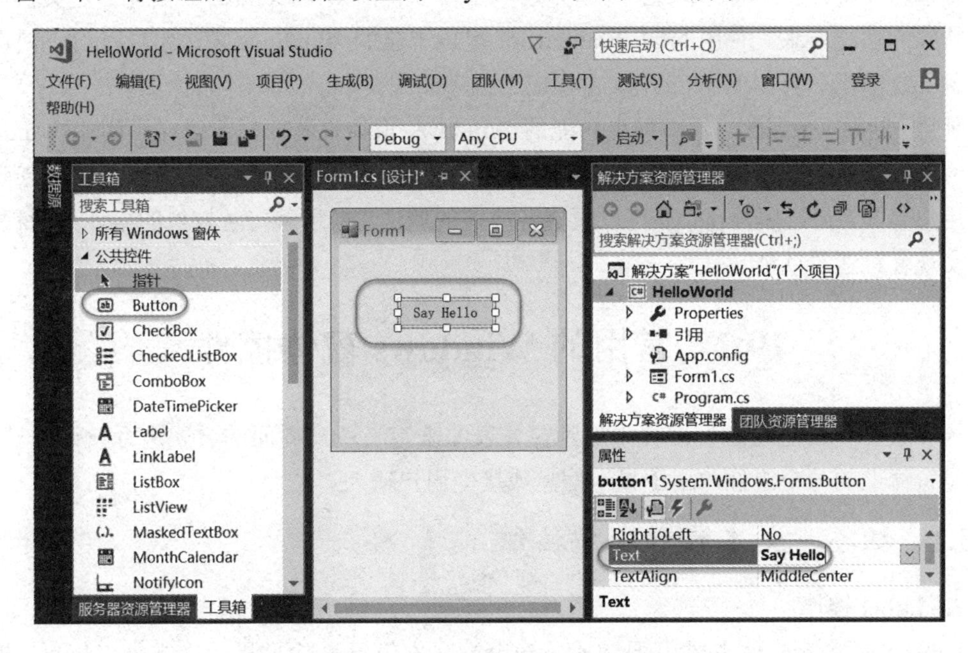

图 19-7　添加控件并设置控件属性

（3）创建处理控件事件的方法。

① 双击窗体上的 Say Hello 按钮，在 Form1.cs 中将自动创建 Click 事件的事件处理程序（此时将打开代码窗口，插入点已位于该事件处理程序中）：

```
private void button1_Click(object sender, EventArgs e) {        }
```

在 Form1.Designer.cs 中自动创建将按钮 Click 事件与所创建的方法关联的代码：

```
this.button1.Click += new System.EventHandler(this.button1_Click);
```

② 在 Form1.cs 的 button1_Click 事件处理程序中手工添加如下粗体所示的事件处理代码。

```
private void button1_Click(object sender, EventArgs e)
{
  MessageBox.Show("Hello World");
}
```

（4）运行并测试应用程序。

单击工具栏上的“启动”按钮▶，或按“开始调试”的快捷键 F5 运行并测试应用程序。

19.1.3 窗体和控件概述

在 Windows 窗体应用程序中，“窗体”是向用户显示信息的可视图面，窗体包含可添加到窗体上的各式控件。“控件”是显示数据或接受数据输入的相对独立的用户界面元素，如文本框、按钮、下拉框、单选按钮等，用户还可以使用 UserControl 类创建自定义控件以实现特殊的功能要求。使用.NET Framework 提供丰富的 Windows 窗体组件，可以快速地开发各种复杂用户界面的 Windows 窗体应用程序编程。

使用 Visual Studio 的具有拖曳功能的 Windows 窗体设计器，可以轻松创建 Windows 窗体应用程序。只需使用鼠标选择控件并将控件添加到窗体上所需的位置，就可以创建丰富的用户界面；通过属性窗口，可以设置各控件的属性；通过编写各控件的事件处理程序，可以实现各种逻辑功能。

19.2 常用的 Windows 窗体控件

大多数窗体都是通过将控件添加到窗体表面来定义用户界面的方式进行设计的。“控件”是窗体上的一个组件，用于显示信息或接受用户输入。

19.2.1 标签、文本框和命令按钮

1. Label 控件

Label（标签）控件主要用于显示（输出）文本信息。除了显示文本外，Label 控件还可以使用 Image 属性显示图像，或使用 ImageList 和 ImageIndex 属性组合显示图像。例如：

```
label1.Text = "姓名";                                                   //显示名称
```

2. LinkLabel 控件

LinkLabel（超链接标签）控件可以显示超链接标签。除了具有 Label 控件的所有属性、方法和事件以外，LinkLabel 控件还有针对超链接和链接颜色的属性。例如：

```
linkLabel1.Text = "百度";                                          //显示名称
linkLabel1.LinkColor = System.Drawing.Color.Blue;                  //普通链接的颜色
linkLabel1.VisitedLinkColor = System.Drawing.Color.Brown;          //已访问过的链接的颜色
linkLabel1.DisabledLinkColor = System.Drawing.Color.Gray;          //禁用链接的颜色
```

3. TextBox 控件

TextBox（文本框）控件用于输入文本信息。TextBox 控件一般用于显示或输入单行文本，还具有限制输入字符数、密码字符屏蔽、多行编辑、大小写转换等功能。例如：

```
textBox1.MaxLength = 10;                           //最多输入字符数
textBox1.PasswordChar = '*';                       //密码屏蔽字符
```

4. RichTextBox 控件

RichTextBox（多格式文本框）控件用于显示、输入和操作带有格式的文本。RichTextBox 控件除了执行 TextBox 控件的所有功能之外，还可以显示字体、颜色和链接，从文件加载文本和嵌入的图像，撤销和重复编辑操作以及查找指定的字符。

5. MaskedTextBox 控件

MaskedTextBox（掩码文本框）控件是一个增强型的文本框控。通过设置 Mask 属性，不需要在应用程序中编写任何自定义验证逻辑，即可实现指定允许的用户输入满足条件（掩码）的字符。

6. Button 控件

Button（按钮）控件用于执行用户的单击操作。如果焦点位于某个 Button，则可以使用鼠标、Enter 键或空格键单击该按钮。当用户单击按钮时，即调用 Click 事件处理程序。Button 上显示的文本通过 Text 属性进行设置，也可以使用 Image 和 ImageList 属性显示图像。

【例 19.2】 Label、TextBox、RichTextBox、Button 应用示例：创建 Windows 窗体应用程序 TextBoxTest，在源文本框中选择全部或部分内容，然后单击窗体中的“复制”命令按钮，将源文本框所选的内容复制到目标文本框中，同时更改源文本框中所选文本的字体样式和颜色。运行效果如图 19-8 所示。

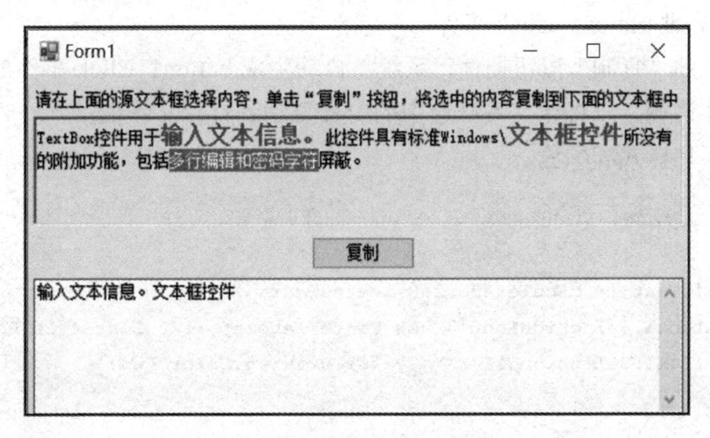

图 19-8　例 19.2 的运行效果

操作步骤：

（1）创建 Windows 应用程序。在 C:\C#\Chapter19 文件夹中创建名为 TextBoxTest 的 Windows 窗体应用程序。

（2）窗体设计。从“工具箱”中分别将一个 Label 标签控件、一个 RichTextBox 文本框控件、一个 TextBox 文本框控件、一个 Button 按钮控件拖曳到窗体上。参照表 19-2 和运行效果图 19-8，分别在属性窗口中设置各控件的属性，并在 Windows 窗体设计器适当调整控件的大小和位置。

表 19-2 例 19.2 所使用的控件属性及说明

控件	属性	值	说明
Label	Text	请在上面的源文本框选择内容，单击“复制”按钮，将选中的内容复制到下面的文本框中	说明标签
RichTextBox	ReadOnly	True	源文本框
TextBox	ScrollBars	Vertical	目标文本框
	Multiline	True	
Button	Text	复制	复制命令按钮

（3）创建处理控件事件的方法。

① 生成并处理 Form1_Load 事件。

双击窗体空白处，系统将自动生成 Form1_Load 事件处理程序，在其中加入如下粗体语句，以初始化源文本框和目标文本框中的显示内容。

```
private void Form1_Load(object sender, EventArgs e)
{
    richTextBox1.Text = @"TextBox控件用于输入文本信息。"+
          @"此控件具有标准Windows文本框控件所没有" +
          @"的附加功能，包括多行编辑和密码字符屏蔽。";
    textBox1.Text = "";
}
```

② 生成并处理 button1_Click 事件。

双击窗体中的“复制”按钮控件，系统将自动生成 button1_Click 事件处理程序，在其中加入如下粗体语句，以将源文本框选中的内容复制到目标文本框中，同时更改源文本框中所选文本的字体样式和颜色。

```
private void button1_Click(object sender, EventArgs e)
{
    textBox1.Text += richTextBox1.SelectedText;
    richTextBox1.SelectionFont = new Font("Tahoma", 12, FontStyle.Bold);
    richTextBox1.SelectionColor = System.Drawing.Color.Red;
}
```

（4）运行并测试应用程序。单击工具栏上的“启动”按钮▶，或按快捷键 F5 运行并测试应用程序。

19.2.2 单选按钮、复选框和分组

1. RadioButton 控件

RadioButton（单选按钮）控件用于选择同一组单选按钮中的一个单选按钮（不能同时选定多个）。使用 Text 属性可以设置其显示的文本。当单击 RadioButton 控件时，其 Checked 属性设置为 True，并且调用 Click 事件处理程序。当 Checked 属性的值更改时，将引发 CheckedChanged 事件。

2. CheckBox 控件

CheckBox（复选框）控件用于选择一项或多项选项（可以同时选定多个）。使用 Text 属性可以设置其显示的文本。当单击 RadioButton 控件时，其 Checked 属性设置为 True，并且调用 Click 事件处理程序。当 Checked 属性的值更改时，将引发 CheckedChanged 事件。

3. GroupBox 控件

GroupBox（分组框）控件用于为其他控件提供可识别的分组。一般把相同类型的选项（RadioButton 控件、CheckBox 控件）分为一组，同一分组中的单选按钮只能选择一个。同一分组可以作为整体来处理，通过 Text 属性可以设置 GroupBox 的标题。

【例 19.3】 RadioButton、CheckBox、GroupBox 应用示例：创建 Windows 窗体应用程序 Questionnaire 调查个人信息，运行效果如图 19-9 所示。

（1）用户未提供任何个人信息而直接单击“提交”按钮，页面显示效果如图 19-9（a）所示。

（2）用户在填写了姓名、选择了性别和个人爱好后，单击“提交”按钮，页面显示用户所填写或选择的数据信息，如图 19-9（b）所示。

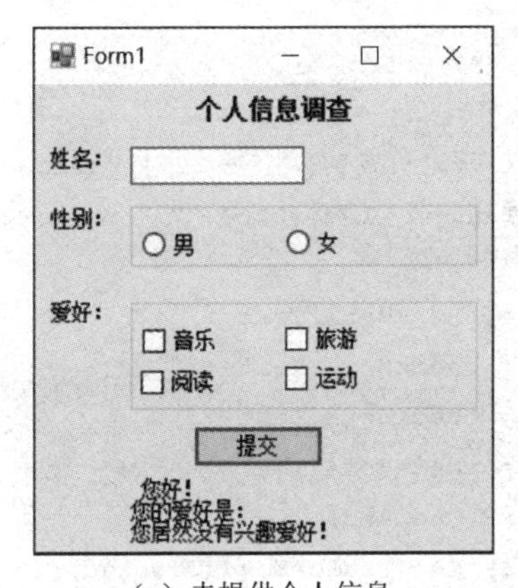

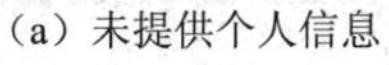
（a）未提供个人信息

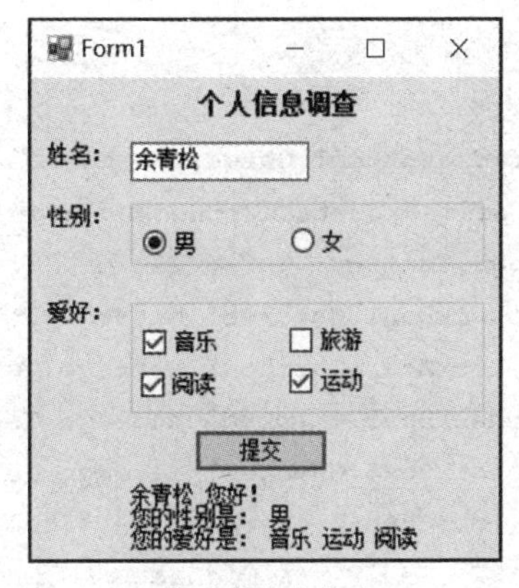

（b）完整的个人信息

图 19-9　例 19.3 的运行效果

操作步骤：

（1）创建 Windows 应用程序。在 C:\C#\Chapter19 文件夹中创建名为 Questionnaire 的 Windows 窗体应用程序。

（2）窗体设计。分别从“公共控件”和“容器”工具箱中将五个 Label 控件、一个 TextBox 控件、两个 GroupBox 控件、两个 RadioButton 控件、四个 CheckBox 控件、一个 Button 控件拖曳到窗体上。参照表 19-3 和图 19-9，分别在属性窗口中设置各控件的属性，并在 Windows 窗体设计器适当调整控件的大小和位置。

表 19-3　例 19.3 所使用的控件属性及说明

控件	属性	值	说明
Label1	Text	个人信息调查	标题说明标签
	Font	粗体、五号	
Label2	Text	姓名	姓名标签

续表

控件	属性	值	说明
Label3	Text	性别	性别标签
Label4	Text	爱好	爱好标签
Label5	Text	空	信息显示标签
	Name	Message	
TextBox	Name	textBoxName	姓名文本框
GroupBox1	Text	空	性别分组框
GroupBox2	Text	空	爱好分组框
RadioButton1、RadioButton2	Text	男、女	性别单选按钮
CheckBox1～CheckBox4	Text	音乐、旅游、阅读、运动	爱好复选框
Button	Text	提交	提交命令按钮

（3）创建处理控件事件的方法。双击窗体上的“提交”按钮，系统将自动生成 button1_Click 事件处理程序，在其中加入如下粗体语句，以在信息显示 Label 中显示用户所填写或者选择的个人信息：

```
private void button1_Click(object sender, EventArgs e)
{   Message.Text = textBoxName.Text + " 您好！";
    if (radioButton1.Checked) Message.Text += "\n您的性别是：" + radioButton1.Text;
    else if(radioButton2.Checked)Message.Text+="\n您的性别是：" + radioButton2.Text;
    Message.Text += "\n您的爱好是：";
    if (checkBox1.Checked) Message.Text += checkBox1.Text + " ";
    if (checkBox2.Checked) Message.Text += checkBox2.Text + " ";
    if (checkBox3.Checked) Message.Text += checkBox3.Text + " ";
    if (checkBox4.Checked) Message.Text += checkBox4.Text + " ";
    if ((!checkBox1.Checked) && (!checkBox2.Checked)
                    && (!checkBox3.Checked) && (!checkBox4.Checked))
        Message.Text += "\n您居然没有兴趣爱好！";
}
```

（4）运行并测试应用程序。

19.2.3 列表选择控件

1. ComboBox 控件

ComboBox（组合框）控件用于在下拉组合框中显示数据。默认情况下，ComboBox 控件分两个部分显示：顶部是一个允许用户输入的文本框；下部是允许用户选择一个项的列表框。SelectedIndex 属性返回对应于组合框中选定项的索引整数值（第 1 项为 0，未选中为-1）；SelectedItem 属性对应于组合框中选定项。

使用 Add、Insert、Clear 或 Remove 方法，可以向 ComboBox 控件中添加或删除项。也可以在设计时使用 Items 属性向列表添加项。

2. ListBox 控件

ListBox（列表框）控件用于显示一个项列表，当 MultiColumn 属性设置为 true 时，列表框以多列形式显示项。如果项总数超出可以显示的项数，则自动添加滚动条。用户可从中选择一项或多项：SelectedIndex 属性返回对应于列表框中第一个选定项的索引整数值（第 1 项为 0，未选中为-1）；SelectedItem 属性对应于列表框中第一个选定项。SelectedItems 和 SelectedIndices 分别为选中的项目集合和选中的索引号集合。

使用 Add、Insert、Clear 或 Remove 方法，可以向 ListBox 控件中添加或删除项。也可以在设计时使用 Items 属性向列表添加项。ListBox 控件 Items 属性的 Count 表示项目数量。如果存在 ListBox 控件的实例对象 ListBox1，则可以使用 ListBox1.Items[0] 和 ListBox1.Items[ListBox1.Items.Count−1]访问 ListBox1 的第一个和最后一个元素。

3. CheckedListBox 控件

CheckedListBox（复选列表框）控件与 ListBox 控件类似，用于显示项的列表，同时还可以在列表中的项的旁边显示选中标记。

【例 19.4】 ComboBox、ListBox、CheckedListBox 应用示例：创建 Windows 窗体应用程序 Computer 提供计算机配置信息，运行效果如图 19-10 所示。

（1）用户未提供任何计算机配置信息而直接单击“确定”按钮，页面显示效果如图 19-10（a）所示。

（2）用户在选择了 CPU、内存、硬盘、显示器和配件后，单击“确定”按钮，页面显示用户所配置的计算机硬件信息，如图 19-10（b）所示。

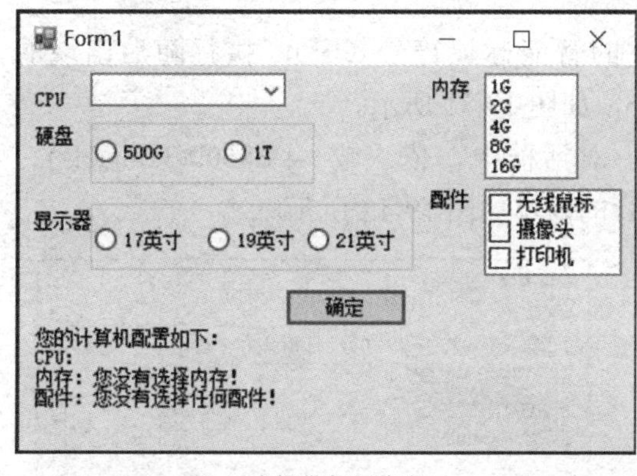

（a）未提供任何信息

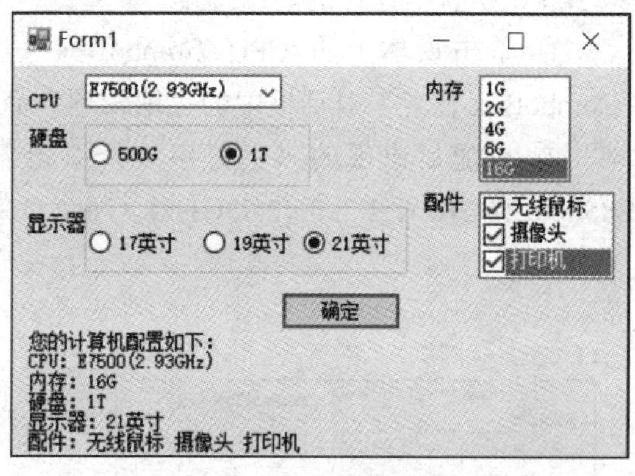

（b）完整的配置信息

图 19-10　例 19.4 的运行效果

操作步骤：

（1）创建 Windows 应用程序。在 C:\C#\Chapter19 文件夹中创建名为 Computer 的 Windows 窗体应用程序。

（2）窗体设计。分别从“公共控件”和“容器”工具箱中将六个 Label 控件、一个 ComboBox 控件、两个 GroupBox 控件、五个 RadioButton 控件、一个 ListBox 控件、一个 CheckedListBox 控件、一个 Button 控件拖曳到窗体上。参照表 19-4 和图 19-10，分别在属性窗口中设置各控件的属性，并在 Windows 窗体设计器适当调整控件的大小和位置。

表 19-4　例 19.4 所使用的控件属性及说明

控件	属性	值	说明
Label1	Text	CPU	CPU 标签
Label2	Text	内存	内存标签
Label3	Text	硬盘	硬盘标签
Label4	Text	显示器	显示器标签
Label5	Text	配件	配件标签
Label6	Text	空	信息显示标签
	Name	Message	
ComboBox	编辑项	E8600(3.33GHz)、E8500(3.16GHz)、E7500(2.93GHz)	CPU 组合框
GroupBox1	Text	空	硬盘分组框
GroupBox2	Text	空	显示器分组框
RadioButton1、	Name	radioButtonHD1、radioButtonHD2	硬盘单选按钮
RadioButton2	Text	500G、1T	
RadioButton3	Name	radioButtonS1、radioButtonS2、radioButtonS3	显示器单选按钮
~RadioButton5	Text	17 英寸、19 英寸、21 英寸	
ListBox	编辑项	1G、2G、4G、8G、16G	内存列表框
CheckedListBox	编辑项	无线鼠标、摄像头、打印机	配件复选列表框
Button	Text	确定	确定命令按钮

CPU 组合框控件的数据绑定。

① 单击窗体上的 CPU ComboBox 控件的智能标记符号（▸），执行随后出现的“ComboBox 任务”对话框中的“编辑项”命令，如图 19-11 所示。

② 在随后出现的“字符串集合编辑器”对话框中，依次输入 E8600(3.33GHz)、E8500(3.16GHz)、E7500(2.93GHz)。注意，每行的内容如图 19-12 所示。

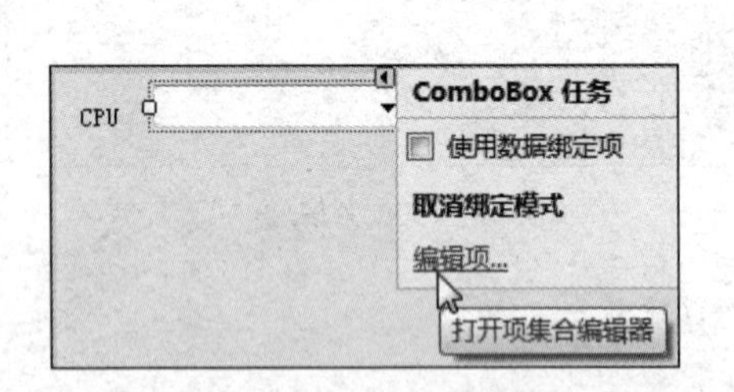

图 19-11　选择 ComboBox 控件编辑项的功能

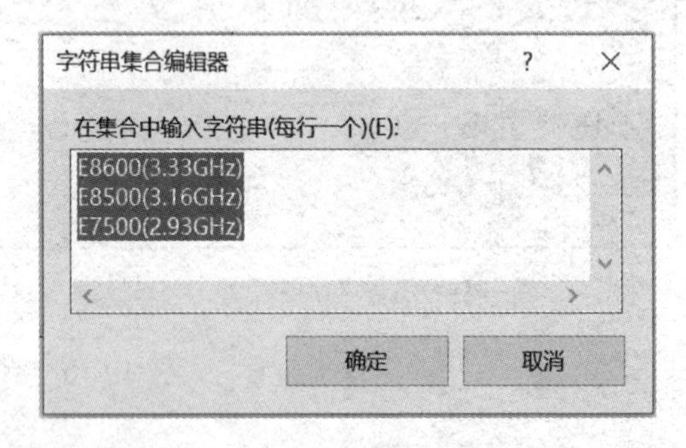

图 19-12　添加 ComboBox 的数据项

内存列表框和配件复选列表框的数据绑定可以参照对 CPU 组合框控件数据绑定的方法。

（3）创建处理控件事件的方法。双击窗体上的“确定”按钮，系统将自动生成 button1_Click 事件处理程序，在其中加入如下粗体语句，以在信息显示 Label 中显示用户所选择的计算机配置信息。

```
private void button1_Click(object sender, EventArgs e)
{   Message.Text = "您的计算机配置如下：";
    Message.Text += "\nCPU: "+comboBox1.Text;  Message.Text += "\n内存：" ;
    if (listBox1.SelectedIndex > -1) Message.Text += listBox1.SelectedItem.ToString();
    else Message.Text += "您没有选择内存！";
    if (radioButtonHD1.Checked) Message.Text += "\n硬盘：" + radioButtonHD1.Text;
    else if (radioButtonHD2.Checked) Message.Text += "\n硬盘：" + radioButtonHD2. Text;
    if (radioButtonS1.Checked) Message.Text += "\n显示器：" + radioButtonS1.Text;
    else if (radioButtonS2.Checked) Message.Text += "\n显示器：" + radioButtonS2.Text;
    else if (radioButtonS3.Checked) Message.Text += "\n显示器：" + radioButtonS3.Text;
    Message.Text += "\n配件：";
    if (checkedListBox1.CheckedItems.Count != 0)
    {  // 选中配件CheckedListBox复选列表框，显示其内容
       for (int i = 0; i <= checkedListBox1.CheckedItems.Count - 1; i++)
        { Message.Text += checkedListBox1.CheckedItems[i].ToString() + " "; }
    }
    else  Message.Text += "您没有选择任何配件！";
}
```

（4）运行并测试应用程序。

19.2.4 图形存储和显示控件

1. PictureBox 控件

PictureBox（图片框）控件用于显示位图、GIF、JPEG、图元文件或图标格式的图形。通过 Image 属性可指定所显示的图片。也可以通过设置 ImageLocation 属性，然后使用 Load 方法同步加载图像，或使用 LoadAsync 方法进行异步加载图像。默认情况下，PictureBox 控件在显示时没有任何边框，可以使用 BorderStyle 属性提供一个标准或三维的边框。

2. ImageList 控件

ImageList（图像列表）控件用于存储图像，这些图像随后可由控件显示。可关联具有 ImageList 属性的控件（如 Button、CheckBox、RadioButton、Label、TreeView、ToolBar、TabControl），或关联具有 SmallImageList 和 LargeImageList 属性的 ListView 控件。

【例 19.5】 PictureBox 和 ImageList 应用示例：创建 Windows 窗体应用程序 Pictures，提供图片浏览功能。利用 ImageList 控件存储图片集合，利用 PictureBox 控件显示图片。“上一张”按钮上存放上一张图片的缩览图，单击“上一张”按钮，可以在 PictureBox 控件中显示上一张图片的内容。“下一张”按钮上存放下一张图片的缩览图，单击“下一张”按钮，可以在 PictureBox 控件中显示下一张图片的内容。运行效果如图 19-13 所示。

操作步骤：

（1）创建 Windows 应用程序。在 C:\C#\Chapter19 文件夹中创建名为 Pictures 的 Windows 窗体应用程序。

（2）窗体设计。分别从“公共控件”和“组件”工具箱中将一个 PictureBox 控件、两个 Button 控件、一个 ImageList 控件拖曳到窗体上。参照表 19-5 和图 19-13，分别在属性窗口中设置各控件的属性，并在 Windows 窗体设计器适当调整控件的大小和位置。

（a）第一张　　（b）下一张

图 19-13　例 19.5 的运行效果

表 19-5　例 19.5 所使用的控件属性及说明

控件	属性	值	说明
PictureBox			显示图像
ImageList	Name	imageList1	存储图像
	图像大小	32, 32	
	图像列表	C:\C#\images\仙女 1.jpg~仙女 3.jpg	
Button1	Text	上一张	“上一张”命令按钮
	TextAlign	MiddleLeft	
	ImageList	imageList1	
	ImageIndex	0	
Button2	Text	下一张	“下一张”命令按钮
	TextAlign	MiddleRight	
	ImageList	imageList1	
	ImageIndex	1	

其中，ImageList 图像列表控件的属性设置如下：

① 单击 Windows 窗体设计器底部栏中 ImageList 控件的智能标记符号（▶），在随后出现的“ImageList 任务”对话框中，将“图像大小”改为“32, 32”，如图 19-14 所示。

② 执行“ImageList 任务”对话框中的“选择图像”命令，在随后出现的“图像集合编辑器”对话框中，单击“添加”按钮，选择并打开 C:\C#\images\文件夹中的图片文件“仙女 1.jpg”～“仙女 3.jpg”，如图 19-15 所示。

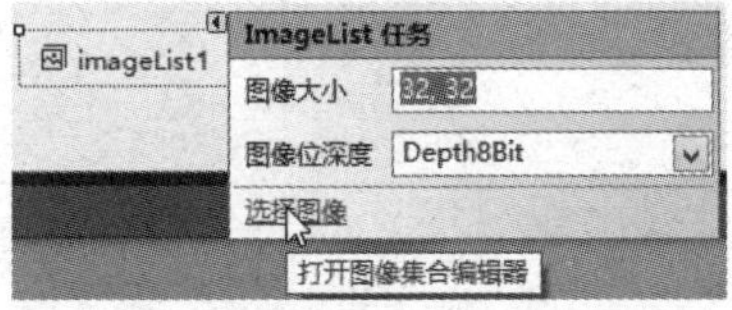

图 19-14　设置 ImageList 属性

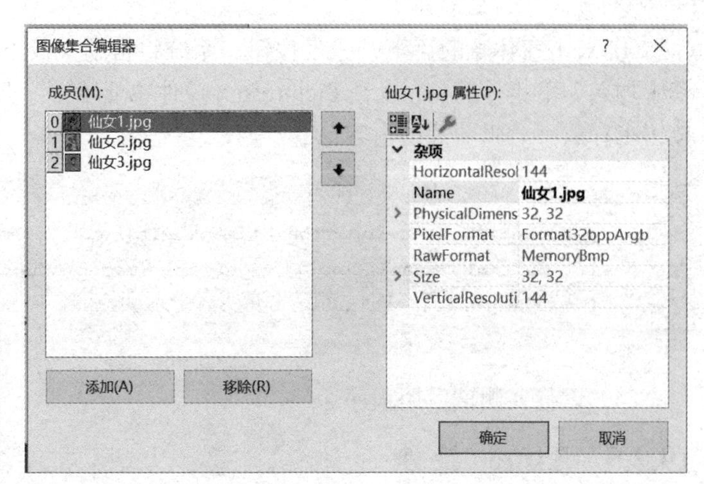

图 19-15　添加 ImageList 图像列表

（3）创建处理控件事件的方法。

① 右击窗体，执行相应快捷菜单中的“查看代码”命令，打开代码设计窗口，在命名空间处增加如下命名空间。

```
using System.IO;
```

在类 Form1 程序体内最开始的地方，增加如下粗体语句，获取图像列表各文件名称。

```
public partial class Form1 : Form
{
     string[] imageURLs = Directory.GetFiles(@"C:\C#\images");
    ⋮
}
```

② 双击窗体空白处，系统将自动生成 Form1_Load 事件处理程序，在其中加入如下粗体语句，以在 PictureBox 控件中显示第一张图片的内容。

```
private void Form1_Load(object sender, EventArgs e)
{
    pictureBox1.ImageLocation = imageURLs[0];
}
```

③ 双击窗体上的“上一张”按钮，系统将自动生成 button1_Click 事件处理程序，在其中加入如下粗体语句，以在 PictureBox 控件中显示上一张图片的内容，同时在“上一张”按钮上存放上一张图片的内容。

```
private void button1_Click(object sender, EventArgs e)
{  //在PicturBox中显示图片
    pictureBox1.ImageLocation = imageURLs[button1.ImageIndex];
    if (button1.ImageIndex > 0)                              //不是第一张图片
    {   --button1.ImageIndex; button2.ImageIndex = button1.ImageIndex + 1; }
}
```

④ 双击窗体上的“下一张”按钮，系统将自动生成 button2_Click 事件处理程序，在其中加入如下粗体语句，以在 PictureBox 控件中显示下一张图片的内容，同时在“下一张”按钮上存放下一张图片的内容。

```
private void button2_Click(object sender, EventArgs e)
{   pictureBox1.ImageLocation = imageURLs[button2.ImageIndex];
    if (button1.ImageIndex < imageList1.Images.Count - 1)//不是最后一张图片
    {   ++button2.ImageIndex; button1.ImageIndex = button2.ImageIndex - 1; }
}
```

（4）运行并测试应用程序。

19.2.5 Timer 控件

Timer（定时器）控件用于定期引发事件的组件。通过 Interval 属性可设置定时器的时间间隔长度（以毫秒为单位）。通过 Start 和 Stop 方法，可以打开和关闭计时器。若启用了定时器，则每个时间间隔引发一个 Tick 事件。

【例 19.6】 Timer 控件应用示例：创建 Windows 窗体应用程序 TimerGame，模拟简单电子游艺机。单击“开始”按钮，屏幕上的三个数字随机在 1～7 跳动。单击“停止”按钮，屏幕上的三个数字停止跳动。当出现三个 7 就是大奖。运行效果如图 19-16 所示。

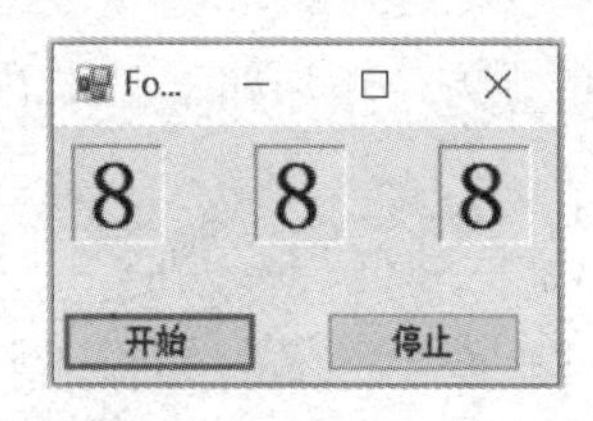

图 19-16　例 19.6 的运行效果

操作步骤：

（1）创建 Windows 应用程序。在 C:\C#\Chapter19 文件夹中创建名为 TimerGame 的 Windows 窗体应用程序。

（2）窗体设计。分别从“公共控件”和“组件”工具箱中将三个 Label 控件、两个 Button 控件、一个 Timer 控件拖曳到窗体上。参照表 19-6 和图 19-16，分别在属性窗口中设置各控件的属性，并在 Windows 窗体设计器适当调整控件的大小和位置。

表 19-6　例 19.6 所使用的控件属性及说明

控件	属性	值	说明
Label1~ Label3	Text	8	三个数字标签
	Font	粗体、一号	
	BorderStyle	Fixed3D	
Button1	Name	buttonStart	“开始”命令按钮
	Text	开始	
Button2	Name	buttonStop	“停止”命令按钮
	Text	停止	
Timer			定时器控件

（3）创建处理控件事件的方法。

① 右击窗体，执行相应快捷菜单中的“查看代码”命令，打开代码设计窗口，在类 Form1 程序体内最开始的地方，增加如下粗体语句，声明一个随机数变量。

```
public partial class Form1 : Form
{   Random r;
    ⋮
}
```

② 双击窗体空白处，系统将自动生成 Form1_Load 事件处理程序，在其中加入如下粗体语句，初始化随机对象。

```
private void Form1_Load(object sender, EventArgs e) { r = new Random(); }
```

③ 双击窗体上的“开始”按钮，系统将自动生成 buttonStart_Click 事件处理程序，在其中加入如下粗体语句，启动计时器。

```
private void buttonStart_Click(object sender, EventArgs e) { timer1.Start(); }
```

④ 双击窗体上的“停止”按钮，系统将自动生成 buttonStop_Click 事件处理程序，在其中加入如下粗体语句，停止计时器。

```
private void buttonStop_Click(object sender, EventArgs e) { timer1.Stop(); }
```

⑤ 在 Windows 窗体设计器底部的栏中，选中 Timer 控件，在其“属性”窗口中，单击“事件”按钮（⚡），然后双击事件名称 Tick，系统将自动创建 timer1_Tick 事件处理程序。在其中添加如下粗体所示的事件处理代码，以在三个数字标签中显示 1～7 的随机数。

```
private void timer1_Tick(object sender, EventArgs e)
{
    label1.Text = r.Next(1, 8).ToString();
    label2.Text = r.Next(1, 8).ToString();
    label3.Text = r.Next(1, 8).ToString();
}
```

（4）运行并测试应用程序。

19.3　通用对话框

对话框用于与用户交互和检索信息。.NET Framework 包括一些通用的预定义对话框（如消息框 MessageBox 和打开文件 OpenFileDialog 等）。用户也可以使用 Windows 窗体设计器来构造自定义对话框。预定义的通用对话框包括：

- OpenFileDialog：通过预先配置的对话框打开文件。
- SaveFileDialog：选择要保存的文件和该文件的保存位置。
- ColorDialog：从调色板选择颜色以及将自定义颜色添加到该调色板中。
- FontDialog：选择系统当前安装的字体。

- PageSetupDialog：通过预先配置的对话框设置供打印的页详细信息。
- PrintDialog：选择打印机，选择要打印的页，并确定其他与打印相关的设置。
- PrintPreviewDialog：按文档打印时的样式显示文档。
- FolderBrowserDialog：浏览和选择文件夹。

19.3.1 OpenFileDialog 对话框

OpenFileDialog 与 Windows 操作系统的“打开文件”对话框相同，用于显示一个用户可用来打开文件的预先配置的对话框。将 OpenFileDialog 组件添加到窗体后，它出现在 Windows 窗体设计器底部的栏中。使用 Filter 属性设置当前文件名筛选字符串，该字符串确定出现在对话框的“文件类型”框中的选项。使用 ShowDialog 方法在运行时显示对话框。

也可通过编程，创建其实例，然后设置其属性，并使用 ShowDialog 方法在运行时显示对话框。例如：

```
private void button1_Click(object sender, System.EventArgs e)
{   OpenFileDialog oFD1 = new OpenFileDialog();
    oFD1.InitialDirectory = "c:\\";                          //显示的初始目录
    oFD1.Filter = "txt files (*.txt)|*.txt|All files (*.*)|*.*";
                                                              //文件名筛选器字符串
    oFD1.FilterIndex = 2;                                    //当前选定筛选器的索引
    oFD1.RestoreDirectory = true;
    //如果用户在对话框中单击确定，则结果为DialogResult.OK
    //否则结果为DialogResult.Cancel
    if (oFD1.ShowDialog() == DialogResult.OK)               //打开文件的代码
    { //显示选择的文件名
      MessageBox.Show("打开文件：" + oFD1.FileName);
    }
}
```

19.3.2 SaveFileDialog 对话框

SaveFileDialog 与 Windows 操作系统的“保存文件”对话框相同，用于显示一个用户可用来保存文件预先配置的对话框。将 SaveFileDialog 组件添加到窗体后，它出现在 Windows 窗体设计器底部的栏中。使用 Filter 属性设置当前文件名筛选字符串，该字符串确定出现在对话框的“文件类型”框中的选项。使用 ShowDialog 方法在运行时显示对话框。

也可通过编程，创建其实例，然后设置其属性，并使用 ShowDialog 方法在运行时显示对话框。例如：

```
private void button1_Click(object sender, EventArgs e)
{   SaveFileDialog sFD1 = new SaveFileDialog();
    sFD1.InitialDirectory = "c:\\";
    sFD1.Filter = "Image Files(*.BMP;*.JPG;*.GIF)|*.BMP;*.JPG;*.GIF|All files (*.*)|*.*";
    sFD1.FilterIndex = 1;
    sFD1.RestoreDirectory = true;
    if (sFD1.ShowDialog() == DialogResult.OK)
```

```
        { //保存文件
          MessageBox.Show("保存文件: " + sFD1.FileName);
        }
    }
```

19.3.3 通用对话框应用举例

在项目中可以通过两种方法使用通用对话框：

（1）通过编程，创建其实例，然后设置其属性，并使用 ShowDialog 方法在运行时显示对话框。

（2）从“工具箱”中将相应的通用对话框组件拖曳到窗体上，然后在属性窗口中设置各控件的属性。

【例 19.7】 通用对话框应用示例。创建 Windows 窗体应用程序 CommonDialog，实现 OpenFileDialog、SaveFileDialog、FontDialog 等对话框的功能（为简便起见，本程序仅考虑对.rtf 文件类型的处理，其他文件类型的处理可以如法炮制）。运行效果如图 19-17 所示。

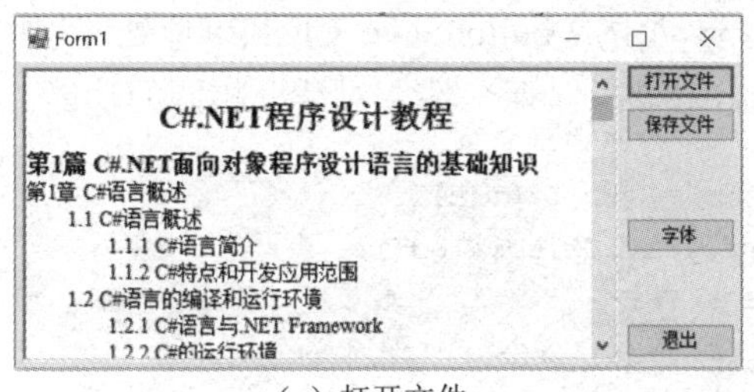

（a）打开文件

（b）设置字体

图 19-17 通用对话框的运行效果

操作步骤：

（1）创建 Windows 应用程序。在 C:\C#\Chapter19 文件夹中创建名为 CommonDialog 的 Windows 窗体应用程序。

（2）窗体设计。从“公共控件”工具箱中将一个 RichTextBox 控件、四个 Button 控件拖曳到窗体上。参照表 19-7 和图 19-17，分别在属性窗口中设置各控件的属性，并在 Windows 窗体设计器适当调整控件的大小和位置。

表 19-7 例 19.7 所使用的控件属性及说明

控件	属性	值	说明
RichTextBox			文档内容编辑显示文本框
Button1	Name	buttonOpen	“打开”命令按钮
	Text	打开文件	
Button2	Name	buttonSave	“保存”命令按钮
	Text	保存文件	
Button3	Name	buttonFont	“字体”命令按钮
	Text	字体	
Button4	Name	buttonExit	“退出”命令按钮
	Text	退出	

（3）创建处理控件事件的方法。

① 双击窗体上的“打开文件”按钮，系统将自动生成 buttonOpen_Click 事件处理程序，在其中加入如下粗体语句，实现与 Windows 操作系统“打开文件”对话框相同的功能。

```
private void buttonOpen_Click(object sender, EventArgs e)
{   OpenFileDialog openFileDialog1 = new OpenFileDialog();
    openFileDialog1.InitialDirectory = "c:\\";
    //为简便起见，仅针对.rtf文件类型
    openFileDialog1.Filter = "rft files (*.rtf)|*.rtf";
    openFileDialog1.FilterIndex=2;openFileDialog1.RestoreDirectory=true;
    if (openFileDialog1.ShowDialog() == DialogResult.OK)
     { //打开文件内容
     richTextBox1.LoadFile(openFileDialog1.FileName);
     }
}
```

② 双击窗体上的“保存文件”按钮，系统将自动生成 buttonSave_Click 事件处理程序，在其中加入如下粗体语句，实现与 Windows 操作系统“保存文件”对话框相同的功能。

```
private void buttonSave_Click(object sender, EventArgs e)
    {   SaveFileDialog saveFileDialog1 = new SaveFileDialog();
        saveFileDialog1.InitialDirectory = "c:\\";
        saveFileDialog1.Filter = "rft files (*.rtf)|*.rtf"; //针对.rtf文件类型
        saveFileDialog1.FilterIndex = 1; saveFileDialog1.RestoreDirectory = true;
        if (saveFileDialog1.ShowDialog() == DialogResult.OK)
         { //保存文件内容
           richTextBox1.SaveFile(saveFileDialog1.FileName);
         }
    }
```

③ 双击窗体上的“字体”按钮，系统将自动生成 buttonFont_Click 事件处理程序，在其中加入如下粗体语句，实现与 Windows 操作系统“字体”对话框相同的功能。

```
private void buttonFont_Click(object sender, EventArgs e)
    {   FontDialog fontDialog1 = new FontDialog(); fontDialog1.ShowColor = true;
        fontDialog1.Font = richTextBox1.SelectionFont;
        fontDialog1.Color = richTextBox1.SelectionColor;
        if (fontDialog1.ShowDialog() != DialogResult.Cancel)
        {  //对RichTextBox中选中的文件内容更新字体
           richTextBox1.SelectionFont = fontDialog1.Font;
           richTextBox1.SelectionColor = fontDialog1.Color;
        }
}
```

④ 双击窗体上的“退出”按钮，系统将自动生成 buttonExit_Click 事件处理程序，在其中加入如下粗体语句，关闭应用程序。

```
private void buttonExit_Click(object sender, EventArgs e){ this.Close(); }
```

（4）运行并测试应用程序。

19.3.4 FontDialog 对话框

FontDialog 与 Windows 操作系统的“字体”对话框相同，使用该对话框可以进行字体的相关设置。将 FontDialog 组件添加到窗体后，它出现在 Windows 窗体设计器底部的栏中。使用 ShowDialog 方法在运行时显示对话框。

也可以通过编程，创建其实例，然后设置其属性，并使用 ShowDialog 方法在运行时显示对话框。例如：

```
private void button1_Click(object sender, System.EventArgs e)
 { FontDialog fontDialog1 = new FontDialog();
   fontDialog1.ShowColor = true;                    //显示选择颜色功能
   fontDialog1.Font = textBox1.Font;                //字体
   fontDialog1.Color = textBox1.ForeColor;          //颜色
   if(fontDialog1.ShowDialog() != DialogResult.Cancel )
   {  textBox1.Font = fontDialog1.Font;             //选择的字体
      textBox1.ForeColor = fontDialog1.Color;       //选择的颜色
   }
 }
```

19.4 菜单和工具栏

Windows 应用程序通常提供菜单，菜单包括各种按照主题分组的基本命令。Windows 应用程序包括三种类型的菜单。

- 主菜单：提供窗体的菜单系统。通过单击可下拉出子菜单，选择命令可执行相关的操作。Windows 应用程序的主菜单通常包括文件、编辑、视图、窗口、帮助等。
- 上下文菜单（也称为快捷菜单）：通过鼠标右击某对象而弹出的菜单。一般为与该对象相关的常用菜单命令，如剪切、复制、粘贴等。
- 工具栏：通过单击工具栏上的图标，可以执行相关的操作。

19.4.1 MenuStrip 控件

MenuStrip 控件取代了 MainMenu 控件，用于实现主菜单。将 MenuStrip 控件添加到窗体后，它出现在 Windows 窗体设计器底部的栏中，同时，在窗体的顶部将出现主菜单设计器。通过菜单设计器，可以方便地创建窗体的菜单系统。

当然，也可用编程方法构建菜单系统，读者可以参考菜单设计器自动生成的代码，本书不做详细介绍。

19.4.2 ContextMenuStrip 控件

ContextMenuStrip 控件取代了 ContextMenu，用于实现上下文菜单。将 ContextMenuStrip

控件添加到窗体后，它出现在 Windows 窗体设计器底部的栏中。如果选中窗体设计器底部栏中的 ContextMenuStrip 控件，在窗体的上部将出现菜单设计器。通过菜单设计器，可以方便地创建上下文菜单的菜单系统。然后，通过属性窗口，把该上下文菜单与某个控件的关联起来即可。例如，richTextBox1.ContextMenuStrip = this.contextMenuStrip1。

19.4.3 ToolStrip 控件

ToolStrip 控件取代了 ToolBar，用于实现工具栏。将 ToolStrip 控件添加到窗体后，它出现在 Windows 窗体设计器底部的栏中。如果选中窗体设计器底部栏中的 ToolStrip 控件，在窗体的上部将出现菜单设计器。通过菜单设计器，可以方便地创建工具栏的菜单系统。

19.4.4 菜单和工具栏应用举例

【例 19.8】 MenuStrip 和 ContextMenuStrip 控件的应用示例：创建 Windows 窗体应用程序 MenuDesign，实现主菜单和上下文菜单的功能。运行效果如图 19-18 所示。

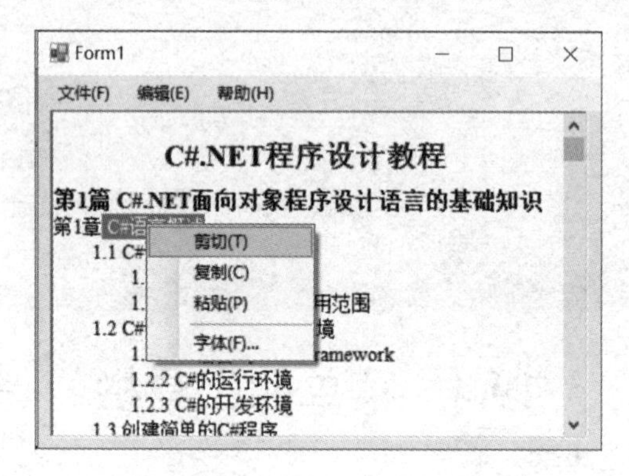

图 19-18　菜单和工具栏的运行效果

操作步骤：

（1）创建 Windows 应用程序。在 C:\C#\Chapter19 文件夹中创建名为 MenuDesign 的 Windows 窗体应用程序。

（2）窗体设计。分别从“公共控件”和“菜单和工具栏”工具箱中将一个 RichTextBox 控件、一个 MenuStrip 控件、一个 ContextMenuStrip 控件拖曳到窗体上。参照表 19-8 和图 19-18，分别在属性窗口中设置各控件的属性，并在 Windows 窗体设计器适当调整控件的大小和位置。

表 19-8　例 19.8 所使用的控件属性及说明

控件	属性	值	说明
MenuStrip	Name	menuStrip1	主菜单控件
ContextMenuStrip	Name	contextMenuStrip1	上下文菜单控件
RichTextBox	ContextMenuStrip	contextMenuStrip1	文档内容编辑显示文本框

① 创建主菜单。选中窗体设计器底部栏中的 MenuStrip 控件，在窗体的顶部将出现主菜单设计器。参照如图 19-19（a）所示主菜单项的布局，依次输入 ToolStripMenuItem 的文

本。其中：

- 显示菜单命令的访问键。在要为其加上下画线以作为访问键的字母前面输入一个 and 符（&），可以显示菜单命令的访问键。例如，“新建(&N)”将显示“新建(N)”的菜单项，如图 19-19（b）所示。
- 在菜单命令之间显示分隔线。右击“请在此处输入”，执行相应快捷菜单中的“插入”|Separator 命令，或直接单击“请在此处输入”右侧的▼按钮，选择 Separator，如图 19-19（c）所示，将在当前位置之前插入一条分隔线。

② 创建上下文菜单。选中窗体设计器底部栏中的 ContextMenuStrip 控件，在窗体的上部将出现菜单设计器。参照如图 19-19（d）所示上下文菜单项的布局，依次输入 ToolStripMenuItem 的文本。

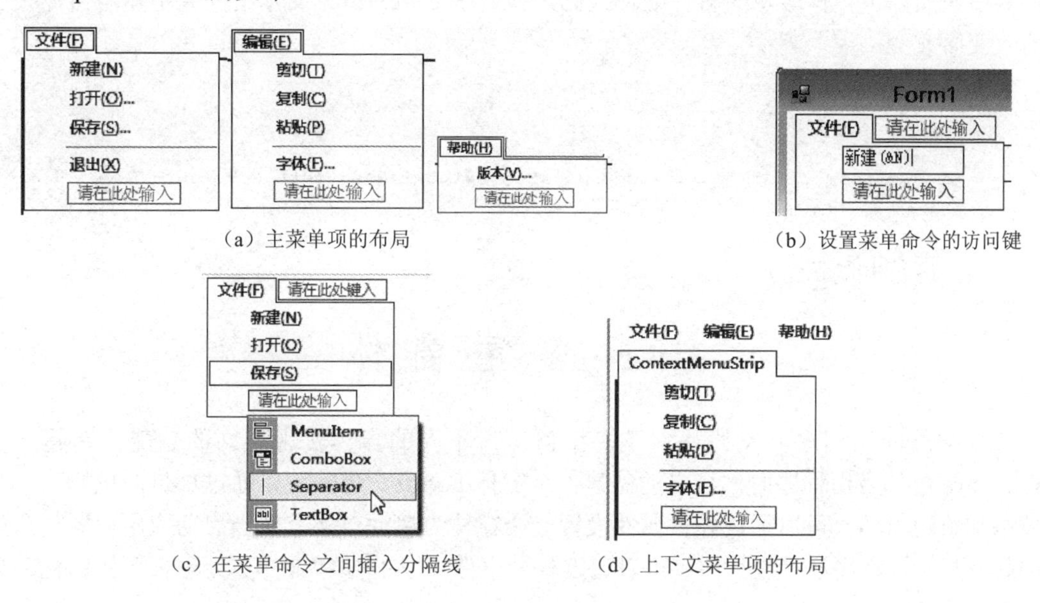

（a）主菜单项的布局　（b）设置菜单命令的访问键

（c）在菜单命令之间插入分隔线　（d）上下文菜单项的布局

图 19-19　菜单设计

（3）创建处理控件事件的方法。

① 分别双击窗体上 MenuStrip 控件中的“新建”“打开”“保存”“退出”“剪切”“复制”“粘贴”“字体”“版本”菜单项，以及 ContextMenuStrip 控件中的“剪切”“复制”“粘贴”“字体”菜单项，系统将自动生成相应的事件处理程序，在其中分别加入如下粗体语句，实现文件操作、编辑操作以及版本显示的功能。其中，“剪切”“复制”“粘贴”“字体”的主菜单命令和快捷菜单命令的处理程序相同；“打开”“保存”“退出”“字体”菜单命令的处理程序与例 19.7 相同，本例不赘述。

```
private void 新建ToolStripMenuItem_Click(object sender, EventArgs e)
{   richTextBox1.Clear();  this.Text = "新建文档"; }
private void 剪切TToolStripMenuItem_Click(object sender, EventArgs e)
{   richTextBox1.Cut();  }
private void 复制CToolStripMenuItem_Click(object sender, EventArgs e)
{   richTextBox1.Copy(); }
```

```
private void 粘贴VToolStripMenuItem_Click(objectsender,EventArgs e)
{   richTextBox1.Paste(); }
private void 复制CToolStripMenuItem_Click(objectsender,EventArgs e)
{   richTextBox1.Copy(); }
private void 粘贴VToolStripMenuItem_Click(objectsender,EventArgs e)
{   richTextBox1.Paste(); }
private void 版本VToolStripMenuItem_Click(objectsender,EventArgs e)
{   MessageBox.Show("版本3.0.0，CopyRight江红、余青松");}
```

② 在Windows窗体设计器中，选中Form1窗体，在其“属性”窗口中，单击“事件”按钮，然后双击事件名称SizeChanged，系统将自动创建Form1_SizeChanged事件处理程序。在其中添加如下粗体所示的事件处理代码，使得RichTextBox文本框的大小随着窗体大小的改变而改变。

```
private void Form1_SizeChanged(object sender, EventArgs e)
{
  richTextBox1.Width=this.Width-35;richTextBox1.Height=this.Height-70;
}
```

（4）运行并测试应用程序。

19.5 多 重 窗 体

复杂的应用程序开发往往涉及多个窗体，不同的窗体实现不同的功能。新建一个Windows窗体应用程序时，会自动创建一个窗体Form1。用户可以通过项目的快捷菜单命令添加新的窗体。可以通过项目属性设置一个窗体为启动对象，即当启动应用程序时自动加载并显示。程序运行过程中，可以通过各种事件（按钮/菜单命令）处理程序实例化并显示其他窗体。

19.5.1 添加新窗体

在解决方案资源管理器中，鼠标右击项目，执行相应快捷菜单的“添加”|“Windows窗体”添加新的窗体。

19.5.2 调用其他窗体

要调用其他窗体，可以在相应的按钮/菜单命令的事件处理程序中，通过下列类似代码，创建（实例化）并显示一个窗体。例如，要显示Form2，可以使用下列代码：

```
Form2 f2 = new Form2();          //创建Form2的实例
f2.ShowDialog();                 //显示Form2的实例。也可以使用f2.Show()调用
```

（1）Show方法显示非模式对话框。调用此方法后，程序继续执行，无须等待对话框关闭。

（2）ShowDialog方法显示模式对话框。调用此方法时，直到关闭对话框后，才执行此

方法后面的代码。可以将 DialogResult 枚举值分配给对话框，随后可以使用此返回值确定如何处理对话框中发生的操作。

19.5.3 多重窗体应用举例

【例 19.9】 多重窗体应用示例：修改例 19.8 的 Windows 窗体应用程序 MenuDesign，利用多重窗体实现帮助菜单功能。运行效果如图 19-20 所示。

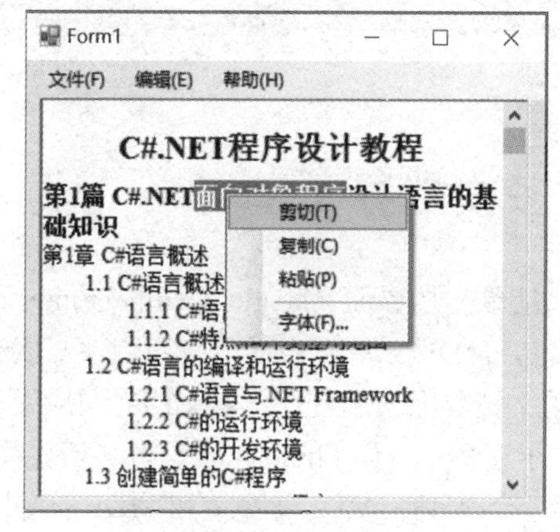

（a）Form1 运行效果

（b）Form2 运行效果

图 19-20 多重窗体的运行效果

操作步骤：

（1）打开 Windows 窗体应用程序。创建 C:\C#\Chapter19\MultiWinMenuDesign 文件夹，并将 C:\C#\Chapter19\MenuDesign 中的所有内容复制到 C:\C#\Chapter19\MultiWinMenuDesign 文件夹中。在 Visual Studio 中，打开 C:\C#\Chapter19\MultiWinMenuDesign 文件夹中名为 MenuDesign 的 Windows 窗体应用程序。

（2）创建和设计新窗体。在解决方案资源管理器中，鼠标右击项目，执行相应快捷菜单的“添加”|“Windows 窗体”添加新的窗体 Form2。从“公共控件”工具箱中拖曳三个 Label 控件到 Form2 窗体上。参照表 19-9 和图 19-20，分别在属性窗口中设置各控件的属性，并在 Windows 窗体设计器适当调整控件的大小和位置。

表 19-9 例 19.9 新增的窗体和控件属性及说明

控件	属性	值	说明
Form2	Name	AboutDialog	Windows 窗体
Label1	Text	Simple Editor	标签
Label2	Text	版本 3.0.0	标签
Label3	Text	CopyRight 江红、余青松，2018	标签
Button1	Text	确定	按钮

（3）创建处理控件事件的方法。

① 修改“版本 VToolStripMenuItem_Click”事件处理代码，以在新窗体（Form2 窗体）中显示帮助菜单的关于功能。

```
private void 版本VToolStripMenuItem_Click(object sender, EventArgs e)
{   AboutDialog Form2 = new AboutDialog();Form2.ShowDialog();}
```

② 生成并处理 Form2 窗体的 button1_Click 事件。

双击 Form2 窗体中的“确定”按钮控件，系统将自动生成 button1_Click 事件处理程序，在其中加入如下粗体语句，关闭 Form2 窗体。

```
private void button1_Click(object sender, EventArgs e) {  this.Close();  }
```

（4）运行并测试应用程序。

19.6 多文档界面

Windows 窗体应用程序的界面风格包括单文档界面（single document interface，SDI）和多文档界面（multiple document interface，MDI）。单文档界面应用程序一次只能打开一个文件，如 Windows 系统的记事本就是单文档界面应用程序。多文档界面应用程序可以同时打开多个文档，每个文档显示在各自的子窗体中，如 Photoshop 是多文档界面应用程序。

多文档界面应用程序一般包含两种类型的窗体：MDI 父窗体和 MDI 子窗体。MDI 父窗体是多文档界面应用程序的基础，一般为应用程序的启动窗体，承载应用程序的主菜单和主工具栏。MDI 父窗体包含 MDI 子窗体，MDI 子窗体用于显示和编辑子文档。多文档界面应用程序一般包含“窗口”菜单项，用于在窗口或文档之间进行切换。

创建多文档界面应用程序的一般步骤如下：

（1）创建 Windows 窗体应用程序，向导将创建一个默认窗体 Form1。

（2）设置默认窗体 Form1 的 IsMdiContainer 属性为 True，即创建 MDI 父窗体，然后设计 MDI 父窗体的主菜单和主工具栏。

（3）添加新窗体 Form2，设计其界面，并将其作为 MDI 子窗体。也可为 MDI 子窗体设计相应的子菜单和子工具栏。

（4）实现各菜单/工具栏按钮的事件处理程序，完成其功能要求。

19.6.1 创建 MDI 父窗体

首先创建一个 Windows 窗体应用程序项目，系统将自动创建一个默认窗体 Form1。在 Form1 的属性窗口中，设置其 IsMdiContainer 属性为 True，则窗体 Form1 为 MDI 父窗体，且其背景色自动改变为深灰色，然后设计 MDI 父窗体的主菜单和主工具栏，参见 19.5.4 节。

一般可将 MDI 父窗体的 WindowState 属性设置为 Maximized，因为当父窗体最大化时，操作子窗口更容易。

19.6.2 创建 MDI 子窗体

在解决方案资源管理器中，鼠标右击项目，执行相应快捷菜单的“添加”|“Windows 窗体”添加新的窗体作为 MDI 子窗体。

可以为 MDI 子窗体设计相应的子菜单和子工具栏。打开子窗体时，子窗体的菜单和工具栏（其属性 AllowMerge 默认为 True）将和 MDI 父窗体的主菜单和主工具栏合并。

在 MDI 父窗体的主菜单或工具栏命令事件处理程序中，可以使用代码创建并显示 MDI 子窗体的实例：

```
Form2 FormChild = new Form2(); FormChild.MdiParent = this; FormChild.Show();
```

19.6.3 处理 MDI 子窗体

一个 MDI 应用程序可以有同一个子窗体的多个实例，使用 ActiveMdiChild 属性，可以返回具有焦点的或最近活动的子窗体。例如：

```
Form activeChild = this.ActiveMdiChild;
```

MDI 应用程序一般包含“窗口”菜单项，包含对打开的 MDI 子窗体进行操作的菜单命令，如“平铺”“层叠”和“排列”。在 MDI 父窗体中，可使用 LayoutMdi 方法和 MdiLayout 枚举重新排列子窗体。例如：

```
this.LayoutMdi(System.Windows.Forms.MdiLayout.Cascade);           //层叠排列
this.LayoutMdi(System.Windows.Forms.MdiLayout.TileHorizontal);    //水平平铺
this.LayoutMdi(System.Windows.Forms.MdiLayout.TileVertical);      //垂直平铺
this.LayoutMdi(System.Windows.Forms.MdiLayout.ArrangeIcons);      //排列图标
```

多文档界面应用程序举例参见 22.1 节。

19.7 图形绘制

19.7.1 GDI+图形绘制概述

1. GDI+

C#使用 GDI+处理二维（2D）的图形和图像，使用 DirectX 处理三维（3D）的图形图像。GDI+（Graphics Device Interface Plus）图形设备接口提供了各种丰富的图形图像处理功能。

命名空间 System.Drawing 提供了对 GDI+基本图形功能的访问，主要包括 Graphics 类、Bitmap 类、Brush 类及其子类、Font 类、Icon 类、Image 类、Pen 类、Color 类等。

2. 绘图对象 Graphics

绘图程序的设计过程一般分为两个步骤：

（1）创建 Graphics 对象。

（2）使用 Graphics 对象的方法绘图、显示文本或处理图像。获取或创建 Graphics 对象的方法通常有两种：

① 利用控件或窗体 Paint 事件中的 PainEventArgs 的 Graphics 属性。例如：

```
//窗体的Paint事件的响应方法
private void form1_Paint(object sender, PaintEventArgs e) { Graphics g = e.Graphics; }
```

② 调用某控件或窗体的 CreateGraphics 方法。例如：

```
Graphics g = this.CreateGraphics();
```

获取或创建了图形上下文 Graphics 对象后，可以通过 Graphics 对象的各种绘制方法绘制字符串和各种图形。

3. 坐标系

在 C#语言中，每个组件都有一个坐标系。坐标原点(0,0)位于组件的左上角，x 轴的方向向右，y 轴的方向向下，计量单位为像素。

C#组件的坐标系如图 19-21（a）所示。请注意与传统坐标系（如图 19-21（b）所示）的区别。

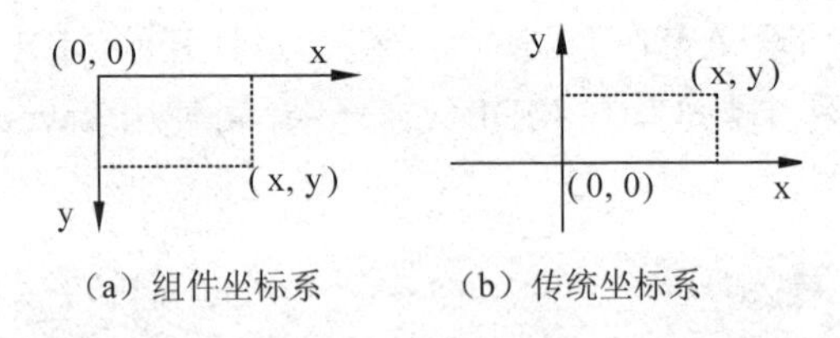

（a）组件坐标系　　（b）传统坐标系

图 19-21　坐标系

4. Point/PointF/Size/Rectangle/RectangleF 结构

Point 结构用于指定坐标点，PointF 结构为浮点坐标点，Size 结构用于指定大小，Rectangle 结构用于指定长方形区域，RectangleF 结构为浮点长方形区域。例如：

```
Point pt1=new Point(10,20);                     //x坐标为10，y坐标为20
PointF pt2=new PointF(10.1f,20.2f);             //x坐标为10.1，y坐标为20.2
Size s1=new Size(100,200);                      //width为100，height为200
Rectangle rect1=new Rectangle(0,0,10,10);       //x坐标为0,y坐标为0,width为10,height为10
Rectangle rect2=new Rectangle(pt1, s1);         //左上角坐标为pt1，大小为s1
RectangleF rect3=new RectangleF(30.6F, 30.7F, 40.8F, 100.9F);
```

5. Color 结构

Color 结构用于封装对颜色的定义，表示一种 ARGB 颜色（alpha、红色、绿色和蓝色）。Color 结构中提供许多系统定义的颜色。例如：

```
Color c1 = Color.Red;
Color c2 = Color.FromName("Red");
Color c3 = Color.FromArgb(100, 255, 0, 0);   //不透明度为100的红色
Color c4 = Color.FromArgb(255, 0, 0);        //红色（R=255,G=0,B=0）
```

6. Font 类

Font 类定义特定文本格式，包括字体、字号和字形属性。例如：

```
Font font = new Font(new FontFamily("宋体"), 16, FontStyle.Bold);  //16磅宋体粗体
```

7. Brush 类

Brush 类定义用于填充图形形状（如矩形、椭圆、饼形、多边形和封闭路径）画刷的对象。Brush 类是一个抽象的基类，不能被实例化。通常使用其派生类实例化一个画刷对象。Brush 类的派生类包括 SolidBrush、TextureBrush、LinearGradientBrush、PathGradientBrush 和 HatchBrush。例如：

```
SolidBrush shadowBrush = new SolidBrush(Color.Red); //红色单色画刷
```

密封类 Brushes 包括了所有标准颜色的画刷，如 Brushes.Red。

8. Pen 类

Pen 类用来指定绘制的笔触，包括宽度和样式。例如：

```
Pen pen1=new Pen(Color.Blue);          //通过颜色（蓝色）定义画笔
Pen pen2=new Pen(Color.Blue,10);       //通过颜色和笔宽（蓝色，10）定义画笔
Pen pen3=new Pen(Brushes.Red);         //通过画刷（红色画刷）定义画笔
Pen pen4=new Pen(Brushes.Red,10);      //通过画刷和笔宽（红色画刷，10）定义画笔
```

密封类 Pens 包括了所有标准颜色的画笔，如 Pens.Red。通过 Pen 的属性，可以设置画笔的特性。例如：

```
Pen pen1=new Pen(Color.Blue);
pen1.DashStyle = System.Drawing.Drawing2D.DashStyle.Dot;//虚线
```

19.7.2 绘制字符串

使用图形上下文的 Graphics 对象的下列方法，可以绘制字符串：

```
//在指定位置point，使用指定字体font和画刷brush绘制指定字符串s
public void DrawString(string s, Font font, Brush brush, PointF point)
//在指定区域layoutRectangle，使用指定字体font和画刷brush绘制指定字符串s
public void DrawString(string s, Font font, Brush brush, RectangleF layoutRectangle)
```

例如：

```
Graphics g = e.Graphics; String s = "欢迎光临!";
Font font = new Font("宋体", 16);
SolidBrush brush = new SolidBrush(Color.Red);
PointF point = new PointF(100.0F, 100.0F);
g.DrawString(s, font, brush, point);     //在位置(100,100)绘制"欢迎光临!"
```

19.7.3 绘制图形

1. 绘制直线

```
public void DrawLine(Pen pen, Point pt1,Point pt2)      //绘制连接点pt1和pt2的直线
public void DrawLine (Pen pen,int x1,int y1,int x2,int y2) //绘制点(x1, y1)到(x2, y2)的直线
```

例如：

```
Pen pen = new Pen(Color.Black, 3);
Point pt1 = new Point(100, 100); Point pt2 = new Point(200, 200);
e.Graphics.DrawLine(pen, pt1, pt2); e.Graphics.DrawLine(pen, 20, 20, 100, 200);
```

2. 绘制矩形

```
public void DrawRectangle(Pen pen, Rectangle rect)                              //绘制矩形的边框
public void DrawRectangle(Pen pen,int x,int y,int width,int height) //绘制矩形的边框
public void FillRectangle(Brush brush,Rectangle rect)                           //绘制填充的矩形
public void FillRectangle(Brush brush,int x,int y,int width,int height)//绘制填充的矩形
```

其中，（x，y）为矩形左上角的坐标；width/height 为矩形的宽/高。例如：

```
Pen pen = new Pen(Color.Blue, 3);
SolidBrush brush = new SolidBrush(Color.Blue);
Rectangle rect1 = new Rectangle(50, 0, 50, 50);
Rectangle rect2 = new Rectangle(50, 100, 50, 50);
e.Graphics.DrawRectangle(pen, rect1);e.Graphics.DrawRectangle(pen, 150, 0, 50, 50);
e.Graphics.FillRectangle(brush, rect2);e.Graphics.FillRectangle(brush, 150,100,50,50);
```

3. 绘制椭圆

```
public void DrawEllipse(Pen pen, Rectangle rect)                               //绘制椭圆的边框
public void DrawEllipse(Pen pen,int x,int y,int width,int height) //绘制椭圆的边框
public void FillEllipse(Brush brush,Rectangle rect)                            //绘制填充的椭圆
public void FillEllipse(Brush brush,int x,int y,int width,int height) //绘制填充的椭圆
```

其中，(x,y)为椭圆左上角的坐标；width/height 为椭圆的宽/高。如果椭圆的宽和高相等，则为圆。例如：

```
Pen pen = new Pen(Color.Yellow, 3); SolidBrush brush = new SolidBrush (Color.Cyan);
Rectangle rect1 = new Rectangle(50, 0, 50, 50);
Rectangle rect2 = new Rectangle(50, 100, 50, 50);
e.Graphics.DrawEllipse(pen, rect1); e.Graphics.DrawEllipse(pen, 150, 0, 50, 50);
e.Graphics.FillEllipse(brush, rect2); e.Graphics.FillEllipse(brush, 150, 100, 50, 50);
```

4. 绘制圆弧

```
public void DrawArc(Pen pen,Rectangle rect,float startAngle,float sweepAngle)
public void DrawArc(Pen pen,int x,int y,int width,int height,int startAngle,int sweepAngle)
```

其中，(x,y)为圆弧左上角的坐标；width/height 为圆弧的宽/高；startAngle 为开始角度；sweepAngle 为弧跨越的角度（相对于开始角度而言）。例如：

```
Pen pen = new Pen(Color.Pink, 3); Rectangle rect = new Rectangle(50, 0, 50, 50);
e.Graphics.DrawArc(pen, rect, 0, 60); e.Graphics.DrawArc(pen, 150, 0, 50, 50, 120, 90);
```

5. 绘制连线和多边形

```
public void DrawPolygon(Pen pen,Point[] points)       //绘制连接各点的连线多边形边框
public void FillPolygon(Brush brush,Point[] points)   //绘制填充连接各点的连线多边形
```

其中，points 为坐标数组，构成多边形的顶点。例如：

```
Pen pen = new Pen(Color.Purple, 3);
SolidBrush brush = new SolidBrush(Color.Yellow);
Point[] points ={new Point(50, 50), new Point(100, 25), new Point(200, 5),
            new Point(250, 50), new Point(280, 100)};
e.Graphics.DrawPolygon(pen, points); e.Graphics.FillPolygon(brush, points);
```

6. 绘制图像

```
public void DrawImage(Image image,Point point)            //从指定点绘制图像
public void DrawImage(Image image,RectangleF rect)        //在指定矩形区域中绘制图像
public void DrawImage(Image image,Point[] destPoints)  //在指定多边形区域中绘制图像
```

其中，points 为坐标数组，构成多边形的顶点。例如：

```
Image image = Image.FromFile("123.jpg");
Rectangle rect = new Rectangle(0, 0, 400, 400); e.Graphics.DrawImage(image, rect);
```

【例 19.10】 图形绘制示例。运行效果如图 19-22 所示。

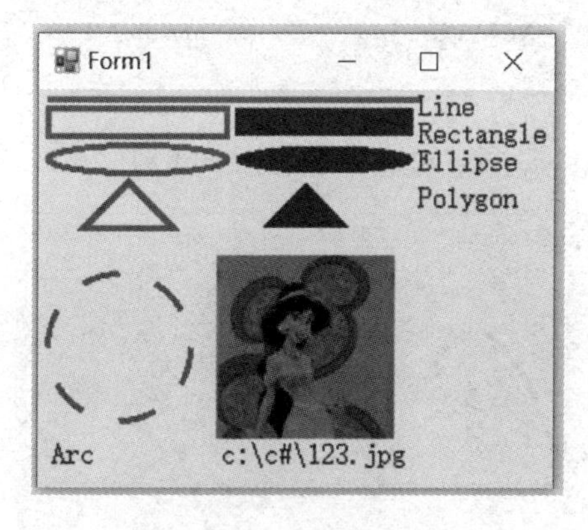

图 19-22 图形绘制的运行效果

操作步骤：

（1）在 C:\C#\Chapter19 文件夹中创建名为 DrawPictures 的 Windows 窗体应用程序。

（2）回到 Windows 窗体设计器，在窗体“属性”窗口中，单击“事件”按钮，然后双击事件名称 paint，在 Form1.cs 中自动创建 Form1_Paint 事件处理程序。在该事件处理程序中添加如下粗体所示的事件处理代码：

```
private void Form1_Paint(object sender, PaintEventArgs e)
{
        Graphics g = e.Graphics; Pen pen = new Pen(Color.Red, 3);
        SolidBrush brush = new SolidBrush(Color.Blue);
        Font font = new Font("宋体", 12);
        g.DrawLine(pen, 5, 5, 215, 5);                              //绘制直线
        g.DrawString("Line", font, brush, 210, 0);
        g.DrawRectangle(pen, 5, 10, 100, 15);                       //绘制矩形
        g.FillRectangle(brush, 110, 10, 100, 15);                   //绘制填充矩形
        g.DrawString("Rectangle", font, brush, 210, 15);
        g.DrawEllipse(pen, 5, 30, 100, 15);                         //绘制椭圆
        g.FillEllipse(brush, 110, 30, 100, 15);
        g.DrawString("Ellipse", font, brush, 210, 30);
        Point[] pts1={ new Point(50, 50), new Point(25, 75), new Point(75, 75) };
        g.DrawPolygon(pen, pts1);                                   //绘制多边形
        //绘制填充多边形
        Point[] pts2 = { new Point(150, 50), new Point(125, 75), new Point(175, 75) };
        g.FillPolygon(brush, pts2); g.DrawString("Polygon", font, brush, 210, 50);
        //绘制圆弧
        for (int i = 0; i < 360; i = i + 60){ g.DrawArc(pen, 5, 100, 80, 80, i, 30); }
        g.DrawString("Arc", font, brush, 5, 190);
        //绘制图像
        Image image = Image.FromFile(@"c:\c#\123.jpg");
        Rectangle rect2 = new Rectangle(100, 90, 100, 100);
        g.DrawImage(image, rect2);
        g.DrawString(@"c:\c#\123.jpg", font, brush, 100, 190);
}
```

【例 19.11】 函数绘制：绘制给定函数图形(y=sin(x))。运行效果如图 19-23 所示。

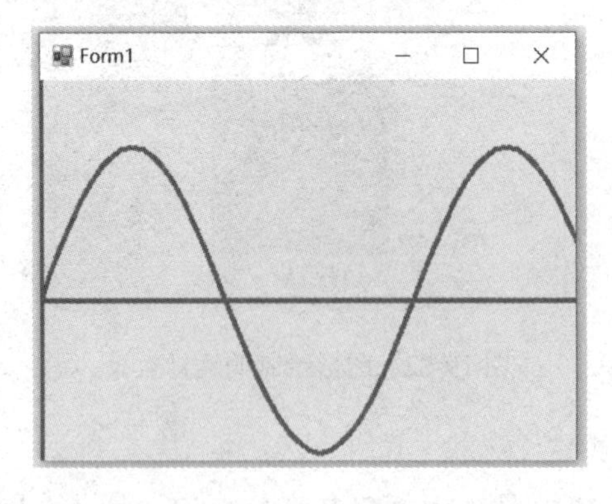

图 19-23　函数绘制的运行效果

操作步骤：

（1）在 C:\C#\Chapter19 文件夹中创建名为 Sinx 的 Windows 窗体应用程序。

（2）回到 Windows 窗体设计器，在窗体“属性”窗口中，单击“事件”按钮，然后双击事件名称 paint，在 Form1_Paint 事件处理程序中添加如下粗体所示的事件处理代码。

```
private void Form1_Paint(object sender, PaintEventArgs e)
{
    int ORIGIN_X = 0;                                   //原点X
    int ORIGIN_Y = this.Height / 2;                     //原点Y：窗体高度的一半
    int SCALE_X = 40;                                   //X轴缩放倍数
    int SCALE_Y = 100;                                  //Y轴缩放倍数
    int END_ARC = 360 * 2;                              //画多长
    double ox = 0, oy = 0, x = 0, y = 0;                //坐标初始值
    double arc = 0;                                     //弧度
    Graphics g = e.Graphics; Pen pen = new Pen(Color.Red, 3);
    //绘制x横轴和y纵轴
    g.DrawLine(pen, ORIGIN_X, ORIGIN_Y, this.Width, ORIGIN_Y);
    g.DrawLine(pen, ORIGIN_X, 0, ORIGIN_X, this.Height);
    for (int i = 0; i < END_ARC; i += 10)     //绘制线
    {   arc = Math.PI * i * 2 / 360; x = ORIGIN_X + arc * SCALE_X;
        y = ORIGIN_Y - Math.Sin(arc) * SCALE_Y;
        if (arc > 0){g.DrawLine(pen, (int)ox, (int)oy, (int)x, (int)y);}
        ox = x; oy = y;
    }
}
```

第20章 WPF 应用程序

Windows Presentation Foundation（WPF）基于新一代图形系统，为开发人员提供了统一的编程模型，可以用于构建能带给用户震撼视觉体验的智能客户端应用程序。

本章要点：

- WPF 应用程序概述；
- WPF 应用程序的构成；
- 创建 WPF 应用程序。

视频讲解

20.1 WPF 应用程序概述

20.1.1 WPF 简介

WPF 是.NET Framework 类型的一个子集，大多位于 System.Windows 命名空间。WPF 的核心是一个与分辨率无关并且基于向量的呈现引擎，WPF 包括下列功能部件：可扩展应用程序标记语言（XAML）、控件、数据绑定、布局、二维和三维图形、动画、样式、模板、文档、媒体、文本和版式。WPF 支持创建下列类型的应用程序：

- 独立应用程序：与传统的 Windows 窗体应用程序类似，直接安装在客户端计算机上并运行。使用 Window 类创建可从菜单栏和工具栏上访问的窗口和对话框，从而实现与用户的各种交互功能。
- XAML 浏览器应用程序（XBAP）：通过 Windows Internet Explorer 进行浏览，由可导航页面构成的 WPF 应用程序。

WPF 应用程序通常使用可扩展应用程序标记语言 XAML 标记实现应用程序的外观；使用托管编程语言（代码隐藏）实现其行为（响应事件处理程序）。外观和行为的分离有助于降低开发和维护成本，提高开发效率。

20.1.2 WPF 应用程序的构成

1. WPF 应用程序类

WPF 应用程序通常需要额外应用程序范围的服务，包括启动与生存期管理、共享属性以及共享资源等。Application 类封装了这些服务以及更多内容，并且只需使用 XAML 即可实现。WPF 应用程序包含一个 Application 对象。

例如，App.xaml 文件使用标记声明独立应用程序，创建一个 Application 对象，并在应用程序启动时自动打开窗口 MainWindow.xaml。

```
<Application
   xmlns="http://schemas.microsoft.com/winfx/2006/xaml/presentation"
   StartupUri="MainWindow.xaml" />
```

又如，App.xaml 文件使用标记声明 XBAP 应用程序，创建一个 Application 对象，并在 XBAP 启动时自动导航到页面 HomePage.xaml。

```
<Application
   xmlns="http://schemas.microsoft.com/winfx/2006/xaml/presentation"
   StartupUri="HomePage.xaml" />
```

2. WPF 应用程序窗口

用户通过窗口与应用程序进行交互，窗口用户承载和显示内容。独立 WPF 应用程序使用 Window 类来提供自己的窗口；XBAP 则直接使用 Windows Internet Explorer 提供的窗口。WPF 窗口的构成部分如图 20-1 所示。

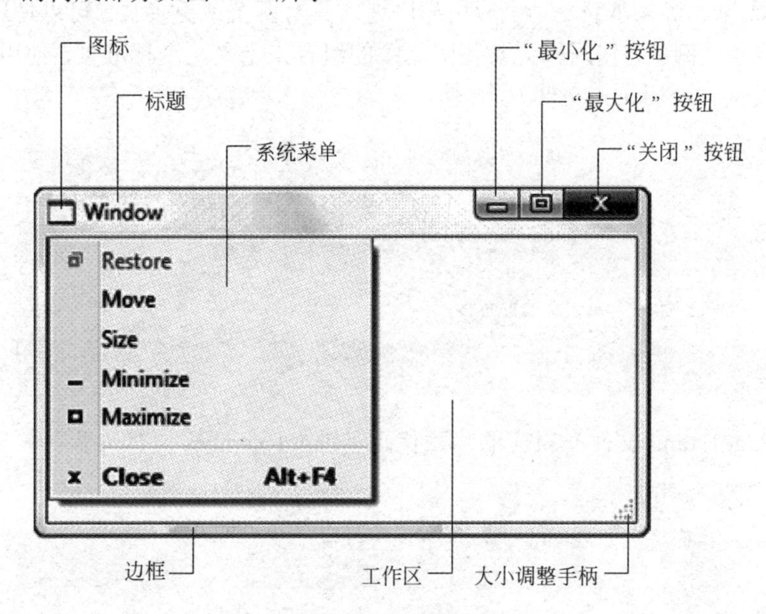

图 20-1　WPF 窗口的构成

典型窗口的实现既包括外观又包括行为，窗口的外观使用 XAML 标记来实现，而行为则使用代码隐藏来实现。例如，使用 XAML 标记定义窗口外观（Window1.xaml 文件）：

```
<Window
   xmlns="http://schemas.microsoft.com/winfx/2006/xaml/presentation"
   xmlns:x="http://schemas.microsoft.com/winfx/2006/xaml"
   x:Class="SDKSample.Window1">
  <!-- Client area (for content) -->
  <Button Click="button_Click">单击按钮</Button>
</Window>
```

窗口（Window1.xaml 文件）对应的隐藏代码（Window1.xaml.cs 文件）为：

```
using System.Windows; // Window
namespace SDKSample
{
    public partial class Window1 : Window
    {
        public Window1()
        {
            InitializeComponent();
        }
    }
}
```

3. WPF 应用程序页面

页面（page）封装一页可导航的内容，可以使用标记和代码隐藏来定义。页可以通过WPF窗口或浏览器等来承载。一个应用程序通常具有两个或更多页，可以使用导航机制在这些页之间导航。例如，使用标记与代码隐藏的组合来定义一个标准页，使用XAML标记定义页面外观（Page1.xaml文件）：

```
<Page
    xmlns="http://schemas.microsoft.com/winfx/2006/xaml/presentation"
    xmlns:x="http://schemas.microsoft.com/winfx/2006/xaml"
    x:Class="MarkupAndCodeBehindPage"
    Title="标记与代码隐藏组合的页面">
  <!-- Page Content Goes Here -->
</Page>
```

页面（Page1.xaml文件）对应的隐藏代码（Page1.xaml.cs文件）为：

```
using System.Windows.Controls;
public partial class MarkupAndCodeBehindPage: Page
{
    public MarkupAndCodeBehindPage()
    {
        InitializeComponent();
    }
}
```

4. WPF 控件

控件是构建窗口或页面的用户界面（UI），并且实现某些行为的基本元素。WPF包含大量的内置控件，用于实现各种复杂的应用程序界面和行为。常用的包括输入（TextBox）、信息显示（Label）、按钮（Button）、菜单（Menu）、布局（GridView）、导航（Hyperlink）、多媒体（Image）、文档（DocumentViewer）、对话框（OpenFileDialog）等。

5. WPF 布局

布局的主要目的是适应窗口大小和显示设置的变化。WPF提供了可扩展布局系统，创建用户界面时，通过选择适当的布局，可以按位置和大小灵活地排列控件。

6. 属性和事件

WPF 的应用程序、窗口、页面、控件包含了大量的属性和事件，用于设置应用程序的用户界面和控制其交互行为。另外，WPF 引入了依赖项属性和路由事件的概念。

依赖项属性用于提供一种方法，以基于其他输入的值计算属性值。依赖项属性值可以通过引用资源、数据绑定、样式等来设置。例如，如果定义了资源：

```
<DockPanel.Resources>
  <SolidColorBrush x:Key="MyBrush" Color="Gold"/>
</DockPanel.Resources>
```

则可以引用该资源并使用它来提供属性值：

```
<Button Background="{DynamicResource MyBrush}" Content="I am gold" />
```

由父控件实现的、供子控件使用的属性称为“附加属性”。例如：

```
<DockPanel>
  <Button DockPanel.Dock="Left" Width="100" Height="20">I am on the left </Button>
  <Button DockPanel.Dock="Right" Width="100" Height="20">I am on the right </Button>
</DockPanel>
```

路由事件允许一个元素处理另一个元素引发的事件，只要这些元素通过元素树关系连接起来。当使用 XAML 属性指定事件处理时，可以在任何元素上侦听和处理路由事件。例如，如果父控件 DockPanel 包含子控件 Button，则父控件 DockPanel 可以通过在 DockPanel 对象元素上指定属性 Button.Click，并使用处理程序名作为属性值，为子控件 Button 的 Click 事件注册一个处理程序。例如：

```
<DockPanel Button.Click="ButtonClickHandler">>
  <Button DockPanel.Dock="Left" Name="LeftButton" >I am on the left</Button>
  <Button DockPanel.Dock="Right" Name="RightButton">I am on the right</Button>
</DockPanel>
```

相应的事件处理程序为：

```
private void ButtonClickHandler(object sender, RoutedEventArgs e)
{
  FrameworkElement feSource = e.Source as FrameworkElement;
  switch (feSource.Name)
  {
    case "LeftButton":
      // do something here ...
      break;
    case "RightButton":
      // do something here...
```

```
        break;
    }
    e.Handled=true;
}
```

20.2 创建 WPF 应用程序

20.2.1 创建简单的 WPF 应用程序

使用 Microsoft .NET Framework 和 Windows 软件开发工具包（SDK），或通过文本编辑器和命令行均可以开发 WPF 应用程序。然而，WPF 应用程序设计诸多元素，使用命令行比较麻烦，故本书采用 Visual Studio 集成开发环境。

【例 20.1】 创建简单的独立 WPF 应用程序，单击 SayHello 按钮，显示欢迎信息。运行效果如图 20-2 所示。

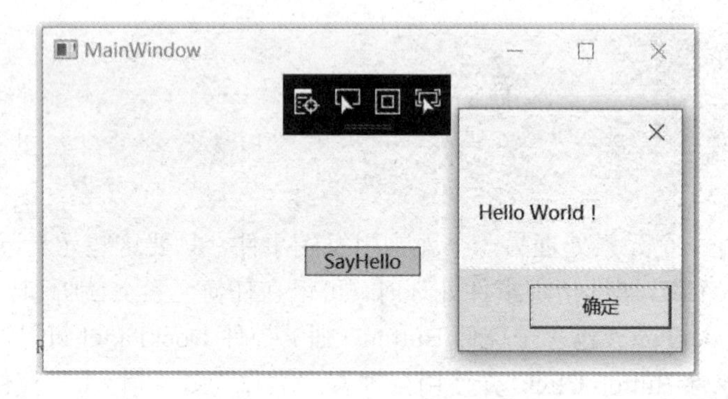

图 20-2　例 20.1 的运行效果

（1）创建 Windows 应用程序。

启动 Visual Studio，并创建名为 HelloWorld 的 WPF 应用程序。

① 启动 Visual Studio。

② 通过菜单命令“文件”|“新建”|“项目”，打开“新建项目”对话框，选择“WPF 应用（.NET Framework）”模板；在“名称”文本框中输入文件的名称 HelloWorld；单击“浏览”按钮，在弹出的“项目位置”对话框中选择 C:\C#\Chapter20 文件夹（如果该文件夹不存在，则创建）。单击“确定”按钮，在 C:\C#\Chapter20 文件夹中创建名为 HelloWorld 的 WPF 应用程序。向导将自动创建一个解决方案（HelloWorld）和一个应用程序项目（App.xaml、App.xaml.cs）和一个 Windows 窗口项目（MainWindow.xaml、MainWindow.xaml.cs）。这些代码自动实现了 WPF 应用程序所需的各种框架代码。如果直接运行，可以显示一个空的窗体。

其中，App.xaml 使用标记声明独立应用程序，App.xaml.cs 为其对应的隐藏代码；MainWindow.xaml 使用标记声明窗口，MainWindow.xaml.cs 为其对应的隐藏代码。

（2）添加控件。

将一个 Button 控件从“工具箱”中拖曳到窗体上。单击按钮将其选定。在按钮“属性”

窗口中，将按钮的 Content 属性设置为 SayHello，如图 20-3 所示。

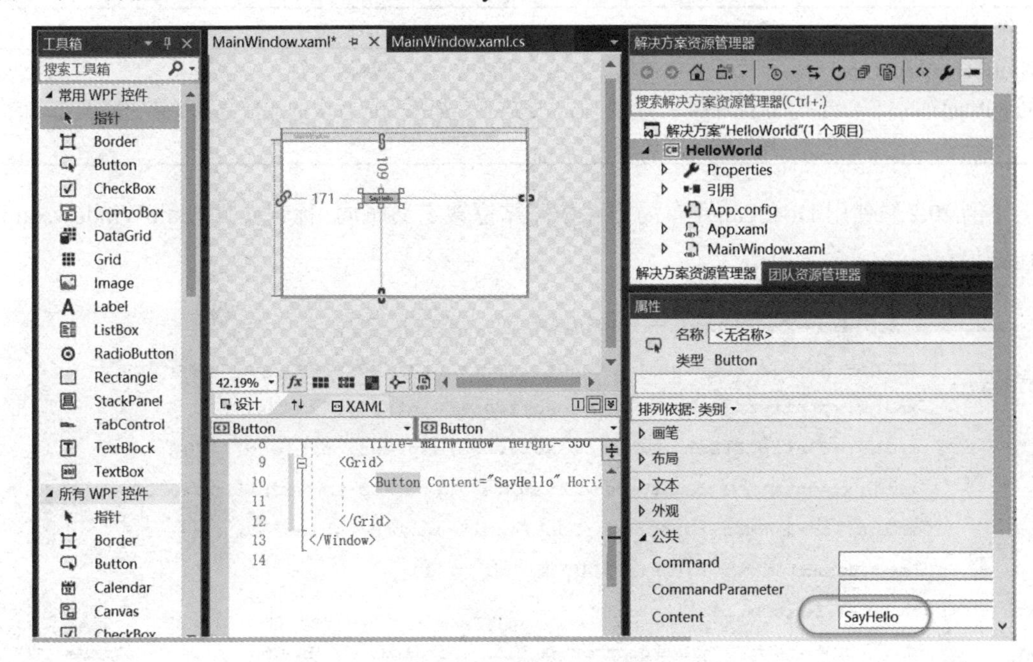

图 20-3　添加控件并设置控件属性

（3）创建处理控件事件的方法。

双击窗体上的 SayHello 按钮，在 MainWindow.xaml.cs 中将自动创建按钮 Click 事件的事件处理程序，在其中添加如下粗体所示的事件处理代码。

```
private void button1_Click(object sender, RoutedEventArgs e)
{
    MessageBox.Show("Hello World! ");
}
```

（4）运行并测试应用程序。

20.2.2　WPF 应用程序布局

WPF 应用程序布局系统通过相对定位和管理控件之间的协商以确定布局，从而使得窗口或页面上的控件显示可以适应窗口和显示条件的变化。

布局系统包括表 20-1 所示的布局控件。

表 20-1　布局系统的布局控件

名称	说明
Canvas	子控件提供其自己的布局
DockPanel	子控件与面板的边缘对齐。通过在子控件中设置附加属性 DockPanel.Dock，可以控制子控件的停靠位置（Top/Bottom/Left/Right）
Grid	子控件按行和列放置。以行和列的形式对内容进行精确的定位
StackPanel	子控件垂直或水平堆叠

续表

名称	说明
VirtualizingStackPanel	子控件被虚拟化，并沿水平或垂直方向排成一行
WrapPanel	子控件按从左到右的顺序放置，如果当前行中的控件数多于该空间所允许的控件数，则换至下一行

【例20.2】 使用DockPanel布局控件按停靠位置定义布局。标记文件MainWindow.xaml的内容为：

```
<Window x:Class="DockPanel.MainWindow"
      xmlns="http://schemas.microsoft.com/winfx/2006/xaml/presentation"
      xmlns:x="http://schemas.microsoft.com/winfx/2006/xaml"
      xmlns:d="http://schemas.microsoft.com/expression/blend/2008"
      xmlns:mc="http://schemas.openxmlformats.org/markup-compatibility/2006"
      xmlns:local="clr-namespace:DockPanel" mc:Ignorable="d"
   Title=" MainWindow" Height="200" Width="480">
   <DockPanel LastChildFill="True">
      <Border Height="25" Background="SkyBlue" BorderBrush="Black" BorderThickness= "1"
            DockPanel.Dock="Top">
         <TextBlock Foreground="Black">Dock = "Top"</TextBlock>
      </Border>
      <Border Height="25" Background="SkyBlue" BorderBrush="Black" BorderThickness="1"
            DockPanel.Dock="Top">
         <TextBlock Foreground="Black">Dock = "Top"</TextBlock>
      </Border>
      <Border Height="25" Background="LemonChiffon" BorderBrush="Black"
            BorderThickness="1" DockPanel.Dock="Bottom">
         <TextBlock Foreground="Black">Dock = "Bottom"</TextBlock>
      </Border>
      <Border Width="200" Background="PaleGreen" BorderBrush="Black" BorderThickness="1"
            DockPanel.Dock="Left">
         <TextBlock Foreground="Black">Dock = "Left"</TextBlock>
      </Border>
      <Border Background="White" BorderBrush="Black" BorderThickness="1">
         <TextBlock Foreground="Black">This content will "Fill" the remaining space</TextBlock>
      </Border>
   </DockPanel>
</Window>
```

其显示效果如图20-4所示。

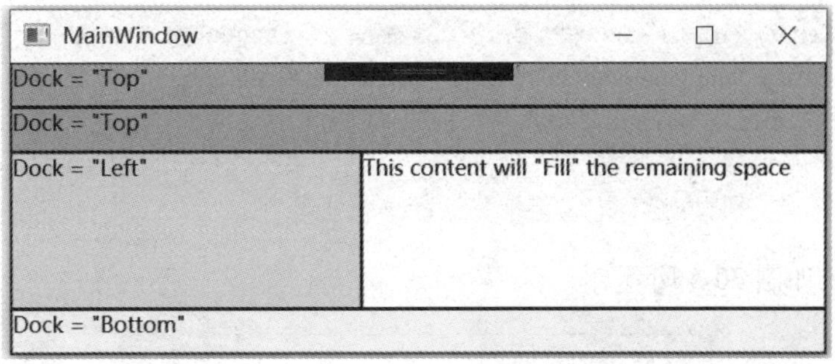

图 20-4　例 20.2 的运行效果

【例 20.3】 使用 Grid 布局控件定义四行（RowDefinition）三列（ColumnDefinition）的布局。标记文件 MainWindow.xaml 的内容为：

```
<Window x:Class="Grid.MainWindow"
      xmlns="http://schemas.microsoft.com/winfx/2006/xaml/presentation"
      xmlns:x="http://schemas.microsoft.com/winfx/2006/xaml"
      xmlns:d="http://schemas.microsoft.com/expression/blend/2008"
      xmlns:mc="http://schemas.openxmlformats.org/markup-compatibility/2006"
      xmlns:local="clr-namespace:Grid" mc:Ignorable="d"
   Title="MainWindow" Height="150" Width="300">
   <Grid VerticalAlignment="Top" HorizontalAlignment="Left" ShowGridLines= "True"
         Width="250" Height="100">
      <Grid.ColumnDefinitions>
         <ColumnDefinition />
         <ColumnDefinition />
         <ColumnDefinition />
      </Grid.ColumnDefinitions>
      <Grid.RowDefinitions>
         <RowDefinition />
         <RowDefinition />
         <RowDefinition />
         <RowDefinition />
      </Grid.RowDefinitions>
      <TextBlock FontSize="20" FontWeight="Bold" Grid.ColumnSpan="3" Grid. Row="0">
         2015 Products Shipped</TextBlock>
      <TextBlock FontSize="12" FontWeight="Bold" Grid.Row="1" Grid.Column="0">
         Quarter 1</TextBlock>
      <TextBlock FontSize="12" FontWeight="Bold" Grid.Row="1" Grid.Column="1">
         Quarter 2</TextBlock>
      <TextBlock FontSize="12" FontWeight="Bold" Grid.Row="1" Grid.Column="2">
         Quarter 3</TextBlock>
      <TextBlock Grid.Row="2" Grid.Column="0">50000</TextBlock>
      <TextBlock Grid.Row="2" Grid.Column="1">100000</TextBlock>
```

```
        <TextBlock Grid.Row="2" Grid.Column="2">150000</TextBlock>
        <TextBlock FontSize="16" FontWeight="Bold" Grid.ColumnSpan="3" Grid.Row="3">
                Total Units: 300000</TextBlock>
    </Grid>
</Window>
```

其显示效果如图20-5所示。

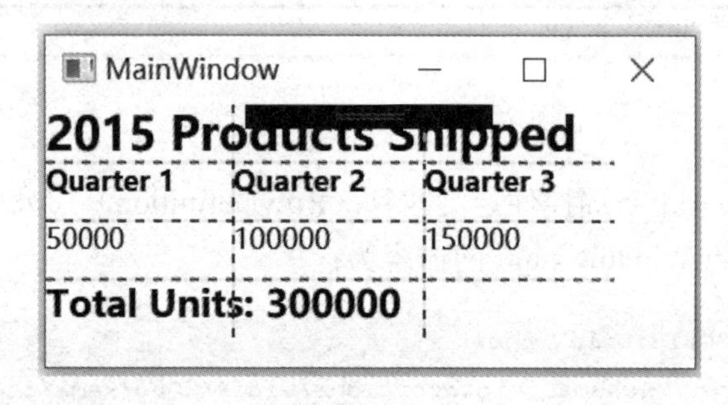

图20-5　例20.3的运行效果

20.2.3　WPF应用程序常用控件

WPF提供了丰富的控件库，这些控件支持用户界面开发、多媒体和文档查看等功能。WPF常用的控件分类如下：

- 按钮：Button和RepeatButton。
- 对话框：OpenFileDialog、PrintDialog和SaveFileDialog。
- 数字墨迹：InkCanvas和InkPresenter。
- 文档：DocumentViewer、FlowDocumentPageViewer、FlowDocumentReader、FlowDocumentScrollViewer和StickyNoteControl。
- 输入：TextBox、RichTextBox和PasswordBox。
- 布局：Border、BulletDecorator、Canvas、DockPanel、Expander、Grid、GridView、GridSplitter、GroupBox、Panel、ResizeGrip、Separator、ScrollBar、ScrollViewer、StackPanel、Thumb、Viewbox、VirtualizingStackPanel、Window和WrapPanel。
- 媒体：Image、MediaElement和SoundPlayerAction。
- 菜单：ContextMenu、Menu和ToolBar。
- 导航：Frame、Hyperlink、Page、NavigationWindow和TabControl。
- 选择：CheckBox、ComboBox、ListBox、TreeView、RadioButton和Slider。
- 用户信息：AccessText、Label、Popup、ProgressBar、StatusBar、TextBlock和ToolTip。

【例20.4】 创建简单的文本编辑器：设计和实现“文件”菜单（提供“新建”“打开”“保存”“另存为”“打印”“退出”功能）、“编辑”菜单（提供“撤销”“恢复”“剪切”“复制”“粘贴”功能）、“帮助”菜单（提供“关于”功能），以及对窗体中的文本内容提供“剪切”“复制”“粘贴”快捷菜单功能。运行效果参见图20-6所示。

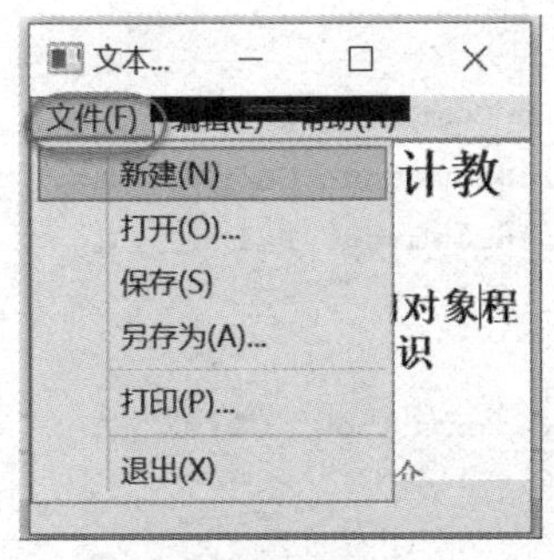

（a）文件菜单

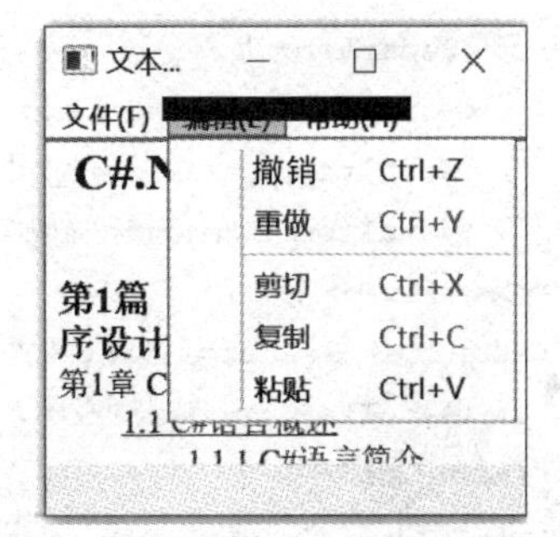

（b）编辑菜单

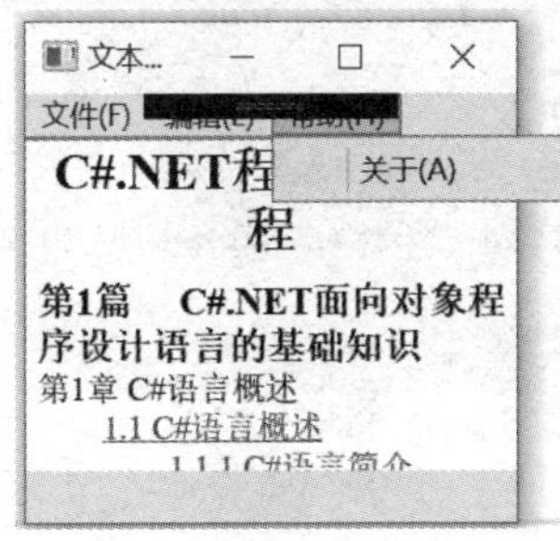

（c）帮助菜单

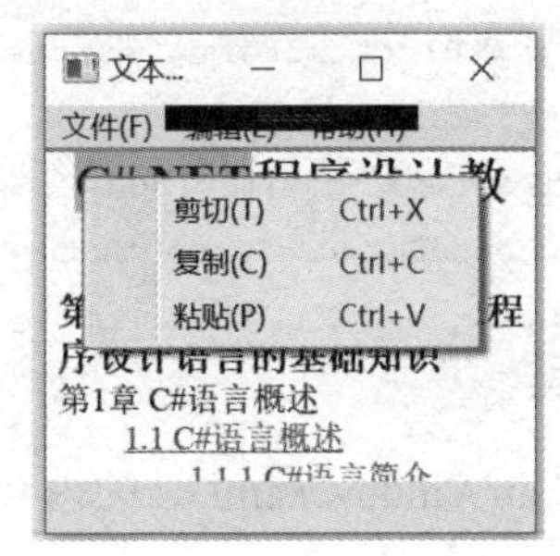

（d）快捷菜单

图 20-6　例 20.4 的运行效果

标记文件 MainWindow.xaml 内容如下：

```
<Window x:Class="TextEditor.MainWindow"
        xmlns="http://schemas.microsoft.com/winfx/2006/xaml/presentation"
        xmlns:x="http://schemas.microsoft.com/winfx/2006/xaml"
        xmlns:d="http://schemas.microsoft.com/expression/blend/2008"
        xmlns:mc="http://schemas.openxmlformats.org/markup-compatibility/2006"
        xmlns:local="clr-namespace:TextEditor" mc:Ignorable="d"
    Title="文本编辑器" Height="600" Width="800">
    <DockPanel>
        <Menu x:Name="menu" DockPanel.Dock="Top">
            <MenuItem Header="文件(_F)">
                <MenuItem Header='新建(_N)' Click="New_Click"/>
                <MenuItem Header='打开(_O)...' Click="Open_Click"/>
                <MenuItem Header='保存(_S)'  Click="Save_Click"/>
                <MenuItem Header='另存为(_A)...'  Click="SaveAs_Click"/>
                <Separator />
                <MenuItem Header='打印(_P)...'  Click="Print_Click"/>
                <Separator />
                <MenuItem Header='退出(_X)'  Click="Exit_Click"/>
            </MenuItem>
            <MenuItem Header="编辑(_E)">
                <MenuItem Command="ApplicationCommands.Undo" />
                <MenuItem Command="ApplicationCommands.Redo" />
```

```
                <Separator />
                <MenuItem Command="ApplicationCommands.Cut" />
                <MenuItem Command="ApplicationCommands.Copy" />
                <MenuItem Command="ApplicationCommands.Paste" />
            </MenuItem>
            <MenuItem Header="帮助(_H)">
                <MenuItem Header="关于(_A)" Click="About_Click" />
            </MenuItem>
        </Menu>
        <StatusBar DockPanel.Dock="Bottom">
            <TextBlock x:Name="status" />
        </StatusBar>
        <RichTextBox x:Name="body" SpellCheck.IsEnabled="True"
            AcceptsReturn="True" AcceptsTab="True" BorderThickness="0 2 0 0" />
    </DockPanel>
</Window>
```

隐藏代码 MainWindow.xaml.cs 的内容如下：

```
using System;using System.Collections.Generic;using System.Linq;
using System.Text;using System.Threading.Tasks;using System.Windows;
using System.Windows.Controls;using System.Windows.Data;
using System.Windows.Documents;using System.Windows.Input;
using System.Windows.Media;using System.Windows.Media.Imaging;
using System.Windows.Navigation;using System.Windows.Shapes;
using System.IO;using Microsoft.Win32;
namespace TextEditor
{   /// <summary>
    /// MainWindow.xaml的交互逻辑
    /// </summary>
    public partial class MainWindow : Window
    {
        private string _currentFile; private readonly RichTextBox _textBox;
        public MainWindow()
        {
            InitializeComponent(); _textBox = this.body;
        }
        private void New_Click(object sender, RoutedEventArgs e)
        {
            _currentFile = null; _textBox.Document = new FlowDocument();
        }
        private void Open_Click(object sender, RoutedEventArgs e)
        {
            OpenFileDialog dlg = new OpenFileDialog();
            dlg.InitialDirectory = @"c:\C#";
            dlg.Filter = "txt files (*.txt)|*.txt|All files (*.*)|*.*";
```

```
    dlg.FilterIndex = 1; dlg.RestoreDirectory = true;
    if (dlg.ShowDialog() == true)
    {
        _currentFile = dlg.FileName;
        using (Stream stream = dlg.OpenFile())
        {
            TextRange range = new
             TextRange(_textBox.Document.ContentStart,_textBox.Document.ContentEnd);
            range.Load(stream, DataFormats.Rtf);
        }
    }
}
private void Save_Click(object sender, RoutedEventArgs e)
{
    if (string.IsNullOrEmpty(_currentFile))
    {
        SaveFileDialog dlg = new SaveFileDialog();
        dlg.InitialDirectory = @"c:\C#";
        dlg.Filter = "txt files (*.txt)|*.txt|All files (*.*)|*.*";
        dlg.FilterIndex = 1; dlg.RestoreDirectory = true;
        if (dlg.ShowDialog() == true) _currentFile = dlg.FileName;
    }
    if (!string.IsNullOrEmpty(_currentFile))
    {
        using(Stream stream = new FileStream(_currentFile, FileMode.Create))
        {
            TextRange range = new
              TextRange(_textBox.Document.ContentStart,
              _textBox.Document.ContentEnd);
            range.Save(stream, DataFormats.Rtf);
        }
    }
}
private void SaveAs_Click(object sender, RoutedEventArgs e)
{
    SaveFileDialog dlg = new SaveFileDialog();
    dlg.InitialDirectory = @"c:\C#";
    dlg.Filter = "txt files (*.txt)|*.txt|All files (*.*)|*.*";
    dlg.FilterIndex = 1; dlg.RestoreDirectory = true;
    if (dlg.ShowDialog() == true)
    {
        _currentFile = dlg.FileName;
        using (Stream stream = new FileStream(_currentFile, FileMode.Create))
```

```
                {
                    TextRange range = new
                      TextRange(_textBox.Document.ContentStart,
                              _textBox.Document.ContentEnd);
                    range.Save(stream, DataFormats.Rtf);
                }
            }
        }
        private void Print_Click(object sender, RoutedEventArgs e)
        {
            PrintDialog pd = new PrintDialog();
            if ((pd.ShowDialog() == true))
            {  //可使用以下两个命令中任意一个
                pd.PrintVisual(_textBox as Visual, "printing as visual");
                pd.PrintDocument((((IDocumentPaginatorSource)_textBox.Document).
                        DocumentPaginator), "printing as paginator");
            }
        }
        private void Exit_Click(object sender, RoutedEventArgs e)
        {
            this.Close();
        }
        private void About_Click(object sender, RoutedEventArgs e)
        {
            MessageBox.Show("简单的文本编辑器Version 1.0.0。CopyRight 江红&余青松");
        }
    }
}
```

20.3 WPF 应用程序与图形和多媒体

20.3.1 图形和多媒体概述

WPF 提供对向量图形、多媒体和动画的集成支持，用于生成赏心悦目的用户界面。WPF 充分利用硬件加速，支持高质量的二维和三维图形、多媒体和动画。图形平台的关键功能包括：

- 矢量图形支持：绘制常用二维几何形状（如矩形、椭圆等）、二维几何图形（如通过路径和剪裁）、二维效果（如旋转、缩放、扭曲、渐变等）、三维呈现（如将二维图像呈现到三维形状的一个图面上）。
- 动画支持：WPF 允许对大多数属性进行动画处理，使用动画，可以使控件和元素产生变大、晃动、旋转、淡化等动画效果。
- 多媒体支持：WPF 提供了对图像、视频和音频的集成支持。

20.3.2　图形、图像、画笔和位图效果

1. 图形

WPF 使用继承于 Shape 的形状对象，可以绘制基本的几何图形。形状对象包括 Ellipse、Line、Path、Polygon、Polyline 和 Rectangle，形状对象具有以下通用属性：

- Stroke：说明如何绘制形状的轮廓。
- StrokeThickness：说明形状轮廓的粗细。
- Fill：说明如何绘制形状的内部。
- 坐标和顶点的数据：指定坐标和顶点，以与设备无关的像素来度量。

【例 20.5】 形状对象绘制图形示例：绘制红边（线宽 5）黄色填充的椭圆、黑边（线宽 10）蓝色填充的矩形。

标记文件 MainWindow.xaml 内容如下：

```
<Window x:Class="DrawShape.MainWindow"
        xmlns="http://schemas.microsoft.com/winfx/2006/xaml/presentation"
        xmlns:x="http://schemas.microsoft.com/winfx/2006/xaml"
        xmlns:d="http://schemas.microsoft.com/expression/blend/2008"
        xmlns:mc="http://schemas.openxmlformats.org/markup-compatibility/2006"
        xmlns:local="clr-namespace:DrawShape" mc:Ignorable="d"
    Title="MainWindow" Height="300" Width="500">
    <StackPanel Orientation="Horizontal">
        <Ellipse Fill="Yellow" Height="100" Width="200" StrokeThickness="5" Stroke="Red"/>
        <Rectangle Fill="Blue" Height="100" Width="200" StrokeThickness="10"
                Stroke="Black"/>
    </StackPanel>
</Window>
```

运行效果如图 20-7 所示。

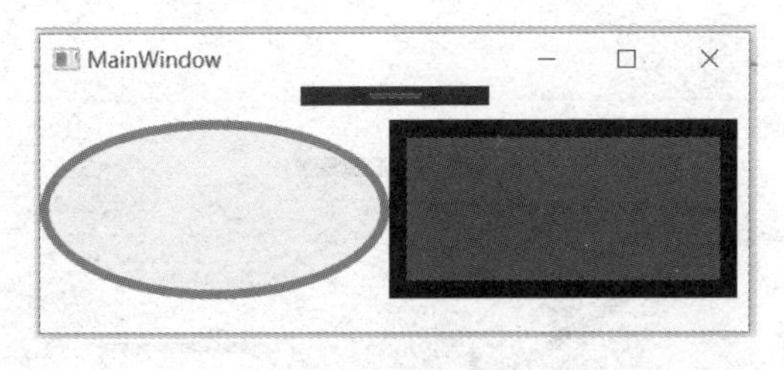

图 20-7　例 20.5 的运行效果

使用 Path 类可以绘制曲线和复杂形状。Path 包含的曲线和形状通过在其 Data 属性中声明 Geometry 对象（LineGeometry、RectangleGeometry、EllipseGeometry 和 PathGeometry）来说明。PathGeometry 对象由一个或多个 PathFigure 对象组成；每个 PathFigure 代表一个不同的“图形”或形状。每个 PathFigure 自身又由一个或多个 PathSegment 对象（LineSegment、BezierSegment 和 ArcSegment）组成，每个对象均代表图形或形状的已连接部分。

【例 20.6】 Path 类绘制曲线示例。

标记文件 MainWindow.xaml 内容如下：

```
<Window x:Class="DrawPath.MainWindow"
        xmlns="http://schemas.microsoft.com/winfx/2006/xaml/presentation"
        xmlns:x="http://schemas.microsoft.com/winfx/2006/xaml"
        xmlns:d="http://schemas.microsoft.com/expression/blend/2008"
        xmlns:mc="http://schemas.openxmlformats.org/markup-compatibility/2006"
        xmlns:local="clr-namespace:DrawPath" mc:Ignorable="d"
    Title="MainWindow" Height="300" Width="500">
    <Canvas Grid.Row="1" Grid.Column="1">
     <Path Stroke="Black" StrokeThickness="6" >
       <Path.Data>
         <PathGeometry>
           <PathGeometry.Figures>
             <PathFigure StartPoint="10,50">
               <PathFigure.Segments>
                 <BezierSegment Point1="100,0" Point2="200,200" Point3="300,100"/>
                 <LineSegment Point="400,100" />
                <ArcSegment Size="50,50" RotationAngle="45" IsLargeArc="True"
                   SweepDirection="Clockwise" Point="200,100"/>
               </PathFigure.Segments>
             </PathFigure>
           </PathGeometry.Figures>
         </PathGeometry>
       </Path.Data>
    </Path>
  </Canvas>
</Window>
```

运行效果如图 20-8 所示。

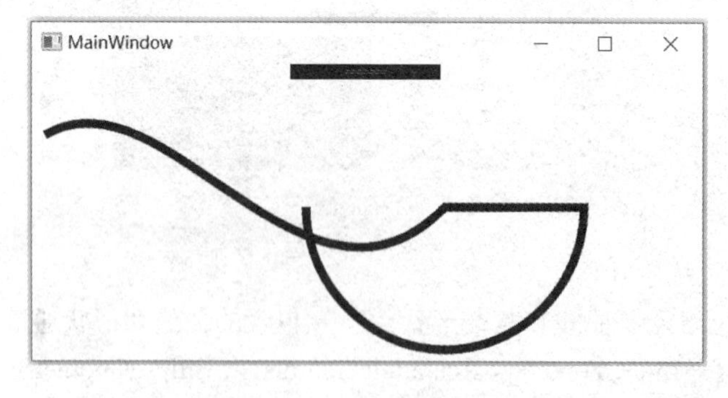

图 20-8　例 20.6 的运行效果

通过 Transform 类（RotateTransform（旋转）、ScaleTransform（缩放）、SkewTransform（斜切）和 TranslateTransform（转换）），可以实现二维图形的形状变换。

【例 20.7】 Transform 类实现二维图形的形状变换示例：使用 RotateTransform 将形状围绕其左上角(0,0)旋转 45°。

标记文件 MainWindow.xaml 内容如下：

```
<Window x:Class="DrawTransform.MainWindow"
        xmlns="http://schemas.microsoft.com/winfx/2006/xaml/presentation"
        xmlns:x="http://schemas.microsoft.com/winfx/2006/xaml"
        xmlns:d="http://schemas.microsoft.com/expression/blend/2008"
        xmlns:mc="http://schemas.openxmlformats.org/markup-compatibility/2006"
        xmlns:local="clr-namespace:DrawTransform" mc:Ignorable="d"
    Title="MainWindow" Height="200" Width="300">
    <Canvas>
        <Polyline Points="25,25 0,50 25,75 50,50 25,25 25,0"
            Stroke="LightBlue" StrokeThickness="10"
            Canvas.Left="75" Canvas.Top="50">
        </Polyline>
        <!-- Rotates the Polyline 45 degrees about the point (0,0). -->
        <Polyline Points="25,25 0,50 25,75 50,50 25,25 25,0"
            Stroke="Blue" StrokeThickness="10"
            Canvas.Left="75" Canvas.Top="50">
            <Polyline.RenderTransform>
                <RotateTransform CenterX="0" CenterY="0" Angle="45" />
            </Polyline.RenderTransform>
        </Polyline>
    </Canvas>
</Window>
```

运行效果图 20-9 所示。

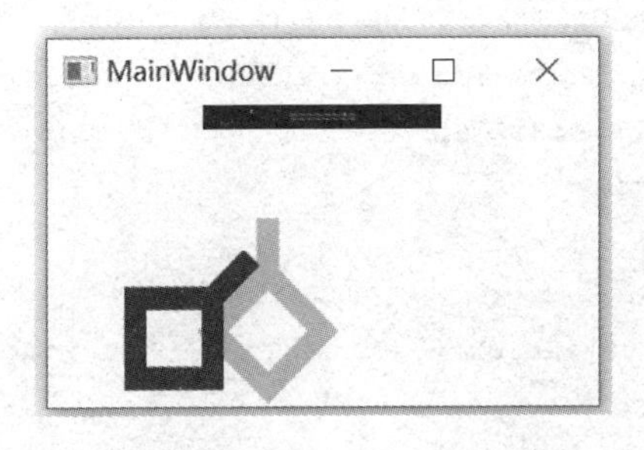

图 20-9　例 20.7 的运行效果

2. 图像

WPF 提供对多种图像格式、高保真图像呈现以及编码解码器扩展性的内置支持。WPF 图像处理包括一个适用于 BMP、JPEG、PNG、TIFF、Windows Media 照片、GIF 和 ICON 图像格式的编解码器。

WPF 使用 Image 控件显示图像、使用 ImageBrush 在可视图面上绘制图像或使用 ImageDrawing 绘制图像。

Image 控件是在应用程序中显示图像的主要方式。一般使用 BitmapImage 对象（一个专用的 BitmapSource）引用图像文件；使用 BitmapImage 属性或使用其他 BitmapSource 对象（如 CroppedBitmap、FormatConvertedBitmap）来转换（旋转、转换和裁切）图像。

【例 20.8】 使用 Image 控件显示图像示例（涉及的素材可到清华大学出版社的教学资料网站 www.tup.tsinghua.edu.cn 去下载，当然读者也可以使用自己喜欢的其他图像）：图像旋转、转换为灰度、图像剪切。

标记文件 MainWindow.xaml 内容如下：

```
<Window x:Class="ImageDraw.MainWindow"
        xmlns="http://schemas.microsoft.com/winfx/2006/xaml/presentation"
        xmlns:x="http://schemas.microsoft.com/winfx/2006/xaml"
        xmlns:d="http://schemas.microsoft.com/expression/blend/2008"
        xmlns:mc="http://schemas.openxmlformats.org/markup-compatibility/2006"
        xmlns:local="clr-namespace:ImageDraw" mc:Ignorable="d"
    Title="MainWindow" Height="300" Width="800">
    <StackPanel Orientation="Horizontal">
        <!-- 原始图像 -->
        <Image Width="200" Height="200">
            <Image.Source>
                <BitmapImage DecodePixelWidth="200" UriSource="C:\C#\jpg\ Sunset.jpg"/>
            </Image.Source>
        </Image>
        <!-- 旋转90度 -->
        <Image Width="200" Height="200">
            <Image.Source>
                <TransformedBitmap Source="C:\C#\jpg\Sunset.jpg" >
                    <TransformedBitmap.Transform>
                        <RotateTransform Angle="90"/>
                    </TransformedBitmap.Transform>
                </TransformedBitmap>
            </Image.Source>
        </Image>
        <!-- 转换为灰度格式 -->
        <Image Width="200" Height="200">
            <Image.Source>
             <FormatConvertedBitmap Source="C:\C#\jpg\Sunset.jpg"
                             DestinationFormat="Gray4"/>
            </Image.Source>
        </Image>
        <!-- 图像剪切 -->
        <Image Width="200" Height="200" Source="C:\C#\jpg\Sunset.jpg">
            <Image.Clip>
                <EllipseGeometry Center="75,50" RadiusX="50" RadiusY="25"/>
            </Image.Clip>
```

```
        </Image>
    </StackPanel>
</Window>
```

运行效果图 20-10 所示。

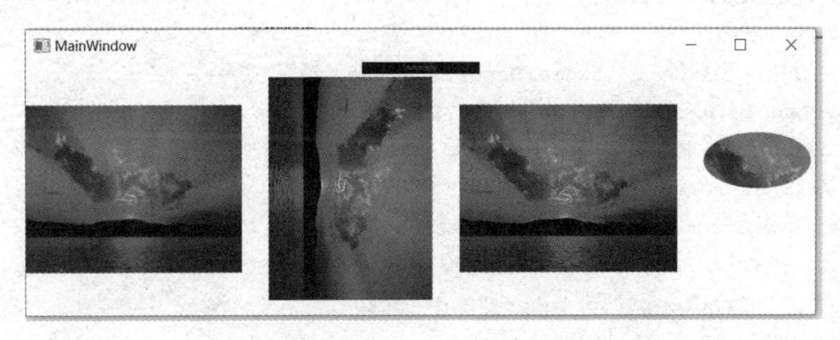

图 20-10　例 20.8 的运行效果

3. 画笔

WPF 使用画笔（brush）来绘制屏幕的输出，如按钮的背景、文本的前景、形状的填充内容等。画笔不同，其输出类型也不同。某些画笔使用纯色绘制区域，其他画笔则使用渐变、图案、图像或绘图绘制区域。WPF 包括下列种类的画笔：

- SolidColorBrush：使用纯 Color 绘制区域。可以指定其 alpha、红色和绿色通道或使用一种由 Colors 类提供的预定义颜色之一。
- LinearGradientBrush：使用线性渐变绘制区域。线形渐变横跨一条直线（渐变轴）将两种或更多种色彩进行混合。可以使用 GradientStop 对象指定渐变颜色及其位置。
- RadialGradientBrush：使用径向渐变绘制区域。径向渐变跨一个圆将两种或更多种色彩进行混合。可以使用 GradientStop 对象来指定渐变颜色及其位置。
- ImageBrush：使用 ImageSource 绘制一个区域。
- DrawingBrush：使用 Drawing 绘制一个区域。Drawing 可以包含形状、图像、文本和媒体。
- VisualBrush：使用 Visual 对象绘制区域。

【例 20.9】 使用画笔绘制区域示例：分别使用纯色（SolidColorBrush）、使用水平线性渐变（LinearGradientBrush）、使用径向渐变（RadialGradientBrush）、使用图像（ImageBrush）、使用绘图（DrawingBrush）和使用 Visual（VisualBrush）绘制矩形。

标记文件 MainWindow.xaml 内容如下：

```
<Window x:Class="Brush.MainWindow"
        xmlns="http://schemas.microsoft.com/winfx/2006/xaml/presentation"
        xmlns:x="http://schemas.microsoft.com/winfx/2006/xaml"
        xmlns:d="http://schemas.microsoft.com/expression/blend/2008"
        xmlns:mc="http://schemas.openxmlformats.org/markup-compatibility/2006"
        xmlns:local="clr-namespace:Brush" mc:Ignorable="d"
    Title="MainWindow" Height="300" Width="500">
    <StackPanel Orientation="Horizontal">
```

```
<!--使用纯色（SolidColorBrush）绘制矩形-->
<Rectangle Width="75" Height="75">
  <Rectangle.Fill>
    <SolidColorBrush Color="Red" />
  </Rectangle.Fill>
</Rectangle>
<!--使用水平线性渐变（LinearGradientBrush）绘制矩形-->
<Rectangle Width="75" Height="75">
  <Rectangle.Fill>
    <LinearGradientBrush>
      <GradientStop Color="Yellow" Offset="0.0" />
      <GradientStop Color="Orange" Offset="0.5" />
      <GradientStop Color="Red" Offset="1.0" />
    </LinearGradientBrush>
  </Rectangle.Fill>
</Rectangle>
<!--使用径向渐变（RadialGradientBrush）绘制矩形-->
<Rectangle Width="75" Height="75">
  <Rectangle.Fill>
    <RadialGradientBrush GradientOrigin="0.75,0.25">
      <GradientStop Color="Yellow" Offset="0.0" />
      <GradientStop Color="Orange" Offset="0.5" />
      <GradientStop Color="Red" Offset="1.0" />
    </RadialGradientBrush>
  </Rectangle.Fill>
</Rectangle>
<!--使用图像（ImageBrush）绘制矩形-->
<Rectangle Width="75" Height="75">
  <Rectangle.Fill>
    <ImageBrush ImageSource="C:\C#\jpg\sunset.jpg"/>
  </Rectangle.Fill>
</Rectangle>
<!--使用绘图（DrawingBrush）绘制矩形-->
<Rectangle Width="75" Height="75">
  <Rectangle.Fill>
    <DrawingBrush>
      <DrawingBrush.Drawing>
        <GeometryDrawing Brush="Black">
          <GeometryDrawing.Geometry>
            <EllipseGeometry Center="50,50" RadiusX="45" RadiusY="20"/>
          </GeometryDrawing.Geometry>
        </GeometryDrawing>
      </DrawingBrush.Drawing>
    </DrawingBrush>
  </Rectangle.Fill>
</Rectangle>
```

```
      <!--使用Visual（VisualBrush）绘制矩形-->
      <Rectangle Width="75" Height="75">
         <Rectangle.Fill>
            <VisualBrush TileMode="Tile">
               <VisualBrush.Visual>
                  <StackPanel>
                     <StackPanel.Background>
                        <DrawingBrush>
                           <DrawingBrush.Drawing>
                              <GeometryDrawing>
                                 <GeometryDrawing.Brush>
                                    <RadialGradientBrush>
                                     <GradientStop Color="MediumBlue" Offset="0.0"/>
                                     <GradientStop Color="White" Offset="1.0"/>
                                    </RadialGradientBrush>
                                 </GeometryDrawing.Brush>
                                 <GeometryDrawing.Geometry>
                                    <GeometryGroup>
                                      <RectangleGeometry Rect="0,0,50, 50"/>
                                      <RectangleGeometry Rect="50,50,50,50"/>
                                    </GeometryGroup>
                                 </GeometryDrawing.Geometry>
                              </GeometryDrawing>
                           </DrawingBrush.Drawing>
                        </DrawingBrush>
                     </StackPanel.Background>
                     <TextBlock FontSize="10pt" Margin="10">Hello, World! </TextBlock>
                  </StackPanel>
               </VisualBrush.Visual>
            </VisualBrush>
         </Rectangle.Fill>
      </Rectangle>
   </StackPanel>
</Window>
```

运行效果如图 20-11 所示。

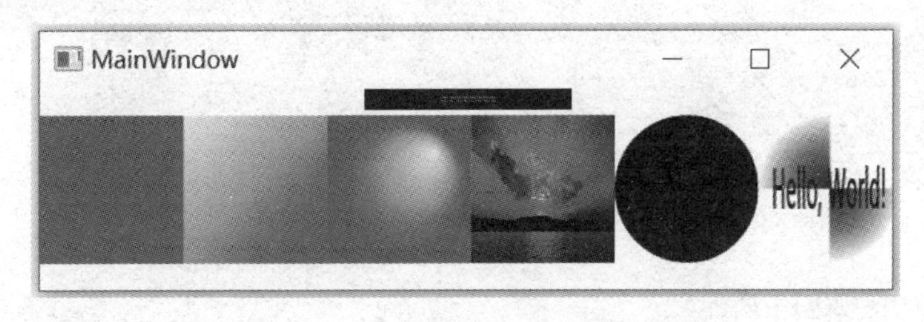

图 20-11　例 20.9 的运行效果

4. 位图效果

位图效果（BitmapEffect）对象为可视化控件（如 Image、Button 或 TextBox，继承于 Visual 类）设置效果（如模糊或投影）。可以将 BitmapEffect 设置为单个 BitmapEffect 对象，或通过 BitmapEffectGroup 对象将多个效果链接在一起。可设置的 WPF 位图效果包括：

- BlurBitmapEffect：模拟通过焦距没对准的镜头查看对象的情形。
- OuterGlowBitmapEffect：围绕对象周边创建颜色光晕。
- DropShadowBitmapEffect：创建对象后的阴影。
- BevelBitmapEffect：创建斜面，即根据指定的曲线提高图像表面。
- EmbossBitmapEffect：对 Visual 创建凹凸贴图，以产生一种深度和纹理均来自人造光源的效果。

【例 20.10】 使用位图效果对象设置按钮的凹凸效果示例。

标记文件 MainWindow.xaml 内容如下：

```
<Window x:Class="BitmapEffect.MainWindow"
      xmlns="http://schemas.microsoft.com/winfx/2006/xaml/presentation"
      xmlns:x="http://schemas.microsoft.com/winfx/2006/xaml"
      xmlns:d="http://schemas.microsoft.com/expression/blend/2008"
      xmlns:mc="http://schemas.openxmlformats.org/markup-compatibility/2006"
      xmlns:local="clr-namespace:BitmapEffect" mc:Ignorable="d"
   Title="MainWindow" Height="200" Width="300">
   <Grid>
      <Button Width="200" Height="80" Margin="50">
         Bevelled Button
         <Button.BitmapEffect>
            <!-- BevelBitmapEffect类创建一个凹凸效果，
            该效果根据指定的曲线来抬高图像表面。其中：
           - BevelWidth属性：获取或设置凹凸效果的宽度
           - EdgeProfile属性：获取或设置凹凸效果的曲线
           - LightAngle属性：获取或设置创建凹凸效果的阴影时，虚拟光光源方向
           - Relief属性：获取或设置凹凸效果起伏的高度
           - Smoothness属性：获取或设置凹凸效果阴影的平滑程度-->
            <BevelBitmapEffect BevelWidth="15" EdgeProfile="BulgedUp"
                     LightAngle="320" Relief="0.4" Smoothness="0.4"/>
         </Button.BitmapEffect>
      </Button>
   </Grid>
</Window>
```

运行效果如图 20-12 所示。

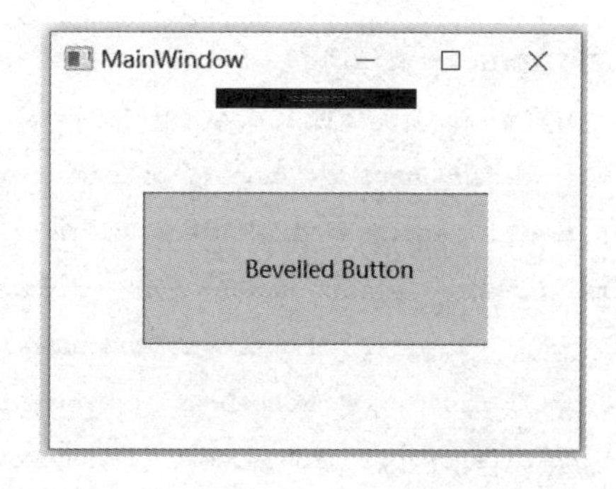

图 20-12　例 20.10 的运行效果

20.3.3　多媒体

WPF 支持多媒体功能，通过将声音和视频集成到应用程序中，以增强用户体验。MediaElement 和 MediaPlayer 用于播放音频、视频以及包含音频内容的视频（注意，这两种类型都依赖 Microsoft Windows Media Player 10 OCX 进行媒体播放）。MediaElement 和 MediaPlayer 具有类似的成员，MediaElement 是一个可视控件，可在 XAML 中使用；MediaPlayer 则不能在 XAML 中使用。

MediaElement 和 MediaPlayer 可以用于两种不同的媒体模式中：独立模式和时钟模式。媒体模式由 Clock 属性确定，如果 Clock 为 null，则媒体对象处于独立模式；如果 Clock 不为 null，则媒体对象处于时钟模式。默认情况下，媒体对象处于独立模式。

在独立模式下，由媒体内容驱动媒体播放。通过设置 MediaElement 对象的 Source 属性或调用 MediaPlayer 对象的 Open 方法来加载媒体；可使用媒体对象的方法（Play、Pause、Close 和 Stop）直接控制媒体播放（注意，对于 MediaElement，仅当其 LoadedBehavior 设置为 Manual 时，使用这些方法的交互式控件才可用）；可以修改媒体的 Position 和 SpeedRatio 属性。

在时钟模式下，由 MediaTimeline 驱动媒体播放，从而实现动画功能。媒体的 Uri 是通过 MediaTimeline 间接设置的；可由时钟控制媒体播放，不能使用媒体对象的控制方法。

【例 20.11】 视频的播放控制功能示例：使用 MediaElement 来控制媒体播放。创建一个简单的媒体播放器，通过该播放器可以对媒体进行播放、暂停、停止、回退和快进，还可以调整音量和速度比（涉及的素材可到清华大学出版社的教学资料网站 www.tup.tsinghua.edu.cn 下载，当然读者也可以使用自己喜欢的其他视频）。

标记文件 MainWindow.xaml 内容如下：

```
<Window x:Class="MediaPlayer.MainWindow"
        xmlns="http://schemas.microsoft.com/winfx/2006/xaml/presentation"
        xmlns:x="http://schemas.microsoft.com/winfx/2006/xaml"
        xmlns:d="http://schemas.microsoft.com/expression/blend/2008"
        xmlns:mc="http://schemas.openxmlformats.org/markup-compatibility/2006"
        xmlns:local="clr-namespace:MediaPlayer" mc:Ignorable="d"
 Title="MainWindow" Height="500" Width="800">
```

```
<StackPanel Background="Black">
<MediaElement Source="C:\C#\media\MAILBOX.AVI" Name="myMediaElement"
  Width="450" Height="400" LoadedBehavior="Manual" UnloadedBehavior="Stop" Stretch="Fill"
  MediaOpened="Element_MediaOpened" MediaEnded="Element_MediaEnded"/>
  <StackPanel HorizontalAlignment="Center" Width="550" Orientation="Horizontal">
   <Image Source="C:\C#\jpg\UI_play.gif" MouseDown="OnMouseDownPlayMedia" Margin="5"/>
   <Image Source="C:\C#\jpg\UI_pause.gif" MouseDown="OnMouseDownPauseMedia" Margin="5" />
   <Image Source="C:\C#\jpg\UI_stop.gif" MouseDown="OnMouseDownStopMedia" Margin="5" />
   <TextBlock Foreground="White" VerticalAlignment="Center" Margin="5"> Volume</TextBlock>
   <Slider Name="volumeSlider" VerticalAlignment="Center" ValueChanged= "ChangeMediaVolume"
        Minimum="0" Maximum="1" Value="0.5" Width="70"/>
   <TextBlock Foreground="White" Margin="5"  VerticalAlignment="Center"> Speed</TextBlock>
   <Slider Name="speedRatioSlider" VerticalAlignment="Center"
         ValueChanged="ChangeMediaSpeedRatio" Value="1" Width="70" />
   <TextBlock Foreground="White" Margin="5" VerticalAlignment="Center"> Seek To</TextBlock>
   <Slider Name="timelineSlider" Margin="5" VerticalAlignment="Center"
         ValueChanged="SeekToMediaPosition" Width="70"/>
  </StackPanel>
 </StackPanel>
</Window>
```

隐藏代码 MainWindow.xaml.cs 的内容如下：

```
using System;using System.Windows;using System.Windows.Controls;
using System.Windows.Documents;using System.Windows.Navigation;
using System.Windows.Shapes;using System.Windows.Data;
using System.Windows.Media;using System.Windows.Input;
namespace MediaPlayer
{  /// <summary>
   /// MainWindow.xaml的交互逻辑
   /// </summary>
  public partial class MainWindow : Window
  {
    public MainWindow()
    {
      InitializeComponent();
    }
   //播放媒体
   void OnMouseDownPlayMedia(object sender, MouseButtonEventArgs args)
   {   //Play命令将播放不活动或暂停媒体；对正在播放的媒体不起作用
      myMediaElement.Play();
```

```
    InitializePropertyValues();//初始化MediaElement属性值
}
//暂停媒体播放
void OnMouseDownPauseMedia(object sender, MouseButtonEventArgs args)
{  //暂停正在播放的媒体；可使用Play命令继续播放
    myMediaElement.Pause();
}
//停止媒体播放
void OnMouseDownStopMedia(object sender, MouseButtonEventArgs args)
{
   myMediaElement.Stop();
}
//改变媒体播放的音量
private void ChangeMediaVolume(object sender,RoutedPropertyChangedEventArgs<double>args)
{
    myMediaElement.Volume = (double)volumeSlider.Value;
}
//改变媒体播放的速度
private void ChangeMediaSpeedRatio(object sender,RoutedPropertyChanged EventArgs<double>args)
{
   myMediaElement.SpeedRatio = (double)speedRatioSlider.Value;
}
//打开媒体时，将Seek To初始化为最大值（单位为ms）
private void Element_MediaOpened(object sender, EventArgs e)
{
    timelineSlider.Maximum = myMediaElement.NaturalDuration.TimeSpan.TotalMilliseconds;
}
//当媒体完成重放，使用Stop搜索媒体的起始部分
private void Element_MediaEnded(object sender, EventArgs e)
{
    myMediaElement.Stop();
}
//跳转到媒体的不同部分(seek to)
private void SeekToMediaPosition(object sender,RoutedPropertyChangedEventArgs<double>args)
{
    int SliderValue = (int)timelineSlider.Value;
    //重载构造函数，使用days、hours、minutes、seconds、miniseconds参数
    //创建TimeSpan对象，使之等于当前游标的值
    TimeSpan ts = new TimeSpan(0, 0, 0, 0, SliderValue);
    myMediaElement.Position = ts;
}
```

```
        void InitializePropertyValues()
        {   //设置媒体的音量Volume和速率SpeedRatio等于当前游标的值
            myMediaElement.Volume = (double)volumeSlider.Value;
            myMediaElement.SpeedRatio = (double)speedRatioSlider.Value;
        }
    }
}
```

运行效果如图 20-13 所示（媒体播放器必须是 Microsoft Windows Media Player10 及以上版本）。

图 20-13　例 20.11 的运行效果

20.3.4　动画

在 WPF 中，针对对象支持动画的属性应用动画，可以实现动画效果。例如，若要使框架元素增大，可以对其 Width 和 Height 属性进行动画处理；若要使对象逐渐从视野中消失，可以对其 Opacity 属性进行动画处理。

由于动画生成属性值，因此对于不同的属性类型，会有不同的动画类型。例如，若要对采用 Double 的属性（如元素的 Width 属性）进行动画处理，则需要使用生成 Double 值的动画。若要对采用 Point 的属性进行动画处理，则需要使用生成 Point 值的动画，以此类推。System.Windows.Media.Animation 命名空间中存在一些动画类，也可以自定义动画类。

系统提供了下列动画类型：

- From/To/By 或“基本”动画：<类型>Animation。在起始值和目标值之间进行动画处理，或通过将偏移量值与其起始值相加进行动画处理。
- 关键帧动画：<类型>AnimationUsingKeyFrames。指定任意多个目标值，甚至可以控制它们的插值方法。
- 几何路径动画：<类型>AnimationUsingPath。使用几何路径来生成动画值。
- 自定义动画：通过实现抽象类<类型>AnimationBase 创建的自定义动画。

实现动画涉及的内容较复杂。下面以一个简单的例子说明应用动画的基本步骤。

【例 20.12】 动画效果示例：创建从视野中逐渐消失并逐渐进入视野的矩形。

（1）创建 DoubleAnimation。使元素逐渐进入视野并逐渐从视野中消失的一种方法是对其 Opacity 属性（类型为 Double）进行动画处理，因此需要一个产生双精度值的动画（如 DoubleAnimation 创建两个双精度值之间的过渡）。例如，下面代码创建了一个 DoubleAnimation：指定其起始值（From 属性）为 1.0（使对象完全不透明）；指定其终止值（To 属性）为 0（使对象完全不可见）；指定动画的从其起始值过渡为目标值所需的时间（Duration 属性）为 5 秒钟；指定元素在消失后再逐渐回到视野中（AutoReverse 属性设置为 true）；指定动画无限期地重复（RepeatBehavior 属性设置为 Forever）。

```
<DoubleAnimation From="1.0" To="0.0"Duration="0:0:5"AutoReverse="True"RepeatBehavior ="Forever"/>
```

（2）创建演示图板。若要向对象应用动画，需要创建 Storyboard，并使用 TargetName 和 TargetProperty 附加属性指定要进行动画处理的对象和属性。

```
<Storyboard>
    <DoubleAnimation
        Storyboard.TargetName="MyRectangle"
        Storyboard.TargetProperty="Opacity"
        From="1.0" To="0.0" Duration="0:0:5"
        AutoReverse="True" RepeatBehavior="Forever" />
  </Storyboard>
```

（3）将演示图板与触发器关联。创建一个 BeginStoryboard 对象并将演示图板与其关联。BeginStoryboard 是一种应用和启动 Storyboard 的 TriggerAction。

```
<EventTrigger RoutedEvent="Rectangle.Loaded">
  <BeginStoryboard>
    <Storyboard>
      <DoubleAnimation
          Storyboard.TargetName="MyRectangle"
          Storyboard.TargetProperty="Opacity"
          From="1.0" To="0.0" Duration="0:0:5"
          AutoReverse="True" RepeatBehavior="Forever" />
    </Storyboard>
  </BeginStoryboard>
</EventTrigger>
```

标记文件 MainWindow.xaml 完整的代码如下：

```
<Window x:Class="Animation.MainWindow"
        xmlns="http://schemas.microsoft.com/winfx/2006/xaml/presentation"
        xmlns:x="http://schemas.microsoft.com/winfx/2006/xaml"
        xmlns:d="http://schemas.microsoft.com/expression/blend/2008"
        xmlns:mc="http://schemas.openxmlformats.org/markup-compatibility/2006"
        xmlns:local="clr-namespace:Animation" mc:Ignorable="d"
```

```
    Title="MainWindow" Height="150" Width="300">
    <StackPanel Margin="10">
        <Rectangle Name="MyRectangle" Width="100" Height="100" Fill="Red">
            <Rectangle.Triggers>
                <!-- Animates the rectangle's opacity. -->
                <EventTrigger RoutedEvent="Rectangle.Loaded">
                    <BeginStoryboard>
                        <Storyboard>
                            <DoubleAnimation
                                Storyboard.TargetName="MyRectangle"
                                Storyboard.TargetProperty="Opacity"
                                From="1.0" To="0.0" Duration="0:0:5"
                                AutoReverse="True" RepeatBehavior="Forever"/>
                        </Storyboard>
                    </BeginStoryboard>
                </EventTrigger>
            </Rectangle.Triggers>
        </Rectangle>
    </StackPanel>
</Window>
```

运行效果如图 20-14 所示。

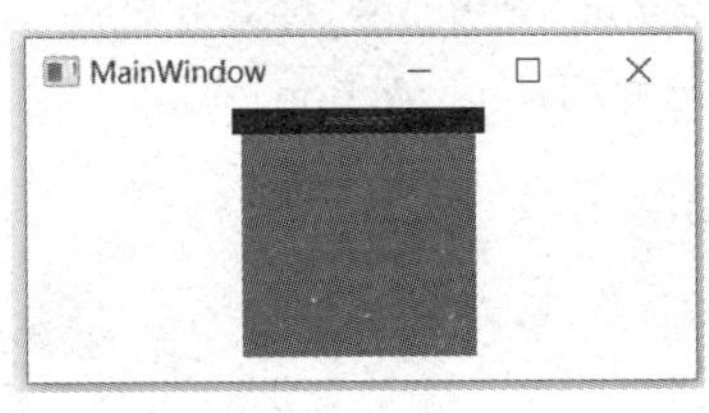

（a）初始运行画面

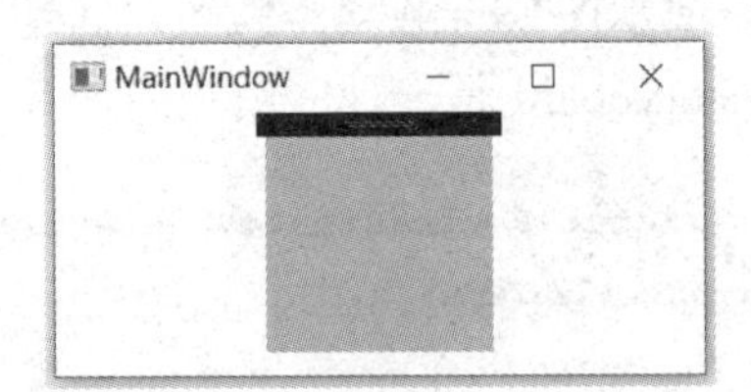

（b）从视野中逐渐消失

图 20-14　例 20.12 的运行效果

第21章 ASP.NET Web 应用程序

随着 Internet 的发展，各种基于浏览器的 Web 应用程序大量出现。ASP.NET 是.NET Framework 的组成部分之一，提供了一个统一的 Web 开发模型，广泛用于开发各种规模的 Web 应用程序。

本章要点：

视频讲解

- ASP.NET Web 应用程序概述；
- 创建 ASP.NET Web 应用程序；
- 创建 ASP.NET 页面；
- 使用 ASP.NET Web 服务器控件；
- 使用 ADO.NET 连接和操作数据库；
- ASP.NET 页面会话状态和页面导航；
- ASP.NET Web 应用程序的布局和导航；
- ASP.NET 主题和外观。

21.1 开发 ASP.NET Web 应用程序

21.1.1 ASP.NET Web 应用程序概述

ASP.NET 是.NET Framework 的组成部分之一，提供了一个统一的 Web 开发模型，其中包括生成企业级 Web 应用程序所必需的各种服务。ASP.NET Web 应用程序（网站）是基于 ASP.NET 创建的 Web 网站，通常对应于一个 IIS（Internet 信息服务）虚拟目录，包含页面文件、控件文件、代码模块和服务，以及配置文件和各种资源。ASP.NET Web 应用程序可以包含下列特殊目录：

- App_Data：包含应用程序数据文件，如 MDF 文件、XML 文件和其他数据存储文件。例如，存储用于维护成员和角色信息应用程序的本地数据库。
- App_Themes：包含用于定义 ASP.NET 网页和控件外观的文件集合（.skin 和.css 文件以及图像文件和一般资源）。
- App_Browsers：包含 ASP.NET 用于标识个别浏览器并确定其功能的浏览器定义(.browser)文件。
- App_Code：包含作为应用程序一部分进行编译的实用工具类和业务对象（如.cs、.vb 文件）的源代码。
- App_GlobalResources：包含编译到具有全局范围的程序集中的资源（.resx

和.resources 文件）。

- App_LocalResources：包含与应用程序中的特定页、用户控件或母版页关联的资源（.resx 和.resources 文件）。
- App_WebReferences：包含用于定义在应用程序中使用的 Web 引用的引用协定文件（.wsdl 文件）、架构（.xsd 文件）和发现文档文件（.disco 和.discomap 文件）。
- Bin：包含要在应用程序中引用的控件、组件或其他代码的已编译程序集（.dll 文件）。

ASP.NET 应用程序还可以包括一个特殊的文件 Global.asax，该文件必须位于 ASP.NET 应用程序的根目录下。在 Global.asax 文件中，可以定义应用程序作用范围的事件处理过程，或定义应用程序作用范围的对象。

21.1.2 创建 ASP.NET Web 应用程序

通常将 IIS 用作 Web 服务器，来运行 ASP.NET 应用程序。安装 Windows 服务器版时，默认情况下会自动安装 IIS；安装 Windows 专业版时，默认情况下不会自动安装 IIS，可以使用“控制面板”|“程序和功能”|“启动或关闭 Windows 功能”，以安装 Windows 的 IIS 组件。在安装过程中，IIS 会在计算机上创建一个默认网站。也可以使用 Internet 信息服务管理器，创建用来承载 ASP.NET Web 应用程序的网站。安装 IIS 具体步骤请参阅 Windows 的在线帮助。

Visual Studio 包括一个内置的 Web 服务器，以方便开发人员创建和调试 ASP.NET Web 应用程序。基于 Visual Studio 内置 Web 服务器的 ASP.NET Web 应用程序保存在本地文件系统的一个目录中，使用 Visual Studio 打开本地网站（目录）时，自动创建基于该目录的 ASP.NET Web 应用程序。

本地 ASP.NET Web 应用程序可以通过复制目录命令发布到 IIS 中；也可以通过 Visual Studio 的“网站”|“复制网站”来发布 ASP.NET Web 应用程序。

注意：*运行 Visual Studio 内置 Web 服务器时，自动分配一个空闲的端口号。所以实际运行中，每次使用的端口号有可能不一样。*

【例 21.1】 创建本地 ASP.NET 窗体网站：C:\C#\Chapter21A。

操作步骤：

（1）运行 Visual Studio 应用程序。

（2）新建本地 ASP.NET Web 窗体网站。执行菜单命令“文件”|“新建”|“网站”，在“新建网站”对话框中选择“ASP.NET Web 窗体网站”模板。在“Web 位置”处输入或利用“浏览”按钮选择网站名称 C:\C#\Chapter21A。单击“确定”按钮，创建 ASP.NET Web 窗体站点。系统将在 C:\C#\Chapter21A 中自动创建若干文件夹和文件。

（3）运行调试。通过工具栏的▶（可以使用 Microsoft Edge、Internet Explorer 等不同的浏览器启动调试）按钮，运行 ASP.NET Web 应用程序。运行效果如图 21-1 所示。

【例 21.2】 创建本地 ASP.NET Web 空网站：C:\C#\Chapter21。

操作步骤：

（1）创建本地 ASP.NET Web 空网站。执行菜单命令“文件”|“新建”|“网站”，打开“新建网站”对话框。选择“ASP.NET 空网站”模板。在“Web 位置”处输入或利用“浏

览”按钮选择网站名称 C:\C#\Chapter21。单击“确定”按钮，创建 ASP.NET 空网站。

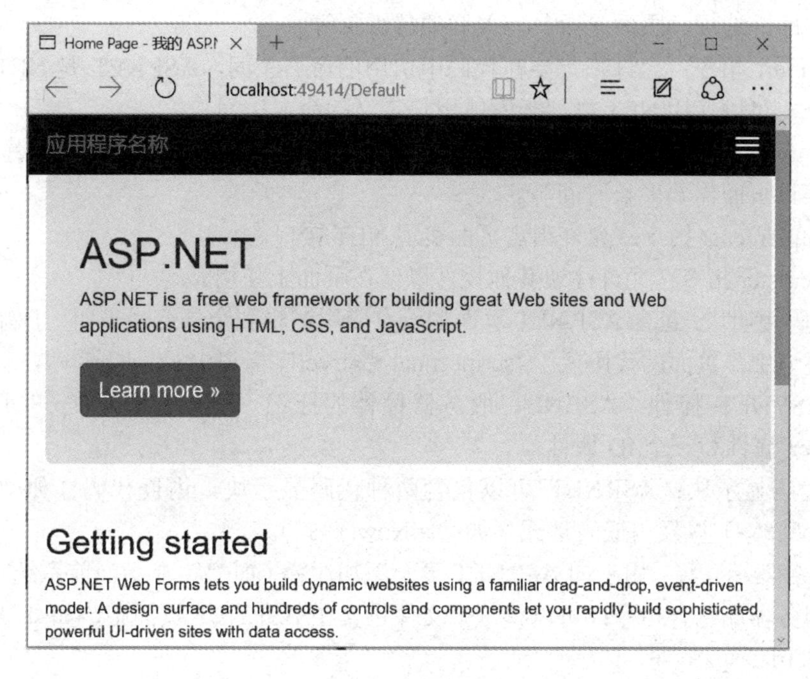

图 21-1　本地 ASP.NET 窗体网站运行效果

（2）系统将在 C:\C#\Chapter21 中自动创建网站结构，其中包含一个名为 Web.config 的 ASP.NET 配置文件，其保存格式为 XML 文件。

21.2　ASP.NET Web 页面

21.2.1　ASP.NET Web 页面概述

ASP.NET 页面为 Web 应用程序提供用户界面，ASP.NET 页面由代码和标记组成，并在服务器上动态编译和执行以呈现给发出请求的客户端浏览器。ASP.NET 页面是采用 aspx 文件扩展名的文本文件。ASP.NET 提供两种用于管理可视元素和代码的模型：

- 单文件页模型：单文件页模型的标记和代码位于同一个 aspx 文件，其中编程代码位于 script 块中，该块包含 runat="server"属性。
- 代码隐藏页模型：代码隐藏页模型的标记位于一个 aspx 文件，而编程代码则位于另一个.aspx.cs 文件（使用 C#编程语言时）。

单文件页模型和代码隐藏页模型的功能与性能相同。当页面和代码的编写分工不同时，适合于采用代码隐藏页模型。其他情况则采用单文件页模型。

ASP.NET 页面为 Web 应用程序提供用户界面。ASP.NET 的页面结构包括下列重要元素：

（1）指令：ASP.NET 页通常包含一些指令，这些指令允许用户为相应页指定页属性和配置信息。

- @Page 指令：允许为页面指定多个配置选项，如页面中代码的服务器编程语言、调试和跟踪选项、页面是否具有关联的母版页等。
- @Import 指令：允许指定要在代码中引用的命名空间。ASP.NET 是.NET 框架的一部分，可以使用.NET 框架类库或用户定义的命名空间。
- @OutputCache 指令：允许指定应缓存的页面，以及缓存参数，即何时缓存该页面、缓存该页面需要多长时间等。
- @Implements 指令：允许指定页面实现.NET 接口。
- @Register 指令：允许注册其他控件以便在页面上使用。

（2）代码声明块：包含 ASP.NET 页面的所有应用逻辑和全局变量声明、子例程和函数。在单文件模型中，页面的代码位于<script runat="server">标记中。

（3）ASP.NET 控件：ASP.NET 服务器控件的标记一般以前缀“asp:”开始，包含 runat="server"属性和一个 ID 属性。

（4）代码显示块：ASP.NET 可以包含两种代码显示块，内嵌代码（如<%Response.write("Hello") %>）以及内嵌表达式（如<%=Now() %>）。

（5）服务器端注释：用于向 ASP.NET 页面添加注释（如<%--显示当前系统时间--%>）。

（6）服务器端包含指令：可以将一个文件包含在 ASP.NET 页面中，如<!--#INCLUDE file="includefile.aspx" -->。

（7）文本和 HTML 标记：页面的静态部分使用文本和一般的 HTML 标记来实现。

每个 ASP.NET 服务器控件都能公开包含属性、方法和事件的对象模型。ASP.NET 开发人员可以编程处理服务器控件事件，从而实现交互功能。ASP.NET 页框架还公开了各种页级事件，可以处理这些事件以编写要在页处理过程中的某个特定时刻执行的代码。

当 ASPX 页面被客户端请求时，页面的服务器端代码被执行，执行结果被送回到浏览器端。ASP.NET 的架构会自动处理浏览器提交的表单，把各个表单域的输入值变成对象的属性，使用户可以像访问对象属性那样访问客户的输入；它还把客户的点击映射到不同的服务器端事件。Web 页面处理过程如下：

（1）当 ASPX 页面被客户端请求时，页面的服务器端代码被执行，执行结果被送回到浏览器端。

（2）当用户对 Server Control 的一次操作（如 Button 控件的 Click 事件），就可能引起页面的一次往返处理：页面被提交到服务器端，执行相应的事件处理代码，重建页面，然后返回到客户端。

（3）页面处理时，依次处理各种页面事件。常用的代码一般编写在 Page_Load 事件处理中，根据 IsPostBack 属性判定页面是否第一次被加载和访问，并执行一些只需要在页面第一次被加载和访问时进行的操作。

（4）然后，依次处理各种控件的事件，如 Button 控件的 Click 事件。

21.2.2 创建 ASP.NET 页面

页面的设计视图提供了一种近似 WYSIWYG（所见即所得）的编辑界面，可以高效地用于界面布局设计。对于复杂页面的布局设计，一般采用 DIV+CSS 模式或表格模式进行布局。目前流行的设计模型为 DIV+CSS 模式，请读者参考有关网页设计的书籍。本书主要讲述 ASP.NET 应用程序逻辑编程，为了简便，书中实例大多采用相对简单明了的表格模式进行布局。

在页面的设计视图，通过双击页面空白处或控件，Visual Studio 自动切换到源视图并为页面或控件的默认事件（如页面的 Load 事件、按钮的 Click 事件）创建一个主干事件处理程序，然后在其中可以编写应用程序逻辑。在设计视图中，双击控件只是创建事件处理程序的若干方法中的一种。如果要创建控件的其他事件处理过程，可在该控件属性窗口的事件类别中，双击对应的事件名称，即可生成其事件处理过程。

【例 21.3】 创建 ASP.NET 欢迎页面 HelloWorld.aspx，以显示欢迎信息 Welcome to ASP.NET。其设计布局如图 21-2 所示，运行效果如图 21-3 所示。

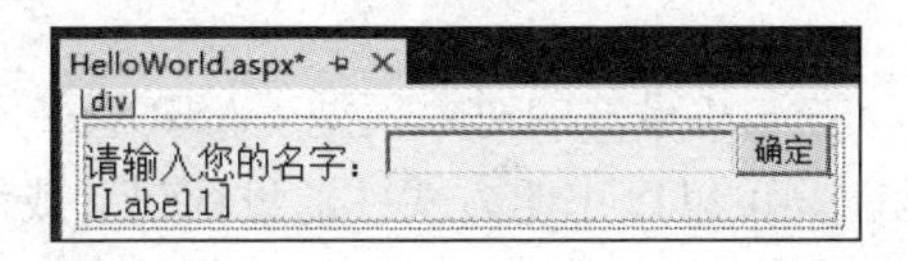

图 21-2　HelloWorld.aspx 的设计布局

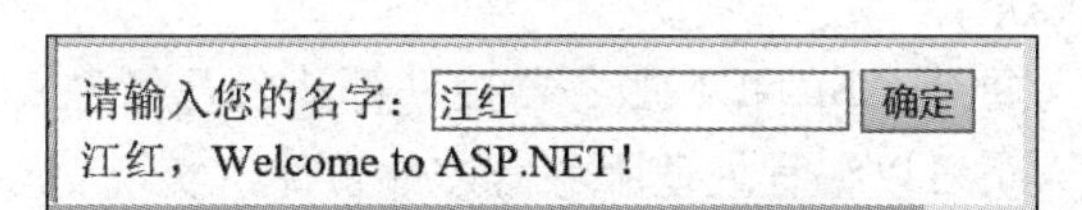

图 21-3　HelloWorld.aspx 的运行效果

操作步骤：

（1）添加 ASP.NET 页面。鼠标右击解决方案资源管理器中的网站名称 Chapter21，执行相应快捷菜单命令“添加”|“添加新项”，打开“添加新项”对话框，选择“Web 窗体”模板；在“名称”文本框中输入文件的名称 HelloWorld.aspx；去除“将代码放在单独的文件中”复选框，以使 ASP.NET 页面的标记和代码位于同一个.aspx 文件中。单击“添加”按钮，在 Chapter21 网站中添加一个名为 HelloWorld.aspx 的“单文件页模型”的 ASP.NET 页面。

（2）设计 ASP.NET 页面。单击“设计”标签，切换到设计视图，从“标准”工具箱中分别拖曳一个 Label 控件、一个 TextBox 控件和一个 Button 控件到 ASP.NET 设计页面，根据图 21-2 设计网页布局；根据表 21-1 设置各控件的属性。

表 21-1　HelloWorld.aspx 的页面控件

类型	ID	属性	说明
TextBox	TextBox1		姓名文本框
Button	Button1	Text：确定	确定按钮
Label	Label1	Text：(空白)	信息显示标签

（3）生成按钮事件。在设计视图中，双击“确定”按钮控件，自动生成“确定”按钮的主事件 Click 的处理过程 Button1_Click。

（4）加入 Button1 按钮 Click 事件的处理代码。在源视图中，在 Button1_Click 的 ASP.NET 事件函数体中加入如下粗体语句，以在 Label1 中显示欢迎信息。

```
protected void Button1_Click(object sender, EventArgs e)
{
   Label1.Text = TextBox1.Text + ", Welcome to ASP.NET! ";
}
```

（5）保存并运行测试 HelloWorld.aspx。

21.3 ASP.NET Web 服务器控件

21.3.1 ASP.NET Web 服务器控件概述

与 Windows 窗体控件类似，ASP.NET Web 服务器控件是 ASP.NET 网页上的可编程服务器端对象，一般用于表示页面中的用户界面元素，如文本框、按钮、图像等。服务器控件参与页的执行，并生成自己的标记呈现给客户端。使用 ASP.NET 提供的内置服务器控件，或第三方生成的控件，可以创建复杂灵活的用户界面，大幅度减少了生成动态网页所需的代码量。

每个 ASP.NET 服务器控件都能公开包含属性、方法和事件的对象模型。ASP.NET 开发人员可以编程处理服务器控件事件，实现交互功能。可以以声明方式（通过标记）或编程方式（通过代码）设置服务器控件的属性。服务器控件（和页本身）还公开了一些事件，开发人员可以处理这些事件以在页执行期间执行特定的操作或响应将页发回服务器的客户端操作（“回发”）。此外，服务器控件还简化了在往返于服务器的过程中保留状态的问题，自动在连续回发之间保留其值。

许多 Web 服务器控件类似于常见的 HTML 元素（如按钮和文本框）；其他控件具有复杂行为，如日历控件以及可用于连接数据源并显示数据的控件。ASP.NET 还提供支持 AJAX 的服务器控件，将 AJAX 控件添加到 ASP.NET 页面上时，支持自动将支持的客户端脚本发送到浏览器以生成丰富的客户端行为。

ASP.NET 服务器控件在页中是使用包含 runat="server"属性的声明性标记标识的。通过为某页中的单个 ASP.NET 服务器控件提供一个 id 属性，便可以采用编程方式标识该控件。可以在运行时使用此 id 引用以编程方式操作该服务器控件的对象模型。

ASP.NET 提供下列类别的服务器控件：

- 标准控件：常用的控件，如文本框、按钮、标签、日历控件、列表、图像、超链接等，包括 Label、Literal、TextBox、CheckBox、CheckBoxList、RadioButton、RadioButtonList、DropDownList、ListBox、Button、LinkButton、ImageButton、Image、ImageMap、HyperLink、Panel、FileUpload、Calendar、AdRotator、BulletedList、Table、PalceHolder、View、MultiView、Wizard 等。
- 数据控件：用于数据库访问以及显示和操作 ASP.NET 网页上数据的控件，如 GridView、DataList、DetailsView、FormView、ListView、Repeater、DataPager、SqlDataSource、AccessDataSource、LinqDataSource、ObjectDataSource、XmlDataSource、SiteMapDataSource 等。
- 验证控件：用于页面有效性验证的控件，如 RequiredFieldValidator、CompareValidator、RangeValidator、RegularExpressionValidator、CustomValidator、ValidationSummary 等。
- 导航控件：用于页面导航的控件，如 SiteMapPath、Menu、TreeView 等。

- 登录控件：用于自动创建登录/注册页面的控件，如 CreateUserWizard、Login、LoginView、LoginName、LoginStatus、ChangePassword 和 PasswordRecovery 等。
- Web 部件控件：用于创建门户网站的集成控件，如 WebPartManager、ProxyWebPartManager、WebPartZone、CatalogZone、DeclarativeCatalogPart、PageCatalogPart、ImportCatalogPart、EditorZone、AppearanceEditorPart、BehaviorEditorPart、LayoutEditorPart、PropertyGridEditorPart、ConnectionsZone 等。
- ASP.NET 网页的 HTML 控件：是 HTML 标记的服务器端控件实现，如 Div、Horizontal Rule、Image、Input、Select、Textarea 等。
- AJAX 服务器控件：AJAX 功能包括使用部分页更新来刷新页的某些部分，因此避免了整页回发，如 ScriptManager、Timer、UpdatePanel、UpdateProgress 等。

21.3.2 使用标准服务器控件创建 Web 页面

【例 21.4】 创建留言簿 ASP.NET Web 页面：GuestBook.aspx。用户输入姓名和留言，按“留言”按钮，则自动在下面的留言簿中记录留言的日期、时间、姓名和留言内容。留言簿中的记录按时间降序显示。其设计布局如图 21-4 所示，运行效果如图 21-5 所示。

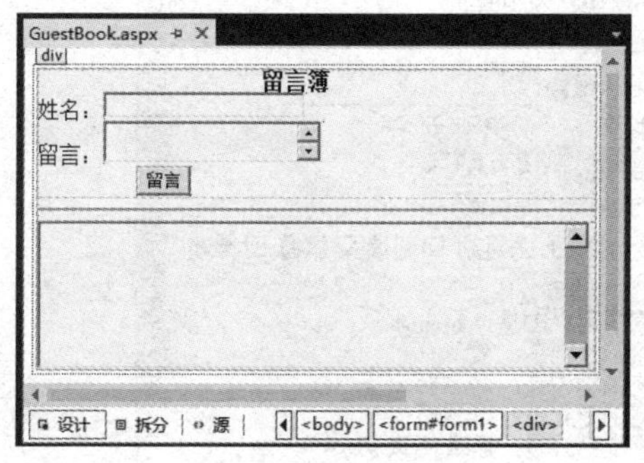

图 21-4 GuestBook.aspx 设计布局

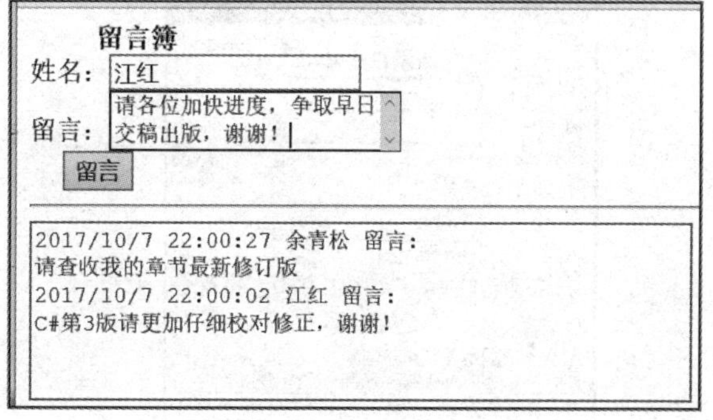

图 21-5 GuestBook.aspx 运行效果

操作步骤：

（1）在 Chapter21 网站中添加“单文件页模型”的 ASP.NET 页面 GuestBook.aspx。

（2）设计 ASP.NET 页面。在设计视图中，根据图 21-4 设计网页布局；根据表 21-2 设置各控件的属性。

表 21-2 GuestBook.aspx 的页面控件

类型	ID	属性	说明
TextBox	txtName		访客姓名文本框
TextBox	txtMessage	TextMode：MultiLine	访客留言文本框
Button	btnOK	Text：留言	留言按钮
Horizontal Rule			水平分隔线
TextBox	txtMessageAll	TextMode：MultiLine、ReadOnly：true、Width：400、Height：100	留言簿文本框

（3）生成 btnOK 按钮 Click 事件，并加入如下粗体语句，以在留言簿文本框中显示留

言信息。

```
protected void btnOK_Click(object sender, EventArgs e)
{   //获取系统日期和时间
    String strDateTime = DateTime.Now.ToString();
    txtMessageAll.Text = strDateTime + " " + txtName.Text + " 留言:\n" + txtMessage.Text + "\n"
    + txtMessageAll.Text;
    txtName.Text = "";  txtMessage.Text = ""; //清空
}
```

（4）保存并运行测试 GuestBook.aspx。

【例 21.5】 创建用户注册的 ASP.NET Web 页面 Register.aspx。其设计布局如图 21-6 所示，运行效果如图 21-7 所示。在页面上输入相应的信息，按“提交”按钮，显示相应的输入信息（注意，实际用户注册页面，应将用户信息写入到相应的数据库表，具体方法可以参照第 18 章，本开发任务只是在页面显示用户输入的信息）。当用户注册页面上输入的密码/确认密码不一致时，显示提示信息。

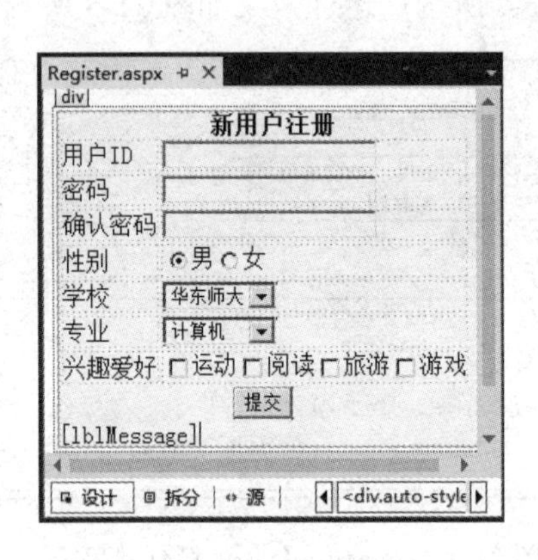

图 21-6 Register.aspx 设计布局

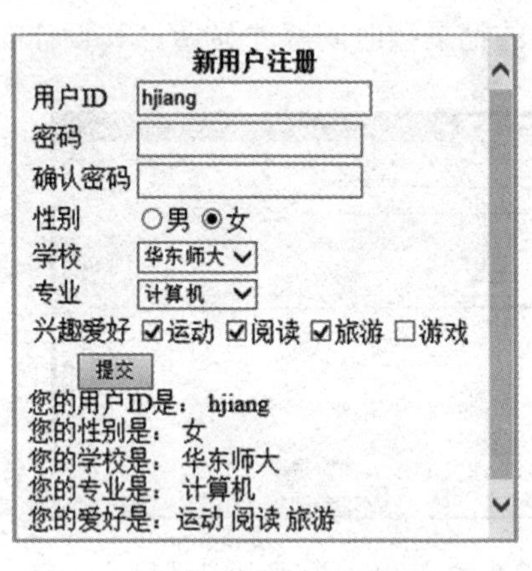

图 21-7 Register.aspx 运行效果

操作步骤：

（1）在 Chapter21 网站中添加“单文件页模型”的 ASP.NET 页面 Register.aspx。

（2）设计 ASP.NET 页面。在设计视图中，根据图 21-6 设计网页布局；根据表 21-3 设置各控件的属性（提示：可利用菜单命令“表”|“插入表”插入一个 7 行 2 列的表格以实现页面内容的对齐）。

表 21-3 Register.aspx 的页面控件

类型	ID	属性	说明
TextBox	txtID		用户 ID 文本框
TextBox	txtPassword	TextMode：Password	密码文本框
TextBox	txtPassword2	TextMode：Password	确认密码文本框
RadioButton	rbSexMale	Text：男、GroupName：Sex、Checked：True	性别（男）单选按钮
RadioButton	rbSexFemale	Text：女、GroupName：Sex	性别（女）单选按钮

续表

类型	ID	属性	说明
DropDownList	DropDownListCollege	（需编辑数据源）	学校下拉列表框
DropDownList	DropDownListMajor	（需编辑数据源）	专业下拉列表框
CheckBox	cbSports	Text：运动	兴趣（运动）复选框
CheckBox	cbReading	Text：阅读	兴趣（阅读）复选框
CheckBox	cbTravel	Text：旅游	兴趣（旅游）复选框
CheckBox	cbGame	Text：游戏	兴趣（游戏）复选框
Button	btnSubmit	Text：提交	提交按钮
Label	lblMessage	Text：(空白)	结果显示标签

（3）学校 DropDownList 控件的数据绑定。在设计视图，选择 DropDownListCollege 控件，单击▣（智能标记）按钮，在随后出现的“DropDownList 任务”菜单中执行“编辑项”命令，如图 21-8 所示；在随后出现的“ListItem 集合编辑器”对话框中，利用“添加”按钮和“杂项”属性，为 DropDownList 控件分别添加“上海电大”“复旦大学”“上海交大”“华东师大”“上海师大”五项数据，并且“华东师大”为默认选项，如图 21-9 所示。

图 21-8　选择 DropDownList 控件编辑项功能

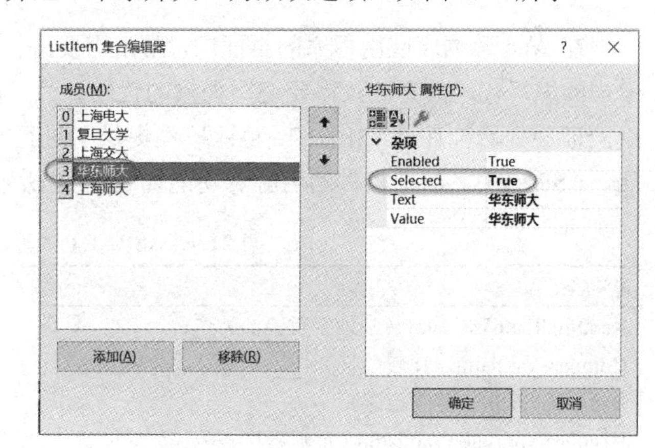

图 21-9　添加 DropDownList 数据项

（4）专业 DropDownList 控件的数据绑定。参照对学校 DropDownList 控件数据绑定的方法，为专业 DropDownList 控件分别添加“计算机”“商务英语”“工商管理”“对外汉语”“国际金融”“经济管理”6 项数据，其中“计算机”为默认选项。

（5）生成 btnLogin 按钮 Click 事件，并加入如下粗体语句显示用户注册信息。

```
protected void btnSubmit_Click(object sender, EventArgs e)
{   if (txtPassword.Text != txtPassword2.Text)
    {
     lblMessage.Text="输入的密码不一致，请重新输入！";return;
    }
    lblMessage.Text = "您的用户ID是：  " + txtID.Text;
    if (rbSexMale.Checked) lblMessage.Text += "<br/>您的性别是：  " + rbSexMale.Text;
    else if (rbSexFemale.Checked) lblMessage.Text += "<br/>您的性别是：" + rbSexFemale.Text;
    lblMessage.Text += "<br/>您的学校是：" + DropDownListCollege.SelectedItem. Text;
```

```
    lblMessage.Text += "<br/>您的专业是：" + DropDownListMajor.SelectedItem.Text;
    lblMessage.Text += "<br/>您的爱好是：";
    if (cbSports.Checked) lblMessage.Text += cbSports.Text + " ";
    if (cbReading.Checked) lblMessage.Text += cbReading.Text + " ";
    if (cbTravel.Checked) lblMessage.Text += cbTravel.Text + " ";
    if (cbGame.Checked) lblMessage.Text += cbGame.Text + " ";
    if ((cbSports.Checked || cbReading.Checked || cbTravel.Checked || cbGame. Checked) == false)
        lblMessage.Text = "您居然没有兴趣爱好！";
}
```

（6）保存并运行测试 Register.aspx。

21.4 验证服务器控件

21.4.1 验证服务器控件概述

在 Web 数据库应用程序的页面中，常常需要进行用户输入数据有效性检查。如果使用常规的编写代码的方法，需要编写大量的代码。为了满足这种需求，Web 窗体框架包含一组验证服务器控件，ASP.NET 验证控件提供了进行声明性客户端或服务器数据验证的方法。ASP.NET 各验证控件的名称和功能如表 21-4 所示。

表 21-4 ASP.NET 的验证控件

控件名	功能
RequiredFieldValidator（必须字段验证）	用于检查是否有输入值
CompareValidator（比较验证）	按设定比较两个输入
RangeValidator（范围验证）	输入是否在指定范围
RegularExpressionValidator（正则表达式验证）	正则表达式验证控件
CustomValidator（自定义验证）	自定义验证控件
ValidationSummary（验证总结）	总结验证结果

验证控件总是在服务器代码中执行验证检查。如果用户使用的浏览器支持 DHTML，则验证控件也可使用客户端脚本执行验证。

21.4.2 使用验证服务器控件创建 Web 页面

【例 21.6】 使用验证控件验证用户注册信息。创建用户注册 ASP.NET Web 页面 User Register.aspx，要求必须输入用户名、口令。用户名、口令、电子邮箱和电话号码都必须满足设置的正则表达式条件。用户年龄必须是整数，并且是 18～200 岁的成年人。

（1）初始页面的运行效果如图 21-10（a）所示。

（2）在初始页面直接单击“确定”按钮，页面运行效果如图 21-10（b）所示，表明用户名、口令是必输信息。

（3）当提供了不符合本例所设置的正则表达式的用户名、口令、电子邮箱、电话号码信息时，页面的运行效果如图 21-10（c）所示。

（4）当提供了正确的用户名、口令、电子邮箱、电话号码、年龄信息时，页面的运行效果如图 21-10（d）所示。

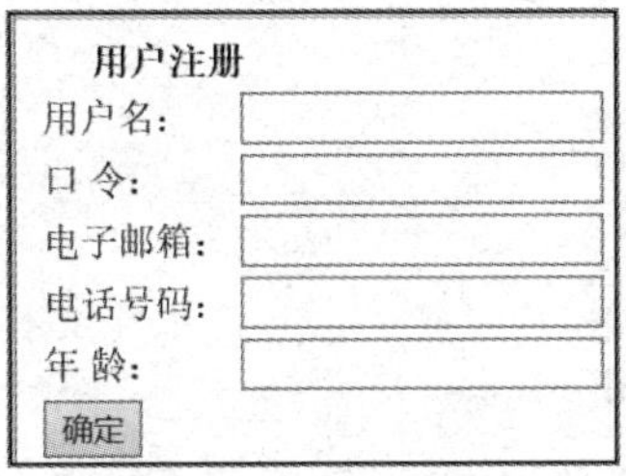

（a）初始页面运行效果

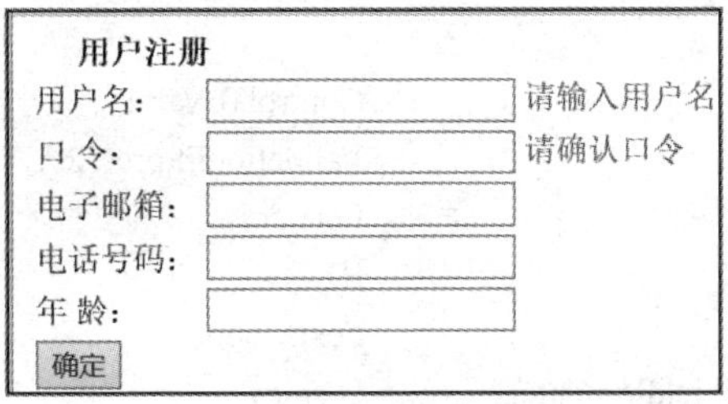

（b）必输信息显示效果

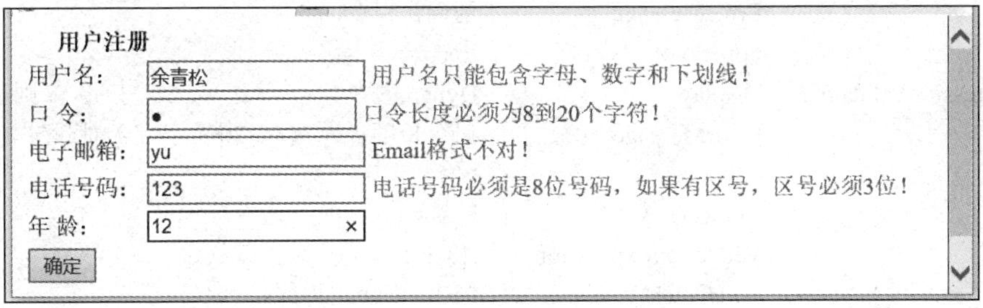

（c）正则表达式要求信息显示效果

（d）用户成功注册

图 21-10　验证用户注册信息的运行效果

操作步骤：

（1）在 Chapter21 网站中添加“单文件页模型”的 ASP.NET 页面 UserRegister.aspx。

（2）设计 ASP.NET 页面。单击“设计”标签，为了整齐布局 Web 页面，可利用菜单命令“表”|“插入表”插入一个 5 行 2 列的表格。参照图 21-10 运行效果设计网页布局；根据表 21-5 设置各控件的属性。

表 21-5　UserRegister.aspx 的页面控件

控件	属性	值	说明
TextBox1	ID	UserName	用户名文本框
RequiredFieldValidator1	Display	Dynamic	用户名必须验证控件
	ControlToValidate	UserName	
	ErrorMessage	请输入用户名	
	ForeColor	Red	

续表

控件	属性	值	说明
RegularExpressionValidator1	Display	Dynamic	用户名正则表达式验证控件
	ErrorMessage	用户名只能包含字母、数字和下画线	
	ControlToValid	UserName	
	ValidationExpression	\w+	
	ForeColor	Red	
TextBox2	ID	Password	口令文本框
	TextMode	Password	
RequiredFieldValidator2	Display	Dynamic	口令必须验证控件
	ControlToValidate	Password	
	ErrorMessage	请确认口令	
	ForeColor	Red	
RegularExpressionValidator2	Display	Dynamic	口令正则表达式验证控件
	ErrorMessage	口令长度必须为8～20个字符	
	ControlToValid	Password	
	ValidationExpression	.{8,20}	
	ForeColor	Red	
TextBox3	ID	E-mail	电子邮箱文本框
RegularExpressionValidator3	Display	Dynamic	电子邮箱正则表达式验证控件
	ErrorMessage	E-mail格式不对！	
	ControlToValid	E-mail	
	ValidationExpression	Internet电子邮件地址	
	ForeColor	Red	
TextBox4	ID	Telephone	电话号码文本框
RegularExpressionValidator4	Display	Dynamic	电话号码正则表达式验证控件
	ErrorMessage	电话号码必须是8位号码，如果有区号，区号必须3位	
	ControlToValid	Telephone	
	ValidationExpression	中国大陆的电话号码	
	ForeColor	Red	
TextBox5	ID	Age	年龄文本框
RangeValidator	Display	Dynamic	年龄范围（18～200）和数据类型（整数）检查
	ErrorMessage	必须为18～200岁的成年人	
	ControlToValidate	Age	
	MaximumValue	200	
	MinimumValue	18	
	Type	Integer	
	ForeColor	Red	
Button	Text	确定	“确定”按钮
Label	ID	Message	结果显示标签
	Text	空	

（3）生成按钮事件。在设计视图双击 ASP.NET 设计页面的“确定”Button 控件，系统将自动生成一个名为 Button1_Click 的 ASP.NET 事件函数，同时打开代码编辑器，在其中加入如下粗体语句，以在 Message Label 中显示提示信息。

```
protected void Button1_Click(object sender, EventArgs e)
{
    Message.Text = "您已成功注册！";
}
```

（4）.NET 4.5 默认引入 Unobtrusive Validation 模式，需要“jquery”ScriptResource-Mapping。可以在 Web.config 的<configuration>配置节中添加以下粗体代码，以禁用 Unobtrusive Validation 模式。

```
<configuration>
  ⋮
  <appSettings>
    <add key="ValidationSettings:UnobtrusiveValidationMode" value="None" />
  </appSettings>
</configuration>
```

（5）保存并运行测试 UserRegister.aspx。

21.5 数据服务器控件

21.5.1 数据服务器控件概述

数据控件是支持复杂数据呈现和操作的服务器控件，包括 GridView、DetailsView、DataList、ListView、Repeate 和 FormView。通过将数据绑定控件绑定到数据源控件（如 SqlDataSource 控件），数据源控件连接到数据库或中间层对象等数据源，然后检索或更新数据。

使用 GridView 控件和 DetailsView 控件，不需要代码或使用少量代码，就可以实现常用的数据库应用，包括数据显示、数据更新、数据插入、数据删除等操作。DataList、ListView、Repeater 和 FormView 属于模板化数据控件，相对于 GridView 控件和 DetailsView 控件，它们需要更多的编码控制，但提供更大限度的灵活性，适合于用户自定义的应用场合。

21.5.2 使用数据服务器控件创建 Web 页面

【例 21.7】 创建 ASP.NET 页面 GridView.aspx，使用 GridView 控件分页显示范例数据库 Northwind 中 Products 和 Categories 两个数据表中的信息。

（1）页面显示商品库存量小于 10 的商品类别、商品名称、商品单价、商品库存量和商品定购量信息。

（2）根据商品类别和商品名称升序显示商品信息。

（3）分页显示记录信息，并且一页只显示 5 行记录。

（4）数据表各字段具有自动排序功能。（涉及的素材可到清华大学出版社的教学资料网站 www.tup.tsinghua.edu.cn 去下载）。

运行效果如图 21-11 所示。页面控件如表 21-6 所示。

CategoryName	ProductName	UnitPrice	UnitsInStock	UnitsOnOrder
Condiments	Chef Anton's Gumbo Mix	21.3500	0	0
Condiments	Louisiana Hot Spiced Okra	17.0000	4	100
Condiments	Northwoods Cranberry Sauce	40.0000	6	0
Confections	Scottish Longbreads	12.5000	6	10
Confections	Sir Rodney's Scones	10.0000	3	40
123				

图 21-11　GridView.aspx 运行效果

表 21-6　GridView.aspx 页面控件

类型	ID	说明
GridView	GridView1	分页显示数据表各字段信息，并且数据表各字段具有自动排序功能
SqlDataSource	SqlDataSource1	GridView 数据源

操作步骤：

（1）在 Chapter21 网站中添加“单文件页模型”的 ASP.NET 页面 GridView.aspx。

（2）设计 ASP.NET 页面。在设计视图中，添加一个 GridView 控件到 ASP.NET 设计页面。

（3）新建数据源。在设计视图中，选择 GridView1 控件，单击▸按钮，执行“GridView 任务”菜单中“选择数据源”下拉列表框中的“新建数据源”命令，在弹出的“选择数据源类型”数据源配置向导中选择“数据库”，单击“确定”按钮。

（4）添加数据库连接。在随后的“选择您的数据连接”配置数据源向导中，单击“新建连接”按钮，将出现“添加连接”对话框。

① 更改数据源。单击“添加连接”对话框中“数据源”右侧的“更改”按钮，在随后出现的“更改数据源”对话框中选择“Microsoft SQL Server 数据库文件”，单击“确定”按钮，返回“添加连接”对话框。

② 连接到 Northwind 数据库。在“添加连接”对话框中，在“数据库文件名（新建或现有名称）”文本框中输入或浏览选择数据库文件 C:\C#\DB\NORTHWND.mdf；选中“使用 Windows 身份验证”单选按钮（默认值），单击“确定”按钮，返回“选择您的数据连接”配置数据源向导，“应用程序连接数据库应使用哪个数据连接”将显示 NORTHWND.MDF 数据连接。单击“下一步”按钮。

（5）保存数据库连接。在“将连接字符串保存到应用程序配置文件中”配置数据源向导中，按默认设置将数据库连接以 NORTHWNDConnectionString 为名保存到应用程序配置文件（即 Web.config）中，以后可直接选择使用，这样可以简化数据源的维护和部署。单击“下一步”按钮。

（6）配置 Select 语句。在随后的“配置 Select 语句”配置数据源向导对话框中，选择“指定自定义 SQL 语句或存储过程”单选项，单击“下一步”按钮；在随后出现的“定义自定义语句或存储过程”配置数据源向导中，在“SQL 语句”文本框中输入查询语句（如图 21-12 所示），或通过单击“查询生成器”命令按钮，在随后出现的“查询生成器”对话框中生成查询，如图 21-13 所示。

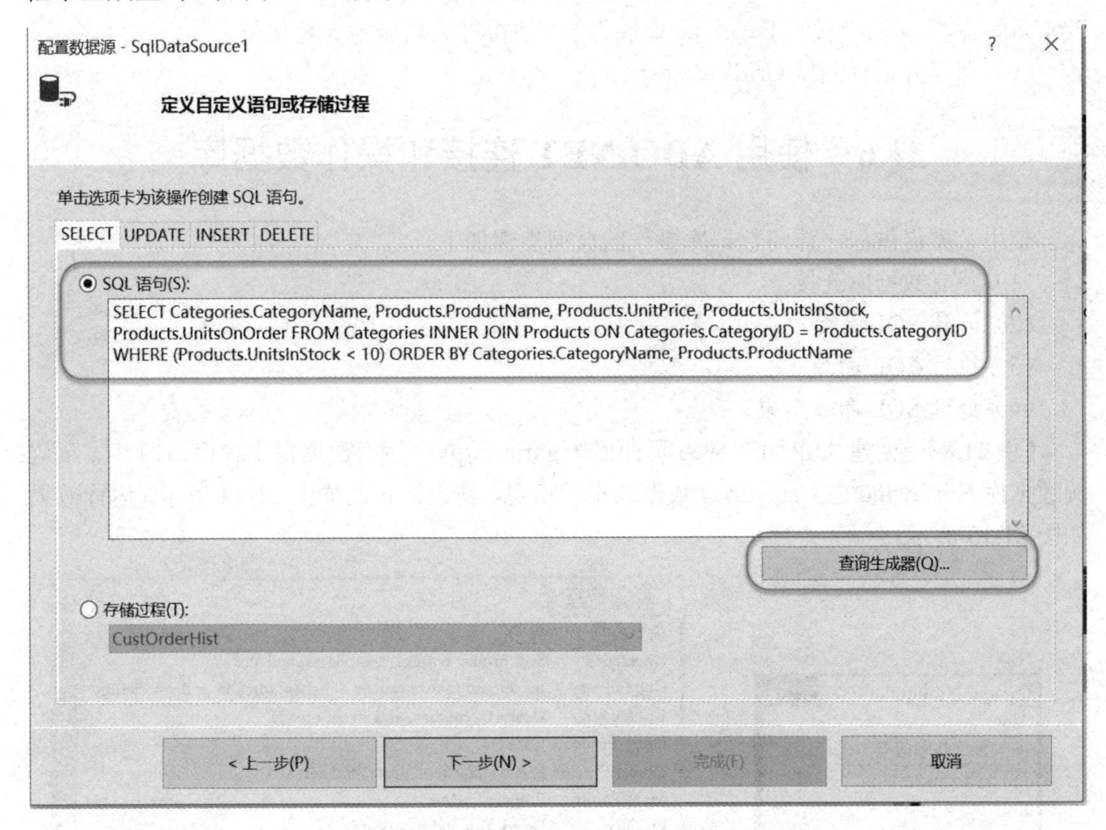

图 21-12　配置 Select 语句

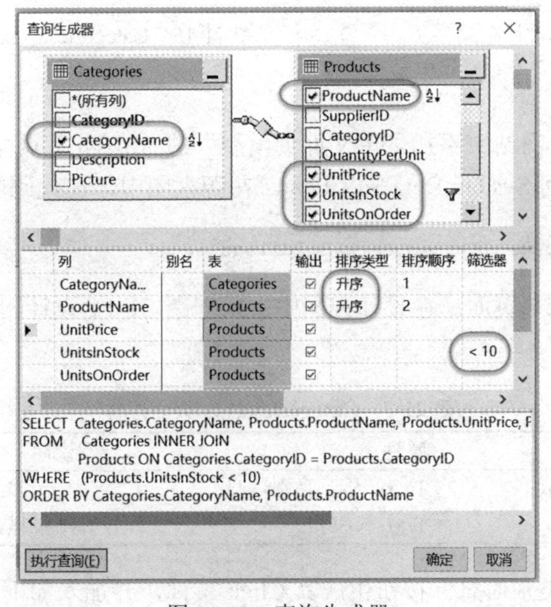

图 21-13　查询生成器

（7）启用 GridView 的分页和排序功能。在“GridView 任务”菜单中分别勾选“启用分页”和“启用排序”复选框，启用 GridView 的分页和排序功能。

（8）设置每页显示 5 行记录。在设计视图下，选中页面中的 GridView 控件，在其 Properties 属性面板中设置 PageSize 属性为 5，使得每页只显示 5 行记录。

（9）保存并运行测试 GridView.aspx。

21.6 使用 ADO.NET 连接和操作数据库

使用数据提供程序访问数据库操作的典型步骤如下。

（1）建立数据库连接。

（2）创建 SQL 命令。

（3）执行 SQL 命令。

（4）处理 SQL 命令结果。

【例 21.8】 创建 ASP.NET Web 页面 Categories.aspx，使用数据提供程序访问并显示范例数据库 Northwind 中 Categories 数据表中的信息。其设计布局如图 21-14 所示，运行效果如图 21-15 所示。

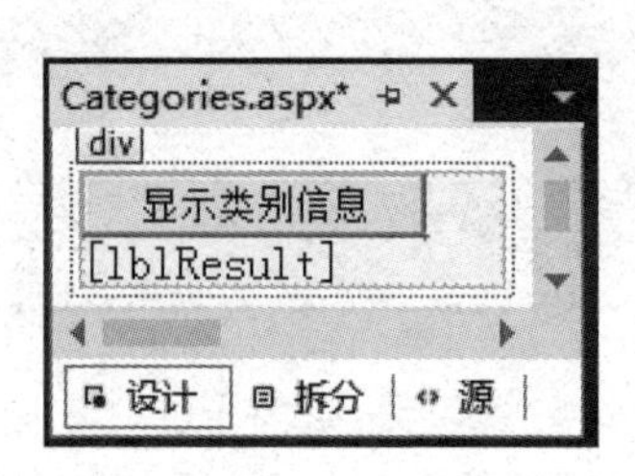

图 21-14　Categories.aspx 设计布局

显示类别信息

类别名称	说明
Beverages	Soft drinks, coffees, teas, beers, and ales
Condiments	Sweet and savory sauces, relishes, spreads, and seasonings
Confections	Desserts, candies, and sweet breads
Dairy Products	Cheeses
Grains/Cereals	Breads, crackers, pasta, and cereal
Meat/Poultry	Prepared meats
Produce	Dried fruit and bean curd
Seafood	Seaweed and fish

图 21-15　Categories.aspx 运行效果

操作步骤：

（1）在 Chapter21 网站中添加“单文件页模型”的 ASP.NET 页面 Categories.aspx。

（2）引用名称空间 System.Data.SqlClient。在源视图中，在代码的头部添加粗体语句。

```
<%@ import Namespace="System.Data.SqlClient"%>
```

（3）设计 ASP.NET 页面。在设计视图中，根据图 21-14 设计网页布局；根据表 21-7 设置控件的属性。

表 21-7　Categories.aspx 页面控件

类型	ID	属性	说明
Button	btnDisplay	Text：显示类别信息	显示产品类别信息按钮
Label	lblResult	Text：（空白）	结果显示标签

（4）双击“显示类别信息”按钮生成其 Click 事件，并加入如下粗体语句。

```
protected void btnDisplay_Click(object sender, EventArgs e)
{  //连接到数据库Northwind
   //若使用LocalDB数据库服务器，则Data Source = (LocalDB)\MSSQLLocalDB
   //若使用SQL Express数据库服务器，则Data Source = .\SQLExpress
   String str1 = @"Data Source=(LocalDB)\MSSQLLocalDB;Initial Catalog=Northwind;
      AttachDbFilename=C:\C#\DB\Northwnd.mdf;Integrated Security=True;";
   SqlConnection con = new SqlConnection(str1); con.Open();
   //创建查询SQL命令
   SqlCommand cmd = new SqlCommand("Select CategoryName, Description From Categories", con);
   SqlDataReader dtr = cmd.ExecuteReader();        //执行SQL命令并返回结果
   String strResult = "<table><tr><td>类别名称</td><td>说明</td></tr>";//显示结果标题
   while (dtr.Read())                              //通过循环列表显示产品类别信息
      strResult += "<tr><td>" + dtr["CategoryName"] + "</td><td>" + dtr ["Description"] +
      "</td></tr>";
   lblResult.Text = strResult + "</table>";        //显示结果
   dtr.Close(); con.Close();                       //关闭打开的DataReader和数据库连接
}
```

（5）保存并运行测试 Categories.aspx。

21.7　ASP.NET 页面会话状态和页面导航

21.7.1　ASP.NET Web 应用程序上下文

在 Web 应用程序运行时，ASP.NET 将维护有关当前应用程序、每个用户会话、当前 HTTP 请求、请求的页等方面的信息。ASP.NET 包含一系列类，用于封装这些上下文信息。

ASP.NET Web 应用程序上下文包含这些类的实例（内部对象）。使用内部对象，可以访问 ASP.NET Web 应用程序上下文。

1. Application 对象

Application 对象提供对所有会话应用程序范围的方法和事件的访问，还提供对可用于存储信息应用程序范围的缓存访问。

例如，下面代码片段在应用程序 Global.asax 文件的 Application_Start 事件处理程序中设置应用程序状态变量的值。

```
void Application_Start(object sender, EventArgs e){ Application ["PageRequestCount"] = 0; }
```

又如，下面代码片段使用 Application.Lock()来锁定应用程序状态，然后在锁定状态下，将 PageRequestCount 变量值增加 1，最后使用 Application.UnLock()取消锁定应用程序状态。

注意：*应用程序状态变量可以同时被多个线程访问，使用锁可以防止产生无效数据。*

```
Application.Lock();
Application["PageRequestCount"]= (int)Application["PageRequestCount"]+1;
Application.UnLock();
```


再如，下面代码片段读取应用程序变量，并显示在ASP.NET页面上。注意，首先确定应用程序变量是否存在，然后在访问该变量时将其转换为相应的类型。

```
if (Application["PageRequestCount"] != null)
{
    int iCount = (int)Application["PageRequestCount"];
    lblMessage.Text = "您是第" + iCount + "个访问者";
}
```

2. Session对象

Session对象为当前用户会话提供信息，还提供可用于存储信息会话范围的缓存访问，以及控制如何管理会话的方法。

例如，下面代码片段用于保存单个会话中的值。

```
Session["FirstName"] = txtNameF.Text; Session["LastName"] = txtNameL.Text;
Session["City"] = txtCity.Text;
```

又如，下面代码片段用于读取Session对象中保存的值。

```
lblNameF.Text = Session["FirstName"]; lblNameL.Text = Session["LastName"];
lblCity.Text = Session["City"];
```

3. Response对象

Response对象用于对当前页的输出流的访问，可以使用此Response将文本插入页中、编写Cookie等。

例如，下面代码片段根据下拉列表框中选择的书籍类型，跳转到相应的书籍一览页面。

```
Response.Redirect("~/Booklist?CategoryID=" + DropDownListCategory.Text);
```

又如，下面代码片段写入一个名为UserSettings的Cookie，并设置其Font和Color子项的值，同时将过期时间设置为第二天。

```
Response.Cookies["UserSettings"]["Font"] = "Arial";
Response.Cookies["UserSettings"]["Color"] = "Blue";
Response.Cookies["UserSettings"].Expires = DateTime.Now.AddDays(1);
```

4. Request对象

Request对象提供对当前页请求的访问，其中包括请求标题、Cookie、客户端证书、查询字符串等。可以使用Request对象读取浏览器已经发送的内容。

例如，下面代码片段读取HTTP查询字符串变量CategoryID的值。

```
int categoryID = (int)Request.QueryString["CategoryID"];
```

又如，下面代码片段读取名为UserSettings的Cookie，然后读取名为Font的子键值。

```
    if (Request.Cookies["UserSettings"] != null)
    {
        string userSettings;
        if (Request.Cookies["UserSettings"]["Font"] != null)
            userSettings = Request.Cookies["UserSettings"]["Font"];
    }
```

5. Context 对象

Context 对象提供对整个当前上下文（包括请求对象）的访问，可以使用 Context 对象共享页之间的信息。

6. Server 对象

Server 对象公开可以用于在页之间传输控件的实用工具方法，获取有关最新错误的信息，对 HTML 文本进行编码和解码等。

7. Trace 对象

Trace 对象提供在 HTTP 页输出中显示系统和自定义跟踪诊断消息的方法。

21.7.2 ASP.NET Web 应用程序事件

ASP.NET Web 应用程序事件处理程序编写在 Global.asax 文件中，ASP.NET 使用命名约定 Application_eventXXX 将应用程序事件自动绑定到处理程序。注意，如果修改了 ASP.NET 应用程序的 Global.asax 文件，则该应用程序将会重新启动。

常用的应用程序事件和会话事件包括：

1. Application_Start

请求 ASP.NET 应用程序中第一个资源（如页）时调用。在应用程序的生命周期期间仅调用一次 Application_Start 方法。可以使用此方法执行启动任务，如将数据加载到缓存中以及初始化静态值。

2. Application_End

在卸载应用程序之前对每个应用程序生命周期调用一次。使用 Application_End 事件清除与应用程序相关的资源占用信息。

3. Application_Error

用于创建错误处理程序，以在处理请求期间捕捉所有未处理的 ASP.NET 错误，即 Try/Catch 块或在页级别的错误处理程序中没有捕捉的所有错误。

4. Session_Start

如果请求开始一个新会话，则 Session_Start 事件处理程序在请求开始时运行。如果请求不包含 SessionID 值或请求所包含的 SessionID 属性引用一个已过期的会话，则会开始一个新会话。一般可以使用 Session_Start 事件初始化会话变量并跟踪与会话相关的信息。

5. Session_End

如果调用 Session.Abandon 方法中止会话，或会话已过期，则运行 Session_End 事件处理程序。使用 Session_End 事件清除与会话相关的信息，如由 SessionID 值跟踪数据源中的用户信息。如果超过了某一会话 Timeout 属性指定的分钟数并且在此期间内没有请求该会话，则该会话过期。

【例 21.9】 创建 ASP.NET 应用程序访问计数器，利用 Application 实现页面计时和计数的功能。用户在文本框中输入姓名，单击“确定”按钮，页面即显示所输入的姓名、用户登录的日期、时间，并指明登录用户是第几位访问者。其设计布局如图 21-16 所示，运行效果如图 21-17 所示。

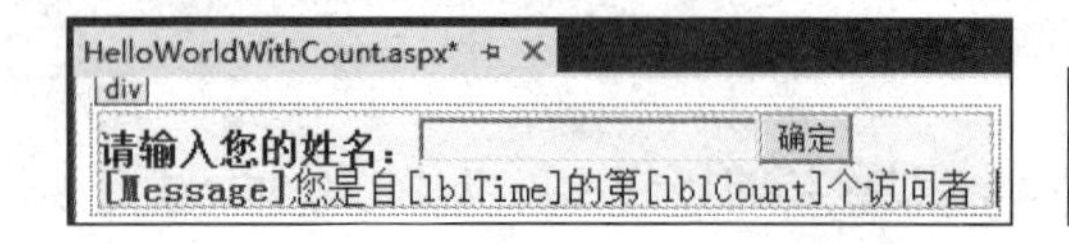

图 21-16　例 21.9 设计布局

图 21-17　例 21.9 运行效果

操作步骤：

（1）创建 Global.asax。鼠标右击解决方案资源管理器中的网站名称 Chapter21，执行相应快捷菜单的“添加”|“添加新项”命令，打开“添加新项”对话框，选择“全局应用程序类”模板，创建 Global.asax，并分别在其 Application_Start 和 Application_End 事件中添加如下粗体代码。

```
void Application_Start(object sender, EventArgs e)
{    //在应用程序启动时运行的代码
    Application["nCount"] = 0;
    Application["sTime"] = DateTime.Now.ToString();
}
void Application_End(object sender, EventArgs e)
{   //在应用程序关闭时运行的代码
    Application["nCount"] = 0;
}
```

（2）添加“单文件页模型”的 ASP.NET 页面 HelloWorldWithCount.aspx。

（3）设计 ASP.NET 页面。在设计视图下，从“标准”工具箱中分别拖曳四个 Label 控件、一个 TextBox 控件、一个 Button 控件到 ASP.NET 页面，参照图 21-16 设计 ASP.NET 页面，根据表 21-8 设置各控件的属性。

表 21-8　例 21.9 的页面控件

控件	属性	值	说明
Label1	Text	请输入您的姓名：	输入信息标签
	Font-Bold	True	
	Font-Size	Medium	
TextBox	ID	Name	姓名文本框
Button	Text	确定	“确定”命令按钮
Label2	ID	Message	信息显示标签
	Text	空	
	Font-Bold	True	
	ForeColor	Blue	

续表

控件	属性	值	说明
Label3	ID	lblTime	显示访问时间
	Text	空	
Label4	ID	lblCount	显示访问计数
	Text	空	

（4）生成确定按钮的 Click 事件，并加入如下粗体语句，以显示保存在应用程序中的计数器信息。

```
protected void Button1_Click(object sender, EventArgs e)
{
    Application["nCount"] = (int)Application["nCount"] + 1;
    Message.Text = Name.Text + "，您好！  ";
    lblTime.Text = Application["sTime"].ToString();
    lblCount.Text = Application["nCount"].ToString();
}
```

（5）保存并运行测试 HelloWorldWithCount.aspx。

21.7.3　ASP.NET Web 页面导航

在 ASP.NET 应用中，Web 页面之间的导航有超链接、表单、导航控件、浏览器端、服务器端等多种方式。

- 超链接导航：使用 HTML 超链接控件实现页面间的导航。

例如：

```
<a href="Page2.aspx">Web页面2</a>
```

- 表单导航：用于 HTML 网页的表单，导航并传递数据到导航页面。

例如：

```
<form method="post" action="Page2.aspx">
    输入您的姓名：<input type="text" name="xm">
    <input type="submit" name="ok" value="提交">
</form>
```

- 导航控件：使用 HyperLink、LinkButton、ImageButton、Button 等导航控件，可以构造动态的超链接。

例如：

```
<asp:HyperLink id="hl1" runat="server" NavigateUrl="Page2.aspx"> Web页面2</asp:HyperLink>
```

- 服务器端（Response）：使用 Response.Redirect(strURL)重定向到一个指定的 URL，能通过程序控制代码实现多个 Web 表单页面之间任意的导航，但 Response.Redirect 方法需要客户端与服务器端进行两次请求和应答，耗费时间和资源。

例如：

```
Response.Redirect("Page2.aspx");
```

- 服务器端（Server）：使用 Server.Transfer 方法和 Server.Execute 方法实现页面导航。

例如：

```
Server.Transfer("Page2.aspx");
```

- 客户端自动导航：通过<meta http-equiv="refresh" content="20;url=导航地址">实现定时自动导航。

例如：

```
<meta http-equiv="refresh" content="20;url= Page2.aspx ">
```

21.8 ASP.NET Web 应用程序的布局和导航

每个 ASP.NET Web 应用程序都有特定的外观、布局，并需要提供导航功能。在 ASP.NET Web 编程框架中，针对上述需求，提供了相应的实现机制：使用母版页实现站点的布局；并使用导航控件实现导航功能；使用主题和外观控制 Web 页面的外观。

21.8.1 ASP.NET Web 母版页

使用 ASP.NET 的母版页，可以为 Web 站点创建统一的布局。母版页定义 Web 页面的外观和标准行为；各内容页定义 Web 页面要显示的特殊内容。当用户请求内容页时，这些内容页与母版页合并一起输出。

母版页功能可以为站点定义公用的结构和界面元素，如页眉、页脚或导航栏。公用的结构和界面元素定义在一个称为“母版页”的公共位置，由网站中的多个页所共享。这样可提高站点的可维护性，避免对共享站点结构或行为的代码进行不必要的复制。

母版页是具有扩展名为 master 的 ASP.NET 文件，母版页由特殊的@Master 指令识别，而普通.aspx 页使用@Page 指令，如<%@ Master Language="C#" %>。

与普通 ASP.NET 页面一样，母版页可以包含静态文本、HTML 元素、服务器控件以及代码。另外，母版页还可以包含一种特殊类型的控件：ContentPlaceHolder 控件。ContentPlaceHolder 定义了一个母版页呈现区域，可由与母版页关联页的内容来替换。ContentPlaceHolder 还可以包含默认内容。例如，定义包含默认内容的 ContentPlaceHolder 控件 FlowerText：

```
<asp:contentplaceholder id="FlowerText" runat="server">
  <h3>欢迎光临花鸟网站!</h3>
</asp:contentplaceholder>
```

通过创建各个内容页来定义母版页占位符控件的内容。通过包含指向要使用母版页的 MasterPageFile 属性，在内容页的@Page 指令中建立绑定。例如，下述@Page 指令，将该内容页绑定到 Master1.master 母版页。

```
<%@Page Language="C#" MasterPageFile="~/Master1.master" Title="Content Page"%>
```

内容页可声明 Content 控件，该控件对应于母版页中的 ContentPlaceHolder，用于重写母版页中的内容占位符部分。Content 控件通过其 ContentPlaceHolderID 属性与特定的 ContentPlaceHolder 控件关联。

注意：内容页的标记和控件只包含在 Content 控件内；内容页不能有自己的顶层内容，但可以有指令或服务器端代码。

例如，下列内容页使用母版页 Site.master 并重写了母版页中的内容占位符部分：

```
<%@ Page MasterPageFile="Site.master" %>
<asp:content id="Content1" contentplaceholderid="FlowerText" runat="server">
    出淤泥而不染，濯清涟而不妖
</asp:content>
<asp:content id="Content2" contentplaceholderid="FlowerPicture" runat="server">
    <asp:Image id="image1" imageurl="~/images/lotus.jpg" runat="server"/>
</asp:content>
```

21.8.2 ASP.NET Web 导航控件

ASP.NET 站点导航功能为用户导航站点提供一致的方法。ASP.NET 站点导航将页面的链接存储在一个中央位置（站点地图），并使用特定 Web 服务器导航控件在每页上显示导航菜单。默认情况下，站点导航系统使用数据源控件 SiteMapDataSource，默认绑定到一个包含站点层次结构的 XML 文件 Web.sitemap。也可以将站点导航系统配置为使用其他数据源，如数据库的表。

站点地图文件 Web.sitemap 必须位于应用程序的根目录。Web.sitemap 文件包含单个顶级<siteMap>元素。<siteMap>元素中至少嵌套一个<siteMapNode>元素。每个<siteMapNode>元素通常包含 url、title、description 等属性。

- url 属性：指定该导航链接的目标 URL。
- title 属性：指定该导航链接的标题。
- description 属性：该导航链接的描述信息。
- siteMapFiles 属性：从父站点地图链接到子站点地图文件。

例如，ASP.NET 快速入门的站点地图文件内容如下所示：

```
<?xml version="1.0" encoding="utf-8" ?>
<siteMap>
    <siteMapNode url="~/aspnet/default.aspx" title="ASP.NET">
      <siteMapNode url="" title="入门">
          <siteMapNode url="~/aspnet/doc/default.aspx" title="介绍"/>
          <siteMapNode url="~/aspnet/doc/whatsnew.aspx"title="ASP.NET 4.5中的新增功能? "/>
          <siteMapNode url="~/aspnet/doc/vscsharp.aspx" title="Visual Studio 介绍"/>
          <siteMapNode url="~/aspnet/doc/learn.aspx" title="何处了解更多信息"/>
      </siteMapNode>
```

```
    </siteMapNode>
</siteMap>
```


TreeView 控件用于以树状结构图形界面显示分层数据，如文件目录、站点导航地图等。通过自定义 TreeView 控件，允许其具有多种外观。TreeView 支持回发样式的事件以及简单的超链接导航。

Menu 控件用于在 ASP.NET 网页中显示静态和动态菜单。不需要编写任何代码，便可控制 Menu 控件的外观、方向和内容。

SiteMapPath 控件用于指示当前显示的页在站点中位置的引用点。通过读取站点地图所提供的数据，显示一些链接的列表，这些链接表示用户的当前页以及返回至网站根目录的层次路径。

21.8.3 应用举例：设计 ASP.NET Web 站点

【例 21.10】 创建花鸟网站的母版页 MasterPage.master。母版页的布局如图 21-18 所示。

（1）网站徽标为网站的标志图像 log.jpg。

（2）菜单超链接指向各内容页，包括花的世界（百合、荷花、玫瑰）和鸟的天地（百灵、孔雀、鹦鹉）两个部分。

（3）网站管理员超链接到管理员的邮件地址。

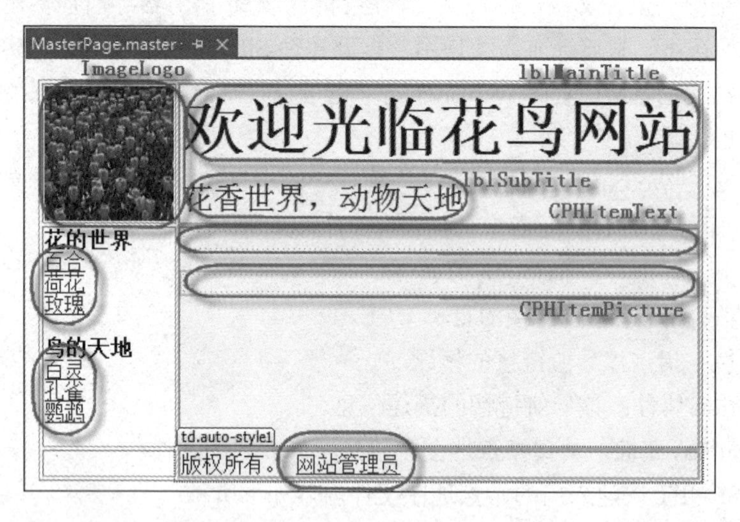

图 21-18 MasterPage.master 的设计布局

操作步骤：

（1）准备素材。将本教程素材包中 C#\Chapter21\images 文件夹连同其中的所有 jpg 文件复制到 C:\C#\Chapter21 中。在 Visual Studio 解决方案资源管理器中右击网站，执行快捷菜单命令“刷新文件夹”，显示该文件夹中的内容。

（2）添加“单文件页模型”的 ASP.NET 母版页面。在解决方案资源管理器中右击网站 Chapter21，执行快捷菜单命令“添加”|“母版页”，注意去除“将代码放在单独的文件中”复选框。采用默认的母版页名称，在网站中添加母版页 MasterPage.master。

（3）删除页面中系统自动生成的 ContentPlaceHolder1 控件。

（4）设计 ASP.NET 母版页面。根据图 21-18 设计网页布局（通过插入一个 3 行 2 列的表格进行布局。设置表格边框（border）为 1）；根据表 21-9 设置控件的属性。

表 21-9　花鸟网站母版页的控件

类型	ID	属性	说明
Image	ImageLogo	Height：100px；Width：100px； ImageURL：~/images/log.jpg	网站 Logo
Label	lblMainTitle	Font-Bold：True；Font-Size：36pt； Text：欢迎光临花鸟网站	网站标题标签
Label	lblSubTitle	Font-Size：18pt； Text：花香世界，动物天地	网站副标题标签
HyperLink	hlLily	Text：百合；NavigateUrl：lily.aspx	超链接：lily.aspx
HyperLink	hlLotus	Text：荷花；NavigateUrl：lotus.aspx	超链接：lotus.aspx
HyperLink	hlRose	Text：玫瑰；NavigateUrl：rose.aspx	超链接：rose.aspx
HyperLink	hlLaverock	Text：百灵；NavigateUrl：laverock.aspx	超链接：laverock.aspx
HyperLink	hlPeacock	Text：孔雀；NavigateUrl：peacock.aspx	超链接：peacock.aspx
HyperLink	hlParrot	Text：鹦鹉；NavigateUrl：parrot.aspx	超链接：parrot.aspx
ContentPlaceHolder	CPHItemText		预定义布局：文字说明
ContentPlaceHolder	CPHItemPicture		预定义布局：图片显示
HyperLink	hlToAdmin	Text：网站管理员； NavigateUrl：admin@flowerbird.com	超链接： admin@flowerbird.com

【例 21.11】 创建花鸟网站的内容页 lily.aspx，指定使用的母版页为 MasterPage.master。其设计布局如图 21-19 所示，运行效果如图 21-20 所示。

图 21-19　lily.aspx 设计布局

图 21-20　lily.aspx 运行效果

（1）基于母版页添加“单文件页模型”的 ASP.NET 页面 lily.aspx。在解决方案资源管理器中右击网站名称 Chapter21，执行快捷菜单命令“添加”|“添加新项”，按如图 21-21 所示选择或输入相应的内容；单击“添加”按钮。在随后出现的“选择母版页”对话框中，选择 MasterPage.master 母版页，然后单击“确定”按钮。

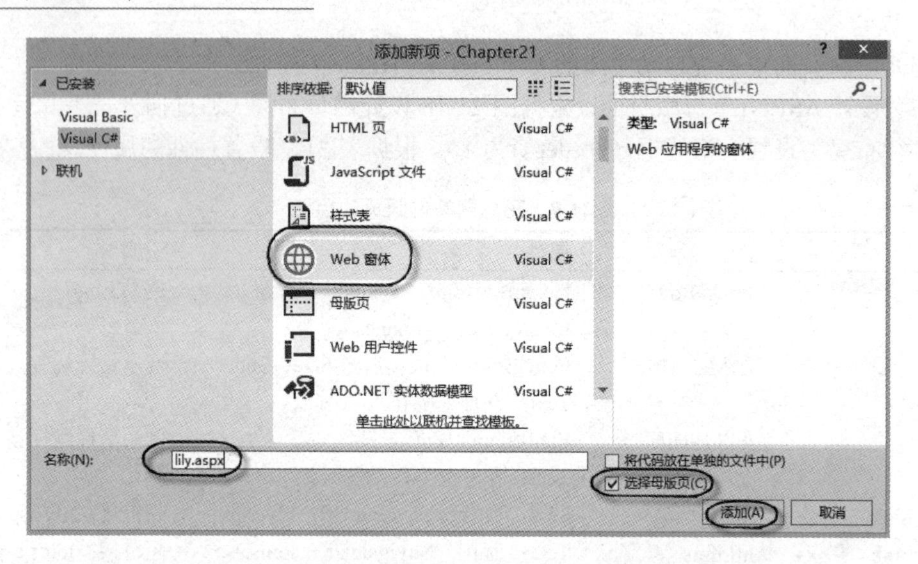

图 21-21　基于母版页新建“单文件页模型”的 Web 窗体

（2）设计 ASP.NET 页面 lily.aspx。在设计视图下，在“CPHItemText（自定义）”中放置一个 Label 控件，并设置其属性（Text 为“百合百合，百年好合”；ID 为 lblDescription）；在“CPHItemPicture（自定义）”中放置一个 Image 控件，并设置其属性（ImageURL 为 ~/images/lily.jpg）。

（3）保存并运行测试 lily.aspx。

（4）参照步骤（1）～步骤（2），分别创建内容页 lotus.aspx、rose.aspx、laverock.aspx、peacock.aspx 和 parrot.aspx，具体设计如表 21-10 所示。

表 21-10　各内容页设计细节

页面	CPHItemText（自定义）中的 Label 控件属性	CPHItemPicture（自定义)中的 Image 控件属性
lotus.aspx	出淤泥而不染，濯清涟而不妖	lotus.jpg
rose.aspx	红色代表爱情，黄色代表友情	rose.jpg
laverock.aspx	余音绕梁，三日不绝	Laverock.jpg
peacock.aspx	孔雀开屏，争奇斗艳	peacock.jpg
parrot.aspx	鹦鹉学舌，不知其解	parrot.jpg

【例 21.12】 利用站点地图和 TreeView 导航控件创建花鸟网站站点地图，并修改 MasterPage.master 母版页，使用 TreeView 导航控件显示网站导航菜单。导航菜单创建后，lily.aspx 页面的显示效果如图 21-22 所示。

操作步骤：

（1）添加站点地图。在解决方案资源管理器中右击网站 Chapter21，执行快捷菜单命令“添加”|“站点地图”，采用默认的站点地图名称 Web.sitemap。

（2）设计站点地图。编辑站点地图 XML 文件，删除<siteMapNode>标记中原有的内容，并加入如下粗体所示的代码。

```
<?xml version="1.0" encoding="utf-8" ?>
<siteMap xmlns="http://schemas.microsoft.com/AspNet/SiteMap-File-1.0" >
  <siteMapNode title="花鸟网站" description="">
    <siteMapNode title="花的世界" description="">
      <siteMapNode url="~\lily.aspx" title="百合" description="" />
      <siteMapNode url="~\lotus.aspx" title="荷花" description=""/>
      <siteMapNode url="~\rose.aspx" title="玫瑰" description=""/>
    </siteMapNode>
    <siteMapNode title="鸟的天地" description="">
      <siteMapNode url="~\laverock.aspx" title="百灵" description=""/>
      <siteMapNode url="~\peacock.aspx" title="孔雀" description=""/>
      <siteMapNode url="~\parrot.aspx" title="鹦鹉" description=""/>
    </siteMapNode>
  </siteMapNode>
</siteMap>
```

图 21-22　lily.aspx 运行效果（导航菜单）

（3）在 MasterPage.master 中添加导航控件。打开 MasterPage.master 母版页，在设计视图下，删除页面中所有的导航超链接（即表格第 2 行第 1 列中原有的所有内容）。从“导航”标准工具箱中拖曳一个 TreeView 控件到表格第 2 行第 1 列中，如图 21-23 所示。

图 21-23　添加 TreeView 导航控件

（4）选择数据源。在设计视图中，选择 TreeView1 控件，单击按钮，执行“TreeView 任务”菜单中“选择数据源”下拉列表框中的“新建数据源”命令。在随后出现的“数据源配置向导”对话框中选择“站点地图”，单击“确定”按钮，完成 TreeView 控件数据绑定的操作。

（5）保存 MasterPage.master。运行测试 lily.aspx，分别链接到 lotus.aspx、rose.aspx、laverock.aspx、peacock.aspx、parrot.aspx 等其他页面，观测使用指定的导航控件后对这些 ASP.NET 页面运行效果的影响。

【例 21.13】 修改 MasterPage.master，使用导航控件 Menu 和 SiteMapPath 实现站点导航。站点导航实现后，lily.aspx 页面的显示效果如图 21-24 所示。

操作步骤：

（1）在 MasterPage.master 中添加导航控件。打开 MasterPage.master 母版页，在设计视图，从“导航”标准工具箱中拖曳一个 SiteMapPath 控件和一个 Menu 控件到表格第 1 行第 2 列中，如图 21-25 所示。

图 21-24　lily.aspx 运行效果（导航控件）

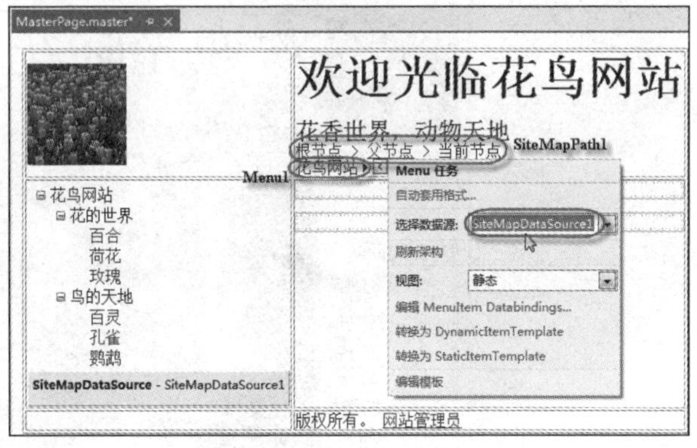

图 21-25　添加导航控件

（2）选择数据源。在设计视图中，选择 Menu1 控件，单击按钮，在“Menu 任务”菜单的“选择数据源”下拉列表框中选择 SiteMapDataSource1。

（3）保存 MasterPage.master。运行测试 lily.aspx，分别链接到 lotus.aspx、rose.aspx、laverock.aspx、peacock.aspx、parrot.aspx 等其他页面，观测使用指定的导航控件后对这些 ASP.NET 页面运行效果的影响。

21.9　ASP.NET 主题和外观

21.9.1　ASP.NET 主题和外观概述

ASP.NET 主题和外观可以独立于应用程序的页，为站点中的控件和页定义样式设置，即在应用程序根目录下的 App_Themes 文件夹中创建子文件夹，并在此子文件夹中定义控件样式，以便应用于应用程序的全部或部分页。各控件样式在主题中被指定为 Skin。

使用 ASP.NET 的主题和外观功能，可以将样式和布局信息分解为单独的文件组，统称为“主题”。主题可应用于任何站点，影响站点中页和控件的外观。这样，通过更改主题即可轻松地维护对站点的样式更改，而不需要对站点各页进行编辑。主题可在开发人员之间共享。

可以创建多个主题，其优点在于，设计站点时可以不考虑样式，以后应用样式时也不需要更新页或应用程序代码。此外，还可以从外部源获得自定义主题，以便将样式设置应用于应用程序。

21.9.2 定义主题

主题位于应用程序根目录下的 App_Themes 文件夹中。主题由此文件夹下的命名子目录组成，该子目录包含一个或多个具有 skin 扩展名外观文件的集合。主题还可以包含一个级联样式表文件（.CSS）或图像等静态文件的子目录。例如，下列 App_Themes 目录构成包括两个主题：Classic 和 Modern。

```
App_Themes
\Classic
    classic.skin
    classic.css
\Modern
    modern.skin
    modern.css
```

21.9.3 定义外观

一般一个外观文件对应一个控件，常用的命名规范为“控件名.skin”。一个外观文件也可以包含多个控件定义。在外观文件中，定义控件的形式和页面中定义的形式一致，但不需要指定控件的 ID 的属性。

在主题中定义的控件属性将自动重写使用该主题 ASP.NET 目标页中同一类型控件的本地属性值。例如，如果外观文件 Label.skin 中有如下控件定义：

```
<asp:label runat="server" font-bold="true" forecolor="orange" />
```

则所有应用了该主题的 ASP.NET 页面中的所有 Label 控件都使用粗体、字体颜色为橙色。

21.9.4 定义 CSS 样式

ASP.NET 提供了一些可在应用程序中对页和控件的外观或样式进行自定义的功能。控件支持 Style 对象模型，用于设置字体、边框、背景色与前景色、宽度、高度等样式属性。控件还完全支持可将样式设置与控件属性分离的级联样式表（cascading style sheet，CSS）。可以将样式信息定义为控件属性或CSS，也可以在名为 Theme 的单独文件组中定义此信息，以便应用于应用程序的全部或部分页。

一个样式表由样式规则组成，浏览器使用样式表规则去呈现一个文档。每个规则的组成包括一个选择符和该选择符所接受的样式。样式规则组成如下：

```
选择符 { 属性1: 值1; 属性2: 值2 }
```

例如，下列规则定义了 H1（一级标题）用加大、红色字体显示；H2（二级标题）用大、蓝色字体显示：

```
<HEAD>
<TITLE>CSS例子</TITLE>
<STYLE TYPE="text/css">
  H1 { font-size: x-large; color: red }
  H2 { font-size: large; color: blue }
</STYLE>
</HEAD>
```

在样式表中样式规则可定义的选择符包括选择符、类选择符、ID 选择符和关联选择符。

1. 选择符

任何 HTML 元素都可以是一个选择符。选择符指向特别样式的元素。例如，下列规则中选择符是 P：

```
P { text-indent: 3em }
```

2. 类选择符

一个类选择符可以定义不同的类（class），从而允许同一元素具有不同样式。例如，下列规则定义了 HTML 元素的两个类：normal 和 warning。每个选择符通过其 class 属性指定所呈现的类（如<P class=" warning"）。

```
P.normal { color: #191970 }
P.warning { color: #4b0082 }
```

类的声明也可以与元素无关，从而可以被用于任何元素。例如，下列规则声明了名为 note 的类，可以被用于任何元素。

```
.note { font-size: small }
```

3. ID 选择符

ID 选择符用于分别定义每个具体元素的样式。一个 ID 选择符的声明指定指示符“#”在名字前面。使用时通过指定元素的 ID 属性来关联（如<P ID=indent3>文本缩进 3em</P>）。由于 ID 选择符具有一定的局限，一般不建议使用。例如，下列规则定义了缩进类型的 ID 选择符：

```
#indent3 { text-indent: 3em }
```

4. 关联选择符

关联选择符是使用空格分隔两个以上的单一选择符组成的字符串，用于指定按选择符顺序关联的样式属性。因为层叠顺序的规则，其优先权比单一的选择符大。例如，下列规则表示段落中的强调文本是黄色背景；而标题的强调文本则不受影响：

```
P EM { background: yellow }
```

21.9.5 在页面中使用主题

通过将<%@ Page Theme="…" %>指令设置为全局主题或应用程序级主题的名称（Themes 或 App_Themes 目录下的文件名称），可以为单个页指定主题。一个页面只能应用一个主题，但该主题中可以有多个外观文件，用于将样式设置应用于该页中的控件。例如：

```
<%@ Page Language="C#" Theme="ExampleTheme" %>
```

通过将<@Page StyleSheetTheme="…" %>指令设置为主题的名称，可以将主题定义作为服务器端样式来应用。例如：

```
<%@ Page Language="C#" StyleSheetTheme ="OrangeTheme" %>
```

注意：母版页不能应用主题；而应在内容页或配置中设置主题。

通过在 Web.config 配置文件中指定<pages theme="…"/>节，也可以为应用程序中的所有页定义应用的主题。若要对特定页取消设置此主题，可以将 Page 指令的 Theme 属性设置为空字符串("")。例如：

```
<system.web>
  <pages theme="ExampleTheme"/>
</system.web>
```

通过配置<pages/>节的 StyleSheetTheme 属性，可以将主题定义作为服务器端样式来应用。通过将 EnableTheming 属性设置为 false，可将特定控件排除在外，使其属性不会被主题重写。例如：

```
<asp:Label ID="Label2" runat="server" Text="Hello 2" EnableTheming="False" />
```

通过创建不同的控件定义，可以在外观文件中为同一类型的控件定义不同的样式。可以将这些控件定义的某个单独的 SkinID 属性设置为所选择的名称，然后对页中要应用此特定外观的控件设置此 SkinID 值。如果没有 SkinID 属性，则应用默认外观（未设置 SkinID 属性的外观）。例如，如果定义了默认外观和 SkinID="purple"的外观：

```
<asp:label runat="server" font-bold="true" forecolor="red" />
<asp:label runat="server" SkinID="purple" font-bold="true" forecolor="purple" />
```

则

```
<asp:Label ID="Label1" runat="server" Text="Hello 1" />使用默认外观
<asp:Label ID="Label2" runat="server" Text="Hello 2" SkinID="purple"/>使
用外观"purple"
```

在 ASP.NET 页面呈现时，如果对应用程序既应用 Theme 又应用 StyleSheetTheme，则按以下顺序应用控件的属性：

（1）首先应用 StyleSheetTheme 属性。

（2）然后应用页中的控件属性（重写 StyleSheetTheme）。

（3）最后应用 Theme 属性（重写控件属性和 StyleSheetTheme）。

21.9.6 应用举例：使用 ASP.NET 主题和外观自定义 Web 站点

【例21.14】创建主题 classic，创建样式 classic.css，并设置花鸟网站的 lily.aspx ASP.NET 页面使用 classic 主题样式。lily.aspx（使用 classic 主题样式）和 rose.aspx（未使用 classic 主题样式）页面的显示效果分别如图 21-26（a）和图 21-26（b）所示。

（a）lily.aspx（使用 classic 主题样式）运行效果

（b）rose.aspx（未使用 classic 主题样式）运行效果

图 21-26　使用 classic 主题样式后花鸟网站运行效果

操作步骤：

（1）新建主题 ASP.NET 文件夹 classic。在解决方案资源管理器中，右击网站 Chapter21，执行快捷菜单命令“添加”|“添加 ASP.NET 文件夹”|“主题”，系统自动创建主题 ASP.NET 文件夹 App_Themes，同时创建主题子目录“主题 1”。将“主题 1”重命名为 classic。

（2）创建 CSS 样式文件。在解决方案资源管理器中，右击 classic 主题子目录，执行快捷菜单命令“添加” | “样式表”，指定项名称为 classic，在目录 classic 中添加 classic.css 样式文件。

（3）修改页面背景样式定义。在打开的 classic.css 代码文件中，光标定位到 body 的大括号内，输入“background-color: #ffff66;”，设置页面背景为浅黄色样式。

（4）添加图像样式规则定义。在 classic.css 代码文件中，光标定位到 body 的大括号外，输入图像边框样式定义。

（5）添加表格样式规则定义。如图 21-27 所示，输入表格边框样式和颜色定义。

（6）声明服务器端样式。修改 lily.aspx 代码，加入如下粗体代码：

```
<%@ Page Title="" Language="C#" MasterPageFile="~/MasterPage.master" StylesheetTheme="classic"%>
```

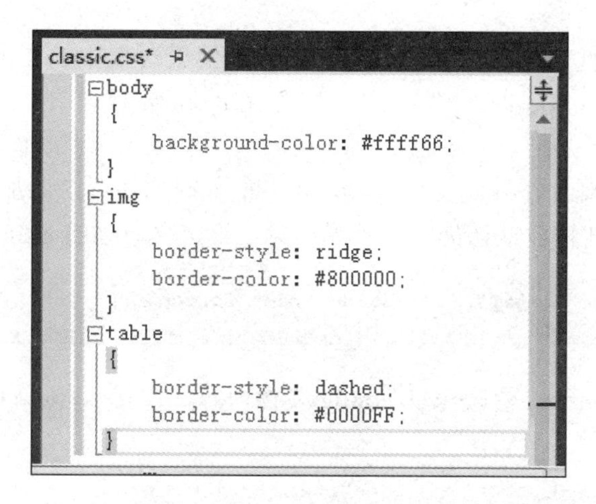

图 21-27　classic.css 样式文件内容

（7）保存并运行测试 lily.aspx，并分别链接到 lotus.aspx、rose.aspx、laverock.aspx、peacock.aspx、parrot.aspx 等其他页面，观测主题样式对这些 ASP.NET 页面运行效果的影响。

【例 21.15】 创建主题 Modern，创建外观 Modern.skin。并配置 Web.config，使花鸟网站的所有 Web 页面使用 Modern 主题外观。使用 Modern 主题外观后，lily.aspx（同时使用 classic 主题样式）和 rose.aspx（未使用 classic 主题样式）页面的显示效果分别如图 21-28（a）和图 21-28（b）所示。

（1）利用主题外观对花鸟网站的标题（欢迎光临花鸟网站）和副标题（花香世界，动物天地）两个标签设置主题外观。

（2）通过配置 Web.config，使得花鸟网站的所有 Web 页面均使用指定的主题外观。

（a）使用 Modern 外观和 classic 样式运行效果

（b）使用 Modern 外观未使用 classic 样式运行效果

图 21-28　使用 Modern 主题外观后花鸟网站运行效果

操作步骤：

（1）新建主题 ASP.NET 文件夹 modern。在解决方案资源管理器中，右击 App_Themes，执行快捷菜单命令“添加 ASP.NET 文件夹”|“主题”，创建主题子文件夹 modern。

（2）创建外观文件 modern.skin。在解决方案资源管理器中，右击 modern 主题子文件夹，执行快捷菜单命令“添加”|“外观文件”，在 modern 目录中添加 Modern.skin 外观文件。

（3）设置主题外观。在外观文件 Modern.skin 代码的最后，添加如下粗体代码（其中第一行定义所有 Label 控件默认的主题外观；第二行定义单独的 SkinID 属性）。

```
<asp:label runat="server" font-bold="true" forecolor="red"/>
<asp:label runat="server" SkinID="Blue" font-bold="true" font-italic= "true" forecolor= "blue"/>
```

（4）配置 Web.config。修改 Web.config 文件内容，在其<system.web>…</system.web>标记中增加如下代码。

```
<pages theme="modern"></pages>
```

（5）为副标题设置特定的外观。打开 MasterPage.master 母版页，在设计视图下单击选中 lblSubTitle 标签，在其“属性”面板中的 SkinID 下拉列表框中选择 Blue。

（6）保存所有文件并运行测试 lily.aspx，并分别链接到 lotus.aspx、rose.aspx、laverock.aspx、peacock.aspx、parrot.aspx 等其他页面，再观测主题样式对这些 ASP.NET 页面运行效果的影响。

第22章　综合应用案例

本章主要阐述两个综合应用案例的设计及实现过程：基于桌面的多窗口文本编辑器和基于 Web 的网上书店。读者可以基于综合应用案例，完成独自的课程设计实践作业。

22.1　多窗口文本编辑器系统设计

视频讲解

22.1.1　系统基本功能

多窗口文本编辑器面向文本编辑用户，包括新建文本文件、打开文本文件、保存文本文件、编辑文本文件（复制、剪切、粘贴、字体等）以及多窗口排列等基本功能。用户可以同时编辑多个文本。

22.1.2　功能模块设计

多窗口文本编辑器基于桌面菜单来划分和实现各功能模块。多窗口文本编辑器的功能模块及对应菜单如表 22-1 所示。

表 22-1　多窗口文本编辑器功能模块及对应菜单

菜单	子菜单	功能模块
文件	新建	新建文本文件
	打开	打开文本文件
	保存	保存文本文件
	退出	退出系统
编辑	剪切	剪切文本
	复制	复制文本
	粘贴	粘贴文本
	字体	设置文本字体
窗口	层叠	层叠各子窗口
	水平平铺	水平平铺各子窗口
	垂直平铺	垂直平铺各子窗口
	全部最小化	全部最小化各子窗口
帮助	版本	显示版本信息

22.1.3　系统的实现

【例 22.1】 多文档界面（MDI）应用程序示例：创建多文档界面，实现多窗口文本编辑器。所使用的父窗体和控件如表 22-2 所示，运行效果如图 22-1 所示。

（a）初始运行界面

（b）多文档界面

图 22-1　多窗口文本编辑器运行效果

表 22-2　多窗口文本编辑器所使用的父窗体和控件属性及说明

控件	属性	值	说明
Form1	Name	FormMain	MDI 父窗体 ID
	Text	文本编辑器	MDI 父窗体标题
	IsMdiContainer	True	定义为 MDI 父窗体
	MainMenuStrip	mainMenuStrip1	为父窗体指定主 MenuStrip
MenuStrip1	Name	mainMenuStrip1	MDI 主菜单

操作步骤：

（1）在 C:\C#\Chapter22 文件夹中创建名为 MyNotepad 的 Windows 窗体应用程序。

（2）MDI 父窗体设计。从“菜单和工具栏”工具箱中将一个 MenuStrip 控件拖曳到 Form1 窗体上，并设置 MenuStrip 控件的 Name 为 mainMenuStrip1。添加三个菜单项，再分别添加和设置菜单项下的子菜单项。父窗体各菜单项属性设置如表 22-3 所示。父窗体菜单项的布局如图 22-2 所示。

表 22-3　父窗体中各菜单项属性设置

对象	属性	值	说明
菜单项 1（文件）	Name	文件 FileToolStripMenuItem	文件菜单
	Text	文件(&F)	
子菜单项（新建）	Name	新建 ToolStripMenuItem	新建子菜单
	Text	新建(&N)	
子菜单项（打开）	Name	打开 OToolStripMenuItem	打开子菜单
	Text	打开(&O)...	
子菜单项（保存）	Name	保存 SToolStripMenuItem	保存子菜单
	Text	保存(&S)...	
分隔线	Name	toolStripSeparator1	分隔线
子菜单项（退出）	Name	退出 XToolStripMenuItem	退出子菜单
	Text	退出(&X)	
菜单项 2（窗口）	Name	窗口 ToolStripMenuItem	窗口菜单
子菜单项（层叠）	Name	层叠 ToolStripMenuItem	层叠子菜单

续表

对象	属性	值	说明
子菜单项（水平平铺）	Name	水平平铺 ToolStripMenuItem	水平平铺子菜单
子菜单项（垂直平铺）	Name	垂直平铺 ToolStripMenuItem	垂直平铺子菜单
子菜单项（全部最小化）	Name	全部最小化 ToolStripMenuItem	全部最小化子菜单
菜单项 3（帮助）	Name	帮助 HToolStripMenuItem	帮助菜单
	Text	帮助(&H)	
子菜单项（版本）	Name	版本 VToolStripMenuItem	版本子菜单
	Text	版本(&V)...	

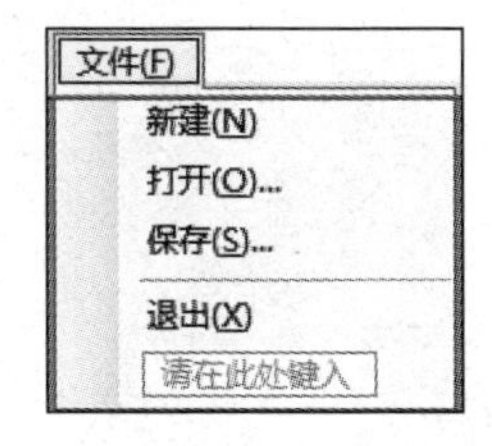

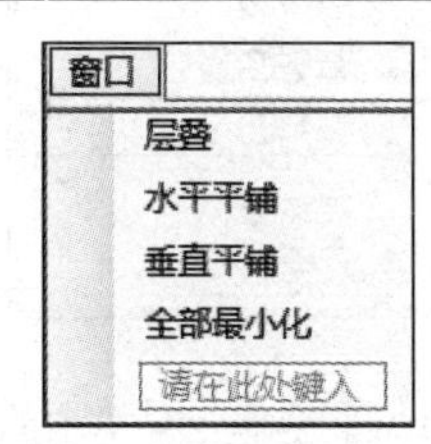

图 22-2　父窗体主菜单项的布局

（3）MDI 子窗体设计。在解决方案资源管理器中，右击项目 MyNotepad，执行相应快捷菜单的“添加”|“Windows 窗体”命令，创建作为 MDI 子窗体的窗体 Form2。分别从“公共控件”和“菜单和工具栏”工具箱中将一个 RichTextBox、一个 MenuStrip 控件拖曳到 Form2 窗体上。如表 22-4 所示，在属性窗口中设置子窗体的属性和控件的属性。在子窗体的菜单上添加一个菜单项，并添加和设置菜单项下的子菜单项。子窗体各菜单项属性设置如表 22-5 所示。子窗体菜单项的布局如图 22-3 所示。

表 22-4　子窗体和控件属性及说明

控件	属性	值	说明
Form2	Name	FormNote	MDI 子窗体 ID
	Text	空	MDI 子窗体标题
	MainMenuStrip	subMenuStrip1	为子窗体指定主 MenuStrip
RichTextBox1	Dock	Fill	文档内容编辑显示文本框
	Modifiers	Public	填满整个窗口
MenuStrip1	Name	subMenuStrip1	MDI 子菜单

表 22-5　子窗体中各菜单项属性设置

对象	属性	值	说明
菜单项（编辑）	Name	编辑 ToolStripMenuItem	编辑菜单 Name
	Text	编辑(&E)	编辑菜单文本
	MergeAction	Insert	与父窗体菜单合并
	MergeIndex	1	合并时菜单位置 Index
子菜单项（剪切）	Name	剪切 ToolStripMenuItem	剪切子菜单
	Text	剪切(&T)	
子菜单项（复制）	Name	复制 ToolStripMenuItem	复制子菜单
	Text	复制(&C)	

续表

对象	属性	值	说明
子菜单项（粘贴）	Name	粘贴 ToolStripMenuItem	粘贴子菜单
	Text	粘贴(&P)	
分隔线	Name	toolStripSeparator1	分隔线
子菜单项（字体）	Name	字体 ToolStripMenuItem	字体子菜单
	Text	字体(&F)...	

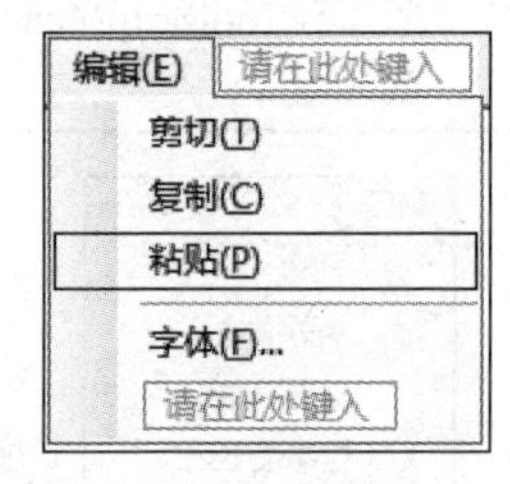

图 22-3　子窗体主菜单项的布局

（4）创建处理控件事件的方法。

① 在 Form1.cs 源代码 FormMain()之前添加“int n;”语句，以声明窗体级的变量 n，用于在新建窗体时，将标题栏的文件名自动增加 1。

② 分别双击父窗体上 MenuStrip 控件中的“新建”“打开”“保存”“退出”“层叠”“水平平铺”“垂直平铺”“全部最小化”“版本”菜单项，系统将自动生成相应的事件处理程序，在其中分别加入相应的事件处理代码（“退出”和“版本”事件处理代码参见例 19.7 和例 19.8）。“新建”“打开”“保存”“层叠”“水平平铺”“垂直平铺”“全部最小化”的事件处理代码如下。

```
private void 新建ToolStripMenuItem_Click(object sender, EventArgs e)
{
     FormNote frm1= new FormNote(); n = n + 1; frm1.Text = "文档_" +n;
     frm1.MdiParent = this;  frm1.Show();
}
private void 打开ToolStripMenuItem_Click(object sender, EventArgs e)
{      //为简便起见，仅针对.rtf文件类型
     FormNote frm1 = new FormNote();
     OpenFileDialog openFileDialog1 = new OpenFileDialog();
     openFileDialog1.InitialDirectory = "c:\\c#";
     openFileDialog1.Filter="RichText files (*.rtf)|*.rtf";
     if (openFileDialog1.ShowDialog() == DialogResult.OK)
     {  // 在RichTextBox中打开文件内容
       frm1.richTextBox1.LoadFile(openFileDialog1.FileName);
       frm1.Text = openFileDialog1.FileName;            //设置标题
       frm1.MdiParent = this; frm1.Show();
```

```
            this.ActivateMdiChild(frm1);
        }
    }
    private void 保存ToolStripMenuItem_Click(object sender, EventArgs e)
    {
          FormNote frm1 = (FormNote)this.ActiveMdiChild;
          SaveFileDialog saveFileDialog1 = new SaveFileDialog();
          saveFileDialog1.InitialDirectory = "c:\\c#";
           //为简便起见，仅针对.rtf文件类型
          saveFileDialog1.Filter = " RichText files (*.rtf)|*.rtf";
          saveFileDialog1.FilterIndex = 1; saveFileDialog1.RestoreDirectory = true;
          if (saveFileDialog1.ShowDialog() == DialogResult.OK)          //保存文件内容
           {
             frm1.richTextBox1.SaveFile(saveFileDialog1.FileName);
           }
    }
    private void 层叠ToolStripMenuItem_Click(object sender, EventArgs e)    //层叠排列
    {
         this.LayoutMdi(System.Windows.Forms.MdiLayout.Cascade);
    }
    private void 水平平铺ToolStripMenuItem_Click(object sender, EventArgs e)//水平平铺
    {
         this.LayoutMdi(System.Windows.Forms.MdiLayout.TileHorizontal);
    }
    private void 垂直平铺ToolStripMenuItem_Click(object sender, EventArgs e)//垂直平铺
    {
         this.LayoutMdi(System.Windows.Forms.MdiLayout.TileVertical);
    }
    private void 全部最小化ToolStripMenuItem_Click(object sender, EventArgs e)
    {
          foreach (FormNote frm in this.MdiChildren)             //全部子窗口最小化
            {
             frm.WindowState = FormWindowState.Minimized;
           }
          this.LayoutMdi(System.Windows.Forms.MdiLayout.ArrangeIcons);     //排列图标
    }
```

③ 分别双击子窗体上 MenuStrip 控件中的“剪切”“复制”“粘贴”“字体”菜单项，系统将自动生成相应的事件处理程序，在其中分别加入相应的事件处理代码（“字体”事件处理代码参见例 19.7，“剪切”“复制”“粘贴”事件处理代码参见例 19.8）。

（5）运行并测试应用程序。

22.2 ASP.NET 网上书店系统的设计

22.2.1 系统总体设计

基于 ASP.NET 的网上书店系统面向两种类型的用户：客户和网站管理员。

客户通过访问网站，可以在线浏览查找书籍、添加书籍到购物车、修改购物车等。只有登录用户才能购买书籍。网站管理员可以管理维护书籍分类表/书籍表等基本数据信息，也可以处理客户提交的订单。系统的总体设计如图 22-4 所示。

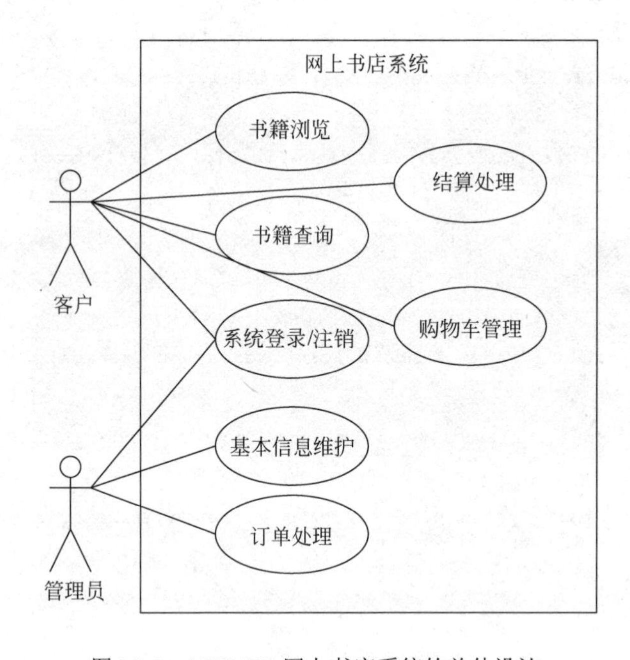

图 22-4　ASP.NET 网上书店系统的总体设计

22.2.2 数据库设计

ASP.NET 网上书店数据库 WebDBBookshop 主要包括下列数据表：

（1）书籍类别表（Categories）：用于储存书籍类别信息，其结构如表 22-6 所示。

表 22-6　书籍类别表（Categories）

字段名	数据类型	字段说明	键引用
CategoryID	int	书籍类别 ID	主键
CategoryName	nvarchar(50)	书籍类别名称	

（2）书籍表（Books）：用于储存书籍信息，其结构如表 22-7 所示。

表 22-7　书籍表（Books）

字段名	数据类型	字段说明	键引用
BookID	varchar(20)	书籍 ID	主键
CategoryID	int	书籍类别 ID	外键
Bookname	nvarchar(100)	书籍名称	
Author	nvarchar(100)	作者	
Publisher	nvarchar(100)	出版商	
UnitCost	money	单价	
BookImage	nvarchar(100)	书籍封面图片文件名	
Description	nvarchar(4000)	书籍说明	

（3）购物车表（ShoppingCart）：用于储存购物车信息，其结构如表 22-8 所示。

表 22-8　购物车表（ShoppingCart）

字段名	数据类型	字段说明	键引用	备注
CartID	nvarchar(50)	购物车 ID	主键	
BookID	varchar(20)	书籍 ID		
Quantity	int	数量		
DateCreated	datetime	记录生成的系统时间		自动生成

另外，系统使用 ASP.NET 成员资格管理系统用户。完备的电子商务网站还应包括客户信息表（Customers）、订单信息表（Orders）、订单明细表（OrderDetails）等，限于篇幅，本教程没有展开叙述。

22.2.3　功能模块设计

ASP.NET 网上书店系统提供网上在线电子商务功能。系统提供用户注册和用户登录功能。用户通过访问网站，可以在线浏览查找书籍、添加书籍到购物车、修改购物车等。

ASP.NET 网上书店系统的功能模块及执行流程如图 22-5 所示。

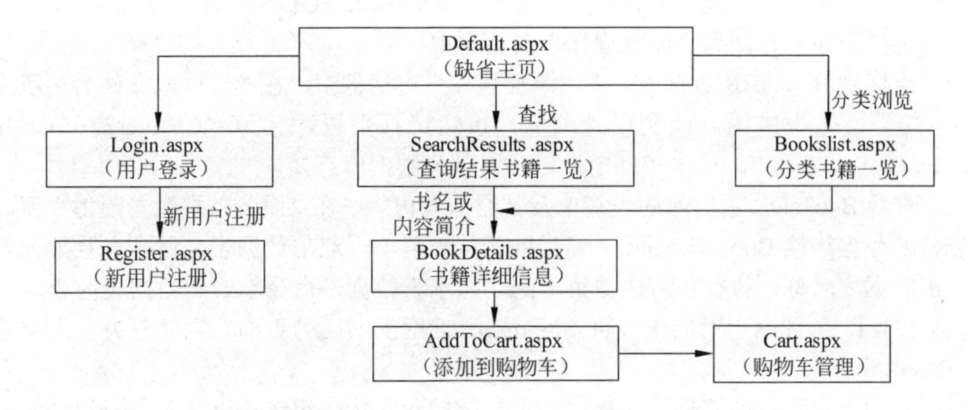

图 22-5　ASP.NET 网上书店系统的功能模块及执行流程

ASP.NET 网上书店系统由如表 22-9 所示的 ASP.NET Web 页面组成。

表 22-9　ASP.NET 网上书店系统 Web 页面清单

文件名称	说明	文件名称	说明
Site.master	网上书店母版页	Cart.aspx	购物车维护页面
Default.aspx	缺省主页	Login.aspx	用户登录页面
Bookslist.aspx	分类书籍一览页面	Register.aspx	新用户注册页面
BookDetails.aspx	书籍详细信息页面	Global.asax	ASP.NET 应用程序文件
SearchResults.aspx	查询结果书籍一览页面	Web.config	ASP.NET 应用程序的配置文件
AddToCart.aspx	添加到购物车页面	\Bookimages	书籍图片子目录

22.2.4　系统的实现

本节阐述网上书店系统基本功能的实现过程。其他功能，如购物车结账、订单处理等由于篇幅关系，尚未展开阐述。

【例 22.2】 创建网上书店网站并准备数据库和素材。

操作步骤：

（1）新建 ASP.NET Web 窗体网站 C:\C#\Chapter22\Bookshop。

（2）准备数据库。将素材文件夹中的 C#\DB\BooksDB.mdf 数据库文件复制到文件夹 App_Data 下，并刷新网站文件夹。可以双击 BooksDB.mdf 查看其内容。

（3）准备数据库中范例书籍的图片。将素材目录中的 C#\Chapter22\Bookimages 文件夹复制到 C:\C#\Chapter22 下，并刷新网站文件夹。

（4）删除网站模板自动生成的页面 About.aspx、Default.aspx 和 Site.master。

【例 22.3】 使用 Visual Studio 的"服务器资源管理器"创建数据库连接，连接到本地 Microsoft SQL Server 的 C:\C#\Chapter22\Bookshop\App_Data\BooksDB.mdf 数据库。

操作步骤：

（1）添加数据库连接。在"服务器资源管理器"窗口中，单击"连接到数据库"图标，打开"添加连接"对话框。

（2）更改数据源。在"添加连接"对话框中，单击数据源文本框右侧的"更改"按钮。在随后出现的"更改数据源"对话框中，选择"Microsoft SQL Server 数据库文件"，然后单击"确定"按钮，返回到"添加连接"对话框中。

（3）连接到 BooksDB 数据库。在"添加连接"对话框中，在"数据库文件名（新建或现有名称）"文本框中输入或利用"浏览"按钮选择数据库 C:\C#\Chapter22\Bookshop\App_Data\BooksDB.mdf。单击"确定"按钮，创建数据库连接。

（4）查看 BooksDB 数据库的表清单及其结构和内容。在"服务器资源管理器"窗口中展开创建的数据连接 BooksDB.mdf；然后展开其表清单。双击数据表名称，查看数据表结构；右击数据表名称，执行相应快捷菜单的"显示表数据"命令，查看数据表内容。

【例 22.4】 创建网上书店母版页 Site.master。网上书店的页面布局共分为三大部分，如图 22-6 所示。

（1）页面上部为标题信息，并提供登录超链接和购物车超链接以及书籍查找功能。

（2）页面左下部为书籍分类一览信息，用户可以按书籍类别查看书籍目录。借助 DataLlist 控件来实现。

（3）页面右下部为内容占位符。

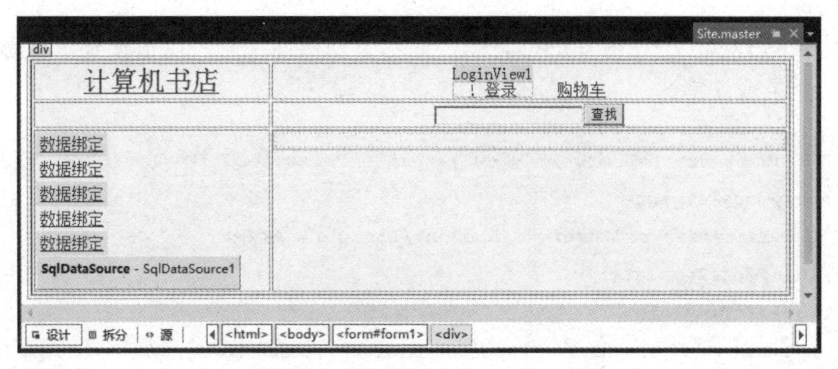

图 22-6　Site.master 的设计布局

操作步骤：

（1）新建“单文件页模型”的 ASP.NET 母版页面 Site.master。删除页面中系统自动生成的 ContentPlaceHolder1 控件。

（2）设计 ASP.NET 母版页面 Site.master。根据如图 22-6 设计网页布局（通过插入一个 3 行 2 列的表格进行布局）。参照下列粗体代码，设置表格属性：边框为 1，居中对齐；第 1 列宽度为 250px，第 2 列宽度为 750px；第 3 行的 2 列水平左对齐，垂直上对齐。

```
<table border="1" style="text-align: center">
    <tr>  <td style="width: 250px"></td>
         <td style="width: 750px"></td>
    </tr>
    <tr>
        <td></td>
        <td></td>
    </tr>
    <tr>
        <td style=" text-align: left; vertical-align: top"></td>
        <td style="text-align: left; vertical-align: top"></td>
    </tr>
</table>
```

根据表 22-10 设置控件的属性。

表 22-10　Site.master 母版页的控件

类型	ID	属性	说明
HyperLink	lblHome	Text：计算机书店；Font-Size：20pt；NavigateURL：~/Default.aspx	网站标题超链接
LoginView	LoginView1		根据登录状态显示不同的超链接
HyperLink	hlCart	Text：购物车；NavigateURL：~/pages/Cart.aspx	购物车超链接
TextBox	txtKeyword		查找关键字
Button	btnSearch	Text：查找	查找按钮
DataList	DataList1		书籍分类一览列表
ContentPlaceHolder	MainContent		内容占位符

在源代码的 LoginView 控件的标签中，输入下列粗体代码，以根据登录状态显示不同的超链接（登录或注销）。

```
<asp:LoginView runat="server" ViewStateMode="Disabled" ID="LoginView1">
    <AnonymousTemplate>
      <a runat="server" href="~/Account/Login">登录</a>
    </AnonymousTemplate>
    <LoggedInTemplate>
      <a runat="server" href="~/Account/Manage" title="Manage your account">
              <%: Context.User.Identity.GetUserName()  %>!</a>
      <asp:LoginStatus runat="server" LogoutAction="Redirect" LogoutText="注销"
              LogoutPageUrl="~/" OnLoggingOut="LoginView1_LoggedOut" />
    </LoggedInTemplate>
</asp:LoginView>
```

（3）配置 DataList1 控件数据源。

① 在设计视图中，选择 DataList1 控件，单击▷按钮，执行“DataList 任务”菜单中“选择数据源”下拉列表框中的“新建数据源”命令，随后选择“数据库”数据源类型。

② 选择数据库连接。在随后的“选择您的数据连接”配置数据源向导中，选择指向本地的数据库文件 BooksDB.mdf。单击“下一步”按钮。

③ 保存数据库连接。在“将连接字符串保存到应用程序配置文件中”配置数据源向导中，按默认设置将数据库连接以 ConnectionString 为名保存到应用程序配置文件（即 Web.config）中，以后可直接使用，这样可以简化数据源的维护和部署。单击“下一步”按钮。

④ 配置 Select 语句。在随后的“配置 Select 语句”配置数据源向导对话框中，在“名称”下拉列表框中选择 Categories 数据表，在“列”复选框中分别选择 CategoryID 和 CategoryName。单击“下一步”按钮。单击“完成”按钮。

⑤ 自动格式套用。在设计视图中，选择 DataList1 控件，单击▷按钮，执行“DataList 任务”菜单的“自动套用格式”命令，选择“传统型”格式。

⑥ 编辑 DataList 控件的项模板。在设计视图中，选择 DataList1 控件，单击▷按钮，执行“DataList 任务”菜单的“编辑模板”命令，进入 DataList 控件项模板编辑状态。删除系统自动生成的内容。添加一个 HyperLink 控件（ID：HyperLink1），执行“HyperLink 任务”菜单中“编辑 DataBindings”命令，编辑 HyperLink 控件的数据绑定。

⑦ 设置 HyperLink1 控件的 NavigateUrl 绑定属性："~/Bookslist.aspx?CategoryID=" + Eval("CategoryID")，如图 22-7（a）所示。

⑧ 设置 HyperLink1 控件的 Text 绑定属性 Eval("CategoryName")，如图 22-7（b）所示。

（4）修改 ASP.NET 母版页面 Site.master。在源视图，修改<head>…</head>部分的 ContentPlaceHolder 的 ID 为 HeadContent（注意，网站的 account 目录下的页面使用该 ID）。

```
<head runat="server">
    <title></title>
    <asp:ContentPlaceHolder ID="HeadContent" runat="server">
    </asp:ContentPlaceHolder>
</head>
```

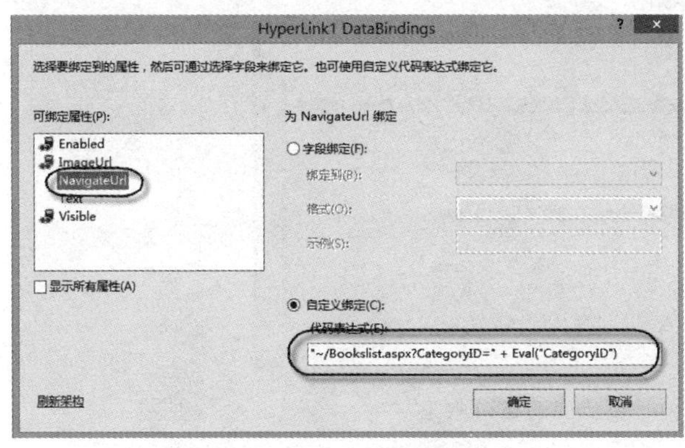

（a）NavigateUrl 绑定属性

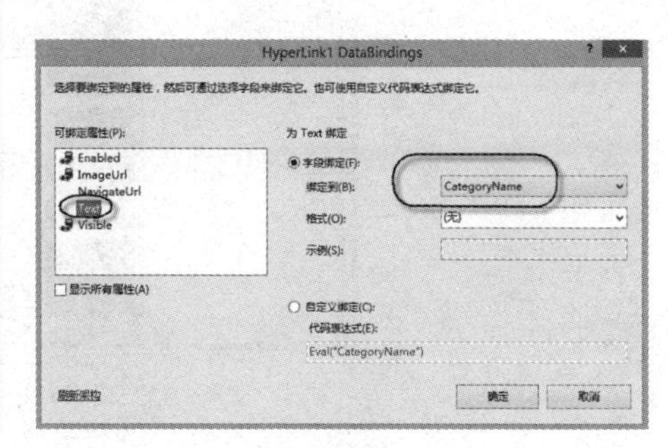

（b）Text 绑定属性

图 22-7　设置 HyperLink 控件的数据绑定

（5）生成查找按钮事件并添加如下粗体所示的按钮事件代码。

```
protected void btnSearch_Click(object sender, EventArgs e)
{
 //跳转到书籍信息查询页面SearchResults.aspx页面，并将txtKeyword
//查找文本框中输入的查找字符串作为参数传递给书籍信息查询页面
    if (txtKeyword.Text.Trim().Length > 0) //去空格后（Trim()）长度大于0
    {   string url = "~/SearchResults.aspx?Keyword=%" + txtKeyword.Text + "%";
        Response.Redirect(url);
    }
}
```

（6）在源视图中，输入 LoginView1 控件用户注销时的处理事件代码。

```
protected void LoginView1_LoggingOut(object sender, LoginCancelEventArgs e)
{
    Context.GetOwinContext().Authentication.SignOut();
}
```

（7）保存 Site.master。

【例 22.5】 创建网上书店缺省主页。显示欢迎信息“欢迎光临网上书店！”。

操作步骤：

（1）基于母版页（Site.master）新建“单文件页模型”的 Web 窗体 Default.aspx。在 ContentPlaceHolder 中输入“欢迎光临网上书店！”。

（2）保存并运行测试缺省主页 Default.aspx。

【例 22.6】 创建网上书店书籍一览页面 Bookslist.aspx。运行效果如图 22-8 所示。

（1）当选择图书分类时，显示该图书类别相应的书籍清单信息。

（2）单击“购买”链接，则进入“购物车”界面，并将该书籍直接添加到购物车。

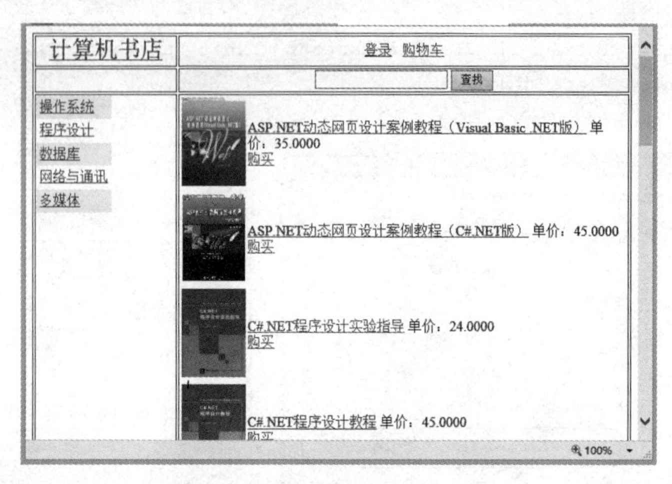

图 22-8　书籍一览页面的运行效果

操作步骤：

（1）基于母版页（Site.master）新建“单文件页模型”的 Web 窗体：Bookslist.aspx。

（2）设计书籍一览页面。在“MainContent(自定义)”中添加一个 DataList 控件，用于显示所选图书书类的所有书籍的书名和单价信息一览，并提供“购买”超链接。

（3）配置 DataList 数据源。在设计视图中，选择 DataList1 控件，单击▷按钮，执行“DataList 任务”菜单中“选择数据源”下拉列表框中的“新建数据源”命令，使用前面所生成的 ConnectionString 数据库连接配置数据源，并配置 Select 语句：在“名称”下拉列表框中选择 Books 数据表，在“列”复选框中分别选择 BookID、Bookname、UnitCost 以及 BookImage 四个字段。单击 WHERE 按钮，打开“添加 WHERE 子句”对话框，设置筛选条件，如图 22-9 所示。单击“添加”按钮，然后单击“确定”按钮。单击“下一步”按钮，单击“完成”按钮。

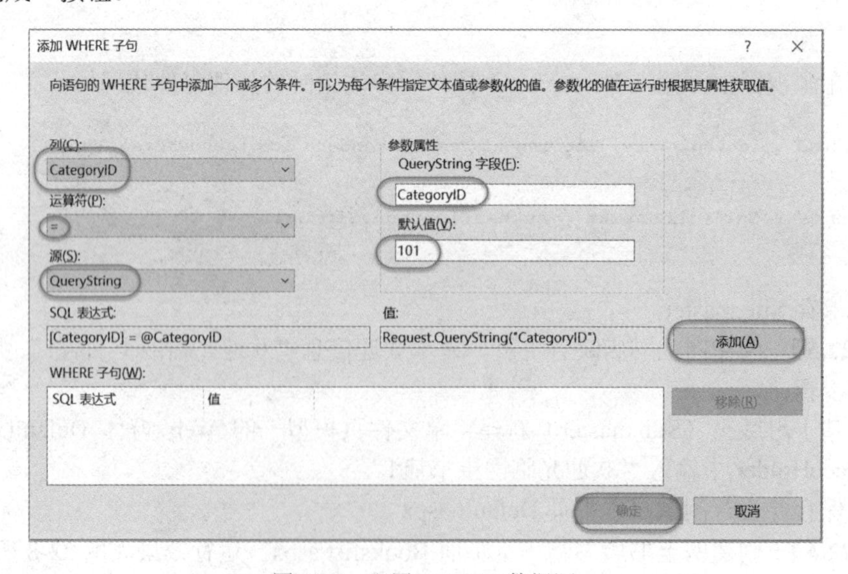

图 22-9　配置 DataList 数据源

（4）编辑 DataList 控件的项模板（ItemTemplate）。删除系统自动生成的内容，并添加一个 1 行 2 列的表格。设计布局如图 22-10 所示。

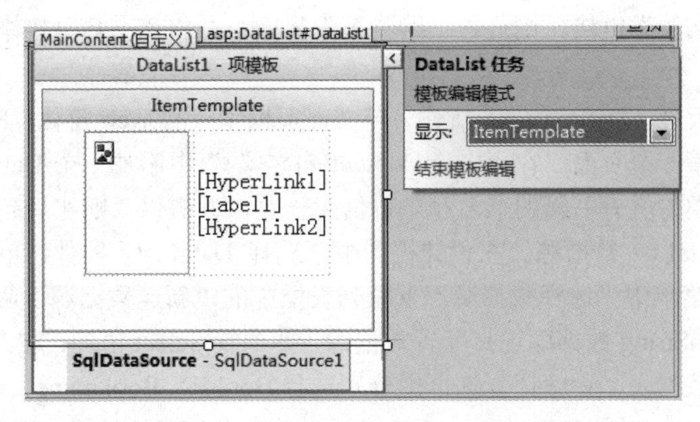

图 22-10　编辑 DataList 控件的项模板

① 添加一个 Image 控件 Image1。设置其属性：Width 为 75px；Height 为 100px。选择 Image1 控件，单击▷按钮，执行“Image 任务”菜单中“编辑 DataBindings”命令，绑定 ImageUrl 属性为"BookImages/" + Eval("BookImage")。

② 添加一个 HyperLink 控件 HyperLink1。选择 HyperLink1 控件，单击▷按钮，执行“HyperLink 任务”菜单中“编辑 DataBindings”命令，绑定 NavigateUrl 属性为"BookDetails.aspx?BookID=" + Eval("BookID")；绑定 Text 属性为 Eval("Bookname")。

③ 添加一个 Label 控件 Label1。选择 Label1 控件，单击▷按钮，执行“Label 任务”菜单中“编辑 DataBindings”命令，绑定 Text 属性为"单价："+Eval("UnitCost")。

④ 添加一个 HyperLink 控件 HyperLink2。选择 HyperLink2 控件，单击▷按钮，执行“HyperLink 任务”菜单中“编辑 DataBindings”命令，绑定 NavigateUrl 属性为"~/pages/AddToCart.aspx?BookID=" + Eval("BookID")；绑定 Text 属性为"购买"。

（5）保存并运行测试 Bookslist.aspx。

【例 22.7】 创建网上书店书籍详细信息页面 BookDetails.aspx。运行效果如图 22-11 所示。

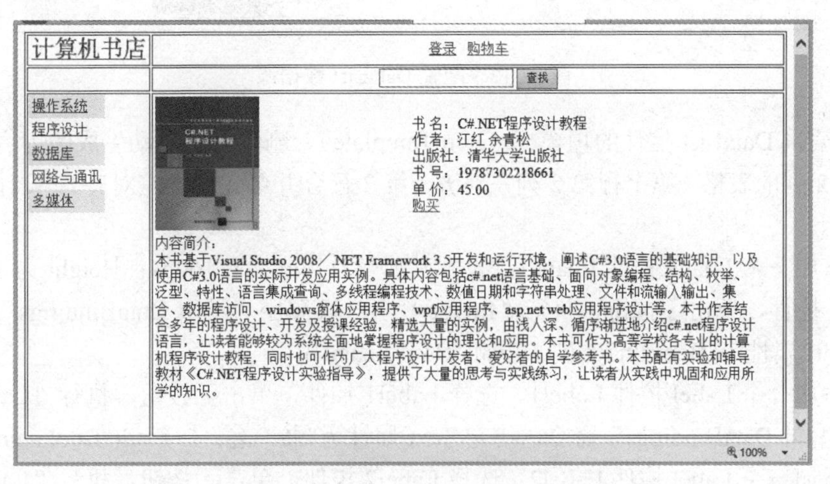

图 22-11　书籍详细信息页面的运行效果

（1）在书籍一览页面 BookDetails.aspx 中，单击某一本书的书名链接，显示该书的详细内容，包括书名、作者、出版社、单价和内容简介。

（2）单击“购买”链接，则进入“购物车”界面，并将该书籍直接添加到购物车。

操作步骤：

（1）基于母版页（Site.master）新建“单文件页模型”的 Web 窗体：BookDetails.aspx。

（2）设计书籍一览页面。在“MainContent(自定义)”中添加一个 DataList 控件，用于显示所选图书书类的所有书籍的书名和单价信息一览，并提供“购买”超链接。

（3）配置 DataList 数据源。在设计视图中，选择 DataList1 控件，单击▷按钮，执行“DataList 任务”菜单中“选择数据源”下拉列表框中的“新建数据源”命令，使用前面所生成的 ConnectionString 数据库连接配置数据源，并配置 Select 语句：在“名称”下拉列表框中选择 Books 数据表，在“列”复选框中分别选择 BookID、Bookname、Author、Publisher、UnitCost、BookImage 以及 Description 七个字段。单击 WHERE 按钮，打开“添加 WHERE 子句”对话框，设置筛选条件，如图 22-12 所示。单击“添加”按钮，然后单击“确定”按钮。单击“下一步”按钮，单击“完成”按钮。

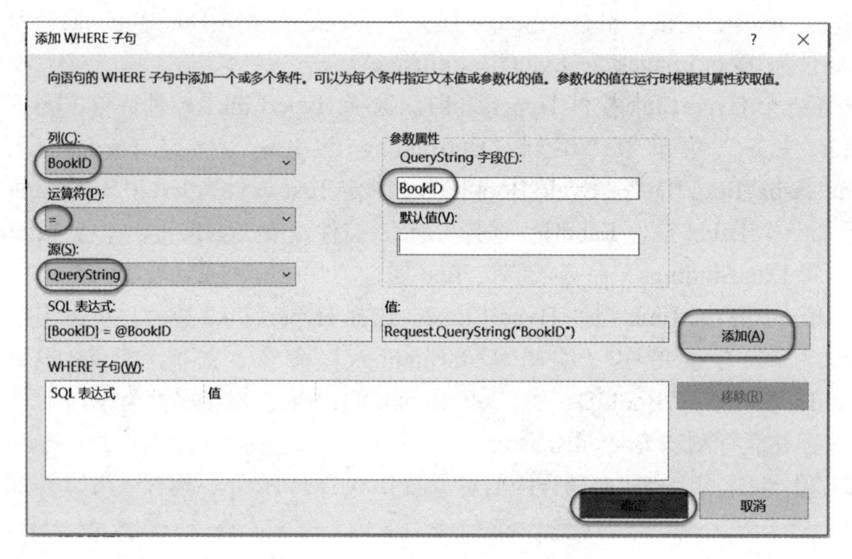

图 22-12　配置 DataList 数据源

（4）编辑 DataList 控件的项模板（ItemTemplate）。删除系统自动生成的内容，并添加一个 2 行 2 列的表格（第 1 行第 2 列左对齐。第 2 行合并单元格且左对齐）。设计布局如图 22-13 所示。

① 添加一个 Image 控件 Image1。设置其属性：Width 为 160px；Height 为 150px。选择 Image1 控件，单击▷按钮，执行“Image 任务”菜单中“编辑 DataBindings”命令，绑定 ImageUrl 属性为"BookImages/" + Eval("BookImage")。

② 添加一个 Label 控件 Label1。选择 Label1 控件，单击▷按钮，执行“Label 任务”菜单中“编辑 DataBindings”命令，绑定 Text 属性为"书　名："+Eval("Bookname")。

③ 添加一个 Label 控件 Label2。选择 Label2 控件，单击▷按钮，执行“Label 任务”菜单中“编辑 DataBindings”命令，绑定 Text 属性为"作　者："+Eval("Author")。

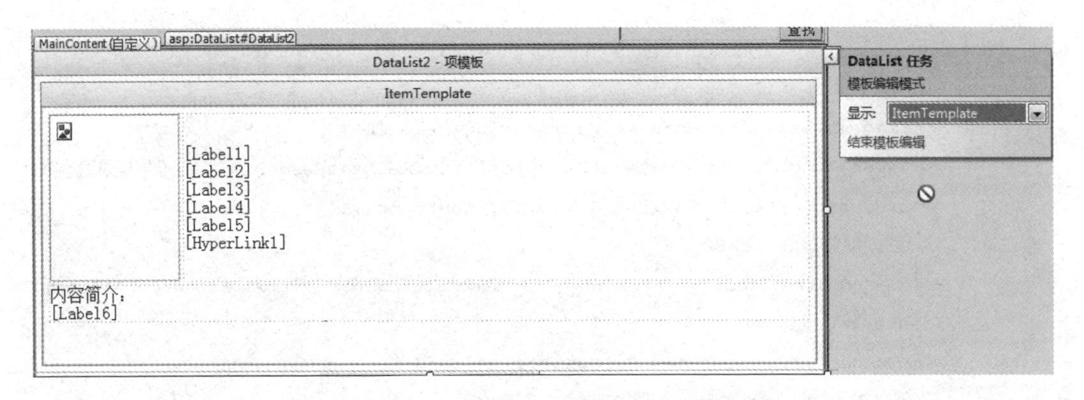

图 22-13　编辑 DataList 控件的项模板

④ 添加一个 Label 控件 Label3。选择 Label3 控件，单击按钮，执行“Label 任务”菜单中“编辑 DataBindings”命令，绑定 Text 属性为"出版社："+Eval("Publisher")。

⑤ 添加一个 Label 控件 Label4。选择 Label4 控件，单击按钮，执行“Label 任务”菜单中“编辑 DataBindings”命令，绑定 Text 属性为"书　号："+Eval("BookID")。

⑥ 添加一个 Label 控件 Label5。选择 Label5 控件，单击按钮，执行“Label 任务”菜单中“编辑 DataBindings”命令，绑定 Text 属性为"单价："+Eval("UnitCost")。

⑦ 添加一个 HyperLink 控件 HyperLink2。选择 HyperLink2 控件，单击按钮，执行“HyperLink 任务”菜单中“编辑 DataBindings”命令，绑定 NavigateUrl 属性为"~/pages/AddToCart.aspx?BookID=" + Eval("BookID")；绑定 Text 属性为"购买"。

⑧ 添加一个 Label 控件 Label6。设置其属性：Width 为 700px。选择 Label6 控件，单击按钮，执行“Label 任务”菜单中“编辑 DataBindings”命令，绑定 Text 属性为 Eval("Description")。

（5）保存并运行测试 BookDetails.aspx。

【例 22.8】 创建网上书店添加到购物车页面 AddToCart.aspx。

（1）在书籍一览页面或书籍详细信息页面，均可以单击“购买”链接，将该书籍直接添加到购物车，并显示“购物车”界面。

（2）添加到购物车页面的功能是，将选中的书籍添加到购物车中，然后直接跳转到购物车管理页面 Cart.aspx。

操作步骤：

（1）基于母版页（Site.master）在文件夹 pages 中新建“单文件页模型”的 Web 窗体 AddToCart.aspx。

（2）引用名称空间 System.Data.SqlClient。在 AddToCart.aspx 代码的头部添加下列粗体所示的语句：

```
<%@ Import Namespace="System.Data.SqlClient" %>
```

（3）生成 Page_Load 事件代码。在设计视图中，双击页面空白处，自动生成页面的主事件 Load 的处理过程 Page_Load；在源视图中，在 Page_Load 事件函数体中加入如下粗体代码。

```
protected void Page_Load(object sender, EventArgs e)
{
        string strBookID = Request.QueryString["BookID"];
        Session["CartID"] = Context.User.Identity.GetUserName();    //获取登录用户信息
        string strCartID = Session["CartID"].ToString();
        //连接到数据库BooksDB
        string conStr = ConfigurationManager.ConnectionStrings ["BooksDBconnectionString"].
        ConnectionString;
        SqlConnection con = new SqlConnection(conStr);
        //创建插入ShoppingCart表的SQL命令
        string strInsert = "Insert into ShoppingCart(CartID, BookID,Quantity) Values
        (@CartID,@BookID,0)";
        SqlCommand cmdInsert = new SqlCommand(strInsert, con);
        cmdInsert.Parameters.AddWithValue("@CartID", strCartID);    //设置参数
        cmdInsert.Parameters.AddWithValue("@BookID", strBookID);    //设置参数
        try
        {   con.Open(); cmdInsert.ExecuteNonQuery();
            Response.Redirect("~/pages/Cart.aspx");                     //跳转到购物车
        }
        catch (Exception ex)
        {  //如果购物车已存在该商品，则数量+1
            string strUpdate = "Update ShoppingCart set Quantity=Quantity+1 where CartID=
            @CartID and BookID=@BookID";
            SqlCommand cmdUpdate = new SqlCommand(strUpdate, con);
            cmdUpdate.Parameters.AddWithValue("@CartID", strCartID);    //设置参数
            cmdUpdate.Parameters.AddWithValue("@BookID", strBookID);    //设置参数
            cmdUpdate.ExecuteNonQuery();
            Response.Redirect("~/pages/Cart.aspx");                     //跳转到购物车
        }
    finally { con.Close(); }
}
```

（4）保存 AddToCart.aspx。

【例 22.9】 创建网上书店购物车管理页面 Cart.aspx。运行效果如图 22-14 所示。

（1）每个登录用户拥有一个购物车，选中的书籍通过单击“购买”超链接，自动放入购物车。

（2）购物车管理页面：显示购物车的内容；用户可以修改选购书籍的数量、删除已经选购的书籍。

（3）如果用户没有登录，则自动跳转到登录页面；注册用户一旦登录后，自动返回购物车管理页面，同时显示该登录用户的购物车清单。

（4）利用 GridView 控件实现购物车管理页面。

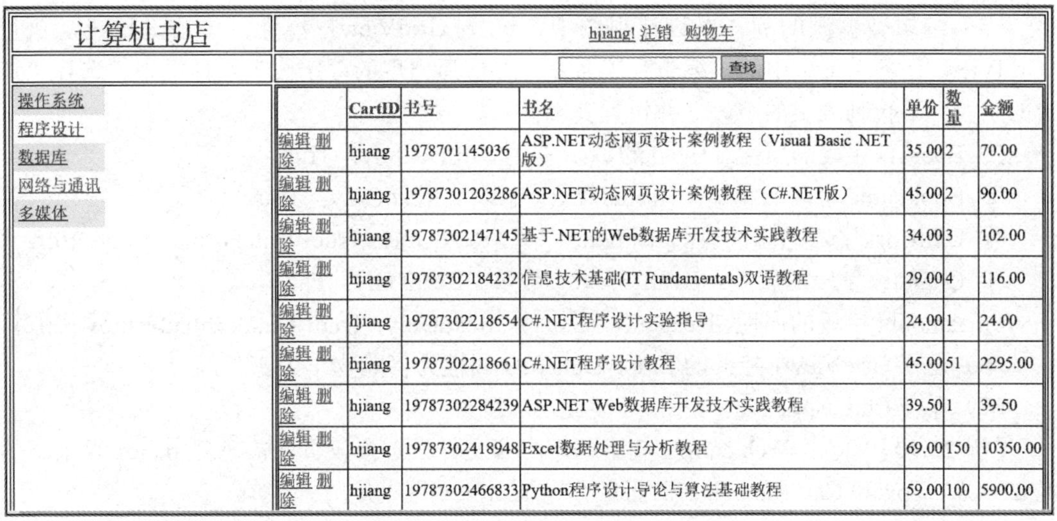

计算机书店

hjiang! 注销 购物车

查找

操作系统
程序设计
数据库
网络与通讯
多媒体

	CartID	书号	书名	单价	数量	金额
编辑 删除	hjiang	1978701145036	ASP.NET动态网页设计案例教程（Visual Basic .NET版）	35.00	2	70.00
编辑 删除	hjiang	19787301203286	ASP.NET动态网页设计案例教程（C#.NET版）	45.00	2	90.00
编辑 删除	hjiang	19787302147145	基于.NET的Web数据库开发技术实践教程	34.00	3	102.00
编辑 删除	hjiang	19787302184232	信息技术基础(IT Fundamentals)双语教程	29.00	4	116.00
编辑 删除	hjiang	19787302218654	C#.NET程序设计实验指导	24.00	1	24.00
编辑 删除	hjiang	19787302218661	C#.NET程序设计教程	45.00	51	2295.00
编辑 删除	hjiang	19787302284239	ASP.NET Web数据库开发技术实践教程	39.50	1	39.50
编辑 删除	hjiang	19787302418948	Excel数据处理与分析教程	69.00	150	10350.00
编辑 删除	hjiang	19787302466833	Python程序设计导论与算法基础教程	59.00	100	5900.00

图 22-14　购物车管理页面的运行效果

操作步骤：

（1）基于母版页（Site.master）在文件夹 pages 中新建“单文件页模型”的 Web 窗体 Cart.aspx。

（2）设计购物车管理页面。在“MainContent(自定义)”中添加一个 GridView 控件，用于显示放入购物车中的所有书籍的书号、书名、作者、数量、单价和金额信息，并提供对记录的“编辑”和“删除”的功能。

（3）配置 GridView 数据源。

① 自定义 SQL 语句为：

```
SELECT ShoppingCart.CartID, ShoppingCart.BookID, Books.Bookname, Books. UnitCost, ShoppingCart.Quantity, Books.UnitCost * ShoppingCart.Quantity AS Amount FROM ShoppingCart INNER JOIN Books ON ShoppingCart.BookID = Books.BookID WHERE (ShoppingCart.CartID = @CartID)
```

② UPDATE 语句为：

```
UPDATE ShoppingCart SET Quantity = @Quantity WHERE (CartID = @CartID) AND (BookID = @BookID)
```

③ DELETE 语句为：

```
DELETE FROM ShoppingCart WHERE (CartID = @CartID) AND (BookID = @BookID)
```

注意：@CartID 绑定到 Session(CartID)。

（4）启用 GridView 的排序、编辑和删除功能。在设计视图中，选择 GridView1 控件，单击☑按钮，在“GridView 任务”菜单中分别勾选“启用排序”“启用编辑”和“启用删除”复选框。

（5）编辑数据源的列。在设计视图中，选择 GridView1 控件，单击按钮，执行“GridView 任务”菜单中的“编辑列”命令，在随后出现的“字段”对话框中，选择“选定的字段”下拉列表中的字段，并设置其属性：

① BookID 字段的属性。HeaderText：书号。ReadOnly：True。

② Bookname 字段的属性。HeaderText：书名。ReadOnly：True。

③ UnitCost 字段的属性。HeaderText：单价。ReadOnly：True；DataFormatString：{0:f2}。

④ Quantity 字段的属性。HeaderText：数量。ReadOnly：False。

⑤ Amount 字段的属性。HeaderText：金额。ReadOnly：True；DataFormatString：{0:f2}。

（6）设置 GridView1 控件的 EmptyDataText 属性为“购物车为空！”。

（7）保存 Cart.aspx。

【例 22.10】 使用 Web.config 应用程序配置文件设定授权页面，确保 pages 目录下的 AddToCart.aspx 和 Cart.aspx 两个页面只有登录用户才可以使用。

操作步骤：

（1）在 Web.config 应用程序配置文件的</system.web>标记后增加如下粗体代码。

```
<location path="pages">
  <system.web>
<authorization>
<deny users="?"/>
</authorization>
</system.web>
</location>
```

（2）保存 Web.config，运行缺省主页 Default.aspx，没有任何用户登录的情况下，分别测试“购买”（跳转到 AddToCart.aspx）和“购物车”（跳转到 Cart.aspx）超链接的功能。

【例 22.11】 创建网上书店书籍信息查询页面 SearchResults.aspx。在页面上部输入查询关键字，单击“查找”按钮，查找并显示“书名（Bookname）”或“内容简介（Description）”中包含关键字的书籍信息。例如，输入关键字“双语”。运行效果如图 22-15 所示。

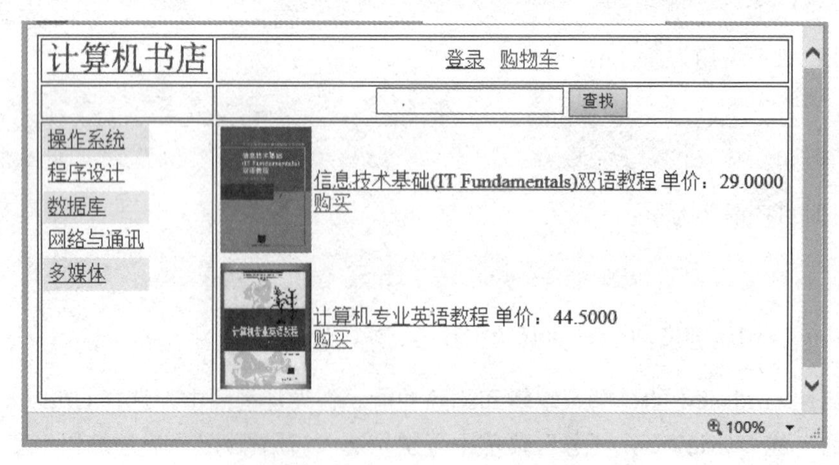

图 22-15　书籍信息查询页面的运行效果

操作步骤：

（1）把 Bookslist.aspx 另存为 SearchResults.aspx。

（2）配置 DataList 数据源。在设计视图中，选择 DataList1 控件，单击▷按钮，执行“DataList 任务”菜单中“选择数据源”下拉列表框中的“配置数据源”命令，自定义 Select 语句：

```
SELECT BookID, Bookname, UnitCost, BookImage FROM Books WHERE (Bookname LIKE @Keyword)
OR (Description LIKE @Keyword)
```

其中，Keyword 绑定到 QueryString（Keyword）。注意，最后提示是否重置时，请选择“否”。

（3）保存 SearchResults.aspx。运行测试 Default.aspx。例如，输入关键字“双语”，单击“查找”按钮，查找并显示符合条件的书籍信息。

附录 A .NET Framework 和.NET Core 概述

A1 .NET Framework 的概念

.NET Framework 是一个开发和运行环境，使不同的编程语言（如 C#、Visual Basic、F#、JavaScript 等）和运行库能够无缝地协同工作，简化开发和部署各种网络集成应用程序或独立应用程序，如 Windows 应用程序、ASP.NET Web 应用程序、WPF 应用程序、移动应用程序或 Office 应用程序。

.NET Framework 包括两个主要组件：公共语言运行库和 NET Framework 类库。

A1.1 公共语言运行时

公共语言运行时（common language runtime，CLR），即公共语言运行时环境，是.NET Framework 的基础。运行库作为执行时管理代码的代理，提供了内存管理、线程管理和远程处理等核心服务，并且还强制实施严格的类型安全检查，以提高代码准确性。

在运行库的控制下执行的代码称作托管代码。托管代码使用基于公共语言运行库的语言编译器开发生成，具有跨语言集成、跨语言异常处理、增强的安全性、版本控制和部署支持、简化的组件交互模型、调试和分析服务等优点。

在运行库之外运行的代码称作非托管代码。COM 组件、ActiveX 接口和 Win32 API 函数都是非托管代码的示例。使用非托管代码方式可以提供最大限度的编程灵活性，但不具备托管代码方式所提供的管理功能。

A1.2 .NET Framework 类库

.NET Framework 类库（.NET Framework Class Library，FCL）是一个与公共语言运行库紧密集成、综合性的面向对象的类型集合，使用该类库，可以高效率开发各种应用程序，包括控制台应用程序、Windows GUI 应用程序（Windows 窗体）、ASP.NET Web 应用程序、XML Web Services、Windows 服务等。

.NET Framework 类库包括类、接口和值类型。类库提供对系统功能的访问，以加速和优化开发过程。.NET Framework 类型是符合公共语言规范（common language specification，CLS），因而可在任何符合 CLS 的编程语言中使用，实现各语言之间的交互操作。

.NET Framework 类型是生成.NET 应用程序、组件和控件的基础。类库包括的类型提供表示基础数据类型和异常、封装数据结构、执行 I/O、访问关于加载类型的信息、调用.NET Framework 安全检查。提供数据访问（ADO.NET）、提供 Windows 窗体（GUI）、提供 Web

窗体（ASP.NET）等功能。

A2 .NET Framework 的功能特点

.NET Framework 提供了基于 Windows 的应用程序所需的基本架构，开发人员可以基于.NET Framework 快速建立各种应用程序解决方案。.NET Framework 具有下列功能特点：

（1）支持各种标准联网协议和规范。.NET Framework 使用标准的 Internet 协议和规范（如 TCP/IP、SOAP、XML 和 HTTP 等），支持实现信息、人员、系统和设备互连的应用程序解决方案。

（2）支持不同的编程语言。.NET Framework 支持多种不同的编程语言，因此开发人员可以选择他们所需的语言。公共语言运行时提供内置的语言互操作性支持，公共语言运行库通过指定和强制公共类型系统以及提供元数据为语言互操作性提供了必要的基础。

（3）支持用不同语言开发的编程库。.NET Framework 提供了一致的编程模型，可使用预打包的功能单元（库），从而能够更快、更方便、更低成本地开发应用程序。

（4）支持不同的平台。.NET Framework 可用于各种 Windows 平台，从而允许使用不同计算平台的人员、系统和设备联网，可以连接到 Windows Server 服务器系统。

A3 .NET Framework 环境

图 A-1 所示为操作系统/硬件、公共语言运行库、类库以及应用程序（托管应用程序、托管 Web 应用程序、非托管应用程序）之间的关系。

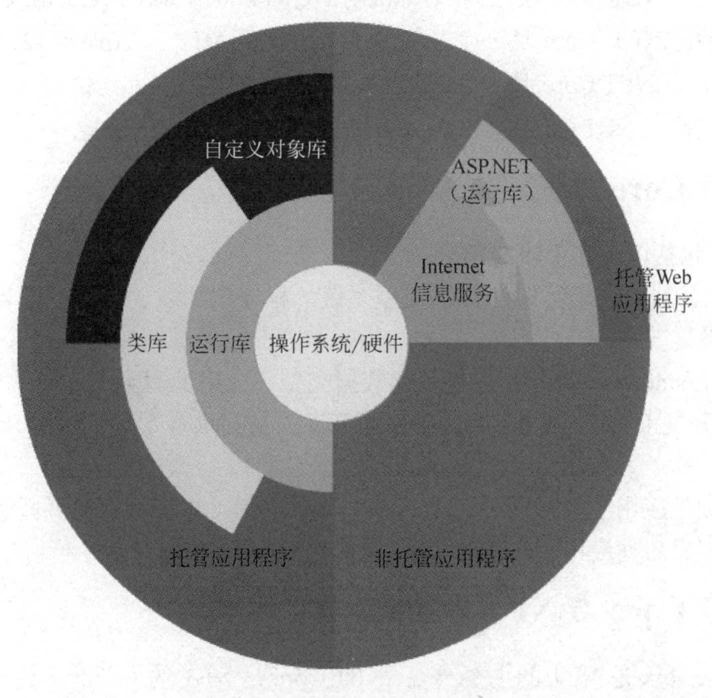

图 A-1 .NET Framework 环境

A4　.NET Framework 的主要版本

目前，.NET Framework 主要包含下列版本：1.0、1.1、2.0、3.0、3.5、4.0、4.5、4.5.1、4.6 和 4.7。Windows 7 中包含了.NET Framework 3.5；Windows 10 中包含了.NET Framework 4.6；Windows 10 v1703 中包含了.NET Framework 4.7。安装 Visual Studio 时，也会安装相应版本对应的.NET Framework。可以从 Microsoft 官网下载安装最新版本的.NET Framework。

A5　.NET Core

A5.1　.NET Core 概述

.NET Core 是新一代的开源.NET 开放和运行环境，是一个模块化的、可跨平台的而且更加精简的运行时，即是.NET Framework 的一个跨平台子集。.NET Core 具有下列特征。

（1）跨平台：.NET Core 可以在 Windows、MacOS 和 Linux 上运行；也可以移植到其他操作系统。

（2）部署灵活：.NET Core 是模块化的，可以包含在应用程序目录中；也可以针对用户范围或计算机范围安装。

（3）命令行工具：.NET Core 可以在命令行中执行所有产品方案。

（4）兼容性：.NET Core 通过.NET 标准与.NET Framework、Xamarin 和 Mono 兼容。

（5）开放源：.NET Core 是一个开放源平台，使用 MIT 和 Apache 2 许可证。文档由 CC-BY 许可发行。.NET Core 是一个.NET Foundation 项目。

（6）技术支持：.NET Core 由 Microsoft 依据.NET Core 提供支持。

A5.2　.NET Core 组成

.NET Core 包括以下几个组成部分。

（1）.NET 公共语言运行时：提供类型系统、程序集加载、垃圾回收器、本机互操作和其他基本服务。

（2）.NET Framework 类库：提供基元数据类型、应用编写类型和基本实用程序。

（3）SDK 开发工具：.NET Core SDK 为开发人员提供基本的一组 SDK 工具和语言编译器。

（4）“dotnet”应用主机：用于启动.NET Core 应用。选择运行时并托管运行时，提供程序集加载策略来启动应用。

A5.3　.NET Core 与.NET Framework 比较

.NET Framework 是.NET 的主要实现，.NET Core 是.NET 的最新跨平台实现。.NET Core 相当于.NET Framework 子集，两者的主要差异如下。

（1）应用模型：.NET Core 都支持控制台和 ASP.NET Core 应用模型，但.NET Core 不支持所有.NET Framework 应用模型，如基于 Windows 技术（基于 DirectX 生成）的 WPF。

（2）API：.NET Core 实现.NET 标准 API，随着时间的推移，将包含更多.NET Framework BCL API。

（3）子系统：.NET Core 实现.NET Framework 中子系统的子级，目的是实现更简单的实现和编程模型。例如，不支持代码访问安全性（CAS），但支持反射。

（4）平台：.NET Framework 支持 Windows 和 Windows Server，而 NET Core 还支持 MacOS 和 Linux。

（5）开源：.NET Core 属于开源，而.NET Framework 的只读子集属于开源。

A5.4 .NET Core 与 Mono 比较

Mono 是基于 Microsoft 发布的开放.NET 标准的.NET 的跨平台克隆实现。两者的主要区别如下。

（1）应用模型：Mono 通过 Xamarin 产品支持.NET Framework 应用模型（如 Windows Forms）和其他应用模型（如 Xamarin.iOS）的子集，而.NET Core 不支持这些内容。

（2）API：Mono 使用相同程序集名称和组成要素；支持.NET Framework API 的大型子集。

（3）平台：Mono 支持很多平台和 CPU，包括 Android 平台。

（4）开源：Mono 和.NET Core 两者都使用 MIT 许可证，且都属于.NET Foundation 项目。

（5）侧重点：Mono 的主要焦点是移动平台，而.NET Core 的焦点是云工作负荷。

附录 B　C#编译器和预处理器指令

B1　C#编译器概述

C#编译器的可执行文件（csc.exe）通常位于系统文件夹下（如 C:\Windows）的 Microsoft.NET\Framework\<version>文件夹中（如 C:\WINDOWS\Microsoft.NET\Framework v4.0.30319)。如果计算机上安装了.NET Framework 的多个版本，则计算机上将存在此可执行文件的多个版本。

可以通过命令行调用 csc.exe，也可以通过集成开发环境（integrated development environment，IDE）（如 Visual Studio）来调用 csc.exe，编译源代码以生成可执行文件（.exe）、动态链接库文件（.dll）或代码模块（.netmodule）。每个编译器选项均以两种形式提供：-option 和/option。本书按习惯选择/option，读者也可使用-option 格式。

如果从命令行进行编译，则需要设定路径环境变量，以保证可以从任何子目录中调用 csc.exe。可以通过 Windows 菜单命令“开始”|“所有应用”|Visual Studio 2017|Developer Command Prompt for VS 2017，打开“VS 2017 开发者命令提示”命令行窗口。

命令行示例如表 B-1 所示。

表 B-1　命令行示例

命令格式	说明
csc File.cs	编译 File.cs 以产生 File.exe
csc /target:library File.cs	编译 File.cs 以产生 File.dll
csc /out:My.exe File.cs	编译 File.cs 并创建 My.exe
csc /define:DEBUG /optimize /out:File2.exe *.cs	通过使用优化和定义 DEBUG 符号，编译当前目录中所有的 C#文件输出为 File2.exe
csc /target:library /out:File2.dll /warn:0 /nologo /debug *.cs	编译当前目录中所有的 C#文件，以产生 File2.dll 的调试版本。不显示任何徽标和警告
csc /target:library /out:Something.xyz *.cs	将当前目录中所有的 C#文件编译为 Something.xyz（一个 DLL）

B2　C#编译器选项

C#编译器提供了丰富的编译选项，按类别的列表如表 B-2 所示。有关各选项的使用细节，可以参照相应产品文档。

表 B-2　C#编译器的编译选项

类别	选项	用途
优化	/filealign	指定输出文件中节的大小
	/optimize	启用/禁用优化
输出文件	/doc	指定要将处理的文档注释写入到其中的 XML 文件
	/out	指定输出文件
	/pdb	指定.pdb 文件的文件名和位置
	/platform	指定输出平台
	/target	使用下列四个选项之一指定输出文件的格式：/target:exe、/target:library、/target:module 或/target:winexe
.NET Framework 程序集	/addmodule	指定一个或多个模块作为此程序集的一部分
	/delaysign	指示编译器添加公钥，但将此程序集保留为未签名状态
	/keycontainer	指定加密密钥容器的名称
	/keyfile	指定包含加密密钥的文件名
	/lib	指定通过/reference 引用的程序集的位置
	/nostdlib	指示编译器不导入标准库(mscorlib.dll)
	/reference	从包含程序集的文件中导入元数据
调试/错误检查	/bugreport	创建一个文件，该文件包含有助于报告 bug 的信息
	/checked	指定溢出数据类型边界的整数算法是否将在运行时导致异常
	/debug	指示编译器发出调试信息
	/errorreport	设置错误报告行为
	/fullpaths	指定编译器输出中的文件的绝对路径
	/nowarn	取消编译器生成指定警告的功能
	/warn	设置警告等级
	/warnaserror	将警告提升为错误
预处理器	/define	定义预处理器符号
资源	/linkresource	创建到托管资源的链接
	/resource	将一个.NET Framework 资源嵌入到输出文件中
	/win32icon	指定插入到输出文件中的.ico 文件
	/win32res	指定插入到输出文件中的 Win32 资源
杂项	@	指定响应文件
	/?	将编译器选项列出到 stdout
	/baseaddress	指定加载 DLL 的首选基址
	/codepage	指定要用于编译中所有源代码文件的代码页
	/help	将编译器选项列出到 stdout
	/langversion	指定要使用的语言版本
	/main	指定 Main 方法的位置
	/noconfig	指示编译器不使用 csc.rsp 进行编译
	/nologo	不显示编译器版权标志信息
	/recurse	在子目录中搜索要编译的源文件
	/unsafe	允许编译使用 unsafe 关键字的代码
	/utf8output	使用 UTF-8 编码显示编译器输出

B3　C#预处理器指令

C#预处理器指令是源代码中以#开始的命令，它们不会转化为可执行代码中的命令，但会影响编译过程。例如，如果计划发布两个版本的代码，即基本版本和有更多功能的企业版本，就可以使用预处理器指令，以禁止编译器在编译软件的基本版本时编译代码的某一部分。另外，在编写提供调试信息的代码时，也可以使用预处理器指令。

注意：与C和C++指令不同，不能使用这些指令创建宏。预处理器指令必须是行上的唯一指令，预处理器指令也不用分号结束。

1. #define 和#undef

#define 和#undef 用于定义一个符号或取消一个符号的定义。符号可用于指定编译的条件,可以使用#if 或#elif 来测试符号，也可以使用 conditional 属性执行条件编译。如果定义了该符号，则测试结果为 true，否则为 false。用#define 定义符号的范围为该符号所在的文件。

例如：

```
#define DEBUG      //如果符号已经存在，则#define不起作用（不产生错误）
```

例如：

```
#undef DEBUG       //如果符号不存在，则#undef不起作用（不产生错误）
```

2. #if、#elif、#else 和#endif

这些指令告诉编译器是否要编译某个代码块。条件可以为单个符号，或包含多个符号的表达式（使用运算符==（相等）、!=（不相等）、&&（与）及||（或））。如果条件为 true，则编译器编译相应的代码段，否则忽略该代码段。

例如，使用预处理器指令编写提供调试信息的伪代码如下：

```
#define DEBUG
public class MyClass
{
    static void Main()
    {
        #if (DEBUG)
                Console.WriteLine("MyClass Main() started!");
        #endif
            …
        #if (DEBUG)
                Console.WriteLine("MyClass Main() ended!");
        #endif

    }
}
```

又如，使用预处理器指令控制企业版本和调试版本的伪代码如下：

```
#define DEBUG
#define ENTERPRISE
public class MyClass
{
    static void Main()
    {
        #if (DEBUG && ! ENTERPRISE)
                Console.WriteLine("DEBUG is defined");
        #elif (!DEBUG && ENTERPRISE)
                Console.WriteLine("ENTERPRISE is defined");
        #elif (DEBUG && ENTERPRISE)
                Console.WriteLine("Both DEBUG and ENTERPRISE are defined");
        #else
                Console.WriteLine("Neither DEBUG nor ENTERPRISE is defined");
        #endif
    }
}
```

3. #warning 和#error

#warning 和#error 用于从代码的特定位置生成一级警告或错误。如果编译器遇到#warning 指令，会给用户显示#warning 指令后面的文本，之后编译继续进行。如果编译器遇到#error 指令，就会给用户显示后面的文本，作为一个编译错误信息，然后会立即退出编译，不会生成 IL 代码。例如：

```
#define DEBUG
class MainClass
{
    static void Main()
    {
        #if DEBUG
        #warning DEBUG is defined
        #endif
    }
}
```

4. #region 和#endregion

#region 和#endregion 指令用于把一段代码标记为一个命名代码块，主要用于在使用 Visual Studio 代码编辑器的大纲显示功能时指定可展开或折叠的代码块。例如：

```
#region MyClass definition
public class MyClass
{
    static void Main() {  }
```

```
}
#endregion
```

5. #line

#line 指令可以用于改变编译器在警告和错误信息中显示的文件名和行号信息。这个指令用得并不多。如果编写代码时，在把代码发送给编译器前，要使用某些软件包改变输入的代码，就可以使用这个指令，因为这意味着编译器报告的行号或文件名与文件中的行号或编辑的文件名不匹配。#line 指令可以用于恢复这种匹配。也可以使用语法#line default 把行号恢复为默认的行号。例如：

```
class MainClass
{
    static void Main()
    {
        #line 200
                int i;   //编译器输出警告信息："CS0168 on line 200"
        #line default
                char c;  //编译器输出警告信息："CS0168 on line 8"
    }
}
```

6. #pragma

#pragma 指令可以抑制或恢复指定的编译警告。与命令行选项不同，#pragma 指令可以在类或方法上执行，对抑制什么警告和抑制的时间进行更精细的控制。下面的例子禁止字段使用警告，然后在编译 MyClass 类后恢复该警告。

```
#pragma warning disable 169
public class MyClass
{
  int neverUsedField;
}
#pragma warning restore 169
```

附录 C　Visual Studio 快速入门

C1　集成开发环境（IDE）界面

Visual Studio 产品系列共用一个集成开发环境（IDE）。集成开发环境包括菜单工具栏、标准工具栏，以及停靠或自动隐藏在左侧、右侧、底部和编辑器空间中的各种工具窗口。注意，可用的工具窗口、菜单和工具栏取决于所处理的项目或文件类型。根据应用的设置（第一次启动 Visual Studio 时，会提示用户选择合适的开发设置，本教程选择“常规”设置，该设置与早期的应用程序开发设置类似，以提供熟悉的工作方式环境。通过菜单命令“工具”|“导入和导出设置”，可以导出选定的环境设置（或导入选定的环境设置，或重置所有设置）、打开的文档类型或执行的自定义，IDE 中的工具窗口及其他元素的布置会有所不同。图 C-1 所示为编辑 Windows 窗体时的集成开发环境布局。

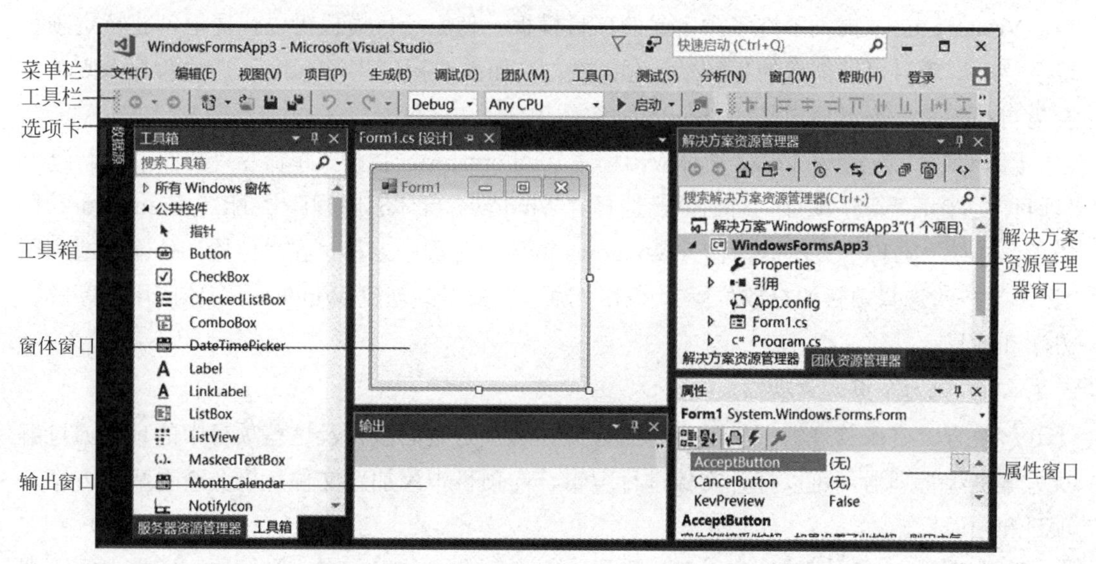

图 C-1　Visual Studio 编辑 Windows 窗体时的集成开发环境

C2　创建解决方案和项目

1. 解决方案和项目

在 Visual Studio 中，项目是独立的编程单位。在项目中，通过逻辑方式管理、生成和调试构成应用程序的项（包括创建应用程序所需的引用、数据连接、文件夹和文件）。不同的项目包含的项各不相同，如一个简单的项目可能由一个窗体或HTML文档、源代码文件和一个项目文件组成；而复杂的项目可能由这些项以及数据库脚本、存储过程和对现有XML Web Services的引用组成。项目的输出通常是可执行程序（.exe）、动态链接库（.dll）文件或模块等。

Visual Studio解决方案可以包含一个或多个项目。解决方案管理Visual Studio配置、生成和部署相关项目集的方式。复杂的应用程序可能需要多个解决方案。

Visual Studio将解决方案的定义存储在.sln和.suo两个文件中。解决方案定义文件(.sln)存储定义解决方案的元数据，包括解决方案相关项目；与解决方案相关联的项；以及解决方案生成配置。.suo文件包括用户自定义IDE的元数据。

每个项目包含一个项目文件，用于存储该项目的元数据，包括项目及其包含项的集合指定配置和生成设置。例如，向项目添加项时，其物理源文件在磁盘上的位置也添加到项目文件中；当从项目中移除该链接时，此信息从定义文件中删除。集成开发环境自动创建并维护项目文件。该项目文件的扩展名和实际内容由它所定义的项目类型确定。例如，C# Windows应用程序的项目文件扩展名为csproj；而Visual Basic Windows应用程序的项目文件扩展名为vbproj。

2. 创建解决方案和项目

Visual Studio提供了许多预定义的项目模板。使用项目模板可以快捷地创建特定项目以及该类型项目可能需要的各种默认项。例如，如果选择创建Windows应用程序，则项目会为自动创建一个可自定义的Windows窗体项。

【例C.1】 创建Windows窗体应用程序WinFormTest。执行菜单命令“文件”|“新建”|“项目”，打开“新建项目”对话框，选择“Windows 窗体应用程序（.NET Framework）”模板，并在“名称”文本框中输入Windows窗体应用程序名称，在“位置”处输入或利用“浏览”按钮选择项目的存放位置，单击“确定”按钮，创建Windows窗体应用程序解决方案和项目。

3. 解决方案资源管理器

解决方案资源管理器用于显示解决方案、解决方案的项目及这些项目中的项。通过解决方案资源管理器，可以打开文件进行编辑、向项目中添加新文件，以及查看解决方案、项目和项属性。

【例C.2】 在项目WinFormTest中添加一个新的窗体Form2。在解决方案资源管理器中，右击项目名称WinFormTest，执行快捷菜单命令“添加”|“Windows窗体”，在“名称”文本框中输入项目名称Form2，单击“添加”按钮，添加一个新的窗体Form2。

【例C.3】 配置项目。在解决方案资源管理器中，右击项目名称WinFormTest，执行快捷菜单命令“属性”，打开WinFormTest的项目配置页面，进行各种设置。单击工具栏的“保存”按钮，保存所做的设置。

C3 设计器/编辑器

应用程序开发的大部分工作为设计和编码。Visual Studio 针对不同的文件或文档类型，提供了不同的设计器/编辑器。例如，文本编辑器是 IDE 中的基本字处理器；代码编辑器是基本源代码编辑器。

编辑器和设计器通常包括设计视图和源视图。某些编辑器还提供了一个混合视图（拆分视图），通过该视图可以同时查看文件的设计和代码。

设计视图允许在用户界面或网页上指定控件和其他项的位置。可以从“工具箱”中轻松拖曳控件，并将其置于设计界面上。

源视图用于显示文件或文档的源代码。源视图支持编码帮助功能，如 IntelliSense、可折叠代码节、重构和代码段插入等。它还有一些其他功能，如自动换行、书签和显示行号等。

【例 C.4】 设计项目 WinFormTest 的 Form1 界面，增加一个按钮，并编辑其 Click 事件代码。

步骤如下。

（1）设计窗体界面。双击解决方案资源管理器中的 Form1.cs，打开“Form1.cs[设计]”窗体设计器，并从工具箱中拖曳 Button 按钮控件到窗体 Form1 中，如图 C-2 所示。可以根据需要调整窗体以及按钮的大小，并通过“属性”面板设置属性。

（2）编辑事件代码。双击窗体中的 button1 按钮，Visual Studio 自动创建 button1 的 Click 事件响应代码并打开“Form1.cs”代码编辑器。在 button1_Click 事件程序体中，依次输入 M、e、s，代码编辑器的 IntelliSense 会自动提示可用的代码，选择 MessageBox（通过鼠标或方向键定位，然后按 Enter 键或双击鼠标），如图 C-3 所示。最后编辑并完善代码，内容如下：

```
private void button1_Click(object sender, EventArgs e)
{
   MessageBox.Show("Hello,World!");
}
```

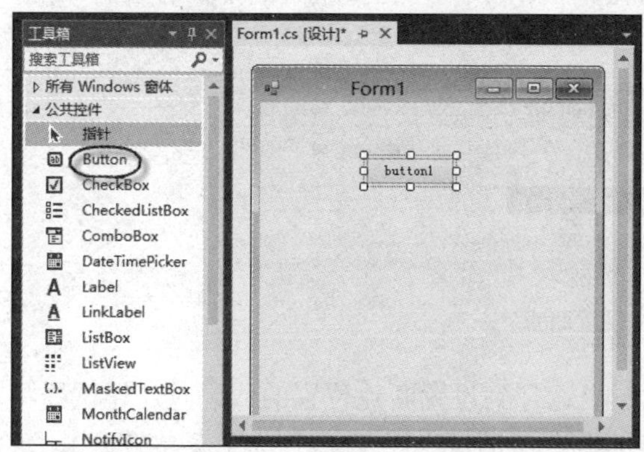

图 C-2 添加按钮控件到 Form1 中

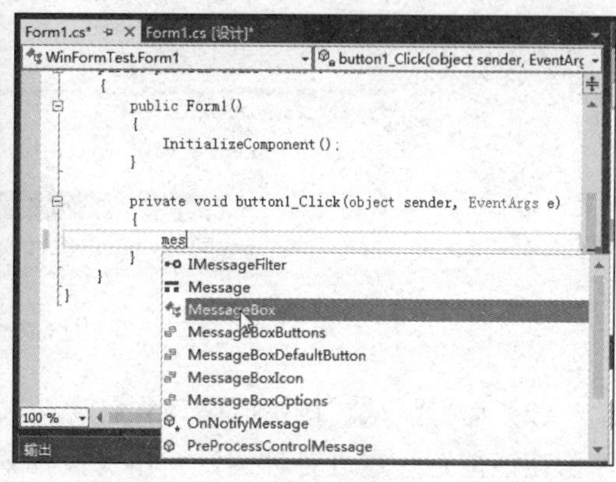

图 C-3 代码编辑器的 IntelliSense

C4　生成和调试工具

Visual Studio 提供了集成的生成和调试工具。通过设置解决方案和项目的生成配置属性，可选择将生成的组件，排除不想生成的组件，确定如何生成选定的项目，以及在什么平台上生成这些项目。生成应用程序的过程可以自动检测编译错误，如语法错误、关键字拼写错误和输入不匹配。“错误列表”窗口将显示这些错误类型，如图 C-4 所示。

【例 C.5】 编译并运行项目 WinFormTest 的 Form1。

步骤如下。

（1）编译项目。执行菜单命令“生成”|“生成 WinFormTest”。

（2）运行调试。执行菜单命令“调试”|“启动调试”。也可以按 F5 键或调试工具栏中的启动调试按钮▶。运行结果如图 C-5 所示。

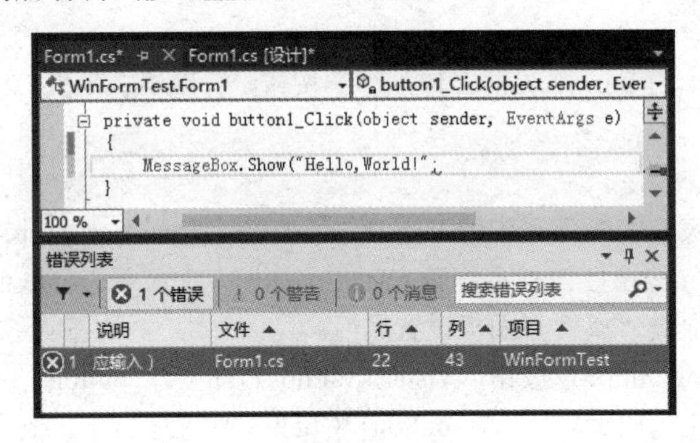

图 C-4 “错误列表”窗口

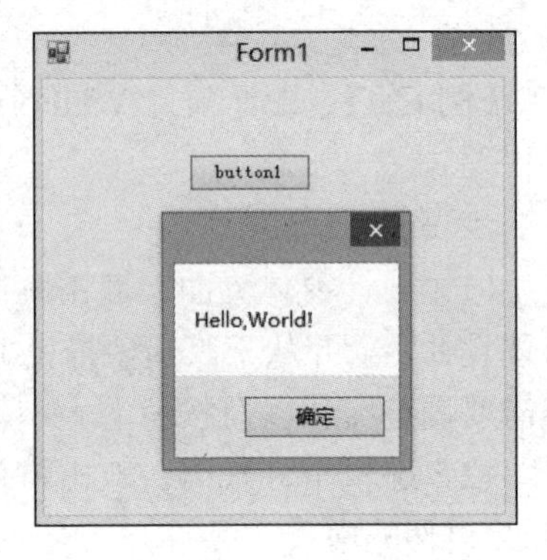

图 C-5 运行结果

通过设置断点，使用调试器可以检测和更正在运行时检测到的问题，如逻辑错误和语义错误。处于中断模式时，可以使用“调试”|“窗口”菜单下的“局部变量”和“内存”等来检查局部变量和其他相关数据。

【例 C.6】 设置断点并进行调试。

步骤如下。

（1）设置断点。在代码编辑窗口的左侧断点区域单击，以在要设置断点的行设置断点，如图 C-6 所示。

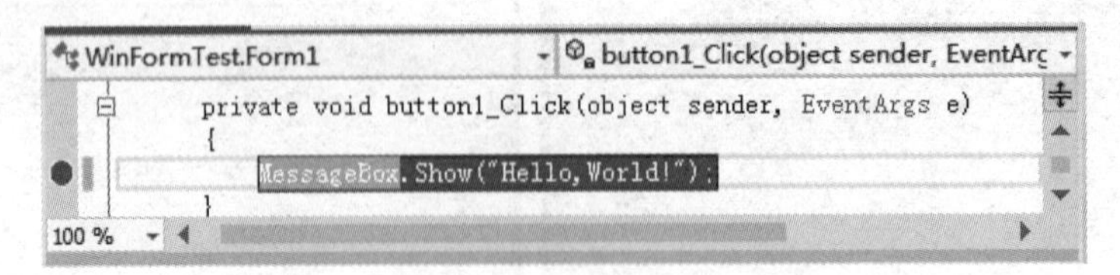

图 C-6 设置断点

（2）运行调试。按快捷键 F5 启动调试，当运行到设置断点位置的代码时，调试器将停留在该位置。通过各种调试窗口（执行菜单命令“调试”|“窗口”的子菜单打开），可以观察程序的运行状况，如变量的值等。通过调试工具栏（或“调试”菜单中的命令；或

按 F8 键等）可以单步运行调试程序，如图 C-7 所示。

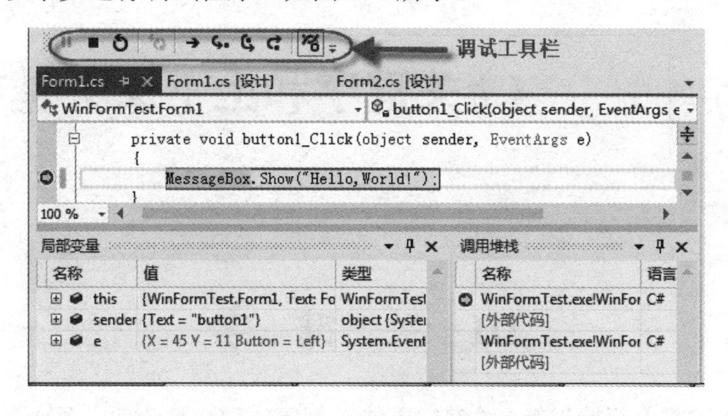

图 C-7　运行调试

C5　安装和部署工具

Visual Studio 提供了多种不同的部署策略：XCopy、ClickOnce 和 Windows Installer。通过 XCopy 部署，可以直接复制包含应用程序的文件夹到目标机器，用户直接运行部署应用程序。通过 ClickOnce 部署，可以将应用程序发布到中心位置，然后用户再从该位置安装或运行应用程序。通过 Windows Installer 部署，可以将应用程序打包到 setup.exe 文件中，并将该文件分发给用户；用户再运行 setup.exe 文件安装应用程序。详细内容请参见 MSDN 帮助。

C6　帮 助 系 统

使用 Visual Studio 开发.NET Framework 应用程序，涉及大量的主题信息，包括开发语言本身（如 C#语言）、.NET Framework 以及 Visual Studio 本身的使用。Visual Studio 提供完备的帮助系统，包括基本概念、类库参考、示例代码等，读者应该充分利用。

在 IDE 中按 F1 键可以访问“帮助”，也可以通过目录、索引和全文搜索来访问“帮助”。可以使用本地安装的“帮助”，也可以使用 MSDN Online 和其他联机资源来获得“帮助”。

附录 D　C#关键字和上下文关键字

D1 关　键　字

关键字即预定义保留标识符。关键字不能在程序中用作标识符，否则会产生编译错误。但是，C#中，关键字加@前缀，可以用作标识符。例如，if 是关键字，故不是合法的标识符，但@if 是一个合法的标识符。

C# 5.0 关键字如表 D-1 所示。

表 D-1　C# 5.0 关键字

关键字	用途	参考索引
abstract	修饰符。①修饰类声明，定义抽象类；②修饰方法、属性、索引器及事件，定义抽象成员	8.3 节
as	运算符。类似于强制转换操作；但是，如果转换不可行，as 会返回 null 而不是引发异常	3.2.2 节
base	基类访问符。用于从派生类中访问基类的成员	6.1.3 节；8.2.2 节
bool	System.Boolean 的别名。用于声明布尔值变量（true 或 false）	2.8 节
break	中断语句。①终止最近的封闭循环；②终止所在的 switch 语句	4.4.2 节
byte	System.Byte 的别名。用于声明 8 位无符号整数（0～255）	2.5 节
case	控制语句。通过将控制传递给其体内的一个 case 语句来处理多个选择和枚举	4.2.2 节
catch	try-catch-finally 语句，用于异常处理。catch 用于处理语句块中出现的异常	4.5 节
char	System.Char 的别名。用于声明 16 位 Unicode 字符（\u0000～\uffff）	2.9 节
checked	用于对整型算术运算和转换显式启用溢出检查	2.14.4 节
class	用于声明类	6.2 节
const	修饰符。①修饰字段，定义常量；②修饰局部变量，定义常量	2.3 节
continue	继续语句。将控制权传递给它所在的封闭迭代语句的下一次迭代	4.4.3 节
decimal	System.Decimal。用于声明 128 位数据类型（$\pm1.0\times10^{-28}$～$\pm7.9\times10^{28}$），适用于高精度的财务和货币计算	2.7 节
default	①用于 switch 语句，指定默认标签；②用于泛型代码，指定类型参数的默认值	4.2.2 节；11.8 节
delegate	声明委托类型	9.1.1 节
do	循环语句	4.3.3 节
double	System.Double 的别名。用于声明 64 位浮点类型（$\pm5.0\times10^{-324}$～$\pm1.7\times10^{308}$）	2.6 节
else	if-else 语句。条件选择语句	4.2.1 节
enum	用于声明枚举类型	10.2 节
event	用于在发行者类中声明事件	9.2 节

续表

关键字	用途	参考索引
explicit	用于声明必须使用强制转换来调用的用户定义的类型转换运算符	2.14.2 节
extern	用于声明在外部实现的方法	7.3.6 节
false	①布尔文本，表示布尔值 false；②运算符，返回布尔值 true 以指示假，否则返回 false	2.8 节
finally	try-catch-finally 语句，用于异常处理。finally 用于保证代码语句块的执行	4.5 节
fixed	fixed 语句用于不安全的上下文中。①禁止垃圾回收器重定位可移动的变量；②创建固定大小的缓冲区	5.2.2 节
float	System.Single 的别名。用于声明 32 位浮点类型（$\pm1.5\times10^{-45}$～$\pm3.4\times10^{38}$）	2.6 节
for	循环语句	4.3.1 节
foreach	循环语句	4.3.4 节
goto	跳转语句，goto 语句将程序控制直接传递给标记语句	4.4.1 节
if	if-else 语句。条件选择语句	4.2.1 节
implicit	implicit 关键字用于声明隐式的用户定义类型转换运算符	2.14.1 节
in	foreach-in 循环语句	4.3.4 节
in(泛型)	泛型委托的逆变	11.9.2 节
int	System.Int32 的别名。用于声明 32 位有符号整数（–2 147 483 648～2 147 483 647）	2.5 节
interface	用于声明接口类型	8.5 节
internal	内部类型修饰符，用于修饰类型和类型成员。只有在同一程序集的文件中，内部类型或成员才是可访问的	6.2.2 节
is	用于检查对象是否与给定类型兼容	3.2.2 节
lock	lock 关键字将语句块标记为临界区。用于排他代码：获取给定对象的互斥锁，执行语句，然后释放该锁	14.6.2 节
long	System.Int64 的别名。用于声明 64 位有符号整数（–9 223 372 036 854 775 808 ～9 223 372 036 854 775 807）	2.5 节
namespace	用于声明命名空间，以层次化形式组织代码，创建全局唯一类型	1.8 节
new	①运算符，用于创建对象和调用构造函数；②修饰符，用于向基类成员隐藏继承成员；③约束，用于在泛型声明中约束可能用作类型参数的参数类型	6.3.1 节 第 8 章 11.2.3 节
null	null 关键字是表示不引用任何对象的空引用的文字值	2.10 节
object	Object 的别名。在 C#的统一类型系统中，所有类型（预定义类型、用户定义类型、引用类型和值类型）都是直接或间接从 Object 继承的	2.12 节
operator	①重载内置运算符；②提供类或结构声明中的用户定义转换	7.6 节
out	用于修饰输出参数，输出参数通过引用来传递	7.3.2 节
out(泛型)	泛型委托的协变	11.9.2 节
override	修饰符。要扩展或修改继承的方法、属性、索引器或事件的抽象实现或虚实现，必须使用 override 修饰符	8.2.7 节
params	params 关键字用于声明参数数目可变的方法参数	7.3.2 节
private	私有成员访问修饰符。私有成员只有在声明它们的类和结构体中才是可访问的	7.1.4 节
protected	受保护成员访问修饰符。受保护成员在它的类中可访问并且可由派生类访问	7.1.4 节
public	公共访问修饰符。公共访问是允许的最高访问级别。对访问公共成员没有限制	7.1.4 节

续表

关键字	用途	参考索引
readonly	只读修饰符。用于修饰字段	7.2.4 节
ref	用于修饰引用参数，引用参数通过引用来传递。ref 要求变量必须在传递之前进行初始化	7.3.2 节
return	return 语句终止它出现在其中的方法的执行并将控制返回给调用方法。它还可以返回一个可选值。如果方法为 void 类型，则可以省略 return 语句	4.4.4 节
sbyte	System.SByte 的别名。用于声明 8 位有符号整数（–128～127）	2.4.1 节
sealed	sealed 修饰符可以应用于类、实例方法和属性。密封类不能被继承。密封方法会重写基类中的方法，但其本身不能在任何派生类中进一步重写	8.4 节
short	System.Int16 的别名。用于声明 16 位有符号整数（–32 768～32 767）	2.4.1 节
sizeof	用于获取值类型的字节大小	3.2.9 节
stackalloc	在不安全的代码上下文中使用，可以在堆栈上分配内存块	5.2.2 节
static	使用 static 修饰符声明静态成员，静态成员属于类型本身	7.2.2 节
string	String 的别名。表示零或更多 Unicode 字符组成的序列	2.11 节
struct	声明结构类型	10.1 节
switch	条件控制语句	4.2.2 节
this	this 关键字引用类的当前实例	7.1.4 节
throw	throw 语句用于发出在程序执行期间出现反常情况（异常）的信号	4.5 节
true	①布尔文本，表示布尔值 true；②运算符，返回布尔值 true 以指示假，否则返回 false	2.8 节
try	try-catch-finally 语句，用于异常处理。try 块包含可能导致异常的保护代码	4.5 节
typeof	用于获取类型的 System.Type 对象	3.2.9 节
uint	System.UInt32 的别名。用于声明 32 位无符号整数（0～4 294 967 295）	2.4.1 节
ulong	System.UInt64 的别名。用于声明 64 位无符号整数（0～18 446 744 073 709 551 615）	2.4.1 节
unchecked	unchecked 关键字用于取消整型算术运算和转换的溢出检查	2.14.4 节
unsafe	unsafe 关键字表示不安全上下文	5.2 节
ushort	System.UInt16 的别名。用于声明 16 位无符号整数（0～65 535）	2.4.1 节
using	①指令，为命名空间创建别名或导入其他命名空间中定义的类型；②作为语句，定义一个范围，在此范围的末尾将释放对象	1.8.2 节
using static	导入命名空间中的类型的静态成员	1.8.2 节
virtual	virtual 关键字用于修饰方法、属性、索引器或事件声明，并且允许在派生类中重写这些对象	8.2.6 节
void	用作方法的返回类型时，void 关键字指定方法不返回值	1.10 节
volatile	volatile 关键字表示字段可能被多个并发执行线程修改	14.2.2 节
while	循环语句	4.3.2 节

D2　上下文关键字

上下文关键字用于提供代码中的特定含义，但它不是 C#中的保留字。某些上下文关键字（如 partial 和 where）在两个或更多个上下文中具有特殊含义。

C#主要的上下文关键字如表 D-2 所示。

表 D-2　C#主要的上下文关键字

关键字	用途	参考索引
add	用于定义一个自定义事件访问器	9.2.3 节
alias	外部别名	1.8.3 节
ascending	在 LINQ 中，用在查询表达式的 orderby 子句中，指定升序	13.3.1 节
async	用于声明异步方法	14.10.2 节
await	用于一个异步方法中的任务以挂起该方法的执行，直到等待任务完成	14.10.2 节
descending	在 LINQ 中，用在查询表达式的 orderby 子句中，指定降序	13.3.1 节
dynamic	用于声明动态类型	14.11 节
from	在 LINQ 中，from 子句用于查询表达式的数据源选择	13.2.4 节
get	在属性或索引器中定义"访问器"方法，以检索该属性或该索引器元素的值	7.4.1 节
global	用于指定在全局命名空间	1.8.4 节
group	在 LINQ 中，group 子句用于数据分组	13.3.4 节
into	在 LINQ 中，into 上下文关键字用于创建一个临时标识	13.3.4 节
join	在 LINQ 中，join 子句用于数据联接	13.3.5 节
let	在 LINQ 中，let 子句存储子表达式的结果	13.4.2 节
nameof	用于返回标识符（类型、成员、变量等）的名称	3.2.9 节
orderby	在 LINQ 中，orderby 子句用于查询表达式的数据排序	13.2.4 节
partial	①用于修饰类，指定分部类；②用于修饰方法，指定分部方法	6.4.1 节； 7.3.7 节
remove	用于定义一个自定义事件访问器	9.1.4 节
select	在 LINQ 中，select 子句用于查询表达式的数据选择	13.2.4 节
set	定义属性或索引器中的"访问器"方法	7.4.1 节
value	隐式参数 value 用于设置访问器以及添加或移除事件处理程序	7.4.1 节
var	用于声明隐式类型	13.1.2 节
when	过滤条件	4.2.3 节
where	①泛型类型参数的约束；②在 LINQ 中，where 子句用于查询表达式的数据筛选	11.2.4 节 13.3.2 节
yield	用于迭代器	7.3.10 节 7.3.11 节

附录 E　格式化字符串

编写基本的 C#程序时，常常使用 System.Console 类的几个静态方法来读写数据。输出数据时，则需要根据数据类型通过格式化字符串进行格式化。

E1　复合格式设置

复合格式设置功能使用复合格式字符串和对象列表作为输入。复合格式字符串由固定文本和格式项混合组成，其中格式项又称为索引占位符，对应于列表中的对象。

复合格式产生的结果字符串由原始固定文本和列表中对象的字符串的格式化表示形式混合组成。支持复合格式设置的方法包括：

- Console.WriteLine(String, Object[])方法：将设置了格式的结果字符串显示到控制台。
- TextWriter.WriteLine(String, Object[])方法：将设置了格式的结果字符串写入流或文件。
- ToString(String)方法：把对象转换为设置了格式的结果字符串。
- String.Format(String, Object[])方法：可产生设置了格式的结果字符串。
- StringBuilder 的 AppendFormat(String, Object[])方法：将设置了格式的结果字符串追加到 StringBuilder 对象。

例如：

```
Console.WriteLine("(C) Currency: {0:C}\n(E) Scientific:{1:E}\n", -123, -123.45f);
```

输出结果为：

```
(C) Currency: ¥-123.00
(E) Scientific:-1.234500E+002
```

在上例中，{0:C}/{1:E}为格式项（索引占位符）。其中，0、1 为基于 0 的索引，表示列表中参数的序号；索引号后的冒号后为格式化字符串。在例子中，C 表示格式化为货币（currency）；E 表示格式化为科学计数法（scientific notation）。

E2　复合格式字符串

复合格式字符串由零个或多个固定文本段与一个或多个格式项混合组成。

格式项的语法形式如下：

```
{索引[,对齐][:格式字符串]}
```

其中：

- 索引：也称为参数说明符，是一个从 0 开始的数字，可标识对象列表中对应的项。即，参数说明符 0 对应第 1 个对象；参数说明符 1 对应第 2 个对象，以此类推。
- 对齐：可选组件，是一个带符号的整数，指示格式的字段宽度。如果“对齐”为正数，则右对齐；如果“对齐”为负数，则左对齐。如果需要填充，则使用空白。注意，如果“对齐”值小于设置了格式的字符串的长度，“对齐”会被忽略。
- 格式字符串：可选组件，是适合正在设置格式的对象类型格式字符串。如果相应对象是数值，则指定数字格式字符串；如果相应对象是 DateTime 对象，则指定日期和时间格式字符串；如果相应对象是枚举值，则指定枚举格式字符串。如果没有指定“格式字符串”，则对数字、日期和时间或者枚举类型使用常规（G）格式说明符。

E3　数字格式字符串

1. 标准数字格式字符串

标准数字格式字符串由标准数字格式说明符集合中的一个数字格式说明符组成。每个标准格式说明符表示一种特定、常用的数值数据字符串表示形式。

标准数字格式字符串用于格式化通用数值类型。标准数字格式字符串采用 Axx 的形式，其中，A 是称为格式说明符的字母型字符；xx 是称为精度说明符的可选整数。精度说明符的范围为 0～99，并且影响结果中的位数。

任何包含一个以上字母字符（包括空白）的数字格式字符串都被解释为自定义数字格式字符串。标准数字格式说明符如表 E-1 所示。

表 E-1　标准数字格式说明符

字符串	说明

C 或 c	货币格式。把数字转换为表示货币金额的字符串。例如：
	`Console.WriteLine("{0:C}", 12345.6789);    //显示：￥12,346`
	`Console.WriteLine("{0:C3}", 12345.6789);   //显示：￥12,345.679`

D 或 d	十进制格式。把整数转换为十进制数字（0～9）的字符串。如果数字为负，则前面加负号。如果给定一个精度说明符，就加上前导 0。注意，只有整数支持此格式。例如：
	`Console.WriteLine("{0:D}", 12345);         //显示：12345`
	`Console.WriteLine("{0:D8}", 12345);        //显示：00012345`
	`Console.WriteLine("{0:D}", -12345);        //显示：-12345`
	`Console.WriteLine("{0:D8}", -12345);       //显示：-00012345`

E 或 e	科学计数法（指数）格式。把数字转换为“-d.ddd…E+ddd”或“-d.ddd…e+ddd”形式的字符串，其中每个 d 表示一个数字（0～9）。如果该数字为负，则该字符串以减号开头。精度说明符设置小数位数（默认为 6）。格式字符串的大小写（"e"或"E"）确定指数符号的大小写。例如：
	`Console.WriteLine("{0:E}", 12345.6789);    //显示：1.234568E+004`
	`Console.WriteLine("{0:E10}", 12345.6789); //显示： 1.2345678900E+004`
	`Console.WriteLine("{0:e4}", -12345.6789); //显示：-1.2346e+004`

续表

字符串	说明

F 或 f	固定点格式。把数字转换为“-ddd.ddd…”形式的字符串，其中每个 d 表示一个数字（0~9）。如果该数字为负，则该字符串以减号开头。精度说明符设置所需的小数位数。例如：
	`Console.WriteLine("{0:F}", 17843);            //显示：17843.00`
	`Console.WriteLine("{0:F3}", -17843);          //显示：-17843.000`
	`Console.WriteLine("{0:F0}", -17843.19);       //显示：-17843`

G 或 g	常规格式。根据数字类型以及是否存在精度说明符，数字会转换为定点或科学记数法的最紧凑形式。例如：
	`Console.WriteLine("{0}", 12345.6789);        //显示：12345.6789`
	`Console.WriteLine("{0:G}", 12345.6789);      //显示：12345.6789`
	`Console.WriteLine("{0:G2}", 12345.6789);     //显示：1.2E+04`

N 或 n	数字格式。把数字转换为“-d,ddd,ddd.ddd…”形式的字符串，用逗号表示千分符。例如：
	`Console.WriteLine("{0:N}", 12345.6789) ;     //显示：12,345.68`
	`Console.WriteLine("{0:N1}", 12345.6789);     //显示：12,345.7`
	`Console.WriteLine("{0:N1}", -123456789);     //显示：-123,456,789.0`

P 或 p	百分数格式。把数字转换为一个表示百分比的字符串。例如：
	`Console.WriteLine("{0:P}", .2468013);         //显示：24.68%`
	`Console.WriteLine("{0:P1}", .2468013);        //显示：24.7%`
	`Console.WriteLine("{0:P1}", -.2468013);       //显示：-24.7%`

R 或 r	往返过程格式。往返过程说明符保证转换为字符串的数值再次被分析为相同的数值。注意，只有 Single 和 Double 类型支持此格式。例如：
	`Console.WriteLine("{0:R}", Math.PI);    //显示：3.1415926535897931`
	`Console.WriteLine("{0:r}", 1.623e-21); //显示：1.623E-21`

X 或 x	十六进制格式。数字转换为十六进制数字的字符串，使用 X 产生 ABCDEF，使用 x 产生 abcdef。精度说明符用于加上前导 0。注意，只有整数支持此格式。例如：
	`Console.WriteLine("{0:x}", 123456789); //显示：75bcd15`
	`Console.WriteLine("{0:X}", 123456789); //显示：75BCD15`
	`Console.WriteLine("{0:X8}", 123456789);//显示：075BCD15`

2. 自定义格式化字符串

自定义数字格式字符串由一个或多个自定义数字格式说明符组成，用于定义格式化数值数据的方式。自定义数字格式说明符如表 E-2 所示。

表 E-2　自定义数字格式说明符

字符串	说明

0	零占位符。设置格式化字符串中数字的数字占位符。如果该位置有一个数字，则将此数字复制到结果字符串中；否则，在结果字符串中显示 0。例如：
	`Console.WriteLine("{0:00000}", 123.45);      //显示：00123`
	`Console.WriteLine("{0:00000.000}", 123.45);//显示：00123.450`
	`Console.WriteLine("{0:0.0}", 123.45);        //显示：123.5`

#	数字占位符。设置格式化字符串中数字的数字占位符。如果该位置有一个数字，则将此数字复制到结果字符串中；否则，在结果字符串中什么也不显示。例如：
	`Console.WriteLine("{0:#####}", 123.45);           //显示：123`
	`Console.WriteLine("{0:#####.###}", 123.45);       //显示：123.45`
	`Console.WriteLine("{0:#.#}", 123.45);             //显示：123.5`
	`Console.WriteLine("{0:###-########}",02162238888);//显示：21-62238888`

续表

字符串	说明

.	小数点。格式字符串中的第一个“.”字符标识小数点分隔符的位置；后续的其他“.”字符被忽略。例如：
	`Console.WriteLine("{0:00000.000}", 123.45);     //显示：00123.450`
	`Console.WriteLine("{0:#####.##.#}", 123.45);    //显示：123.45`

,	千位分隔符和数字比例换算。千位分隔符说明符：如果在两个设置数字的整数位格式的数字占位符（0 或 #）之间指定一个或多个“,”，则在输出的整数部分中的每个数字组之间插入一个组分隔符。数字比例换算说明符：如果在紧邻显式或隐式小数点的左侧指定一个或多个“,”字符，则每出现一个数字比例换算说明符便将要格式化的数字除以 1000。例如：
	`Console.WriteLine("{0:#,#}", 1234567890);         //显示：1,234,567,890`
	`Console.WriteLine("{0:#,,}", 1234567890);         //显示：1235`
	`Console.WriteLine("{0:#,,,}", 1234567890);        //显示：1`
	`Console.WriteLine("{0:#,##0,,}", 1234567890);   //显示：1,235`

%	百分比占位符。在格式字符串中出现“%”字符将导致数字在格式化之前乘以 100。例如： `Console.WriteLine("{0:# 0.##%}", 0.086);         //显示：8.6%`

E0
E+0
E-0
e0
e+0
e-0
	科学记数法。如果 E、E+、E–、e、e+或 e–中的任何一个字符串出现在格式字符串中，而且后面紧跟至少一个“0”字符，则数字用科学记数法来格式化，在数字和指数之间插入 E 或 e。跟在科学记数法指示符后面的 0 字符数确定指数输出的最小位数。E+和 e+格式指示符号字符（正号或负号）应总是置于指数前面。E、E–、e 或 e–格式指示符号字符仅置于负指数前面。例如：
	`Console.WriteLine("{0:0.###E+0}", 1234567890); //显示：1.235E+9`
	`Console.WriteLine("{0:0.###E+000}", 1234567890); //显示：1.235E+009`
	`Console.WriteLine("{0:0.###e0}", 1234567890);  //显示：1.235e9`

\	转义符。斜杠字符使格式字符串中的下一个字符被解释为转义序列。例如：“\n”（换行）
'ABC' "ABC"	字符串。引在单引号或双引号中的字符被复制到结果字符串中，而且不影响格式化。例如： `Console.WriteLine("{0:'结果为：'0.###E+0}", 1234567890);  //显示：1.235E+9`

;	部分分隔符。用于分隔格式字符串中的正数、负数和零各部分。如果自定义格式字符串分为两个部分，则最左边的部分定义正数和零的格式，而最右边的部分定义负数的格式。如果自定义格式字符串分为三个部分，则最左边的部分定义正数的格式，中间部分定义零的格式，而最右边的部分定义负数的格式。例如：
	`Console.WriteLine("{0:##0.00; (##0.00)}", 123.456);//显示：123.46`
	`Console.WriteLine("{0:##0.00;(##0.00)}", -123.456);//显示：(123.46)`

其他	所有其他字符。所有其他字符被复制到结果字符串中，而且不影响格式化

E4　标准日期和时间格式字符串

1. 标准日期和时间格式字符串

标准日期和时间格式字符串使用单个标准格式说明符（预定义）控制日期和时间值的文本表示形式。

标准格式字符串实际上是自定义格式字符串的别名。使用别名引用自定义格式字符串可以保证日期和时间值的字符串表示形式随区域性自动调整。例如，对于 d 标准格式字符串，如果区域为 fr-FR，此模式为 dd/MM/yyyy；而如果区域为 ja-JP，则此模式为 yyyy/MM/dd。

任何包含一个以上字符（包括空白）的日期和时间格式字符串都被解释为自定义日期

和时间格式字符串进行解释。标准日期和时间格式说明符如表E-3所示。其中，假设：

```
using System.Globalization;
DateTime date1 = new DateTime(2018, 4, 10);
DateTime date2  = new DateTime(2018, 4, 10, 6, 30, 0);
DateTimeOffset dateOffset=new DateTimeOffset(date2,TimeZoneInfo.Local.GetUtcOffset(date2));
```

表E-3　标准日期和时间格式说明符

字符串	说明

d	短日期模式。表示由当前的ShortDatePattern属性定义的自定义日期和时间格式字符串。例如：
	`Console.WriteLine("{0:d}", date1);                //显示：2018/4/10`
	`Console.WriteLine(date1.ToString("d",CultureInfo.reateSpecificCultureC("en-US")));            //显示：4/10/2018`

D	长日期模式。表示由当前的LongDatePattern属性定义的自定义日期和时间格式字符串。例如：
	`Console.WriteLine("{0:D}", date1 );//显示：2018年4月10日`
	`Console.WriteLine(date1 .ToString("D",CultureInfo.CreateSpecificCulture("en-US")));`
	`//显示：Tuesday, April 10, 2018`

f	完整日期/时间模式（短时间）。表示长日期（D）和短时间（t）模式的组合，由空格分隔。例如：
	`Console.WriteLine("{0:f}", date2 );//显示：2018年4月10日 6:30`
	`Console.WriteLine(date2 .ToString("f",CultureInfo.CreateSpecificCulture("en-US")));`
	`//显示：Tuesday, April 10, 2018 6:30 AM`

F	完整日期/时间模式（长时间）。表示由当前的FullDateTimePattern属性定义的自定义日期和时间格式字符串。例如：
	`Console.WriteLine("{0:F}", date2 );//显示：2014年4月10日 6:30:00`
	`Console.WriteLine(date2 .ToString("F",CultureInfo.CreateSpecificCulture("en-US")));`
	`//显示：Tuesday, April 10, 2018 6:30:00 AM`

g	常规日期/时间模式（短时间）。表示短日期（d）和短时间（t）模式的组合，由空格分隔。例如：
	`Console.WriteLine("{0:g}", date2 );//显示：2018/4/10 6:30`
	`Console.WriteLine(date2 .ToString("g",CultureInfo.CreateSpecificCulture("en-US")));//显示：4/10/2018 6:30 AM`

G	常规日期/时间模式（长时间）。表示短日期（d）和长时间（T）模式的组合，由空格分隔。例如：
	`Console.WriteLine("{0:G}", date2 );//显示：2018/4/10 6:30:00`
	`Console.WriteLine(date2 .ToString("G",CultureInfo.CreateSpecificCulture("en-US")));//显示：4/10/2018 6:30:00 AM`

M, m	月日模式。表示由当前MonthDayPattern属性定义的自定义日期和时间格式字符串。例如：
	`Console.WriteLine("{0:m}", date2 );//显示：4月10日`
	`Console.WriteLine(date2 .ToString("m",CultureInfo.CreateSpecificCulture("en-US")));//显示：April 10`

续表

字符串	说明

O, o	往返日期/时间模式。表示使用保留时区信息模式的自定义日期和时间格式字符串，可以保证转换为字符串的日期/时间再次被分析为相同的日期/时间。例如：
	`Console.WriteLine(date2 .ToString("o"));//显示：2018-04-10T06:30:00.0000000`
	`Console.WriteLine(dateOffset.ToString("o"));`
	`//显示：2018-04-10T06:30:00.0000000+08:00`

R 或 r	RFC1123 模式。表示由 DateTimeFormatInfo.RFC1123Pattern 属性定义的自定义日期和时间格式字符串，固定为“ddd, dd MMM yyyy HH':'mm':'ss 'GMT'”。例如：
	`Console.WriteLine(date2 .ToUniversalTime().ToString("r"));`
	`//显示：Mon, 09 Apr 2018 22:30:00 GMT`
	`Console.WriteLine(dateOffset.ToUniversalTime().ToString("r"));`
	`//显示：Mon, 09 Apr 2018 22:30:00 GMT`

s	可排序的日期/时间模式；符合 ISO 8601。表示由 DateTimeFormatInfo.SortableDateTimePattern 属性定义的自定义日期和时间格式字符串，固定为“yyyy'-'MM'-'dd'T'HH':'mm':'ss”。例如： `Console.WriteLine(date2 .ToString("s"));//显示：2018-04-10T06:30:00`

t	短时间模式。表示由当前 ShortTimePattern 属性定义的自定义日期和时间格式字符串。例如：
	`Console.WriteLine("{0:t}", date2 );                //显示：6:30`
	`Console.WriteLine(date2 .ToString("t", CultureInfo.CreateSpecificCulture("en-US")));//显示：6:30 AM`

T	长时间模式。表示由当前 LongTimePattern 属性定义的自定义日期和时间格式字符串。例如：
	`Console.WriteLine("{0:T}", date2 );//显示：6:30:00`
	`Console.WriteLine(date2 .ToString("T", CultureInfo.CreateSpecificCulture("en-US")));//显示：6:30:00 AM`

u	通用的可排序日期/时间模式。表示由 DateTimeFormatInfo.UniversalSortableDateTimePattern 属性定义的自定义日期和时间格式字符串，固定为“yyyy'-'MM'-'dd HH':'mm':'ss'Z'”。例如： `Console.WriteLine(date2 .ToString("u"));//显示：2018-04-10 06:30:00Z`

U	通用完整日期/时间模式。表示由当前FullDateTimePattern属性定义的自定义日期和时间格式字符串。注意，DateTimeOffset 类型不支持U格式说明符。例如：
	`Console.WriteLine("{0:U}", date2 );//显示：2018年4月9日 22:30:00`
	`Console.WriteLine(date2 .ToString("U", CultureInfo.CreateSpecificCulture("en-US")));`
	`//显示：Monday, April 09, 2018 10:30:00 PM`

Y, y	年月模式。表示由当前 YearMonthPattern 属性定义的自定义日期和时间格式字符串。例如：
	`Console.WriteLine("{0:Y}", date2);//显示：2018年4月`
	`Console.WriteLine(date2.ToString("Y", CultureInfo.CreateSpecificCulture("en-US")));`
	`//显示：April, 2018`

2. 自定义格式化字符串

自定义日期和时间格式字符串由一个或多个自定义数字格式说明符组成。通过组合多个自定义日期和时间格式说明符，可以定义应用程序特定的模式来确定日期和时间数据如何格式化。自定义日期和时间格式说明符如表 E-4 所示。

表 E-4　自定义日期和时间格式说明符

字符串	说明
yy 或 yyyy	年。yy 将年份表示为 2 位数字，yyyy 将年份表示为 4 位数字
M 或 MM	月。M 将月份表示为 1～12 的数字。一位数字的月份设置为不带前导零的格式。MM 将月份表示为 01～12 的数字。一位数字的月份设置为带前导零的格式
d 或 dd	日。d 将月中日期表示为 1～31 的数字，一位数字的日期设置为不带前导零的格式。dd 将月中日期表示为 01～31 的数字，一位数字的日期设置为带前导零的格式
h 或 hh	时。h 将小时表示为 1～12 的数字，一位数字的小时数设置为不带前导零的格式。hh 将小时表示为 1～12 的数字，一位数字的小时数设置为带前导零的格式
H 或 HH	时。H 将小时表示为 1～23 的数字，一位数字的小时数设置为不带前导零的格式。HH 将小时表示为 1～23 的数字，一位数字的小时数设置为带前导零的格式
m 或 mm	分。m 将分钟表示为 1～59 的数字，一位数字的分钟数设置为不带前导零的格式。mm 将分钟表示为 01～59 的数字，一位数字的分钟数设置为带前导零的格式
s 或 ss	日。s 将秒表示为 1～31 的数字，一位数字的秒数设置为不带前导零的格式。ss 将秒表示为 01～31 的数字，一位数字的秒数设置为带前导零的格式
:	时间分隔符。表示在当前的 DateTimeFormatInfo.TimeSeparator 属性中定义的时间分隔符。此分隔符用于区分小时、分钟和秒
/	日期分隔符。表示在当前的 DateTimeFormatInfo..DateSeparator 属性中定义的日期分隔符。此分隔符用于区分年、月和日
其他	所有其他字符。所有其他字符被复制到结果字符串中，而且不影响格式化

例如：

```
DateTime date1 = new DateTime(2018, 4, 10, 6, 30, 0);
Console.WriteLine(date1.ToString("yy-M-d h:m:s"));    //显示：18-4-10 6:30:0
Console.WriteLine(date1.ToString("yyyy-MM-dd hh:mm:ss"));//显示：2018-04-10 06:30:00
Console.WriteLine(date1.ToString("yyyy年MM月dd日 hh时mm分ss秒"));
//显示：2018年04月10日 06时30分00秒
```

附录 F　XML 文档注释

C#支持 XML 文档注释，即在以三个斜杠（///）开头的单行注释中，使用特殊的 XML 标记包含类型和类型成员的文档说明。使用/doc 进行编译时，编译器将在源代码中搜索所有的 XML 标记，并创建一个 XML 格式的文档文件。

编译器可以处理的有效 XML 标记如表 F-1 所示。

表 F-1　XML 文档注释的标记

标识符	说明
<c>	格式：<c>text</c> 说明：把行中的文本标记为代码。 举例：///<c>int i = 10;</c>
<code>	格式：<code>content</code> 说明：把多行标记为代码。 举例：参见<example>的示例

<example>	格式：<example>description</example>
	说明：标记为一个代码示例。
	举例：
	/// <example> This sample shows how to call the GetZero method.
	/// <code>
	/// class TestClass
	/// {
	/// static int Main()
	/// {
	/// return GetZero();
	/// }
	/// }
	/// </code>
	/// </example>

<exception>	格式：<exception cref="member">description</exception> 说明：说明一个异常类（编译器要验证其语法）。 举例：/// <exception cref="System.Exception">Thrown when…</exception>
<include>	格式：<include file='filename' path='tagpath[@name="id"]' /> 说明：包含其他文档说明文件的注释（编译器要验证其语法）。 举例：///<include file='fl.xml' path='MyDocs/MyMembers[@name="test"]/*'/> 假设 fl.xml 的内容为 <MyDocs> <MyMembers name="test"> <summary> The summary for this type

续表

标识符	说明
<include>	</summary> </MyMembers> </MyDocs>
<list>	格式： <list type="bullet" | "number" | "table"> <listheader> <term>term</term> <description>description</description> </listheader> <item> <term>term</term> <description>description</description> </item> </list> 说明：把列表插入到文档说明中。 举例： /// <summary>Here is an example of a bulleted list: /// <list type="bullet"> /// <item> /// <description>Item 1.</description> /// </item> /// <item> /// <description>Item 2.</description> /// </item> /// </list> /// </summary>
<para>	格式：<para>content</para> 说明：标记段落文本。 举例：参见<summary>的示例

<param>	格式：<param name='name'>description</param>
	说明：标记方法的参数（编译器要验证其语法）。
	举例：
	/// <param name="Int1">Used to indicate status.</param>
	public static void DoWork(int Int1)
	{
	}

<paramref>	格式：<paramref name="name"/>
	说明：表示一个单词是方法的参数（编译器要验证其语法）。
	举例：
	/// <summary>DoWork is a method in the TestClass class
	/// The <paramref name="Int1"/> parameter takes a number
	/// </summary>
	public static void DoWork(int Int1)
	{
	}

续表

标识符	说明

<permission>	格式：<permission cref="member">description</permission>
	说明：说明对成员的访问（编译器要验证其语法）。
	举例：
	/// <permission cref="System.Security.PermissionSet">Everyone
	   can access this method.</permission>
	public static void Test()
	{
	}

<remarks>	格式：<remarks>description</remarks> 说明：给成员添加描述。 举例： /// <remarks> /// You may have some additional information about this class /// </remarks>

<returns>	格式：<returns>description</returns>
	说明：说明方法的返回值。
	举例：
	/// <returns>Returns zero.</returns>
	public static int GetZero()
	{
	   return 0;
	}

<see>	格式：<see cref="member"/> 说明：提供对另一个参数的交叉引用（编译器要验证其语法）。 举例：参见<summary>的示例
<seealso>	格式：<seealso cref="member"/> 说明：提供描述中的“参见”部分（编译器要验证其语法）。 举例：参见<summary>的示例

<summary>	格式：<summary>description</summary>
	说明：提供类型或成员的简短小结。
	举例：
	/// <summary>DoWork is a method in the TestClass class
	/// <para>Here's how you could make a second paragraph in a
	/// description. <see cref="System.Console.WriteLine(System.
	/// String)"/> for information about output statements.</para>
	/// <seealso cref="TestClass.Main"/>
	/// </summary>
	public static void DoWork(int Int1)
	{
	}

<typeparam>	格式：<typeparam name="name">description</typeparam> 说明：标记类型参数（编译器要验证其语法）。 举例：参见<typeparamref>的示例

续表

<table>
<tr><th>标识符</th><th>说明</th></tr>
<tr><td><typeparamref></td><td>格式：<typeparamref name="name"/>
说明：标记类型参数引用（编译器要验证其语法）。
举例：
<pre>
/// <summary>
/// Creates a new array of arbitrary type <typeparamref name="T"/>
/// </summary>
/// <typeparam name="T">The element type of the array</typeparam>
public static T[] mkArray<T>(int n)
{
    return new T[n];
}
</pre></td></tr>
<tr><td><value></td><td>格式：<value>property-description</value>
说明：描述属性。
举例：
<pre>
/// <summary>The Name property represents the employee's name.
/// </summary>
/// <value>The Name property gets/sets the _name data member.
/// </value>
public string Name
{
    get
    {
        return _name;
    }
    set
    {
        _name = value;
    }
}
</pre></td></tr>
</table>

附录 G　ASCII 码表

表 G-1 列出了 ASCII 字符集。每一个字符有其十进制值、十六进制值以及所对应的字符。

表 G-1　ASCII 字符集

<table>
<tr><th>Dec</th><th>Hex</th><th>字符</th><th>Dec</th><th>Hex</th><th>字符</th><th>Dec</th><th>Hex</th><th>字符</th><th>Dec</th><th>Hex</th><th>字符</th></tr>
<tr><td>0</td><td>00</td><td>NUL（空）</td><td>32</td><td>20</td><td>Space</td><td>64</td><td>40</td><td>@</td><td>96</td><td>60</td><td>‘</td></tr>
<tr><td>1</td><td>01</td><td>SOH（文件头的开始）</td><td>33</td><td>21</td><td>|</td><td>65</td><td>41</td><td>A</td><td>97</td><td>61</td><td>a</td></tr>
<tr><td>2</td><td>02</td><td>STX（文本的开始）</td><td>34</td><td>22</td><td>"</td><td>66</td><td>42</td><td>B</td><td>98</td><td>62</td><td>b</td></tr>
<tr><td>3</td><td>03</td><td>ETX（文本的结束）</td><td>35</td><td>23</td><td>#</td><td>67</td><td>43</td><td>C</td><td>99</td><td>63</td><td>c</td></tr>
<tr><td>4</td><td>04</td><td>EOT（传输的结束）</td><td>36</td><td>24</td><td>$</td><td>68</td><td>44</td><td>D</td><td>100</td><td>64</td><td>d</td></tr>
<tr><td>5</td><td>05</td><td>ENQ（询问）</td><td>37</td><td>25</td><td>%</td><td>69</td><td>45</td><td>E</td><td>101</td><td>65</td><td>e</td></tr>
<tr><td>6</td><td>06</td><td>ACK（确认）</td><td>38</td><td>26</td><td>&</td><td>70</td><td>46</td><td>F</td><td>102</td><td>66</td><td>f</td></tr>
<tr><td>7</td><td>07</td><td>BEL（响铃）</td><td>39</td><td>27</td><td>‘</td><td>71</td><td>47</td><td>G</td><td>103</td><td>67</td><td>g</td></tr>
<tr><td>8</td><td>08</td><td>BS（后退）</td><td>40</td><td>28</td><td>（</td><td>72</td><td>48</td><td>H</td><td>104</td><td>68</td><td>h</td></tr>
<tr><td>9</td><td>09</td><td>HT（水平跳格）</td><td>41</td><td>29</td><td>）</td><td>73</td><td>49</td><td>I</td><td>105</td><td>69</td><td>i</td></tr>
<tr><td>10</td><td>0A</td><td>LF（换行）</td><td>42</td><td>2A</td><td>*</td><td>74</td><td>4A</td><td>J</td><td>106</td><td>6A</td><td>j</td></tr>
<tr><td>11</td><td>0B</td><td>VT（垂直跳格）</td><td>43</td><td>2B</td><td>+</td><td>75</td><td>4B</td><td>K</td><td>107</td><td>6B</td><td>k</td></tr>
<tr><td>12</td><td>0C</td><td>FF（格式馈给）</td><td>44</td><td>2C</td><td>,</td><td>76</td><td>4C</td><td>L</td><td>108</td><td>6C</td><td>l</td></tr>
<tr><td>13</td><td>0D</td><td>CR（回车）</td><td>45</td><td>2D</td><td>-</td><td>77</td><td>4D</td><td>M</td><td>109</td><td>6D</td><td>m</td></tr>
<tr><td>14</td><td>0E</td><td>SO（向外移出）</td><td>46</td><td>2E</td><td>.</td><td>78</td><td>4E</td><td>N</td><td>110</td><td>6E</td><td>n</td></tr>
<tr><td>15</td><td>0F</td><td>SI（向内移入）</td><td>47</td><td>2F</td><td>/</td><td>79</td><td>4F</td><td>O</td><td>111</td><td>6F</td><td>o</td></tr>
<tr><td>16</td><td>10</td><td>DLE（数据传送换码）</td><td>48</td><td>30</td><td>0</td><td>80</td><td>50</td><td>P</td><td>112</td><td>70</td><td>p</td></tr>
<tr><td>17</td><td>11</td><td>DC1（设备控制 1）</td><td>49</td><td>31</td><td>1</td><td>81</td><td>51</td><td>Q</td><td>113</td><td>71</td><td>q</td></tr>
<tr><td>18</td><td>12</td><td>DC2（设备控制 2）</td><td>50</td><td>32</td><td>2</td><td>82</td><td>52</td><td>R</td><td>114</td><td>72</td><td>r</td></tr>
<tr><td>19</td><td>13</td><td>DC3（设备控制 3）</td><td>51</td><td>33</td><td>3</td><td>83</td><td>53</td><td>S</td><td>115</td><td>73</td><td>s</td></tr>
<tr><td>20</td><td>14</td><td>DC4（设备控制 4）</td><td>52</td><td>34</td><td>4</td><td>84</td><td>54</td><td>T</td><td>116</td><td>74</td><td>t</td></tr>
<tr><td>21</td><td>15</td><td>NAK（否定）</td><td>53</td><td>35</td><td>5</td><td>85</td><td>55</td><td>U</td><td>117</td><td>75</td><td>u</td></tr>
<tr><td>22</td><td>16</td><td>SYN（同步空闲）</td><td>54</td><td>36</td><td>6</td><td>86</td><td>56</td><td>V</td><td>118</td><td>76</td><td>v</td></tr>
<tr><td>23</td><td>17</td><td>ETB（传输块结束）</td><td>55</td><td>37</td><td>7</td><td>87</td><td>57</td><td>W</td><td>119</td><td>77</td><td>w</td></tr>
<tr><td>24</td><td>18</td><td>CAN（取消）</td><td>56</td><td>38</td><td>8</td><td>88</td><td>58</td><td>X</td><td>120</td><td>78</td><td>x</td></tr>
<tr><td>25</td><td>19</td><td>EM（媒体结束）</td><td>57</td><td>39</td><td>9</td><td>89</td><td>59</td><td>Y</td><td>121</td><td>79</td><td>y</td></tr>
<tr><td>26</td><td>1A</td><td>SUB（减）</td><td>58</td><td>3A</td><td>:</td><td>90</td><td>5A</td><td>Z</td><td>122</td><td>7A</td><td>z</td></tr>
<tr><td>27</td><td>1B</td><td>ESC（退出）</td><td>59</td><td>3B</td><td>;</td><td>91</td><td>5B</td><td>[</td><td>123</td><td>7B</td><td>{</td></tr>
<tr><td>28</td><td>1C</td><td>FS（域分隔符）</td><td>60</td><td>3C</td><td><</td><td>92</td><td>5C</td><td>“</td><td>124</td><td>7C</td><td>|</td></tr>
<tr><td>29</td><td>1D</td><td>GS（组分隔符）</td><td>61</td><td>3D</td><td>=</td><td>93</td><td>5D</td><td>]</td><td>125</td><td>7D</td><td>}</td></tr>
<tr><td>30</td><td>1E</td><td>RS（记录分隔符）</td><td>62</td><td>3E</td><td>></td><td>94</td><td>5E</td><td>^</td><td>126</td><td>7E</td><td>~</td></tr>
<tr><td>31</td><td>1F</td><td>US（单元分隔符）</td><td>63</td><td>3F</td><td>?</td><td>95</td><td>5F</td><td>_</td><td>127</td><td>7F</td><td>Delete</td></tr>
</table>

附录 H 程序集、应用程序域和反射

H1 程 序 集

H1.1 程序集概述

程序集是.NET Framework 应用程序的基本构造块，程序集为可移植可执行（portable executable，PE）文件（EXE 或 DLL 文件）。程序集包含描述其内部版本号和包含的所有数据和对象类型的详细信息元数据。程序集可以包含一个或多个模块，程序集仅在需要时才加载，因此可以在大型项目中有效地实现资源管理。

通过将程序集放在全局程序集缓存（C:\Windows\assembly）中，可以在多个应用程序之间共享程序集。

程序集可以实现并行（side-by-side）执行，即同一台计算机上可以包含运行库的多个版本，不同的应用程序使用不同的运行库版本，并行执行能够控制应用程序绑定到特定的运行库版本。

使用反射，可以实现以编程方式获取关于程序集的信息。

H1.2 创建程序集

静态程序集存储在磁盘上的可移植可执行（PE）文件（EXE 或 DLL 文件），可以包括 .NET Framework 类型（接口和类），以及该程序集的资源（位图、JPEG 文件、资源文件等）。

动态程序集通过公共语言运行库 API（如 Reflection.Emit）编程方式创建，直接从内存运行并且在执行前不存储到磁盘上。当然也可以在执行动态程序集后将它们保存在磁盘上。

H2 应用程序域

H2.1 应用程序域概述

在.NET Framework 运行环境中，运行应用程序时，运行库宿主首先引导公共语言运行库，然后导入程序集，并创建应用程序域和主线程（Main 方法），然后执行相应的程序代码。

应用程序代码可以创建新的应用程序域，并导入程序集。应用程序域为安全性、可靠性、版本控制以及卸载程序集提供了隔离边界。应用程序域使应用程序以及应用程序的数据彼此分离，有助于提高安全性。在单个进程中运行多个应用程序域可以提高服务器的伸缩性。

H2.2 创建应用程序域

运行应用程序时，公共语言运行库宿主会自动创建一个主应用程序域。使用System.AppDomain 类的 CreateDomain 方法，可以创建新的子应用程序域，并加载运行相应的程序集。例如：

```
using System;using System.Reflection;
namespace CSharpBook.ChapterAH
{
 class AppDomain1
 {
   public static void Main()
   {
      Console.WriteLine("主应用程序域："+AppDomain.CurrentDomain.FriendlyName);
      //创建应用程序域
      AppDomain newDomain = AppDomain.CreateDomain("NewApplicationDomain");
      Console.WriteLine("子应用程序域：" + newDomain.FriendlyName);
      //载入并执行应用程序集
      Console.WriteLine("运行应用程序：" + @"C:\C#\Chapter01\Hello.exe");
      newDomain.ExecuteAssembly(@"C:\C#\Chapter01\Hello.exe");
      //卸载应用程序域
      AppDomain.Unload(newDomain);
   }
 }
}
```

运行结果如图 H-1 所示。

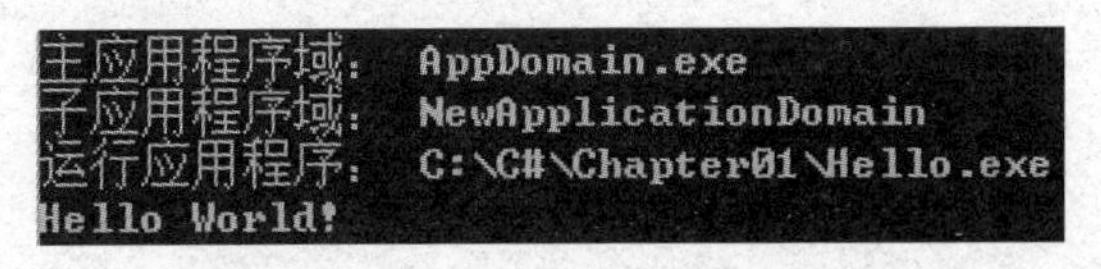

图 H-1　创建应用程序域示例运行结果

H3 反　射

H3.1 反射概述

程序集包含模块，而模块包含类型，类型包含成员。反射提供了封装程序集、模块和类型的对象，使用反射可以动态地创建类型的实例，将类型绑定到现有对象，或从现有对象中获取类型，还以调用类型的方法或访问其字段和属性。反射（System.Reflection 命名空间）具有下列功能：

- 使用 Assembly 定义和加载程序集，发现类型并创建该类型的实例；
- 使用 Module 发现程序集的模块中的类等；
- 使用 ConstructorInfo 发现构造函数的详细信息，使用 Type 的 GetConstructors 或 GetConstructor 方法来调用特定的构造函数；
- 使用 MethodInfo 发现方法的详细信息，使用 Type 的 GetMethods 或 GetMethod 方法来调用特定的方法；
- 使用 FieldInfo 发现字段的详细信息，获取或设置字段值；
- 使用 EventInfo 发现事件的详细信息，添加或移除事件处理程序；
- 使用 PropertyInfo 发现属性的详细信息，获取或设置属性值；
- 使用 ParameterInfo 发现参数的详细信息；
- 使用 CustomAttributeData 发现属性的详细信息；
- 使用 System.Reflection.Emit 命名空间的类，在运行时生成类型。

H3.2 查看类型信息

使用 System.Type 对象的成员可以获取关于类型声明的信息，如构造函数、方法、字段、属性、事件等。可以通过下列方法获取对象：

- typeof 运算符，如 System.Type type = typeof(int);
- 使用 Object.GetType 方法返回表示实例类型的 Type 对象；
- 使用 Assembly.GetType 或 Assembly.GetTypes 从尚未加载的程序集中获取 Type 对象；
- 使用 Type.GetType 从已加载的程序集中获取 Type 对象；
- 使用 Module.GetType 和 Module.GetTypes 从模块中获取 Type 对象。

例如：

```
using System;using System.IO;using System.Reflection;
namespace CSharpBook.ChapterAH
{
    class Mymemberinfo
    {
        public static void Main(string[] args)
        {
            Console.WriteLine("Reflection.MemberInfo");
            //获取Type和MemberInfo
            Type MyType = Type.GetType("System.IO.File");
            MemberInfo[] Mymemberinfoarray = MyType.GetMembers();
            //显示结果
            Console.WriteLine("{0}的成员数目: {1}.",
                        MyType.FullName, Mymemberinfoarray.Length);
            foreach (var item in Mymemberinfoarray)
            {
                Console.WriteLine("成员名称: {0} 成员类型: {1}",
                            item.Name, item.MemberType.ToString());
```

```
            }
        }
    }
}
```

H3.3 动态加载和使用类型

如果代码中声明的对象及调用的方法在编译时确定，则称为“前期绑定”；如果编译时不能确定对象的类型或调用方法的名称，只有在运行时才能动态确定，则称为“后期绑定”。使用反射，可以实现根据运行时的变量动态地加载和使用类型。

例如，下面的示例根据命令行参数调用不同的方法。

```
using System;using System.Reflection;
namespace CSharpBook.ChapterAH
{
    public class CustomBinder
    {
        static void Main(string[] args)
        {
            Type t = typeof(CustomBinder);
            BindingFlags flags=BindingFlags.InvokeMethod | BindingFlags.Instance|
                BindingFlags.Public | BindingFlags.Static;
            Object[] args1 = new Object[] { };
            switch (args.Length)
            {
                case 0:
                    t.InvokeMember("PrintInfo", flags, null, null, args1); break;
                default:
                    t.InvokeMember("PrintError", flags, null, null, args1); break;
            }
            Console.ReadKey();
        }
        public static void PrintInfo()
        {
            Console.WriteLine("本程序无任何命令行参数!");
        }
        public static void PrintError()
        {
            Console.WriteLine("命令行参数太多!");
        }
    }
}
```

参 考 文 献

[1] 江红，余青松. C#程序设计教程[M]. 2 版. 北京：清华大学出版社，2014.

[2] 江红，余青松. C#程序设计实验指导与习题测试[M]. 2 版. 北京：清华大学出版社，2014.

[3] 江红. ASP.NET Web 数据库开发技术实践教程[M]. 北京：清华大学出版社，2012.

[4] 江红. ASP.NET 动态网页设计案例教程（C#.NET 版）[M]. 北京：北京大学出版社，2012.

[5] Andrew Troelsen. C# 6.0 and the .NET 4.6 Framework 6ed[M]. New York: Apress，2015.

[6] Joseph Albahari, Ben Albahari. C# 7.0 Pocket Reference[M]. California: O'Reilly Media, 2017.

[7] Christian Nagel, Professional C# 6.0 and .NET Core 1.0[M]. New Jersey: John Wiley & Sons, 2016.

图书资源支持

感谢您一直以来对清华版图书的支持和爱护。为了配合本书的使用，本书提供配套的资源，有需求的读者请扫描下方的"书圈"微信公众号二维码，在图书专区下载，也可以拨打电话或发送电子邮件咨询。

如果您在使用本书的过程中遇到了什么问题，或者有相关图书出版计划，也请您发邮件告诉我们，以便我们更好地为您服务。

我们的联系方式：

地　　址：北京海淀区双清路学研大厦 A 座 707

邮　　编：100084

电　　话：010－62770175－4604

资源下载：http://www.tup.com.cn

电子邮件：weijj@tup.tsinghua.edu.cn

QQ：883604（请写明您的单位和姓名）

书圈

用微信扫一扫右边的二维码，即可关注清华大学出版社公众号"书圈"。